Andreas Berens, Carsten Bolk

Create Content!

Konzeption, Kreation, Content-Management

Rheinwerk
Computing

Liebe Leserin, lieber Leser,

Sie halten dieses Buch vermutlich in den Händen, weil Sie bereits wissen, dass für eine erfolgreiche Zielgruppenansprache heutzutage eine passende Content-Strategie erforderlich ist. Für Ihr Unternehmen sollen Sie Kundinnen und Kunden mit guten Geschichten fesseln, neue Leads generieren und die Bindung an Ihr Produkt oder Ihre Dienstleistung verbessern. Nur: Wie macht man das?

Wer jemals auf einem Seminar von Andreas Berens und Carsten Bolk war weiß, wie leidenschaftlich die beiden für gute Storys und überzeugenden Content brennen. All ihre Erfahrung ist in dieses Buch eingeflossen. Gemeinsam mit Ihnen entwickeln sie Ideen und Methoden, damit am Ende eine vollständige Content-Strategie steht. Lassen Sie sich inspirieren und anleiten bei der Konzeption von Content-Ideen und Themen, bei der Wahl der richtigen Formate und Kanäle. Zahlreiche Beispiele und Übungen helfen Ihnen dabei.

Dieses Buch wurde mit großer Sorgfalt lektoriert und produziert. Sollten Sie dennoch Fehler finden oder inhaltliche Anregungen haben, scheuen Sie sich nicht, mit mir Kontakt aufzunehmen. Ihre Fragen und Änderungswünsche sind jederzeit willkommen.

Ich wünsche Ihnen viel Spaß und Erfolg.

Ihr Stephan Mattescheck
Lektorat Rheinwerk Computing

stephan.mattescheck@rheinwerk-verlag.de
www.rheinwerk-verlag.de
Rheinwerk Verlag · Rheinwerkallee 4 · 53227 Bonn

Auf einen Blick

Wir hoffen, dass Sie Freude an diesem Buch haben und sich Ihre Erwartungen erfüllen. Ihre Anregungen und Kommentare sind uns jederzeit willkommen. Bitte bewerten Sie doch das Buch auf unserer Website unter **www.rheinwerk-verlag.de/feedback**.

An diesem Buch haben viele mitgewirkt, insbesondere:

Lektorat Stephan Mattescheck, Anne Scheibe
Korrektorat Annette Lennartz, Bonn
Herstellung Norbert Englert
Typografie und Layout Vera Brauner, Maxi Beithe
Einbandgestaltung Julia Schuster
Coverbild Shutterstock: 1758835286 © Sloop Communications, 1397054327 © Evgeny Karandaev, 1615964584 © rassco; iStock: 1139704287 © Viorel_Kurnosov; Unsplash: Cookie the Pom
Satz SatzPro, Krefeld
Druck Beltz Grafische Betriebe, Bad Langensalza

Dieses Buch wurde gesetzt aus der Linotype Syntax (9,25/13,25 pt) in FrameMaker.
Gedruckt wurde es auf chlorfrei gebleichtem Offsetpapier (90 g/m²).
Hergestellt in Deutschland.

Bibliografische Information der Deutschen Nationalbibliothek:
Die Deutsche Nationalbibliothek verzeichnet diese Publikation in der Deutschen Nationalbibliografie; detaillierte bibliografische Daten sind im Internet über *http://dnb.dnb.de* abrufbar.

ISBN 978-3-8362-8043-3

1. Auflage 2021
© Rheinwerk Verlag, Bonn 2021

Informationen zu unserem Verlag und Kontaktmöglichkeiten finden Sie auf unserer Verlagswebsite **www.rheinwerk-verlag.de**. Dort können Sie sich auch umfassend über unser aktuelles Programm informieren und unsere Bücher und E-Books bestellen.

Inhalt

7 Mit der Persona zur besseren Zielgruppe – Communitys aufbauen und pflegen

8 Insights – finden Sie Themen, die Menschen bewegen

27   Mehr Engagement – so triggern Sie Ihre Community 497

28   KPIs und Metriken – Erfolg lässt sich messen 517

Kapitel 1

Einleitung – Create Content!

Content nicht nur zu konsumieren, sondern auch zu produzieren ist heute normal. Großartiger Inhalt ist aber keinesfalls ein Zufallsprodukt, sondern das Ergebnis eines Prozesses, der viele Erkenntnisse zusammenbringt, so wie dieses Buch.

Haben Sie sich schon einmal gefragt, wie viel Content im Internet in jeder einzelnen Minute gepostet wird? Nicht? Na, dann hier einmal auszugsweise ein paar Zahlen: In nur 60 Sekunden wurden 2020 insgesamt 41.666.667 WhatsApp-Nachrichten verschickt, 404.444 Stunden Movies auf Netflix geschaut, 347.222 Storys auf Instagram gepostet, 147.000 Fotos auf Facebook gestellt, 500 Stunden Videomaterial auf YouTube hochgeladen, 28 neue Tracks auf Spotify addiert und die TikTok-App 2.704 Male heruntergeladen – natürlich um noch mehr Content zu produzieren.[1] Wie gesagt passiert das alles in nur 60 Sekunden. Und ein Blick in die Jahre zuvor verrät: Die Zahl der Kanäle nimmt immer weiter zu und die Entwicklung ist hochdynamisch.

Es sind diese unglaublichen und zugleich beeindruckenden Zahlen, die eines ganz schnell klarmachen: Diese schiere Menge an Inhalten ist eine echte Herausforderung für alle Content Creators, ob Marketingverantwortliche, PR-Managerin oder Social-Media-Influencer. Denn zu diesem »Content Overflow« nun selbst noch mehr Inhalte beisteuern zu wollen mit der Erwartung oder Vorgabe, nicht nur gesehen und gelikt zu werden, sondern idealerweise am Ende auch noch etwas zu verkaufen, ist ein unstrittig ambitioniertes Ziel.

---

1   Aran Ali, Here's what happens every minute on the internet in 2020, World Economic Forum: *https://www.weforum.org/agenda/2020/09/internet-social-media-downloads-uploads-facebook-twitter-youtube-instagram-tiktok/* [05.06.2021]

1.1   Der unerbittliche Wettbewerb um die begrenzte Aufmerksamkeit des Publikums

Wissenschaftlich begründet und gestützt von der eigenen alltäglichen Erfahrung dürfte klar sein: Jeder Mensch hat ein physiologisches Maximum, das er an Eindrücken und Inhalten täglich verarbeiten oder konsumieren kann. Die ständig abnehmende Werbeerinnerung der letzten Jahre bei gleichzeitiger Zunahme an allzeit verfügbarem Content ist ein deutliches Indiz für diese Entwicklung. Um dem Content Overflow zu entgehen, haben Menschen zudem gelernt, sich zu helfen: Sie blenden Überflüssiges per Adblocker einfach aus. Sie lassen sich bewusst oder unbewusst von immer intelligenteren Social-Media- und Google-Algorithmen nur noch solche Inhalte präsentieren, die ihren Interessen, Bedürfnissen oder sogar ihrer momentanen Verfassung entsprechen.

Klar ist auch: Jeder Tag hat nur 24 Stunden. Und je mehr Zeit Menschen damit verbringen, ihre Lieblingsserien auf Netflix zu »suchten« oder ihren eigenen Film für die nächste TikTok-Challenge zu produzieren, desto weniger Zeit haben sie, die mühsam geschriebenen Artikel auf Ihrem Blog, die schönen Bilder im Instagram-Feed Ihres Unternehmens oder sogar die Pressemitteilung auf Ihrer Corporate Website zu lesen.

Der Wettbewerb der Content Creators jeglicher Art um die begrenzte Aufmerksamkeit der Menschen ist entsprechend unerbittlich und teuer geworden. Das altbewährte Motto der klassischen Werbung »lauter, schriller, bunter« zieht schon lange nicht mehr, so sehr manch' Werbetreibender es sich auch wünschen mag. Wer keine guten, relevanten Inhalte bieten kann, der muss immer mehr Geld in die Hand nehmen, um sich für seine Inhalte die Poleposition im Kopf seines Publikums zu erkaufen. Manche Inhalte schaffen es aber dennoch – scheinbar mühelos – und aus eigener Kraft, sprich »organisch«, dorthin zu kommen. Warum?

So viel sei verraten: Inhalte, die das Publikum wirklich bewegen, sind selten das Ergebnis spontaner Eingebungen oder einzelner Creator-Qualifikationen, auch wenn das oft so erscheinen mag. Vielmehr entstehen sie erst im Zusammenspiel strategischer Erkenntnisse, die es zunächst zu erarbeiten und dann kreativ zusammenzubringen gilt. Sie sind das Ergebnis eines intensiven mehrstufigen Arbeitsprozesses.

1.2   »Connecting the dots« – Content-Kreation als Prozess

Sicher haben Sie schon nach dem einen Patentrezept, nach inspirierenden Best Practices als Vorlage oder nach klugen Ratgebern für Ihre eigene Content-Kreation gesucht. Googelt man durchs Netz, findet man viele sehr gute Beiträge, die das

Thema erklären. Auch in der Literatur finden Sie viel Wissen, z. B. wie Sie Folgendes tun:

- eine erfolgreiche und umfassende Content-Strategie schreiben mit klaren Zielvorgaben
- eine aufschlussreiche Buyer Persona erstellen
- eine umfassende Customer Journey skizzieren
- kreative Ideen entwickeln
- erfolgreiche Instagram Stories oder Influencer-Kampagnen machen
- einen Blogbeitrag promoten
- mit Storytelling begeistern
- professionell Medienformate produzieren
- die richtigen Kanäle wählen
- Inhalte seeden und erfolgreich promoten
- Redaktionsabläufe organisieren
- KPIs definieren

All das sind gut erklärte Instruktionen und How-tos aus der Sicht einzelner Disziplinen. Ein unerwartet erfolgreicher, viel gelesener Blogbeitrag macht aber noch keine Strategie – den Erfolg zu wiederholen wird daher schwer. Einfach einen Social-Media-Kanal zu bespielen, weil andere das auch tun, ist noch keine Idee, sondern eher eine Wette auf den Erfolg. Ein gut gemachtes Foto auf Instagram zu posten, bedient zunächst einmal die eigene Eitelkeit, löst aber wahrscheinlich noch keine Begeisterungstürme in der Community aus. Warum?

Das System fehlt – und darum geht es uns in diesem Buch: »Connecting the dots«, d. h. Expertenkenntnisse, inspirierende Tools mit Erkenntnissen und Erfahrungen der eigenen Arbeit praxisnah miteinander zu verknüpfen. Denn Content-Kreation ist ein kreativer Prozess, von der Zieldefinition über die Entwicklung außergewöhnlicher Ideen, deren Produktion bis hin zur Erfolgskontrolle – und wieder von vorn. In diesem Prozess baut ein Arbeitsergebnis auf dem nächsten auf und gibt eine Disziplin die Vorlage für die nächste. Strategie, Kreation und Produktion arbeiten Hand in Hand mit der Analyse. So bringen Sie Ihre Content-Kreation Schritt für Schritt in eine Erfolgsspur. Sie schaffen eine Arbeitsweise, die Sie üben, einstudieren und deren Ergebnisse Sie sogar wiederholen, sprich replizieren können, mit immer neuen und überraschenden Ergebnissen, mit denen Sie Menschen begeistern oder die Sie aus guten Gründen verbessern können oder einfach auch mal fallen lassen müssen.

Abkürzungen in diesem Prozess, wie in Kapitel 2, »Content-Marketing-Strategie – Intuition ist gut, Fahrplan ist besser«, vorgestellt, gibt es leider keine, das haben wir in unserer alltäglichen Arbeit gelernt. Einfach mal was auf TikTok zu machen, um dann zu schauen, ob man dafür Applaus bekommt, ist weder effektiv noch effizient. Seien wir ehrlich: Dieser in diesem Buch vorgeschlagene, sicherlich arbeitsintensive Weg kostet zwar anfangs viel Energie, vielleicht sogar mehr, als wenn Sie viele »Einzelmeister« produzieren. Er führt aber auch zu großartigen Ergebnissen, auf die Sie hinterher stolz sein können.

1.3   Ein Buchprojekt als Heldenreise

Die dargestellte konstruktive Ehrlichkeit kommt an, auch bei unseren Seminarteilnehmern und Studierenden, denen wir diese umfassende, ganzheitliche Art der Content-Kreation vermitteln. »Gibt es eigentlich Bücher, in denen man das noch mal nachlesen kann?« Diese Frage haben wir immer öfter gehört. Die Inhalte unseres »kreativen roten Fadens« nun in ein Buch zu fassen erschien also nur zu plausibel.

Dennoch haben wir einige Zeit mit uns gerungen, ob wir uns auf das Abenteuer des Buchschreibens einlassen sollten, denn schnell wurde uns klar: Es wird ein dickes Buch und damit ein Marathonprojekt. Kurz: Wir hatten großen Respekt vor diesem Ruf.

Aber schließlich nahmen wir unseren Mut zusammen und schrieben ein Handbuch, das Content-Kreation nicht nur ausschnitthaft erklärt, sondern Hintergrundwissen zu Marke und strategischem Marketing praxisbezogen vermittelt, das Content-Schaffende befähigt, ihren eigenen Weg zu finden. Geschrieben von einem Autorenteam aus zwei Perspektiven, der eines kreativen Strategen und der eines strategisch denkenden Kreativen, die diese Brücke auch persönlich schlagen können. Gespickt mit und inspiriert von vielen Projekten, Erkenntnissen fantastischer Experten, denen wir begegnet sind, und inspirierenden Tools. Und so nahmen die Dinge ihren Lauf.

Es wurde wie erwartet kein einfacher Weg. Für unseren Kick-off, der ausgerechnet zu Beginn der Corona-Pandemie stattfand, zogen wir uns in ein kleines »Dichterrefugium« in Mainz zurück. Wir hofften, in der Stadt, in der Gutenberg den Buchdruck erfand, den richtigen Spirit für das ungewohnte Buchprojekt zu finden. Bei einem unserer abendlichen Spaziergänge durch die Stadt entdeckten wir am Gutenberg-Museum ein interaktives digitales Schriftenlaufband, auf das wir per Smartphone unsere Mission projizieren konnten. »Create Content!« Plötzlich erschienen uns diese Buchstaben wie eine Mission hell am Nachthimmel. Es funktionierte. Wir sammelten Energie und gingen ans Werk. Während des Schreibens begegneten uns allerdings auch immer wieder Selbstzweifel. Denn Kreativität ist alles, nur nicht objektiv und beschreibbar, sondern kritisierbar. Und Content Marketing ist (noch) keine Wissenschaft, sondern eine frische, relativ neue Disziplin, in der sich vieles entwickelt und auf die es viele unterschiedliche Sichtweisen gibt. Auch der notwendige Spagat zwischen der Vermittlung des notwendigen theoretischen Hintergrundwissens und angewandter Kreativität war nicht ohne. Nebenher verlangten auch noch das Tagesgeschäft und die Lehrtätigkeit unsere volle Aufmerksamkeit. Beides ist aber zugleich auch unsere wertvollste Inspiration, die dieses Buch zu dem wohl ausführlichsten Stück Content gemacht hat, das wir je kreiert haben. Und daher ist es nun wahr geworden. Das Ergebnis halten Sie in Ihren Händen: »Create Content!«

1.4   Dieses Buch ist für Sie, wenn …

Die Menschen, die wir beim Schreiben dieses Buches in unseren Köpfen gehabt haben, sind all die Content-Verantwortlichen, die uns in vielen Projekten und Seminaren begegnet sind. Sie sind unsere Inspiration und werden es auch weiterhin sein: Experten mit unterschiedlichen Berufen, Berufungen und individuellen Herausforderungen. Sie alle eint die Leidenschaft und die Aufgabe, Content zu kreieren, der den Unterschied macht, der Menschen bewegt und sich am Ende auf die eine oder andere Art bezahlt macht. Finden auch Sie sich in einem der folgenden Szenarien wieder? Dann wird dieses Buch sicherlich auch für Sie viele Antworten bereithalten.

- Ihr Chef hat Ihnen gesagt, er möchte endlich auch »etwas auf Facebook machen«, und Sie wissen nicht was? Dann werden Sie in diesem Buch erfahren, warum Ihre Chefin vielleicht den richtigen Riecher hat, aber Sie mit kühlem Kopf und strategischem Sachverstand an die Sache herangehen sollten – um dann am Ende ein kluges Whitepaper zu produzieren.

- Sie sind Einzelunternehmer und sind es leid, tagtäglich unzählige Angebote zu schreiben, die still ins Leere laufen oder von Wettbewerbern preislich unterboten werden? Dann werden Sie hier lernen, wie Sie Inhalte kreieren, die Ihre potenziellen Kunden so sehr begeistern, dass sie von selbst auf Sie zukommen: Weil sie nur Sie beauftragen möchten, koste es, was es wolle.

- Sie sind die erste Content-Einzelkämpferin in Ihrem Unternehmen, bekommen nur wenig Zeit und kaum Geld für Ihre neue Aufgabe und wollen endlich beweisen, was Sie und Content können? Dann werden Sie in diesem Buch lernen, wie Sie auch mit kleinerem Budget Inhalte kreieren können, die große Emotionen auslösen.

- Sie sind Chef vom Dienst, und Ihr Redaktionsteam wurde aus unterschiedlichen Unternehmensbereichen neu zusammengestellt? Dann lernen Sie, bisherige Routinen konstruktiv zu hinterfragen und die Zusammenarbeit in Ihrem Team agil und neu zu organisieren.

- Sie sind verantwortlich für Public Relations und ärgern sich, dass Ihre Presseerklärungen keine Resonanz in den Medien mehr finden? Dann werden Sie in diesem Buch lernen, wie Sie Journalisten mit spannendem Storytelling wieder in den Bann Ihres Unternehmens ziehen können.

- Sie sind zuständig für die Vermarktung eines Low-Interest-Service und brauchen neue Kunden? Dann werden Sie in diesem Buch lernen, wie Sie trotz vermeintlich trockener Materie Inhalte entwickeln können, die neue Leads in die Sales-Pipeline spülen.

- Sie sind Influencerin und möchten mit Ihrer Reichweite Geld verdienen? Dann lernen Sie in diesem Buch, die Gründe Ihres Erfolgs besser zu verstehen und wie Sie sich zur Personenmarke entwickeln können, die sogar mit großen Marken kooperieren kann.

- Sie wurden mit großer Erwartungshaltung als »Digital Evangelist« angeheuert und sollen im Unternehmen »alles anders machen«, aber bloß keinem dabei wehtun? Dann lernen Sie in diesem Buch, mit welchen Tools Sie den notwendigen Paradigmenwechsel von unternehmens- zu kundenzentrierter Denkweise und Content-Kreation einleiten können.

- Sie sind Marketingexpertin im Unternehmen und sollen viele potenzielle Kunden auf Ihre mit viel Mühe neu eingerichtete Website bringen? Dann lernen Sie in diesem Buch, wie man die Community auf das neue Angebot aufmerksam macht.

- Sie sind als wissenschaftlicher Mitarbeiter eines Instituts jetzt auch verantwortlich fürs Marketing, fühlen Sie aber fachfremd und überfordert? Dieses Workbook macht Sie im Kontext der Content-Kreation praktisch mit dem Thema Marke und Marketing vertraut.

- Sie arbeiten in einem Verlag und sollen nun mit zusätzlichen kostenlosen Inhalten Aufmerksamkeit für die Inhalte schaffen, die Sie verkaufen? Dann werden Sie lernen, worin der Unterschied zwischen Ihrem Produkt- und Marketing-Content besteht und warum sich der neue Inhaltstyp am Ende doch auszahlt.

Mit »Create Content!« möchten wir Ihnen nicht nur eine Übersicht geben, um beim Thema Content-Kreation und Content Marketing mitreden zu können. Das Handbuch soll Ihnen vor allem eine praktische Hilfestellung und Inspiration für jeden Schritt Ihrer kreativen Arbeit als Content Creator sein.

1.5   Content-Kreation in drei Akten

Das Buch besteht aus drei aufeinander aufbauenden Teilen:

Im ersten Teil des Buches bekommen Sie das notwendige strategische Wissen als Grundlage für Ihre Arbeit: Was ist eine Strategie? Welche Schritte machen Content-Kreation erfolgreich? Welche Rolle spielt Ihre Marke dabei? Wie führen Sie sie zeitgemäß mit Content? Mit welchen kreativen Tools können Sie Empathie für Ihre Zielgruppe und Community entwickeln? Sie werden in diesem Teil Instrumente kennen- und nutzen lernen, mit denen Sie Strategie zu einem lebendigen, inspirierenden Sprungbrett für die Content-Kreation machen können.

Im zweiten Teil des Buches geben wir Ihnen konkrete Tipps und Wissen an die Hand, die Ihre Kreation besonders machen. Wie findet man eine Idee? Von der Konzeption bis zur Produktion von Inhalten geben wir Ihnen einen Überblick über die wichtigsten Kreativtechniken, weisen Sie ein in die Kunst des Storytellings und geben Ihnen Hilfe für die Produktion von Inhalten, die alle Sinne ansprechen.

Im dritten Teil des Buches geht es dann ums Machen und Gesehenwerden. Sie lernen, wie Sie Ihre Content-Produktion im Team organisieren können. Sie erfahren, wie Sie Ihre Inhalte nicht nur sichtbarer machen, sondern auch mit welchen Techniken Sie Ihre Community entlang der Customer Journey triggern können. Und wir möchten Ihnen auch helfen, den Erfolg Ihrer Arbeit zu messen, Ihr notwendiges Budget zu planen – und dafür zu werben.

Hier ist er also, der rote Kreativfaden für Content Creators. Das Buch inspiriert Sie, so hoffen wir, zur Erstellung großartiger Inhalte, mit denen Sie Ihr Publikum, Ihre Zielgruppe und Ihre Community immer wieder aufs Neue begeistern können, damit Sie Ihren unternehmerischen Zielen, aber auch kreativen und beruflichen Idealen – wie immer sie lauten mögen – in großen Schritten näherkommen.

Kapitel 2

Content-Marketing-Strategie – Intuition ist gut, Fahrplan ist besser

Egal, ob Sie Ihre Karriere als Content Creator frisch starten oder Ihre bisherige Kreationsarbeit ganz neu aufstellen möchten: Eine durchdachte und verbindliche Content-Marketing-Strategie ist Pflicht.

»Lass uns doch auch etwas auf TikTok machen.« Oder: »Wir brauchen auch mehr Storytelling!« Oder: »Wir sollten bloggen!« Wenn Sie einen dieser oder ähnliche Sätze hören oder eines Morgens mit einem solchen Gedanken aufwachen, sollten Sie kurz innehalten. Denn schon der nächste Schritt in die Content-Kreation könnte Sie auf einen wenig fruchtbaren Holzweg führen. Bevor Sie sich Gedanken über Kanäle oder Formate machen oder inspiriert durch einen Gedankenblitz beginnen, Inhalte zu produzieren, brauchen Sie vor allem eins: strategische Klarheit. Überlegen Sie, wohin Ihre große Reise gehen soll. Wie ein vorausdenkender Trainer, der sein Team auf das Spiel einstellt, brauchen Sie dazu zwei Dinge:

Zum einen ein grundlegendes Verständnis dafür, wie Marketing und Kommunikation heute funktionieren. Denn Social Media haben die traditionellen Regeln des Marketings, nach denen noch vielfach gearbeitet wird, neu geschrieben.

Und zum anderen brauchen Sie eine Strategie, an der Sie Ihre Content-Kreation ausrichten können, die Sie inspiriert, lebendige, überraschende, begeisternde kreative Inhalte zu schaffen, die sich nicht nur sehen lassen können, sondern deren Erfolg sich auch messen lässt.

2.1 Der Mensch im Mittelpunkt – der unbequeme Paradigmenwechsel im Content Marketing

Der 17. April 2019 mag ein Zufall der Musikgeschichte sein oder ein genialer Marketing-Stunt: Popikone Madonna, 60, und »Queen Bey« Beyoncé, 37, veröffentlichten an diesem Tag gleichzeitig ihre neue Alben. Die Art und Weise, wie sie ihre Meisterwerke ankündigten und publizierten, waren dabei aber sehr unterschiedlich – hier trafen alte und neue Marketingwelt aufeinander.

Abbildung 2.1 Madonna und Beyoncé, Produktmarketing vs. Content Marketing (Quelle: *https://www.instagram.com/madonna*; *https://www.instagram.com/beyonce*)

Madonna hatte ihre erste aus dem neuen Album ausgekoppelte Single »Medellin« gemeinsam mit dem Rapper Maluma produziert. Sie bewarb sie im Vorfeld in den sozialen und klassischen Medien, im Web und auf den wichtigen Portalen der Musikindustrie mit Ads. Punkt 18 Uhr lief das Stück dann auf allen Radiostationen und Streamingplattformen.

Beyoncé hatte vor diesem Tag etwas »Großes« angekündigt – nicht mehr, nicht weniger. Dann veröffentlichte sie auf Netflix eine zweistündige Dokumentation ihres außergewöhnlichen Auftritts beim Coachella-Festival 2018, der Titel des Films: »Homecoming«. Ihr als »Beychella« berühmt gewordener Festivalauftritt ist insofern bedeutsam, da mit ihr zum ersten Mal in der 20-jährigen Coachella-Geschichte die erste »Women of Colour« als Haupt-Act auftrat. Ihr Auftritt wurde mit 100 Amateurtänzerinnen und einer aus historisch schwarzen Universitäten rekrutierten Marching Band zu einer »sinnstiftenden Hommage an die Relevanz von Bildungseinrichtungen für Afroamerikaner«. Diesen Stoff nutzte Beyoncé als Kulisse für ihren Film. In der Doku setzte sie sich intensiv mit ihren eigenen Wurzeln, mit ihrer Existenz und ihrem Schaffen auseinander. Mit ihren Gedanken sprach sie viele junge schwarze Mädchen an, die, wie früh in ihrer Karriere auch Beyoncé, an sich und ihrer Identität zweifeln. Mit dem Film ermutigte sie sie, stolz auf die eigenen ethnischen Wurzeln und ihre Identität zu sein. Beyoncé, die nie ein College besuchte, stiftete im Rahmen von »Homecoming« zudem Stipendien für Highschoolabsolventen.[1]

Und ihre Musik? Am gleichen Tag der Publikation ihrer Dokumentation überraschte Beyoncé ihre Fans mit ihrem neuen Album, ihrem eigentlichen Produkt. Sie »droppte« es – unangekündigt. Es war das Livealbum mit dem Audiomitschnitt des Coachella-Auftritts. Es wurde euphorisch gefeiert.

Anstatt wie Madonna ihr eigentliches Musikprodukt in den Mittelpunkt ihrer Kommunikation zu stellen, rückte Beyoncé die Menschen in den Mittelpunkt ihres Contents, ihre emotionalen Nöte und Gefühle. Sie rührte die Fans mit ihrer Geschichte, indem sie sich selbst offenbarte, Selbstzweifel teilte und die Mädchen zu Tränen des Stolzes und der Erleichterung rührte. Sie war für sie da. Und selbst wer bisher kein Beyoncé-Fan war: Jetzt war der Zeitpunkt, ein Follower zu werden.

»Homecoming« zeigt, worum es beim Content Marketing geht: In diesem Film steht nicht das Produkt, also die Musik, im Mittelpunkt der Kreation, sondern die Menschen, für die sie gemacht wird. Diesen Paradigmenwechsel vom Produktfokus hin zum Menschen im Fokus der Content-Kreation illustriert Abbildung 2.2.

Auf der linken Seite stehen die vier P des klassischen Produktmarketingmix. Sie stehen für:

- das *Produkt*, seine Definition und Entwicklung
- dessen *Preis*, der einen großen Einfluss auf den Absatz hat
- seine *Platzierung/Place*, also den Ort der Vermarktung, die Vertriebs- und Distributionswege
- die *Promotion*, also Kommunikation im Sinne von Werbung, Verkaufsförderung und Öffentlichkeitsarbeit, die das Produkt bekannt machen und verkaufen helfen

Diese vier P beschreiben die Kernaufgaben der Produktmarketingverantwortlichen. In Madonnas Fall hieß das, eine Single zeitgemäßer Machart aufzunehmen, am 17.04. um 18 Uhr auf allen Kanälen zu einem bestimmten Preis verfügbar zu machen und ihren Release zu bewerben.

---

1 Andreas Borcholte, Game of Thrones. In: Spiegel, 18.04.2019: *https://www.spiegel.de/kultur/ musik/madonna-und-beyonce-mit-neuer-musik-game-of-thrones-a-1263510.html* [07.11.2020]

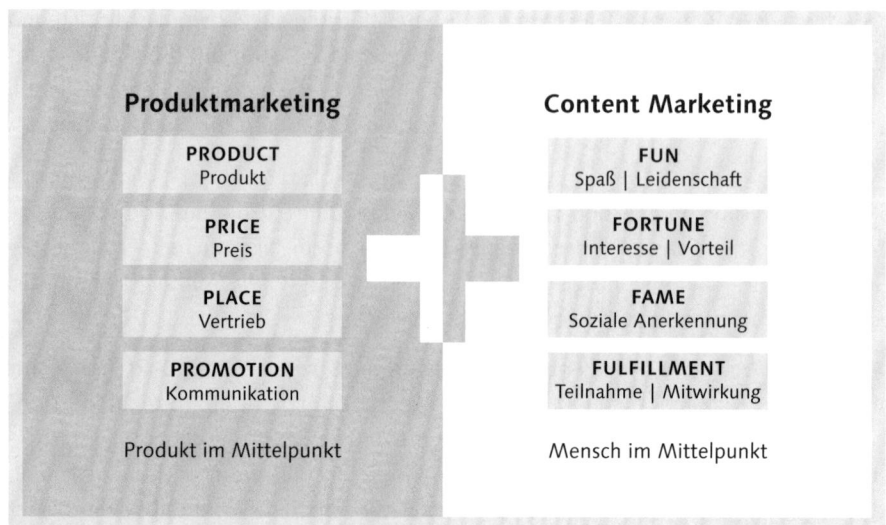

Abbildung 2.2 Beim Content Marketing stehen der Mensch und seine Motivation, die vier F, im Mittelpunkt.[2]

Ergänzen wir die vier P des Produktmarketingmix um die vier F des Content-Marketing-Mix. Sie beschreiben konkrete Bedürfnisse, die uns Menschen umtreiben:

- *Fun* – das persönliche, eher hedonistisch geprägte Bedürfnis nach Spaß und dem Frönen einer ausgeprägten Leidenschaft

- *Fortune* – ein geldwerter oder zeitlicher Vorteil, der beispielsweise schneller verfügbarem und/oder exklusivem Wissen und/oder einer besonderen Qualifikation entspringt

- *Fame* – das Bedürfnis nach Applaus, sozialer Anerkennung und herausgestellter Bekanntheit in einer Community

- *Fulfillment* – der Wunsch nach persönlicher Erfüllung durch Teilnahme und Mitwirkung an oder dem Bewahren von etwas, das einem wichtig ist

---

2   Die vier F des Content Marketings. Eigene Darstellung auf der Grundlage von Parvanta, Claudia; Roth, Yannig; Keller, Heidi; Crowdsourcing 101: A Few Basics to Make You the Leader of the Pack. Health Promotion Practice, 14. 10.1177/1524839912470654, 2013, S.163-167, online: *https://www.researchgate.net/publication/234089531_Crowdsourcing_101_A_Few_Basics_to_ Make_You_the_Leader_of_the_Pack* [23.11.2020]; siehe auch Wolfgang Henseler, Social Media Branding. Markenbildung im Zeitalter von Web 2.0 und App-Computing. In: Brand Evolution – moderne Markenführung im digitalen Zeitalter. Wiesbaden, Gabler Verlag 2011

Alle vier Bedürfnisse können durch kreative, empathisch konzipierte Inhalte befeuert, inspiriert, befähigt oder sogar befriedigt werden. Der Auftrag an die Content Creators lautet also: »Kümmert euch mit Inhalten um die Bedürfnisse der Menschen, nicht um das Bewerben des Produkts.« Oder: »Produziert hilfreiche Inhalte (statt Produkte).« In diesem Sinne mag sich Beyoncé im Vorfeld der Konzeption und der Idee für »Homecoming« folgende Fragen gestellt und entsprechende Antworten gefunden haben:

- Was *motiviert* meine Community? Freude an Musik und diese gemeinsam zu feiern

- Was *fehlt* den Menschen, ihre Motivation zu leben? Selbstvertrauen, Stolz, gleichberechtigte Teilhabe an Bildung, Kultur und Gesellschaft

- Was für ein *Bedürfnis* entsteht aus diesem Mangel? Bedürfnis nach Anerkennung, Bestätigung und unbeschwerter Freude am Leben

- Und was ist der daraus resultierende *Bedarf*, den sie mit ihrer (fachlichen, psychologischen, ...) Kompetenz und entsprechenden Inhalten glaubwürdig bedienen kann? Black Empowerment: die erleichternde Erkenntnis, trotz aller Widrigkeiten des Lebens etwas erreichen zu können

Dieser Paradigmenwechsel bei der Kreation von Inhalten für und rund um Menschen fällt denen enorm schwer, die bisher gewohnt waren, nur über das zu sprechen bzw. zu kommunizieren, was sie am besten kennen: sich selbst, ihr Produkt oder ihr Unternehmen, beispielsweise in traditionellen Werbespots oder Anzeigen. Das ist nicht unbedingt schlecht. Solche Inhalte gehören zum klassischen *Push Marketing* (auch *Outbound Marketing genannt*). Die Effizienz dieser Art von Inhalten ist aber gesunken: Heute sind Kunden mit Informationen und Werbeangeboten geradezu reizüberflutet. Sie blenden sie als Störfaktoren aus: mit Adblockern, mit der Hilfe von Suchmaschinen wie Google oder sozialen Medien, die ebenfalls nur relevante Informationen in die Suchergebnisse und Timelines ihrer Kunden spülen wollen. Sich in diesem Umfeld Aufmerksamkeit und Reichweite zu kaufen ist teuer geworden.

Im Gegensatz zum Produktmarketing arbeitet Content Marketing nach dem Prinzip des Pull Marketings (auch Inbound Marketing genannt): Die Inhalte selbst »ziehen« die Aufmerksamkeit der Menschen hin zur Marke. Menschen suchen sogar aktiv nach solchen Inhalten. Denn sie »brauchen« und schätzen sie. Solche Inhalte erreichen ihr Publikum, ohne aufdringlich zu sein – beispielsweise durchs Teilen in den sozialen Medien. Auch mit »Homecoming« hat Beyoncé ihre Community auf Netflix förmlich »angezogen«, ohne den Menschen ihre Musik »aufdrängen«, sprich verkaufen zu wollen.

Schauen wir uns dazu und zum besseren Verständnis des ungewohnten Wesens von Content Marketing zunächst eine ursprüngliche Definition von Marketing an. Marketingprofessor Philip Kotler plädiert mit seiner Definition für einen immanenten Wertschöpfungsgedanken des Marketings:

> *»Marketing ist ein Prozess im Wirtschafts- und Sozialgefüge, durch den Einzelpersonen und Gruppen ihre Bedürfnisse und Wünsche befriedigen, indem sie Produkte und andere Dinge von Wert erstellen, anbieten und miteinander austauschen.«*[3]

Interessanterweise bezieht Kotler seine grundsätzliche Marketingdefinition nicht nur auf die Herstellung von »Produkten«. Er nennt auch »andere Dinge«, die man als Unternehmen oder als Person produzieren und teilen kann. Damit können wir seine Definition um eine wichtige Komponente ergänzen, um Content:

> *Marketing ist ein Prozess im Wirtschafts- und Sozialgefüge, durch den Einzelpersonen und Gruppen ihre Bedürfnisse und Wünsche befriedigen, indem sie Produkte und Inhalte von Wert erstellen, anbieten und miteinander austauschen.*

Bedeutet: Im Marketing geht es darum, Bedürfnisse und Wünsche von Menschen zu bedienen, entweder mit einem Produkt oder eben auch mit Content – und Letzteres nennen wir Content Marketing.

Jay Baer, Marketingexperte und Autor des Buches »Youtility«, formuliert den Anspruch hinter diesem modernen Verständnis von Marketing sehr markant:

> *»Marketing so useful people would pay for it.«*[4]

Diesen Satz könnten Sie sich als Selbstverpflichtung über Ihren Schreibtisch hängen. Denn darum geht es am Ende: Kreieren Sie nicht nur Inhalte, sondern solche, die so »wertvoll« sind, dass Menschen bereit sind, dafür zu bezahlen.

Beim Bezahlen geht es allerdings nicht um die Währung Geld. Das wäre dann doch sehr weit gesprungen, obwohl auch das möglich ist, wie das Beispiel des Onlinemodehauses ABOUT YOU mit seinen vielen Content-Formaten von TV-Sendung über Modenschau bis Kultfestival zeigt (siehe Kapitel 15, »Branded Content – Inhalte mit kreativen Partnern entwickeln«).

---

3   Philip Kotler, Friedhelm Bliemel: Marketing Management. Analyse, Planung und Verwirklichung. Stuttgart: Schäffer-Poeschel Verlag, 2001, 10., überarbeitete und aktualisierte Auflage, S. 12

4   Aus einem Interview mit Jay Baer in: Kerry O'Shea Gorgone, Marketing So Useful, People Would Pay for It, MarketingProfs: *https://www.marketingprofs.com/podcasts/2013/11191/content-youtility-jay-baer-marketing-smarts* [03.04.2021]

Sondern Menschen bezahlen dafür:

- *mit ihrer Zeit*, die sie nun für die Lektüre oder das Anschauen Ihres Contents aufbringen (anstatt sie mit Freunden oder Inhalten ihrer Influencer auf YouTube oder auf Netflix zu verbringen)
- *mit ihren Daten*, die sie bewusst oder zumindest unterschwellig toleriert im Gegenzug für den Konsum des Inhalts hinterlassen
- *mit ihrer Reputation*, also ihrem guten Ruf, durch das Teilen Ihrer Inhalte in ihrer Community, weil sie überzeugt sind, dass diese richtig oder wichtig für andere Gleichgesinnte sind oder aus einem Stoff sind, mit dem sie bei ihren Followern Eindruck machen können

Media-Experte Thomas Koch geht bei der Erklärung von Content Marketing noch einen Schritt weiter: Dessen Inhalte sollten aus seiner Sicht nicht nur relevant sein, denn …

> »… *das muss Werbung auch, sondern für die Zielgruppe bisweilen unentbehrlich.*«[5]

Warum aber sollte ein Unternehmen kostenlos wertvollen und sogar unentbehrlichen Content zur Verfügung stellen? Die Erklärung gibt das folgende Fallbeispiel.

Beispiel: »The Furrow« – wertvoller Content im B2B

(Fast) unentbehrliche Inhalte, die von Kunden erwünscht, deren regelmäßiges Erscheinen sogar ersehnt wird, produziert der US-Landwirtschaftsmaschinenbauer John Deere mit seinem Magazin »The Furrow« (übersetzt: »Die Furche«, *www.thefurrow.com*).

»The Furrow« richtet sich an Landwirte und Viehzüchter und erschien erstmals im Jahr 1895. Das Ziel war, diese über Folgen der Industrialisierung und geänderte Anforderungen an ihre Betriebe und deren Führung aufzuklären. Der Sohn des Firmengründers hatte erkannt, dass Farmer einen hohen Bedarf an Aufklärung im Umgang mit neuen Technologien hatten. Anstatt ihnen also die eigenen Maschinen anzupreisen, bot und bietet »The Furrow« zusätzliches Coaching für das wirtschaftliche Überleben. Den Markennamen John Deere sucht der Leser dabei vergeblich im redaktionellen Magazinteil. Diese Konzentration auf die Aufklärung der Farmer war damals eine revolutionäre Idee.

Was ist das Ergebnis? Stellen Sie sich dazu vor, Sie sind Farmer und von einem Tag auf den anderen brauchen Sie einen neuen Mähdrescher, weil der alte den Geist aufgegeben hat. An wen würden Sie sich wenden? An einen x-beliebigen Maschinenproduzenten aus den Gelben Seiten oder aus der Google-Suche? Oder doch an das Unternehmen, dass Ihnen schon seit Jahren mit Rat zu Seite steht?

---

5   Thomas Koch, Content: Müll oder Kosmos. In: W&V, 12.06.2017: *https://www.wuv.de/ marketing/content_muell_oder_kosmos* [03.12.2020]

An seinem Ansatz hat John Deere übrigens bis heute nichts geändert. Das Magazin wird jetzt, als Magazin und online, Landwirten und Branchenexpertinnen in 28 EU-Ländern, Osteuropa, der GUS, dem Nahen und Mittleren Osten und Nordafrika zur Verfügung gestellt. Es bietet weiterhin eine Mischung aus aktuellen Landwirtschaftsthemen mit lokalem und internationalem Hintergrund und Best-Practice-Beispielen. Dabei geht es um Digitalisierung, Klimawandel und Genforschung, also Dinge, die moderne Farmer beschäftigen.

Abbildung 2.3 »The Furrow« bietet seit über 100 Jahren wertvolle Ratschläge für die Landwirtschaft – ohne den Namen oder die Produkte von John Deere in den Fokus zu stellen.[6]

»The Furrow« gilt in seiner Form als altes, aber leuchtendes Beispiel für Content Marketing, wie wir es heute kennen. »Youtility«-Autor Jay Baer erklärt die Denke dahinter mit dem Unterschied zwischen den Begriffen *Selling* und *Helping*, also zwischen Verkaufen und Helfen:

> »*If you sell something, you make a customer today. If you help someone, you create a customer for life.*«[7]

Meint: Wenn Sie heute etwas verkaufen, haben Sie einen Kunden und kurzfristigen Erfolg. Wenn Sie jemandem mit Rat und Tat helfen, gewinnen Sie dagegen einen Kunden fürs Leben, und Sie gestalten eine Beziehung mit langfristigem Erfolg. Und genau das ist Content Marketing: Beziehungsmanagement.

---

6 *https://thefurrow.co.uk/*

7 Jay Baer, Youtility. Why Smart Marketing is About Help not Hype: *https://www.youtube.com/ watch?v=a8x0K9pPOSI* [02.12.2020]

Solche Pull-Inhalte haben allerdings keine kurzfristige Impulskraft für messbare ökonomische Ergebnisse, wie Push-Inhalte es haben. Das macht die Durchsetzung dieses Paradigmenwechsels in Unternehmen, die an kurzfristigem Erfolg orientiert sind, entsprechend schwer. Erkennt ein Unternehmen den Wert einer langfristig aufzubauenden Kundenbeziehung nicht, ist es oft ein schwieriges Unterfangen, Budgets und notwendigen personellen Einsatz für die Kreation im Sinne des Content Marketings zu bekommen.

Deshalb: Wenn Sie in einem Unternehmen arbeiten, führen Sie Produkt- und Content Marketing zusammen. Überwinden Sie die organisatorischen Silos. Anstatt Marketing nur als etwas zu betrachten, das alle Produktmerkmale und -nutzen abdeckt, decken Sie breitere Kunden- und Interessentenbedürfnisse auf. Erarbeiten Sie als Content Creator passende kreative Inhalte dazu. Produkt- und Content Marketing ergänzen sich so, arbeiten auf Augenhöhe und Hand in Hand, um Kunden anzusprechen.

Der Schlüssel zum potenzierten Erfolg liegt in der Konsistenz von Wertversprechen und Botschaften. Daher brauchen Sie für Ihre Content-Kreation eine auf alle anderen Aktivitäten im Unternehmen abgestimmte Strategie. Wie Sie eine solche Strategie aufbauen, dass schauen wir uns im nächsten Abschnitt an.

2.2   Content-Kreation braucht Content-Strategie

Folgendes nicht unrealistische Szenario verdeutlicht, warum Sie für Ihre Content-Kreation strategische Klarheit brauchen: Stellen Sie sich vor, Sie arbeiten in einem mittelständischen Unternehmen. Mit Geduld und vielen Argumenten haben Sie Ihren Chef überzeugt, dass Content Marketing die zeitgemäße Art und Weise zu kommunizieren ist. Nun machen Sie sich mit Feuereifer an die Arbeit. Sie entstauben den seit dem Weggang Ihres Azubis verwaisten Facebook-Kanal Ihres Unternehmens. Dazu eröffnen Sie auch einen Instagram-Account. Sie beginnen, die schönsten Bilder aus dem Unternehmensbericht zu posten.

Nach vier Wochen bittet Ihr Chef Sie freundlich zu einem Gespräch. Er möchte erfahren, wie es läuft: »Ist schon was passiert?« Sie zeigen ihm Ihre erfolgreichsten Posts und berichten, welche kreativen Formate Sie für welche Kanäle entwickelt haben. Sie betonen, wie oft sie Inhalte posten und teilen. Dann stellt Ihr Chef Ihnen nach einer halben Stunde eine einzige Frage: »Was hat uns das gebracht?« Stolz berichten Sie über die 100 neuen Follower. Aber der Fragende zeigt sich nur mäßig beeindruckt.

In diesem Moment wird klar: Sie sind zwar mit viel Eifer und Freude in die Content-Kreation eingestiegen, haben aber wichtige Fragen zuvor nicht geklärt. Sie haben vielleicht einen umfangreichen Redaktionsplan aufgesetzt, sich aber nicht damit auseinandergesetzt, wie Ihr Unternehmen Geld verdienen möchte. Sie haben keine Strategie, die abgestimmt ist auf das, was Ihr Chef als Erfolg definiert hat. Für Sie sind die 100 Follower ein schöner Erfolg. Für ihn wirken sie beliebig, denn er kann sie nicht der einen wichtigen Zielgruppe zuordnen, die über den Geschäftserfolg entscheidet. Die positive Resonanz ist damit als Argument verpufft.

Stärken Sie Ihre Content-Kreation also mit einer ausführlichen und klar formulierten Content-Marketing-Strategie. Dabei ist es unerheblich, ob Sie in einem großen Unternehmen für den Content verantwortlich sind, mit einem eigenen Betrieb selbstständig oder als Influencer in eigener Sache unterwegs sind. Beschäftigen Sie sich im Vorfeld der Ideenentwicklung und deren Ausarbeitung mit W-Fragen. Das sind die Fragen, die Ihnen gute Journalisten stellen würden:

- *Warum* kreieren Sie Content? Mit welchem Ziel?
- *Für wen genau* produzieren Sie die Inhalte?
- *Was* für Inhalte brauchen diese Menschen?
- *Wie* produzieren Sie die Inhalte?
- *Wo* publizieren Sie die Inhalte?
- *Wann/wie oft* publizieren Sie sie?
- *Woran* messen Sie den Erfolg?

Beispiel: Netflix und die W-Fragen

An einem eindrucksvollen Beispiel aus der Content-Produktion in der Filmindustrie kann man die Bedeutung dieser Fragen gut veranschaulichen.

Ein klassischer TV-Sender produziert für eine neue angedachte Serie mit hohem Aufwand eine Pilotfolge. Diese strahlt er aus – als Test. Goutiert das Publikum Stoff, Inhalte, Setting, Schauspieler und die Story, geht die Produktion in Serie. Ansonsten wird sie nicht weiterverfolgt. Ganz anders geht Netflix vor, wie das Vorgehen bei der Produktion von »House of Cards« zeigt.[8]

Bevor die Produktion losging, beantworteten sich die Verantwortlichen die W-Fragen wie folgt:

- **Warum?** Netflix möchte seine Führung im Online-TV ausbauen und sichern und sucht daher nach Blockbuster-Stoffen für neue Serien.
- **Für wen?** Netflix will ein neues, junges Publikum ansprechen. Das hat neue Sehgewohnheiten wie *Binge Watching* entwickelt: Es schaut losgelöst von Sendezeiten eine ganze Staffel in einem Zug durch.

---

8 Wikipedia, Stichwort »House of Cards«: *https://de.wikipedia.org/wiki/House_of_Cards* [09.09.2020]

- **Was?** Die Kreativen des Studios legten den Verantwortlichen eine britische Miniserie im Original mit dem Titel »Ein Kartenhaus« vor. Ihre Idee war, diese für eine amerikanische Version neu und amerikanischer zu adaptieren.

  Würde das Publikum den Stoff mögen? Anstatt nun einen Pilotfilm zu produzieren, analysierten die Verantwortlichen ihre digitalen Kundendaten. Wider Erwarten gab es da ein großes interessiertes Publikum für die Story-Idee mit anspruchsvollen Handlungssträngen und durchaus komplexen Charakteren. Auch Regisseur Fincher und die Besetzung mit dem (damals noch skandalfreien) Kevin Spacey würden dem Publikum laut Datenpool gefallen. Damit war die Frage nach der Relevanz des Stoffes zuverlässig mit Ja beantwortet.

- **Wie?** Das Drehbuchautorenteam mietete sich in einem dreistöckigen Gebäude in Venice ein und begann, einen spannenden Redaktions- bzw. Kreationsprozess: Die dreizehn Drehbücher der ersten Staffel wurden komplett durchgeschrieben. Der leitende Produzent hieß Willimon und saß im obersten Stockwerk, das Autorenteam in den unteren Etagen. Er machte ständig Änderungen am Drehbuch – sogar noch während der Dreharbeiten. Auf die Anwesenheit von Kollegen aus Stabsstellen verzichtete man beim Dreh dagegen.[9]

- **Wo?** natürlich als Onlinestreaming auf Netflix

- **Wann?** on demand

- **Wie oft?** als erste Serienstaffel mit 13 Folgen

Nun produzieren Sie als Content-Verantwortlicher vermutlich keine neue Netflix-Serie. Aber dennoch sollten Sie sich die gleichen Fragen wie die Produzenten der Erfolgsserie stellen. Am Ende konkurriert Ihr Content mit Inhalten wie diesem um Aufmerksamkeit und knappe Zeit Ihres Publikums.

2.3   Content Marketing und Content-Strategie – zwei Seiten einer Medaille

Die oben genannten Fragen bestimmen eine Content-Marketing-Strategie – das Zusammenwirken von Content-Strategie und Content Marketing. Klären wir zunächst die Aspekte einer Content-Strategie. Kristina Halvorson definiert den Begriff wie folgt:

> »*Content strategy guides planning for the creation, delivery, and governance of useful, usable content.*«[10]

---

9   Philipp Vetter, Darum sind US-Serien so gut. In: Merkur, 13.02.2014: *https://www.merkur.de/tv/fernsehen-serien-usa-house-of-cards-homeland-beliebt-3365014.html*

10 Kristina Halvorson, Content Strategy for Marketers: Insights, Content Marketing Institute: *https://contentmarketinginstitute.com/2015/09/content-strategy-halvorson/* [09.08.2020]

Eine Content-Strategie ist ein konkreter Leitfaden für die Planung der Kreation sowie der Bereitstellung und Verwaltung von Inhalten. Die Strategie beschreibt die grundlegenden strategischen Ziele sowie Strukturen, Prozesse und inhaltliche Richtlinien, an denen Sie Ihre Content-Kreation ausrichten, um Inhalte effizient zu produzieren und zu distribuieren. Sie ist damit so etwas wie die Arbeitsgrundlage für die immer und immer wieder neu zu produzierenden Inhalte des Content Marketings, für die Menschen wie gesagt bereit sind zu zahlen. Die beiden Begriffe sind also zwei Seiten ein und derselben Medaille, nämlich Ihrer erfolgreichen Content-Kreation. Schauen wir uns die beiden Seiten genauer an (siehe Abbildung 2.4).

CONTENT-STRATEGIE

Ziel & Zweck
Marke & Haltung
Motivationen/Persona
Content-Analysen
Nutzerforschung
Strukturen & Prozesse
Verantwortlichkeiten
Redaktionsplanung/Workflows
Vorgaben für Tools
Guidelines (Sprache, Design)

CONTENT-MARKETING

Idee
Themenfindung
Content-/Story-Framework
Kreation
Formate
Kanaleinsatz
Vermarktung
Erfolgskontrolle

Vorbereitung   **Entwicklung**

Abbildung 2.4 Die zwei Seiten der Content-Kreation: organisatorische und strategische Vorbereitung und kreative Entwicklung von Content[11]

In der Content-Strategie formulieren Sie auf der einen Seite einmalig und grundsätzlich Ziele und Strukturen Ihrer Content-Kreation. Diese legen Sie einmal fest und verabschieden Sie. Wichtige Aspekte, mit denen Sie sich zur Erstellung Ihrer Strategie beschäftigen sollten, sind dabei:

---

11 Eigene Darstellung nach Doris Eichmeier, Akademie der Deutschen Medien und *https://pr-blogger.de/2015/04/21/wie-wichtig-ist-content-strategie-fuer-das-content-marketing/* [10.08.2020]

- *Ziel & Zweck* Ihrer Content-Kreation (siehe Kapitel 6, »Die richtigen Ziele setzen und erreichen – mit Content-Kreation zum Unternehmenserfolg«)

- *Ihre Marke*, die sich mit Ihren Werten und Ihrer Haltung in den Inhalten widerspiegelt (siehe Kapitel 3, »Marken verstehen – und mit Content führen«, Kapitel 4, »Inhalte kreieren, die Marke und Mensch zusammenschweißen«, Kapitel 5, »›Ich bin Marke‹ – mit Inhalt und Haltung zum Personal Branding«)

- *Budget, das Ihnen zur Verfügung steht oder um das sie werben müssen* (siehe Kapitel 29, »Budgets bestimmen – was Content kosten darf«)

- *Nutzerforschung*, die bestehenden Mangel, daraus entstehenden Bedarf und die entsprechenden Bedürfnisse und Motivation der Menschen sichtbar und als Inspiration nutzbar macht (siehe Kapitel 7, »Mit der Persona zur besseren Zielgruppe – Communitys aufbauen und pflegen«, Kapitel 8, »Insights – finden Sie Themen, die Menschen bewegen«, Kapitel 9, »Customer Journey – die Reise des Kunden verstehen und mit Inhalten begleiten«)

- *Organisatorische Strukturen, Prozesse, Workflows und Tools*, die Ihren Produktionsprozess standardisieren und damit planbar und effizient machen (siehe Kapitel 24, »Den Kreationsprozess organisieren – mit Redaktionsplan, Kanban und im Newsroom«)

- *Rollenbeschreibungen und Verantwortlichkeiten* für alle, die an Ihrem Kreationsprozess beteiligt sind (siehe Kapitel 23, »Rollen und Kompetenzen – vom talentierten Einzelkämpfer zum Content-Creator-Team«)

- *Guidelines* für Marke, Sprache und Design, die für einen einheitlichen Auftritt in allen Medien und an allen Kontaktpunkten sorgen

---

Tipp: Der Umgang mit Ihrer Content-Strategie

Ihre Content-Strategie ist das Manifest Ihrer Kreation. Halten Sie Ihre Strategie daher für alle Content-Verantwortlichen, die am Projekt oder im Team arbeiten, schriftlich fest, hinterlegen Sie sie für jeden erreichbar, damit Sie sie konsequent durchsetzen können.

Und worum geht es auf der anderen Seite im Content Marketing?

- *Idee:* Wie kommt man zur zündenden kreativen Idee, die Ihre »Content-Stücke« im Rahmen Ihres Frameworks besonders machen (siehe Kapitel 11, »Der kreative Prozess – der schnelle Weg zur zündenden Idee«)?

- *Themenfindung:* Welche Inhalte interessieren das Publikum, das Sie laut Strategie ansprechen möchten? Sind das z. B. berufliche oder private Interessen, brauchen Sie Inspiration zu einem speziellen Thema oder für Ihr Leben? (siehe Kapitel 10, »Die Content-Marketing-Mission – das inspirierende Sprungbrett für die Content-Kreation«)

- *Content-Framework:* Welchen inhaltlichen und kreativen Rahmen können Sie aus diesem Thema heraus definieren, in den Sie dann Ihre einzelnen Content-Stücke »hineinarbeiten«? Bei John Deere wäre der Rahmen etwa: »Ratschläge und Anleitungen für die erfolgreiche und zeitgemäße Landwirtschaft« (siehe Kapitel 10, »Die Content-Marketing-Mission – das inspirierende Sprungbrett für die Content-Kreation«).

- *Story-Framework*: Wie findet und erzählt man packende Storys, die Menschen begeistern, sie zum Lachen oder zum Weinen bringen, Gänsehaut verursachen und über die sie mit ihren Freunden sprechen (siehe Kapitel 12, »Storys – warum wir Geschichten lieben«, Kapitel 13, »Storytelling – Geschichten richtig erzählen«).

- *Kreation:* Wie setzt man die Idee packend und hochwertig um (siehe Kapitel 14, »Content-Marketing-Kampagne – wie Sie mit einer Leitidee crossmedial sichtbar werden«, Kapitel 15, »Branded Content – Inhalte mit kreativen Partnern entwickeln«, Kapitel 20, »User-generated Content – authentische Inhalte für Menschen von Menschen«, Kapitel 21, »Create Content mit Influencern – Marketing auf Augenhöhe«, Kapitel 22, »Content Curation und Content Recycling – mit bestehendem Inhalt neuen Mehrwert bieten«).

- *Formate:* Welche Formate wählen Sie für die Umsetzung Ihrer Ideen, weil Ihr Publikum sie gerne und oft nutzt: Videos, Artikel, GIFs, Podcasts … (siehe Kapitel 26, »Social Media strategisch nutzen – mit den richtigen Kanälen und passenden Formaten«, Kapitel 16, »Visueller Content – von der Infografik bis zur Fotografie«, Kapitel 17, »Video-Content bleibt im Kopf – mit Bewegtbild begeistern«, Kapitel 18, »Audio-Content – von Radio bis Podcast«, Kapitel 19, »Schreiben können – das Geheimnis guter Texte«).

- *Kanaleinsatz:* Welche Kanäle nutzt Ihr Publikum, die Sie mit Ihren Formaten bespielen sollten (siehe auch Kapitel 26, »Social Media strategisch nutzen – mit den richtigen Kanälen und passenden Formaten«).

- *Vermarktung:* Wie sorgen Sie dafür, dass Ihr Content gesehen und gefunden wird? Auch das gehört zum Content Marketing. Denn von ganz allein findet Ihr Inhalt den Weg zum Publikum nicht. Wie das Produkt braucht Content Anschub und eine entsprechende Google-freundliche Auffindbarkeit (siehe Kapitel 25, »Visibility – mehr Reichweite und Sichtbarkeit für Ihren Content«, Kapitel 27, »Mehr Engagement – so triggern Sie Ihre Community«).

- *Erfolgskontrolle:* An welchen Zahlen können Sie den Erfolg Ihres Inhalts messen? Natürlich abgestimmt auf die übergreifenden Ziele Ihrer Content-Strategie (siehe Kapitel 28, »KPIs und Metriken – Erfolg lässt sich messen«).

Der Content-Stratege Michael Andrews beschreibt das Zusammenspiel von Content Marketing und Content-Strategie so:

> »If content strategy is about the functional side (don't waste people's time, give them exactly what they are seeking), then content marketing is about the emotional side (make them like being with you).«[12]

Während Sie also mit der Content-Strategie festhalten, für was, wen und wie die Produktion sein bzw. funktionieren soll, sorgen Sie mit der Erarbeitung kreativer, hochwertig produzierter, relevanter und bestenfalls unterhaltsamer Inhalte im Content Marketing dafür, dass Menschen gerne ihre Zeit mit Ihnen bzw. Ihrer Marke verbringen.

Kurz gesagt gibt es ohne eine klare Strategie keinen kreativen und wertvollen Content. Erst die Strategie macht Ihre kreative Arbeit effektiv und ergebnisorientiert. Sie definiert Prozesse, damit man sie nicht immer wieder neu aufsetzen muss, und macht die Content-Kreation mit Blick auf die strategisch langfristig festgelegte Richtung und eingesetzte Ressourcen effizient. Umgekehrt gilt aber auch: Ohne kreativ und herausragende Inhalte ist die beste Strategie nichts wert. Seien Sie daher mutig, und gehen Sie auf Basis Ihrer einmal definierten Strategie immer wieder neue Wege. Ihr Publikum soll sich Ihren Content schließlich genauso gerne anschauen wie »House of Cards«. Das ist der Maßstab für Ihre Content-Kreation.

2.4   Content-Marketing-Strategie – die neun Stufen des Kreationsprozesses

Um Ihnen den Einstieg in eine zielgerichtete Content-Kreation mit allen strategischen und kreativen Grundlagen zu erleichtern, organisieren Sie Ihr Zusammenspiel von Content-Strategie (dunkelgraue Punkte in Abbildung 2.5) und Content Marketing (hellgraue Punkte in Abbildung 2.5) in einem neunstufigen Prozess: der Content-Marketing-Strategie.

---

12 Michael Andrews, Finding the hidden ROI in content marketing, Story Needle: *https://storyneedle.com/category/content-marketing-2/page/5* [23.07.2020]

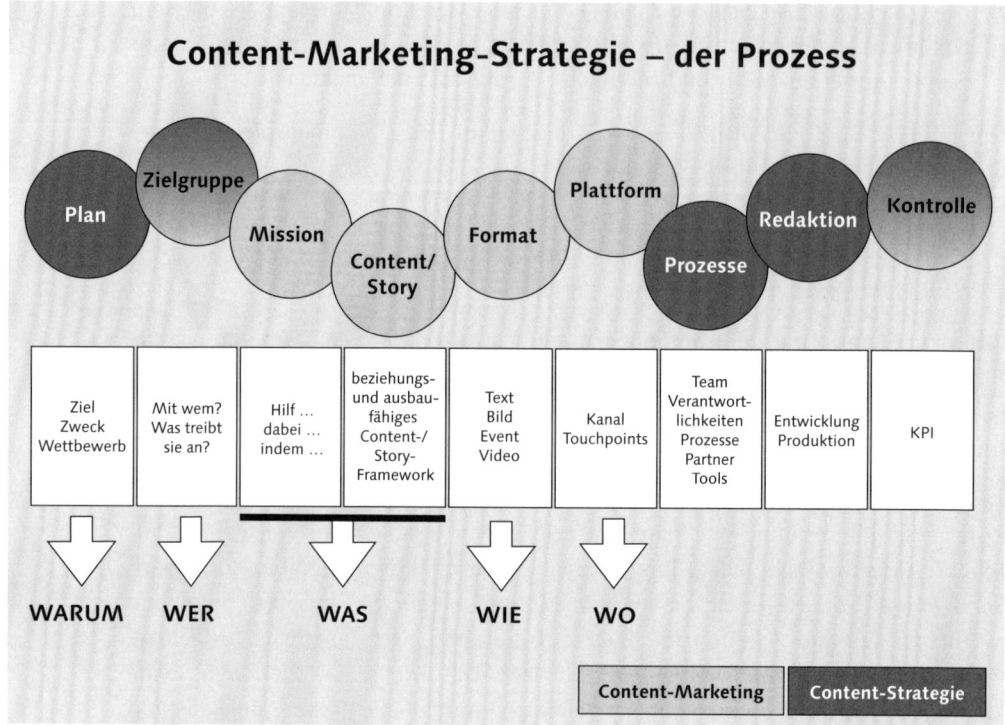

Abbildung 2.5 Die Content-Marketing-Strategie: der Kreationsprozess in neun Stufen

1. *Definieren Sie Ihr Ziel und halten Sie es fest – schriftlich*: Warum machen Sie das alles eigentlich? Dieser erste Schritt ist oftmals unbequem. Denn Ziele sind nicht immer klar, oft nicht formuliert oder gar nicht kommuniziert. Dennoch: Ob Sie als Content-Verantwortlicher in eigener Sache, als Experte im Unternehmen oder für Ihren Erfolg als Influencer arbeiten: Setzen Sie sich klare Ziele. Wenn Sie im Unternehmen arbeiten, stimmen Sie Ihre Ziele unbedingt auf die der Unternehmensstrategie ab. Lassen Sie sich Ihr Ziel von der Geschäftsführung absegnen. Nur mit Zielen können Sie Ihr Budget zweckmäßig argumentieren und Ihren Erfolg dokumentieren. Halten Sie diese Ziele verbindlich und schriftlich fest. So vermeiden Sie ständiges Umformulieren und Neupriorisieren von Zahlen und Zielen durch direkt oder indirekt Beteiligte. Letzteres mündet oft in ergebnisloses Arbeiten und führt in Kreation und Produktion zu Frust und Budgetverschwendung.

Tipp: Behalten Sie Ihre Ziele im Blick

Wenn Sie Ihre Ziele stets im Auge behalten, werden diese Sie auch in turbulenten Zeiten auf der Spur halten.

---

2. *Legen Sie Ihre Zielgruppe fest:* Wer, sprich welche Zielgruppe hilft Ihnen, das vereinbarte Ziel am effektivsten oder am schnellsten zu erreichen? Seien Sie bei dieser Festlegung so akkurat und präzise wie möglich. Involvieren Sie auch Verantwortliche der Fachabteilungen, für die Sie Content erstellen möchten. Will die Personalabteilung Ihres Unternehmens auf der Corporate-Website beispielsweise ganz konkret IT-ler rekrutieren, weil hier die Not am größten ist, wird Ihnen das als Ziel formuliert enorm weiterhelfen. Denn das bedeutet, dass Sie Content für die Bedürfnisse von Menschen mit IT-Hintergrund erstellen werden – und nicht etwa für Buchhalter oder Marketingverantwortliche. Auch eine Unterscheidung in Bestands- oder Neukunden wirkt sich massiv auf Ihre Inhalte, die Wahl Ihrer Kanäle und Budgetallokation aus. Bestandskunden haben Sie schon in Ihrer Kundendatei. Sie wissen auch, was diese bewegt, wo Sie sie ansprechen können (im eigenen Laden, in der Facebook-Gruppe oder im monatlichen Newsletter). Infos und Daten über Neukunden dagegen müssen Sie teuer einkaufen bzw. aufwendig erarbeiten. Sie brauchen neuen Research, um deren Bedürfnisse und deren Bedarf zu recherchieren.

Tipp: Fokus macht effizient

Content Marketing heißt, langfristig Beziehungen zu einigen, nicht mehr zu allen aufzubauen. Hüten Sie sich als Content-Verantwortlicher vor Briefings, in denen »alle« als Zielgruppe stehen. Das wird Sie nur zu mittelmäßigen Inhalten anstiften, die dann später niemanden beeindrucken oder interessieren.

---

3. *Schreiben Sie eine Content-Marketing-Mission als Auftrag:* Bei der Suche nach dem inhaltlichen »Haken« geht es um eine grundsätzliche Frage: Wer braucht was und warum? Die Antwort auf diese Frage ist das Briefing an Ihr kreatives Team oder Ihre Agentur. Eine gute Content-Marketing-Mission ist das Ergebnis gründlicher Research-Anstrengungen. Sie ist keine Idee, sondern das Sprungbrett für einen kreativen Kopf, diese zu entwickeln. Sie entsteht mit viel Empathie für die Bedürfnisse Ihres Publikums bzw. Ihrer Community.

Tipp: Nutzen Sie die Content-Marketing-Mission als kreatives Sprungbrett

Nehmen Sie sich Zeit, eine solche Mission in Ruhe zu formulieren. Sie wird Ihre Ideenfindung für Inhalte mit »Wow-Effekt« für längere Zeit beflügeln.

---

4. *Finden Sie einen kreativen Rahmen für Themen und Storys, die Menschen bewegen:* Sie selbst, Ihre Mitarbeiter, Ihre Agenturpartner, Redakteurinnen oder Social-Media-Expertinnen werden mit der Mission ein Sprungbrett für Themenbündel finden, die Ihre Zielgruppe beschäftigen: Was interessiert sie? Sie können mehrere Storys in einer zusammenhängenden Serie kreieren, die Ihre

Community fesselt und bewegt, weil sie Teil dieser Geschichte werden möchte, oder Tools für ein ganz bestimmtes Anliegen. Wir reden in diesem Zusammenhang vom Vorgeben eines Content- oder Story-Frameworks: einer konkreten »Themenvorgabe« oder »Serien-Gedankens«, in die Sie und Ihr Team viele kreativen Ideen zusammenhängend »hineinarbeiten« können.

5. *Wählen Sie das passende Format:* Eignet sich für die Umsetzung einer Idee oder Story eher ein Video, ein geschriebener Artikel oder ein Whitepaper? Blicken Sie auf Ihre Zielgruppe: Hat sie Zeit für ein Video? Oder liest sie lieber – lange oder kurze Texte? Zählen hier eher Listen oder ausführliche Beschreibungen? Wie also sollten Sie die Inhalte verpacken?

Tipp: Berücksichtigen Sie den Kontext

Überlegen Sie genau, in welchem Umfeld oder in welcher Situation Sie Ihre Zielgruppe erreichen möchten. Nicht immer ist beispielsweise ein Bildschirm in der Nähe der Menschen, für die Sie die Inhalte erarbeiten.

6. *Legen Sie (erst jetzt!) den Kanal fest:* Wo erreichen Sie Ihre Zielgruppe mit diesem Format am effektivsten? An diesem Punkt wird klar: Ein »Lass uns mal was auf TikTok machen« ist passé. Zu groß ist die Gefahr, dass Sie zwar in Ihrer Kanalwahl voll im Trend liegen, aber Ihre Zielgruppe verfehlen, vielleicht sogar, weil diese diesen Kanal nicht, nicht mehr oder noch gar nicht benutzt.

Tipp: Bespielen Sie die Kanäle Ihrer Zielgruppe

Lassen Sie sich nicht von Ihrer eigenen Vorstellung verleiten. Nicht Ihre eigene Mediennutzung ist entscheidend (»Ich bin auch nicht mehr auf Facebook ...«), sondern die Ihrer Zielgruppe.

7. *Besetzen Sie Ihr Team mit Kompetenz:* Ihre Redaktion steht idealerweise, bevor Sie in die Content-Entwicklung einsteigen. Wenn Sie die Rollen und Verantwortlichkeiten klar definiert und zugewiesen haben, dann wissen Sie an diesem Punkt Ihrer Content-Kreation, an wen Sie die Idee zur Produktion weitergeben. Wohlgemerkt, das können im einfachsten Fall auch Sie selbst sein. Aber auch dann gilt: Welche Mitarbeiter oder Partner brauchen Sie, um Ihren Content in überzeugender Qualität zu produzieren? Übrigens: Selbst erfolgreiche Influencer haben oft erfahrene Cutter und Fotografen an Ihrer Seite.

Tipp: Helfen Sie Ihrem Team beim Umdenken

Wenn Sie mit einem bestehenden Team aus Redakteuren und Produzenten arbeiten, die bisher eher klassische PR- oder Kommunikationsarbeit gemacht haben, dann schulen Sie es, den Blickwinkel zu ändern – weg vom Produkt, hin zum Menschen. Vorsicht: Das kann echtes Change-Management werden, denn nicht jeder wird sofort begeistern sein, seine Komfortzone zu verlassen …

8. *Planen Sie Umsetzung und Produktion:* Denken Sie langfristig und spontan zugleich. Stellen Sie einen Redaktionsplan auf: Was publizieren Sie wann und wo, wie oft? Möchten Sie Ihren Content promoten und seeden? Auf welchen Kanälen? In einem Redaktionsplan können Sie vor allem das Vorhersehbare planen, sollten aber auch Raum für Aktuelles lassen. Jetzt schlägt auch die Stunde der Guidelines. Sie sollten für jede und jeden an der Produktion Beteiligten vertraut und allgegenwärtig sein. Arbeiten Sie in einem Unternehmen, setzen Corporate Identity, Sprachregelungen, juristische Hausregeln, Markenelemente wie Claim, Typo und Logo einen verbindlichen Rahmen. Auch Social Media Guidelines definieren die Art und Weise, was wie gesagt wird oder auch nicht.

Tipp: Pläne und Guidelines schriftlich fixieren

Halten Sie alle Pläne und Guidelines schriftlich fest und legen Sie sie zentral ab, auch für neue Mitarbeiter leicht zu finden. Denn sie sind die Basis für die Produktion dieser und kommender Inhalte.

---

9. *Kontrollieren Sie Ihren Erfolg:* Ordnen Sie Ihren Zielen entsprechend aussagekräftige Key Performance Indicators (KPIs) und Metriken zu. Diese »Erfolgsseismografen« zeigen, dass Sie mit Ihrer Arbeit auf dem richtigen Weg zum Ziel sind. Damit können Sie zeigen, wir Ihr personeller Aufwand und das eingesetzte Budget Früchte tragen. Schauen Sie genau hin: Was läuft gut, was nicht? Was sollten Sie ausbauen? Was sollten Sie fallen lassen oder wenigstens optimieren?

Tipp: Bleiben Sie konstruktiv

Wenn Ihr Content Menschen begeistert, dann gehen Sie diesen Weg mit voller Konsequenz weiter. Wenn die KPIs nicht beim ersten Mal erreicht werden, suchen Sie in den Daten nach den möglichen Ursachen und optimieren Sie, bevor Sie eine gute Idee zu schnell aufgeben.

Darum geht es also bei der Content-Kreation – um das inspirierende, effektive und effiziente Zusammenspiel von Content-Strategie und Content Marketing. In verschiedenen Kapiteln dieses Buches werden wir auf all diese Punkte und Aspekte in der Tiefe eingehen, um Ihnen Ihre Aufgaben in Ihrem Job und Ihrer Berufung als Content Creator leichter zu machen. Also, steigen wir ein in die wunderbare Welt der Content-Kreation.

Beginnen Sie von vorn, nicht in der Mitte des Prozesses

Arbeiten Sie den in Abbildung 2.5 dargestellten Prozess von Schritt 1 bis 9 durch, insbesondere wenn Sie Ihre Strategie, die Kreation und Organisation erstmalig aufsetzen. Das Buch wird Ihnen dabei helfen, sich so in Ihre Content-Produktion einzuarbeiten. Gehen Sie Schritt für Schritt vor. So bleiben Sie fokussiert und erarbeiten die Content-Strategie als wichtige Grundlage für die Kreation Ihrer ersten und auch zukünftiger Inhalte. Die (grau hinterlegten) Punkte der Content-Strategie sollten Sie wenigstens einmal erarbeitet haben. Die (roten) Schritte, in denen immer wieder neuer, schillernder, faszinierender Content entsteht, durchlaufen Sie wieder und wieder.

So bringen Sie Ihre strategischen Überlegungen immer wieder frisch, optimiert und überraschend zum Leuchten.

Kapitel 3

Marken verstehen – und mit Content führen

Ihre Marke hat für Ihre Content-Kreation eine essenzielle Bedeutung. Denn wenn Sie jemanden ansprechen, egal, ob als Unternehmen, Verlag oder Influencer, sollten Sie wissen, wofür Sie selber stehen.

Was haben Influencerin Bibi und der Sportartikelhersteller Nike gemeinsam? Kurz gesagt: Beides sind Marken. Die erste ist als Person zur Marke geworden. Ihren Inhalten rund um Make-up und Mode folgen auf YouTube und Instagram Millionen Follower. Sie lebt mit Ihrem Kanal bibisbeautypalace und einer eigenen, daraus entstandenen Pflegeserie sogar davon. Mit seinem Claim »Just do it« inspiriert Sportartikelhersteller Nike dagegen Sportler auf der ganzen Welt. Beide Marken üben eine starke Anziehungskraft auf ihre jeweilige Community aus. Deren Mitglieder bevorzugen sie nicht nur gegenüber anderen Marken, sondern sie lieben sie sogar. Sie sind echte »Lovemarks«.[1]

Menschen lieben Marken oder sie sind ihnen gleichgültig, haben vielleicht sogar eine Abneigung gegen sie. Egal, ob Sie als Person, Einzelunternehmer, Marketing- oder Personalverantwortlicher in einem Konzern, in einer Agentur oder einem Start-up arbeiten: Die Attraktivität Ihrer Marke entscheidet damit über den Erfolg Ihres Unternehmens. Eine Marke ist empfindlich, sie braucht viel Pflege und – sie kann bei falscher Führung sterben. Und Sie ahnen es sicherlich: Content, den Sie im Namen und im Auftrag Ihrer Marke kreieren, hat einen riesengroßen Einfluss darauf.

Also beschäftigen wir uns in diesem Kapitel näher mit den folgenden Fragen: Was ist eine Marke? Was macht eine Marke aus? Wie funktioniert sie? Und wie können Sie Ihre Marke aufbauen und stärken und sie damit erfolgreich machen?

---

1 Lovemarks, Markenlexikon Absatzwirtschaft: *https://www.absatzwirtschaft.de/markenlexikon/lovemarks* [08.05.2021]; Kevin Roberts, Lovemarks: the future beyond brands. New York: powerHouse Books 2004

3.1   Die Marke macht den Unterschied

Der Ausdruck *Marke*, im Englischen *Brand*, kommt ursprünglich aus dem Wilden Westen Amerikas. Nachdem ein Rancher oder ein Viehhändler seine Herde zusammengestellt hatte, ließ er die Tiere zusammentreiben. Seine Cowboys setzten den Rindern dann mit einem glühenden Eisen ein individuelles Brandzeichen ins Fell, das Branding. Es markierte die Rinder als Eigentum des Besitzers. Diese Markierungen hatten eine bestimmte Form, die meist in Beziehung zur jeweiligen Ranch stand. Es waren Initialen oder Fantasiesymbole. Diese Markenzeichen würde man heute als Logo bezeichnen. Die Zeichen mit den entsprechenden Namen ihrer Besitzer wurden in einem Brand Book festgehalten.

Die American Marketing Organisation definiert Marke daher auch geradezu historientreu wie folgt:

> »A brand is a name, term, design, symbol or any other feature that identifies one seller's good or service as distinct from those of other sellers.«[2]

Eine Marke ist also ein Name, ein Begriff, ein Design, ein Symbol und jedes andere Merkmal in Kombination. Es kennzeichnet die Ware oder Dienstleistung eines Verkäufers und macht sie von der anderer Verkäufer unterscheidbar.

Aus diesem Grund brauchen auch Sie eine eigene Marke: Um Ihr Produkt von anderen, ansonsten ähnlichen Produkten in den Augen der Konsumenten unterscheidbar zu machen. Denn Ihr eigentliches Produkt kann von anderen Unternehmen leichter kopiert werden als eine Marke. Denken Sie nur an Kaffee, Bier oder sogar Autos. Sind nicht viele dieser Produkte eigentlich austauschbar und damit zu ähnlich geworden? Deutsche Biere sind allesamt nach der gleichen Rezeptur gebraut. Kaffee, egal von welchem Hersteller, besteht aus mal mehr, mal weniger gerösteten Bohnen. Und die Autos unterschiedlicher Hersteller entstehen sogar auf denselben technischen Plattformen. Trotzdem haben wir unterschiedliche Vorstellungen im Kopf, wenn wir an die Produkte verschiedener Marken denken.

Warum? Nehmen wir das Beispiel Auto: Die meisten von uns möchten nicht nur von A nach B kommen, sondern wir möchten dabei ein bestimmtes Gefühl haben. Überlegen Sie, wie unterschiedlich Sie über die folgenden Automarken denken und vor allem fühlen und welche für Sie attraktiv ist – und welche eben nicht:

- Volvo? Gibt ein Gefühl der Sicherheit.
- BMW? Verspricht Fahrfreude.
- VW? Steht (trotz Dieselskandal) für Vertrauen.

---

2 Definitions of Marketing, American Marketing Association: *https://www.ama.org/the-definition-of-marketing-what-is-marketing* [10.08.2020]

- Mercedes? Gibt ein Empfinden von Souveränität.
- Tesla? Steht für Beschleunigung der Einführung nachhaltiger Mobilität.

All diese Markenbilder und die damit verbundenen Emotionen sind über lange Zeit mit viel Konsequenz, sprich Markenführung, und entsprechend hohen Investitionen in Produkte, Features, Werbung und Kommunikation aufgebaut worden. Dabei sind es die spezifischen Erinnerungsstrukturen in den Köpfen der Konsumenten, die diese dazu bringen, sich langfristig für genau Ihre Marke zu entscheiden und sich zu ihr zu bekennen. Sie wirken langfristig im Unterschied zu kurzfristigen Produkt-Promotions mit einem nur kurz wirkenden Kaufimpuls.

Die beiden Wirtschaftswissenschaftler und Buchautoren Les Binet und Peter Field erklären in Abbildung 3.1, warum sich das Investment in eine Marke lohnt: Eine starke Marke ist quasi der Haupttreiber für den langfristig ansteigenden Verkaufserfolg und damit für den wirtschaftlichen Erfolg eines Unternehmens:

»Brand building is the main driver of long-term growth and involves the creation of memory structures that prime consumers to want to choose the brand.«[3]

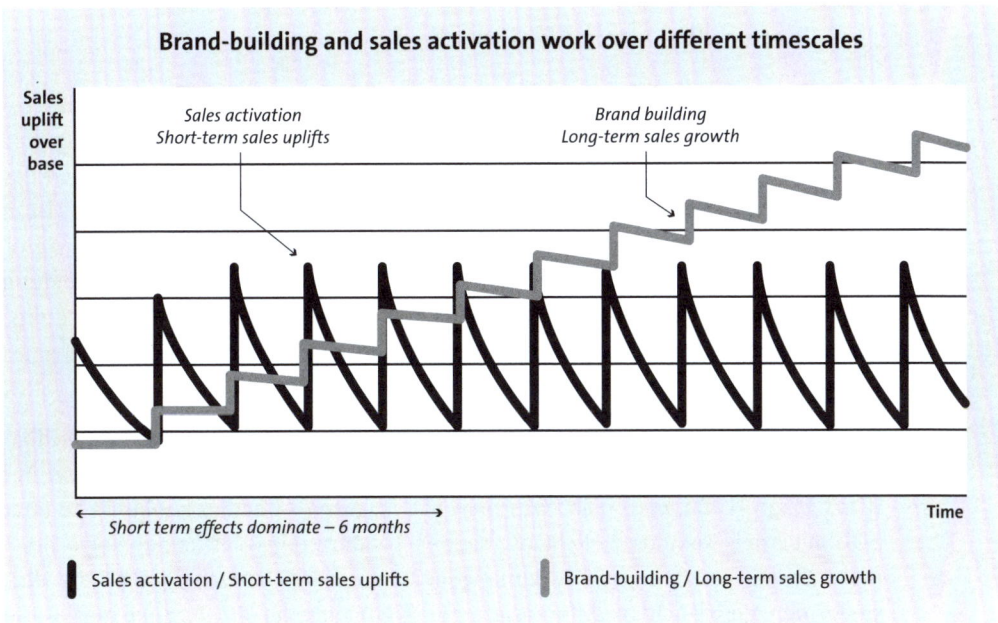

Abbildung 3.1 Markenaufbau und Sales-Aktivierung wirken nach Binet und Field über die Zeit betrachtet sehr unterschiedlich.

3 Eigene Darstellung nach: Peter Field; Les Binet, Media in Focus, Marketing Effectiveness in Digital Era. London: Institute of Practitioners in Advertising 2017, S. 16.

Rankings von großen Marktforschungsunternehmen wie Kantar oder Interbrand berechnen die monetären Werte der wertvollsten Marken der Welt. Dabei beziehen sie hauptsächlich Indikatoren für ein herausragendes Markenimage, eine hohe Markenrelevanz und eine hohe Markenloyalität der Kunden in ihre Berechnungen mit ein. In den Bilanzen der Unternehmen wird der Markenwert zwar meist gar nicht abgebildet. Aber die Bewegungen der Marken in den jährlichen Rankings nach oben oder unten sind für die Markenverantwortlichen wichtig. Gerade wenn es nach unten geht, gilt es, die Ursachen zu finden.

Wie findet man den Werttreiber, das entscheidende Differenzierungsmerkmal der eigenen Marke? Und wie baut man eine Marke heute, in der digitalen Welt, auf und aus? Was hat sich geändert? Welche Rolle spielt dabei Content und welche Content Marketing? Schauen wir für die Antworten auf diese wichtigen Fragen in die Geschichte von Markenmodellen zurück und werfen einen genaueren Blick auf das moderne Verständnis von Marke und strategischer Markenführung.

3.2   Markenmodelle damals und heute – auf der Suche nach Alleinstellung

Bis in die 1970er Jahre informierten Unternehmen Verbraucher verstärkt mit – sagen wir ruhig – Reklame über Existenz und Grundeigenschaften ihrer Produkte. Die Menschen nahmen diese Information dankbar zur Kenntnis und kauften, weil das Produkt tat, **was** es tun sollte: sauber waschen, gut riechen, satt machen. Das ist in der Sprache des Marketings der sogenannte *Benefit*, der Nutzen. Konkurrenzprodukte gab es viel weniger als heute, da fiel dem Konsumenten die Entscheidung leicht. Die Marke definierte sich fast ausschließlich über den Nutzen ihres Produkts. Also: Persil macht Wäsche weiß.

In den 1980er/1990er Jahren brachten die Unternehmen immer mehr Produkte auf den Markt, die sich im Benefit immer ähnlicher wurden. Sie wurden austauschbar – in ihrer Qualität und ihrer Leistung. Das Persil-Weiß (die weiße Dame und der Persil-Mann – »Da weiß man, was man hat ... guten Abend!«) konkurrierte jetzt z. B. mit Ariels Reinheit (»Nicht nur sauber, sondern rein«). Es kamen sogar noch mehr Konkurrenzprodukte aus dem eigenen Hause dazu ... Daher gaben die Hersteller den Verbrauchern differenzierende Argumente für ihr Produkt mit an die Hand: die sogenannte *Unique Selling Proposition* (kurz USP). Dieses einzigartige Verkaufsargument war meist aus sogenannten *Consumer Insights* abgeleitet, in Form eines Problems, das die Konsumenten haben, für das die Marke dann die Lösung bietet. Einzigartig ist das Verkaufsargument deshalb, weil es kein anderer Wettbewerber bietet, und untermauert wird es durch die passende Begründung dazu, den *Reason Why*: Die Marke Persil steht für »strahlende Reinheit«, ihre Produkte haben unterschiedliche USPs, z. B. niedriger Energieverbrauch dank Kurzwaschformel oder starke Fleckenentfernung und leuchtende Farben dank einzigartiger »4-Kammern-Form«. Und Pepsi schmeckt besser – weil sie das amerikanischere Lebensgefühl vermittelt. Es sind emotionale wie rationale Argumente, die die Kunden überzeugen sollen. Im **Wie** des jeweiligen Produkts liegt der entscheidende Unterschied zum Wettbewerb.

Die physischen wie auch emotionalen USPs spielen bis heute in der Produktwerbung eine große Rolle. Werbung will die Glaubwürdigkeit des jeweiligen USPs und seine Plausibilität durch Reasons Why unterstützen. Sie werden dort in bewährten, ausgeklügelten Beweisanordnungen werblich inszeniert, z. B. mit Side by Side (Villariba gegen Villabacho), Torture-Test (»Die Farben sind auch nach 100 Wäschen noch wie neu!«) oder Testimonials (Promis nutzen das entsprechende Produkt).

Um die Produkte und die der Wettbewerber nicht nur aus der Sicht der Verbraucher sauber auseinanderzuhalten, sondern auch konsistent führen zu können, gibt es Markenmodelle. Modelle wie der Unilever Brand Key oder das Markensteuerrad von Esch sortieren die Kriterien, die eine Marke, ihre Produkte und die USPs ausmachen, verbindlich für alle im Marketing eines Unternehmens arbeitenden Kolleginnen und Kollegen und ihre Agenturen.[4]

In diesen traditionellen Modellen steht allerdings das Produkt im Mittelpunkt, nicht der Mensch. Der spielt zwar eine wichtige Rolle bei der Definition des Insights. Aber dieser wird so formuliert, dass nur ein Produkt und produktbezogenen Werbung die Antwort sein kann – für das Content Marketing sind diese Erkenntnisse daher leider nicht so zielführend.

Mit dem Zugang aller Menschen zum Internet und dem durchgreifenden Erfolg der sozialen Medien hat die Produktfokussierung in der Werbung zudem an Stärke verloren. Neben der Tatsache, dass sich neben den Benefits nun auch die USPs immer ähnlicher werden, werden Produkteigenschaften und Werbung inzwischen geradezu demokratisch hinterfragt: Onlinerezensionen, sogenannte Ratings und Reviews von Menschen, sind für viele inzwischen relevanter und glaubwürdiger als manche Werbebotschaft. Zudem hat die Neurowissenschaft in den letzten 15 Jahren nachgewiesen, dass Menschen ihre Entscheidungen nach anderen, aber nicht unbedingt nach rationalen Produkteigenschaften treffen. Das Was und das Wie des Produkts, egal, ob rational oder emotional kommuniziert, sind gar nicht so ausschlaggebend bei ihrer Entscheidungsfindung wie man als Hersteller gerne hätte. Was aber ist dann der entscheidende Faktor?

---

4   Eine übersichtliche Darstellung unterschiedlicher Markenmodelle gibt es bei Uli Drömann, Brand Holosphere: *http://www.brandholosphere.com* [24.07.2020]

3.3   Eine Marke führen, die Menschen wirklich bewegt – mit dem Golden Circle

Stellen Sie sich vor, Sie sind eine angehende Unternehmerin, die getrieben ist von der Idee, das Ende der Plastikmüllära einzuleiten. Als besonders störend empfinden Sie die große Menge an Verpackungen, ohne die kein Einkauf mehr über die Bühne geht. Sie beschließen, selbst die Welt zu verbessern und einen kleinen Laden in Ihrem Ort aufzumachen, sein Name: »theUnpackedShop«. Hier gibt es alle Produkte, die man zum Leben braucht, von Orangensaft bis Müsli, allerdings ohne Verpackungen. Sie bieten Ihren Kunden diese Produkte in Bioqualität und vornehmlich aus der Region an.

Wie würden Sie Ihre Eröffnungsanzeige oder Ihren ersten Post auf Facebook formulieren? Vielleicht so:

> »Was wir machen? Wir bieten Produkte in Bioqualität und Regionales.
> Wie wir das machen? Wir verkaufen ohne Einwegverpackungen.
> Möchten Sie bei uns einkaufen?«

Ihre Kunden würden vermutlich eher mit einem Schulterzucken antworten und sich den Bioprodukten im Discounter zuwenden. Den Grund dafür stellt Erfolgsautor und Unternehmensberater Simon Sinek in einem der meistgesehenen, bereits im September 2009 erschienenen TED-Talks[5] vor mit seinem Modell des Golden Circles[6]. Er hat dieses zwar eigentlich nicht als Markenmodell konzipiert, sondern eher als inspirierendes Leadership-Modell für die Teamleader und CEOs dieser Welt. Dennoch haben seine Gedanken inzwischen auch erheblichen Einfluss auf moderne Markenkommunikation und Content-Kreation. Daher ist der Golden Circle zugleich ein inspirierendes Tool, das Sie für Ihre Content-Kreation nutzen können, um Inhalt zu kreieren, der Menschen wirklich bewegt.

Der Golden Circle ist, wie in Abbildung 3.2 dargestellt, ein einfacher Kreis mit drei Ebenen, mit dem Was ganz außen, dem Wie auf der mittleren Ebene und dem Warum im Zentrum. An diesem Modell lässt sich erklären, warum es manche Marken schaffen, Menschen zu inspirieren und andere nicht: Erfolgreiche Marken kommunizieren nicht nur ihr Was und ihr Wie. Sie stellen ihr Warum in den Mittelpunkt ihrer Kommunikation und bauen ihre Kommunikation und den Content darauf auf.

---

5   TED (Abkürzung für Technology, Entertainment, Design) ist eine gemeinnützige Organisation, die sich der Verbreitung von Ideen widmet, in der Regel in Form von kurzen Vorträgen (18 Minuten oder weniger): *www.ted.com*

6   Simon Sinek, How great leaders inspire action. TED: *https://www.ted.com/talks/simon_sinek_how_great_leaders_inspire_action*, 2009 [12.08.2020]

Mit dem Warum beschreibt die Marke, warum es sie überhaupt gibt, losgelöst vom Produkt und seinen Verkaufsargumenten.

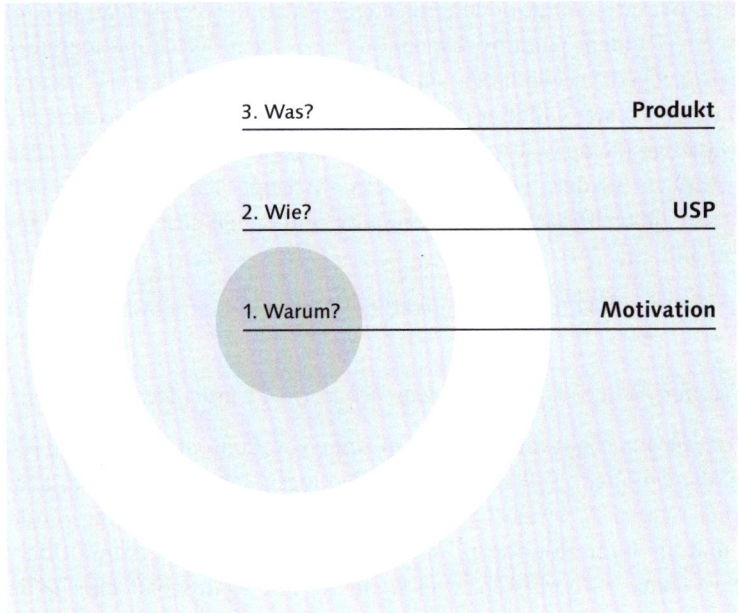

Abbildung 3.2 Simon Sineks Golden Circle[7]

Schauen wir uns dazu noch einmal das Beispiel von »theUnpackedShop« an. Anstatt, wie im ersten Satz des Abschnitts dargestellt, das Was (»Wir bieten Produkte in Bioqualität und Regionales«) und das Wie (»Wir verkaufen ohne Einwegverpackung«) an den Anfang der Story zu stellen, rücken Sie doch einmal Ihre Motivation und den Spirit Ihrer Gründung in den Mittelpunkt der Kommunikation. Und schon liest sich die Argumentation ganz anders:

- **Warum es »theUnpackedShop« gibt?** »Jeder Tag, an dem wir unserer Welt ein Stück Müll ersparen, ist ein guter Tag.« Nach der Formulierung Ihres neuen Warum entschließen Sie sich als Gründerin sogar, Ihren Laden nicht mehr »theUnpackedShop«, sondern »theUnpackedDay« zu nennen – was Ihrem Markenauftritt mehr Einzigartigkeit und größeres Identifikationspotenzial verleiht.

- **Wie wir arbeiten**: »Deshalb verkaufen wir all unsere Produkte ohne Einwegverpackung.«

- **Was wir verkaufen**: »Produkte in Bioqualität aus der Region.«

---

7 Eigene Darstellung nach Simon Sinek, In: Simon Sinek, David Mead, Peter Docker, Finde dein Warum (Arbeitsbuch). 3. Auflage. München: Redline Verlag 2019, S. 26

Ihr Appell oder Call-to-Action lautet entsprechend: »Helfen Sie uns mit, die Welt ein Stück besser zu machen. Möchten Sie bei uns einkaufen?«

Diese Argumentationskette klingt doch überzeugender als der Versuch zu Beginn des Abschnitts, oder? Indem »theUnpackedShop« bzw. nach der Gründungsstory nun besser »theUnpackedDay« vom Warum, dem Inneren des Golden Circles und damit aus dem Herzen seiner Gründerin, nach außen argumentiert, entwickelt die Marke eine einzigartige Magie und Anziehungskraft: Sie bietet den Kunden an, Teil der Gründungsstory zu werden. Die Kunden von »theUnpackedDay« *fühlen* sich auch zugehörig zur umweltbewussten Community und sehen sich bestätigt, ihr Kaufverhalten zu ändern.

Sinek erklärt diesen Sogeffekt (oder Pull-Effekt) der Marke in einem faszinierenden Satz:

> *»Menschen kaufen nicht, was Sie tun; Menschen kaufen, warum Sie etwas tun.«*[8]

Was bedeutet das für Ihre Content-Kreation im Sinne von Content Marketing? Als »theUnpackedDay«-Gründerin sollten Sie Ihre Gründungsgeschichte erzählen, z. B. um beim Venture Capitalist weiteres Kapital für die nächste Finanzierungsrunde einzusammeln und um Ihren Kunden auf allen Kanälen über Ihre Idee, Ihre Überzeugung und Ihre Ideale zu berichten. Und wenn Sie Ihre Kundschaft über neue Produkte informieren, also Promotion machen, oder kleine Events im Ladenlokal veranstalten, dann lassen Sie immer Ihre Motivation hinter der Ankündigung mitschwingen: Warum freuen Sie sich darüber, das Produkt im Regal zu haben? Gewisse VIPs oder Gastredner auf dem Event begrüßen Sie, weil sie genau zu dem Thema, das Ihnen am Herzen liegt, etwas zu sagen haben. Das Identifikationspotenzial mit Ihrer Marke steigt damit für all diese Menschen um ein Vielfaches. Und die Bereitschaft, bei Ihnen zu kaufen und dafür auch »mehr« zu bezahlen, ebenso.

Damit lösen Sie sich auch zugleich in Ihrer Geschäftsentwicklung von den »Fesseln« des Produktfokus. Sie können wachsen: »theUnPackedDay« kann mit der Idee »Jeder Tag, an dem wir unserer Welt ein Stück Müll ersparen, ist ein guter Tag.« zukünftig eben nicht nur Bio- und regionale Produkte verkaufen, sondern auch jede andere Warengattung in alternativer oder ohne Verpackung anbieten, z. B. Zahnpasta am Stück oder Porzellan-Seifenspender zum Nachfüllen direkt im Laden. Sogar die Einführung eines neuen, stadtübergreifenden Müllvermeidungssystems wäre möglich. Ihrer Vision kommen Sie damit auf jeden Fall näher.

---

8   Simon Sinek, How great leaders inspire action. TED: *https://www.ted.com/talks/simon_sinek_ how_great_leaders_inspire_action* [20.08.2020]

3.4   Übungen: Auf der Suche nach dem eigenen Warum – mit dem Golden Circle

Warum gibt es Ihre Marke? Was treibt Sie im Innersten an? Das herauszufinden und zu formulieren ist eine Aufgabe, die grundlegender nicht sein könnte.

Übung 1: So finden Sie das Warum Ihrer Marke

1. Organisieren Sie einen offiziellen Mitarbeiter-Workshop zum Thema »Unser Warum«. Schauen Sie sich zu Beginn mit Ihrem Team zum Einstimmen den TED-Talk von Simon Sinek an.[9]

2. Malen Sie sich nun einen Golden Circle groß auf ein Flipchart.

3. Auf der äußeren Ebene tragen Sie das ein, *was* Sie tun: das Produkt X herstellen oder den Service Y anbieten. Sicher alle Mitarbeiter in Ihrem Team, Unternehmen, in Ihrer Organisation und auch Ihre Kunden wissen, was Sie tun.

4. Auf der mittleren Ebene notieren Sie Ihr Wie: Da wird es schwieriger. Nur wenige kennen sich mit der besonderen Weise aus, wie gearbeitet wird, oder wissen, wieso das eigene Produkt besser ist als das des Wettbewerbs. Gehen Sie dem spezifischen Wie auf den Grund. Schauen Sie dazu gemeinsam in bestehende Markenmodelle hinein. Lassen Sie sich von Experten und Spezialisten im Unternehmen ihre Produkte und Services erklären oder wie sie ihre Arbeit machen. Seien Sie neugierig, besonders wenn Sie neu im Unternehmen sind. Gehen Sie auf Spurensuche: Wo liegen die differenzierenden Eigenheiten?

5. Im nächsten Schritt geht es ans Eingemachte: Auf der für Ihr Content Marketing entscheidenden zentralen Ebene notieren Sie, warum Sie oder Ihr Unternehmen tun, was Sie tun. Achtung vor dem ersten Reflex: Beim Warum geht nicht darum, Profit und Gewinn zu machen. Die beiden Aspekte sind nur das Ergebnis aller Aktivitäten. Das Warum beschreibt Ihren Geschäftszweck. Fragen Sie sich: Woran glaub(t)en die Gründer des Unternehmens und warum haben sie/Sie das Unternehmen gegründet? Im Fall, dass Sie sich selbst als Marke auf den Grund gehen möchten: Was genau ist Ihr persönlicher Antrieb? Warum sind Sie z. B. Blogger geworden? Warum möchten Sie Influencer werden? Warum stehen Sie morgens überhaupt auf?

Wenn Sie Schwierigkeiten haben, Ihr Warum »aus dem Bauch«, durch Recherche oder mit Expertenunterstützung zu finden, machen Sie im Team die folgende, nach einem Prinzip von Sinek entwickelte Übung. Sie lässt sich in einem mehrstündigen Workshop abhalten und umfasst mehrere Gesprächsrunden, die am Ende zu einigen alternativen Varianten Ihres möglichen Warums führen, von denen Sie die passende auswählen müssen.

---

9   Simon Sinek, How great leaders inspire action. TED: *https://www.ted.com/talks/simon_sinek_ how_great_leaders_inspire_action* [20.08.2020]

Übung 2: Entdecken Sie das Warum Ihrer Marke im Team

1. **Gesprächsrunde: Erzählen Sie sich gegenseitig Geschichten über Momente, in denen Sie stolz darauf waren, für Ihr Unternehmen zu arbeiten.** Es geht um Geschichten über Menschen und Ereignisse, die fassbar machen, wofür Sie, wofür Ihre Organisation in ihren stärksten Momenten steht.

2. **Gesprächsrunde: Worin besteht Ihr Beitrag als Person, Unternehmer oder Unternehmen in Ihrer Community? Was für einen konkreten Beitrag haben Sie im oder für das Leben anderer geleistet?** Drücken Sie es in Form es einfachen Aktionssatzes aus: das Leben zu genießen, bessere Leistung zu bringen, zu inspirieren, zu beschützen …

3. **Gesprächsrunde: Was erlaubten Ihre Beiträge Menschen in Ihrer Community zu tun oder zu sein? Was war die Wirkung, die Sie oder Ihr Unternehmen auf das Leben der anderen hatten?** Beziehen Sie sich dabei auf die Geschichten aus Runde 1: Denken Sie darüber nach, was im Leben der Menschen anders war, nachdem diese es mit Ihren Beiträgen zu tun hatten: Sie bekamen mehr Aufmerksamkeit, Sie fühlten sich inspiriert, neue Wege zu gehen.

4. **Teamarbeit: Formulieren Sie Ihr Warum aus einer Kombination der Ergebnisse aus den Schritten 1 bis 3** kurz in einem Satz:
   (Beitrag), damit (Wirkung).

   Die Wirkung können Sie mit einem Bild der Welt beschreiben, in der Sie als Marke mit Ihrer Community gerne leben. Schreiben Sie ruhig verschiedene Varianten auf und lassen Sie sie wirken. In welchem Statement finden Sie und Ihr Team sich am besten wieder?

   Hier ein paar freie Formulierungshilfen bekannter Marken:
   - Kreative zu befähigen, den Status quo herauszufordern (Apple)
   - Informationen der Welt zu organisieren, damit sie jedem zugänglich sind (Google)

Diese Übung ist nicht einfach, daher können Sie diesen Workshop auch professionell moderieren lassen.[10]

3.5   Denke Marke, denke limbisch

Wem der Golden Circle wie ein schlichter Zaubertrick vorkommt, dem sei versichert: Dieses Modell basiert auf den Grundsätzen der menschlichen Biologie und gibt uns zugleich den Schlüssel zur Entwicklung von großartigem Content an die Hand: Inhalte, mit denen Sie Menschen wirklich bewegen können.

---

10 Zur Anwendung und Vertiefung dieser Methode siehe: Simon Sinek, David Mead, Peter Docker, Finde dein Warum (Arbeitsbuch). 3. Auflage. München: Redline Verlag 2019; Simon Sinek, Find Your Why, *https://simonsinek.com/find-your-why/* [17.08.2021]

Denn die Evolution des Menschen hat vor 50.000 Jahren entschieden, dass unser Gehirn biologisch aus drei Teilen besteht. Diese entsprechen exakt den drei Ebenen des Golden Circles: Der Neocortex übernimmt die rationalen, analytischen Aufgaben und die Sprache. Die anderen beiden Teile bilden das limbische System. Und jetzt kommt der Clou: Letzteres ist allein verantwortlich für all unser menschliches Verhalten und fällt (fast) jede Entscheidung, und zwar ohne dass wir es merken, unbewusst, schnell ...

Denn das limbische System kommuniziert mit dem Rest des Gehirns oder Körpers, ohne große Reden zu schwingen. Es sagt uns eben nicht: »Hey, ich werde jetzt eine wichtige Entscheidung treffen, weil ich glaube, dass der Säbelzahntiger dahinten erstens gefährlich ist, zweitens hungrig aussieht und drittens nur 12 Meter weit entfernt ist, und wie ich sehe, kein Hindernis zwischen uns ist und du, Idiot, überhaupt keine Waffe hast. Lauf!« Stattdessen trifft es intuitiv die lebensrettende wie jede andere Entscheidung in unserem Leben in Bruchteilen von Sekunden: »Großkatze? LAUF!« So hat unser Gehirn uns Menschen seit Urzeiten das Überleben gerettet. Und das macht es heute noch – im Dschungel des Alltags.

Daniel Kahnemann, Nobelpreisträger und einer der einflussreichsten Ökonomen unserer Zeit, spricht in diesem Zusammenhang auch vom schnellen Denken (System 1) und vom langsamen Denken (System 2):

> »System 1 arbeitet automatisch und schnell, weitgehend mühelos und ohne willentliche Steuerung. System 2 lenkt die Aufmerksamkeit auf die anstrengenden mentalen Aktivitäten [...] darunter auch komplexe Berechnungen. Die Operationen von System 2 gehen oftmals mit dem subjektiven Erleben von Handlungsmacht, Entscheidungsfreiheit und Konzentration einher.«[11]

In System 1 entstehen *implizit* (also unbewusst) Eindrücke und Gefühle. Es sind die Hauptquellen unserer *expliziten* (also bewussten) Überzeugungen und der bewussten Entscheidungen von System 2. Wir denken also nur, dass wir rational entscheiden. System 2 erklärt uns die Entscheidung von System 1 geradezu als rational und richtig – aber allenfalls im Nachhinein oder wenn es mal irritierend und richtig kompliziert wird.

Neurowissenschaftler Hans-Georg Häusel nennt es daher auch die Marketingabteilung unseres Gehirns: Es »verkauft« uns die bereits gefällte Entscheidung als sinnvoll. Deshalb sagen wir übrigens auch, dass sich eine Entscheidung, wenn sie denn getroffen ist, richtig »anfühlt« und dass wir trotz gewichtiger Argumente »eine Bauchentscheidung« für oder gegen etwas getroffen haben.

---

11 Daniel Kahnemann, Schnelles Denken, langsames Denken. 17. Auflage. München: Verlagsgruppe Random House 2015, S. 33.

Diese biologische Eigensinnigkeit unseres Hirns ist wichtig zu verstehen. Es tut das auch, um einmal getroffene Entscheidungen nicht ständig wiederholen zu müssen. Denn das Hirn ist der größte Energiekonsument in unserem Körper. Es ist daher ständig auf der Suche nach Energiesparpotenzial – besonders im Alltag. Es baut sich daher Entscheidungshilfen, und dazu gehören auch starke Markenbilder. So stellt Neurowissenschaftler Christian Scheier fest:

> »Marken wirken im Gehirn, sie hinterlassen deutliche Spuren.«[12]

Deshalb müssen wir gar nicht mehr nachdenken, wenn wir wieder einmal Waschmittel kaufen: Persil oder Ariel? Die Entscheidung hat unser limbisches System dank eines klaren Markenbildes und einer entsprechenden Präferenz längst getroffen: Kindheit, Mutter, Gefühl von Sicherheit, Geruch von Sauberkeit ... Es spart sich damit die wiederkehrende Mühe und die Energie einer erneuten Entscheidung. Deshalb findet unser Hirn starke, differenzierende Marken auch gut.

Mit Ihrer Content-Kreation haben Sie die Chance, ein – im wahrsten Sinne des Wortes – *entscheidendes* Markenbild im limbischen System zu prägen und zu pflegen. Sie können die entscheidenden Gedächtnisstrukturen im Kopf Ihrer Kunden gestalten und damit maßgeblich deren Entscheidung für oder gegen Ihre Marke. Belohnt werden dabei Stringenz und Relevanz.

Aber um solche entscheidenden Inhalte zu schaffen, müssen Sie verstehen, mit welchen Kriterien man solche Muster aufbaut, oder besser gefragt: Nach welchen Kriterien speichert unser Hirn diese Informationen ab, damit wir es durch entsprechenden Content aufbauen und verstärkend bedienen können?

3.6   Positionieren Sie Ihre Marke in den Herzen Ihrer Community – mit der Limbic® Map

Die Antwort gibt uns die Neurowissenschaft. Hans-Georg Häusel spricht in diesem Zusammenhang vom Autopiloten, mit dem wir im Alltag unterwegs seien. Diesen hat er nach eigenen Untersuchungen mit seinem viel beachteten Modell Limbic®[13] erklärt und in der dazugehörigen Limbic® Map (siehe Abbildung 3.3) visualisiert, die wir an dieser Stelle nur kurz darstellen können.

---

12 Christian Scheier im Interview mit Christiane Treckmann: Marken sind keine Hirngespinste. In: W&V, 18.09.2020: *https://www.wuv.de/wuvplus/neuroexperte_marken_sind_keine_hirngespinste* [01.03.2021]

13 Hans-Georg Häusel, Limbic®, *https://www.haeusel.com/limbic* [10.08.2020]

Im Wesentlichen sind es demnach drei Emotionen, die wie eingebaute Programme Geist und Körper von uns Menschen gleichermaßen beherrschen, um unser Leben zu schützen und unsere biologisch eingebauten Lebensziele zu erreichen. Egal, ob der Säbelzahntiger aufkreuzt oder ein anderer Räuber: Wir reagieren gleich – mit Flucht.

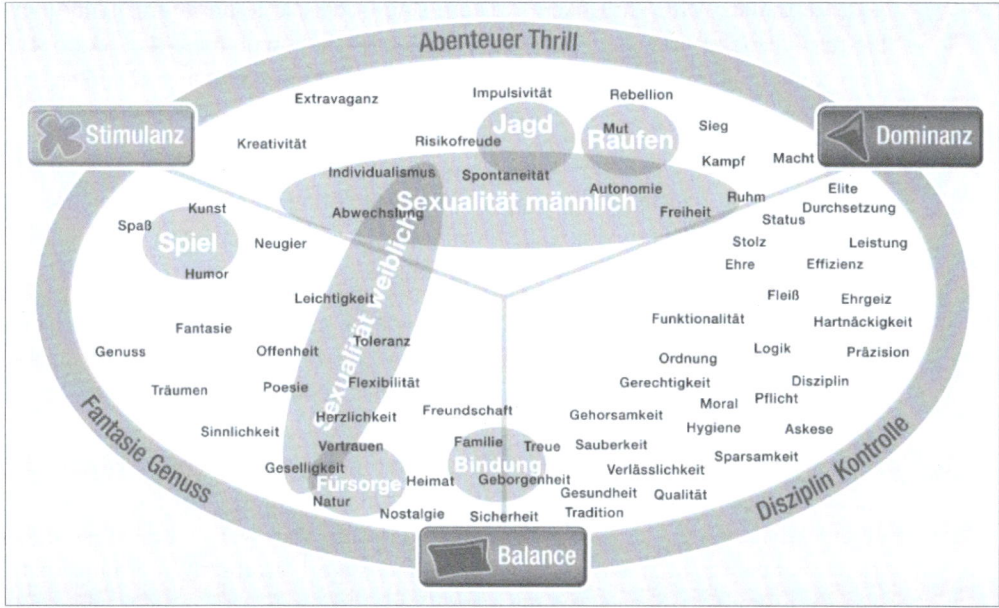

Abbildung 3.3 Die Limbic® Map zeigt, wie Motiv- und Emotionssysteme sowie Werte zusammenhängen.[14]

Die drei eingebauten Emotionsprogramme werden in der Limbic® Map visualisiert. In der Map sind die drei farbig markiert. So wird klar, dass unser Gehirn nach einer denkbar einfachen Logik arbeitet: nach Emotionen. Die drei Emotionsprogramme sind dabei das eher risikofreudige Dominanzsystem (»Ich will oben und erfolgreich sein!«), das genussvolle und neugierige Stimulanzsystem (»Ich will spielen und immer Neues erleben!«) und das risikovermeidende und sparsame Balancesystem (»Ich brauche mehr Kontrolle und Sicherheit!«). Neben diesen »Big 3« hat sich noch eine Reihe weiterer wichtiger Emotionssysteme entwickelt: Bindung (also soziale Sicherheit), Fürsorge (da geht's um soziale Sicherheit und Fortpflanzung), Sexualität

---

14 Gruppe Nymphenburg, Die Welt der Motive und Werte hinter Ihrer Marke auf einen Blick: *https://www.nymphenburg.de/limbic-map.html* [10.05.2021]

(auch hier ist Fortpflanzung das Ziel), Appetit/Ekel (mit dem Ziel der Annäherung/ Verhinderung von guten/schlechten Stoffen). Da diese Emotionssysteme meist mehr oder weniger zeitgleich in unseren Köpfen arbeiten, gibt es noch Mischformen der Big 3: Disziplin/Kontrolle, Abenteuer/Thrill und Fantasie/Genuss.

Die Limbic® Map verknüpft diese Emotionssysteme mit Werten wie Zuverlässigkeit, Vertrauen, Mut, Ehrlichkeit … Diese sind in der Mitte der Map angeordnet. Sie passen zur emotionalen Welt, sie korrelieren. Sie beschreiben die Emotionen, man könnte sagen, »vom Gefühl her«. Die Map erklärt uns damit unser Denken und sogar, warum wir was tun, eben unsere Motive.[15]

Motive sind also die konkrete Umsetzung dieser Emotionsprogramme in unser alltägliches Leben und in einer entsprechenden Situation. Motive bestimmen auch unsere Wünsche und Erwartungen, die wir an Menschen, Situationen, aber auch an Marken stellen und der Grund, warum wir diese kaufen.[16]

Diese Erkenntnisse beschreiben nicht nur, wie genial unser Gehirn funktioniert, sondern auch, warum Menschen bestimmte Marken mögen und sogar brauchen: um sich besser zu fühlen. Für unser Gehirn zählt daher nur die Marke, die etwas »Wertvolles« weit über das Produkt hinaus anbieten kann: Emotionen. Sie muss einen psychologischen Mehrwert in Form einer inneren Belohnung aktivieren, die weit über die Leistung des physischen Produkts hinausgeht. Denken Sie nun wieder an Sineks Golden Circle, an das Warum! Und diesen Mehrwert bezahlen wir dann gern – nehmen z. B. einen höheren Preis, eine längere Wartezeit oder eine weite Anreise in Kauf. Damit verbunden ist auch der Wunsch, sich mithilfe einer bestimmten Marke von anderen abzuheben oder im Gegenteil, eine homogene Gruppe zu bilden, eben eine Community, die diese Motivationen teilt. Es geht also ums gemeinsame Jagen, Raufen, Spielen, um Sex, Fürsorge und Bindung. Denken Sie nur an die langen Schlangen vor den Apple-Stores beim Launch der ersten iPhones. Hier ging es nicht um das Produkt, sondern darum, zu der Community der Crazy Ones zu gehören, die mit diesem iPhone den Status quo dieser Welt verändern möchten: um das Apple-Why.

---

15 Hans-Georg Häusel, Wissenschaftliche Fundierung des Limbic® Ansatzes, 2011, S. 48 ff.: *https://www.haeusel.com/wp-content/uploads/2016/03/wiss_fundierung_limbic_ansatz.pdf* [15.05.2021]

16 Hans-Georg Häusel, Brain View – warum Kunden kaufen. München: Rudolf Haufe Verlag 2008, S. 29 ff.

Um den individuellen Wert festzulegen, »sortiert« unser Hirn Marken in unserer individuellen, möglichen Emotionswelt ein. Und damit wirkt eine Marke wie ein Entscheidungsautomat: Unser Hirn entscheidet sich immer für die Marke, die der eigenen Motivation und den damit verbundenen Werten am nächsten kommt – stressfrei und entlastend:

1. *Stimulanz – mit der Frage: Inspiriert mich die Marke?* Kann ich mit ihr spielen? Nimmt sie mich spontan mit auf die Abenteuerreise, ins Neuland? Mit Produkten, aber auch mit Inhalten? Beim Auto: Erfüllt sie meinen Wunsch nach Fahrspaß oder nach Sicherheit?

2. *Dominanz – mit der Frage: Macht mich die Marke stärker?* Bietet Sie mir Wissen, Tools oder Know-how, damit ich den Kampf, das Raufen mit Kontrahenten (in der Gruppe, im Wettbewerb) gewinnen kann? Beim Bier: Erfüllt sie meinen Wusch nach Kontrolle/Sicherheit durch Reinheit oder Wunsch nach Stärke, durch Alkoholgenuss?

3. *Balance – mit der Frage: Stiftet die Marke Geborgenheit, weil sie Tradition, den Status quo bewahren hilft?* Fühle ich mich sicherer in der Welt, beim Zusammenleben mit anderen? Hilft sie mir, die Kontrolle über mein Leben und das Ruder in der Hand zu halten? Bei Parteien: Erfüllt sie meinen Wunsch nach Kontrolle/Sicherheit durch konservative Disziplin oder nach wirtschaftlichem Erfolg durch liberale Freiheit?

Übung: Was macht Ihre Marke besonders und einzigartig?

Bevor Sie in die Content-Kreation einsteigen, starten Sie mit der Identifikation Ihrer Marke, Ihrer eigenen Motivation:

Gehen Sie Ihren Emotionen und Ihren Werten, für die Sie stehen, und damit Ihrer Motivation auf den Grund. Überlegen im Team, mit Ihrer Geschäftsführung oder in einem Prozess der Selbstfindung:

- Was hat Sie oder die Gründer motiviert, das Unternehmen, in dem Sie heute arbeiten, zu gründen? Welche Werte stehen dahinter?

- Beantworten Sie beispielsweise folgende Frage: Warum gehen Sie selbst tagtäglich hier zur Arbeit?

- Schauen Sie in bestehende Strategiepräsentationen: Was macht die Marke bisher aus?

- Stimmt das mit Ihrer Wahrnehmung überein? Mit welchen Attributen bespricht Ihre Community in den Netzwerken Ihre Marke?

Haben Sie alle ein gemeinsames Verständnis? Sie werden überrascht sein, wie motivierend diese Diskussion für die Selbstfindung und Ihr Team sein wird.

> Eine objektive Selbstfindung ist nicht einfach. Wenn Sie die Positionierung Ihrer Marke mithilfe von Limbic® erarbeiten möchten, sollten Sie das mit der Hilfe qualifizierter Tools tun.[17]

Die Positionierung einer Marke in den Köpfen der Menschen entscheidet also maßgeblich und unbewusst, in Sekundenschnelle, über Kauf oder Nichtkauf: Passt zu mir, passt nicht zu mir. Was das mit Ihrer Content-Kreation zu tun hat? Nun, diese entscheidende Verortung einer Marke in unseren Hirnen ist das Ergebnis eines sehr langen markenbildenden Prozesses. Dabei zahlen eben nicht nur die Produkte, deren Auftritt am Point of Sale (PoS), die entsprechende Werbung, jede unternehmerische Entscheidung und das Auftreten eines Unternehmens als aktives, verantwortungsvolles Mitglied unserer Gesellschaft, als Corporate Citizen auf dieses Markenbild ein, sondern eben auch jedes einzelne Content-Stück, das Sie schaffen!

Ihr Content macht Marke. Ihre Content-Kreation darf damit nicht dem Zufall oder einer willkürlichen, geschmacklich subjektiven Entscheidung überlassen sein. Nur mit einer konsequent eingehaltenen Content-Strategie können Sie die Positionierung Ihrer Marke aufbauen oder auch weiter stärken: Inhalt aktiviert und verstärkt immer wieder das gleiche Bild und die entsprechende Motivation im Kopf Ihrer Zielgruppe, zu jeder Zeit, an jedem Kontaktpunkt und in jedem Medium. Nur so kommt und bleibt Ihre Marke auf dem Schirm Ihrer Zielgruppe: einzigartig, identitätsstiftend und differenzierend.

Wie Sie diese Erkenntnisse zum Thema Marke und Markenführung in Ihrer Content-Kreation konkret umsetzen und worauf Sie dabei achten sollten, das schauen wir uns in Kapitel 4, »Inhalte kreieren, die Marke und Mensch zusammenschweißen«, genauer an.

Werfen wir zunächst noch einen Blick auf einen weiteren Begriff, der im Kontext der Marke und Markenführung immer häufiger genannt wird und der einen erheblichen Einfluss auf Ihre Content-Kreation haben wird: der *Brand Purpose*.

3.7   Brand Purpose – gestärkt durch die Krise

In einer Zeit, in der Menschen mit #blacklivesmatter auf Gräben einer gespaltenen Gesellschaft hinweisen, in der Teenager unter dem Motto #FridaysforFuture für eine nachhaltigere Welt auf die Straße gehen und die alten Maßstäbe einer Gesell-

---

17 Gruppe Nymphenburg, Limbic® – nutzen Sie die Vorteile des innovativen und einzigartigen Neuromarketing-Instrumentariums: *https://www.nymphenburg.de/markenstrategie-markenberatung.html* [20.05.2021]

schaft auf bedingungslosem Wachstumskurs grundlegend infrage stellen, in der der Ton in den sozialen Medien unerträglich rau geworden ist und Fake-News existenzielle Zukunftsängste verursachen, da sind Menschen mehr denn jemals zuvor auf der Suche nach Sinnhaftigkeit.

Daher wird auch die Forderung nach haltungsgetriebenem Marketing immer lauter. Umfragen zur Rolle der Unternehmen in der Gesellschaft zeigen: Menschen suchen in Zeiten der politischen oder gesellschaftlichen Zerrissenheit und Krisen nach Orientierung. Dazu nehmen sie auch Unternehmen und Marken immer mehr in die Pflicht. Sie fordern deren Haltung zu einzelnen oder auch gesamtgesellschaftlichen Herausforderungen ein. »Wie stehst du als Marke dazu?« Und sie lieben Marken dafür, wenn diese sie auf ihrer der Suche, beispielsweise nach neuem Sinn, unterstützen, auf ihrem eingeschlagenen Weg beflügeln oder in unsicheren Zeiten bestätigen.

Das spiegelt sich wider in ihrer Sehnsucht nach Geschichten, die Marken erzählen sollen, Storys, die das Gemeinsame heben, die Menschen als Mitglieder einer zunehmend zerrissenen Gesellschaft wieder zu einer Community verbinden. Gegenwärtige Krisen wie die Corona-Epidemie verstärken diese Erwartungshaltung der Menschen an Marken noch um ein Vielfaches.

Und die auf diese Weise erfahrbare Haltung einer Marke beeinflusst ihre Markenpräferenz, weil sie den Mut zeigte, sich klar zu positionieren und möglichen Gegenwind auszuhalten. Denn wer *für* etwas ist, ist automatisch *gegen* etwas. Und das gefällt nicht allen, wie das folgende Beispiel von Nike zeigt.

Beispiel: Nike und Colin Kaepernick – gemeinsam gegen Trump

Colin Kaepernick war der erste Spieler der National Football League (NFL), der sich beim Abspielen der Nationalhymne vor den Ligaspielen hinkniete. Damit protestierte er gegen Polizeigewalt gegen Schwarze. So zog er die Kritik des damaligen US-Präsidenten Donald Trump und seiner Anhänger auf sich. Er verlor seinen Job und hat ihn bis heute nicht wieder aufgenommen.

Nike entschied sich, genau diesen Football-Star zum Gesicht der Werbekampagne anlässlich des 30-jährigen Jubiläums von »Just do it.« zu machen. Damit tat die Marke einen mutigen Schritt, um auf der aus ihrer Sicht richtigen Seite der Geschichte zu stehen. Das Ergebnis: Auf der einen Seite überzog die Marke ein regelrechter Shitstorm, der hauptsächlich von politisch konservativ eingestellten Kunden ausging. Im Netz verbrannten sie ihre Nike-Produkte öffentlich. Nikes Aktienkurs sank tatsächlich. Aber Nike blieb dabei und legte kommunikativ sogar nach.

Abbildung 3.4 Nike bezog Haltung in der gesellschaftlichen Debatte und stellte sich demonstrativ hinter sein Testimonial, den Quarterback Kaepernick. (Quelle: Nike-Kampagne)

Auf der anderen Seite, bei der Zielgruppe der jungen, liberalen Erwachsenen, kam Nike mit seiner Haltung gut an. Die Verkaufszahlen stiegen, die Marke meldete steigende Quartalszahlen. Das Beispiel zeigt den starken bestehenden Zusammenhang zwischen Marke, Kommunikation und Markenwert.

Hat Nike sich mit dieser Aktion dem Verdacht ausgesetzt, Kaepernicks Aktion für den eigenen Zweck zu entfremden? Dieser Vorwurf der Kritiker darf diskutiert werden. Dennoch hat Nike es geschafft, die wichtigen Themen Rassismus und Polizeigewalt auf die Agenda zu setzen. Das war angesichts der politischen Stimmung in den USA wichtig und hat die Marke spürbar gestärkt.

Das Edelmann-Trust-Barometer bestätigt: 64 % der Befragten lassen sich bei der Wahl ihrer Marken von deren Haltung zu gesellschaftlichen und sozialen Fragen beeinflussen.[18] Einige Zukunftsforscher sprechen daher schon von Mitgefühl und Resonanz als Erfolgsfaktoren der Zukunft.

Marken, die keine Haltung und keine Antworten auf aktuelle Fragen haben, kommen geschwächt – wenn nicht geschädigt – durch eine Krise. Die Absatzwirtschaft schreibt anlässlich der Corona-Epidemie:

---

18 Jürgen Gietl, Stresstest für Marken in Zeiten von Corona. In: Absatzwirtschaft, 08.04.2020: *https://www.absatzwirtschaft.de/stresstest-fuer-marken-in-zeiten-von-corona-171461* [14.09.2020]

»Haltung und Sinn entwickeln sich für Marken vom Nice-to-have zum Must-have. Wer dieser Entwicklung in seiner Markenführung nicht Rechnung trägt, wird wirtschaftlich geschwächt aus der Krise hervorgehen und Begehrlichkeit bei seinen Fans, Kunden und Mitarbeitern verlieren.«[19]

Neben einer klaren Haltung steht also auch noch der grundsätzlichere Sinn des Tuns! Insbesondere nachwachsende Generationen haben diese noch grundsätzlichere, ausgeprägtere und konkretere Erwartungshaltung an Marken. Wie kaum eine andere Zielgruppe erwarten beispielsweise Millennials von Marken – auch Arbeitgebermarken – Sinn in dem, was sie tun. Sinn – auch bekannt als Purpose! »Warum gibt es dich überhaupt? Was ist der Zweck deiner Existenz?« Menschen erwarten, dass »ihre« Marken der Rolle als Corporate Citizen gerecht werden, also nicht nur einfach verkaufend vor sich hin existieren, sondern ein wahrhaftiges, aktives Mitglied der Gesellschaft sind.

Wie können Sie und Ihre Marke mit dieser Erwartungshaltung umgehen? Dabei hilft Ihnen Ihr spezifisches Warum: Wenn Sie wissen, warum Ihr Unternehmen gegründet wurde, warum Sie täglich zur Arbeit gehen, können Sie der Gesellschaft etwas zurückgeben, das über das Produkt- und Serviceangebot hinausgeht. Daraus können Sie nämlich nur Ihre Haltung zu bestimmten Themen ableiten. Sie können Ihre inzwischen gewachsene wirtschaftliche Bedeutung, Ihren politischen Einfluss, Ihre kommunikative Strahlkraft und Ihr angehäuftes Kapital für gleichgesinnte Menschen, die Sie als treue Kunden und Fans bis dahin gebracht haben, einsetzen und Ihrer Existenz damit einen größeren Sinn und eine Bedeutung geben. Und dann: Sprechen Sie darüber, gießen Sie diesen Einsatz in Storys und Inhalte.

Die Outdoor-Brand Patagonia beispielsweise änderte ihre noch produktfokussierte Mission »Baue das beste Produkt, verursache dabei keinen unnötigen Schaden, nutze das Geschäft, um Lösungen für die Umweltkrise zu inspirieren und umzusetzen« zu der klar sinnorientierten Mission: »Patagonia ist im Geschäft, um unseren Heimatplaneten zu retten.«[20] Der Treiber dahinter übrigens ist der Gründer des Unternehmens, Yvon Chouinard: Er entschied auf dieser Grundlage beispielsweise, US-Präsidenten wegen der Verkleinerung des Bears Ears National Monument zu verklagen. Aktionen wie diese stärken nicht nur das Ansehen der Marke und deren Bedeutung für die Gesellschaft, sondern die Art und Weise, wie sie und was sie tut, wirkt markenbildend und -stärkend.

---

19 Ebenda

20 Veronika Sonsev, Patagonia's Focus on its Brand Purpose is Great for Business: *https://www.forbes.com/sites/veronikasonsev/2019/11/27/patagonias-focus-on-its-brand-purpose-is-great-for-business/* [14.04.2021]

Das zeigt auch das folgende Beispiel, in dem aktuelle Content-Kreation als Ausdruck des Purpose eine große Rolle spielt.

Beispiel: Walgreens' »Ask a Pharmacist«

Die größte US-Apotheke im Gesundheitswesen Walgreens adaptierte in der Corona-Krise ihre schon bestehende Content-Serie »Ask a Pharmacist«.[21] Kurze, informative Videos beantworten die häufigsten Fragen der Kunden zu COVID-19. Die Marke konzipierte auch kurzfristig eine schon bestehende E-Mail-Kampagne um. Darin erklärt sie, wie Menschen sicher Onlinepflegedienste und die kostenlose Zustellung von Rezepten nutzen können. Und schließlich führte Walgreens sogar einen Drive-Thru-Test für Ersthelfer ein. So unterstützte das Unternehmen viele Gemeinden mit beschränktem Zugang zu COVID-19-Tests. Anstatt die Krise also zu ignorieren bzw. kleinzureden, wie es die amtierende US-Regierung nahelegte, reagierte die Marke auf die Sorgen und Nöte der Menschen. Sie bezog Stellung gegen die Epidemie und für die Gesundheit ihrer Kunden und zeigte damit Haltung: gegen die aktuelle Politik. Mit Purpose und Haltung hat Walgreens seine Position als vertrauenswürdiger und verantwortungsvoller Marktführer im pharmazeutischen Markt, aber eben auch als Corporate Citizen bestätigt. Der Effekt wird nicht nur kurzfristig, sondern vor allem langfristig in den Köpfen der Menschen arbeiten.

Abbildung 3.5 Walgreens zeigt Flagge in der Epidemie und hilft mit praktischer Tat und wertvollem Rat.

Eine Marke wie Walgreens punktet, weil sie in einer turbulenten Zeit Content zur Orientierung und als Hilfe anbietet.

Was die Haltungs- und Purpose-Diskussion für Ihre Content-Kreation bedeutet?

---

21 *https://www.youtube.com/playlist?list=PL6mhKkex88GuoYHAe1hfS9rcz_v-34GQ6*

- Versuchen Sie nicht, in Ihrer Kommunikation so harmlos wie möglich zu erscheinen. Ansonsten verschwinden Sie früher oder später vom Schirm dieser anspruchsvollen Menschen, sprich aus deren »Relevant Set«. Mit vorsichtiger Neutralität und defensiver Grundhaltung, d. h. mit Mainstream-Inhalten ohne Ecken und klare Kante, wecken Sie nicht nur bei der jungen Generation den Verdacht, etwas verstecken zu wollen. Beziehen Sie mit Ihren Storys und Inhalten Stellung.

- Seien Sie mutig: Leiten Sie Ihre Haltung zu aktuellen Themen konsequent aus Ihrem Warum ab. Damit können Sie sich dann aktuellen Diskussionen und Trends stellen. So leisten Sie mit Ihrem Content einen Beitrag zum gesellschaftlichen Diskurs.

- Machen Sie Ihren Sinn, das dahinterstehende Warum und die dazugehörigen Emotionen in Ihrer Content-Kreation zum Ankerpunkt – und zur echten Inspiration.

- Unterstützen Sie Ihre Community mit hilfreichen Inhalten in aktueller Not – ob emotional und moralisch unterstützend oder motivierend mit Rat zur Tat.

- Geben Sie Ihrer Community mit Ihrer möglichen Reichweite eine vernehmbare Stimme. Das verschafft Ihnen nicht nur Respekt, sondern auch Bekanntheit über Ihre Community hinaus.

Fazit: Als Unternehmen unterstreichen Sie mit Haltung und Sinn nicht nur die Zugehörigkeit zu Ihrer Gesellschaft. Sie werden auch der Erwartungshaltung Ihrer Community gerecht, die Sie herausfordert. Aus diesem Holz sollte auch Ihr Content geschnitzt sein.

3.8   Fazit: Wer andere Menschen anspricht, sollte wissen, wofür er selber steht

Die Überschrift ist eine Art Quintessenz dieses Kapitels. Daher ist das Verständnis für das Thema Marke und die Beschäftigung mit strategischer Markenführung als Grundlage für die Content-Kreation so immens wichtig. In diesem Kapitel haben Sie daher nicht nur gelernt, was eine Marke ist, sondern auch, welche bedeutende Rolle sie bei der Entscheidungsfindung Ihrer Kundschaft hat.

Markenverständnis und Content-Kreation gehen also Hand in Hand. Es ist der Schlüssel für erfolgreichen Marken-Content. Damit sind Sie jetzt in der Lage, Content zu kreieren, der Ihre Marke einzigartig macht und vom Wettbewerb abhebt. Und genau das ist Ihre Aufgabe.

Kreieren Sie ausschließlich Inhalte, die die Positionierung, das Warum und die Werte Ihrer Marke widerspiegeln. Denn das macht Ihre Marke attraktiv für Menschen, die nach Orientierung in einer Welt voller Optionen suchen. So kreieren Sie verlässliche Erinnerungsstrukturen in den Köpfen, die Menschen helfen, intuitive Entscheidungen zu treffen: für, aber auch gegen Ihre Marke.

Im besten Fall kreieren Sie mit jedem Stück Inhalt Vertrauen, bauen immer stabilere Brücken zwischen Ihrer Marke und den Menschen. So machen Sie aus Ihrer Zielgruppe eine begeisterte, treue und engagierte Community, die für Ihre Marke und mit Ihnen sogar durchs Feuer geht. Wie das funktioniert, das schauen wir uns nun im nächsten Kapitel an.

Kapitel 4

Inhalte kreieren, die Marke und Mensch zusammenschweißen

Sie wissen, wofür Ihre Marke steht. Wenn Sie jetzt aber nur über sich selbst reden, wird Ihnen wahrscheinlich niemand zuhören. Ihre Community sucht nach Content, der motiviert und bewegt.

Worum es in diesem Kapitel geht, illustriert folgende kleine Metapher aus der Biologie: Sucht eine Mücke einen Geschlechtspartner zur Fortpflanzung, dann »screent« sie während des Fluges ihr allernächstes Umfeld: »Gibt es hier irgendwo eine Mücke des anderen Geschlechts, die zu mir passt?« Um das herauszufinden, sucht sie nach Kandidaten, die mit derselben Frequenz im Flügelschlag unterwegs sind. Wenn sie einen passenden Partner ausgemacht hat, beginnen die beiden kurz vor der Paarung, ihre Frequenz einander anzugleichen. Sie suchen nach Übereinstimmung – zuvor noch unterschiedliche Töne werden zu einem »harmonischen Duett«.[1] Romantisch, nicht wahr?

Das Spannende daran: Auch wir Menschen sind so angelegt, dass wir uns am liebsten mit Freunden, Partnern, aber eben auch Marken und Unternehmen umgeben, die zu uns passen oder die bereit sind, sich auf uns einzulassen, anstatt Umgekehrtes zu erwarten, und die zuhören, anstatt uns nur anzusprechen oder in ihrer Werbung anzuschreien, um uns etwas zu verkaufen.

Das limbische System sorgt für den Wunsch nach Harmonie und Übereinstimmung, natürlich nicht nur beim Sex wie bei der Mücke, sondern auch bei wesentlich »sachlicheren« Themen wie bei der Jobwahl, beim Lieblingssport, bei der Wahl der Freunde – oder bei der Markenwahl beim Einkauf.

Nun haben Menschen und Marken (leider) keine Flügel, die sie kräftig oder leise summen lassen können, um sich zu finden. Aber wir haben andere Möglichkeiten und Kriterien, mit denen wir passende Begleitung suchen können: gemeinsame In-

---

1 Cornell University, Moskitos summen im »Liebes-Duett«. In: scinexx, 13.01.2009: *https:// www.scinexx.de/news/biowissen/moskitos-summen-im-liebes-duett* [22.07.2020]

teressen, gleiche Wertvorstellungen und ähnliche Motivationen, die uns antreiben und nach denen wir unseren Alltag und unser Leben gestalten. Und die können wir in unserer Kommunikation, sprich in unserem Content, auf der Suche nach Gleichgesinnten »zum Schwingen bringen«.

4.1   Mit Content Beziehungen stiften

Briten haben eine wunderbare Redewendung bzw. Fragestellung für diese Suche nach Verbundenheit: *Are we singing from the same hymn sheet?* Also singen wir vom gleichen Notenblatt bzw. haben wir den gleichen Tenor?

Autor und Unternehmensberater Simon Sinek hat diesen Effekt mit einem einprägsamen Satz beschrieben:

> »*Wenn Sie darüber reden, was Sie glauben, werden Sie die anziehen, die glauben, was Sie glauben.*«[2]

Und mit Menschen, die an das Gleiche glauben wie Sie, können Sie viel besser und reibungsloser gemeinsame Sache machen – oder sogar in die Geschäftsanbahnung gehen. Sie haben ja eine gemeinsame Basis.

Um die Frage »Welche Marke passt zu mir?« zu beantworten, sucht unser Autopilot also unbewusst nach Gleichklang: in den Storys und Informationen, aber vor allem in den Eindrücken und Gefühlen, die diese vermitteln. Die Antwort, also »Ja, passt zu mir.« oder »Nein, eher nichts für mich.« trifft er unbewusst, »aus dem Bauch heraus« und ohne lange nachzudenken. Und genau darum geht es jetzt in Ihrer Content-Kreation: Das Herbeiführen von Übereinstimmung, von Markenwerten (Ihrem Warum) und den Werten, die die Menschen in ihrer Community pflegen.

Abbildung 4.1 illustriert diesen Anspruch an Ihre Content-Kreation: In der Schnittmenge zwischen dem, was die Marke sagen möchte, und dem, was der Mensch braucht oder hören möchte, liegt das Gestaltungsfeld für Ihren Content. Nur wenn Ihre Kunden, Follower und Menschen das, was Sie sagen, als belohnend empfinden, schweißt Ihr Inhalt sie zu einer Community aus Menschen und Marke gleicher Gesinnung zusammen, schafft Verbundenheit.

Dieser WERT-volle Inhalt wird im Gehirn verarbeitet und mit unserem eigenen Weltbild und unseren Motiven abgestimmt. Stellen wir fest: Die Marke versteht mich, sie hat die gleiche »Triebfeder« wie ich, sie kann sich einfach sehr gut in meine Lage versetzen, sie bestätigt mich, unterstützt mich und meine Ziele oder

---

2   Simon Sinek, How great leaders inspire action. TED: *https://www.ted.com/talks/simon_sinek_ how_great_leaders_inspire_action?language=de* [15.07.2020]

hilft mir sogar, für meine Werte einzustehen, dann fühlen wir uns gut und fällen die wichtige Entscheidung: Das ist meine Marke! Einmal und wahrscheinlich für immer. Genau das ist es, was Simon Sinek mit dem Golden Circle beschreibt: Menschen kaufen nicht was, sondern warum Sie etwas tun.

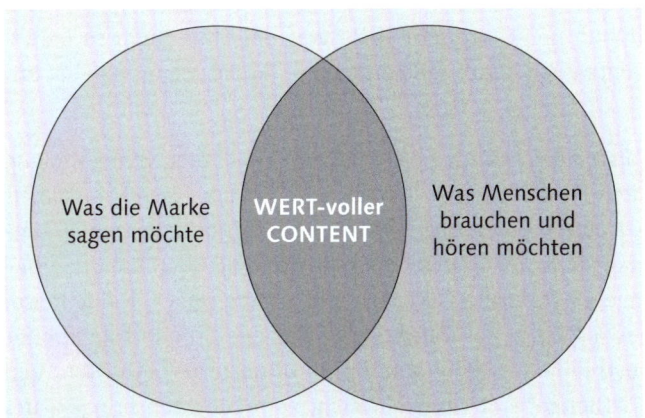

Abbildung 4.1 Wertvoller Content entsteht durch gemeinsame Themen, Interessen, Emotionen und Motivation von Marke und Mensch.

Ein Beispiel: Ein junger Content-Manager eines relativ unbekannten Unternehmens war zuständig für das Recruiting neuer Spitzentalente. Das Unternehmen ist Automobilzulieferer und als solches spezialisiert auf die Entwicklung bahnbrechender Innovationen in Sachen Mobilität. Es wurde von einem echten Abenteurer und Pionier gegründet. Dieser hatte schon in früh mit einem einfachen, selbst umgebauten Standardauto Wüsten und Kontinente durchquert. Er wollte beweisen, dass es möglich ist, ein Auto zu bauen, mit dem man 100 Kilometer mit nur 1 Liter Kraftstoff fahren kann. Und tatsächlich gelang ihm dieser Beweis und damit eine Sensation – eigentlich. Dass sich seine Erkenntnis bis heute nicht durchgesetzt hat, hat viele Gründe, aber den besagten Prototypen gibt es noch. Er steht heute im Eingangsbereich des Unternehmens als Reminiszenz an die Gründungsgeschichte. Die Angestellten gehen tagein, tagaus daran vorbei, ohne zu ahnen, welcher Content-Schatz sich in diesem Relikt verbirgt. Auch unser Content Marketing Manager, der von der Recruiting-Abteilung den Auftrag bekommen hatte, neue Kolleginnen und Kollegen mit Forschergeist für das Unternehmen zu begeistern und zu rekrutieren, war sich dessen nicht bewusst.

Die gesuchten Entwickler sollten anders sein, gegen den Mainstream denkend. Die Erkenntnis der Human-Ressources-Abteilung: Wir brauchen die Menschen, die sich in der traditionellen Automobilindustrie gefangen fühlen und sich viel lieber mit neuen Mobilitätskonzepten beschäftigen als mit dem Optimieren der traditionellen Technik.

Nachdem der junge Content-Beauftragte die Geschichte des Autos erzählt hatte, entstand im Team folgende Idee für ein inspirierendes Content-Framework rund um das Warum des Unternehmensgründers: Um diese etwas anderen Menschen anzuziehen, begann das Team, Geschichten zu kreieren, die vom bis heute lebendigen Geist des Gründers erzählen. Storys, die nicht nur zeigen, welche Aufbruchstimmung das Unternehmen prägt, sondern auch, was das Unternehmen bietet: eine faszinierende und befreiende berufliche Reise, voller Abenteuer und neuer Impulse.

Schnell kam auch eine erste konkrete Idee dazu auf den Tisch: eine Wiederholung der Distanz-Challenge des Pioniers mit dem 1-Liter-Auto. Dieses Mal sollten die innovativen Entwickler des Unternehmens das Auto ihres Gründers zeitgemäß umbauen, mit einem alternativen Antrieb auf die Reise gehen und über ihre Erfahrungen berichten: multimedial, mit allen Höhen und Tiefen einer Heldenreise. Begleitend dazu sollte es die Tipps aus den Erfahrungen des Gründers geben: für Pionier-Geister, die ihre Träume im Leben und im Beruf umsetzen möchten. Viel besser kann man seine Arbeitgebermarke wohl nicht zum Leuchten bringen, um gleichgesinnte Talente anzuziehen und zu begeistern.

4.2   So kreieren Sie Content, der Menschen motiviert

Im nächsten Schritt gilt es also zu verstehen, was Menschen voneinander unterscheidet, aber auch darum, zu erkennen, warum und wie sie Bestätigung in ihrer engeren Community suchen. Darin liegt eine große Inspirationsquelle für Ihre Content-Entwicklung, darin liegen Möglichkeiten, Ihre Marke mit kreativen Inhalten motivierend in Szene zu setzen. Es geht um Inhalte, die auf der einen Seite Menschen etwas geben und andererseits Ihnen als Creator helfen, Ihre Marke in den Köpfen der Menschen zu positionieren und damit Ihren Marketing- und Kommunikationszielen näherzukommen: Win-win-Situation sozusagen.

Neuromarketing-Experte Hans-Georg Häusel hat dafür eine spannende Erkenntnis bereitgestellt: Basierend auf den Erkenntnissen der Limbic® Map hat er Limbic® Types[3] beschrieben (siehe Abbildung 4.2).[4] Das Typologisieren Ihrer Kunden kann Ihnen helfen, Menschen auf Basis ihrer Motivationen von anderen zu unterschei-

---

3   Limbic® Types ist ein patentiertes Lizenzprodukt der Gruppe Nymphenburg. Durch das Einpflegen des Messverfahrens in die Markt-Media-Studie b4p (best for planning) werden regelmäßig 20.000 Konsumenten repräsentativ typisiert: *https://www.nymphenburg.de/identitaetsorientierte-markenführung-limbic.html* [20.05.2021]

4   Hans-Georg Häusel, Gehirntypen: Wie man mitten ins Herz seiner Kunden trifft. In: Brain View – warum Kunden kaufen. München: Rudolf Haufe Verlag 2008, S. 96-106.

den und so unterschiedliche, maßgeschneiderte Content-Angebote für sie zu erarbeiten.

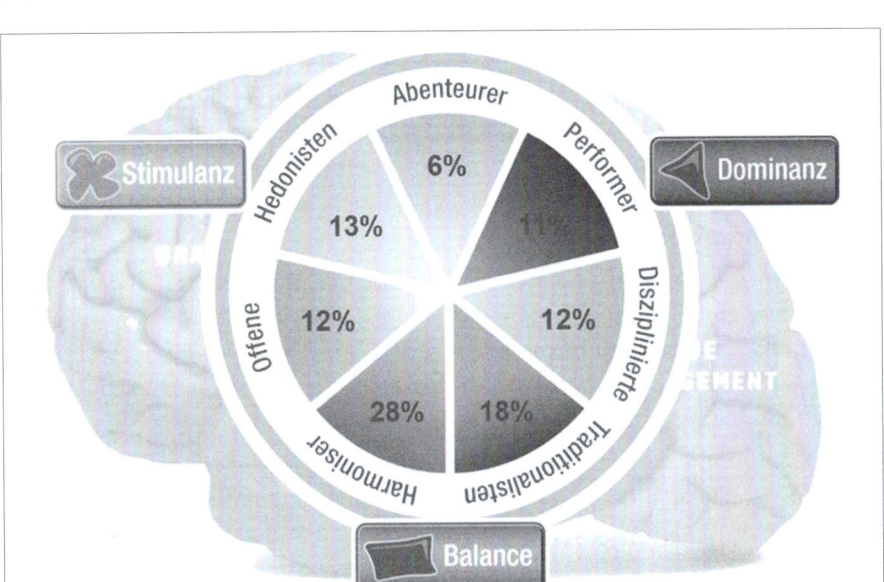

Abbildung 4.2 Menschen unterscheiden sich in ihrer Motivation – eine Inspiration für die Content-Kreation.[5]

- *Offene*: Diese auch als Genießer charakterisierten Menschen zeichnen sich aus durch eine offene und bejahende Einstellung zum Leben und zu anderen Menschen. Der Genusswert des Angebots, der Wunsch nach Abwechslung und Kreativität motivieren ihr Verhalten.

- *Hedonisten:* Bei den Hedonisten regiert die Lust aufs Neue. Die Suche danach wird befeuert durch das Hormon Dopamin. Es stimuliert die Neurotransmitter und sorgt beispielsweise dafür, dass sie all 3 Minuten neugierig auf ihr Smartphone schauen: »Na? Gibt es Neuigkeiten?« Wenn ja, werden sie dafür mit einer großen Dosis Dopamin belohnt – und damit einhergehend einem großartigen Gefühl, dass sogar süchtig nach mehr Content dieser Art macht.

- *Abenteurer:* Abenteurer sind durchsetzungsstark und bereit, bei allem, was sie tun, Risiken einzugehen: Der impulsive Wunsch, sich selbst gegenüber anderen

---

5 Ihre Zielgruppen neuropsychologisch segmentiert. Gruppe Nymphenburg: *https:// www.nymphenburg.de/identitaetsorientierte-markenführung-limbic.html* [20.05.2021], vgl. auch: GIK, Die Limbic Types in b4p, *https://gik.media/wp-content/uploads/2020/09/b4p-2020_ Limbic_Website.pdf* [06.08.2021]

zu beweisen und dabei etwas zu erleben, das ist ihre Welt, Rebellion inklusive. Jugendliche sind wohl auch deshalb in dieser Gruppe stark vertreten.

■ *Performer:* Performer sind ehrgeizige Menschen, die nach Status und Ruhm streben. Sie sind bereit, dafür ihr Bestes zu geben. Kommt dazu noch mangelnde Impulskontrolle, werden diese Menschen zu Rebellen. Sie werden durch Testosteron, das Dominanzhormon, angestachelt, ihre Macht weiter auszubauen, setzen dabei auch Scheuklappen auf, um sich nicht ablenken zu lassen und in ihrer Karriere schneller voranzukommen. Es ist nicht überraschend, dass Männer diese Gruppe stark dominieren.

■ *Disziplinierte:* Die eher pessimistisch eingestellten Disziplinierten sind detailverliebt und misstrauisch. Daher ist ihr rational bestimmter Wunsch ausgeprägt, alles unter Kontrolle zu halten, um eine unsichere Welt wieder in zu Ordnung bringen. Sie sind pflichtbewusst, rechnen viel, suchen aber nicht nach unendlichen Alternativen, sondern überschaubare, sortierte Angebote.

■ *Harmoniser:* Das Bedürfnis nach Sicherheit beschreibt die Harmoniser, die sich an der Familie orientieren und sich Geborgenheit statt Status wünschen. In dieser Gruppe sind Frauen überrepräsentiert. Das Sozial- und »Kuschelhormon« Oxytocin sorgt für den Wunsch nach Bindung und Fürsorge. Dagegen nimmt mit zunehmendem Alter die Konzentration der Stoffe Dopamin und Testosteron ab. Die des Stresshormons Cortisol steigt dagegen, was zu einem erhöhten Verlangen nach Sicherheit und dem Vermeiden von Unsicherheiten führt. Hamoniser sind vorsichtige Menschen, aber offen für andere. Sie werden »geflasht« von Geborgenheit und Harmonie in der Familie.

■ *Traditionalisten:* Für die eher ängstlichen, konservativeren Traditionalisten mit geringer Zukunftsorientierung zählen Werte wie Ordnung und Sicherheit in der Heimat, die Pflege von Tradition und die Beibehaltung des Status quo. Diese mit dem Stresshormon Cortisol höher ausgestatteten Menschen sind eher typische Stammkunden: markentreu vertrauen sie bekannten Unternehmen, sind entsprechend vorsichtig Neuem gegenüber. Sie zeigen sich eher starr in ihren Konsumgewohnheiten und wehren sich gegen Veränderung. Sie suchen die Beratung.

4.3   »Create Content so valuable people would pay for it«

Und nun kommt der Clou: Wann immer aus unserer menschlichen Sicht einer dieser erstrebten Werte erfüllt oder befriedigt wird, belohnt das Hirn den Körper mit einem »guten Gefühl«: glücklich, befriedigt, zufrieden ... Aber wann immer diese Motivation unerfüllt bleibt, aus welchem Grund auch immer, leiden Menschen darunter – sind auf Entzug:

Hedonisten beginnen sich zu langweilen. Performer fühlen sich machtlos, ärgern sich darüber, werden sogar wütend. Harmoniser und Traditionalisten sind verunsichert, bekommen Angst, fühlen sich hilflos oder gar verlassen.

Und die jeweiligen Gründe dafür, diese »Knoten«, können Sie mit Ihrer Marke, deren Stärke und den daraus abgeleiteten, helfenden Inhalten auflösen. Das geht natürlich dann besonders glaubwürdig, wenn Sie dies aus Ihrer Positionierung heraustun.

Mit entsprechenden Inhalten können Sie bzw. kann Ihre Marke in Ihrer Community nicht nur ein gutes Gefühl hinterlassen, sondern sich sogar ein Stück »unabkömmlich« machen:

- *Content, der glücklich macht:* Stehen Sie mit Ihrer Marke für Kreativität, Spaß, Neugier und Inspiration, und stellen Sie fest, dass Ihrer lebenslustigen Community genau das fehlt (oder sie einfach nicht genug bekommen kann), dann geben Sie ihr Impulse. Bringen Sie diese Menschen auf neue Ideen. Sie scheuen kein Risiko, lange Erklärungen sind hier eher unnötig.

Tipp: Erkunden einer neuen Welt – nicht nur für Hedonisten toll

Hedonisten lieben das Laute, das Schrille, das Extravagante. Laden Sie die Menschen mit Ihren Inhalten zum Erkunden einer neuen Welt ein, geben Sie ihnen außergewöhnliche Inhalte, die »süchtig« machen, auch gern zum Spielen: Gamification ist hier das Stichwort. Laden Sie auch die Individualisten und die kreativen Geister sowie deren Multiplikatoren zum Mitmachen ein.

Das Motto für Ihre Content-Kreation: »Be different! Lass uns etwas Neues ausprobieren! Weg mit den Vorschriften! Damit wir Spaß haben können! Wer nicht wagt, der nicht gewinnt!«

- *Content, der das Leben leichter macht:* Ist Ihre Marke der Inbegriff von Leichtigkeit und Genuss, dann horchen Sie in Ihre Community hinein: Wenn diese Menschen, die das Leben eben aus vollen Zügen genießen möchten, es aber gerade alles andere als leicht haben, sich eingeengt fühlen oder die Lebenslust zu kurz kommt, gehen Sie deren Problemen auf den Grund: Stellen Sie Lösungen bereit, die den Knoten platzen lassen und das Leben wieder lebenswert machen. Geben Sie Impulse und Inspiration, wie man sich das Leben schöner machen kann.

Tipp: Regen Sie die Fantasie an, gerade die der Genießer

Verwöhnen Sie mit traumhaften Inhalten mit Erlebnischarakter. Ereignisse, die die Fantasie anregen, stehen bei den Offenen oben auf der Wunschliste. Aber auch der Austausch bzw. das Kennenlernen darüber mit Gleichgesinnten schätzen diese Genießer.

Das Motto für die Content-Kreation: »Träumen erlaubt! Sorge dich nicht, lebe.«

- *Content, der die Community »umarmt«:* Steht Ihre Marke für Familie, Geselligkeit und Vertrauen, dann machen Sie das auch sichtbar. Denn diese Werte sind den vorsichtigeren Harmonisern wichtig. Sorgen Sie dafür, dass sie sich nicht allein gelassen fühlen. Wurden sie beispielsweise vom Leben enttäuscht, dann teilen Sie Ihr Wissen und Ihre Erfahrung – als Mentor! Nehmen Sie Ängste. Schaffen Sie Transparenz, damit sie wieder Vertrauen ins Leben, in Freunde und ihr Team gewinnen. Helfen sie den Mitgliedern dieser Community daher auch, sich gegenseitig zu unterstützen und zu bestätigen, mit Argumenten, Likes und Shares.

Tipp: Harmonie für Harmoniser

Harmoniser suchen nach dem Gewohnten und Bestätigenden in Ihren Inhalten, eben nach Harmonie. Geben Sie ihnen mit Ihren Inhalten also die Bestätigung, auf der richtigen Fährte oder auf der richtigen Seite zu sein. So vermitteln Sie die Sicherheit und das gute Gefühl, nicht allein mit der eigenen Meinung zu sein. Kreieren Sie Inhalte, die die Fantasie, aber auch den Wunsch nach Freundschaft und Sinnlichkeit befruchten.

Das Motto für die Content-Kreation: »Komm ins Team! Carpe Diem. So können wir gemeinsam und entspannt das Leben genießen!«

- *Content, der den Stress nimmt:* Stehen Sie und Ihre Marke für Werte wie Treue und Geborgenheit, können Sie Menschen helfen, die das Gefühl haben, in unsicheren Zeiten zu leben, in denen Vertrautes verschwindet und die Welt aus den Fugen zu geraten scheint. Lassen Sie überflüssigen Schnickschnack in Ihren Inhalten besser weg. Überlegen Sie lieber, wie Sie ihnen den Stress nehmen können. Lassen Sie Ihre kompetentesten Markenbotschafter zu Wort kommen. Denn Menschen vertrauen Menschen. Seien Sie auch ganz besonders in der Krise eines Umbruchs präsent, als Mentor mit Rat und Tat, und sprechen Sie darüber. Bieten Sie Ihre eigenen Erkenntnisse aus Beruf und Leben an, die Menschen deren empfundene Last abnimmt oder ihr Gewissen entlastet.

Tipp: Kontrollhilfen für Disziplinierte und Traditionalisten

Disziplinierte sind immer auf der Suche nach Inhalten, die ihnen helfen, Komplexität zu reduzieren oder kognitive Entlastung schaffen. Geben Sie ihnen Tipps und Erklärungen, wie man trotz empfunden schwieriger Lage zurechtkommt. Machen Sie die Welt berechenbarer. Tests, Übersichten, Vergleiche, objektive Maßstäbe. Erklären von Zusammenhängen durch Presenter oder Hilfekästchen etc. entlastet und hilft dem Gehirn, Rationales emotional zu verarbeiten.

Traditionalisten erfreuen Sie mit Services und detailreichen Inhalten, mit denen sie sich lange und ausführlich beschäftigen können, und auch solche, die sie in ihrer Ansicht bestärken.

Das Motto für Ihre Content-Kreation: »So hast du alles unter Kontrolle! Bis ins letzte Detail durchdacht! Damit du deiner Pflicht nachkommen kannst.«

- *Content fürs »Schneller, Höher, Weiter«:* Treten ambitionierte Menschen auf der Stelle, dann fühlen sie sich rasch frustriert. Damit sie wieder Tempo aufnehmen können, bieten Sie ihnen Inhalte, mit denen sie wieder Fahrt aufnehmen, bessere Leistungen erreichen und ihren Status als Leistungsträger unter Beweis stellen können. Für Performer sind Inhalte wertvoll, die sie als clever erscheinen lassen und mit denen man sich als Kenner und Könner profilieren und durch eine gewisse Exklusivität von anderen absetzen kann. Inhalte, die sie an körperliche Grenzen heranführen, die helfen, sich (gegenüber anderen) auszutesten, auch in »kämpferischer Absicht«, kommen dagegen bei abenteuerlustigen Menschen an.

Tipp: Kurz und schnell für Performer, unkonventionell für Abenteurer

Performer lieben kurze und schnell konsumierbare Inhalte: Bulletpoints, Zitate, Zusammenfassungen und Management Summarys. Abenteurer suchen den Kick, das Neue, die extremeren Reize: Tipps, Ratschläge, Hacks – alles, was hilft, aus Konventionen auszubrechen, an die eigenen Grenzen und sogar darüber hinauszugehen, ist hier sehr willkommen. Machen Sie ihnen aus Ihrer spezifischen Kompetenz heraus inhaltliche Angebote: für Schulungen, Tutorials, How-to-Videos. Bieten Sie Ihnen Tools wie Rechner, Benchmarks, Newsletter, die sie unbemerkt benutzen können und die sie wahrnehmbar leistungsfähiger machen. Was ein Abenteurer an Infos braucht, recherchiert er schnell im Internet.

Das Motto für Ihre Content-Kreation: »So kommst du höher, schneller, weiter! Hier geht's nach oben! Da war noch keiner. Damit du alles geben und erleben kannst!«

4.4 Übung: Mit den vier F zu wertvollem Content

Nutzen Sie das bereits in Kapitel 2, »Content-Marketing-Strategie – Intuition ist gut, Fahrplan ist besser«, vorgestellte Denkmodell der vier Fs als Raster, um wertvollen Content für Ihre Zielgruppe zu entwickeln oder bestehenden Content zu sortieren.

Suchen die Menschen Ihrer Community nach Fun, Fortune, Fame oder Fulfilment? Oder können Sie mehrere dieser Motivationen entdecken? Denn oftmals ist es gar nicht das Entweder-oder, sondern das Sowohl-als-auch. Inhalte, die nicht nur helfen, besser zu werden als andere, sondern eben auch einfach Spaß machen (z. B. in Form von Gamification beim spielerischen Lernen von Wissen, das voranbringt, in Form von Events mit einer Möglichkeit, daran teilzunehmen und sich dabei auch noch einem Publikum auf der Bühne zu präsentieren).

Die folgende Übung zu den vier Kategorien bzw. Bedürfnissuchfeldern Fun, Fortune, Fame, Fulfillment kann Ihnen eine erste Inspiration für eine erfolgreiche Content-Kreation sein.

Übung: Bedienen Sie die vier F mit Content

Beschreiben Sie dazu zunächst die grundlegenden Bedürfnisse Ihrer Community, wie ticken diese Menschen? Nutzen Sie für ein erstes Brainstorming z. B. das folgende Arbeitsblatt. Welches der vier F können Sie aufgrund einer spezifischen Kompetenz (Technik? Kreativität? Langjährige Expertise? ...) glaubhaft mit Inhalten bedienen oder bespielen?

Die vier F	Fragestellung	Spezifische Markenkompetenz	Ideen für Inhalte
1. **Fun** (Spaß/ Leidenschaft)	Mit welchen Inhalten kann ich den Menschen Freude machen oder Ihnen helfen, einer ihrer Leidenschaften zu frönen? Besondere Storys, Games, ...?		
2. **Fortune** (Interesse/ Vorteil)	Mit welchen Inhalten kann ich Menschen meiner Community einen Vorsprung vor anderen verschaffen, sei es finanzieller, zeitlicher oder wissenstechnischer Art, ob in Beruf, Freizeit oder auf dem Weg nach ...?		
3. **Fame** (soziale An- erkennung)	Mit welchen Inhalten kann ich Menschen meiner Zielgruppe Anerkennung verschaffen? Durch einen exklusiven Wissensvorsprung? Durch die Möglichkeit, auf einer (virtuellen) Bühne den verdienten Applaus zu bekommen?		
4. **Fulfillment** (Teilnahme/ Mitwirkung)	Mit welchen Inhalten kann ich Menschen helfen, sich zu verwirklichen: bei der Arbeit, in der Freizeit, bei der Ausübung ihrer Hobbys oder Leidenschaften?		

4.5   Unterschiede überbrücken – Gemeinsamkeiten finden

Vielleicht werden Sie sich nun fragen, was Sie tun können, wenn Ihre gewachsene Marke und neue, für ihr Wachstum wichtige Zielgruppen grundsätzlich unterschiedliche Motivationen haben, die keine Schnittmenge bilden?

In allererster Linie gilt es dann, sich nicht zu verbiegen, um diesen Menschen zu gefallen. Bleiben Sie bei sich und Ihrer Marke treu. Nutzen Sie einen strategischen Ansatz, den man mit einem Move beim Basketball illustrieren kann: Normalerweise dürfen Basketballspieler keinen Schritt tun, ohne mit dem Ball zu Dribbeln. Stoppen Sie, bleibt Ihnen der sogenannte Sternschritt. Dabei bleiben sie mit einem Fuß fest am Boden – dieses Standbein repräsentiert im übertragenen Sinne Ihre Positionierung. Dann bewegen sie ihren Körper mit dem Spielbein sternförmig um das Standbein herum, auf der Suche nach dem richtigen Anspielpartner, notfalls 360 Grad in alle Richtungen, ohne dabei den Ball loszulassen und vor allem: Ohne das Standbein zu bewegen: Wo steht Ihr Markenstandbein? Performance? Stimulanz? Oder doch Balance? Und dann schauen Sie: Wo steht die Community, die Sie ansprechen möchten? Mit welchen Inhalten können Sie authentisch, ohne Ihre Position zu verlassen, helfen? Und dann spielen Sie Ihren Pass, sprich den passenden und glaubwürdigen Content.

Ein Beispiel: Stellen Sie sich vor, Sie produzieren seit Jahrzehnten Trachten- und Wanderkleidung. Ihre Marke »Lod'n« (ein fiktives Beispiel) steht für Naturverbundenheit und setzt sich daher beispielsweise auch für Nachhaltigkeit in der Produktion ein. Nun möchten Sie für die neuen Produktkategorien auch neue Zielgruppen ansprechen, solche, die naturverbundene Nachhaltigkeit mit mehr verbinden möchten:

- Naturverbundenheit + *Spaß/Genuss* = Bieten Sie z. B. spielerische Wandertipps inklusive Geocaching für Entdeckungstouren der lebenslustigen Wanderer oder Fashion-Tipps für das Cross-over von Traditionsklamotte mit moderner nachhaltiger Outdoor-Funktionskleidung. Laden Sie die Community mit Ihren Inhalten ein, das Leben mit Rücksicht auf Natur und Erde in zeitgemäßer Manier dennoch zu genießen. Lassen Sie Kunden über diese Reisen (auf denen man Ihre Kleidung natürlich auch bestens »ausführen« kann) mit gutem Gewissen und all ihren Herausforderungen berichten.

- Naturverbundenheit + *Leistung/Status* = Geben Sie dieser Community Tipps für den Umgang mit neuen, innovativen digitalen Helfern und Power-Apps, mit denen sie weiter oder schneller ans Ziel kommen, und das, ohne der Umwelt zur Last zu fallen. Damit können sich diese beispielsweise als »Anführer« im Wanderverein profilieren. Ihre Tipps müssen dabei sicher nicht »edgy« sein, aber verlässlich, von Ihren Experten und Kompetenzträgern geprüft. Auch

Stylingtipps für den eher klassischen Luxus-Lifestyle rund ums Wandern nach dem Motto »Schaut her…!« kommen sicher gut an.

- Naturverbundenheit + *Vergnügen/Abenteuer* = Menschen auf der Suche nach dem Kick geben Sie Tipps für Ausflüge mit dem absoluten Outback- und Pioniergefühl, aber ganz im Sinne der Marke, also ohne dass die Natur dabei in Mitleidenschaft gezogen wird.

Die Liste ließe sich fortsetzen, aber Sie haben das Prinzip sicher bereits verstanden: Wenn Sie als Unternehmen eher als »nüchtern« bekannt sind und für Sachlichkeit stehen, suchen Sie nach einer Möglichkeit, mit Ihrer Kompetenz und Ihrem Einfluss für Inspiration zu sorgen: Gehen Sie Partnerschaften ein. Setzen Sie Ihre Bekanntheit, Ihre Autorität oder Mittel im Sinne der Community ein, die Sie ansprechen und für sich gewinnen möchten. Arbeiten Sie beispielsweise mit kreativen Influencern, die Ihre Werte schätzen und in Ihrem Namen und Auftrag kochen, basteln, testen, miteinander spielen …

Es gilt, notwendige Empathie für die Bedürfnisse und unerfüllten Wünsche der Menschen in Ihrer Community zu entwickeln, diese mit Ihrem Content zu bedienen, ohne dabei Ihre Markenpositionierung oder Ihre Glaubwürdigkeit aufgeben zu müssen.

4.6   Auch Content-Kreation für das B2B-Geschäft funktioniert besser mit Emotion und Motivation

Ihre Firma ist eine Unternehmensberatung, spezialisiert auf Prozessoptimierung? Oder führen Sie eine öffentliche Verwaltung? Sie bieten eine Business-Software für Unternehmen an? Kurz, Ihre Kunden sind Unternehmen, Ihr Geschäft ein klassisches Business-to-Business B2B? Dann werden Sie im vorangegangenen Abschnitt vielleicht mehrfach mit dem Kopf geschüttelt und vielleicht sogar laut ausgesprochen haben, was Sie denken: »Das mit den Emotionen und Motivation ist ja alles schön und gut, wenn ich Konsumgüter an normale Kunden verkaufen möchte. Aber ich habe Geschäftskunden. Das sind Unternehmen, keine Menschen. Und Unternehmen sind alles, nur nicht emotional. Da zählen nur Produkte, die entsprechenden Zahlen und Fakten. Da funktioniert das so nicht mit der Content-Kreation.«

Die überraschende Nachricht: Doch, das alles funktioniert im B2B genauso – und sogar ohne Einschränkung.

Versetzen Sie sich in die Rolle einer Content-Strategin eines Herstellers für elektronische Chips – ein offensichtlich klassisches B2B-Produkt. Ihre Kunden bauen die Chips in ihre Produkte ein, z. B. in Autos, Computer oder Kassensysteme, um diese immer leistungsfähiger zu machen.

In diesen Unternehmen Ihrer Geschäftspartner sitzen viele sehr unterschiedliche Entscheider an verschiedenen Positionen: Menschen! Ansprechpartner, die mit über die Aufträge für den Chiphersteller entscheiden. Diese arbeiten nicht rein zufällig an der entsprechenden Position im Unternehmen.[6] Vielmehr führt sie ihr Persönlichkeitsprofil zur »Berufung«. Diese ist also in hohem Maße emotional bedingt. Schließlich geht es im Job um die Erfüllung und Befriedigung einer inneren, intrinsischen Motivation.

Versetzen Sie sich mit dieser Erkenntnis nun wieder in die Rolle der Content-Strategin unseres Herstellers. Überlegen Sie, mit welchem Content Sie Ihren Ansprechpartnern zeigen können: »Wir singen den gleichen Tenor! Wir tun was für euch, was über unser Produkt hinausgeht. Wir sind die richtigen Partner.«

- *In der Geschäftsführung* Ihrer Kunden werden Sie eher Performer unter den Ansprechpartnern finden. Die, die das Unternehmen nach vorne bringen und Wettbewerber auf Distanz halten möchten. Man könnte auch sagen: »Fortune« heißt das Spiel. Diese Menschen sind offen für Content, der ihnen hilft zu verstehen, wie der eigene Markt funktioniert. Teilen Sie Ihr Wissen über neue Trends. Erzählen Sie, was dieser Trend für deren Geschäft bedeutet. Dann können Sie in einem nächsten Schritt auch zeigen, wie Ihre neuesten Chips auf diesen Erkenntnissen basierend entwickelt wurden und, ins Produkt integriert, helfen, den bestehenden Wettbewerbsvorsprung weiter auszubauen oder auch entsprechend aufzuholen.

- *Die Produktionsleitung* Ihres Kunden will nur eines: 100%ig sicher sein, dass die Produktion ihrer Produkte reibungslos läuft. Helfen Sie ihr, Probleme zu lösen, die Ihnen schon bei anderen Kunden begegnet sind. Teilen Sie dazu Storys dieser Kunden: Machen Sie darin die anderen Produktionsleitungen selbst zum Teil einer Art Special-Taskforce-Community, die solche Herausforderungen in wenigen Minuten lösen kann. Aktiv im eigenen Unternehmen und an dessen Erfolg mitzuwirken, ist hier die treibende Motivation.

- *In der Forschungs- und Entwicklungsabteilung* Ihrer Kundschaft zählt dagegen nur eins: Innovation, Design und neue Ideen für die nächste Produktgeneration, in die Ihr Chip integriert wird. Diesen Forschenden im Unternehmen könnten Sie beispielsweise helfen, über den eigenen Tellerrand zu schauen, indem Sie sie regelmäßig mit Branchenwissen oder Trends und Entwicklungen aus anderen

---

6   Siehe hierzu auch: Hans-Georg Häusel, Brain View – warum Kunden kaufen. München: Rudolf Haufe Verlag 2008, S. 227–233.

Bereichen oder Ländern versorgen. Oder auch, indem Sie spannende Use Cases teilen, die sie inspirieren und befähigen, ihr eigenes Produkt zu perfektionieren oder weiterzuentwickeln. Der Fun-Aspekt des Entdeckens, Experimentierens und Anwendens ist dabei sicher nicht unwichtig.

Man könnte die Liste der Ansprechpartner hier fortführen. Aber Sie ahnen es bereits angesichts dieser Beispiele und mit Bezug auf das zuvor Erklärte: Kreieren Sie spezifischen Content, mit dem Sie die Menschen auf Geschäftskundenseite förmlich »abholen« und sie für Sie und Ihre Marke begeistern.

> **Tipp: Fragen Sie nach!**
>
> Wie man diese Inhalte und Motive findet? Fragen Sie die Angestellten in Ihrem Unternehmen, die diese Menschen kennen, weil sie regelmäßig Kontakt mit ihnen haben, z. B. Ihre Sales-Mitarbeiter und -Mitarbeiterinnen. Oder sprechen Sie einfach mit Ihrer Kundschaft direkt! Stellen Sie denen Ihre Fragen.

Auch das Arbeiten mit dem Instrument der Persona, wie in Kapitel 7, »Mit der Persona zur besseren Zielgruppe – Communitys aufbauen und pflegen«, vorgestellt, wird Ihnen bei der Konzeption Ihrer B2B-Inhalte extrem hilfreich sein. Denn die Beschreibungen eines Menschen nach Hobbys, Überzeugungen, der Art und Weise zu kommunizieren, dem Zustand des Familienlebens sowie dem Kreis der Menschen, von denen er sich beeinflussen lässt, lassen wertvolle Rückschlüsse auf die Werte, die Motive und die daraus entstehenden Bedürfnisse Ihrer Ansprechpartner in den Unternehmen zu.

4.7   Guter Content macht, schlechter Content zerstört Marken und Communitys

Mit authentisch motivierten und zugleich motivierenden Markeninhalten können Sie sich in Ihrer Zielgruppe, sprich Community, also tatsächlich unentbehrlich machen. Denn solche Inhalte versprühen einen völlig anderen Geist als Werbung: Sie stören nicht – im Gegenteil. Außerdem sind sie im Sinne der Markenführung einzigartig und unverwechselbar. Die kann kein Wettbewerber so einfach kopieren, zumindest nicht auf authentische Art und Weise und ohne sich zu verbiegen.

Machen Sie sich aber auch eines bewusst: Wenn Sie Content produzieren, ohne Ihr Warum, die Positionierung oder das Standbein Ihrer Marke verstanden oder ergründet zu haben, werden Ihre Inhalte nichts bewegen.

Jeder Inhalt, egal ob Sie Ihn aufwendig produzieren oder ganz schnell posten, macht Eindruck auf Ihr Publikum. Der »Adobe Consumer Content Survey 2018«, für den mehr als 1.000 deutsche Konsumenten befragt wurden, sagt dazu:

> »Deutsche brechen mit Marken, wenn der Content nicht stimmt.«[7]

Die Formulierung »brechen« beschreibt, worum es geht. Sicher kennen Sie das aus eigener Erfahrung: Wenn sich Menschen anderer Gesinnung in den Timelines Ihrer Lieblingsmarken tummeln, dauert es nicht lange, bis Sie Ihr Abo kündigen, denn »Ihre« Marke mutet entfremdet an. Sprechen Sie also die falschen Menschen in der falschen Community an, müssen Sie diese mühsam wieder loswerden. Kein einfaches Unterfangen.

Machen Sie sich nochmals bewusst: Das Ziel Ihrer Content-Kreation ist es eben nicht mehr wie in der Werbung, möglichst vielen Menschen das zu verkaufen, was Sie produzieren. Mit wertvollem Content können Sie nur die Menschen ansprechen, die Ihnen wichtig sind und mit denen Sie auf einer Wellenlänge liegen. Sie bauen langfristige Beziehungen auf und stellen Verbundenheit her. Und Sie helfen diesen Menschen zugleich, sich mit Inhalten Ihrer Marke von anderen Communitys abzugrenzen, so wie sie es mit Marken tun: Apple-Nutzer fühlen sich beispielsweise wohl, wenn Sie an einem silbernen MacBook mit dem leuchtenden Apfel-Logo sitzen, weil sie das als Kreative auszeichnet. Genauso fühlen sich Menschen mit Ihrer Marke wohl, wenn sie deren Content anschauen und dabei das Gefühl haben, damit in guter Gesellschaft zu sein, also zu einer Community von Gleichgesinnten zu gehören, mit denen sie gern ihre Zeit verbringen.

Diese gewachsenen Beziehungen helfen Ihnen, langfristig einen messbaren Return on Investment (ROI) zu erzielen. Denn diese Art der Content-Kreation entfaltet ihre Wirkung zwar weit vor dem Kaufprozess, wird diesen aber sicherlich mit loyalen und überzeugten Kunden »befeuern«.

4.8   Inspiration für Ihre Content-Kreation rund um Motivation, Werte und Emotion

Die Limbic® Map ist ein inspirierendes Tool. Richtig angewandt hilft sie Ihnen, konzeptionell kreativ zu werden:[8] Mit welchen Themen können Sie die Zielgruppe glaubwürdig und authentisch motivieren und Übereinstimmung schaffen?

---

7   Studie »Schlechter Content ist Marken-Killer Nr. 1«. In: Adobe Newsroom 2018: *http://www.adobe-newsroom.de/2018/02/08/studie-schlechter-content-ist-marken-killer-nr-1* [02.08.2020]

8   Limbic® Map ist ein Lizenzprodukt der Gruppe Nymphenburg. Für weitere Informationen und Anwendung siehe: *https://www.nymphenburg.de/limbic-map.html* [20.05.2021]

Inspiration 1: Entwickeln Sie ein Verständnis für Ihre Community, Ihre Marke und Inspiration für Ihre Content-Kreation

Gehen Sie folgenden Fragen auf den Grund:

1. Wofür steht Ihre Marke in den Köpfen der Menschen? Welche Werte und Motive beschreiben sie am besten? Geht es um Stimulanz, Dominanz oder Balance? Geht es um Leistung? Oder um Sicherheit? Oder darum, neue Wege zu entdecken? Diskutieren Sie die Ergebnisse im Team. Wollen Sie so gesehen werden? Sind Sie sich einig? Oder gibt es Bedarf für eine Änderung?

2. Wofür stehen Ihre Wettbewerber? Verorten Sie auch diese auf der Karte. Was stellen Sie fest? Worin sind Sie anders als die? Oder sind Sie doch sehr gleich? Diskutieren Sie die motivbasierten Differenzierungsmerkmale Ihrer Marke.

3. Wie sieht es in den Köpfen oder besser Bäuchen Ihrer Zielgruppen aus? Was treibt sie wirklich an? Was sind deren Ideale? Möchten sie Dinge verändern oder stehen sie eher auf Kontinuität? Gibt es eine Übereinstimmung mit Ihrer Markenpositionierung?

4. Was überrascht Sie an Ihrer Positionierung? Was ist neu? Wo besteht Klärungs- oder Korrekturbedarf? Wo entdecken Sie die größten Potenziale für Ihre Content-Kreation?

Schauen Sie sich auch Ihre eigene Website, Ihre Blogs oder Social-Media-Posts einmal mit etwas Abstand an. Welche Inhalte haben Sie dort behandelt? Die ausführliche Beschreibung Ihres Produkts oder Angebots? Wie es gebaut wurde? Was es kann? Sieht man Porträts, Bilder Ihres Vorstandes oder Organigramme? Dann reden Sie sehr viel darüber, was Sie interessiert und womit Sie sich wahrscheinlich am besten auskennen: Ihr Produkt.

Inspiration 2: Inventarisieren und bewerten Sie Ihren bestehenden Content nach den vier F

Gibt es andere Themen, die in der Vergangenheit besonders hohes Interesse gefunden haben? Oder Beiträge, auf die Ihre Community besonders stark reagiert hat? Mit Zustimmung, mit Ablehnung? Welche grundsätzlichen Motive stecken dahinter?

Um das systematisch herauszufinden, notieren Sie diese Themen auf verschiedenen Post-its und kleben Sie sie auf ein Viereck mit vier Quadranten: Fun, Fortune, Fame, Fulfilment. Stellen Sie fest, dass Sie nur Inhalte in einem Quadranten belegen, überlegen Sie, wie Sie die dahinterliegenden Inhalte »breiter« aufbereiten können: Das nächste Whitepaper kann beispielsweise nicht nur wieder Schlaumacher für Ihre Kunden sein, sondern auch zur »ruhmreichen Bühne« für Experten und Markenbotschafter unter ihnen werden.

Kapitel 5

»Ich bin Marke« – mit Inhalt und Haltung zum Personal Branding

Was kann man von YouTuber LeFloid, Satiriker Jan Böhmermann, Umweltaktivistin Greta Thunberg und Ex-US-Präsident Donald Trump lernen? Wie man Personen mit Content als einzigartige Personal Brands aufbauen kann, deren Wert dem großer Unternehmensmarken in nichts nachsteht.

Florian Mund hat seine Marke LeFloid als einer der erfolgreichsten deutschen Influencer mit YouTube-Serien aufgebaut. Auf seinem Hauptkanal (siehe Abbildung 5.1), mit dem er rund 1,6 Millionen meist jugendliche Nutzer erreicht, erklärt der gebürtige Berliner unterhaltsam und aus seiner subjektiven Sicht nicht mehr und nicht weniger als die Welt: Er bespricht in seinen Videos Themen rund um Schule, Verbrechen, Politik und Sport. Dabei pflegt er einen sehr eigenen Sprachstil. Sein Fokus liegt eher auf Unterhaltung denn auf kritischer Auseinandersetzung mit den Dingen, die junge Menschen beschäftigen. Eine besondere Schnitttechnik machen seine Sendungen dabei unverwechselbar. Mit alledem unterscheidet er sich deutlich wahrnehmbar in Form und Inhalt von etablierten traditionellen Nachrichten- und Medienmarken, so sehr, dass Kanzlerin Merkel ihm 2015 sogar ein exklusives Interview gab.

Ex-US-Präsident Donald Trump hat seine Personenmarke, die ihn zur Präsidentschaft geführt hat, als vermeintlicher Deal Maker über Jahrzehnte aufgebaut: als CEO seines Immobilienunternehmens mit den Markensymbolen Trump Tower und Trump Hotel, aber eben auch mit seiner Rolle als jahrelanges kompromissloses »You are fired«-Jurymitglied in der TV-Casting-Serie »The Apprentice« sowie vor und noch während seiner Präsidentschaft mit Unmengen an Tweets. So hat er das amerikanische Volk überzeugt, dass er über die notwendigen präsidentiellen Fähigkeiten verfügt, »America great again« zu machen. Und das, obwohl die Business-Fähigkeiten des Immobilienspekulanten und TV-Stars ähnlich umstritten sind wie seine politische Begabung.

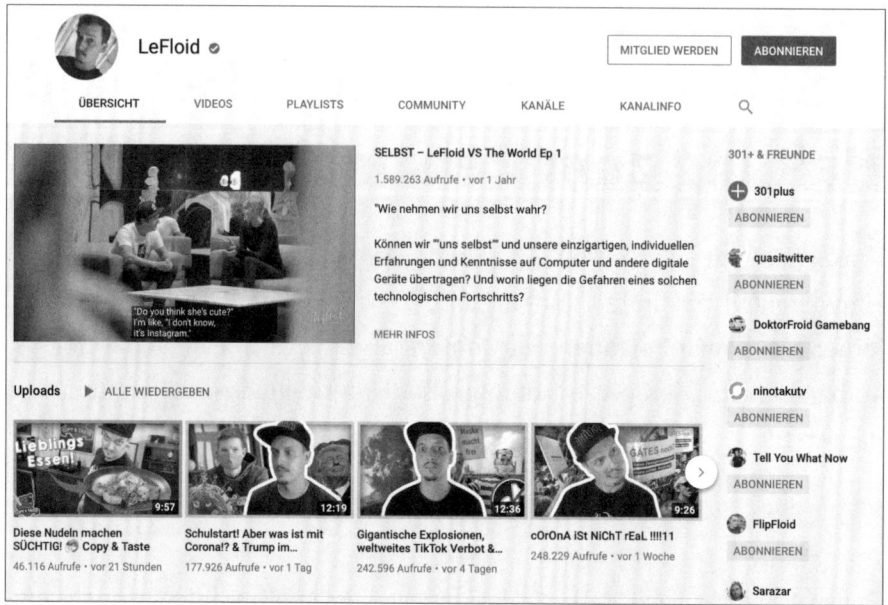

Abbildung 5.1 LeFloid – mit unterschiedlichen Themenformaten ist der Content Creator zur Personal Brand geworden.

Die schwedische Teenagerin Greta Thunberg hat ihre Personal Brand als Klimaschutzaktivistin mit konsequenter Haltung und eindeutigem Storytelling aufgebaut. Alles begann mit dem Schulstreik und einem ikonografisch handgeschriebenen Schild auf der Straße. Das führte sie – unbeirrt aller einsetzender Kritik – mit Segelturn zu ihrem Auftritt vor der UN fort. Mit ihrem Auftreten auch gegenüber gewichtigen politischen Gegnern setzte sie sich an die Spitze der politischen »Fridays for Future«-Bewegung.

Satiriker Jan Böhmermann hat sich mit kontroversen Inhalten zur starken Personal Brand gemacht, solchen, die weit über seine Nischenshow »Neo Magazin Royale« hinausgingen. Mit dem PR-Stunt »Varoufake«, dem Erdogan-Gedicht als Schmähkritik oder mit Musikvideos als Polizistensohn untermauerte er seine Marke immer weiter mit aufwendig produzierten Inhalten. Hashtag-Konferenzen zur TV-Sendung, Podcast mit Musiker Olli Schultz und tägliche Inhalte auf seinen Social-Media-Kanälen nutzt er, um seine Community immer weiter auszubauen.

Was haben diese Menschen trotz aller Unterschiede gemeinsam? Gibt es ein Erfolgsrezept, mit dem auch Sie sich mit Content als Personal Brand etablieren können? Schauen wir uns die Erfolgsfaktoren dieser unterschiedlichen Medienstars genauer an.

5.1   Die wesentlichen Erfolgsfaktoren einer Personenmarke

Grundsätzlich lässt sich ein wichtiger Erfolgsfaktor für das Personal Branding fest-halten: Menschen, die wir als Personal Brands erleben und bezeichnen, werden erst durch die Lust und Offenheit, ihr Wissen, ihr Berufs- oder Privatleben oder ihre Überzeugung öffentlich zu machen, zu Markenbotschaftern in eigener Sache. Durch diese Bereitschaft werden sie von anderen als einzigartig identifiziert und wahrgenommen. Diese ist aber nicht aufgesetzt, sondern ist meist schon in der Per-sönlichkeit angelegt.

Erfolgreiche Personenmarken

- vermitteln das Warum ihres Schaffens in jedem Stück Content, in allem, was sie tun, und erzählen darüber. Das wirkt alles nicht aufgesetzt, sondern ist authen-tisch und intrinsisch motiviert.

- treten in der Öffentlichkeit und in ihren Social-Media-Kanälen konsequent mit einem hohen Maß an Authentizität und Selbstähnlichkeit auf.

- zeigen meist einen extrovertierten Charakter und ein hohes Maß an Selbst-sicherheit. Dabei entspricht das nicht unbedingt ihrem alltäglichen Auftreten und Umgang. Trifft man Influencer, fallen viele sogar eher als schüchtern und zu-rückhaltend auf. Sie kreieren Personal Brands als Kunstfiguren, um ihrem Alter Ego auf eine Bühne zu helfen.

- legen Wert auf die Qualität und Einzigartigkeit ihrer Inhalte, um ihrer Communi-ty einen echten Mehrwert zu bieten, den sie so sonst nirgendwo anders finden.

- pflegen einen höchst individuellen Stil.

- verstehen sich als Teil ihrer treuen Community, deren Mitglieder sie als besten Kumpel, beste Freundin und als Vorbild bezeichnen.

5.2   So bauen Sie Ihre Personal Brand auf

Sie möchten Ihre eigene Personal Brand auf- bzw. ausbauen? Egal, ob Sie dabei an eine Karriere als Influencer, als CEO Ihres Start-ups oder an eine politische Karriere denken: Mit Ihrem Content und mit Ihrem Storytelling werden sie Ihr Markenbild maßgeblich prägen. Machen Sie sich daher strategische Gedanken über sich selbst – als Marke. Und dann befeuern Sie diese Positionierung konsequent mit Inhalten zu Ihrem Thema.

Folgende Überlegungen bringen Sie dabei zum Ziel:

- *Machen Sie sich bewusst, warum Sie eine Personal Brand werden wollen.* Was ist Ihre Mission? Warum sind Sie on air? Die meisten Personal Brands entstehen nicht am Reißbrett, sondern durch das, was Sie in Ihrem Innersten antreibt – und das schon lange.

- *Schauen Sie dazu nicht nur in Ihre Gegenwart.* Sondern auch in Ihre Vergangenheit. Steve Jobs hat einmal zu Studenten in Stanford gesagt:

  > *»Manche Dinge ergeben erst einen Sinn, wenn man rückwärts schaut. Deshalb: Vertraue darauf, dass einzelne Punkte in deinem Leben sich verbinden und einen Sinn ergeben. Der Glaube daran, dass sich die Punkte im Laufe der Zeit verbinden, wird dir das Vertrauen geben, deinem Herzen zu folgen, selbst wenn du dafür etablierte Pfade verlassen musst.«*[1]

  Gibt es auch einen roten Faden, der alles, was Sie tun, zusammenhält? Was lieben Sie an Ihren (verschiedenen) Arbeitsgebieten, was an Ihrem Hobby? Auch Ihre Social-Media-Profile können Ihnen da helfen: Was haben Sie da – und vor allem warum – gepostet?

- *Betreiben Sie Selbstanalyse:* Versuchen Sie, die tieferen Motive hinter dem, was sie vordergründig tun, zu verstehen. Was an dem, was Sie tun, gibt Ihnen ein gutes Gefühl? Sind Sie auf Status und Fame aus? Oder verbreiten Sie gerne kreative Inspiration und Fantastisches? Vielleicht sind Sie ein »Heger« oder »Pfleger« bestimmter Traditionen und schützenswerter Dinge?

- *Hören Sie in sich hinein:* Machen Sie einen Test, beispielsweise mit Limbic®-Quick-Test[2]. Das macht nicht nur Spaß, sondern gibt auch »Food for Thought«. Stimmen die Ergebnisse? Beschreiben Sie Ihren persönlichen Emotions- und Werteraum?

- *Fragen Sie auch Ihre Freunde, Bekannte, Follower.* Was schätzen sie an Ihnen? Warum? Wofür stehen Sie in deren Augen? Stimmen Ihre Eigen- und deren Fremdwahrnehmung überein? Oder gibt es unentdeckte Erkenntnisse oder überraschende Geständnisse, die Ihnen helfen, sich selbst noch besser zu verstehen?

Fassen Sie das alles zusammen. Und dann legen Sie los, Schritt für Schritt:

- *Seien Sie mutig und trauen Sie sich was.* Zeigen Sie vor allem Ihr Gesicht. Und nutzen Sie die Kanäle, die Ihnen sympathisch sind.

- *Seien Sie kreativ.* Überraschen Sie Ihre Community mit Ideen und Inhalten, die sie nirgendwo anders zu sehen bekommt, verpackt in kreative Formate.

---

1   Larissa Rehbock, Verena Bast, Kluge Zitate von Steve Jobs, die noch heute inspirieren. In: Impulse: *https://www.impulse.de/management/selbstmanagement-erfolg/zitate-steve-jobs/2810983.html* [30.06.2021]

2   LIMBIC QUICK TEST: *https://www.haeusel.com/test/limbic-test* [06.08.2021]

- *Werden Sie ein wertvolles Mitglied Ihrer Community*, indem Sie sich mit den Bedürfnissen der Menschen darin auseinandersetzen. Wo können Sie mit Ihren Erfahrungen, Kenntnissen und Ihrer Inspiration helfen? Wie können Sie Ihr Können und Ihre Reichweite dafür einbringen?

- *Finden Sie Ihren eigenen Stil. Bleiben Sie bei allem, was Sie tun, authentisch.* Entwickeln Sie Ihre eigene Art, sich auszudrücken. Schauen Sie nicht zu sehr auf andere. Keine Angst, es muss nicht gleich perfekt sein. Es ist noch kein Meister vom Himmel gefallen. Sie werden Ihren Weg finden.

- *Bleiben Sie dran.* Ab und zu etwas zu posten reicht nicht. Eine Personal Brand aufzubauen ist ein Marathonjob. Professionelle Influencer sind 24/7 für Ihre Community da. Und sind berechenbar pünktlich »auf Sendung«.

- *Stehen Sie zu Ihren Fehlern.* Klar, es kann immer etwas schieflaufen. Ein unbedachtes Wort, ein Fettnäpfchen übersehen, das passiert jedem. Der beste Weg aus der misslichen Situation: Entschuldigen Sie sich. Menschen folgen Menschen, keinen künstlichen oder zu perfekten Wesen.

- *Bauen Sie Ihr Netzwerk über Ihre Community hinaus auf.* Bleiben Sie bloß nicht in Ihrer »Filterbubble« und Komfortzone hängen. Kooperieren Sie mit anderen starken Personal Brands und Influencern. Machen Sie gemeinsame Sache(n). Denken Sie andere Communitys mit. Das wird Ihre Reichweite exponentiell und schnell steigern.

> **Beispiel: Odernichtoderdoch – mit Personal Branding zum eigenen Start-up**
>
> Schauen wir uns eine Geschichte an, die eindrucksvoll erzählt, wie eine authentische Personenmarke durch Emotion, Offenheit, Empathie und die daraus gewachsene Verbundenheit zu ihrer eigenen Community fast unfreiwillig zu einem erfolgreichen Start-up wurde.[3]
>
> Joana Heinen ist ein typisches Mädchen in der Pubertät. Sie scheint chronisch unentschlossen, und trotzdem findet sie alles interessant. So kommt es, dass sie vieles anfängt, aber irgendwie auch nichts richtig zu Ende bringt. Es ist eine kompliziertere Phase ihres Lebens. Wohl deshalb fängt Joana an, über ihre Gefühle und ihre Gedanken zu bloggen. Der Name des Blogs: »Odernichtoderdoch«, siehe Abbildung 5.2. Es ist ein Songtitel von MIA, in dem sie ihre Gefühle wiederfindet.

---

3 Austausch mit Niklas Heinen von Odernichtoderdoch und: Joana Heinen im Interview mit Lena Lammers, Ich bin schüchtern – aber wenn etwas mein Unternehmen bedroht, werde ich zur Löwin, *https://editionf.com/joana-lichtpoesie-odernichtoderdoch-blog-unternehmen* [25.07.2020]

Ihr Blog soll sie nur eigentlich von ihrer Abschlussprüfung in Fotografie ablenken. Sie postet Fotos mit Texten und Liedern – ein Tagebuch – mehr für sich. Dabei macht sie auch ihre Wandlung vom Mädchen zur Frau zum Thema. Als sie dann eines Tages über ihre erste Regel schreibt, steigt das Engagement ihrer Community plötzlich sprunghaft an. Andere Mädchen melden sich bei ihr, um ihr zu sagen, dass es ihnen genauso geht, dass sie genauso »lost« sind: Das Motto des Blogs ist das Lebensthema einer Community.

Als Joana dann schließlich selbstständig als Fotografin arbeitet, bloggt sie weiter. Sie gewährt weiter Einblicke in ihr Tun, emotional, verletzlich, selbstironisch. Sie wächst und die Community mit ihr.

Als sie eines Tages ein Bild ihres Schreibtischs postet, liegt darauf eine Schreibtischunterlage. Die hatte sie eher intuitiv und nebenbei mit Worten und einfachen Formen »bemalt«. Die Mädchen ihrer Community sind begeistert. Sie wollen genau diese Unterlage haben. Joana nimmt die Initiative ernst und bestellt 40 Kopien bei einer Onlinedruckerei. 120 Stück ordern die Mädchen am ersten Tag nach dem ersten Post. Joana legt nach – und scheitert beim Versand des versandunförmig gestalteten Kalenders. Aber sie bekommt es hin. Mit der Hilfe von Freund Niklas und Freunden. Bald stellt sie die ersten Angestellten ein, um die zunehmende Nachfrage nach immer mehr Utensilien mit ihrer »Handschrift« zu bedienen.

Sechs Jahre später ist Joana Gesellschafterin einer Holding mit 80 Festangestellten, einer Digitalagentur und drei eigenen E-Commerce-Brands.

Abbildung 5.2 odernichtoderdoch.de – aus den Gedanken eines Teenagers erwuchs erst eine treue Community und dann ein florierendes Unternehmen. (Quelle: *https://www.odernichtoderdoch.de*)

Kapitel 6

Die richtigen Ziele setzen und erreichen – mit Content-Kreation zum Unternehmenserfolg

»Wer nicht weiß, wohin er will, der darf sich nicht wundern, wenn er ganz woanders ankommt.«
– Mark Twain, Schriftsteller

Das einleitende Zitat von Mark Twain umschreibt präzise ein Dilemma, in dem sich viele Content Creators befinden: Sich ein konkretes Ziel zu setzen (oder vorgeben zu lassen) ist einerseits eine der grundlegenden Voraussetzungen für den nachhaltigen Erfolg Ihrer Arbeit. Das Ziel zu definieren bzw. zu kennen ist aber oft leichter gesagt als getan. Die Gründe sind vielschichtig.

Oft behindern »Unternehmenssilos«, also organisatorische Schranken und Kommunikationsbarrieren, die Definition einer gemeinsamen Stoßrichtung über alle Hierarchie- und Abteilungsgrenzen hinweg. Content-Creators sitzen dann meist als »Abgeordnete« in einem kleinen, neu geschaffenen Bereich für Content Marketing, der eher als kreative Knautschzone denn als vollwertige Abteilung zu bezeichnen ist. Im Gegensatz zu den Kolleginnen und Kollegen im Produktmarketing verfügt die Abteilung über keine ähnlich großen Budgettöpfe und hat damit auch (noch) nicht deren Bedeutung. Content Creators werden in solchen Fällen auch nicht in die Regelkommunikation mit Entscheidern involviert oder zu den übergreifenden strategiegebenden Gremien eingeladen. Sie kennen daher auch deren großen Ziele und die Diskussionen darum nicht. Content Marketing hat in solchen Umfeldern noch einen Laborstatus, aus dem aber auch nichts herauskommt, weil eher ziellos »experimentiert« wird.

Ein weiterer Grund für fehlendes Wissen rund um die Ziele eines Unternehmens kann aber auch ganz einfach in der mangelnden Fähigkeit des Managements liegen, diese vorzugeben oder einfach auch zu kommunizieren.

Wenn Sie als verantwortlicher Content Creator jedoch nicht wissen, was Ihre Vorgesetzten oder Auftraggeber sich und damit auch Ihnen zum Ziel gesetzt haben, können Sie mit Ihrer Content-Kreation nicht gewinnen. Sie werden in einer Mühle nie endender Korrekturschleifen enden und Diskussionen um den Sinn und das Ergebnis Ihres Schaffens führen. Und das alles, um am Ende schlimmstenfalls frustriert den Job zu schmeißen.

Ähnliches gilt übrigens, wenn Sie Ihre Ziele mitten auf dem Weg aufgeben müssen, weil sie mitten im Prozess durch ein neues Ziel abgelöst werden: Solche *Moving Targets* sind in höchstem Maße frustrierend. Sie müssen wieder von vorn beginnen. Dabei ist es egal, ob Sie gezwungen sind, Ihre Ziele selbst aufgrund neuer Erkenntnisse zu ändern, oder ein Entscheider Ihre Ziele »während der Fahrt umprogrammiert«. Das Ergebnis ist dasselbe: Arbeit umsonst, Herzblut verschüttet.

Wer also langfristigen Erfolg und Zufriedenheit mit der eigenen Geschäftsentwicklung, der Karriere und dem Ergebnis seiner Arbeit sucht, sollte lernen, das richtige Ziel zu setzen und einzufordern.

Im Folgenden klären wir, welche Ziele und Zielkategorien es gibt, die Sie sich für Ihre Content-Kreation setzen können. Und auch, an welcher Stelle Sie aufpassen sollten, sich keine zu große Bürde aufladen zu lassen.

6.1   Den Content mit klaren Vorgaben kreieren – die Zielkaskade

Es gibt viele, sehr unterschiedliche Ziele, die Sie sich im Content Marketing setzen können. Wie in Abbildung 6.1 dargestellt, sind das in der Praxis in erster Linie keine kurzfristigen Sales-, sondern vor allem mittel- und langfristig zu erreichende Ziele. Sie beziehen sich zudem meist auf die Marke: Steigerung der Bekanntheit (Awareness), des Images (Reputation) und der Reichweite (Sichtbarkeit).

Wie werden nun Ziele für die Content-Kreation strategisch definiert? Nun, in einem Unternehmen gibt es unterschiedliche Zielebenen. Es gilt, Ihre Ziele für die Content-Kreation von den übergeordneten Zielen abzuleiten. Nur so geben Sie Ihrer Content-Kreation – ob für Produkt- oder Content Marketing – die strategisch wichtige Richtung.

Abbildung 6.1 Ziele aus der Content-Marketing-Praxis (Quelle: BVDW)[1]

Schauen wir uns die sogenannte, in Abbildung 6.2 dargestellte Zielkaskade für den Bereich Marketing und Kommunikation einmal genauer an. Dabei unterscheiden wir Business-Ziele, dazu gehören Unternehmensziele, und die entsprechenden Bereichsziele, in diesem Fall eben für den Bereich Marketing, sowie die daraus wiederum abgeleiteten Kommunikationsziele.[2]

Unternehmensziele stehen natürlich weit oben in der Hierarchie. Sie repräsentieren die Vorgaben der Geschäftsführung und werden meist als konkrete Gewinnerwartung formuliert. Das Erreichen dieses Ziels bestimmt über die Zukunft und den Bestand des Unternehmens. Dass Unternehmensziele erreicht werden, ist in der Regel die gemeinschaftliche Aufgabe aller Abteilungen im Unternehmen. Daher leiten diese Abteilungen ihre Bereichsziele auch direkt aus dem übergeordneten Unternehmensziel ab: Vertrieb (Verfügbarkeit des Produkts optimieren), PR (bessere Darstellung in der Presse), Einkauf (optimale Konditionen), Forschung & Entwicklung (innovative Produktfeatures). Im Marketing geht es meist um die Steigerung von Umsatz oder Marktanteil, indem beispielsweise ein neues Produkt zu einem bestimmten Preis an eine bestimmte Zielgruppe mit einem definierten Kom-

---

1   Bundesverband Digitale Wirtschaft (BVDW), KPIs im Content-Marketing – A never ending Story (Whitepaper): *https://www.bvdw.org/fileadmin/bvdw/upload/publikationen/content_ marketing/BVDW_LF_KPIs_Content_Marketing_ES_20181122.pdf* [03.08.2020]

2   Siehe auch: K&D, Warum viele Kommunikationsziele keine sind: *https://kresse-discher.de/blog/ warum-viele-kommunikationsziele-keine-sind/*

munikationsmix im Markt platziert und vertrieben wird. Das Ziel: »Wir möchten unseren Marktanteil im kommenden Geschäftsjahr um +10 % steigern.«

Am Erreichen dieser Business-Zielen sollten Sie sich allerdings nicht allein messen lassen, denn das ist wie gesagt abhängig von der erfolgreichen Arbeit vieler Abteilungen. Ist beispielsweise die Produktqualität nicht wettbewerbsfähig oder sorgt der Vertrieb nicht für eine flächendeckende Verfügbarkeit des Produkts in den Regalen, rückt das Ziel, Gewinn zu machen, in weite Ferne. Daran können Sie als Kommunikationsexperte dann nichts ändern, selbst wenn Sie einen super Job machen.

Daher gilt es, für Ihren Bereich sogenannte Kommunikationsziele aus diesen Marketingzielen abzuleiten. Deren Beitrag zur Zielerreichung können Sie klar definieren, messen und auch dokumentieren. Dabei sollten sowohl die Kommunikation rund um das Produkt, also Werbung (Promotion), als auch rund ums Content Marketing, bei dem der Mensch im Mittelpunkt steht, eigene Ziele bekommen. Diese Ziele sollten idealerweise strategisch aufeinander abgestimmt auf das eine Kommunikationsziel hin formuliert sein.

Abbildung 6.2 Die Zielkaskade: Aus den Business-Zielen werden am Ende die Kommunikationsziele für Produkt- und Content Marketing abgeleitet.

Die Kernfrage, die Sie sich in diesem Fall stellen sollten: Wie kann ich mit Content, gestaltet im Sinne des Content Marketings, zur Zielerreichung beitragen?

Abhängig vom Marketingziel, in dem sich ja die jeweilige Situation der Marke manifestiert, können Sie vier grundsätzliche Kommunikationsziele wählen. Ob Sie diese erreichen, lässt sich wiederum durch entsprechende Metriken und KPIs messen bzw. kontrollieren:

- *Steigerung der Reichweite (Reach):* Die Reichweite ist eine sehr markenorientierte Größe, insbesondere, wenn Ihre Marke in einer für die Zielerreichung wichtigen Zielgruppe noch gar nicht bekannt oder einfach noch nicht bekannt genug ist. Beispiel: Eine Traditionsmarke launcht ein »junges« Lifestyleprodukt für eine junge Zielgruppe, um neuen, zusätzlichen Umsatz mit dieser zu machen. Aber für die Jungen spielte diese Marke bisher gar keine Rolle in ihrem Leben – sie kennen sie gar nicht (mehr), selbst wenn man sie danach fragt. Sie müssen sie also zunächst einmal »auf deren Schirm« bringen. Aber auch die Sichtbarkeit der Marke und ihrer Produkte ist in diesem Zusammenhang eine wichtige Größe: Taucht die Marke in den Suchergebnissen von Google auf? Sucht man danach? Oder sprechen die Menschen überhaupt über die Marke, z. B. in den sozialen Medien?

- *Ausbau der Reputation (Reputation):* Ist die Marke in Ihrer Zielgruppe bereits bekannt, gilt es, ihren Ruf, sprich das Image so zu gestalten, dass sie sich vom Wettbewerb differenziert und für die Menschen attraktiv ist. Reputation ist eine eher beziehungsorientierte Größe. Welche Werte verbinden die Menschen mit Ihrer Marke? Können sie sich damit identifizieren? Bleiben wir bei unserem obigen Beispiel: Selbst wenn die junge Zielgruppe Ihre Marke noch von ihren Eltern her kennt, kann es sein, dass sie sie genau deshalb ablehnt. Das erfährt man nicht nur in Umfragen, sondern auch, indem man in Social-Media-Kanäle hineinhört. Fragen Sie sich dann auch: Kommen da die richtigen Attribute zum Ausdruck? Oder gilt es, die Marke mit entsprechenden Inhalten und Aktionen (wieder) ins rechte Licht zu rücken? Je wertvoller die Marke in den Augen Ihrer Zielgruppe erscheint, desto höher ist übrigens auch deren Bereitschaft, einen entsprechenden Preis für ihre Produkte zu bezahlen. Womit wir wieder bei den Business-Zielen sind.

- *Steigerung der Retention (Loyalität):* Wenn Sie Ihre Kundschaft einmal gewonnen haben, sollten Sie sie natürlich nicht mehr verlieren. Sie sollten Ihrer Marke treu bleiben, wieder, ruhig auch häufiger oder einfach mehr kaufen. Kunden an die Marke zu binden ist eine hohe Kunst, bei der Content eine große Rolle spielt. Aber die Mühe lohnt sich, denn: Einmal gewonnene Kunden zu Bestandskunden zu machen, sie zu hegen und zu pflegen ist wesentlich günstiger als die »kalte« Neukundenakquise. Es gilt also, das Band zwischen Kundschaft und Marke weiter zu stärken. Mit Content kann es sogar gelingen, sie zu glaubwürdigen Markenbotschaftern und Multiplikatoren zu machen. Damit leisten Ihre Maßnahmen auch einen unmittelbaren Beitrag zum Erreichen des nächsten Ziels: dem Return on Investment (ROI).

- *Maximierung des ROI:* Für Content Marketing ist der ROI eine schwer zu bewertende Zielgröße. Denn Inhalte, die nicht unmittelbar auf den Produktverkauf zielen, wirken eher langfristig auf das Verhalten. Content Marketing ist eben nicht so sehr geeignet, »die Kisten vom Hof zu verkaufen«, sondern wirkt beziehungsstiftend. Dennoch: Content-Kreation soll zu keinem Zeitpunkt Selbstzweck sein, sondern – ebenso wie Produktwerbung – einen Beitrag zum Erreichen der Business-Ziele leisten.

Überlegen Sie insbesondere, wie Sie mit Inhalten die sogenannte Conversion Rate optimieren können: Conversion ist, wenn ein potenzieller Kunde – beispielsweise auf Ihrer Website – aktiv wird und eine bestimmte Handlung unternimmt. Dazu zählt nicht nur der Kauf des Produkts, sondern auch das Ausfüllen und Absenden eines Formulars auf Ihrer Website oder das Registrieren für ein Newsletter-Abonnement mit der E-Mail-Adresse.

Sie können die Effizienz Ihrer besten Conversion-Maßnahmen Schritt für Schritt optimieren – und damit deren Wertbeitrag zum übergeordneten Ziel »Gewinn« optimieren: z. B. »Was kostet mich eine neue Adresse (Cost per Lead)?« oder »Was hat uns ein neuer Follower (Cost per Follower) gekostet?« und »Können wir das noch effizienter gestalten, ohne die Qualität unserer Arbeit zu schädigen?«.

Unsere Übersicht in Abbildung 6.3 zeigt vereinfacht, wie Marketing- und Kommunikationsziele miteinander verwoben sind und welche KPIs und weitere Metriken sich eignen, die Wirksamkeit der Maßnahmen für die Zielerreichung zu prüfen. Mehr zum Thema Metriken und KPIs, worin der Unterschied besteht und wie sie gemessen werden, lesen Sie ausführlich in Kapitel 28, »KPIs und Metriken – Erfolg lässt sich messen«.

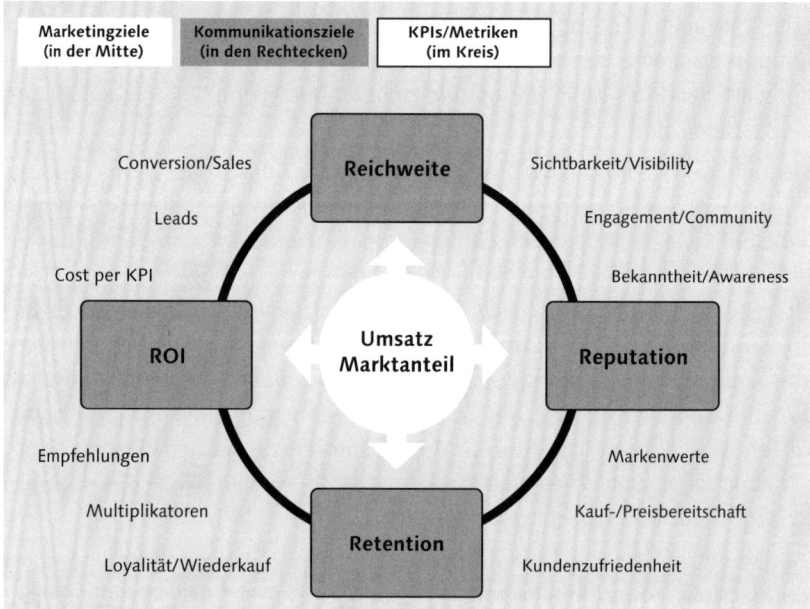

Abbildung 6.3 Die Zielebenen: Die Marketingziele stehen in der Mitte, daraus abgeleitet werden die vier Kommunikationsziele mit möglichen KPIs/Metriken.

Mit den Zielen und den entsprechenden Metriken und KPIs vor Augen gilt es dann, konkrete Inhalte zu entwickeln. Schauen wir uns an dieser Stelle zur Veranschaulichung der unterschiedlichen Zieldimensionen beispielhafte Fragestellungen zu den einzelnen Zielen an, die Ihnen so oder ähnlich in Ihrer Arbeit als Content Creator begegnen werden. Die daraus abgeleiteten, hier schlaglichtartig vorgestellten Ableitungen für die Content-Kreation stellen zugleich skizzenartig die Schritte, Tools, Techniken und Inhalte vor, mit denen wir uns in den folgenden Kapiteln dieses Buches ausführlicher beschäftigen werden.

6.2   Die Reichweite mit Content ausbauen

Sie stehen noch ganz am Anfang bzw. Ihre Marke ist noch zu unbekannt, um erfolgreich am Markt zu bestehen? Dann stellt sich die folgende Frage: Wie können Sie die Sichtbarkeit Ihrer Marke erhöhen?

- Seien Sie mutig. Sorgen Sie durch Inhalte mit kreativen Ecken und klaren Kanten für die virale Verbreitung Ihres Contents. Das steigert Ihre Sichtbarkeit nicht zuletzt in Social Media (Word of Mouth und Social Buzz), denn Märkte sind Gespräche. Sie bestehen aus Menschen, wie Rick Levine, Christopher Locke, Doc Searls und David Weinberger in ihrem gemeinsamen Cluetrain Manifesto schon 1999 beschrieben.[3] Je intensiver deren Auseinandersetzung mit Ihren Inhalten (das sogenannte Engagement), desto größer ist Ihr Anteil an diesen Gesprächen. So steigern Sie Ihren kommunikativen Marktanteil (Share of Voice).

- Bewerben Sie Ihren Content wie ein Produkt, auch mit Einsatz von Budget, anstatt ihn nur auf eigenen Plattformen zu publizieren. Facebook, Instagram und Co. haben der organischen, sprich der »natürlichen« Reichweite von Content einen Riegel vorgeschoben. Er wird einfach nicht mehr in den Timelines der Follower angezeigt. Das Problem lässt sich nur durch Geld lösen. Ohne Moos ist leider auch im Content Marketing nichts los. Wie Sie die Sichtbarkeit für Content erhöhen, dazu in Kapitel 25, »Visibility – mehr Reichweite und Sichtbarkeit für Ihren Content«, in aller Ausführlichkeit.

- Optimieren Sie die Sichtbarkeit der Marke durch Präsenz Ihrer Inhalte in der Google-Suche. Erstellen Sie Beiträge und Inhalte zu häufig gesuchten Themen. Verwenden Sie dazu relevante Keywords. Aber bitte: Kreieren Sie Content für Menschen, nicht für Algorithmen. Letztere erkennen, ob Sie nur den kurzfristigen Klickerfolg wollen oder echte Inhalte von Wert zu bieten haben.

---

3   Rick Levine, Christopher Locke, Doc Searls, David Weinberger, Das Cluetrain Manifesto –
    95 Thesen: *https://www.cluetrain.com/auf-deutsch.html* [16.12.2020]

Nicht nur sichtbar, sondern auch tatsächlich bekannt zu werden, ist dann die Ausbaustufe dieser Zielkategorie: Menschen Ihrer Zielgruppe sollten Ihre Marke »gestützt« aus einer Liste von Marken zumindest wiedererkennen, also: »Welche der folgenden Sportmarken kennen Sie? Nike, Adidas, Puma, Asics?« Oder noch eine Stufe anspruchsvoller, also ungestützt gefragt: »Nennen Sie ohne Erinnerungshilfe eine Sportmarke.« Die Frage also: Wie können Sie Ihre Markenbekanntheit/Brand Awareness ausbauen?

- Erhöhen Sie die Bekanntheit Ihrer Marke durch kreative Content-Marketing-Kampagnen. Eine solche Kampagne sollte »laut«, sprich aufmerksamkeitsstark konzipiert sein und zur Konversation anregen.

- Arbeiten Sie mit bekannten Influencern mit Reichweite zusammen. Geben Sie denen den notwendigen kreativen Freiraum, Ihre Marke in deren Kontext zu inszenieren. So erreichen Sie die Menschen in deren Communitys, die sich sonst wahrscheinlich nicht mit Ihrer Marke auseinandersetzen würden. Wie eine solche Zusammenarbeit aussehen kann, dazu in Kapitel 15, »Branded Content – Inhalte mit kreativen Partnern entwickeln« und Kapitel 21, »Create Content mit Influencern – Marketing auf Augenhöhe«, mehr.

6.3 Die Reputation mit Content gestalten

Bekannt zu sein allein reicht natürlich nicht. Sondern es geht auch darum, einen bestimmten Ruf oder konkret ein Image mit Ihrer Marke zu verbinden. Die grundlegenden Fragen: Welche Werte unterscheiden unsere Marke vom Wettbewerb? Was positioniert sie im Kopf der Menschen als besonders und einzigartig?

- Nutzen Sie die Kraft der Emotion: Kreieren Sie Inhalte, die Ihre Markenpersönlichkeit und Ihre Werte authentisch untermauern und mit denen Sie Ihren Kunden begeistern können.

- Erhöhen Sie die Zufriedenheit Ihrer Kunden: Identifizieren Sie deren Anliegen und Bedürfnisse und stellen Sie diese in den Mittelpunkt Ihrer Kreation. Wie Sie diese Bedürfnisse entdecken können? Das erfahren Sie in Kapitel 7 bis Kapitel 9.

Die Frage nach der Reputation ist nicht nur aus Sicht einer Produktmarke interessant, sondern auch aus Sicht der Human-Resources-Abteilung: Wie können Sie Ihre Arbeitgebermarke (Employer Brand) so attraktiv gestalten, dass Menschen sich bei Ihnen proaktiv bewerben?

- Machen Sie in Ihrem Content deutlich, wofür Ihr Unternehmen steht. Schalten Sie nicht nur Anzeigen mit kühl beschriebenen Stellenprofilen, in denen steht, was zu tun ist. Sondern machen Sie auf Ihrer Website, im Blog, in Social Media oder auf Events Ihre Firmenkultur, Ihren Purpose und/oder Ihre Haltung nachvollziehbar erlebbar, z. B. mit authentischem Storytelling, in dem Sie auch Ihre Mitarbeiter sprechen lassen.

6.4   Die Retention/Loyalität Ihrer Kunden stärken

Sie möchten Ihre Kunden zu Stammkunden machen? Die dahinterstehende Frage lautet: Wie können Sie Ihre Kunden stärker an sich binden?

- Hören Sie Ihrer Community aufmerksam zu. Gehen Sie häufig genannten Anliegen, diskutierten Fragen und geäußerten Wünschen jenseits Ihres Produktportfolios auf den Grund. Gehen Sie darauf in Ihren Inhalten ein. So bestätigen Sie Ihre Kunden in deren Wahl – und halten sie bis zum nächsten Kauf bei Laune.

- Machen Sie Kunden zum Teil Ihres Storytellings. Erzählen Sie nicht über sich als Unternehmen und Ihre Marke, sondern berichten Sie über Menschen, die als Kunde bereits Teil Ihrer Geschichte und Ihres Commitments geworden sind.

- Bleiben Sie mit Inhalten auch nach dem Kauf präsent, bis die nächste Kaufentscheidung ansteht. Seien Sie beispielsweise zur Stelle, wenn Ihrer neuen Kundin nach dem Kauf Zweifel an ihrer Entscheidung kommen. Dieser Regret-Effekt tritt häufiger auf, als man denkt. Räumen Sie sie aus. Bestätigen oder belohnen Sie die Entscheidung. Womit? Mit Gutscheinen? Klar, aber auch mit hilfreichen Inhalten zum Anlass des Einsatzes des Produkts: Anwendungsbeispiele, Kundenstorys, Tipps und Hacks … Setzen Sie sich also mit der Customer Journey Ihrer Kunden intensiv auseinander.

Loyale und begeisterte Kunden sind die besten Verkäufer und Meinungsbildner. Wenn sie sich mit Ihrer Marke zeigen, davon schwärmen und Empfehlungen aussprechen, wirkt das glaubwürdiger als jedes Stück Content: Daher sollten Sie sich fragen, wie Sie aus Ihren besten Kundinnen Markenbotschafterinnen machen.

- Geben Sie Ihren besten ambitionierten Kunden und Multiplikatoren Anlass, in deren Community über Sie oder Ihre Marke zu sprechen: Liefern Sie ihnen exklusives Wissen und Informationen, die noch kein anderer hat. Inspirieren Sie sie zu gutem Storytelling. Am besten erzählen auch Sie Storys, in denen diese selbst vorkommen. Damit steigern Sie deren Anerkennung in der Community und helfen ihnen, ihrem Status als Influencer gerecht zu werden.

6.5   Den Return on Investment (ROI) Ihrer Kreation maximieren

Sie haben Adressen, genug Besucher auf Ihrer Website oder sogar im Shop? Dann lautet die Frage: Wie können Sie sie bewegen, den nächsten Schritt zu machen, sprich Ihre Conversion Rate zu optimieren?

- Kaufen Sie keine Leads, und schon gar nicht nach rein quantitativen oder demografischen Kriterien (Kundennamen und -adressen, Alter, Haushaltseinkommen …). Laden Sie potenzielle Kunden über Inhalte ein, auf Ihrer Website zu lesen oder im Webshop zu stöbern. Mit ansteigender emotionaler Markenaffinität steigt dann auch die Wahrscheinlichkeit, dass sie einen Newsletter abonnieren oder eben etwas kaufen. Sie sind Hot Leads, deren Conversion Ihnen leichter fallen dürfte als die der unfreiwillig angesprochenen Menschen hinter den gekauften Namen.

- Finden und beseitigen Sie unbedingt letzte physische und psychische Kaufbarrieren. Manchmal ist das die Farbe oder die Platzierung des Kauf-Buttons im Webshop. Mindestens genauso häufig ist es aber auch ein letzter aufkeimender Zweifel vor dem Klick aufs Abo, aufs Bezahlen, den man mit Empathie und entsprechendem Content aus der Welt schaffen kann.

Natürlich steigt mit höheren Preisen für ein Produkt oder einen Service auch die Profitabilität und damit der Gewinn. Im harten Wettbewerb, der oft im Kampf um die niedrigsten Preise mündet, ist eine Premiumpreisstrategie allerdings nicht so ganz einfach. Die Frage lautet also: Wie können Sie am Markt und gegen den Wettbewerb höhere Preise durchsetzen?

- Denken Sie über das Produkt hinaus und verstehen Sie Ihren Content als zusätzliche Servicedienstleistung, nicht als Werbung. Seien Sie empathisch und mit Rat und Tat zur Stelle, wenn der Kunde Ihre Hilfe oder einfach moralische Unterstützung braucht. Durch den emotionalen und praktischen Mehrwert erhöhen Sie die Preisbereitschaft Ihrer Kunden.

Haben Sie Ihre Ziele nun vor Augen? Dann sollten Sie sie jetzt klar, motivierend und verbindlich für jeden Beteiligten im Content-Kreationsprozess formulieren. Wie das geht, schauen wir uns im folgenden Abschnitt an.

6.6   Die eigenen Ziele verbindlich formulieren und motivierend kommunizieren – die SMART-Methode

Ein klar gestecktes Ziel motiviert. Es setzt Kräfte frei und wirkt auch in schwierigen Phasen, die jedes Projekt einmal durchläuft, ermutigend. Eine Methode, Ziele so ansprechend und eindeutig wie möglich zu definieren, ist die sogenannte SMART-Methode. Erfunden hat diese der Managementforscher Peter Drucker. Sie wird schon seit 1977 im Projektmanagement, in der Mitarbeiterführung und in der Personalentwicklung eingesetzt, hat aber nichts an Aktualität verloren und lässt sich hervorragend für Ihre Content-Strategie nutzen. Nach dieser Methode ist Ihr Ziel nur dann SMART, wenn es die folgenden fünf Bedingungen erfüllt: **spezifisch, messbar, aktivierend, realistisch, terminiert**.[4]

1. **S**: Formulieren Sie Ihr Ziel **spezifisch**.

   Vermeiden Sie jede noch so kleine Ungenauigkeit am Startpunkt Ihrer Content-Kreation. Ein klares Ziel ist der Ausgangspunkt jeder erfolgreichen Arbeit. Formulieren Sie Ihr Ziel daher so spezifisch und unmissverständlich wie nur möglich. Sagen Sie klar, was Sie erreichen wollen. »Schwurbeln« Sie nicht darum herum. Das würde, ähnlich wie eine zittrige Hand beim Bogenschießen, dafür sorgen, dass Ihre Ergebnisse am Ende rund um das Ziel streuen oder sogar weit daran vorbeischießen. Vermeiden Sie also Verallgemeinerungen, schwammige Formulierungen, und achten Sie auf klare gemeinsame Vorstellungen auf allen Seiten.

   Ein spezifisches Ziel können Sie in einem einzigen klaren Satz formulieren. Damit helfen Sie auch allen am Prozess Beteiligten, ihre Aktivitäten danach auszurichten. Und Sie vermeiden Diskussionen, die durch ungenaue Interpretationen in verschiedenen Abteilungen oder auf unterschiedlichen Hierarchieebenen die Runde machen.

Übung: Formulieren Sie Ihr Business-Ziel konkret und unmissverständlich

Formulierungshilfe: Nehmen wir an, Sie möchten Ihren Umsatz verbessern. Dann könnte Ihr Ziel so lauten:

»Ich möchte meinen Umsatz bis Ende des Jahres um 10 % steigern.«

---

2. **M**: Machen Sie Ihr Ziel **messbar**.

   Legen Sie die Kriterien fest, mit denen Sie das Erreichen Ihres Ziels objektiv überprüfen können. Zahlen helfen da sehr, denn an ihnen kann sich jeder »festhalten«. Mittels entsprechender Key Performance Indicators (KPIs) und Erfolgsmetriken kann man Fortschritte auf dem Weg zum Ziel messen. Merken Sie, dass Sie und Ihr Team sich vom Ziel wegbewegen oder einfach nicht schnell genug sind, können Sie eingreifen und optimieren. Diese Metriken sind nicht die Ziele, sondern eben Indikatoren. Sie zeigen ähnlich wie ein Seismograf Aus-

---

4   Wikipedia, Stichwort »SMART (Projektmanagement)«: *https://de.wikipedia.org/wiki/SMART_ (Projektmanagement)* [16.12.2020]

schläge nach oben oder unten an. Dazu in Kapitel 28, »KPIs und Metriken – Erfolg lässt sich messen«, mehr.

Wichtig: Wenn Ziele zu allgemein formuliert auf Ihrem Schreibtisch landen, formulieren Sie sie so um, dass sie messbar werden.

Übung: Formulieren Sie Ihr Kommunikationsziel messbar, damit seine Erreichung auch objektiv erkennbar ist.

Formulierungshilfe: Nehmen wir an, Sie möchten treue Kunden halten, indem Sie sie zu ihrer vollsten Zufriedenheit bedienen.

Statt »Kunden sollen zufriedener sein.« formulieren Sie besser: »Ich möchte unsere Kundenzufriedenheit steigern, sodass die Zahl der positiven Bewertungen (Ratings und Reviews mit 4–5 Sternen) bis zum Jahresende um 25 % vs. Vorjahr steigt.«

---

3. **A**: Formulieren Sie ein für alle beteiligten produktiven Kräfte **aktivierendes** Ziel. Das Ziel sollte alle Beteiligten motivieren, an der Zielerreichung mitzuarbeiten. Es sollte also erstrebenswert sein. Formulieren Sie das Ziel daher positiv und möglichst ohne negative Konnotation. Das motiviert Sie und Ihr Content-Team zweifach und steigert die Identifikation mit dem gemeinsamen Ziel.

Übung: Formulieren Sie ein motivierendes Ziel.

Formulierungshilfe: Nehmen wir an, Sie möchten, Ihre niedrig stagnierende Brand Awareness in der jungen Zielgruppe steigern.

Statt »Die Menschen der Generation Z kennen uns gar nicht. Das sollten wir ändern.« formulieren Sie besser: »Ich möchte unsere gestützte Markenbekanntheit in der Zielgruppe der Generation Z um 5 % steigern.«

---

4. **R**: Bleiben Sie **realistisch**. Das Ziel sollte ambitioniert, aber nicht überambitioniert formuliert sein. Belassen Sie es z. B. innerhalb der definierten Zeit im Bereich des Machbaren. Das ist in Ihrem eigenen Interesse. Sonst ist die Enttäuschung am Ende groß. In Ihrem Team, bei Ihren Sponsoren, Auftraggebern und Budgetgebern sinkt dann die Motivation für weitere Vorhaben deutlich.

Übung: Bleiben Sie Realist, definieren Sie ein erreichbares und durch eigenes Verhalten beinflussbares Ziel.

Formulierungshilfe: Vergleichen Sie Ihr Ziel mit dem, was Sie in der Vergangenheit erreicht haben. Schauen Sie auch auf die Zahlen der Wettbewerber. Und dann legen Sie ambitioniert eine Schippe drauf – ohne zu übertreiben.

---

5. **T: Terminierte** Ziele motivieren.

   Legen Sie den Zeitpunkt, an dem Sie am Ziel sein möchten, verbindlich für alle fest. Fragen Sie auch die Verantwortlichen und beauftragenden Fachabteilungen in Ihrem Unternehmen, in welchem Zeitraum sie ihre Ziele erreichen möchten! Ein Termin, den alle gemeinsam im Kopf haben, wirkt motivierend. Er vermeidet Stress. Auch kritische und überraschende Zwischenfragen nach dem Motto »Und, ist denn schon etwas dabei herausgekommen?« können Sie mit Hinweis auf den Zeithorizont klar beantworten.

Übung: Legen Sie fest, wann das Ziel erreicht sein soll.

Formulierungshilfe: Nehmen wir an, sie möchten Ihre Markenbekanntheit weiter ausbauen. Dann könnte Ihr Ziel lauten: »Um unsere gestützte Markenbekanntheit weiter auszubauen, möchte ich die Zahl unserer Social-Media-Follower in sechs Monaten, also bis zum 31.06.2022, um 25 % steigern.«

6.7   Praktischer Umgang mit Zielen

Zum Abschluss noch ein paar praktische Anregungen, die Ihnen helfen können, Ihre Ziele zu definieren:

- Machen Sie sich bewusst: Sie sind mit Ihrer Content-Produktion an einer zusätzlichen Werkbank, die direkt neben der zur Herstellung des Produkts oder der Dienstleistung Ihres Unternehmens steht und entsprechend Ressourcen und Budgets beansprucht – oder dort sogar abzieht. Richten Sie Ihre Kommunikationsziele und die entsprechende Content-Kreation daher unbedingt an der Unternehmensstrategie aus.

  Seien Sie hartnäckig, ob selbständig, angestellt oder als Dienstleister: Verschaffen Sie sich im Vorfeld Ihrer Content-Kreation eindeutige Zielklarheit. Schauen Sie sich bereits bestehende Strategiepräsentationen an. Fragen Sie Verantwortliche und Vorgesetzte. Lassen Sie nicht ab, bis Sie ein Ziel und eine Zahl haben. Wenn Sie sich als Unternehmer noch keine Vorgaben gemacht haben, überlegen Sie, wo Sie in fünf Jahren stehen möchten. Von dieser Zahl leiten Sie die strategischen Marketing- und daraus wiederum Ihre Kommunikationsziele ab. Und nur daran messen Sie sich oder lassen Sie sich messen.

  Stellen Sie dazu folgende Fragen:

  - Ist das vorgegebene und vorformulierte Ziel wirklich das eigentliche Ziel oder steckt eigentlich ein ganz anderes dahinter? Hinterfragen Sie sich und andere!

- Ist das übergeordnete Ziel überhaupt ein Business-Ziel? Oder doch *nur* ein Kommunikationsziel? Dann haken bei Vorgesetzten, Fachabteilung, Geschäftsführung, Ihren Budgetsponsoren im Unternehmen nach, worauf Sie hinarbeiten, wofür Sie bezahlt werden! Vielleicht können Sie ein genaueres, besseres oder »richtigeres« Ziel daraus ableiten als das Ihnen genannte.

- Ist das genannte Ziel messbar? Wenn nicht, dann machen Sie es messbar!

■ Definieren Sie Ihre Kommunikationsziele gemeinsam mit den Verantwortlichen, die Ihre Arbeit, Ihren Erfolg bewerten und Ihr Budget »sponsern«. So stecken Sie das Spielfeld, das Sie besonders im Auge behalten sollen, von vornherein gemeinsam ab, und zwar verbindlich.

■ Halten Sie Ihre Content-Strategie samt Ziel immer schriftlich fest. Das bringt langfristig Klarheit und Verbindlichkeit. Darauf können Sie sich jederzeit berufen. Die Schriftform verhindert damit auch Moving Targets, also sich im Prozess verändernde Ziele, oder hilft Ihnen zumindest, sich dagegen zu wehren.

■ Machen Sie Ihr Ziel zu einer persönlichen Angelegenheit jedes Beteiligten: Lassen Sie es beispielsweise am Ende von allen symbolisch unterschreiben und machen Sie es für alle sichtbar: als »Aushang« auf dem gemeinsamen internen Blackboard, im Büro, auf dem Screen im Gang oder Schreibtisch. Das schweißt Ihr Creator-Team selbst im holprigsten Prozess zusammen und vermeidet kräftezehrende Diskussionen. Fixierte Ziele helfen auch in jedem Schritt des Content-Entwicklungsprozesses, Maßnahmen und Ideen zu bewerten: Ist das die Art Content, die Ihre Community wirklich bewegt?

■ Ziele wirken klärend, sie motivieren und halten das Team in der Spur. Sie zu erreichen ist nicht nur ein Maßstab für unternehmerischen Erfolg, sondern auch Grundlage für Karrieren und Berufungen – auch Ihre. Setzen Sie sich daher auch kurz- und mittelfristige Meilensteine auf dem Weg zum langfristigen Ziel. Jeder Zwischenerfolg motiviert und hilft bei der Erfolgskontrolle und notwendigen Konzeptoptimierungen auf Ihrem Weg.

Noch eine Anregung zum Abschluss dieses Kapitels: Mit dem Herunterbrechen von Kommunikationszielen für Ihre Content-Kreation allein ist nicht getan: Gerade, wenn Sie für sich selbst und Ihr eigenes Unternehmen Content erstellen, sollten Sie sich vorab Ziele geben, die Sie dorthin bringen, wohin Sie aus voller Überzeugung möchten. Denn wenn Sie nach harter Arbeit Ihre Ziele tatsächlich erreicht haben, dann aber feststellen müssen, dass Sie das alles gar nicht dahin gebracht hat, wohin Sie mit dem Herzen wollten, ist das zwar ein gutes, aber kein befriedigendes Ergebnis.

Kapitel 7

Mit der Persona zur besseren Zielgruppe – Communitys aufbauen und pflegen

»Wie fruchtbar ist der kleinste Kreis. Wenn man ihn wohl zu pflegen weiß.«[1] – Johann Wolfgang von Goethe

Sie haben sich intensiv mit dem Thema Zieldefinition beschäftigt und die Antwort auf die Frage, was Sie erreichen möchten, gefunden? Eine entscheidende Frage, die sich sofort anschließt: Wie können Sie das Ziel erreichen? Oder besser: Wer hilft Ihnen, Ihr Ziel zu erreichen? Richtig, die Menschen, die Ihr Produkt kaufen: Ihre Zielgruppe.

Die gilt es nun zu definieren. Denn die Kernfrage, mit der Sie sich im Rahmen Ihrer Content-Erstellung beschäftigen werden, lautet: Mit welchen Inhalten können Sie die Menschen Ihrer Zielgruppe dazu bringen, sich mit Ihrer Marke und später eben auch deren Produkten zu beschäftigen? Die ausführliche Antwort auf diese Frage finden Sie für Ihre Content-Kreation aber leider nicht, indem Sie eine möglichst große Zielgruppe definieren, um Ihrem Ziel schnell näherzukommen (etwa »alle Männer und Frauen zwischen 45–65 Jahre«), oder rein demografische Beschreibungen nutzen (z. B. »Frauen und Männer ab 31 Jahren, Haushaltseinkommen zwischen 2.500 und 4.500 € netto, mit mindestens einem Kind, in der Stadt lebend«).

Denn Hand aufs Herz: Könnten Sie sich in Kenntnis der vorangegangenen Kapitel über Marke, Menschen und deren Motivationen ein Thema vorstellen, das diese Männer und Frauen gleichermaßen beschäftigt? Kurz gesagt ist eine solche abstrakte Beschreibung einer Zielgruppe wenig konkret und bietet Ihnen viel zu wenige Ansatzpunkte für Ihre Content-Kreation.

Daher ein Tipp zur Inspiration: Definieren Sie Ihr Publikum nicht als abstrakte Zielgruppe, sondern hauchen Sie ihm Leben ein. Stellen Sie sich die Menschen als le-

---

1 Johann Wolfgang Goethe, Gedichte: Ausgabe letzter Hand 1827, 4. Auflage. Berlin: Edition Holzinger 2016, S. 556

bendige Community vor: mit Idealen, Träumen und Wünschen, aber auch Ängsten und Frustrationen. Wie das geht, das schauen wir uns in diesem Kapitel genauer an.

7.1   Kreieren Sie Content für Ihre Community

Was genau ist der Unterschied zwischen einer Zielgruppe und einer Community? Zielgruppen werden im Produktmarketing wie im Beispiel oben üblicherweise sehr breit definiert, um große Awareness und Reichweite für ein bestimmtes Produkt aufzubauen. Die entsprechende Werbung wird dann als »weich« getesteter Mainstream-Inhalt inklusive Call-to-Action »Jetzt kaufen« an diese Zielgruppe ausgeliefert. Es ist also eine im wahrsten Sinne des Wortes »industrielle« Content-Produktion. Die funktioniert, wie in Abbildung 7.1 (Grafik links im Bild) illustriert, nach einem traditionell-klassischen Verständnis von Kommunikation: Ein Unternehmen schickt als Sender seine Botschaft zum Produkt über die verschiedensten Kanäle in seine definierten Zielgruppen hinein. Dabei fließt das Budget für die Distribution der Inhalte in reichweitenstarke Medien wie TV, Outdoor, Onlinebanner oder auch Social Media Advertising mit der Absicht und in der Hoffnung, dass die Botschaft dort verfängt.

Die Reichweite der klassischen Medien sinkt aber mit zunehmender Digitalisierung. Das analoge Gießkannenprinzip wird damit zunehmend teurer. Zwar helfen inzwischen digitale Medien mit ihren statistischen Verfahren, sprich Algorithmen, und Big Data beim individuellen Zuschneiden der Botschaften und beim Targeting. Aber Sie wissen selbst, als wie wenig persönlich relevant man die Ansprache über Banner oder Targeted Advertising empfindet, insbesondere dann, wenn einem das Produkt, das man letzte Woche schon gekauft hat, trotzdem immer wieder auf den Bannern und Anzeigen der besuchten Websites und Kanäle angeboten wird.

Neben all dem technisch Möglichen dürfen wir daher eines nicht aus dem Blick verlieren: Menschen trauen vor allem Menschen – vor allem gleichgesinnten. Sie tauschen sich mit Ihnen über gemeinsame Interessen, Überzeugungen und Hobbys aus, geben sich Tipps: Sie interagieren in ihrer Community, nicht in einer Zielgruppe. Es sind die dahinterliegenden gemeinsamen Werte und Motivationen, die sie miteinander verbinden – unabhängig von demografischen Angaben. Ambitionierte Sportler beispielsweise trennt weder das Alter noch ihr Einkommen. Naturliebhaber eint vielleicht die Suche nach Ruhe und Tierliebe, egal ob sie auf dem Land oder in der Stadt leben. Menschen in Communitys konsumieren und kreieren ähnliche Inhalte, kommentieren oder teilen sie und bringen den Absender dazu, zu reagieren, mitzuspielen, zu streiten, zu diskutieren oder auch Stellung zu beziehen. Content-Kreation wird auf diese Weise zum »Community-Ding«.

Wie Abbildung 7.1 (Grafik rechts im Bild) illustriert, sind die Marke und ihre Content Creators dann nicht mehr Außenstehende, die in die Community hineinrufen, sondern sie werden zum Mitglied einer oder sogar ihrer eigenen Community – sie sind »mittendrin«. Und das macht einen Riesenunterschied. John Coleman formuliert im Harvard Business Review den dahinterstehenden Auftrag an Content und Storytelling so:

»(...) to create a purpose and culture that others can share.«[2]

Das heißt, aktivieren Sie mit Ihren Inhalten einen Sinn und eine Kultur, die Menschen mit- und untereinander *teilen* können. Und dieses Wort kann man im doppelten Sinne verstehen: zum einen im Sinne von Zustimmung (»Ich teile diese Leidenschaft, Überzeugung, ...«) und zugleich im Sinne von Sharen (»Das ist gut, das solltet ihr sehen!«).

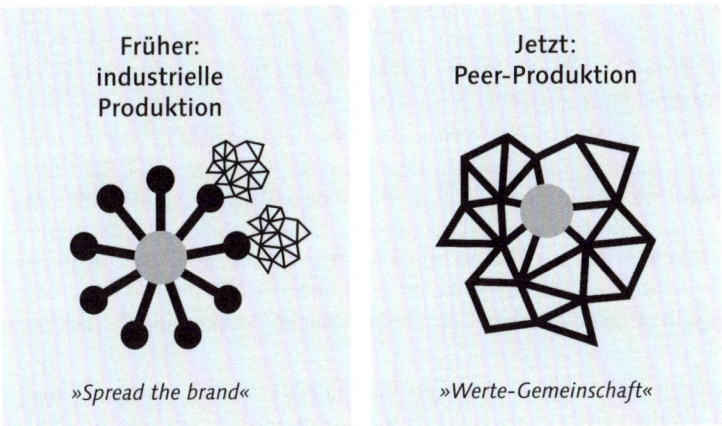

Abbildung 7.1 Früher stand die Marke im Fokus, heute ist die wertvollste Marke das Mitglied einer starken Community.[3]

Content-Kreation wird also zum »kulturschaffenden« Gemeinschaftsprojekt, englisch *Peer Production*. Erfolgreiche Start-ups sind oft die besten Anschauungsbeispiele für diesen Effekt. Sie entstehen meist schon Community-getrieben, weil sie durch ihre Gründer einen echten Purpose haben. Sie verstehen sich bereits als Teil ihrer Community und vernetzen sich und ihre Mitglieder über ihr Storytelling miteinander. Sind sie einmal erfolgreich gewachsen, zeichnen sie sich dadurch aus,

---

2   John Coleman, Use Storytelling to explain your company's purpose. In: Harvard Business Review, 24.11.2015: *https://hbr.org/2015/11/use-storytelling-to-explain-your-companys-purpose* [01.10.2020]

3   Eigene Darstellung nach einem Vortrag von Christoph König, Social Media – Fluch und Segen, Deutsche Gesellschaft für Qualität e. V., Frankfurt, 04. Februar 2015

dass sie ihre Größe, ihre Bedeutung und zunehmend sogar ihren gesellschaftlichen oder politischen Einfluss zum Wohle ihrer Community, in und für die sie »leben«, einsetzen bzw. nutzen.

Peloton wurde mit Content (Trainingskurse) zu einer der wichtigsten Fitness-Communitys, anstatt einfach ein Hometrainer-Verkäufer zu sein. Airbnb ist zu einer der größten Reise-Communitys geworden (mit Reisetipps, Bewertungen, Vermittlung von Führungen vor Ort etc.), anstatt nur ein Vermittler von Appartements zu sein.

Beispiel Peloton: Ein teurer Hometrainer mit Content-Turbo

Könnten Sie sich vorstellen, ein Spinning-Bike mit einem angedockten Tablet für 2.200 € zu kaufen? Wahrscheinlich nicht. Es gibt mit Sicherheit auch wenige Funktionalitäten, mit denen man einen Hometrainer aufrüsten könnte, um ihn Ihnen zu einem solchen Preis schmackhaft zu machen. Ohnehin: Würden Sie sich ein so teures Monster ins Wohnzimmer (zu groß) oder in den dunklen Keller (zu schade) stellen? Daher vermarkteten die Hersteller von Laufbändern und Spinning-Bikes solche Geräte bisher auch nur an Fitnessstudios. Eine direkte Vermarktung gab's nicht, der Abnehmerkreis war schließlich zu beschränkt.

Peloton hat das geändert. Das Direct-to-Consumer-Unternehmen (D2C) verkauft genau solche Hometrainer zu diesem sagenhaften Premiumpreis direkt an Endkunden. Wie schafft es das? Powertrainerinnen geben den ambitionierten Athleten auf dem Bike das Gefühl, mit der Community verbunden zu sein. Beugt man sich nämlich über das Tablet, nimmt dessen Bildschirm das gesamte Sichtfeld ein. Die Musik und die Ansagen der Trainerinnen wie »Hey Jungs, die Ladies holen auf« pushen das Adrenalin durch den Körper: Produkt und Content verschmelzen zu einer Community-Experience, der man kaum entkommt.

Peloton denkt über das Produkt hinaus, addiert ein digitales Eco-System, also ein Tablet mit Screen, und mit dem Content einen echten Community-Service. Es wird zur Plattform, die der Fitness-Community hilft, sich untereinander zu organisieren, zu motivieren und jeden Tag aufs Neue wahrhaftige Verbundenheit und Nähe zu allen anderen Beteiligten zu empfinden.

7.2   Mit Persona fokussieren – hören Sie auf zu raten, was Ihre Community wirklich braucht

Um Content zu kreieren, der auch Ihre Marke mit der Community gemeinsam »zum Schwingen« bringt, sollten Sie also nicht nur wissen, wofür Sie selber stehen. Als Content-Verantwortlicher einer Marke, als bedeutendes Community-Mitglied oder sogar als deren Gründer sollten Sie die Menschen, die Ihre Community ausmachen, immer lebendig vor Augen haben. Sprich: Machen Sie sich ein konkretes Bild von ihnen. Ein Instrument, das Content-Strategen dafür nutzen, ist die sogenannte *Persona*. Diese wird Sie und Ihr Creator-Team durch den gesamten Content-Kreations-prozess hindurch produktiv begleiten und inspirieren.

Was ist eine Persona? Der Begriff kommt aus dem Lateinischen und bedeutet »Maske«. Im klassischen Theaterspiel trugen die Schauspieler tatsächlich Masken, die ihre Rolle schnell erkennbar und unterscheidbar machten: der Böse, die Gute, der Geizige. Das Prinzip gilt bis heute fürs moderne Drama: Denken Sie nur ans schwarzweiße Maskenspiel bei Star Wars, das Phantom der Oper, das Marvel-Uni-versum.

Ursprünglich ist das Instrument der Persona für das Anforderungsmanagement von Computeranwendungen entwickelt worden. Durch die Beobachtung von echten Menschen werden dabei fiktive Figuren erstellt, die repräsentativ für den größten Teil der späteren Nutzer der App oder des Programms stehen. Diese personifizier-ten Typenbeschreibungen geben Entwicklern eine klare Vorstellung davon, wer die User sind und was sie brauchen. Damit können sie sich bei ihrer Produktentwick-lung auf die wirklich relevanten Features konzentrieren.

Aus diesem Bereich entnommen und entsprechend modifiziert hilft Ihnen das Per-sona-Tool auch bei Ihrer Content-Kreation. Verstehen Sie eine Persona dabei bitte nicht als Klischee oder Abziehbildchen, sondern sehen Sie sie als eine Typenbe-schreibung, die, mit konkret ausgeprägten Eigenheiten beschrieben, stellvertretend für Ihre ausgewählte Community steht.

Da Content Marketing motivbasiert funktioniert, schauen wir dabei nicht nur auf die Demografie, sondern auf Lebensumstände, Emotionen, Ängste, Wünsche und Bedürfnisse. So hat die Redaktion oder Kreation, die Inhalte kreiert, statt einer abstrakten, demografischen Masse plötzlich eine plastische, lebendige Person vor Augen.

Der Vorteil dieser Arbeitsweise: Mit einer Persona vor Augen hören Sie auf zu ra-ten, welche Inhalte eine Community braucht. Sondern Sie werden Inhalte kreieren, auf die Ihr Publikum fortan nicht mehr verzichten möchte.

7.3   Formulieren Sie eine inspirierende Persona

Mit unserem spezifisch für die Content-Kreation entwickelten Persona-Modell, zu-sammengefasst im Arbeitsblatt in Abbildung 7.2, können Sie die wesentlichen Di-mensionen einer solchen Persona, die Sie bei der Content-Kreation inspirieren wird, systematisch erarbeiten und erfassen.

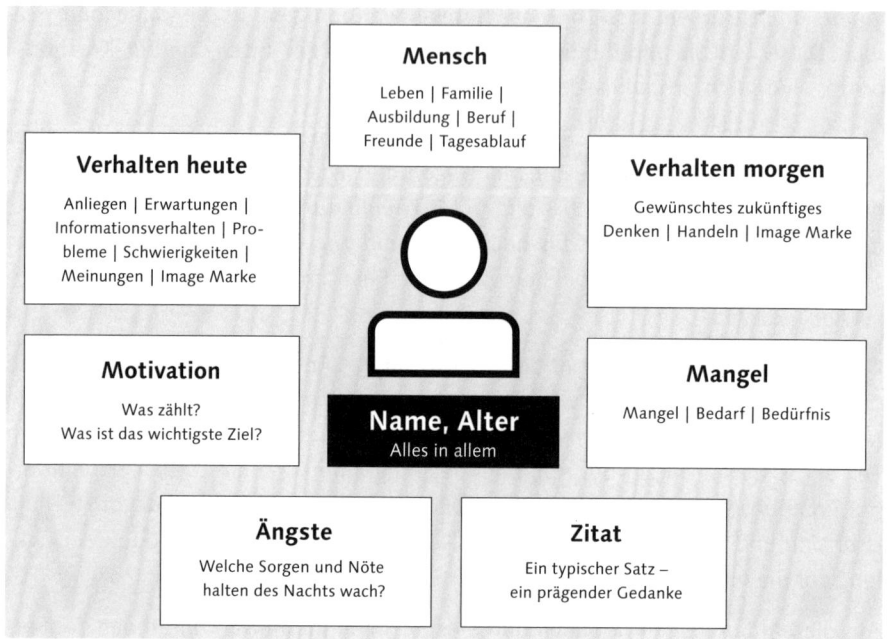

Abbildung 7.2 Arbeitsblatt für die Erstellung einer Persona

Schauen wir uns die einzelnen Bausteine an und illustrieren jeden Schritt mit einem konkreten Beispiel aus der Praxis. Stellen Sie sich vor, Sie sind Content Creator in einem Kosmetikunternehmen und zuständig für eine Babypflegelinie. Sie haben eine ganz konkrete Community, die Sie ansprechen möchten: junge, berufstätige Mütter.

1. *Name und Geschlecht:* Geben Sie Ihrer Persona einen möglichst authentischen Vor- und Nachnamen. Der Effekt: Dann reicht schon dessen Nennung später bei der Konzeptentwicklung oder in der Redaktionssitzung, und alle Content Creators haben direkt vor Augen, wer gemeint ist, was sie (oder in anderen Beispielen ihn) ausmacht. Außerdem werden Sie merken, wie sehr in einem Namen schon bestimmte Eigenheiten wie Generationszugehörigkeit und Herkunft mitschwingen. Also vermeiden Sie Klischeenamen wie Max Mustermann oder Susi Sorglos.

   Beispiel: »Sophie Fischer«

2. *Alter:* Ihre Persona hat ein ganz konkretes Alter. Das macht sie aus. Kommen Sie bitte nicht auf die Idee, eine Alterspanne von bis anzugeben. (Sie sind ja auch nicht 24 bis 35 Jahre alt.)

   Beispiel: »31 Jahre«

3. *Mensch:* Beschreiben Sie nun zunächst Ihre Persona in ganz konkreten Lebensumständen. Wie und wo lebt sie? Mit wem? Wie ist die familiäre Situation? Gibt es da Probleme und Herausforderungen? Wie geht es den anderen Familienmitgliedern? Wie ist der normale Tagesablauf? Wo stecken darin Herausforderungen? Wie läuft es mit Beruf und Karriere? Welche Freunde hat sie und welche Rolle spielen die in ihrem Leben? Schreiben Sie keine idealisierten Porträts. Nutzen sie Konflikte, Ecken und Kanten für ein lebendiges Profil.

   Beispiel: »Sophie lebt in Bamberg, ist glücklich verheiratet und erwartet ihr erstes Kind. Ihr Mann ist freier Journalist und arbeitet für einen Fachverlag, ist aber kein Karrieretyp. Sie hat ein abgeschlossenes Studium und arbeitet als Produktmanagerin im Marketing eines großen Unternehmens – bis zur Elternzeit. Ihren Beruf will sie nach der Geburt aber eigentlich nicht aufgeben.«

4. *Motivation:* Überlegen Sie, was Ihre Persona motiviert. Was zählt für sie im Leben? Was ist ihr wichtigstes Ziel? Was bereitet ihr größte Freude? Was ist Ihrer Persona wichtig: erfolgreicher zu arbeiten oder kreativer zu sein? Kann die Persona diese Werte im Beruf, im privaten Leben umsetzen, löst das eine positive Emotion wie Stolz oder Zufriedenheit in ihr aus. Wenn sie das nicht hinbekommt, empfindet sie negative Emotionen wie Ärger, Frust, Langeweile – ein toller Ansatz für die Content-Kreation. Nutzen Sie auch die Erkenntnisse der Limbic® Types aus Kapitel 4, »Inhalte kreieren, die Marke und Mensch zusammenschweißen«.

   Beispiel: »Sophie will eine perfekte Mutter sein und alles, wirklich alles richtig machen. Aber zugleich möchte sie ihre Karriere auch nicht aufgeben. Beides zusammen erscheint ihr aber als nicht lösbar, entgegen aller Erwartungshaltung von außen.«

5. *Mangel:* Was fehlt der Persona, um ihre Ziele zu erreichen, also ihre Motivation auszuleben? Welche »Needs« und »Wants«, also Bedürfnisse und Wünsche, stellen Sie fest? Und was für ein Bedarf an Inhalten erwächst daraus? Das ist eine wertvolle Inspiration für Ihre Content-Kreation.

   Beispiel: »Sophie fehlt eine Antwort auf die Frage: Kann ich als werdende (perfekte) Mutter trotzdem auf dem Karrierepfad bleiben? Wie soll mir diese Quadratur des Kreises gelingen?«

6. *Ängste:* Welche Sorgen und Nöte halten die Persona nachts wach? Hat sie Ängste, die Sie ihr nehmen können mit Argumenten, Storys, Hilfe, moralischer Unterstützung?

   Beispiel: »Auf Sophie lastet das allseits beschworene Paradigma der Vereinbarkeit von Karriere und Kind wie eine von außen auferlegte, erdrückende Bürde und unlösbare Aufgabe. Gesellschaftlich wird suggeriert, dass sie alles gleichzeitig sein kann: top ausgebildet, karriereorientiert, dabei liebevolle Mutter und einfühlsame Partnerin, mit Work-Life-Balance.«[4]

7. *Verhalten heute:* Welches Verhalten macht die Persona aus? Wie kommuniziert sie? Wo holt sie sich ihre Informationen her? Welche Menschen beeinflussen sie? Welchen Medien und Kanäle nutzt sie selbst? Welche Devices nutzt sie hauptsächlich: Smartphone, Computer, …? Was bereitet ihr bei all dem Probleme oder Schwierigkeiten? Welche Meinung hat sie über Ihr Unternehmen, über Ihre Wettbewerber, den Markt an sich?

Beispiel: »Freunde und Kollegen sind Sophies wichtige Bezugspunkte, aber ebenso ihre über die Schwangerschaft hin stark gewachsene Instagram-Community. Sie postet dort täglich über ihre Schwangerschaft. Dort holt sie sich auch viel Rat, Anerkennung und Zuspruch für ihr aufkeimendes neues Leben. (Unsere Babypflegemarke vom Kosmetikkonzern hat sie dabei übrigens gar nicht auf dem Schirm.)«

Verhalten morgen: Wie möchte sich die Persona verändern? Oder auch andersherum: Was möchten Sie im Sinne der Persona an ihr ändern? Möchten Sie ihr helfen, Dinge anders zu machen? Wünschen Sie sich, dass Sie Ihre Marke anders wahrnimmt?

Beispiel: »Sophie soll entlastet und mit Mut in die nächste Lebensphase gehen, weil sie erkennt: Diese tradierte, paradigmenhafte und starre Vorstellung von Vereinbarkeit von Kind und Karriere ergibt heute keinen Sinn mehr. Dabei soll sie Ihre Marke als Mentor erkennen, der sie durch das neue Leben führt.«

8. *Zitat:* Ein typisches Zitat beschreibt einen Menschen meist sehr treffend und trifft den Nagel auf den Kopf. Gibt es einen konkreten Ausspruch, der Ihnen von Kunden im Kopf geblieben ist? Ein Kommentar, ein Sprichwort?

Beispiel: »Ich werde das alles gleichzeitig hinbekommen, sagen alle, liest man überall … Fragt sich bloß, wie?«

9. *Alles in allem:* Bringen Sie die wesentlichen Erkenntnisse in einem Satz zusammen. Beschreiben Sie die Person mit ihrem Namen und dem Dilemma, in dem sie sich befindet. Das ist der Ansatz, den sie wieder und wieder mit Content befüllen können.

Beispiel: »Sophie Fischer, 31, die werdende Working-Mom, die daran zweifelt, ob sie sich trotz Kind beruflich weiterentwickeln kann.«

---

4   Merle Emre, Wie bleibe ich als werdende Mutter auf dem Karrierepfad? herCareer:
    https://www.her-career.com/als-mutter-auf-dem-karrierepfad [28.10.2020]

Sie sehen: Die Fragen und der Aufbau unserer Content-Persona unterscheidet sich im Ansatz von der klassischen Buyer Persona, wie Sie sie vielleicht schon im Produktmarketing genutzt haben.

Diese noch zu validierende Persona befähigt Content-Strategen und Creators, grundlegende Empathie für die Mitglieder der Community zu entwickeln und sich besser in deren unterschiedliche Motivationen hineinversetzen zu können, als Sie es allein mit empirischen Daten und Big Data könnten. So bildet sie die entsprechende Grundlage für die Erstellung eines inspirierenden Briefings für Ihre Content-Kreation: die sogenannte *Content-Marketing-Mission*. Wie Sie dabei vorgehen und wie die in diesem Fall konkret lautet, das erfahren Sie in Kapitel 10, »Die Content-Marketing-Mission – das inspirierende Sprungbrett für die Content-Kreation«.

7.4   Grundregeln und erste Hilfe für die Persona-Erstellung

Wenn Sie nun direkt an die Erstellung einer Persona gehen möchten: Prima! Beachten Sie dabei folgende Aspekte:

- Starten Sie mit wenigen Personas. Selbst größere Unternehmen brauchen (nach einer Phase der Konsolidierung) am Ende meist nicht mehr als 3–5 Personas.

- Suchen Sie nach dem echten Dilemma, dem »Drama« im Leben Ihrer Persona: Bleiben Sie nicht bei bloßen Beobachtungen, sondern fragen Sie sich immer: Warum denkt die Persona das? Warum fühlt sie das so? Mehrfaches Warum-Nachfragen nach einer ersten Antwort führt Sie zu tieferen menschlichen Erkenntnissen, die Ihre Content-Kreation beflügeln werden. Warum …? Warum …? Warum …? Mit welchen Untersuchungsmethoden Sie auf diese Weise sogar einen differenzierenden Insight finden können, lesen Sie in Kapitel 8, »Insights – finden Sie Themen, die Menschen bewegen«.

- Sehen und denken Sie die Persona immer auch in ihrem sozialen Kontext: Menschen sind nicht allein auf der Welt. Konflikte, Partnerschaften und Freundschaften machen uns aus. Wir haben Freunde, auch Influencer, auf deren Rat wir hören, oder Partner, auf die wir Rücksicht nehmen. Im Kontext können Ursachen für Konflikte, aber auch deren Lösung liegen.

- Haben Sie sich ein Bild gemacht, validieren und prüfen Sie diese Persona nochmals kritisch anhand von Interviews mit »echten« Menschen, Beobachtungen, Datenanalysen und in Expertengesprächen, damit Sie sich auch auf deren Wahrheitsgehalt verlassen können und sich vor (meist auch unfreiwilliger) Idealisierung der Persona schützen. Das Leben findet nämlich nicht in der »Gala« statt. Oberflächliches, klischeehaftes Wunschdenken, wie man vom Schreibtisch aus Menschen der Zielgruppe so gerne beschreiben würde, damit das Produkt passt, hilft Ihnen bei der Content-Kreation nicht weiter. Sie sollten so nah ran an die Menschen wie möglich – und nachfragen. Nehmen Sie z. B. zur Erstellung der Persona echte Menschen Ihrer Zielgruppe oder auch Kolleginnen und Kollegen mit direktem Kundenkontakt und einer guten Portion Menschenkenntnis dazu: So wird Ihre Persona ein realistisches Abbild Ihrer Community.

- Wenn Sie Ihre Persona erarbeitet und validiert haben, machen Sie sich ein echtes und wahrhaftiges Bild daraus, das ist wörtlich gemeint: Gestalten Sie aus Ihren Erkenntnissen z. B. ein Persona-Poster, wie in Abbildung 7.3 exemplarisch dargestellt, mit allen Erkenntnissen und Details.

Abbildung 7.3 Das Persona-Poster: eine strategische Vorgabe und kreative Inspiration für Community Management und Content-Entwicklung (Muster)

- Bebildern Sie das Poster mit echten Fotos Ihrer Persona, um dem Creator-Team ein lebendiges Bild vor Augen zu führen. Dabei sollten Sie auf keinen Fall idealisierte Stockbilder, Promibildchen oder Fotos aus einer Illustrierten nutzen. Zeigen Sie die Menschen Ihrer Community, wie sie im Leben stehen.

Tipp: Nutzen Sie Kundenfotos aus Social Media

Suchen Sie sich Fotos aus Ihren Social-Media-Communitys. Bei einer B2B-Persona könnten Sie auch das Bild eines Ihrer Kunden aus LinkedIn nutzen. Das Poster bleibt in beiden Fällen natürlich intern.

- Entwickeln Sie für jede Ihrer Personas ein solches Poster und hängen Sie diese in Ihren Redaktions- oder Meeting-Räumen auf. Damit hat jeder Content Producer, jede Redakteurin und jeder Stratege immer ein ganz konkretes Bild vor Augen, für wen der Content, an dem gerade gearbeitet wird, bestimmt ist.

- Ergänzen Sie später auf dem Poster auch die Content-Marketing-Mission (siehe Kapitel 10, »Die Content-Marketing-Mission – das inspirierende Sprungbrett für die Content-Kreation«) als den übergreifenden Auftrag an Ihr Creator-Team. Damit bringen Sie jedes Stück Content für diese Persona auf die Spur.

- Das Poster darf – wie die Persona es eben auch tut – leben. Ergänzen Sie daher auch neue Erkenntnisse, wenn Sie während der Arbeit mit dieser Persona und deren Reaktion auf die neuen Inhalte weitere Einblicke bekommen.

- Das Layout dieses Posters sollte idealerweise sogar abgestimmt auf Ihr Corporate Design und individualisiert sein. Das steigert die Identifikation aller beteiligten Content-Schaffenden und Entscheider im Unternehmen mit diesem Tool und gibt dem Auftrag mehr Verbindlichkeit.

- Beginnen Sie Ihre unternehmensinternen Präsentationen und Meetings, in denen Sie neue Ideen, Tools und Inhalte vorstellen, immer mit einer kurzen Vorstellung der Persona. Erzählen Sie eine Geschichte aus deren Leben. Nehmen Sie das Poster dazu mit in den Redaktions- oder Meetingraum. Erzählen Sie Ihrem Publikum den Teil ihres Tagesablaufs, ihrer beruflichen Herausforderung, in dem der neu entwickelte Inhalt, das Tool oder die Informationen zukünftig eine entlastende, inspirierende, motivierende oder stärkende Rolle spielen sollen. Das hilft Ihnen, den Wert der jeweiligen Idee aus der Sicht der Persona darzustellen und schlüssig zu argumentieren. Es bewahrt Ihre Zuhörerinnen und Entscheider gleichzeitig davor, intuitiv ihre eigenen, persönlichen Gefallens- und Relevanzkriterien bei der Bewertung der Ideen anzulegen.

7.5   Communitys managen – keine Frage des Ob, sondern des Wie

Mit der Persona haben Sie ein inspirierendes Instrument an der Hand, um Ihre Community zu verstehen, mit ihr zu interagieren und ihr maßgeschneiderten Content anzubieten: Inhalt, der Ängste nimmt und motiviert. Wenn Sie mit Ihren Inhalten und Beiträgen auf diese Wiese eine attraktive Kultur schaffen, beginnen Sie, Schritt für Schritt Ihre eigene Community auf- und auszubauen. Dann heißt es aber eher früher als später, diese Community auch zu pflegen und die besagte Kultur zu schützen. Es wird daher Ihre Aufgabe sein, diese Community aktiv zu managen. Ob Sie dies selbst tun oder entscheiden, dies einem erfahrenen und vielleicht sogar zertifizierten Community Management[5] zu überlassen, und welche Tools[6] Sie dafür nutzen, ist von der Größe und der Aktivität Ihrer Community abhängig.

In jedem Fall braucht es für diese Tätigkeit nicht nur Erfahrung, sondern auch einige Grundsätze, von denen wir an dieser Stelle nur die wichtigsten nennen möchten:

- *Nehmen Sie Ihre Community ernst:* Hören Sie in Ihre Community hinein – am besten 24/24. Setzen Sie ein Reporting auf, das Ihnen hilft, zu verstehen, welche Themen die Menschen aktuell umtreiben. Nehmen Sie auch auf, welche Reaktionen auf Ihre Inhalte zurückkommen. Applaus? Oder wird z. B. Kritik laut? Darauf sollten Sie dezidiert antworten können. Seien Sie bereit, für jedes Stück Content, das Sie publizieren, in den Austausch mit Ihrer Community zu gehen: Nehmen Sie Verbesserungs- und Themenvorschläge auf. Relativieren Sie Ihre eigenen Inhalte, falls notwendig, und stellen Sie die entsprechende Überarbeitung zur Diskussion. Nur so geben Sie Ihrer Community das Gefühl, wirklich ernst genommen zu werden. Stellen Sie Ihr Community Management, egal ob B2C oder B2B, fachlich so gut auf, dass es einem kritischen und fachlich anspruchsvollen Publikum auf Augenhöhe antworten kann.

Beispiel: Quarks – eine Community mit wissenschaftlichem Fundament managen

Quarks war über 20 Jahre lang eine Wissenschaftsshow des WDR-Fernsehens. Inzwischen ist die Marke auch in Social Media angekommen. Hier besticht Quarks unter anderem durch einen engagierten Instagram-Auftritt. Mit maximal 60-sekündigen, mehrheitlich animierten Erklärvideos wie in Abbildung 7.4 hat sich dieser Kanal zu einem reichenweiten- und interaktionsstarken wissenschaftsjournalistischen Player entwickelt.

---

5   Informationen zur Community-Manager-Zertifizierung beim BVCM finden Sie unter: *https://www.bvcm.org/community-manager-zertifizierung/* [06.08.2021]

6   Es gibt viele praktische Community-Management-Tools (z. B. mention, quintly, AgoraPulse, Brandwatch, Facebook Insights). Prüfen Sie, welches Tool am besten Ihren Anforderungen entspricht.

Hochkomplexe Themen und wissenschaftlich recherchiertes Wissen werden in diesen einfachen und kurzen Formaten verständlich aufbereitet. Der Anspruch: »Was Quarks sagt, stimmt.« Denn die schnell gewachsene, große Wissens-Community ist äußerst kritisch. Sie hinterfragt den Content der Redaktion mit fundiertem Wissen und sogar mit eigenen oder zitierten Studienergebnissen. Die Quarks-Community-Manager sind daher Wissenschaftsjournalisten und haben eine entsprechende Expertise. In zwei 8-Stunden-Schichten aufgeteilt lesen sie alle Kommentare und beantworten sie. Sie werden zudem durch ausführliche Übergaben zu jedem Post vorbereitet: Welche Argumente und Gegenargumente könnte es als Reaktion geben? Wie kann man damit umgehen und welche Antworten gibt es darauf? So sorgen sie für einen intensiven Austausch mit ihrer Community.

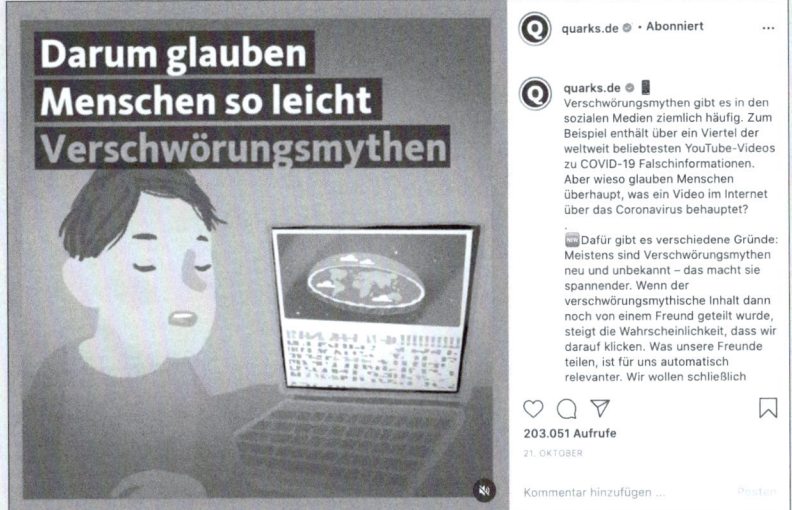

Abbildung 7.4 Quarks vom WDR ist eine der größten Wissens-Communitys im deutschsprachigen Raum – mit Community Managern, die argumentieren und Kritik konstruktiv beantworten. (Quelle: *https://www.instagram.com/quarks.de*)

- *Seien Sie empathisch:* Nehmen Sie Beiträge und Kommentare zu Ihrem Content nicht immer nur 1 : 1. Versuchen Sie auch »zwischen den Zeilen« zu lesen. So erfahren Sie, was die Menschen bewegt und was sie wirklich möchten: einen Austausch? Vielleicht nur wahrgenommen werden? Eine Belohnung oder eher Bestätigung? Reagieren Sie entsprechend darauf. Fragen Sie nach. Korrigieren Sie falsche Vorstellungen – mit Fakten. Ermutigen Sie sie zu eigenen Beiträgen. Ihre Beziehung zu den Mitgliedern Ihrer Zielgruppe, sprich Community, wird dadurch immer enger werden. Ein guter Community Manager bringt dafür sicherlich entsprechendes Talent mit. Ob man Empathie auch lernen kann? Sicher. Das funktioniert vor allem über Zuhören.

- *Setzen Sie klare Regeln und setzen Sie sie durch:* Jede Form des Zusammenseins bedarf klarer Regeln. Der Grund liegt auf der Hand: Communitys bestehen aus

Menschen, die emotional reagieren und teilweise auch eine eigene Agenda verfolgen, wie Community Managerin und Dozentin Vivian Pein beschreibt:

>>*Mitglieder einer Community werden ihre Grenzen austesten, Trolle werden versuchen, ihre Spielchen zu spielen. In solchen Momenten muss das Community Management konsequent und souverän Regeln und Netiquette durchsetzen.*<<[7]

Ein guter und anständiger Umgang miteinander ist wichtig, um konstruktive Diskussionen und ein lebendiges Miteinander zu ermöglichen. Legen Sie daher für alle Mitglieder Ihrer Community in Richtlinien nachvollziehbar fest, welche Verhaltensweisen erwünscht sind und welche nicht. Für Facebook-Gruppen gibt es beispielsweise eine extra >>Karte<< für Community-Regeln, die jedes neue Mitglied vor dem ersten Zutritt oder Kommentar angezeigt bekommt. Machen Sie damit transparent, welche Konsequenzen ein Verstoß gegen Ihre Werte und Regeln hat. Damit können Sie nachvollziehbar Verstöße ahnden – vom einfachen Konter oder zeitweisen Sperren bis zum vollständigen Ausschluss. Abbildung 7.5 zeigt ein lebendiges Beispiel, wie ein Community Manager des Lebensmitteldiscounters Aldi den Angriff eines Trolls auf freiheitlich demokratische Grundwerte kontert und dafür den Applaus der Community bekommt.

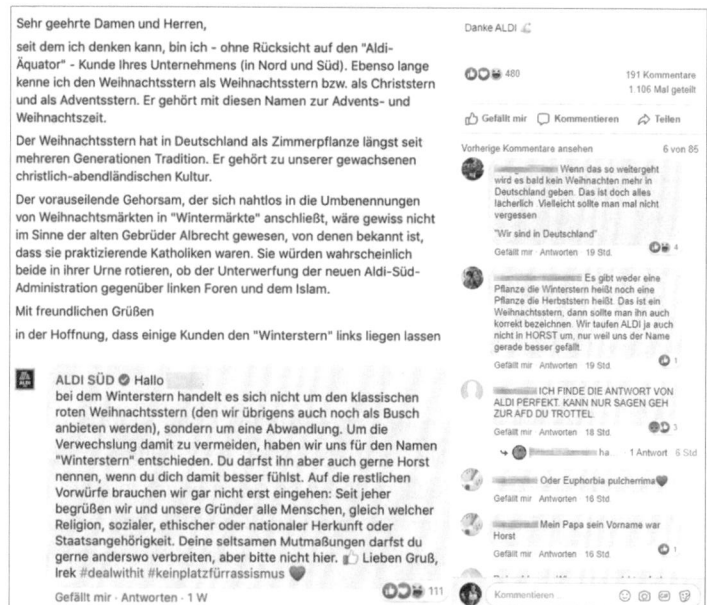

Abbildung 7.5   Das Community Management von Aldi verteidigt demokratische Grundwerte charmant, aber deutlich. (Quelle: *https://www.facebook.com/ALDI.SUED*)

---

7   Vivian Pein, Fünf Grundregeln für eine gute Tonalität in Ihrer Community. Der Social Media Manager, 15.09.2020: *https://der-socialmediamanager.de/grundregeln-fur-gute-tonalitat-community/* [20.10.2020]

Aber bei aller Sorge um die Disziplin: In allererster Linie bedeutet Community Management zu motivieren. Reagieren Sie positiv engagiert auf Beiträge Ihrer Mitglieder, belohnen sie deren Posts und Reaktionen. So fördern Sie die Teilnahme und einen aktiven Austausch.

- *Löschen ist keine Lösung:* Machen Sie sich bewusst, dass es immer dazu kommen kann, dass Menschen Ihrer Community Inhalte oder Kommentare veröffentlichen, die Ihnen vielleicht nicht gefallen. Aber Kritik kann und muss man sogar aushalten. Oft reicht es schon, sachlich auf Vorwürfe und Kritikpunkte einzugehen. Unterstützen Sie Ihre Argumentation mit möglichst konkreten Fakten und Zahlen. Unbequemes löschen sollte ein Community Manager nur im Extremfall. Mit diesem Vorgehen einer geht übrigens eine starke Veränderung des Anforderungsprofils von Kommunikationsexperten, Journalistinnen, Content Creators: Zum Entwickeln von Inhalten gehört auch immer mehr die Aufgabe, entsprechende Diskussionen zu analysieren, zu moderieren und zu orchestrieren.

- *Shitstorm? Vorbereitung ist alles!* Haben Sie Angst vor ungewünschten Kommentaren oder dem berühmten Shitstorm? Lassen Sie sich von dieser Vorstellung nicht abschrecken. Ob klein oder groß – er ist nie auszuschließen. Die einzige Vermeidungsalternative wäre, sich gar nicht zu Wort zu melden. Das Allerwichtigste ist also, darauf vorbereitet zu sein. Zum einen durch ein gutes Monitoring. Das ist unerlässlich, um Anfänge und Quellen des Ungemachs frühestmöglich zu erkennen und den Sturm so vielleicht schon »im Wasserglas« beruhigen zu können. Ist Ihre Community außerdem gut gemanagt, werden auch deren Mitglieder das aufziehende Gewitter erkennen, sich involvieren und es abbremsen. Zum anderen: Regeln Sie schon vor dem möglichen Shitstorm, wie die Eskalationsstufen in Ihrem Unternehmen laufen: Wer sollte zu welchem Zeitpunkt auf welcher Hierarchiestufe informiert und involviert werden? Nur so behalten Sie im entscheidenden Moment alle die notwendige Ruhe und es bricht keine unnötige Hektik bei der Suche nach Verantwortlichen aus.

- *Geben Sie Fehler zu und entschuldigen Sie sich.* Wenn Sie selbst Ursache des Ungemachs sind, weil Sie einen Fehler gemacht haben oder – ob bewusst oder unbewusst – gegen Regeln und Konventionen verstoßen haben, geben Sie es zu, immer! Und ohne auch nur eine Sekunde zu zögern! Versuchen Sie auf keinen Fall, die Situation auszusitzen oder den Inhalt heimlich still und leise verschwinden zu lassen. Seien Sie sicher: Irgendjemand hat schon einen Screenshot davon gemacht. Gehen Sie in die Offensive: Entschuldigen Sie sich so schnell wie möglich bei den Betroffenen, übernehmen Sie die Verantwortung und stellen Sie klar, was Sie verändern werden, damit das nicht wieder vorkommt.

Beispiel: Dr. Oetker entschuldigt sich

Mit einem witzig gemeinten Tweet über eine neue homöopathische Pizza hatte sich das Team von Dr. Oetker Pizza einen Shitstorm der pro-homöopathischen Community eingefangen: Es gab Boykottaufrufe und bitterböse Kommentare. Das Unternehmen entschuldigte sich. Machte dann aber einen kleinen Fehler. Es löschte den Tweet mit dem Stein des Anstoßes. Damit löste man leider eine neue unerwartete Reaktion aus. Dieses Mal hakte die Community der Homöopathie-Kritiker ein. Sie warfen dem Unternehmen vor, eingeknickt zu sein.

Das Learning: Denken Sie bei Ihrem Content möglichst alle Communitys mit, nicht nur Ihre eigene. Wenn bekannt ist, dass in den sozialen Netzwerken ein regelrechter Glaubenskrieg zu einem bestimmten Thema herrscht, begibt man sich mit Ironie leicht auf dünnes Eis. Aber aus Fehlern lernt man: Das Oetker-Community-Management zählt sicher zu den besten, von denen man allein durch Folgen und Beobachten lernen kann.

Abbildung 7.6 Der humorvoll gemeinte Stein des Anstoßes und die Entschuldigung von Dr. Oetker (Quelle: *https://twitter.com/DrOetkerPizzaDE*)

Kapitel 8

Insights – finden Sie Themen, die Menschen bewegen

Guter Content bewegt Menschen. Er löst etwas aus. Warum? Weil er ein praktisches Problem löst, mental oder emotional entlastet oder einfach happy macht. Aber wie findet man solche Inhalte? Der Schlüssel dazu verbirgt sich hinter einem spannenden Begriff: Insight.

Auf einer supertollen Party als einziger mit schlechter Laune abhängen, weil man gerade total unterzuckert ist? Frustriert sein, weil die Kollegen einen nur für Bagatellen um Rat fragen, anstatt am großen Rad mitdrehen zu dürfen? Angst vor der Zukunft haben, obwohl der Himmel voller Geigen hängt? Haben Sie sich gerade in einem dieser Sätze wiedererkannt? Oder erinnert Sie eine dieser Stimmungslagen an jemanden, den Sie kennen? Dann herzlich willkommen in der wunderbaren Welt der Insights. Denn jeder dieser drei Sätze ist ein Insight.

In plus *Sight* bedeutet wortwörtlich: »Blick hinein«. Es geht darum, sich in die Gedanken- und Gefühlswelt Ihrer Community hineinzuversetzen, um tiefsitzende Gefühle, Frustrationen, Emotionen oder Motivationen zu erkennen und zu beschreiben.

Für Marketing- und Content-Strategen ist ein Insight allerdings so etwas wie ein heiliger Gral, eine Art magisches Tool, mit dem man Menschen für sein Produkt oder für seinen Content begeistern kann. Weil man mit dem Spiel um einen Insight oder mit dem Bedienen dieses Insights Menschen signalisiert, sie verstanden zu haben – sogar besser als jeder andere. So kann der Insight, den sonst niemand entdeckt hat, tatsächlich ein entscheidender Vorteil sein im Wettbewerb um Aufmerksamkeit, Sympathie und am Ende um Marktanteile.

Kommunikationsstrateginnen im Produkt- und Content Marketing beschäftigen sich daher intensiv, oft monate- wenn nicht sogar jahrelang damit, solche exklusiven, gut versteckten Einblicke zu gewinnen. Das ist harte Forschungsarbeit. Denn tiefgreifende Erkenntnisse über die menschliche Gemütslage kann man nicht einfach aus Tabellen und Fakten herauslesen, sondern man muss sie sorgsam »freilegen«.

Schauen wir uns also genauer an, was einen Insight ausmacht und vor allem, wie Sie zu einem richtig guten Insight für Ihre Content-Kreation kommen.

8.1   Was macht einen guten Insight aus?

Im Wesentlichen sind es drei Punkte, die einen guten Insight ausmachen, Wahrheit, Exklusivität und eine Veränderung der Sicht auf die Welt:

1. *Wahrheit:* Ein Insight ist eine grundlegende, tiefsitzende Wahrheit über uns Menschen. Es ist sozusagen ein offengelegter Einblick in unseren Kopf, der beschreibt, was uns tief in unserem Innersten antreibt – und was wir dabei fühlen. Es geht um Motivation und die damit verbundene ausgelöste Emotion. Dabei eröffnet der Insight seine inspirierende Kraft für die Content-Kreation, insbesondere verbunden mit einem Dilemma: In unserem Leben gibt es viele Haken, Ösen und auch Unwägbarkeiten, und nicht immer gelingt es uns, den eigenen Wunsch oder Traum Wirklichkeit werden zu lassen. Egal welche Gründe dafür ausschlaggebend sind – physiologische, emotionale, kognitive oder umweltbezogene –, wir Menschen fühlen uns dann eben nicht gut. Ein gut formulierter Insight bringt das Dilemma und die damit verbundene Emotion auf den Punkt.

2. *Exklusivität:* Den allerallerbesten Insight, den Sie finden können, hat vor Ihnen noch kein anderer entdeckt. Eine unentdeckte Wahrheit über Menschen gefunden und ausgesprochen zu haben, bedeutet für seinen Entdecker, einen echten Heureka-Moment zu erleben. Denn Insights gewinnt man nur mit sehr viel Intuition, Empathie, harter Arbeit und ausreichend Geduld. Trotzdem kann sich die Suche lohnen. Denn Content, der einen echten Insight bedient, macht dem Empfänger (also der Persona, siehe Kapitel 7, »Mit der Persona zur besseren Zielgruppe – Communitys aufbauen und pflegen«), für den er entwickelt wurde, Spaß oder löst eine große Erleichterung aus, weil er einem den berühmten Stein vom Herzen nimmt. Es ist Ihre großartige Chance, sich vom Wettbewerb zu differenzieren und näher an Ihre Kundschaft zu rücken. Zugleich verleiht Ihnen diese neue Erkenntnis als Entdecker oder als Entdeckerin, (und aus Sicht der Community der Marke) den Nimbus des echten Menschenverstehers.

3. *Weltsicht:* Ein guter Insight verändert die Art und Weise, wie Sie als Content Creator die Welt und Ihre Community verstehen. Er liefert Ihnen eine völlig neue Perspektive auf Ihre Mitmenschen und sagt Ihnen, welche Inhalte Sie entwickeln müssen, um diese zutiefst zu bewegen.

8.2   Warum ein guter Insight Menschen bewegt

Auch die große bunte Welt der Produktwerbung arbeitet mit Insights. Denn die kreative Inszenierung einer amüsanten, relevanten, endlich einmal ausgesprochenen Erkenntnis über Menschen macht selbst einen TV-Spot zu einem echten Stück Entertainment:

Stellen Sie sich vor, Sie sind Besucher eines Rap-Battles auf einer gut besuchten Party irgendwo in einem völlig überfüllten Wohnzimmer. Die Partygäste rappen um die Wette – einer nach dem anderen. Doch dann kommt die Party abrupt zum Stillstand. Der Grund: Irritation. Der schlecht performte Popsong des nächsten, allerdings noch nicht sichtbaren Teilnehmers passt überhaupt nicht zu den Beats der vorherigen Rapper: »Don't go breaking my heart ...« Die Kamera entdeckt Elton John unter den coolen Partygästen – im roten Paillettenjackett und mit bunter Brille. Nicht nur seine Anwesenheit irritiert die jüngeren Partygäste sichtlich. Anstatt zu rappen singt er dann auch noch diese Schnulze. Doch die Rapper wissen sich zu helfen. Sie bieten dem Sir kurzerhand einen Snickers-Schokoriegel an. Und prompt, mit dem ersten Bissen, verwandelt sich Elton John in den, der wirklich in der roten Jacke steckt: Rapper Boogie, ein Freund des Kultrappers Eminem.

Hinter der kleinen Szene dieses Werbespots steckt einer der erfolgreichsten Insights der Snackindustrie: »Du bist nicht du, wenn du hungrig bist!« Kennen Sie von sich selbst? Genau! Es ist eine tiefgreifende, aber zu gleich auch so einfache Erkenntnis, die wir alle erlebt haben: Hunger führt zum Formtief oder macht unausstehlich oder eben – kreativ inszeniert – zum alternden Popstar, zur zeternden Filmdiva Joan Collins oder zum stolpernden Comedian Mr. Bean, wie frühere Filme für den Schokoriegel zeigen.

Dieses Stück Content, sprich Werbung, rennt in unserem Hirn offene Türen ein, weil der Insight dahinter die Story so plausibel macht. Denn wenn man diesen Satz liest, fällt es einem doch wie Schuppen von den Augen, oder? Wie gesagt bedeutet, einen neuen Insight gefunden zu haben, einen echten Heureka-Moment zu erleben.

Und das Wichtigste: Obwohl er eigentlich völlig offensichtlich ist, bietet der Insight seinem Entdecker eine einzigartige Chance, einen banalen Schokoriegel attraktiv für jeden zu machen, der sich in der Story wiedererkennt. Genau wie das Produkt macht der Insight aber auch das Video interessant: »Puh, anderen geht's da wohl genauso wie mir. Na dann!«

8.3   Warum ein guter Insight Ihre Content-Kreation erfolgreicher macht

Warum Ihnen ein solcher Insight auch bei Ihrer Content-Kreation einen entscheidenden Schritt weiterhelfen kann? Wenn Sie die Menschen Ihrer Zielgruppe besser verstehen als andere, sprich wenn Sie denen mit Ihrem Content über ein Dilemma oder Frust hinweghelfen können und Sie ihnen helfen, leidenschaftlich ihrer Neigung nachzugehen (und das auch noch als erste oder als einziger auf diesem Planeten – oder zumindest in Ihrem Marktumfeld), dann sind Sie bzw. Ihre Marke in deren Augen gewissermaßen eine Autorität. Besser: sogar ein guter Freund! Mit so jemandem hält man gerne Kontakt.

Beispiel B2B-Insight: IT-Leiter in der Anerkennungs- und Karrierefalle

Stellen Sie sich vor, Sie arbeiten als Vertrieblerin in einem mittelständischen Unternehmen, das Softwarelizenzen verkauft. Es ist ein klassisches Business-to-Business-Geschäft, denn Ihre Kundschaft sind IT-Leiter in mittelständischen Unternehmen. Auf Ihre jährlichen Sales-Anrufe hin erhalten Sie von denen aber eher ausweichende Antworten: »Gerade schlecht, habe keine Zeit«, »Unsere Lizenzen haben wir gerade verlängert. Rufen Sie mich doch in einem Jahr nochmals an.« Niemand möchte so recht mit Ihnen ins Gespräch kommen. Und das ist eigentlich auch nicht so verwunderlich. Denn zum einen laufen bestehende Lizenzen meist über einen längeren Zeitraum, Ihr Kontaktversuch kommt also mit 95-prozentiger Sicherheit immer einfach zum falschen Zeitpunkt. Zum anderen sind Sie nicht allein als Lizenzvertriebler auf der Suche nach neuer Kundschaft. Ihr Vertriebsansatz läuft also gewissermaßen ins Leere.

Sie brauchen also einen alternativen Weg, um mit den Kunden ins Gespräch zu kommen. Dafür schicken Sie Ihre Content-Strategen auf die Suche nach einem Insight. Die stoßen nach einiger Zeit auf ein Phänomen: ITler, insbesondere in mittelständischen Unternehmen, werden immer nur dann von deren Kollegen oder Kolleginnen angerufen, wenn ein Computer oder ein System gerade mal hängt. Sie werden betriebsintern als Ansprechpartner für aus ihrer Sicht triviale Probleme wahrgenommen. (Meist sind die Probleme mit einer Standardansage gelöst: »Ziehen Sie mal den Stecker.« Kennen Sie auch, oder?) ITler, egal, welcher Karrierestufe, sind mit diesem Niveau der Arbeit und Anerkennung hochgradig frustriert. Sie fühlen sich unterfordert und nicht wertgeschätzt. Denn eigentlich möchten Sie viel lieber »Zukunftsgestalter« im Unternehmen sein, für das sie arbeiten – und auch als solche wahrgenommen werden. Mit Ihrem Wissen könnten Sie z. B. helfen, das Geschäftsmodell zu digitalisieren und Einfluss auf den wirtschaftlichen Erfolg des Unternehmens zu nehmen, was ihre Karriere positiv beeinflussen würde.

Dieser Insight über den »verhinderten digitalen Zukunftsgestalter in der Image- und Karrierefalle« liefert Ihnen Stoff für Content, mit dem Sie die Herzen und Ohren dieser entscheidenden Personen gewinnen können, und zwar jenseits der Produkt-Sales. Mit

---

diesem Insight lernen Sie, dass Sie diesen IT-Fachleuten Ratschläge und Impulse geben könnten, mit denen sie sich in ihrem Unternehmen aus dieser Rolle befreien können: Versorgen Sie sie mit exklusiven Tipps renommierter Fachleute, also Ratschlägen, mit denen sie sich in den Augen ihrer Geschäftsführung profilieren können. Was bedeutet das für Ihre Content-Kreation? Geben Sie Ihnen die vermisste Anerkennung: Bringen Sie ganz exklusive Whitepapers für sie heraus und spannende Newsletter mit Updates und Use Cases aus der digitalen Welt. Sicher finden Sie durch das Feedback weitere Ansätze für Inhalte oder völlig neue Inhaltskategorien, mit denen Sie Ihren Ansprechpartnern im Unternehmen weiterhelfen können. Die IT-Fachleute werden Ihren Inhalt mit »Heißhunger« lesen, anschauen, liken und teilen. Denn Sie lösen damit sicherlich Emotionen aus, solche wie: »Endlich versteht mich mal einer!« Das fühlt sich für beide Seiten gut an.

Ihre Wettbewerber werden diese Erkenntnis nicht glaubhaft kopieren können, weil Sie diesen Insight als Erstes bedient haben, ihn damit »besitzen« und mit allen Inhalten, die sie ab jetzt produzieren, verteidigen und damit die Rolle des verstehenden Business-Partners »besetzen« können.

Das Ergebnis? Ihr Anruf wird nicht mehr mit einem »Melden Sie sich doch nächstes Jahr« enden, sondern eher in eine fachliche Diskussion um eines Ihrer letzten Whitepapers münden. Damit rutschen Sie auf der Liste der »bevorzugten Dienstleister« sicherlich ein ganzes Stück nach oben. Bestenfalls ruft Sie Ihr Gesprächspartner vor der nächsten Lizenzvergabe aus freien Stücken selbst an.

Ein Insight und darauf aufbauender Content sind also die perfekte Grundlage für eine lange und erfolgversprechende Geschäftsbeziehung.

Darum geht's also: Mit guten Insights und daraus abgeleiteten Inhalten bauen Sie sich eine exklusive Brücke zu Ihren Kunden. Aber wie formuliert und findet man einen solchen Insight?

8.4 Fünf Schritte zu einem überzeugenden und inspirierenden Insight

Jonathan Dalton, CEO und Mitgründer von THRIVE, schlägt fünf Schritte[1] vor, die Ihnen helfen können, einen inspirierenden Insight zu finden und zu formulieren (siehe dazu Abbildung 8.1). Legen Sie sich dazu auch Ihre Persona bereit …

---

1 Jonathan Dalton, What Is Insight? The Five Principles of Effective, Insight Definition. Thrive: *https://thrivethinking.com/2016/03/28/what-is-insight-definition* [24.09.2020]

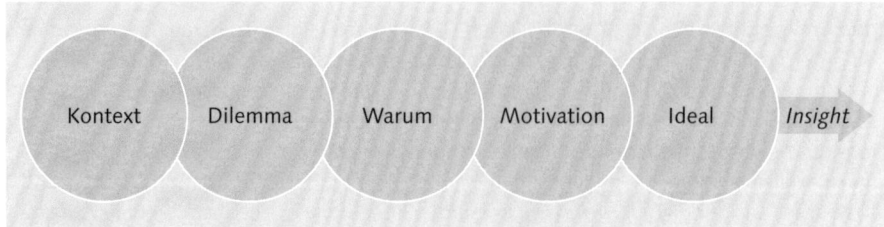

Abbildung 8.1 Fünf Schritte zum Insight nach Jonathan Dalton

1. *Skizzieren Sie den Kontext:* Beschreiben Sie möglichst einfach und klar den Hintergrund: Wie verhalten sich Menschen in einer bestimmten Situation? Was denken oder fühlen sie dabei? Und vor allem: Was wollen sie (eigentlich) erreichen?

2. *Erklären Sie das Dilemma:* Entscheidend ist das Verständnis der Barrieren, die Menschen davon abhalten, das zu erreichen, was sie mit einem bestimmten Produkt, einer Dienstleistung, einer Aktivität oder einem Erlebnis erreichen wollen. Dilemmas treten besonders im Zusammenhang mit Werten, Verhaltensweisen, Bedürfnissen und Wünschen auf. Wenn ein Mensch beim Streben nach deren Erfüllung einen Konflikt, eine Spannung oder ein Unbehagen empfindet, wird er emotional. In dieser Emotion finden Sie Ihren Einstieg in die stärksten Insights, die Ihnen die Möglichkeit geben, eine Bindung zum Menschen aufzubauen. Ein gut formuliertes Dilemma ist für jeden Insight unerlässlich. Ohne das Dilemma gibt es kein Problem, das Sie lösen können, bzw. kein latentes Bedürfnis, das um Befriedigung bittet.

3. *Formulieren Sie das Warum:* Warum verhält sich der Mensch in dem Kontext genau so? Warum passiert das so, wie es geschieht? Es sollte eine prägnante Synthese des beobachteten Verhaltens sein, ein Blick auf die Aktivität und was die Person antreibt. Das Warum ist wichtig, wenn Sie Inhalte kreieren möchten, die das Verhalten dieses Menschen noch verstärkt oder später eben in die von ihm selbst gewünschte Richtung verändern kann. Dieser Schritt ist wichtig, um herauszufinden, wie Sie den Menschen in Ihrer Community helfen können, ihre Ziele zu erreichen.

4. *Entdecken Sie die intrinsische und verborgene Motivation.* Was treibt das Handeln und die Menschen selbst durch den Tag und durch ihr Leben? Die Motivation ist entscheidend für die Definition des Insights. Verwender eines Produkts oder einer Dienstleistung, Menschen, die etwas tun oder lassen, werden durch die Spannungen, die es in ihrem Leben gibt, zur Veränderung motiviert. Diese Spannungen können sich als unerfüllte Bedürfnisse manifestieren, die sich erfüllen müssten, damit die Spannung wieder verschwindet. Suchen Sie nach Span-

nungen in vier Schlüsselbereichen: dem physiologischen, dem emotionalen, dem kognitiven und dem umweltbezogenen Umfeld, um Ihre Aussagen über Erkenntnisse zu treffen. Finden Sie die Frustration, die eine bestimmte Erfahrung umgibt, und Sie werden die Kernmotivation ausfindig machen.

5. *Stellen Sie sich das Ideal vor:* Welche Situation sucht der Mensch? Wo möchte er sein? Wie möchte er sich fühlen? Beschreiben Sie die Welt, wie sie nach seinem Wunsch und dem seiner Community aussehen sollte. Wie sollte sich das für ihn anfühlen? Formulieren Sie Sätze wie: »Ich wünschte, es gäbe …«

Bleibt die Formulierung des Insights: Mit diesen fünf Schritten haben Sie alles zusammen, was Sie für einen guten Insight brauchen. Wie Sie aus diesen fünf Punkten einen inspirierenden Insight zusammenbauen, lässt sich an einem konkreten Beispiel ausführlich veranschaulichen.

8.5   Ein Fallbeispiel: Sainsbury's – Werbung, die sich nützlich macht

Eine Anmerkung vorab: Dieses Fallbeispiel[2] handelt von einem sehr großen Unternehmen mit sehr viel Budget: der britischen Supermarktkette Sainsbury's. Vielleicht kommt es Ihnen daher viel zu groß vor. Dennoch zeigt es, und das relativ gut skalierbar auf jede Unternehmens - und Budgetgröße, wie Sie mit einem guten Insight die Inhalte Ihres Produkt- und Content Marketings nicht nur kreieren, sondern auch effektiv miteinander verweben können. Und es zeigt auch, wie Sie damit am Ende einen messbaren ROI erreichen, der alle Beteiligten – auch Ihre Kunden – glücklich macht.

Als Sainsbury's in eine wirtschaftliche Krise rutschte und gegenüber Wettbewerbern ins Hintertreffen geriet, setzten die Verantwortlichen sich ein ambitioniertes Ziel: eine Umsatzsteigerung von rund 2,5 Milliarden Pfund Sterling sollte im Geschäftsjahr her. Sie prüften mehrere Optionen, welche Zielgruppe ihnen am effektivsten helfen könnte, dieses Ziel zu erreichen:

Option 1: Mehr Umsatz mit Neukunden machen: Dieser Weg wurde verworfen, denn der Markt war zwischen den Wettbewerbern klar aufgeteilt und die demografische Entwicklung eher negativ.

Option 2: Wettbewerbern Marktanteil abluchsen: Auch diese Option verwarfen die Strategen. Zu hoch war die Markentreue der Kunden anderer Anbieter wie Tesco.

---

2   IPA online: *https://ipa.co.uk/knowledge/case-studies/sainsbury-s-how-an-idea-helped-make-sainsbury-s-great-again*; Sainsbury's »Try Something new Today«, IPA Effectiveness Awards case study: *https://www.youtube.com/watch?v=MopXVY7KswA*

Option 3: Umsatz mit bestehenden Kunden erhöhen. Die Strategen fanden in einem anstrengenden Prozess heraus, dass sie ihr ambitioniertes Ziel nur auf diesem Weg erreichen konnten: Dafür müsste jeder bestehende Sainsbury's-Kunde (die/der wöchentlich ca. dreimal in den Supermarkt kommt) nur etwas mehr, genau 1,14 £, pro Einkauf ausgeben.

Was einfach klingt, war es nicht. Warum sollten sie das denn tun? Daher ging es auf die Suche nach dem Insight: Wie ticken die eigenen Kunden?

Schritt 1: Sainsbury's Strategen unternahmen einen spannenden Feldversuch, um das Verhalten der Kundschaft im Laden zu verstehen: Sie schickten einen Schauspieler im Gorillakostüm zwischen die Regale des Supermarktes. Eigentlich war der nicht zu übersehen. Sie stellten aber fest, dass die Kunden das riesengroße, sogar tanzende Plüschtier bei ihren Einkäufen einfach übersahen. Sie erledigten ihren Einkauf offensichtlich unaufmerksam.

Abbildung 8.2 Der Gorilla mischt sich völlig unbemerkt unter die »Sleepshoppers«. (Quelle: Peter Souter, Sainsbury's – Try something new today: *https://vimeo.com/42970417*)

Schritt 2: In Tagebüchern, die man einige Kundinnen und Kunden führen ließ, fand man heraus: Die Sainsbury's-Kundschaft will eigentlich ihren Familien mehr gesunde Abwechslung bieten. Stattdessen kaufen sie aber immer das Gleiche.

Schritt 3: Warum? Offensichtlich fehlt es Ihnen an Zeit, Inspiration und Mut, Neues auszuprobieren. Richtig neue Wege zu wagen sorgt sogar für lästige Diskussionen am Tisch.

Schritt 4: Spannend im Fall Sainsbury's ist, dass die Testpersonen über ihr langweiliges und monotones Einkaufsverhalten tief im Innersten unglücklich sind. Denn eigentlich möchten Sie ihren Familien besseres, abwechslungsreicheres und gesünderes Essen bieten. Das konnte man zwischen den Zeilen der Tagebücher lesen.

Schritt 5: Das Ideal? In diesem Fall ein einfacher Satz aus Kundenperspektive: »Ich wünschte, ich könnte endlich gesunde Abwechslung auf den Tisch bringen. Damit könnte ich mein schlechtes Gewissen beruhigen.«

Insight fomulieren: »Die Sainsbury's-Kundinnen und -Kunden schlafwandeln geradezu durch die immer gleichen Gänge ihres Supermarktes und legen dabei die immer gleichen Produkte in ihren Korb. Tagein, tagaus. Allerdings haben Sie dabei ein schlechtes Gewissen gegenüber ihrer Familie. Denn die gesunde Abwechslung bleibt dadurch auf der Strecke.«

Die Sainsbury's-Kundschaft bestand also aus frustrierten Sleepshoppern, die man wieder aufwecken konnte. Und so sah der daraus abgeleitete Content aus: Unter dem Motto »Try something new today!« gab's den entsprechenden Weckruf in der TV-Werbung. Dafür nutzte man Brand Ambassador und Starkoch Jamie Oliver als personifizierten Wecker und eloquenten Mutmacher.

Insight kreativ umsetzen: Als inspirierenden Content gab es einfache Ideen, die der Kundschaft halfen, mit einem kleinen Trick aus ihren eingefahrenen Koch- und Ernährungsgewohnheiten auszubrechen: auf der Website oder offline, entlang der Customer Journey, angefangen vor dem Einkauf bis in den Supermarkt hinein und wieder nach Haus. An den entsprechenden Kontaktpunkten und auf den relevanten Kanälen sorgten unerwartete Wachmacher in ungewöhnlicher Form an überraschender Stelle für Aufsehen: das Rezeptbuch im Tiefkühlregal direkt neben dem Fisch, das kreisrunde Fertigpizzarezept im Briefkasten oder am Gemüseregal …

Das Ergebnis sei auch noch erwähnt: Das Umsatzwachstum verdoppelte sich. Innerhalb von zwei Jahren erreichte Sainsbury's einen Umsatz von 550 Millionen Pfund Sterling.

Das Beispiel zeigt:

- Ein guter, bisher unentdeckter Insight ist ungemein wertvoll und inspirierend für die Content-Entwicklung – im Produkt- wie im Content Marketing.

- Um ihn zu entdecken, sollten Sie sich sehr gut mit den Bedürfnissen und den daraus erwachsen Frustrationen der Menschen auseinandersetzen.

- Es ist wichtig, dass Sie sich über Ihr Ziel und die dafür notwendige Zielgruppe von Anfang an im Klaren sind, in diesem Fall die Bestandskunden.

8.6   Vier grundlegende Recherchetechniken, mit denen Sie Insights auf die Schliche kommen

Ein echter Insight ist für Ihre Content-Kreation also im Grunde so wertvoll wie ein Sechser im Lotto. Daher erfahren Sie jetzt, wie Sie einen Insight finden. Aber das sagt sich leichter, als es ist. Denn begründet ist ein Insight, wie bereits gesagt, in der meist tief unter mehreren Bewusstseinsschichten verborgenen Motivation und hinter Emotionen. Sie sollten sich da langsam und mit viel Gefühl hineinarbeiten. In unserer Praxis haben sich vier wesentliche, in Abbildung 8.3 dargestellte Recherchetechniken bewährt, um die Intuition und Empathie zu befeuern.

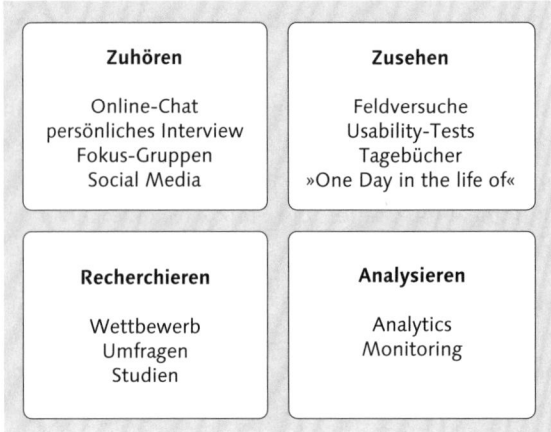

Zuhören	Zusehen
Online-Chat persönliches Interview Fokus-Gruppen Social Media	Feldversuche Usability-Tests Tagebücher »One Day in the life of«
Recherchieren	**Analysieren**
Wettbewerb Umfragen Studien	Analytics Monitoring

Abbildung 8.3 Recherchetechniken für die Suche nach dem Insight

8.6.1   Zuhören

Sprechen Sie mit Ihrer Zielgruppe. Das ist so einfach und eigentlich selbstverständlich. Aber kaum ein Content Creator tut es, so ist unsere Erfahrung. Warum? Weil sich viele auf ihre eigene Sicht der Dinge verlassen. Sätze wie »TikTok? Also, *ich* brauche das nicht!« oder »Ich habe da mal meine Tochter gefragt, die ist zufällig im gleichen Alter wie unsere Zielgruppe« hört man leider viel zu häufig. Diese bequeme Denke führt zu Trugschlüssen, Quasiplausibilitäten und trügerischen Sicherheiten, aber nicht zu echten Insights.

Tipp: Content mit der Community entwickeln

Daher noch einmal der grundsätzliche Tipp: Entwickeln Sie Ihren Content nicht mehr für, sondern mit den Menschen, mit Ihrer Community. Man kann das Peer Production oder manchmal auch einfach Consumer-generated Content nennen. Dahinter steckt ein echter und notwendiger Paradigmenwechsel: nutzerzentriert statt produkt- oder unternehmensfixiert zu arbeiten.

Machen Sie also schon bei der Suche nach dem Insight gemeinsame Sache mit ihrer Community. Allerdings wird die Ihnen den Insight auch nicht auf dem Silbertablett präsentieren: Sie kennt ihn nämlich selbst nicht. Menschen wissen selber nicht, warum sie schlechte Laune haben, sondern nur, dass es manchmal halt so ist. Es ist ihnen nicht bewusst! Erst wenn es ihnen jemand sagt, kommt der »Ja, genau«-Moment.

Ein guter Insight entsteht im Dialog. Jetzt fragen Sie sich vielleicht, wie Sie mit jemandem in ein so vertrauliches Gespräch kommen sollen, den Sie noch gar nicht kennen? Machen Sie es sich nicht zu kompliziert.

Je nachdem, wen Sie als Kunden gewinnen und ansprechen möchten, nutzen Sie Ihre bestehenden Kontakte. Sie möchten neue Mitarbeitende für Ihr Unternehmen finden? Dann sprechen Sie mit Ihren Kolleginnen und Kollegen, welche Themen und Umstände sie bewegen. Sie möchten wissen, wo der Schuh bei potenziellen Kundinnen drückt, um Sie für sich zu gewinnen? Bitten Sie Menschen aus Ihrer besonders vertrauten Bestandskundschaft um ein vertrauliches Gespräch über ihr Leben und Arbeiten, ihre Sorgen, Bedürfnisse, Ängste und spaßigen Momente. Erfahrungsgemäß wird so aus einer vereinbarten halben Stunde schnell ein mehrstündiges Gespräch. Denn die meisten Menschen freuen sich über diese Gelegenheit zu sprechen, fühlen sich dann sogar wirklich ernst genommen und gefragt. Menschen reden gern über sich, ihre Anliegen und ihr Verhältnis zum Unternehmen. Also, haben Sie keine Kontaktscheu!

Beispiel Interview: Zuhören – auch wenn es weh tut

Um herauszufinden, welche Art Corporate Storys Pressevertreter über einen bestimmten Konzern gerne auf der Website und in Social Media lesen würden, interviewten wir Redakteure großer Nachrichtenagenturen und Wirtschaftsredaktionen. Wir fragten Sie nach ihren Suchfeldern, Zielen, Ängsten und Motivationen bei der Redaktionsarbeit.

Dabei kamen wir auch auf deren Tagesablauf zu sprechen: »Wie bereiten Sie sich auf den Tag vor? Was lesen Sie auf dem Weg zur Arbeit? Was erwartet Sie im Büro? Wie viel Zeit haben Sie für die Recherche? Was verursacht Stress?« Wir fragten auch immer wieder: »Warum machen Sie das? Und warum so und nicht anders?« Mit diesen Fragen tauchten wir ein in die Gedanken-, Arbeits- und Bedürfniswelt unserer Gesprächspartner.

Die Antwort eines Redakteurs gab uns besonders zu denken: »Ich brauche die Finanznachrichten von Unternehmen pur, ohne Worthülsen und möglichst unverblümt. Am liebsten sogar in standardisierten Bulletpoints, damit sie automatisch auswertbar sind für unseren News-Algorithmus *[ein funktionaler Nutzen!]*. Dann erkenne ich den Nachrichtenwert schneller, mache keine Fehler beim Herausschälen der Info und bin am Ende schneller im Ticker als andere Dienste *[Schneller sein als andere: ein motivationaler/ emotionaler Nutzen]*.« Diese Erkenntnis eröffnete unserer Content-Kreation neue Perspektiven und stellte konkrete Anforderungen: Kurz, knapp, faktisch musste der Content sein. Eine bittersüße Erkenntnis für die bisherige Pressearbeit – die klassischen Pressemitteilungen, wie sie bisher verschickt wurden, mit vielen Zitaten und ausführlichen Erklärungen der Umstände, erfüllten diesen Anspruch gar nicht. Im Gegenteil: Sie sorgten sogar für schlechte Laune.

Sind Sie erst einmal im Gespräch, lassen Sie Ihr Gegenüber seine bzw. ihre Welt beschreiben.

Zur Interviewführung einige Tipps aus der Praxis:

- Treffen Sie die Menschen am besten nicht in einer künstlichen Interviewsituation, wie beispielsweise in einem Marktforschungsstudio, sondern sorgen Sie für Wohlfühlatmosphäre. Besuchen Sie die Person, Ihre »Persona«, zu Hause, im Büro. Laden Sie sie zu einem vertraulichen Essen, Online-Chat oder zum Telefonat ein – je nachdem, was Ihr Gegenüber als angenehm, passend und vertraulich empfindet.

- Nutzen Sie das Persona-Arbeitsblatt aus Kapitel 7, »Mit der Persona zur besseren Zielgruppe – Communitys aufbauen und pflegen«. Mit den darin aufgeführten Punkten und Aspekten können Sie sich perfekt auf jedes Gespräch vorbereiten.

- Stellen Sie offene Fragen, die sich nicht mit einem einfachen Ja oder schnellen Nein beantworten lassen. Und wenn Sie glauben, einen »Sweetspot« gefunden zu haben, gehen Sie ins Detail: »Warum ist das so?« Schritt für Schritt.

Fallbeispiel: Interview im persönlichen Umfeld

Ein Kosmetikunternehmen plante anlässlich des Launches eines neuen Hairstyling-Produkts im englischen Markt, neuen Beauty-Content zu produzieren. Nun suchten wir nach Content, mit dem wir die Briten vom Hocker hauen konnten. Wir wussten: Mit deutschem Content kämen wir da nicht weit. Anstatt auf britische Marktstudien zu vertrauen, entschieden wir uns, Interviews in England, bei den Menschen daheim, zu führen. Wir brauchten echte Eindrücke. Gemeinsam mit den englischen Kollegen rekrutierten wir repräsentative Interviewpartner. Ein großer Aufwand war auch die Organisation. Aber es war die richtige Entscheidung. Wer schon einmal in einem englischen Wohnzimmer in einem Vorort Londons gesessen hat, kann sicher nachvollziehen, welch ungewohnten Einblick man so in die britische Art zu leben, zu sprechen und die Weltsicht bekommt. Den unschlagbaren britischen Humor am eigenen Leib zu erfahren, die Atmosphäre in den engen Reihenhäusern mit ihren steilen Treppen zu atmen und die britische Folklore an den Wänden über dem Kamin zu betrachten, bedeutete, auch auf neue, sprich spontane und ungeplante Fragen nach wahren Insights hinter britischem Style zu kommen. Und einige Content-Ideen, die man zuvor im Kopf hatte, zerschellten eindrucksvoll am harten, englischen Wohnzimmertisch.

- Bleiben Sie in solch intimen Gesprächen fair. Fragen Sie nicht aus, sondern nach. Bleiben Sie zu jedem Zeitpunkt empathisch. Achten Sie auch darauf, dass Sie im Gespräch nicht einseitig sind. Reden Sie auch über sich selbst und über die Erfahrungen anderer, mit denen sie gesprochen haben. So sorgen Sie für einen offenen Dialog.

- Sperren Sie Autoritätspersonen wie Vorgesetzte Ihrer Interviewpartner aus. Zumindest sollten sie genauso außer Reichweite sein wie vertraute Familienmitglieder, Arbeitskollegen oder Freunde Ihres Gegenübers. Nur so können Sie auch sicherstellen, dass sie keine sozial erwünschten Antworten erhalten, weil die Person sich nicht traut, in der Gegenwart anderer »die Wahrheit« zu sagen. So werden Sie in die Gefühle und Gedanken Ihrer Zielgruppe eintauchen.

- Nehmen Sie das Gesagte nicht nur 1 : 1. Lesen Sie während Ihres Gesprächs auch unbedingt zwischen den »Zeilen«. Warum erzählt die Person Ihnen das jetzt? Warum erzählt sie das leise, vielleicht eher stockend oder im Überschwang mit roten Wangen? Hören Sie auch auf Antworten, die Ihre eigentliche Frage gar nicht beantworten. Denn oft möchte Ihr Gegenüber unbedingt noch etwas anderes loswerden.

- Schlüpfen Sie in die Rolle des genialen Alt-Serien-Inspektors Columbo alias Peter Falk. Für die jüngeren Leserinnen und Leser des Buches: Der Protagonist der Erfolgs-TV-Serie erlangte seine Berühmtheit durch den letzten Satz nach dem offiziellen Verhör, also quasi beim Hinausgehen schon in der Tür stehend: »Ach, eine Frage hätte ich noch …«, wenn die Verhörten schon erleichtert aufatmeten und alle vorherige Vorsicht fahren ließen. Lassen auch Sie Ihre Aufnahme noch während des informellen Ausklangs des Gesprächs weiterlaufen. Hören Sie Ihrem Gegenüber weiter ganz aufmerksam zu, sogar noch auf dem Weg zur Verabschiedung an der Tür: Oft werden Sie einen ganz entscheidenden und ehrlichen Moment erleben, nachdem Sie das Interview bereits offiziell beendet haben. Auch oder gerade, weil Sie das Mikrofon abgebaut oder den Stift zur Seite gelegt haben. In diesem gelösten und entspannten Moment bekommen Sie dann die eigentliche, emotionalste und tiefgreifende Aussage, die Ihre Content-Kreation beflügeln wird und für die Sie gekommen sind.

- Dokumentieren Sie all Ihre Beobachtungen und Erkenntnisse. Schreiben Sie entweder mit oder besser konzentrieren Sie sich auf das Interview und nehmen Sie einen Protokollanten zur Seite. Noch besser: Nehmen Sie die Interviews auf. Fragen Sie dafür Ihr Gegenüber aber ganz offiziell zuvor um Erlaubnis. Zwar mag die »Anwesenheit« eines Mikrofons in den ersten Minuten etwas stören, aber das geht schnell vorbei. In diesen Aufzeichnungen, Mitschnitten von Interviews oder den persönlichen Tagebüchern Ihrer Probanden können Sie das Interview Revue passieren lassen. Wenn Sie Ton- oder Videoaufnahmen machen, hat sich eine zusätzliche Abschrift der Files bewährt. Das ist zwar etwas aufwendiger in der Vorbereitung, insbesondere wenn es ein längeres Interview ist. Allerdings können Sie auch den Service eines Schreibbüros in Anspruch nehmen und dort eine Mitschrift in Auftrag geben. Lesen Sie sich das Interview immer wieder durch. So können sie Insights leichter entdecken als nur aus Ihrer Erinnerung heraus. Zerbrechen Sie sich dabei den Kopf und versuchen Sie zu erkennen, wo Sie helfen können. Achten Sie auf Nebensätze, die Ihnen im Gespräch vielleicht gar nicht aufgefallen sind. In Antworten auf unabhängig voneinander gestellten Fragen kann man oft einen neuen Zusammenhang erkennen.

Ein Fallbeispiel: Warum sich Zuhören bis zum Ende lohnt

In Rahmen eines Rekrutierungsprojekts führten wir ein Telefoninterview mit einem jungen Diplomingenieur, unserer »Persona«. Dabei fragten wir ihn unter anderem auch nach seinen Ängsten. Der junge Mann behauptete jedoch, keine Ängste zu kennen. Es gab offensichtlich auch keinen Grund dafür: Die Branche, um die es hier ging, boomte, und es gab ohnehin zu wenige gute Ingenieure. Kurz: Er hatte sich nach dem Studium seinen Arbeitgeber aussuchen können, war also gut untergekommen und mit sich und der Arbeit im Reinen.

Nach 45 Minuten war unser Interview dann offiziell beendet. Wir bedankten und verabschiedeten uns. Aber die Angstfrage hatte wohl doch noch in ihm gebrodelt. Im Auflegen stockte er noch einmal kurz und klang plötzlich nachdenklich: »Halt, Stopp! Ich habe nachgedacht: Angst habe ich vor dem, was nach dem Boom kommt. Was passiert mit dem Unternehmen, in dem ich jetzt arbeite? Wird es bestehen? Wenn nicht: Wie kann ich dann weiter für meine Familie sorgen?« Eine späte, aber nicht zu späte Erkenntnis. Und Basis für einen inspirierenden Insight: Mit dem richtigen Storytelling könnten wir die Brücke zu ihm schon jetzt aufbauen und Perspektiven für die Zeit nach dem Boom aufzeigen. Wir könnten entscheidende Zukunftsthemen und die vorausdenkenden Macher und strategischen Köpfe vorstellen, die sich schon jetzt damit beschäftigen, das Unternehmen fit für die Zukunft aufzustellen. Das sind Inhalte, die das Image eines attraktiven Arbeitgebers reifen lassen, bei dem man auch nach dem Boom sicher Karriere machen kann.

8.6.2   Zusehen

Beobachten Sie Ihre Zielgruppe: beim Kochen, am Arbeitsplatz, bei einer bestimmten Aktivität, in einem Kontext, in dem Sie sich für die Menschen interessieren. Folgen Sie diesen tatsächlich durch einen Arbeits-, Familientag, beim Sport etc. Bei der Methode »One day in the life of …« denken und beobachten Sie. Manche kennen dieses Vorgehen aus der App-Entwicklung für Tools, die allen das Arbeiten leichter machen sollen: Konzeptioner treffen sich mit Menschen an deren Arbeitsplatz, um zu schauen, wie sie arbeiten, unter welchen Umständen sie beim Eingeben ihrer Daten gleichzeitig telefonieren. Ob sie Ausdrucke benutzen oder mit einem Bleistift Notizen machen. Wen sie fragen. Und bei jeder Handbewegung wird nachgefragt: Warum machst du das? Fehlt dir eine Info? Alles für die Suche nach dem Feature, dem Tool, einer Anleitung, einer Information, die das Leben leichter machen kann.

Ein Fallbeispiel: Zusehen – auch einen ganzen Tag lang

Der Hersteller eines wirksamen Mittels gegen lästige Krampfadern möchte seiner Zielgruppe mit Content einen relevanten Mehrwert bieten. Die beauftragte Content-Strategien entschließt sich, Menschen der Zielgruppe einen Tag lang zu begleiten, um herauszufinden, welche Art Content das sein könnte. Mit einer dieser Testpersonen, nennen wir sie Sabine, geht die Strategin shoppen. Sie notiert den Weg, welche Läden sie besucht und was sie kauft. Es geht quer durch die Stadt.

In einem Schuhladen beobachtet sie, wie Sabine plötzlich stockt. Sie möchte sich ein neues Paar Stiefel kaufen. Aber beim Anprobieren zögert sie kurz – und stellt sie zurück in Regal. Die Strategin fragt nach, warum Sie das schöne Paar zurückgestellt hat. Sabine zögert erst, dann gibt sie zu, sich für ihre Krampfadern zu schämen. Daher möchte Sie auch ihre Beine nicht entblößen, um sie probeweise in die Stiefel hineinzustecken, was mit geschwollenen Beinen zu einem peinlichen und vor allem sehr frustrierenden Erlebnis werden kann – ein Heureka-Moment für die Strategin. Mit dieser Erkenntnis geht sie in die Content-Kreation: Welche Tricks gibt es, die Venen im Alltag zu kaschieren? Wie lassen sich geschwollene Beine vermeiden? Wie überwindet man falsches Schamgefühl? Wie kann man sein angeknackstes Selbstwertgefühl trotz körperlicher Beeinträchtigung wieder aufbauen? Wie machen das andere mit dem gleichen Leiden? Ein Unternehmen, das seine Kundschaft so gut versteht, ist mit Sicherheit bald Top-of-mind.

Anstatt sie zu begleiten, können Sie die Testpersonen Ihrer Zielgruppe auch ein Tagebuch führen lassen. Sie werden erstaunt sein, wie viele persönliche Gedanken Menschen teilen, wenn es um Dinge geht, die ihnen wichtig sind. Zudem zwingt das Schreiben jede Testperson zur Reflexion. So tauchen auch Sie tiefer in deren Gedankenwelt ein.

Dieser Weg der Insight-Findung ähnelt eigentlich dem eines Übersetzers: Mangelsituationen zu erkennen, daraus entstehende »Needs«, also Bedürfnisse, zu verstehen und diese dann in einen Insight zu übersetzen. Dann kann das Kreations- oder Redaktionsteam inspiriert daran arbeiten, den darin formulierten entsprechenden Bedarf mit Informationen, Inhalten, Storys, Tools etc. zu bedienen.

Machen Sie aber bitte nicht aus einer offensichtlichen Wahrheit einen Insight. Fragen Sie sich durch – von der Beobachtung bis zum eigentlichen Warum.

Beobachtung oder Insight – ein wichtiger Unterschied

Eine Beobachtung wie »Er will sein Haus selbst ausbauen.« ist zwar hilfreich und legt den Grundstock für tieferes Forschen. Der Satz ist aber noch kein Insight, denn es fehlt die tieferliegende Motivation. Der Heimwerkermarkt Hornbach hat daher in die Psyche seiner Kunden geschaut und erkannt, dass hinter der Absicht, alles selbst zu machen, auch viele Ängste sitzen: »So was habe ich doch noch nie gemacht! Ist das zu schaffen? Und wenn ich Fehler mache? Ist dann alles hin? Wie stehe ich dann da?« Der entsprechende Insight: »Egal, wie unmöglich die Aufgabe dir auch erscheint: Hauptsache, du willst es.« Darauf hat der Markt seine Content-Produktion aufgebaut. Der hochemotionale Appell »Mach es zu deinem Projekt« wird in der Werbung stark überspitzt und sogar ohne Verkaufsappell inszeniert. Mutmacher dazu gibt es in Form von Porträts über gleichgesinnte Heimwerker, die über ihren eigenen Schatten gesprungen sind, sehr detailreiche Tutorials auf YouTube und Bauanleitungen auf der eigenen Website. Die Erkenntnis für die Kunden: »Egal, wie groß das eigene Projekt einem auch erscheinen mag. Wo ein starker Wille ist, da ist auch Weg – und ein Hornbach-Markt, in dem man alles dafür bekommt.«

8.6.3   Analysieren

Analysieren Sie. Daten sind das Gold des digitalen Zeitalters. Noch nie war es möglich, so viele Informationen über Ihre Zielgruppen zu generieren. Analytics-Tools geben Ihnen die Möglichkeit, die erfolgreichsten und weniger erfolgreiche Inhalte Ihrer bestehenden Websites auszulesen, allen voran Google Analytics des Unternehmens, das von diesen Daten auch gleichzeitig lebt. Mit Analytics-Tools können Sie die Daten Ihrer Unternehmenspräsenz analysieren, zusammenführen, um so mehr über Ihre Kunden zu erfahren. Viele der in Abbildung 8.4 dargestellten Analytics-Tools liefern Ihnen beeindruckende Statistiken und teilbare Berichte.

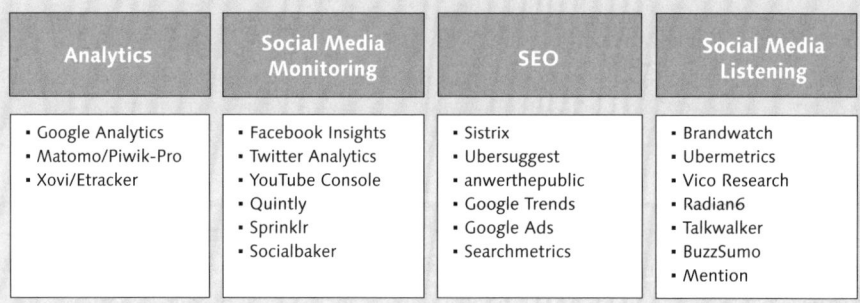

Analytics	Social Media Monitoring	SEO	Social Media Listening
• Google Analytics • Matomo/Piwik-Pro • Xovi/Etracker	• Facebook Insights • Twitter Analytics • YouTube Console • Quintly • Sprinklr • Socialbaker	• Sistrix • Ubersuggest • anwerthepublic • Google Trends • Google Ads • Searchmetrics	• Brandwatch • Ubermetrics • Vico Research • Radian6 • Talkwalker • BuzzSumo • Mention

Abbildung 8.4 Daten helfen zu verstehen.[3]

Auch durch Social Media Monitoring bzw. Social Media Listening lernen Sie vieles über Ihre Zielgruppe und deren Stimmung. Auch hierfür gibt es Tools, nicht wenige sind sogar kostenlos, zumindest als Basisversion. Allen voran seien hier die genannt, die Ihnen Instagram, YouTube und andere Plattformen kostenlos anbieten. Finden Sie heraus, welche Themen die meisten Reaktionen, im Positiven wie im Negativen, auslösen.

---

3 Zusammenstellung einiger der populärsten Tools, Liste ist nicht vollständig.

Hören Sie auch in Foren hinein: Hier diskutieren Menschen oft drängende Fragen des alltäglichen und praktischen Lebens. Dabei geht es oft hochemotional zur Sache. Die Analyse dieser Kommentare eröffnet Content-Strategen spannenden Input für erste Hypothesen für die Formulierung von Insights: zu Ängsten, die die Menschen in bestimmten Phasen ihres Lebens bewegen, über ihr Seelenleben oder Unsicherheiten, die einfache Informationsdefizite offenbaren. Diese Art von Recherche (wie überhaupt Social Media Listening) hilft, die eigenen Inhalte nicht nur fachlich auf- und inhaltlich auszubauen, sondern auch emotionale Anliegen zu erkennen und zu bedienen.

Aber auch, wenn diese Tools und entsprechende Dashboards suggerieren, alles über die Menschen und Ihre Bedürfnisse sichtbar zu machen: Solche Datensätze sagen Ihnen nur, was die Menschen tun – nicht warum und ob sie es nicht doch eigentlich lieber anders machen würden. Solange Sie aber nicht wissen, warum dieser Zusammenhang besteht, haben sie nur eine Erkenntnis, keinen wirklichen Insight.

Schauen Sie doch einfach einmal, ob Ihre Zielgruppe bereits die Inhalte, die sie geteilt haben, schätzt. Messen Sie die Leistung Ihres bestehenden Contents. Wird er gelikt, geteilt, besprochen, kommentiert? Prüfen Sie auch einmal, welche Begriffe die Menschen auf Ihrer Website in die Suche eingeben. Finden sie dort, was sie suchen? Oder eröffnen sich hier Bedürfnisse, auf die Sie noch keine Antworten liefern? Lesen Sie die Kommentare, und stellen Sie sich die entscheidende Frage: Warum? Worum geht es da?

Insights – die Hilferufe hinter der Google-Suche

Stellen Sie sich vor, Sie besitzen einen Supermarkt und verkaufen Lebensmittel. Nun möchten Sie Content erstellen, den Ihre Kundschaft liebt. Sie denken als Erstes natürlich über Rezepte nach. Ein erster schneller Blick ins Web zeigt Ihnen jedoch: Mit dieser Idee sind sie wohl leider nicht allein. Fast alle Wettbewerber, Supermärkte, Fernsehköche und darüber hinaus unendlich viele Blogs und Rezeptforen tummeln sich bereits auf diesem Feld. Die haben in Summe bereits Millionen von Rezepten online gestellt, die sie teilweise suchmaschinenoptimiert und mit Werbegeldern unterstützt in der Online-suche ganz weit oben platzieren. Dagegen können Sie kaum mehr ankommen. Oder doch?

Daten helfen, neue Wege zu identifizieren: Mit Tools wie Ubersuggest.org[4] oder answerthepublic.com[5] bekommen Sie schnell einen Überblick darüber, welche Fragen Menschen beschäftigen, z. B. rund ums Kochen, und wo sich Nischen auftun, die Sie nutzen könnten. Ihre Erkenntnis nach Anwendung der Tools: Es gibt verschiedene Suchmotivationen rund ums Kochen. Die Suche nach Inspiration, z. B. mit oder eben

---

4   Ubersuggest, Neil Patel: *https://neilpatel.com/de/ubersuggest*

5   Answer the Public, Castle Square House: *https://answerthepublic.com*

ohne bestimmte Zutaten, oder speziell für Kinder zu kochen. Die Suche nach eher grundsätzlichem Rat, wie man was kocht: Eier, Marmelade, vegan …

Ihre Aufgabe besteht nun darin, hinter diesen Suchbegriffen Motivationsmuster zu finden. Was steckt wirklich hinter der Suche? Verstehen Sie die Suche als Hilferuf. Haben Sie z. B. eine Mutter als Persona vor Augen? Dann werden Sie vielleicht herausfinden, dass sie Sorge hat, ihre Kinder trotz »Das mag ich nicht«-Anfällen für gesundes Essen zu begeistern oder die erste Kindergeburtstagsparty trotz Stress im Beruf so perfekt vorzubereiten, dass alle Kinder happy sind. Oder die junge ethisch aufgestellte Tochter, die ihren ersten veganen Probemonat mit der Familie angehen möchte, aber mit dem Vorschlag auf keine große Gegenliebe stößt?

Für einen echten Insight denken Sie ganzheitlich. Algorithmen werden Ihnen diese Aufgabe vielleicht in Zukunft dank der Verschmelzung von Bio- und Informationstechnologie abnehmen. Noch aber schaffen sie das nicht, dafür ist der Mensch einfach zu unberechenbar. Nutzen Sie daher quantitative Daten als Inspiration zur Vorbereitung Ihrer Interviews, zur Hypothesenbildung, zur Bestimmung Ihres Suchfeldes oder im Nachgang als Bestätigung und zur Validierung.

8.6.4   Forschen und Recherchieren

Nutzen Sie bestehende Inhalte. Interne Dokumente in Ihrem Unternehmen oder Ihrer Organisation, Statistiken, Marktforschungen, Brief- oder E-Mail-Wechsel mit Kunden und Berichte aus dem Vertrieb sind spannende Quellen für qualitative wie quantitative Erkenntnisse.

Auch externe Erhebungen, Umfragen, Studien oder Whitepapers, die renommierte Unternehmen, Institutionen oder Organisationen zur Verfügung stellen, gibt es zu vielen Themen und Zielgruppen. Da müssen Sie nur einmal eine Suchmaschine bemühen. Achten Sie aber darauf, dass die Themen dieser Publikationen und Datensammlungen Ihrer Frage bzw. Ihrem Erkenntnisgegenstand so nahe wie möglich kommen.

Ebenso können Sie öffentliche Datenbanken, Studien wie von YouGov[6], Informationen von Fachverbänden und Kammern, aussagekräftige Statistiken wie die der Business-Data-Plattform Statista[7] oder sogar Studien von Wettbewerbern für die Suche nach spannenden Insights nutzen. Achten Sie dabei aber unbedingt auf die Neutralität des jeweiligen Anbieters. Manche Studien sind gefärbt durch das Interesse des jeweiligen Herausgebers. Fragen Sie sich: Wer profitiert von der Studie? Daher nutzen Sie nicht nur eine Quelle, sondern ziehen sie verschiedene zurate.

---

6   YouGov: *https://yougov.de*

7   Statista: *https://de.statista.com*

8.6.5   Fehler, die Sie auf der Suche nach Insights vermeiden sollten

Mit diesen vier Techniken sollten Sie für die Suche nach Insights gerüstet sein. Folgende Fehler sollten Sie allerdings möglichst vermeiden:

- *Ohne Fokus arbeiten*: Versuchen Sie nicht »alle Männer zwischen 35 und 65« zu verstehen, sondern bleiben Sie bei Ihrer festgelegten Persona. Die, die Ihnen hilft, Ihr Ziel zu erreichen. Wenn es gar nicht anders geht, wird es anspruchsvoller: Dann heißt es, einen alle Menschen in dieser breiten Zielgruppe verbindenden Insight zu finden. Aber das ist dann auch die Arbeit für Insight-Profis.

- *Auf Wünsche hoffen*: Steve Jobs hat wohl einmal sinngemäß gesagt:

  > *»Es ist wirklich schwer, Produkte für Zielgruppen zu entwickeln. Sehr oft wissen die Menschen gar nicht was sie wollen – bis du es ihnen gezeigt hast.«*[8]

  Das gilt leider auch für Ihren Insight. Die versteckte, noch unentdeckte Wahrheit über Menschen wird Ihnen niemand in die Feder diktieren. Denn Menschen sind sich selbst ihres Dilemmas oft nicht bewusst. Sie leben damit, nehmen es als gegeben hin oder erarbeiten sich einen Workaround. »Das habe ich schon immer so gemacht«, ist ein Satz, an dem Sie das Eingeständnis für einen bestehenden Frust erkennen.

- *Wunsch mit Insight verwechseln*: Sobald Sie Sätze wie »Ich wünsche mir...« oder »Ich bräuchte ...« hören, ist Vorsicht geboten. Ein Wunsch kann zwar ein wertvoller Hinweis für Ihre Content-Kreation sein, mit dem sie auch eine schnelle Idee für den Inhalt eines Artikels bekommen: »Ich bräuchte mal Rezepte für gedeckten Apfelkuchen!« Ein echtes Sprungbrett für eine Content-Mission, die Sie inhaltlich beflügelt und für Monate und Jahre inspiriert, zusammenhängende, pointierte Inhalte und Storys zu kreieren, die Ihre Community begeistern, ist das aber nicht. Das Bild von Sainsbury's Sleepshopper aus Abschnitt 8.5 dagegen öffnet die kreativen Synapsen und neue inhaltliche Wege.

- *Anstatt eines Interviews ein Verkaufsgespräch führen*: In einer Übungssituation interviewt ein Seminarteilnehmer testweise einen Vertreter seiner Zielgruppe. 10 Minuten lang ging das auch gut, spannende Erkenntnisse kamen zutage. Irgendwann allerdings ging mit dem Interviewer die Leidenschaft durch, er fragte die Testperson nach einer kritischen Anmerkung zum Angebot im Markt: »Ja, kennen Sie denn unser Produkt noch nicht? Da geht es genau um diese Anliegen, die Sie haben! Da haben wir genau das berücksichtigt ...« Und er begann, das Produkt zu erklären. Man könnte auch sagen: Er begann ein Verkaufsgespräch. Dieser Fehler passiert passionierten Vertrieblern in der ungewohnten Situation des neutralen Interviewers leicht: Anstatt um neuen Erkenntnisge-

---

8 Studihub.de, Steve Jobs Zitate: Die besten 30 Sprüche, *https://www.studihub.de/steve-jobs-zitate-die-besten-30-sprueche* [06.08.2021]

winn zu ringen, beginnen sie, ihren Interviewpartner vom eigenen Standpunkt oder Produkt oder Inhalt zu überzeugen. Also: Selbst wenn ihre Testperson sich skeptisch gegenüber Ihrer Marke, Ihrem Standpunkt oder Ihrem Fachgebiet äußert, bleiben Sie offen, neutral. Schließlich wollen Sie die tieferliegenden Gründe erfahren.

- *Das Nachhaken vergessen:* Einen Insight zu entdecken ist eine spannende Reise. Denn eigentlich stößt man erst beim zweiten oder dritten Nachfragen auf die tiefere Wahrheit: *Laddering* nennt man diese Fragetechnik, bei der man sich nicht nach der ersten Antwort auf seine Frage »Was ist dein Problem?« oder »Was fehlt dir?« zufrieden zurücklehnt, sondern durch mehrfaches Nachhaken mehr als die üblichen Klischees à la »typisch Mann, typisch Frau« entdeckt: »Warum fühlst du dich so?« Und nach der Antwort auch gleich noch einmal nachgefragt: »Warum ist nun das wiederum so?« Hat man den Insight auf diese Weise »ausgegraben« und fein formuliert, ist die Content-Kreation schon halb erledigt. Denn mit diesem einen, alles offenbarenden Satz kommen Ihnen die Ideen für die einzigartige Inhalte, mit denen Sie Menschen regelrecht überraschen und für sich begeistern können, von ganz allein, versprochen.

Kapitel 9

Customer Journey – die Reise des Kunden verstehen und mit Inhalten begleiten

Content, der Menschen zum richtigen Zeitpunkt erreicht – online oder offline? Die Customer Journey hilft Ihnen, die Bedürfnisse Ihrer Kundinnen und Kunden besser zu verstehen und Ihre Content-Kreation zu strukturieren.

Folgendes Szenario dürfte Ihnen bekannt vorkommen: Sie sehen ein Paar Schuhe im Newsletter Ihrer Lieblingsmarke. Sie wissen schon, die mit den schicken Lederboots. Und Sie denken sich: Die mit dem Fell, die wären was für mich und drücken auf den Link, landen im Webshop, klicken die Größe und dann den Kauf-Button: Zack ... einen Tag später sind die Stiefel vor Ihrer Haustür. Unrealistisch? Absolut. Damit wären Sie der personifizierte Wunschtraum eines jeden Onlinehändlers: Kunde sieht Produkt, schlägt zu, Ware geliefert, fertig. Das ist Wunschdenken. Denn vom ersten Kontakt eines Menschen mit einer Marke, dann vielleicht dem Produkt selbst oder entsprechenden Inhalten dazu bis zum Moment des Kaufabschlusses kann viel passieren – und auch schiefgehen. Denn ein potenzieller Kunde geht meist einen langen Weg mit vielen Entscheidungsstufen vom Wunsch bis zum Kauf – auf dem er auch verloren gehen kann.

9.1 Was ist eine Customer Journey?

Kaufentscheidungen brauchen Zeit. Da braucht es viele Kontakte zwischen Marke, Produkt und Kunde, sogenannte Touchpoints. Wenn Sie diese Kontaktpunkte kennen und wissen, was Ihr Kunde dort gerade denkt, braucht oder fühlt, können Sie ihm diese Reise und die Entscheidungen unterwegs mit Ihren Inhalten leichter machen. So leisten Sie am Ende bei erfolgreichem Kaufabschluss einen unmittelbaren Beitrag zum Betriebsergebnis.

Die Aneinanderreihung der einzelnen Schritte eines Kunden von der Unkenntnis der Marke bis zur finalen Entscheidung, das Produkt oder einen Service zu kaufen (und darüber hinaus), bezeichnet man als *Customer Journey*. Und die einzelnen Kontaktpunkte sind sozusagen die Meilensteine dieser Reise.

Da Ihr Kunde an jedem Touchpoint anders »drauf« ist und andere Bedürfnisse hat, brauchen Sie viele unterschiedliche Inhalte und unterschiedliche Formate, mal werblicher, mal rationaler, mal emotionaler ausgestaltet. Wie Sie das Denkmodell einer Customer Journey für Ihre Content-Kreation nutzen können, schauen wir uns anhand der gängigsten Modelle an, wie in Abbildung 9.1 skizziert.

9.2   Vorsicht vor der alten Schule – die AIDA-Formel und der Purchase Funnel

Den Attention Funnel (zu Deutsch Aufmerksamkeitstrichter) kennen Sie sicher, wenn Sie schon einmal in ein Marketingbuch geschaut haben. Der Funnel ist auch besser bekannt als AIDA-Formel. Sie beruht auf den Überlegungen des Werbestrategen Elmo Lewis.[1] Lewis beschrieb die Entscheidung des Kunden aus der Sicht eines Verkäufers mit vier Stufen:

- *Attention:* Werbung soll im ersten Schritt Aufmerksamkeit für das Produkt erzeugen: Achtung: Schuh!

- *Interest:* Werbung führt zum gesteigerten Interesse des Kunden: »Der wäre was für mich!«

- *Desire:* Darauf folgt sein Verlangen danach: »Will ich unbedingt haben!«

- *Action:* Und schließlich der Kauf: »Bitte schön!«, »Danke sehr!«

Vielleicht wird es Sie überraschen: Aber diese Überlegungen von Lewis stammen tatsächlich aus dem Jahre 1898. Es ist weniger eine Customer Journey als ein sogenanntes Stufenmodell für die Wirksamkeit von Werbung. Es ist einfach wie eingängig. Aber Vorsicht: Wie man unschwer erkennen kann, liegt Lewis' Fokus ausschließlich auf dem Produkt. Denn im damals bestehenden Verkäufermarkt hatte der Hersteller das Sagen und konnte seine fast konkurrenzlosen Produkte nach dem Motto »Friss oder stirb!« in den Markt drücken. Der Kunde hatte kaum die (Aus-) Wahl. Damit war seine Entscheidung für das Produkt einfach, mit der einzigen Voraussetzung: Aufmerksamkeit. Der Kunde musste nur wissen, dass es das Produkt gibt, sein Interesse folgte von selbst. Keine Störfeuer oder Ablenkungen durch Wettbewerber oder lustige Katzenvideos waren zu erwarten. Ähnlich wie beim

---

1   Wikipedia, Stichwort »AIDA-Modell«: *https://de.wikipedia.org/wiki/AIDA-Modell* [19.02.2021]

pawlowschen Hund, der beim Ertönen der Klingel gelernt Speichel absondert, setzt dieses Modell auf Reiz und Reaktion beim Käufer.

An Popularität und als Grundlage für modernere Ansätze hat das über einhundert Jahre alte Modell aber erstaunlicherweise bis heute kaum an Faszination verloren. Es ist aber nicht mehr als die Abbildung einer tradierten unternehmerischen Wunschvorstellung. An dieser Stelle also die schlechte Nachricht: Die Rahmenbedingungen der Märkte haben sich in den letzten 120 Jahren grundlegend geändert. Das AIDA-Modell bildet die Realität nicht mehr ab.

Heute bewegen wir uns in einem Käufermarkt, in dem Ihre Kunden das Sagen und vor allem die Auswahl haben. Viele Produkte sind austauschbar und sich so ähnlich, dass Kundinnen nach zusätzlichen Kriterien wie Sympathie, Vertrautheit oder Preis zwischen ihnen wählen können und müssen. Und das gilt nicht nur für Produkte: Auch bei der Auswahl des schier unerschöpflichen Contents, den sie lesen, schauen oder hören möchten, schöpfen sie online wie offline aus dem Überfluss. Auch hier ist Aufmerksamkeit nicht mehr die alleinige Grundlage für Interesse, sonst würde noch immer der Zeitungsjunge auf der Straße reichen.

Außerdem vernachlässigt Lewis' Modell entscheidende Faktoren wie Käuferbindung bzw. Loyalität eines Kunden. Und es ignoriert neurowissenschaftliche Erkenntnisse über unseren zum Großteil emotionalen Entscheidungsprozess, bei dem unsere Werte und unsere Motivation völlig im Unbewussten die Auswahl von Produkt und Inhalten übernehmen.

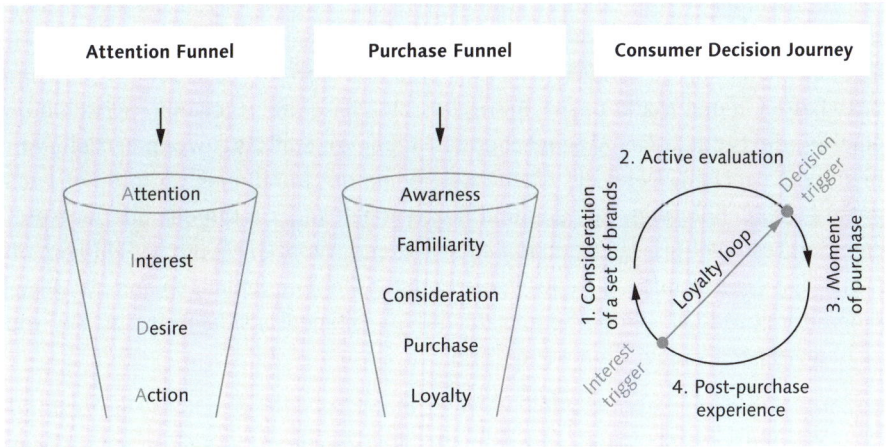

Abbildung 9.1 Unterschiedliche Modelle zur Abbildung der Customer Journey[2]

---

2   Eigene Darstellung nach: Nguyen Dinh Giang, Marketing Mastery Tool: *https://www.slide-share.net/NguyenDinhGiang1/marketing-strategy-mastery-tool* [14.06.2020]

Der klassische Purchase Funnel nach McKinsey geht in der Beschreibung des klassischen Weges des Kunden zum Kauf etwas weiter (siehe Abbildung 9.1 Mitte). Die wichtigste Neuerung besteht in der Addition der Phase der Consideration. Berücksichtigt der Käufer die Marke beim nächsten Kauf oder nicht? Notwendig dafür ist neben Awareness, also der Aufmerksamkeit für das Produkt, auch die Familiarity, sprich die Vertrautheit des potenziellen Käufers mit der Marke. Außerdem betrachtet der Purchase Funnel nun auch die Phase nach dem Kauf, die Loyalität. Aber wie dem auch sei, auch dieses Modell ist eher produkt- und verkäuferorientiert gedacht. Daher werfen wir den Blick auf neuere Modelle.

9.3   Die Consumer Decision Journey – ein Plan für die Content-Kreation

Die *Consumer Decision Journey*[3] beschäftigt sich mit der Art und Weise, wie Konsumenten im digitalen Zeitalter und im Käufermarkt entscheiden. Wie der Name schon sagt, stehen nun der Kunde und sein Entscheidungsprozess im Interesse der Erkenntnis. Das Modell beschreibt den Prozess nun auch als einen Kreislauf, in man seine Kunden gewinnen, aber auch wieder verlieren kann. Diese Journey setzt eine ständige Interaktion mit den Kunden voraus. Sie wird sogar entscheidend. Der Einstieg in eine individuelle Consumer Decision Journey beginnt damit nicht mehr unbedingt bei null.

Der Mensch bekommt in diesem Modell eine aktive Rolle. Er ruft die jeweils hilfreichen Informationen ab, die er für seine (Kauf-)Entscheidungen braucht: damit löst Pull Marketing das traditionelle Push Marketing ab, bei dem der Sender seine Botschaften in den Markt pusht. Besonders die Phase der sogenannten Evaluation eines Produkts oder einer Marke hat einen immensen Einfluss gewonnen (siehe Abbildung 9.1 rechts). Denn die eigene Recherche der Kundinnen im Internet nach entsprechenden Ratings, Reviews und Rezensionen anderer Kunden oder entsprechenden Testergebnissen ist nun mit entscheidend. Word of Mouth hat Einfluss, ob Menschen etwas kaufen, sich anschauen oder lesen. Empfehlungen anderer Menschen bringt Marken, Produkte und Inhalte ins initiale Consideration Set. Sie sind glaubwürdiger als jeder Promotion Code.

Außerdem spielt in diesem digitalen Modell die Phase nach dem Kauf eine wichtige Rolle. Stellt das Unternehmen es gut an, bestätigt es seinen neuen Kunden im Kauf, hält ihn bis zum nächsten Kauf »bei der Stange« und schärft in dieser Zeit seine

---

3   David Court u. a., The consumer decision journey. McKinsey: *https://www.mckinsey.com/ business-functions/marketing-and-sales/our-insights/the-consumer-decision-journey* [19.02.2021]

Meinung. Damit macht es ihn nicht nur zum treuen Kunden, sondern auch gleich zum Markenbotschafter, der mit seinen Bewertungen zur Marke (Consumer-generated Content) potenzielle Kunden wiederum in deren Phase der Evaluation beeinflusst.

Ergänzt wird diese Journey durch sogenannte Trigger-Punkte im Moment der Kaufentscheidung und beim Eintritt in die sogenannte Loyalitätsschleife. Es sind Abkürzungen zum Wiederkauf ohne erneute Entscheidungs- und Recherchephase.

Dieses Modell hilft Ihnen zu verstehen, dass Ihre potenziellen Kunden in jeder dieser beschriebenen Phasen verschiedene Arten von Inhalten benötigen, sei es in Form von rationalen und überzeugenden Produktinformationen oder auch emotionalen, bestätigenden Markenbotschaften.

Bleiben wir beim Beispiel aus der Einleitung und konkretisieren den Schuhkauf: Stellen Sie sich vor, Sie besitzen ein Start-up. Sie haben neue, nachhaltig produzierte Schuhe mit Stoff aus Recyclingmaterial und Sohlen aus natürlichem Kautschuk entwickelt. Mit welchen Inhalten könnten Sie eine Kundin mit Inhalten durch deren Journey begleiten?

- *Inhalte für Anfangsüberlegungen:* Nehmen wir an, Ihre Kundin braucht ein neues Paar Wanderschuhe. In der anfänglichen Phase des Überlegens hat sie als »bequemer Outdoor-Fan mit Bio-Faible« schon eine Reihe unterschiedlicher Marken mit Nachhaltigkeitslabel im Kopf. Eine Möglichkeit, Ihre Marke dazuzustellen, wäre, Videos über Ihre Marke anzubieten, in denen Sie die Menschen zu Wort kommen lassen, die das Start-up gegründet haben. Sie berichten, was Sie dazu bewegt hat, diesen Schuh zu entwickeln. Zum Beispiel, weil Sie auf Ihrer Weltreise entdeckt haben, dass man neue Länder auf nachhaltige Art und Weise bereisen sollte, ohne der Umwelt zu schaden. Oder sie lassen andere Outdoor-Enthusiasten zu Wort kommen, die auf diese Weise schon wunderschöne Länder, Berge und Strände bereist haben. Geben Sie der potenziellen Kundin damit Gründe, warum sie Ihre Marke besonders schätzen kann. Warum sie zu Ihrer Community passt.

- *Inhalte für die aktive Evaluationsphase:* Beginnt Ihre potenzielle Kundin, Ihnen ihr Vertrauen zu schenken, und ist sie zunehmend überzeugt, dass Ihre Marke, Ihr Wanderschuh mit der besonders geschmeidigen Sohle aus fair gehandeltem Gummi zu ihr passen könnte, beginnt sie mit ihrer bewussten Evaluierungsphase. Sie startet die aktive Suche nach dem potenziellen Wanderschuh: »Was sagen denn die anderen darüber? Welche Erfahrungen haben die gemacht? Wie ist die Verarbeitung? Und sind die wirklich nachhaltig? Wie fällt die Größe aus?« Jetzt sollten Sie ihr authentische Reviews und Informationen anbieten können. Es ist die Zeit für Rezensionen, Videos über die Schuhproduktion, Eignungsempfehlungen anderer Hobbywanderer, Profis und Bergsteiger ... Denn sie wird verschiedene Schuhoptionen nebeneinanderlegen, um sie zu vergleichen

- *Inhalte für Schritt 3, den Kauf:* Nun, endlich, ist sie von Ihrem neuen Schuh überzeugt und der Zeitpunkt des Kaufs ist gekommen. Die Kundin sucht jetzt vorzugsweise nach rationalen Infos, wie bzw. wo sie das Paar am besten kaufen könnte: »Okay. Was kostet der Schuh? Wo bekomme ich den am günstigsten? Haben die einen Retourenservice?« Die Antworten auf ihre Fragen sollten Sie über den Einstieg in den Shop und zum Warenkorb bis zum Bestellbutton begleiten.

- *Inhalte für Schritt 4, nach dem Kauf:* Die Reise ist noch nicht vorbei. Jetzt wird Ihre Kundin plötzlich unsicher. Der Regret-Effekt, sprich aufkommende Selbstzweifel nach dem Kauf, setzt bei ihr ein. Die nicht gewählten Schuhalternativen erscheinen plötzlich doch besser zu sein als das gekaufte Paar – »auch noch von einem unerfahrenen Start-up!«. Diese Phase ist die Zeit, in der Sie Ihrer Kundin bestätigende Inhalte, ein Dankeschön, ein Zeichen der Anerkennung zukommen zu lassen sollten. Sie ist jetzt Teil Ihrer Community! Die Phase nach dem Kauf ist auch die Zeit für Consumer-generated Content. Ihre Kundin erlebt Ihre Schuhe und möchte Ihre Erfahrungen damit teilen, beispielsweise weil sie so richtig gut passen oder aber auch weil sie wirklich sehr enttäuscht ist und andere Interessenten warnen möchte. Diese Inhalte werden die nächsten Kunden auf deren Recherche wieder in deren Evaluationsphase leiten. Positive Rückmeldungen sind also immens wichtig für den Erfolg Ihres Geschäfts. Überlegen Sie, wo und wie sie diese Inhalte verstärken und nutzen können!

In diesen dezidierten Schritten liegt also der Mehrwert einer Customer Journey für Content-Kreation: Machen Sie sich die unterschiedlichen Bedürfnisse der Kunden in den verschiedenen Phasen bewusst. Denn wenn Sie Neukunden, die Ihr Produkt gerade gekauft haben, weiter mit Unterbrecherwerbung umwerben, machen Sie etwas falsch. Sie kennen diesen Effekt sicherlich selbst: Onlinebanner, die Sie noch Wochen nach Ihrem Kamerakauf mit Angeboten verfolgen – womöglich sogar noch zu einem günstigeren Preis – verärgern.

In der Consumer Decision Journey liegt Inspiration für Ihre Content-Kreation

- Konzipieren Sie nicht nur aufmerksamkeitsschaffende Inhalte.
- Überlegen Sie, welche Inhalte Kunden nach der anfänglichen Überlegung über die aktive Bewertung bis zum Kauf und darüber hinaus brauchen.
- Planen Sie Ihr Budget entsprechend für jede Phase. Eine einzige Botschaft, die von Beginn der Kaufentscheidung über alle Stationen der Consumer Journey hinweghallt, funktioniert nicht mehr.
- Beschäftigen Sie sich insbesondere mit den »schwachen« Momenten Ihrer Kunden in ihrer Entscheidung. Und entwickeln Sie entsprechende Inhalte, die sie auffangen.

Die Phase vor der Consideration bleibt allerdings auch in diesem Modell außen vor. In unserem Beispiel wären Sie als Marke für nachhaltige Wanderschuhe noch gar nicht in der »näheren Betrachtung« dabei. Seien Sie sich daher bewusst, dass auch diese Customer Journey nicht die ganze Journey und daher insbesondere für Content Creator nicht die ganze Wahrheit abbildet: Ebenso wie bei ihren Vorgängermodellen liegt der Fokus auf dem Kaufprozess. Der Mensch wird als Kunde betrachtet, der im Konsummodus unterwegs ist. Alle Arten des dafür eher werblichen und sogar am Verkauf orientierten Inhalts richten sich am Kaufzyklus aus, sogar der Consumer-generated Content.

Aber sind wir Menschen wirklich ständig auf der Suche nach Informationen zur Marke und ihren Produkten?

9.4   Das Relevant Set – denken Sie die Phase vor der Consideration mit

Wie kommt eine Marke überhaupt ins Bewusstsein? Was, wenn die Kundin noch gar nicht auf der Suche nach neuen Wanderschuhen ist, weil sie noch ein intaktes Paar hat oder noch gar nicht weiß, dass ihr Paar auf der nächsten Wanderung die Sohle verlieren wird? Wie können Sie in der Zeit vor dem Bedarf schon die notwendige Aufmerksamkeit aufbauen oder erhalten, um auf den Punkt des Mangels oder Bedarfs genau im Relevant Set zu sein und in die Consideration zu kommen?

Wie in Kapitel 4 »Inhalte kreieren, die Marke und Mensch zusammenschweißen«, erläutert, ist Content ein besonders guter sozialer Schmierstoff, ein Beziehungsstifter. Und die Position Ihrer Marke in den Köpfen Ihrer Zielgruppe (»… wäre was für mich, steht für Fun, steht für Power …«) ist das Ergebnis eines sehr langen markenbildenden Prozesses, wie Abbildung 9.2 zeigt.

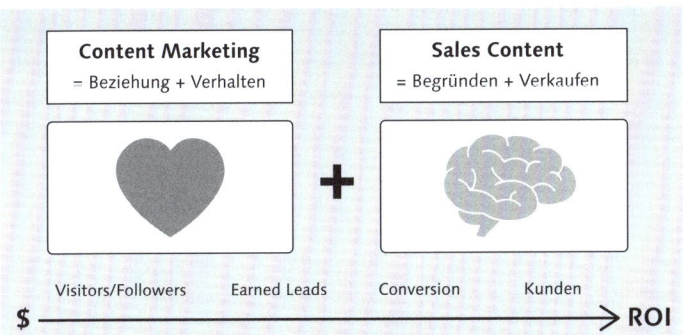

Abbildung 9.2 Content entscheidet schon vor dem Bedürfnis, welche Love Brand ins Relevant Set kommt. Diese Phase ist entscheidend für die Einleitung der Customer Journey und die bewusste Begründung und Auseinandersetzung mit dieser Entscheidung.

Auf dieses Ergebnis zahlt Ihr Content genauso ein wie es übrigens auch jede unternehmerische Entscheidung und das Auftreten Ihres Unternehmens als aktives, verantwortungsvolles Mitglied unserer Gesellschaft tut.

Ihre Kundin beschäftigt sich schon vor dem Bedarf nach Wanderschuhen mit Ihrer Marke, wenn Sie ihr Antworten auf Fragen liefern, die sie in bestimmten Phasen des Alltags oder sogar Lebens beschäftigen.

Da geht es noch gar nicht um rationale Argumente und Produkte, sondern es geht um etwas, das in ihren Emotions- und Entscheidungssystemen eine wesentliche Rolle spielt: Markeninhalte, die die entscheidende Frage beantworten: »Bist du für mich da? Oder willst du mir nur etwas verkaufen?«

Die Outdoor-Marke Patagonia, um im weitesten Sinne beim Thema Wanderschuhe zu bleiben, macht die Haltung ihres Gründers Yvon Chouinard, die Natur zu schützen und die Welt damit zu retten, durch spektakuläres Content Marketing und Storytelling und Storydoing erlebbar. Beispielsweise hilft das Unternehmen durch die ungewöhnliche Einrichtung eines hauseigenen Reparatur- und Schneiderservice[4] und praktische Reparaturtipps, zerschlissene Kleidungsstücke zu retten, anstatt sich im umweltschädigenden Konsumrausch neue zu kaufen. Diese Aktion wird mit entsprechendem Content und Storytelling dokumentiert und erlebbar gemacht. Storys vom reisenden Schneider, von Reparatur- und Schneiderwerkstätten und den vielen Kundinnen, die ihr Lieblingsteil nochmals reparieren lassen, wird im Hirn auch unserer Kundin mit ihrem Weltbild und ihren Werten, Motiven und Interessen abgestimmt. Wenn sie dadurch feststellt: »Diese Marke und diese Community passen zu mir«, dann fällt hier schon die Entscheidung für die Aufnahme der Marke in ihr sogenanntes Relevant Set, wenn nicht sogar schon die Kaufentscheidung: »Ich möchte Teil dieser Story sein!« Vertrauen und Beziehungsaufbau vor dem eigentlich bewussten Abwägen und Rationalisieren sind also im wahrsten Sinne des Wortes entscheidend. Sie sind der Einstieg in die eigentliche und immer noch beschwerliche Customer Journey. Das Ergebnis fasst Yvon Chouinard so zusammen:

> »I know it sounds crazy, but every time I've made a decision that's best for the planet, I've made money.«[5]

---

4   Care & Repair, Patagonia: *https://www.youtube.com/playlist?list=PLJQsrK_W2jniuzO1iPsVZBV-bLRyZOaKxy*; Recrafted, Patagonia: *https://www.youtube.com/watch?v=aBpSziExmA8* [19.05.2021]

5   Kenjii Farré, »Don't Buy This Jacket« – Patagonia's Daring Campaign. In: Better Marketing, 2020: *https://bettermarketing.pub/dont-buy-this-jacket-patagonia-s-daring-campaign-2b37e145046b* [19.05.2021]

9.5   Die menschliche Krise als Chance für Ihren Content

Stellen Sie sich die Customer Journey also bitte nicht mehr als ausschließliche Produktkaufepisode vor. Lenken Sie Ihre Aufmerksamkeit bewusst auch auf die Phase davor. Identifizieren Sie den Mangel an Erfahrungen, Ideen, Inspiration oder Mut, den Ihre Community umtreibt. Jedes Mal, wenn Ihre Persona in ihrem Alltag oder einem Projekt einen Tiefpunkt erlebt, kommt Ihre Chance zu helfen. Mit extra dafür geschaffenem Content, der ihr helfen kann, den nächsten Schritt zu machen.

Einige Beispiele: Stellen Sie sich dazu Ihre Persona bei der Arbeit an einem herausfordernden Projekt »on the Job« vor: die Mutter beim Planen der wichtigen Geburtstagsparty der bald sechsjährigen Tochter, den Familienvater bei den ersten Schritten in eine noch unbekannte Lebensphase wie plötzliche Arbeitslosigkeit. Stellen Sie sich auch das Auf und Ab der Emotionen vor, wenn sie oder er durch diese Phase gehen. Das hat, wie Sie merken werden, noch gar nicht viel mit Ihrem Produkt zu tun, aber mit Ihrer Erfahrung, Ihrer Rolle und Haltung. Hier geht es um Ihre Problemlösungskompetenz hinter Ihrem Produkt – als Mentor. Zeigen Sie sich empathisch. Seien Sie mit helfendem Wissen, ermutigenden, bestätigenden Inhalten in solch entscheidenden Momenten zur Stelle und helfen Sie jenseits Ihrer Verkaufsabsicht. Dann kommen Sie auch in das Relevant Set und »auf den Schirm«.

Consumer-Psychologe Paul Marsden hat diese Denke in seinem sogenannten Chuff Chart[6] (siehe Abbildung 9.3) visualisiert: Content kann in mehr oder weniger existenziellen Momenten der Krise, der Überforderung, aber auch der Langeweile ein Lösungsangebot sein und einen Ausweg bieten. Denken Sie an dieser Stelle noch einmal an das Beispiel der Marke John Deere mit ihrem Kundenmagazin »The Furrow« (siehe Kapitel 2, »Content-Marketing-Strategie – Intuition ist gut, Fahrplan ist besser«): Die Farmer, die mit dem ständigen Fortschritt in der Landwirtschaft mithalten müssen, bekommen von dem Unternehmen im wahrsten Sinne des Wortes »fruchtbare« Tipps und Hilfe – ohne gleich einen neuen Traktor kaufen zu müssen. Damit positioniert sich die Marke in den Köpfen der Landwirte aber sicherlich als kompetenter, verstehender und vertrauter Mentor, den man im wann auch immer eintretenden Falle des Bedarfs nach einem Ersatztraktor lieber anfragt als jenen Sales-Vertreter, der immer wieder ungefragt an der Tür klingelt und wertvolle Zeit stiehlt, obwohl das alte Gefährt noch treue Dienste leistet.

Entscheidend für Ihre Content-Kreation ist es also, den richtigen Content für die »Ups and Downs« einer solchen Reise zu konzipieren, zu antizipieren und im rich-

---

6   Paul Marsden, What the ?#%& is Content Marketing? Syzygy Group: *https://www.slideshare. net/Syzygy_Group/what-the-is-content-marketing-dr-paul-marsden-syzygy-group* [19.02.2021]

tigen Medium am entscheidenden Kontaktpunkt im richtigen Format anzubieten – weit vor, während und nach dem Kauf.

Strukturieren Sie das Leben ihrer Persona am besten in – lange oder kurze – Journeys, mit alltäglichen und nicht alltäglichen Herausforderungen. Entlang einer solchen Reise können Sie Inhalte kreieren, die Ihrer Persona in speziellen Situationen und an bestimmten Kontaktpunkten weiterhelfen. Inhalte, die Sie als Marke ins rechte Licht des befähigenden, fürsorgenden Partners oder sogar Mentors rücken.

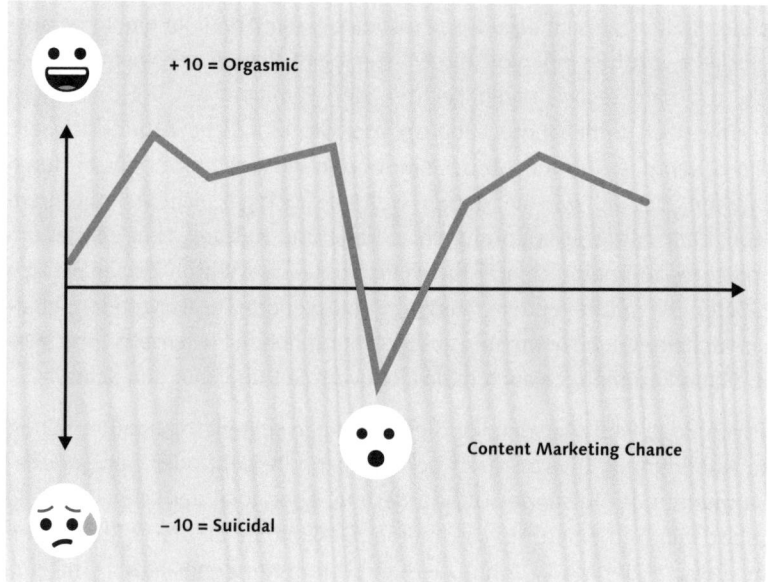

Abbildung 9.3 Chuff Chart nach Paul Marsden – die Krise als Content- und Beziehungschance

9.6   Content-Konzeption mit der Heldenreise – lassen Sie sich inspirieren

Ein besonders inspirierendes Instrument zur Beschreibung und Strukturierung einer solchen Customer Journey ist überraschenderweise die sogenannte Heldenreise nach Joseph Campbell.[7] Wir erläutern das Modell und dessen Nutzung zur Konzeption einer Story ausführlich in Abschnitt 12.4, »Die Heldenreise«. Die Heldwerdung eines Protagonisten passiert laut Campbell in allen Mythen, Romanen, Filmen und sogar Videospielen nach immer derselben typischen Abfolge von Situationen und mit immer den gleichen Figuren. Jede Geschichte lässt sich nach diesem universellen Muster erzählen.

---

7   Wikipedia, Stichwort »Joseph Campbell«: *https://de.wikipedia.org/wiki/Joseph_Campbell*

Der Clou an dieser Stelle – auch die Reisen und Episoden im Leben Ihrer Kunden lassen sich so beschreiben. Mit ihren einzelnen Stationen als Touchpoints bildet das dramaturgische Konzept der Heldenreise eine inspirierende Struktur, um die Customer Journey Ihrer Persona zu verstehen und mit entsprechendem Content anzureichern.

Schauen wir uns die Phasen dieser Heldenreise (in Abbildung 12.2 dargestellt) unter diesem Aspekt noch mal in aller Kürze an: Ihre Persona, als Protagonist, lebt in ihrer alltäglichen Welt. Plötzlich passiert etwas, das sie aus ihrem Alltag reißt, der sogenannte Ruf zum Abenteuer. Natürlich weigert sie sich zunächst, das Schicksal, die Herausforderung zu akzeptieren. Doch ein Mentor, der sie durch die ganze Geschichte immer wieder unterstützt, redet ihr gut zu, gibt ihr »Waffen«, Hacks, Tricks, neue Fähigkeiten oder einen guten Rat mit auf den Weg. Die Protagonistin, die noch keine Heldin ist, macht sich also auf den Weg, betritt eine neue Welt. Dort ist alles anders, sie findet neue Freunde, aber auch Feinde, mit denen sie Prüfungen besteht, bis sie in der tiefsten Krise ihre schwerste Prüfung absolviert. Als Belohnung bekommt sie einen Schatz oder ein Elixier. Sie tritt damit die Rückreise an, kehrt zum Ausgangspunkt zurück. Auf ihrer Reise hat sie sich verändert, ist gestärkter, eine Heldin geworden und lässt die Welt an ihrem Schatz und ihrer Transformation teilhaben.

Klingt abstrakt? Dann stellen Sie sich die Reise eines Vaters vor, der erstmals den Familienurlaub auf Airbnb buchen soll. So viel sei schon vorab verraten: Das Reiseportal hilft ihm durch verschiedenste Arten und Formate von Content, den es an jeder einzelnen Station auf seiner »Buchungs-Odyssee« platziert, zum »Helden« zu werden.

Beispiel: Content-Konzeption entlang der Heldenreise mit Airbnb

Airbnb, die alternative Onlinereiseplattform, vermittelt private Unterkünfte als Alternative zum klassischen Hotelzimmer an eher junge, abenteuerlustige Urlauber. Das Versprechen dahinter: In einem Haus oder Apartment die Welt vor Ort wie ein Einheimischer statt als Tourist zu erleben. Für viele Menschen ist das noch immer eine völlig neue, unvorstellbare Art zu reisen – und zu buchen. UX-Experte Enes Ünal hat sich die Customer Decision Journey eines Airbnb-Erstbuchers[8] einmal genauer angeschaut. Dabei stellte er fest, dass das Reiseportal die gesamte Planungs-, Vorbereitungs- und Buchungs- sowie die Reise selbst und sogar die Rückkehr empathisch antizipiert und dicht mit Content bestückt hat.

---

8   Frank Puscher, Die Heldenreise, ein archetypischer Spannungsbogen. Bei Airbnb findet man das Konzept klug umgesetzt. In: Absatzwirtschaft, 18.02.2017: *https://www.absatzwirtschaft.de/ die-heldenreise-ein-archetypischer-spannungsbogen-bei-airbnb-findet-man-das-konzept-klug- umgesetzt-2-99775/*

Seit seinen Untersuchungen hat Airbnb diesen Content entlang der Journey noch weiter ausgebaut. Diese Inhalte kommen engmaschig miteinander verknüpft daher, mal rational, mal höchst emotional – je nach Gemütszustand und Informationsbedürfnis des Buchenden. Das Portal verknüpft dadurch geschickt die Inhalte von Produkt- und Content Marketing miteinander – zum Stoff einer besonderen und ausgetüftelten Heldenreise:

- **Gewohnte Welt**: Wie wäre es mit Urlaub? Vater Andreas, als Familienoberhaupt, denkt und ahnt nichts Schlimmes, als er wie gewöhnlich die Urlaubsreise für seine vierköpfige Familie im Reisebüro buchen möchte. Er blättert vergnügt in Katalogen und vergleicht Preise auf Hotelportalen in Netz.

- **Ruf des Abenteuers**: Da wird er von seiner 15-jährigen Tochter auf Airbnb hingewiesen: »Sollen wir nicht einmal ganz anders Urlaub machen? Wie die Eltern meiner Freunde? Schau, ich habe sogar einen Gutschein von denen bekommen.« Der Vater schaut sich die Airbnb-Website an. Er entdeckt eine bunte Welt, einen regelrechten Dschungel voller Abenteuer – und seine Maus scrollt. Einzigartige Unterkünfte, Exkursionen … überwältigend. Eine neue Welt.

Abbildung 9.4 Content für Beziehungsaufbau und Produktkauf greifen auf der Heldenreise des Airbnb-Buchers perfekt ineinander.[9]

- **Weigerung**: »Das ist mir jetzt aber sehr fremd und ein bisschen tricky. Unsere Pauschalreise hat doch bisher immer ganz gut geklappt. Wenn das hier schiefgeht, muss ich mir das Gejammer anhören!« Daher fragt sich unser Familienvater: »Warum sollte ich auf das Reisebüro verzichten?«

- **Begegnung mit dem Mentor**: »Weil die Begegnung mit Menschen vor Ort dich reicher macht,« lautet die Antwort der Website mit ihrem überwältigend bunten Storytelling. Ein konkreter Vorschlag folgt zugleich: Es gibt Onlineführungen, live präsen-

---

9 Eigene Darstellung nach Matthew Winkler, »Was zeichnet einen Helden aus?«: *https://www.youtube.com/watch?v=Hhk4N9A0oCA*, Bilder/Screenshots: airbnb.com

tiert von Reisementoren aus der ganzen Welt. Die Botschaft: »Schau mal, wie es ist, die Menschen vor Ort kennenzulernen. Sieh, was du verpasst, du Abenteurer! Nimm doch erst einmal einfach online von zu Hause aus an einer unserer interaktiven Entdeckungen teil.« Und noch weitere Mentoren treten auf: Die Airbnb-Reisenden, die mit ihren Rezensionen ermutigende Reiseberichte hinterlassen haben – sehr gut platzierter Consumer-generated Content. Die Erkenntnis unseres Vaters: »Ich bin dann ja wohl nicht der erste, wird schon schiefgehen.« Sein Abenteurergeist ist geweckt.

- **Übertreten der ersten Schwelle**: Andreas stöbert in den vielen Bildern der angebotenen Unterkünfte. Sie sind das wichtigste Content-Element in diesem Schritt. Die Vielfalt an Angeboten macht ihm klar: »Da gibt es vielleicht doch auch für uns was Passendes.«

- **Prüfungen und Feinde**: »Kann ich dem Dienst vertrauen? Soll ich mich anmelden? Kann ich den Vermietern trauen?« An dieser Stelle der Journey macht sich schnell Überforderung bei unserem Erstbucher breit. Es gibt zu viele Alternativen. Grundsätzliche Fragen wie die nach ausreichender Sauberkeit stellen sich bei jedem Klick. Hilfetools wie Filter und Karten helfen unserem Familienvater aber, nach Vorlieben zu sortieren. Dazu gibt's ein eher emotionales Content-Angebot: Der Vermieter der Wohnung stellt sich vor. Mit seinen Vorlieben und Hobbys, seinem Leben, seiner Motivation. Also ein Mensch wie du und ich: »Sympathischer Mensch. Passt!«

- **Die tiefste Höhle**: Die Motivation, zu buchen, aber auch Ängste unseres Vaters sind auf dem Höhepunkt, als es ans Buchen geht: »Wenn ich das jetzt buche und das geht schief …?!« Viele und authentische Bilder der konkret ins Auge gefassten Unterkunft helfen dem jetzt wild umherklickenden Andreas, seine Emotionen wieder in den Griff zu bekommen: »Ach. Sieht doch wirklich alles ganz gut aus.«

- **Die entscheidende Prüfung**: Soll ich jetzt buchen – verbindlich? Der rote »Reservieren«-Button wirkt bedrohlich. Trust-Content wie der Hinweis auf »Rücktrittsrechte« oder »Dir wird noch nichts berechnet« beruhigen. Was aber nach dem Klick passieren kann: Die Unterkunft antwortet auf die Reservierungsanfrage mit einer Absage. Panik und Frust machen sich breit. War alles umsonst? In der Absagenachricht liefert der Airbnb-Algorithmus aber gleich die entsprechenden Alternativen mit. »Uff! Na gut. Das sieht auch gut aus.«

- **Die Belohnung**: Es ist vollbracht. Andreas hat gebucht, aber bohrende Fragen stellen sich sofort ein: »Habe ich das jetzt richtig gemacht? Habe ich jetzt die richtige Wohnung gewählt? Die anderen waren auch nicht schlecht, vielleicht wäre die eine andere da besser gewesen? Haben die privaten Gastgeber die Nachricht von meiner Buchung überhaupt bekommen?« Eine persönliche Nachricht der Vermieter hilft gegen diesen Regret-Effekt: »Lieber Andreas, wir sind da und freuen uns auf dich, Gaby und Thomas.« Eine etwas später noch folgende E-Mail mit dem Reiseplan versichert nochmals: »Pack die Sachen, die Buchung steht!«

- **Die Rückkehr**: Die Reise ist getan. Sogar die Rezension hat Andreas geschrieben. »War schön bei Euch«. Nun wird aber auch Andreas als neuer Held der Community selbst von seinen Vermietern bewertet. Es ist ein Ausdruck und die Bestätigung seiner Verwandlung. Eine Art Ritterschlag für unseren Familienvater: »Du bist jetzt einer von uns!«

- **Das Elixier**: Airbnb gehört nun zur Marke des Vertrauens. Sie ist gesetzt. Diese Art zu reisen wird zur neuen Komfortzone des Familienmenschen. In der Sprache des Marketings tritt Andreas jetzt in die Loyalitätsphase ein. Er teilt sein Wissen und seine Erfahrungen nicht nur in Form von überschwänglichen Ratings und Reviews auf der Plattform selbst, sondern er verteilt auch den Wertgutschein, den er bekommen hat, für Erstbuchungen seiner Freunde. »Schaut her, was ich gemacht habe! Solltet Ihr auch mal versuchen.«

Das Gute am Arbeiten mit der Heldenreise als Customer Journey: Sie ist intuitiv und bringt Sie dazu, Ihre Persona und ihre (emotionalen) Herausforderungen in den Fokus der Content-Produktion zu stellen, nicht Ihr Produkt. Das macht die Helden-Customer-Journey so faszinierend, modern und vor allem inspirierend. Sie werden überrascht sein, auf wie viele Ideen Sie für Ihre Content-Kreation kommen.

Eine der weiteren großen Chancen der Verwendung dieses Modells ist das enge Zusammenspiel von Content Marketing und Produktmarketing, also von Beziehungs-/Vertrauensstifter und überzeugendem Verkäufer. Obwohl die beiden Abteilungen organisatorisch voneinander getrennt sind und über ein erhebliches Ungleichgewicht in Sachen Produktionsbudget verfügen, zeigt sich, wie inspiriert, verzahnt und effizient sie zusammenarbeiten können.

9.7   Übung: So entwickeln Sie Content für die Heldenreise

Stellen Sie sich Ihre Persona als Protagonistin einer Heldenreise vor. Strukturieren Sie dazu eine Episode im Leben Ihrer erarbeiteten Persona in die verschiedenen Phasen. Beschreiben Sie die einzelnen Stationen als mögliche Kontaktpunkte auf der Basis dieses dramaturgischen Konzepts. Welche Inhalte können Sie der Persona dort »mit auf den Weg« geben, der sie voranbringt? Stellen Sie entlang der Journey folgende Fragen:

1. *Phase:* Ihre Persona ist noch ein ganz normaler Mensch. Keine Heldin. In welchem Alltag lebt sie? Wie sieht die Routine aus? In welchen Lebensbereichen, die mit Ihrer Kompetenz zu tun haben, könnten Sie helfen?

2. *Phase:* Worin besteht die aktuelle, vielleicht auch neue Herausforderung Ihrer Persona? Suchen Sie das Dilemma, in dem sie steckt, den Insight. Oder haben Sie eine Idee für ein Abenteuer, das Ihrer Persona Spaß (Fun), Erfüllung (Fulfillment), Ruhm (Fame) oder einen zeitlichen oder finanziellen Vorteil (Fortune) verschaffen könnte?

3. *Phase:* Die Persona zaudert, dem Ruf zu folgen. Warum könnte sie die Herausforderung scheuen oder gar verweigern, statt die Komfortzone zu verlassen?

Warum findet sie diese andererseits auch wieder gut? Mit welchen Inhalten können Sie sie animieren und triggern, den nächsten Schritt zu tun? Wie können Sie sie ermutigen, sich auf den Weg zu machen und ihre Komfortzone zu verlassen? Wann, in welchem Medium?

4. *Phase:* Der Auftritt des Mentors – das kann nun Ihre Rolle sein. Wo begegnen Sie sich? Wie geben Sie sich zu erkennen? Gibt es noch andere Mentoren mit Inhalten, also erfahrene Influencer, fachkundige Journalisten, Testimonials, Sicherheitsgarantien von Experten, deren Kompetenz oder Inhalte sie an dieser Stelle einsetzen, empfehlen oder kuratieren können?

5. *Phase:* Die Reise geht los: Abschied aus der Komfortzone. Ein höchst emotionaler Moment, nicht unbedingt der Moment für Zahlen oder Fakten. Was können Sie Ihrer Persona an Storys oder Visionen noch mit an die Hand geben? Was kann man alles erreichen?

6. *Phase:* Es wird ein Weg voller Unwägbarkeiten. Welchen Feinden und Freunden wird Ihre Persona begegnen? Welchen Versuchungen könnte sie unterlegen? Welche Probleme und Barrieren stellen sich in den Weg? Seien Sie zur Stelle. Können Sie helfen, Freund und Feind auseinanderzuhalten? Wer rät weiterzumachen? Wer will sie abhalten? Der Wettbewerb? Ein schlechter Expertenrat? Wie helfen Sie ihr, den Fokus zu behalten? Sind Sie oder jemand, den Sie empfehlen, einer dieser Freunde?

7. *Phase:* Ihre Persona steht vor ihrer größten Prüfung, in der Höhle. Welche Prüfungen stehen bevor? Wie können Sie sie »aufmunitionieren«? Versuchen Sie, zu antizipieren, mit welchen Inhalten Sie ihr jetzt helfen können und auf welchem Medium.

8. *Phase:* Was ist die schwierigste Schlacht, die ihre Persona schlagen muss? Denken Sie sich in die Persona hinein. Woran droht sie möglicherweise zu scheitern? Geht es um ein Projekt, vielleicht den inneren Schweinehund? Wagt sie den Sprung ins kalte Wasser nicht? Geht es dagegen ums Produkt? Kommen ihr kurz vor der Unterschrift Zweifel? Gibt es Tipps? Tools? Ermutigende und authentische Storys anderer, die Sie kennen, die schon gescheitert sind und daraus gelernt haben? Geben Sie Schritt-für-Schritt-Anleitungen, die helfen, gestellte Fallen zu umlaufen oder klassische Fehler zu vermeiden.

9. *Phase:* Wie können Sie die Persona belohnen, wenn die »Schlacht« geschlagen ist? Eine bestätigende E-Mail nach dem Motto: »Willkommen im Club?« Eine Urkunde oder ein Titel, die die bestandene Prüfung dokumentieren oder den Besitzer auszeichnen, können stolz machen, ebenso ein Rezept, das den gelungenen Weg verschriftlicht und das immer wieder herausgezogen werden kann.

10. *Phase:* Was passiert auf dem Weg zurück? Kommen die alten Ängste nochmals zurück? Wird Ihre Persona gar übermütig? Oder schlägt das »Monster«, auch das innere, noch ein letztes Mal zu? Wird sie rückfällig? Ein bestätigendes Kompliment, das Richtige getan zu haben, tut im Moment des aufkommenden Zweifels gut! Fragen Sie nach Erfahrungen. Reden Sie miteinander!

11. *Phase:* Ihre Persona ist nun gefühlt ein Held, mit neuem Wissen und Erfahrungen, die sie – mit Ihnen, dem Mentor, und mit Freunden oder Kollegen – in der alten Welt teilen könnte. Wie können Sie sie ermutigen, das zu tun? Über einen Bonus, den Sie teilen kann? Die Chance, als Experte auf Ihrer Markenplattform über die Reise zu berichten oder sich als Markenbotschafter oder als Experte zu profilieren?

12. *Phase:* Ihre Persona ist ein neuer Mensch – und wieder am Ausgangspunkt angekommen. Ihre Erfahrungen haben sie gestärkt, die nächste Herausforderung wird keine mehr sein. Und das Wichtigste: Die Entscheidung für Ihre Marke ist gefallen. Die Beziehung steht.

Die Kunst der Content-Kreation besteht also darin, die einzelnen Stationen der real stattfindenden Story und die Herausforderungen Ihrer Persona zu antizipieren: Die richtigen Inhalte zum richtigen Zeitpunkt. Dabei geht es nicht nur um die Inhalte an sich. Sondern Sie sollten dann auch überlegen, welches Format in der jeweiligen Situation richtig ist: Nicht immer ist Zeit für langes Storytelling, manchmal reicht auch ein kleiner Hinweis. Und auf welchem Kanal, in welchem Medium? Na, wenn die Persona unterwegs ist, passend und lesbar aufs Smartphone. Und wenn sie offline in der Werkstatt tüftelt, tut's auch die Papierform.

Übrigens, haben die ersten Kunden diese Reise in der Realität durchlebt, sind das tolle Vorlagen für Ihr Storytelling. Ihr Unternehmen oder Ihre Marke tauchen in diesen Storys natürlich auch auf. Aber nicht etwa als Protagonist, wie man es normalerweise erwarten könnte, sondern als fürsorgender und Mut machender Befähiger und Mentor!

9.8   Predictive Content Marketing – das Zusammenspiel von Big Data und Kreativität entlang der Customer Journey

Egal, mit welchem Modell der Customer Journey Sie arbeiten möchten: Es sind Tools, die Ihnen helfen können, Ihre Content-Kreation zu strukturieren. So klar und eindeutig erkennbar, wie die Modelle es suggerieren, läuft es in der Realität natürlich nicht. Customer Journeys werden immer chaotischer, je mehr Kontaktpunkte und je digitaler unsere Welt wird. Es ist im Nachhinein auch nicht immer nachvollziehbar, welcher Touchpoint letztendlich der wirklich entscheidende war. Überhaupt scheint es eher das Zusammenspiel von Inhalten an mehreren Touchpoints zu sein, was Kunden wirklich überzeugt.

Je mehr Daten Sie entlang der Journey digital sammeln (dürfen), desto komplizierter wird natürlich auch deren Auswertung werden. An dieser Stelle springt *Predictive Content Marketing* ein. Worum geht es? Es geht um die Wunschvorstellung des Marketings, zu wissen, welcher Content wann und wo der richtige ist, bevor die oder der jeweilige Kunde/in das selber weiß. Dafür braucht es sogenannte *Advanced Analytics*[10]. Bei dieser Art der Datenanalyse steht nicht mehr die Analyse der Ist-Situation oder der Vergangenheit im Fokus, sondern die Prognose. Bekommen die KI-Systeme genug Kundendaten, können sie Verhalten antizipieren und damit entsprechend wertvolle Handlungsempfehlungen für personalisierte Inhalte abgeben: Welche Antworten auf welche Fragen, welche Empfehlung für noch unausgesprochene Anliegen oder Entscheidungen braucht der Kunde auf seiner ganz individuellen Reise wohl als Nächstes? Mit diesem Wissen können Content-Strategen jede Journey mit Inhalten zu einem einzigartigen Erlebnis gestalten, das Interessierte überzeugt zu Leads oder Einmalkäuferinnen zu loyalen Kunden machen kann.

Ein einfaches Beispiel[11]: Sie schreiben ein Blog? Dann könnten Sie Ihre komplette Website mit einem entsprechenden, nicht allzu komplexen Advanced-Analytics-Tool auf Thementiefe und -breite hin analysieren. Dann macht das Tool Ihnen passende Themenvorschläge für die nächsten Beiträge. Es bewertet dazu weitere Daten: zur Passung des jeweiligen Themas zu dem, was Sie bisher geschrieben haben, zur bestehenden Konkurrenz auf anderen Kanälen und Seiten und zum zu erwartenden Suchmaschinenvolumen. Es empfiehlt vielleicht auch, welche Arten von Content Sie erstellen sollten, z. B. Anleitungen, Multimedia etc., oder ob das Thema so wichtig ist, dass es in der Navigation Ihrer Website erscheinen sollte. Auf diese Weise lernen Sie durch die Daten nicht nur, welche Themen wann und wo für ihr Publikum besonders wertvoll sind. Sie können Ihre Arbeitskraft auch auf die Themen konzentrieren, die vermutlich wirklich interessieren.

Daten lassen sich also in interessante Vorschläge für Inhalte verwandeln. Aber das läuft leider nicht so automatisch und magisch, wie es sich anhört. Ist Ihr Blogbeitrag langweilig geschrieben, auch wenn Sie darin über ein relevantes Thema sprechen, »funktioniert« er eben nicht – da hilft dann auch die vorgeschlagene Multimediaunterstützung nichts. Für die Übersetzung der Erkenntnisse aus Data in bewegen-

---

10 Markus Siepermann, Advanced Analytics. In: Gabler Wirtschaftslexikon: *https://wirtschaftslexikon.gabler.de/definition/advanced-analytics-53185* [19.02.2021]

11 Jay Baer, How to Use Predictive Content Analytics: *https://www.convinceandconvert.com/content-marketing/how-to-use-predictive-content-analytics/* [19.02.2021]

den Content im Hinblick auf den Zeitpunkt der Erscheinung auf der Journey, sein Format und seine konkreten Inhalte braucht es Kreativität und entsprechend talentierte Köpfe:

> »Kreativität ist und bleibt wichtig in dieser neuen Welt. Wie überall hat Technologie die Art und Weise vorangetrieben, wie wir kreative Ideen entwickeln, umsetzen und verbessern, und natürlich auch, wie wir Verbindungen mit den Verbrauchern schaffen: emotionale Verbindungen, durch Kreativität, bestimmte Botschaften und Bilder und die Art, wie wir die Verbraucher ansprechen.«[12]

Unternehmen, die Data *und* Kreativität als ebenbürtige Partner in ihre Content-Arbeit integrieren, erreichen laut McKinsey eine doppelt so hohe Wachstumsrate wie ihre Mitbewerber. Es wird also immer mehr um das gekonnte Zusammenspiel von Kreativität und Data gehen. Aber nicht um den Ersatz des Ersteren durch das Zweite. Nicht zuletzt auch deshalb, weil Menschen eben am Ende doch keine Kaufroboter sind. Sie sind nicht perfekt, sondern emotional, daher eigentlich sogar unberechenbar. Lassen Sie sich von Daten inspirieren. Aber stellen Sie Menschlichkeit in den Kern Ihrer Arbeit. Machen Sie sich und Ihre Marke auf einzigartige Art und kreative Weise nützlich, seien Sie unterhaltsam oder überraschen Sie! Wie, das schauen wir uns nun im nächsten Kapitel an.

---

12 Jason Heller in: Unlocking growth with data-driven marketing and creativity (aus dem Englischen), McKinsey, Podcast 2019: *https://www.mckinsey.com/business-functions/marketing-and-sales/our-insights/data-driven-marketing* [19.02.2021]

Kapitel 10

Die Content-Marketing-Mission – das inspirierende Sprungbrett für die Content-Kreation

Wie findet man Ideen für Content, der Menschen bewegt, berührt oder ihnen einfach gute Laune bereitet? Hier kommt die Erfolgsformel. Die ist im Gegensatz zu langen Produkt-Briefings kurz und knackig, hat es aber ganz schön in sich.

Warum soll sich jemand Ihre Inhalte anschauen, durchlesen oder sogar teilen? Eine wichtige Frage, die es dazu zu beantworten gilt: Was soll der Content für die Menschen tun, für den Sie ihn produzieren? Wenn Sie sich bereits Gedanken über Ihre Zielgruppe und ganz konkret über Ihre Persona gemacht haben, dann wird Ihnen die Beantwortung dieser Frage nicht schwerfallen.

Allerdings ist es nicht ganz leicht, all die strategischen Erkenntnisse zu einem kreativen und inspirierenden Sprungbrett für die Content-Kreation zusammenzufassen. Sie als Redakteur Ihres Blogs, die Konzepterin Ihrer Website, der Producer Ihrer Filme: Alle kreativen Köpfe brauchen einen klaren Fokus, um konstant wertvolle Inhalte für Ihre Zielgruppe und Ihre Community zu erstellen.

Damit die inhaltlich arbeitenden Köpfe in Ihrem Team alle in dieselbe Richtung denken, die strategische Stoßrichtung des kreativen Outputs mit der Zeit nicht verwässert oder die Produktivkräfte sich mit anderen Dingen wie endlosen Kanaldiskussionen beschäftigen, sollten Sie Ihre strategischen Vorüberlegungen pointiert und einfach zusammenfassen. Aber wie?

Glücklicherweise gibt es ein Tool, das hilft, die Antworten, die Sie auf all die wichtigen strategischen Fragen gefunden haben, knackig zusammenzufassen: die Content-Marketing-Mission.

10.1   Was ist eine Content-Marketing-Mission?

Die Content-Marketing-Mission, hier kurz auch englisch *Mission Statement* oder eben schlicht Content-Mission genannt, ist nichts anderes als ein sehr präzises und damit inspirierendes Briefing, ein Leitbild, nach dem alle Kreativen arbeiten können. Man könnte auch sagen, die Content-Marketing-Mission ist der konkrete inhaltlich formulierte Auftrag an Content Creators, Menschen einer ganz bestimmten Community (aka Ihre Persona) mit ganz spezifischen Bedürfnissen (Fun, Fortune, Fame, Fulfillment) und Motivationen (rund um ihre Emotionswelten) durch die Bereitstellung bedarfsorientierter Inhalte zu unterstützen.

Damit steht die Content-Marketing-Mission im klaren Gegensatz zum Produktmarketing-Briefing für Werbung, das als Auftrag formuliert ist, Inhalte zu produzieren, die Produkte oder Dienstleistungen aufmerksamkeitsstark inszenieren und verkaufen.

Diese Mission macht die Bedürfnisse und sogar die Schmerzpunkte Ihrer Persona zum Ausgangspunkt Ihrer Content-Kreation. Sie inspiriert Kreative, überraschende Storys, ungesehene Informationen und konkrete Hilfestellung zu produzieren, die Menschen motivieren, ihr Leben und Verhalten zu verändern – oder auch einfach eine Marke in ihr Leben zu lassen.

Eine gut formulierte Content-Marketing-Mission bringt all Ihre »Inhaltsressourcen« in die eine Spur: Wenn alle Mitglieder Ihres Redaktions-, Produktions- und Konzeptionsteams mit diesem Auftrag arbeiten, haben Sie die besten Chancen, Ihre definierten Ziele zu erreichen. Wie sieht ein solches Mission Statement nun aus?

10.2   Hilf ... dabei ... indem – eine kurze, aber inspirierende Formel für die Content-Kreation

Es gibt keine festgelegte Form, in der Sie Ihre Content-Marketing-Mission formulieren sollten. Allerdings gibt es feste Bestandteile, die ein aussagekräftiges Statement auf jeden Fall beinhalten sollte. Keine Sorge: Im Wesentlichen besteht es aus nur aus einer Frage mit drei wesentlichen Auftragselementen: Wer braucht was warum? Diese kennen Sie vielleicht aus dem Scrum-Universum.

An dieser Stelle möchten wir Ihnen aber eine abgewandelte Formulierungshilfe anbieten, die sich in der Praxis als inspirierendes Sprungbrett konkret für die Content-Kreation bewährt hat.

Auch dieser zu vervollständigende Satz, dargestellt in Abbildung 10.1, besteht aus nur drei Kernelementen: **Hilf** X **dabei**, Y zu tun/zu werden, **indem** du Z bereitstellst.

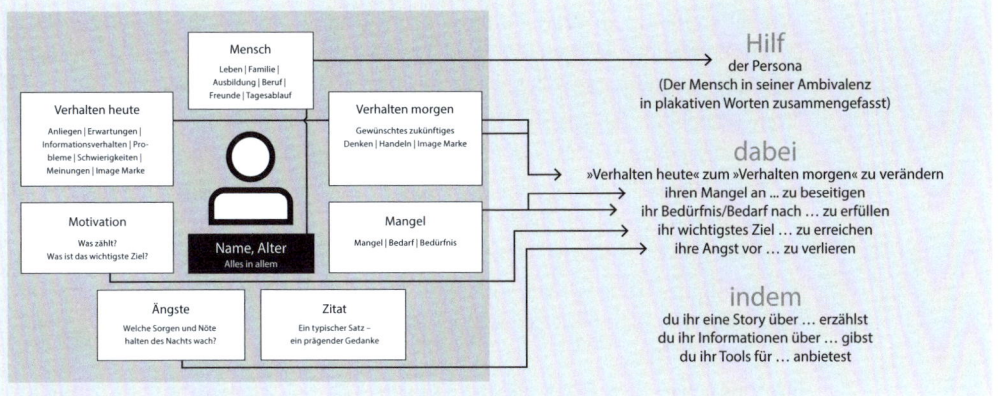

Abbildung 10.1 Hilf … dabei … indem – mit dieser Formel für eine Content-Marketing-Mission übertragen Sie das Wissen über Ihre Persona in einen prägnanten Arbeitsauftrag für Ihre Kreation.

Das Praktische daran: Wir haben diese Formel direkt auf das Content-Persona-Template abgestimmt, das Sie in Kapitel 7, »Mit der Persona zur besseren Zielgruppe – Communitys aufbauen und pflegen«, kennengelernt haben. Damit können Sie Ihr Mission Statement, wie in Abbildung 10.1 illustriert, aus verschiedenen erarbeiteten Erkenntnissen über Ihre Persona zusammenfügen.

Zusammengesetzt und vervollständigt formuliert der eine Satz dann den ganz konkreten Kreationsauftrag als eine Art Content-Framework, und genau darin liegt der Charme. Ist das Mission Statement klar formuliert, liegen die Vorgaben für die kreative Arbeit plötzlich auf dem Tisch: der Rahmen für die Entwicklung von konkreten Inhalten, der den unmittelbaren Insight, das Dilemma oder das Bedürfnis der konkreten Persona zusammenfasst und zugleich auflöst, wird so zum Framework für Themen und Storys, in das Sie hineinarbeiten können.

Erstellen Sie die Content-Marketing-Mission mithilfe der Formel Hilf … dabei … indem

- *Hilf …:* Hier setzen Sie den Namen der Persona inklusive ihres Dilemmas oder des entsprechenden Insights ein. Diesen Schritt haben Sie schon erledigt: Auf Ihrem Persona-Arbeitsblatt sollte diese Kurzbeschreibung bereits unter »Alles in allem« stehen. Sie beschreibt die Ambivalenz der Persona, die Wissenslücke oder das Hindernis, mit dem sie sich konfrontiert sieht, kurz und knackig. Diesen Teil der Formel füllen Sie also nur einmal aus, während die nächsten beiden Schritte durchaus mehrere erste Ergebnisse zutage fördern können.

- *dabei …:* An dieser Stelle des Satzes setzen Sie die Erkenntnisse, Variablen und Beschreibungen ein, mit denen Sie die Bedürfnisse und Hindernisse Ihrer Persona beschrieben haben und die sie durch den Genuss Ihrer Inhalte zukünftig endlich tun oder auch lassen bzw. überwinden kann, also z. B.:

- »Verhalten heute« zu »Verhalten morgen« zu ändern. Die Sätze vervollständigen Sie aus den beiden Feldern »Verhalten heute« und »Verhalten morgen«, bezogen auf Ihr Image, auf das tatsächlich alltägliche Leben, eine Überzeugung ...

- ihren Mangel an (konkretem Wissen/Erfahrung/Können, bestimmter Information/moralischer Unterstützung für ...) zu beseitigen oder zu überwinden

- ihr Bedürfnis nach (entgegengebrachter Anerkennung für etwas, entzogener Liebe, mehr Ruhe, kreativer Inspiration für ...) oder den daraus resultierenden konkreten Bedarf an (Unterstützung, Tools, Techniken ...) zu befriedigen

- ihr wichtigstes (Lebens-)Ziel (eine gute Mutter zu sein, eine erfolgreiche Unternehmerin oder eine herausragende Künstlerin zu werden, Grenzen zu verschieben) zu erreichen

- ihre Angst (vor dem Urteil anderer, zu versagen, ...), zu verlieren oder zu überwinden

Sicherlich werden Sie mehrere »dabei«-Ansätze finden, die Ihre Persona treffend beschreiben. Schreiben Sie sie alle auf. Und gewichten Sie sie am Ende: Lassen Sie dazu die Interviews und Ihre Untersuchungen nochmals Revue passieren. Und besprechen Sie das auch in Ihrem Team: Mit welcher Aussage beschreiben Sie Ihre Persona am treffendsten? Was ist deren größter Druckpunkt? Können Sie diesen mit Ihrer Kompetenz glaubhaft bedienen? Sie werden in diesem Schritt vielleicht auch schon spüren, bei welchem Ansatz Ihr Herz schlägt! Womit würden Sie am liebsten gleich loslegen und helfen? Die Entscheidung ist wichtig, um pointiert in den nächsten kreativen Schritt einzusteigen: Womit können Sie helfen?

- *indem ...:* Dieser Teil der Formel bedarf nun eines kreativen Transfers Ihrer bisherigen Ergebnisse – in ein inhaltliches Sprungbrett für Ihre Content-Kreation. Diesen Teilsatz zu formulieren, ist zugleich die große kreative Herausforderung. Denn der Satz gibt den ganz konkreten inhaltlichen Rahmen für die Erstellung der Inhalte und ihrer Aufarbeitung vor, innerhalb dessen sich Ihr zukünftiger Content, also Ihre Storys, die Informationen oder Tools, bewegen sollte, der die Inhalte, mit denen Sie Ihr Publikum immer wieder erreichen und mit denen Sie das Herz und den Verstand der Menschen Schritt für Schritt erobern möchten, zusammenfassend beschreibt. Dafür ist es in der Tat wichtig, sich auf ein »indem« zu einigen und darauf die Arbeit zu konzentrieren. Haben Sie mehrere »indem«-Ansätze gefunden, machen Sie für jeden eine separate Runde. Schauen Sie, wo die Ideen sprudeln, was Sie am meisten überzeugt.

Am Ende heißt es dann, sich auf eine stringente Content-Marketing-Mission zu einigen, mit einem treffenden »dabei«-Anliegen und dem entsprechend darauf aufbauenden »indem«. So fokussiert werden Sie es schaffen, mit allen Gewerken und in auf allen Kanälen, die Sie bespielen möchten, inhaltlich in eine Richtung zu arbeiten. Aber werfen Sie Ihre zur Seite gelegten alternativen Ergebnisse nicht weg. Es ist durchaus möglich, dass Sie auf den ein oder anderen Ansatz noch einmal zurückgreifen werden. Sei es, weil Sie lernen, dass der ausgewählte Fokus nicht die gewünschten Ergebnisse bringt oder dass im Laufe der Zeit andere »Bedürfnisse« an Wichtigkeit gewinnen.

Hier ein paar Beispiele, die ähnlich aus verschiedenen Anwendungsfällen der Praxis stammen:

Beispiel 1 (als Ergebnis der Persona aus Abschnitt 7.3, »Formulieren Sie eine inspirierende Persona«):

- **Hilf** Sophie, 31, der werdenden Working Mom, die daran zweifelt, ob sie sich trotz Kind beruflich weiterentwickeln kann

- **dabei,** sich von der erdrückenden Bürde, sich zwischen Kind und Job entscheiden zu müssen, zu befreien,

- **indem** du ihr ermutigende und damit entlastende Geschichten von Working Moms erzählst, die einfach weitermachen und damit zeigen, dass es okay ist, wenn man beide Rollen annimmt oder eben auch nicht, sie teilweise ausübt, nacheinander ausübt, gar nicht ausübt, unterschiedlich gewichtet oder voneinander trennt.[1]

Beispiel 2:

- **Hilf** Chris, 46, dem unter Bedeutungs- und Auflagenverlust leidenden gestressten Lokalredakteur

- **dabei,** sein Blatt mit spannenden und lokalen Storys zu füllen,

- **indem** du ihm exklusive und aktuelle Interviews mit den Experten deines lokal verwurzelten Unternehmens zu aktuellen Ereignissen und Sachthemen in der Region anbietest.

Beispiel 3 (in Anlehnung an das Beispiel aus Abschnitt 8.3, »Warum ein guter Insight Ihre Content-Kreation erfolgreicher macht«):

- **Hilf** André, 46, dem mit seinen aktuellen Aufgaben völlig unterforderten und nicht als Zukunftsexperte wahrgenommenen ITler mit verhinderter Karriereambition

- **dabei,** sein Bedürfnis nach mehr Wertschätzung und dem Einsatz als digitaler Zukunftsgestalter des Unternehmens zu befriedigen,

- **indem** du ihm exklusives Expertenwissen über die allerneuesten technischen Weiterentwicklungen in der Digitalisierung der Finanzbranche lieferst, mit denen er sich im Unternehmen einbringen und profilieren kann.

Wohlgemerkt: Die Content-Marketing-Mission ist noch nicht die eigenliche Idee, sondern das Briefing für die sich nun anschließende Arbeit, die Ihre Erkenntnisse »zum Fliegen« bringen: kreativ, originell, ungesehen, mit besonderen Protagonis-

---

1 Merle Emre, Wie bleibe ich als (werdende) Mutter auf dem Karrierepfad?
   her CAREER: *https://www.her-career.com/als-mutter-auf-dem-karrierepfad*

ten, auf den richtigen Kanälen, in ungesehenen Formaten. Genau darum geht es im zweiten Teil dieses Buches.

10.3   Der Ideen-Hackathon

Wenn Ihnen das Formulieren eines solchen eher umfassenden Frameworks für Ihre Content-Marketing-Mission nicht gleich leicht von der Hand geht, bleiben Sie zuversichtlich. Dieser Schritt ist anspruchsvoll und nicht leicht. Alternativ starten Sie mit einer einfachen Idee für ein einziges Content-Stück. Eine solche können Sie mit einem Ideen-Hackathon im Team entwickeln.

Dabei nutzen Sie die Formel Hilf … dabei … indem in einem ersten Schritt als Ideengenerator, beispielsweise für eine erste spannende Story oder ein einzelnes Tool, etwas, das sie 1 : 1 umsetzen können.

Das »Indem« zum obigen Beispiel 1 ist etwa ein Kundenmagazinbeitrag mit der Heldenreise von Amy, der sich selbst aufopfernden Mutter. Sie bedient halbtags im Restaurant, um ihr chronisch krankes Kind daheim medizinisch versorgen lassen zu können. (Ja, okay, dieser Plot ist aus Hollywood, aber Sie verstehen sicherlich die Absicht.)

Eine solche Idee wird Sie zunächst nicht so weit tragen wie ein übergreifendes Story- oder Content-Framework, auf dessen Basis Sie viele solcher Ideen entwickeln können. Es kann aber eine gelungene Pilotstory werden, die Sie bei Applaus der Community zuerst einmal als Bestätigung des Content-Ansatzes in Ihrem Unternehmen »feiern«. Dann können Sie sie durch die Variation des Themas erweitern, weitere Storys addieren, Ihre Arbeit Stück für Stück zu einem Content- oder Story-Framework ausbauen.

Tipps für die Durchführung eines Ideen-Hackathons

Nutzen Sie die Formel Hilf … dabei … indem für einen Ideen-Hackathon mit sich selbst oder besser noch im Team. Was ist ein Hackathon? Ein Hackathon funktioniert ähnlich wie ein Brainstorming: schnell und pragmatisch. Es geht darum, mit der Content-Marketing-Mission in kurzer Zeit möglichst viele Ideen zu generieren.

1. Geben Sie das in Abbildung 10.2 abgebildete Arbeitsblatt allen Kreativ- und Konzeptionskräften am Tisch in die Hand. Geben Sie den »Hilf«- und wenn möglich den »dabei«-Teil vor: Entscheiden Sie, die Auflösung welcher Pain Points das größte Content-Potenzial hat, mit dem Sie Ihre Zielgruppe beeindrucken können? Ist es die Angst vor etwas (z. B. »vor dem Karriereknick«) oder doch ein konkreter Mangel (z. B. »an Führungskompetenz«), ein bestimmter Bedarf oder ein konkreter Wunsch, sein heutiges Verhalten zu verändern (z. B. »ein besserer Vater zu werden«). Priorisieren Sie.

---

2. Im nächsten Schritt formieren Sie kleine Arbeitsgruppen, die das »Indem« als Ideensammlung gemeinsam entwickeln.

3. Lassen Sie die Teams Ihre besten Ideen präsentieren.

4. Dann bewerten Sie als Team: Haben Sie Ideen für Inhalte, die Ihre Zielgruppe begeistern können? Welche sind besonders stark?

5. Sortieren Sie die Auswahl übergreifend: Haben Sie Ideen, die sich zu einem übergreifenden »Indem« zusammenfassen lassen? Sortieren Sie sie beispielsweise nach Story-Frameworks oder Toolbündeln. Wenn Sie verschiedene »Indem«-Einzelmeisterideen bündeln können, weil Sie ein gemeinsames Thema haben, kommen Sie Ihrem übergeordnet formulierten Auftrag und Framework wieder nahe, in das Sie weitere Ideen »hinein entwickeln« können.

6. Diskutieren Sie die Erkenntnisse. Wenn Sie hier einen vielversprechenden Ansatz entdecken, dann vertiefen Sie diesen im nächsten Iterationsschritt der Content-Konzeption mit genau diesem Punkt.

Ideen-Hackathon

Hilf ...	Dabei ...	Indem du ...
der Persona, in wenigen Worten	■ ihr »Verhalten heute« zum »Verhalten morgen« zu ändern ■ ihren Mangel an ... zu beseitigen oder zu überwinden ■ ihr Bedürfnis nach/ den konkreten Bedarf an ... zu befriedigen ■ ihr wichtigstes (Lebens-)Ziel ... zu erreichen ■ ihre Angst vor ... zu überwinden	■ ihr eine Story über ... erzählst ■ ihr Informationen über ... gibst/lieferst ■ ein Tool für ... entwickelst/anbietest

Abbildung 10.2 Hilf ... dabei ... indem – eine inspirierende Formel und ein Arbeitsblatt für den Ideen-Hackathon

Das folgende Beispiel zeigt, wie aus einer Mission ein Content-Framework für konkrete Ideen und Inhalte entsteht, von dem beide Seiten, Erzähler und Empfänger, gleichermaßen profitieren: an erster Stelle die potenzielle Bewerberin als Zielgruppe, die ihren Horizont durch die anschaulichen Beispiele erweitert – und dabei auch ihre Angst überwindet, die sie in ihrer Karriere blockiert. Und zweitens das Unternehmen als Storyteller, das seine Reputation verbessern kann und dabei seine besten Arbeiten zur Anschauung vorstellt.

Fallbeispiel: Eine Content-Marketing-Mission für das Rekrutieren von Talenten

Folgendes praktische Beispiel aus dem Bereich Employer-Branding illustriert die Ableitung einer möglichen Content-Marketing-Mission aus den verschiedenen Erkenntnissen, insbesondere dem Insight einer zuvor erarbeiteten Persona und deren Umsetzung in Content.

Die Personalabteilung eines großen Architekturbüros suchte qualifizierte Nachwuchsarchitekten. Die begehrte Persona, Denise Brauers, ist eine solche Jungarchitektin, die man umwerben muss. Denn sie hat bisher einen anderen Karriereweg eingeschlagen: Sie arbeitet in einem kleinen Familienbüro – und dafür hat sie so ihre Gründe.

Der Grund für ihre Entscheidung gegen ein großes Büro und für den Familienbetrieb: Während ihres Studiums hat sie ein Praktikum in einem großen Büro gemacht. Da kam ihr alles eher kühl vor. Und Fehler durfte man auch keine machen. Daher ihre Bedenken gegenüber einer Karriere in großen Unternehmen.

Was ihr in ihrer jetzigen Arbeit fehlt: Die großen, für sie derzeit unerreichbaren modernen Projekte an der Frankfurter Skyline faszinieren sie, da kommt sie aber nicht ran. Deshalb fährt sie dort sogar vor ihrer Arbeitszeit hin, um den Baufortschritt zu beobachten.

Was ihr helfen könnte, diese Karrierebremse eines Tages zu überspringen? Na, es wäre spannend zu sehen, wie ihre großen Vorbilder im besagten Büro tatsächlich arbeiten. Damit könnte sie ihre professionelle Neugier in Sachen Großprojekt befriedigen, sich für ihre jetzige Arbeit inspirieren lassen und gleichzeitig sehen, wie man mit den unvermeidlichen Fehlern dort professionell umgeht.

Die entsprechend aus der Persona Denise abgeleitete Mission wurde zu einem Auftrag für ein eindeutiges Storytelling-Framework:

- **Hilf** Denise, 24, der sicherheitsorientierten Jungarchitektin mit Angst vor Fehlern und einer dennoch unstillbaren Neugier auf unerreichbare und komplexe Highlight-Projekte,

- **dabei** zu verstehen, dass Stararchitekten auch nur Menschen sind, die bei großen Projekten nicht ausschließlich glänzen, sondern auch Fehler machen und gelernt haben, daran zu wachsen,

- **indem** wir ihr lehrreiche und zugleich »schwierige« Karrierewege anhand aktueller Prestigeprojekte der Protagonisten unseres Büros erzählen.

Mit diesem Briefing geht es dann in die Erstellung, sozusagen in die Feinkonzeption entsprechender Inhalte: Herauskommen könnte dabei z. B. eine Filmserie, in der ausgerechnet der sonst so unnahbare Gründer des Büros seine hochqualifizierten Mitarbeiter auf ihren heißbegehrten Projektbaustellen besucht. Dabei lassen sie in Gesprächen nicht nur ihre eigenen Karrieren Revue passieren, sondern sprechen auch über die Projekte selbst, ihre Anforderungen, die Fehler, die ihnen passieren und den professionellen Umgang damit. Es geht also um Storys über die eigenen Architekten, die faszinierende, für Denise (noch) unerreichbare Großprojekte betreuen, und zwar nicht nur mit ihren Höhen (wie oft üblich in Corporate Communications), sondern auch mit unerwarteten Herausforderungen, Fehlern und Tiefen, aus denen sie gelernt haben und vor allem aus denen sie lernen durften.

10.4   Grundsätzliche Tipps zum Umgang mit der Content-Marketing-Mission

Natürlich sollten sich Ihre Inhalte, egal ob nun Geschichten, Informationen oder Tools, von anderen Inhalten, insbesondere von denen Ihrer Wettbewerber, unterscheiden. Idealerweise bedienen Sie also mit Ihren Inhalten exklusive Insights und Bedürfnisse wie kein anderer. Schauen Sie sich also Ihren Wettbewerb an.

Aber achten Sie auch beim Formulieren Ihrer Mission darauf, dass diese die Tonalität und Sprache Ihrer Marke widerspiegelt. Spielen Sie mit der Sprache. Damit der Inhalt, der daraus entsteht, eine persönlich klingende und einzigartige Markenerfahrung für Ihre Persona wird. Sie dürfen also schon beim Formulieren der Mission durchaus emotional werden. Das wird auch Ihr Kreations- oder Redaktionsteam sehr schätzen.

Auch die existenzielle Frage nach dem Warum Ihrer Marke und Aktivitäten, die Sie in Kapitel 3, »Marken verstehen – und mit Content führen«, beantwortet haben, spielt in die Formulierung der Mission unmittelbar mit hinein. Also: Wofür stehen Sie bzw. Ihre Marke? Warum sind diese Themen, die Sie anbieten, auch für Sie so wichtig? Warum haben Sie die größere Leidenschaft, mehr Autorität oder den besseren Einblick in diesen thematischen Bereich als jeder andere Wettbewerber? Ihr Warum wird also maßgeblich mit darüber bestimmen, welche Inhalte Sie finden, welche Geschichten Sie entdecken und wie Sie diese erzählen. Und nicht zuletzt und in der Konsequenz wird Ihr Warum natürlich auch beeinflussen, wie Sie Ihr Publikum dazu bringen, sich damit auseinanderzusetzen.

Mit dem klar formulierten Auftrag für die Kreation können Sie übrigens auch oft spontan vorgebrachte Ideen anderer (gerne von einem Vorgesetzten oder einem Kollegen aus einer anderen Abteilung) bewerten: Erfüllen sie diesen Auftrag und passen sie zur Marke – oder aus diesem Grunde eben nicht? Damit argumentieren Sie Ihre Entscheidung für oder gegen Ideen transparent und strategisch nachvollziehbar.

Noch eine wichtige Differenzierung des Begriffs: Die Content-Marketing-Mission ist nicht gleichzusetzen mit der Unternehmensmission oder der Unternehmensvision. Letztere werden auf höchster Unternehmensebene und in der Regel nur einmal erstellt. Sie gelten sozusagen für alles, was im Unternehmen getan wird. Die Content-Marketing-Mission ist vielmehr das Briefing für die Content-Kreation. Sie funktioniert kampagnen- und sogar projektweise. Sie ist daher wesentlich dynamischer und keinesfalls für Epochen in Stein gemeißelt.

Mit diesem Auftrag gewappnet geht es nun in den zweiten Teil von Create Content!: Mit Kreativtechniken für die Entwicklung der einen besonderen Content-Idee, der fesselnden Story, der herausragenden Kampagne und deren Umsetzung.

Kapitel 11

Der kreative Prozess – der schnelle Weg zur zündenden Idee

»Nichts auf der Welt ist so mächtig wie eine Idee, deren Zeit gekommen ist.« – Victor Hugo, französischer Schriftsteller

Wir alle kennen folgende Situation: Wir müssen heute noch einen tollen Post, einen tollen Blogbeitrag, ein tolles Content-Piece konzipieren. Klar, mit einer tollen Idee. Und wir haben Zeitdruck. Das Team wartet oder die Vorgesetzten oder die Follower – oder die eigenen hohen Erwartungen an uns selbst. Und dann kommt die Angst, die Angst vor dem leeren Blatt, dem leeren Bildschirm. Weil? Ja, weil sie dort einfach nicht erscheinen will: die tolle Idee. So sehr wir uns auch anstrengen, es passiert nichts. Stattdessen stellen wir uns folgende Fragen:

- Wie komme ich unter Zeitdruck auf Ideen?
- Kann ich auf Knopfdruck kreativ sein?
- Was fällt mir ein, wenn mir einmal nichts einfällt?
- Wo finde ich Inspiration?
- Wie wird aus einem ersten Gedanken, einer ersten Idee, ein Content-Konzept oder eine Content-Kampagne?
- Wie kann ich mir meinen Spaß an der Ideenentwicklung in der täglichen Routine – dem täglichen Daily Business – erhalten?

Dieses Kapitel gibt Antworten auf diese Fragen und stellt Prozesse und Methoden vor, wie Sie Ideen entwickeln, qualitativ beurteilen und verbessern können. Es beweist, dass Ideenfindung außerhalb der gewohnten Komfortzone auch zu Konzepten außerhalb des Erwartbaren führt. Und es stellt Kreativitätstechniken vor, mit denen Sie kreative Ideen entwickeln, sogar wenn der Kopf mal leer ist.

11.1   Der Heureka-Moment

Haben Sie schon einmal den Begriff »Heureka!«[1] gehört? Das ist Griechisch und heißt auf Deutsch: »Ich hab's gefunden!« Überliefert ist dieser Ausruf von Archimedes, nachdem er das archimedische Prinzip entdeckt hatte. Seitdem steht der Ausruf für einen plötzlichen Einfall, dem allerdings eine sehr lange und intensive kreative Arbeit vorausging. Diesem Ausruf wurde eine eigene Wissenschaft gewidmet: die Heuristik.

Die Heuristik geht zunächst davon aus, dass man, je klarer ein Problem erkannt und beschrieben wird, desto näher an einer Lösung ist: einer Idee. Heuristik hat sehr viel mit Kreativität zu tun, denn es geht darum, mit »weichem«, begrenztem Wissen Probleme zu lösen. Und das wiederum hat viel mit Versuch und Irrtum, mit ausprobieren und experimentieren, mit werten und bewerten, mit ein- und aussortieren zu tun, kurz mit kontrolliertem Zufall. Denn nichts anderes ist kreative Arbeit.

Wenn Sie also in Zukunft einen plötzlichen Einfall haben, rufen Sie laut: »Heureka!« Notieren sich den Einfall auf einen Klebezettel, damit er nicht verloren geht, und feiern Sie diesen tollen Moment. Führen Sie diesen Ausruf auch in ihre Teammeetings ein. Sie werden sehen, wie viel Spaß jedes Teammitglied an diesem neuen Ritual hat.

11.2   Die drei Irrtümer über Kreativität

Um Kreativität ranken sich diverse Mythen, die sowohl den Prozess wie auch das Ergebnis, die Idee, verklären: als irgendwie göttliche Eingebung. Deshalb lohnt es, sich einmal mit den drei häufigsten Irrtümern rund um Kreativität und Ideenfindung zu beschäftigen. Und damit die Angst vor dem Kreativprozess zu verlieren. Denken Sie immer daran: Jeder Mensch ist kreativ. Auch Sie!

Irrtum 1: Kreativ ist man oder man ist es nicht

Falsch, denn Kreativität kann man lernen. Kreativität hat hier nicht etwas mit einer künstlerischen oder musischen Begabung zu tun. Es werden vielmehr die Um-die-Ecke-Denker mit besonderen Fähigkeiten gesucht:

- Sind Sie neugierig, kritisch und unkonventionell?
- Sind Sie fähig, Konflikte und Unsicherheitsgefühle zu ertragen?
- Haben Sie eine hohe Frustrationstoleranz?
- Ziehen Sie unkonventionelle Strukturen vor, die die Möglichkeit bieten, eine neue Ordnung zu gestalten?

---

1   Richard Jung, »Kommunikationsdesign« zum Selberlesen (PDF) – Lecture 8: Wie entstehen Ideen? ProfJungLectures. Krefeld: Hochschule Niederrhein 2018, Seite 3.

Haben Sie die ein oder andere Eigenschaft gerade bei sich selbst entdeckt? Glückwunsch, dann haben Sie gute Voraussetzungen, eine kreative Persönlichkeit, genauer ein Content Creator, zu werden.

Irrtum 2: Gute Ideen fallen vom Himmel

Leider nein! Es sei denn, uns trifft ein Geistesblitz, was eher selten vorkommt. In der Zwischenzeit geht es auf den mühsamen Weg der Ideensuche. Es gibt zwar weder eine Blaupause noch eine allgemeingültige Formel für die erfolgreiche Entwicklung neuartiger Ideen und kreativer Lösungen. Was es jedoch gibt, sind grundlegende Prinzipien und Techniken, die für den Prozess des kreativen Denkens bzw. der Ideenfindung sehr hilfreich sind.

Irrtum 3: Kreativität braucht Freiraum

Jein! Ja, weil neue Ideen einen Schutzraum brauchen. Diesen Schutzraum bieten Kreativitätstechniken. Sie bieten den strukturierten Freiraum innerhalb des anstrengenden Tagesgeschäfts. Hier darf das Team verrückte Gedanken formulieren, Fehler machen, spielen und experimentieren. Das wird sogar gefordert, also raus damit!

Nein, weil kreative Ideen oft aus einer Notsituation heraus entstehen oder aus einem Mangel: einem Mangel an Zeit – die berühmt-berüchtigte Deadline –, einem Mangel an Ressourcen – niemand aus dem Team hat Zeit – oder einem Mangel an Informationen – es gibt kein richtiges Briefing. Dieser Mangel hilft erstaunlicherweise, sich zu konzentrieren und anders zu denken. Wir kennen das vom Blick in den Kühlschrank: Je leerer er ist, desto bessere Gerichte denken wir uns spontan aus!

11.3   Wie entstehen Ideen?

Im Alltag erleichtern uns Routinen die tägliche Arbeit. Sie sparen uns oft Zeit, Geld und Energie. Für die Ideensuche sind Routinen jedoch alles andere als hilfreich. Auf der Suche nach der kreativen, neuen Idee geht es eher darum, die eigene Komfortzone zu verlassen, um eine neue Sicht auf die Dinge zu bekommen. Das Ziel ist, durch Experimentieren, Weiterdenken oder die Einnahme eines neuen Blickwinkels auf Lösungen zu kommen, die eben nicht naheliegend, sondern überraschend und neuartig sind. Eine zielgerichtete Ideenfindung besteht dabei aus einem Zusammenspiel zweier unterschiedlicher Denkstile: divergentes und konvergentes Denken. Entscheidend für Qualität und Erfolg der entwickelten Ideen ist die Kombination der beiden.

11.3.1   Divergentes und konvergentes Denken

Um überraschende, andersartige Ideen entwickeln zu können, ist es wichtig, gängige Pfade und Denkmuster zu verlassen. Für diese Art des Denkens prägte Joy Paul Guilford[2] den Begriff *divergentes Denken*. Divergentes Denken bedeutet, dass für die Ideenbildung in viele unterschiedliche Richtungen gedacht wird und alternative Lösungsansätze in Betracht gezogen werden. Es bedeutet, sich offen, unsystematisch und experimentierfreudig mit einem Thema oder Problem zu beschäftigen. So entstehen mannigfaltige Ideen, die zum Teil sehr weit vom ursprünglichen Briefing oder dem ursprünglichen Problem entfernt sind.

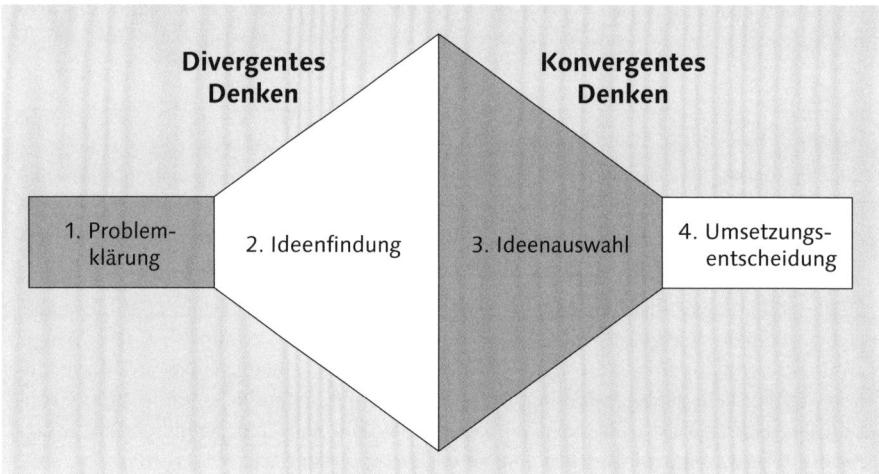

Abbildung 11.1 Divergentes und konvergentes Denken sind komplementär: sie ergänzen sich, können aber nicht gleichzeitig ausgeführt werden.

Um bei der möglichen Vielzahl an unterschiedlichen Ideen das eigentliche Ziel nicht aus den Augen zu verlieren, ist das konvergente Denken wichtig. Man darf das konvergente Denken als konventionelle Art des Problemlösens betrachten: logisch, planmäßig, rational und – in gewisser Weise – auch objektiv. Konvergentes Denken eignet sich somit für die Auswertung der entstandenen Ideen. Es ermöglicht die objektive Prüfung der Ideen sowie die Einschätzung von Machbarkeit und Umsetzung (siehe Abbildung 11.1).

Im kreativen Prozess spielen sowohl divergentes Denken als auch konvergentes Denken eine Rolle. Die unterschiedlichen Herangehensweisen führt Tabelle 11.1

---

2   Joy Paul Guilford war ein amerikanischer Psychologe und Intelligenzforscher und wurde am 07.03.1897 in Marquette, Nebraska geboren.

auf. Kreativitätstechniken versuchen, durch Berücksichtigung beider Denkstile neue, kreative, aber auch umsetzbare Ideen zu fördern.

Divergentes Denken	Konvergentes Denken
spielerisch assoziativ	logisch rational
in viele Richtungen, provokativ	in eine Richtung, selektiv
vom Thema abweichend, ungeregelt	beim Thema bleibend, definiert
heterogen, akzeptiert Widersprüche, sprunghaft	homogen und widerspruchsfrei
Erfindet neue Verfahren/Ideen.	bewährte Lösungsverfahren/Ideen
Kritische Einwände behindern divergentes Denken.	Kritische Einwände verbessern konvergentes Denken.
viele originelle Lösungen/Ideen	eine richtige Lösung/Idee

Tabelle 11.1 Gegenüberstellung des divergenten und konvergenten Denkens

In der Regel umfasst damit der Prozess der Ideengenerierung zwei Phasen: In der ersten Phase werden durch das divergente Denken alle Ideen und Annahmen ohne Bewertung gesammelt. In der zweiten Phase wird mithilfe des konvergenten Denkens jede dieser Ideen hinterfragt und geschaut, welche kreativen Lösungen und Wege sich dadurch ergeben.

Wundern Sie sich nicht, falls Ihnen im Alltag ein ähnliches Prinzip der Ideengenerierung begegnet. Denn eine sehr ähnliche Unterscheidung von kreativem und konventionellem Denkstil macht Edward de Bono, ein britischer Mediziner, Kognitionswissenschaftler und Schriftsteller. Er gilt als Urheber des Begriffs *laterales Denken*. Laterales Denken steht ebenso wie divergentes Denken für offenes, spielerisches Denken über ein Thema.

Das Gegenstück ist vertikales Denken, es lehnt sich stark am Begriff des konvergenten Denkens an. Da sich beide Begriffspaare von Joy Paul Guilford und Edward de Bono stark ähneln, werden sie häufig in der Fachliteratur gleichbedeutend verwendet.

So weit die Theorie. In der Praxis begegnet uns das Prinzip der Ideengenerierung unter der Dusche oder beim Spaziergang im Wald. Wir haben uns lange wilde Gedanken über ein Problem gemacht, haben viele Ideen in unserem Kopf gewälzt. Und plötzlich sortiert unser Kopf diese vielen Einfälle und entscheidet sich für die eine Idee, die wir für unsere Content-Kreation dann auch nutzen. Dieses Beispiel zeigt, wie wir intuitiv das Prinzip des divergenten und konvergenten Denkens in unserem alltäglichen Leben und unserer alltäglichen Arbeit nutzen.

11.3.2   Die Kreativitätsformel – kopieren, transformieren, kombinieren

In seiner Rede bei TED[3] erklärte der Autor Kirby Ferguson[4], dass Kreativität durch Kopieren, Transformieren und Kombinieren anderer Werke entsteht (siehe Abbildung 11.2). Von Bob Dylan bis Steve Jobs, all diese berühmten Schöpfer, Gestalter, Kreativen entleihen, »stehlen« und verwandeln Ideen anderer. Ferguson zitiert für diese These einen berühmten Kronzeugen, den Künstler Pablo Picasso, der für das Sprichwort bekannt ist:

»*Gute Künstler kopieren, große Künstler stehlen.*«

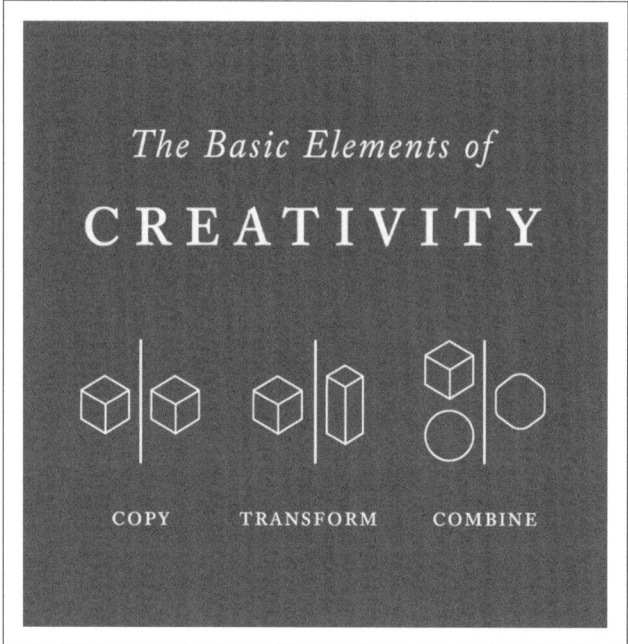

Abbildung 11.2 Die Kreativitätsformel von Kirby Ferguson: kopieren, transformieren, kombinieren

---

3   Kirby Ferguson, Embrace the remix. TED: *https://www.ted.com/talks/kirby_ferguson_embrace_ the_remix* [17.01.2021]

4   Kirby Ferguson ist ein kanadischer Filmemacher, Autor und Redner, dessen Arbeit sich mit kreativen Werken und Populärkultur beschäftigt; insbesondere mit der Remix-Kultur. Am bekanntesten ist er für seine Dokumentarserien »Everything is a Remix« und »This is Not a Conspiracy Theory«.

1. *Kopieren*

   Niemand startet sofort mit einer originellen Idee. Wir können nichts Neues schaffen, solange wir nicht über ein solides Fundament von Wissen und Verständnis in unserem (digitalen) Arbeitsgebiet verfügen. Durch Kopieren lernen wir.

2. *Transformieren*

   Nehmen Sie eine Idee und schaffen Sie Variationen. Große originelle Ideen beruhen in der Regel nicht auf einer speziellen Idee, sondern sind das Ergebnis eines Prozesses von vielen kleinen aufeinander aufbauenden Ideen, oft kreiert von vielen verschiedenen Individuen.

3. *Kombinieren*

   Die besten Ergebnisse entstehen, wenn Sie verschiedene Ideen miteinander kombinieren. Indem man Ideen miteinander verbindet, können große kreative Sprünge gemacht werden.

Die drei Schlüsselelemente der Kreativität – kopieren, transformieren und kombinieren – sind die Bausteine aller originellen Ideen. Oder anders gesagt: »Alles ist ein Remix.«

Ein Beispiel: Stellen Sie sich vor, Sie sind ein Hersteller von Anlagen und Maschinen für die Herstellung, Abfüllung und Verpackung von Getränken und flüssigen Nahrungsmitteln in PET- und Glasflaschen. Sie bewegen sich als Unternehmen im industriellen B2B-Segment (Business-to-Business) und haben erläuterungsbedürftige Produkte auf dem Markt. Und Sie haben sich die Aufgabe gestellt, kommunikativ erfolgreich aus der Masse der B2B-Unternehmen herauszustechen. Aber wie?

Durch Kopieren: Bei Ihrer Recherche haben Sie festgestellt, dass andere B2B-Unternehmen erfolgreiche Blogs betreiben. Warum also nicht selbst ein Blog starten und eines dieser Konzepte adaptieren?

Durch Transformieren: Das Autorenteam eines der gelungenen Blogkonzepte aus ihrer Recherche besteht aus Mitarbeiterinnen und Mitarbeitern des Unternehmens und berichtet in Blogbeiträgen über deren Produkte und Anwendungen. Warum nicht ein eigenes Autorenteam aus Ihrem eigenen Unternehmen zusammenstellen und ein Blog aus den Ideen des Autorenteams gestalten lassen?

Durch Kombinieren: Bei einer Befragung im Unternehmen haben Sie festgestellt, dass es einige Angestellte im Unternehmen gibt, die sich intensiv und mit großer Leidenschaft mit der Kunst des Bierbrauens beschäftigen, als Hobby gerne Bier brauen und sich mit Brauanlagen perfekt auskennen. Warum nicht ein Blog zum Thema Craft Beer erstellen und mit dem Know-how des Autorenteams zur Herstellung, Abfüllung und Verpackung rund um das Thema Bierbrauen füllen?

Sie werden sich jetzt sicherlich nicht wundern. Dieses Beispiel gibt es tatsächlich! Die Krones AG[5] betreibt ein eigenes Craft-Beer-Blog[6], das authentisch und sehr persönlich mit Geschichten rund um die Themenwelt Bier informiert und inspiriert, und zwar sehr erfolgreich.

Mehr Inspiration zu den Schlüsselelementen der Kreativität, dem Kopieren, Transformieren und Kombinieren, und als Tipp für ein Warm-up vor einem Ideen-Brainstorming: Schauen Sie sich selber oder zusammen mit Ihrem Team die Videoserie »Everything is a remix« von Kirby Ferguson an. Er zeigt in den Videoessays, dass sich einzelne Künstler – seien es Autoren, Regisseure, Musiker oder Filmemacher wie Quentin Tarantino – schon immer etwas Altes ausgeliehen haben, um damit etwas Neues zu schaffen. Es macht Spaß, sich im Team anschließend über Themen wie Kreativität, Originalität und sogar das Urheberrecht auszutauschen. Das gibt einen entspannten Einstieg in eine Brainstorming-Session ganz nach dem Motto: »Was Tarantino kann, können wir schon lange!« Zu finden unter: *www.everythingisaremix.info*.

11.3.3   Der kreative Prozess

Konstant gute, oder sogar sehr gute Ideen zu entwickeln ist eine echte Herausforderung. Oft hat es den Anschein, als seien viele kreative Ideen bereits in Verwendung und wenig »Neues« greifbar. In solchen Situationen hilft Ihnen die *Ideation* dabei, kreative und neuartige Ideen zu entwickeln und umzusetzen. Ideation ist der kreative Prozess der Generierung, Entwicklung und Kommunikation neuer Ideen, wobei eine Idee als ein grundlegendes Element des Denkens verstanden wird, das entweder visuell, konkret oder abstrakt sein kann.

Definition Ideation

Der Prozess der Ideenbildung und -findung wird Ideation genannt. Der Begriff setzt sich aus den Wörtern *idea* (Idee) und *generation* (Erzeugung) zusammen. Eine Ideation kann sowohl ein formloser, ganz natürlicher Vorgang sein als auch eine systematische, konzeptionelle Herangehensweise auf Basis spezieller Kreativitätstechniken.

Obwohl es ja eigentlich um neue, kreative und extraordinäre Ideen geht, laufen Kreativprozesse doch meist nach demselben Schema ab – jedenfalls, wenn sie geplant sind und Sie der Geistesblitz nicht zufällig vorher trifft. Gehen Sie Step by Step

---

5   Die Krones AG ist ein deutscher börsennotierter Hersteller von Anlagen und Maschinen für die Herstellung, Abfüllung und Verpackung von Getränken und flüssigen Nahrungsmitteln in PET- und Glasflaschen sowie Getränkedosen mit Sitz in Neutraubling: *www.krones.com* [27.07.2020]

6   Das Craft-Beer-Blog der Krones AG: *https://blog.krones.com/craftbeer/de/* [24.01.2021]

den kreativen Prozess durch (siehe Tabelle 11.2), und Sie werden sehen, wie systematisch tolle Ideen in Ihrem Team aufkommen.

Der kreative Prozess	Zielführende Fragen
Briefing, Zieldefinition	Was ist die Ausgangslage? Was ist das Problem? Wo wollen wir hin? Welches Problem soll die Content-Idee lösen?
Ideenfindung	Der kreative Sprung: Was sind die Ideen?
Ideenbewertung	Welche Content-Ideen sind realistisch? Welche Ideen passen optimal?
Ausarbeitung und Umsetzung	Wie wird die Idee umgesetzt? In welchem Medium? Auf welchem Kanal? Und wann ist die Idee genau sichtbar?

Tabelle 11.2 Der kreative Prozess zur zündenden Idee

Wie erfolgt der Durchbruch zu neuen Ideen? Innerhalb der Phase der Ideation kann es Umstände geben, die uns von der Entwicklung tragfähiger Ideen abhalten. Das sind jene Momente, in denen anscheinend keine gute Idee entstehen mag. Die Blockaden, die uns von der Ideenbildung abhalten, können unterschiedlicher Natur sein. Es gibt aber Prinzipien und Maßnahmen, die das Entwickeln neuer Ideen ankurbeln:

- Durchbrechen Sie die (tägliche) Denkroutine.
- Haben Sie Mut zu experimentieren.
- Seien Sie neugierig.
- Denken Sie quer und verlassen Sie bestehende Denkpfade.
- Hinterfragen Sie alles, auch die gestellte Aufgabe.
- Legen Sie Pausen im Kreativprozess ein.

Diese Maßnahmen können dem Team dabei helfen, Dinge anders zu sehen, Grundlegendes zu hinterfragen und wichtige Details für die Entwicklung neuer Ideen herauszuarbeiten. Denn es gibt heute immer mehr Content, mehr Informationen und mehr Botschaften als je zuvor, aber nur ein kleiner Teil davon ist wirklich anders und originell.

11.3.4   Briefing

Ein guter Start, um großartige Ideen zu schaffen, ist ein inspirierendes kreatives Briefing. Warum? Weil das Briefing hilft, die richtigen Fragen für den Ideenfindungsprozess zu stellen. Allein die sieben W-Fragen (Wer? Warum? Was? Wo? Wie? Wann? Wozu?) können komplexe Zusammenhänge und Problemstellungen schnell auf das Wesentliche reduzieren und für Klarheit im Kreativ- und Content-Team sorgen. Nutzen Sie die W-Fragen! Denn wenn jeder im Team weiß, mit wem Ihre Marke spricht und worüber die Menschen etwas hören oder sehen wollen, werden Sie mehr Fokus und Kreativität auf relevante, ansprechende, aufregende, effektive und aktivierende Ideen richten.

Drei Tipps für ein gutes Briefing

1. *Fassen Sie sich kurz*: Fassen Sie die wichtigsten Informationen prägnant und klar zusammen. Setzen Sie dabei aber keine Vorkenntnisse voraus. Das Team kann und darf für die Ideengenerierung sehr heterogen zusammengesetzt sein, z. B. aus Angestellten verschiedener Abteilungen und Fachbereiche. Fügen Sie dem Briefing deshalb so viele nützliche Hintergrundinformationen wie möglich bei, damit alle im Team beim Start des Kreativprozesses auf dem gleichen Stand sind.

2. *Setzen Sie empathische Ziele*: Was sollen die Menschen tun, die die neuen Content-Inhalte nutzen? Wie möchten Sie, dass sie reagieren? Wie möchten Sie, dass sie sich fühlen? Setzen Sie emotionale Ziele, wie Sie die Menschen begeistern möchten. Das hilft dem Team, sich in die Gefühle der Zielgruppe einzufühlen.

3. *Bitten Sie um Hilfe*: Beziehen Sie Ihr internes Content-Team und die Mitarbeiter aus den verschiedenen Abteilungen und Fachbereichen, die bei dem Prozess der Ideengenerierung involviert sind, in die Entwicklung und Erstellung des Briefings ein. Vorteil: Sie bekommen interessanten Input und hilfreiche Anregungen für die Aufgabe. Und alle Beteiligten fühlen sich von Anfang an in dem Kreativprozess willkommen.

Verwenden Sie die Briefing-Vorlage[7] (siehe Tabelle 11.3) als Leitfaden und Checkliste für ihr kreatives Briefing. Es müssen nicht alle Fragen für das Briefing beantwortet werden. Nehmen Sie die Fragen, die ihrem Team helfen werden, die Aufgabe klar zu verstehen und ein gutes Sprungbrett für die Ideenfindung sind.

Das Ideen-Briefing	Ihre Antworten
Was ist der Sinn und Zweck unserer Kommunikation – unseres Contents? (Welches Problem soll durch unsere Kommunikation gelöst werden? Welches Ziel?)	
Mit wem sprechen wir? (Wer ist die Zielgruppe? Haben wir Personas, mit denen wir arbeiten können?)	

Tabelle 11.3 Vorlage für das Ideen-Briefing

---

7   Adaptiert nach: *https://contentmarketinginstitute.com/2018/10/write-creative-brief/* [30.07.2020]

Das Ideen-Briefing	Ihre Antworten
Was denkt unsere Zielgruppe derzeit über uns? (Wie nehmen sie unsere Marke, unser Produkt oder unsere Dienstleistung wahr?)	
Was soll unsere Zielgruppe in Zukunft über uns denken? Was ist die erwünschte Reaktion?	
Welche Markenpersönlichkeit wollen wir vermitteln? (Was ist der gewünschte Ton und die Art der Content-Kommunikation?)	
Gibt es vorgegebene Kanäle oder Formate? (Sollen spezielle Social-Media-Kanäle berücksichtigt werden?)	
Gibt es einen Zeitplan? (Müssen wichtige Meilensteine oder Termine berücksichtigt werden?)	
Wie wird der Erfolg der Kommunikation definiert? (Welche Parameter, also KPIs, werden zur Messung des Erfolgs angewendet?)	
Soll die Idee Teil einer größeren Content-Kampagne sein? (Gibt es schon produzierten Content, der genutzt werden soll?)	
Welche zusätzlichen Informationen sind für das Content-Team hilfreich? (Gibt es zusätzliches Informationsmaterial, Links oder Anhänge?)	

Tabelle 11.3 Vorlage für das Ideen-Briefing (Forts.)

Eine Mindmap hilft Ihrem Team, sich zusätzlich einen Überblick über ein Thema zu verschaffen. Und sie ist eine starke visuelle Inspirationsquelle für die Ideenfindung.

11.3.5   Briefing mit einer Mindmap

Haben Sie schon einmal festgestellt, dass Ihr Verstand, sobald Sie eine Idee haben, anfängt, viele verwandte Gedanken auszulösen, bis Sie ein ganzes Netz von miteinander verbundenen Ideen im Kopf haben?

Mind Maps fangen diesen Prozess ein, sodass Sie auf Ihren kreativen Ideen aufbauen und sicherstellen können, dass in den Vertiefungen Ihres Gedächtnisses nichts vergessen wird. Eine Mindmap ist eine Kreativitätstechnik, die sich einerseits zur Ideengenerierung, andererseits auch sehr gut zur Briefing-Erstellung eignet.

»The soul never thinks without a picture.« – Aristoteles

Was ist eine Mindmap? Eine Mindmap (zusammengesetzt aus den beiden englischen Worten *mind* und *map* gleich »Gedankenlandkarte«) ist eine grafische Methode, ein visuelles Denkwerkzeug, zur Darstellung von Themen, Konzepten und Ideen. Eine Mindmap hilft bei der Briefing-Erstellung, Informationen besser darzustellen, zu analysieren, zu verstehen, zu synthetisieren und auch neue Themen und Ideen zu generieren.

Wie funktioniert das Mindmapping? Im Gegensatz zum traditionellen Notizenmachen oder einem linearen Text werden Informationen in einer Mindmap auf eine Weise strukturiert, die der tatsächlichen Funktionsweise unseres Gehirns sehr ähnlich ist. Da es sich um eine Aktivität handelt, die sowohl analytisch als auch künstlerisch ist, beschäftigt sie unser Gehirn auf eine viel reichhaltigere Weise mit einem Thema, natürlich unter Zuhilfenahme aller seiner kognitiven Fähigkeiten.

Mindmaps verwenden jeweils ein Schlüsselwort pro Zweig, sodass Sie aus jedem einzelnen Gedanken viel mehr Verbindungen – bzw. Gedankensprünge – ziehen können. Dies wird Ihnen und Ihrem Team helfen, Ihr Denken während des Kreativprozesses zu erweitern und grenzenlos weitere Ideen zu Themen zu erkunden, anstatt sich nur in einem Thema zu verzetteln.

Vier Schritte zur Mindmap-Erstellung und -Nutzung:

1. *Vorbereitung*

   Nehmen Sie ein Blatt Papier und schreiben Sie ihr Thema mit einem prägnanten Stichwort als Startpunkt in die Mitte. In der Beispiel-Mindmap in Abbildung 11.3 ist es das Wort Onlinemarketing. Umranden Sie das Wort – es soll sofort ins Auge fallen! Übersichtlicher wird Ihre Mindmap, wenn Sie unterschiedliche Farben verwenden und zusammengehörige Gedanken in derselben Farbe markieren. Nun zeichnen Sie Linien, die strahlenförmig von Ihrem Thema ausgehen. Heben Sie besonders wichtige Punkte auf Ihrer Mindmap hervor, z. B. mit Pfeilen oder Ausrufezeichen oder Fragezeichen. So lässt sich der Inhalt leichter erfassen.

Abbildung 11.3 Beispiel-Mindmap zum Thema Onlinemarketing

2. *Assoziieren*

   Welche Aspekte fallen Ihnen zu Ihrem Thema ein? Assoziieren Sie frei und schreiben Sie Ihre Einfälle in Stichwörtern auf das Blatt – jedes Stichwort ans Ende einer Linie. Die Linien visualisieren hierbei Gedankengänge oder kontextbedingte Zusammenhänge. Es entsteht ein Diagramm, das exponentiell wächst. In unserem Beispiel hat Onlinemarketing die Aspekte Website, Media, SEM (Search Engine Marketing – Suchmaschinenmarketing), Mobile Advertising und Affiliate Marketing. Von jedem dieser Begriffe werden jeweils weitere abgeleitet (siehe Abbildung 11.3).

3. *Sortieren*

   Betrachten Sie Ihre Mindmap. Ist sie komplett? Gibt es Aspekte, die zusammengehören, die aber nicht zusammenstehen? Gibt es Abhängigkeiten, die die Mindmap noch nicht abbildet? Haben Sie für alle Gedanken prägnante, gut verständliche Stichworte gefunden? Wenn nein, feilen Sie an den Begriffen.

4. *Präsentieren*

   Mit der fertigen Mindmap als visuelle Inspiration und dem Ideen-Briefing steht Ihrem Team für eine erfolgreichen Ideenfindungsprozess nichts mehr im Weg. Viel Erfolg!

> **Tipp: Digitale Mindmaps**
>
> Mindmaps lassen sich auch am Computer erstellen. Wer die digitale Variante bevorzugt, findet im Internet verschiedenste Werkzeuge dafür. Beliebt ist beispielsweise MindMeister. Zu finden unter: *www.mindmeister.com/de*

Die Vorteile einer Mindmap:

- Speichert und strukturiert Informationen.

- Bildet visuell Hierarchien ab.

- Zeigt Beziehungen zwischen Gedanken, Ideen und Themen auf.

- Verschafft einen Überblick aufs Ganze.

All diese Eigenschaften machen Mindmaps auch zu einem idealen Werkzeug, um anderen Informationen zu präsentieren, Wissenspools zu schaffen und komplexe Probleme zu lösen.

Inspiration für die Ideenfindung

Nachdem Sie jetzt alles über das Briefing und die Mindmap gelernt haben, kommen wir zum Geheimnis, wie Kreative auf Ideen kommen, denn kreative Arbeit braucht Inspiration. Also lassen Sie sich inspirieren! Gehen Sie diesen Leitfaden mit sieben Tipps und Tricks durch, um Inspiration für die Aufgabenstellung und das anschließende Briefing für die kreative Arbeit im Team zu finden. Und vielleicht finden Sie hier schon die ein oder andere interessante Idee für Ihre Content-Produktion:

1. *Eine Ideenliste erstellen*
   Zuerst sollten Sie sich bewusst machen, dass jedes Neue nur eine Kopie von etwas ist, das bereits existierte – nichts wird aus dem Nichts geboren. Gehen Sie also einfach hinaus und fangen Sie an, alles in einem analogen oder digitalen Notizblock zu notieren, was sie an Ideen fasziniert. »Make it yours«, wie es so schön im Englischen heißt. Machen Sie sich alles zu Eigen. Dieses Archiv ist dann später eine gute Grundlage, um sich inspirieren zu lassen und das ein oder andere Thema für ein Ideen-Brainstorming zu finden.

2. *Interviews führen*
   Woher wissen Sie, welche Art von Inhalten Ihr Publikum sehen möchte? Bitten Sie sie direkt, es Ihnen zu sagen. Führen Sie Interviews durch. Fragen Sie Ihre Zielgruppe nach ihren Gewohnheiten. Das Tolle an einem Interview ist, dass es nicht direkt sein muss. Sie müssen keine klaren Schwarzweißfragen mit einer definitiven Ja- oder Nein-Antwort haben. Finden Sie einfach einen entspannten Weg, die Menschen zum Reden zu bringen. Sie werden überrascht sein, wie

interessant einige dieser Aussagen sein werden. Die Antworten werden Sie mit neuen inhaltlichen Ideen füttern.

Tipp: Interviews aufzeichnen

Zeichnen Sie Ihre Interviews digital auf. Auf diese Weise können Sie sie später noch einmal in Ruhe durchgehen, anstatt verzweifelt zu versuchen, Dinge während des Interviews hektisch aufzuschreiben. Ganz wichtig: Bitten Sie den Interviewpartner vorher um sein Einverständnis zur Aufzeichnung des Interviews!

---

3. *Soziale Medien durchstöbern*

   Beginnen Sie mit den Menschen, die Ihnen oder Ihrer Marke in sozialen Medien folgen. Klicken Sie auf ihre Profile und sehen Sie, worüber sie sprechen. Lesen Sie Tweets und Responses durch. Auch die eigenen Blog- und Website-Kommentare sind spannend. Sehen Sie sich Fotos an. Sehen Sie, mit welchen Marken diese Menschen interagieren. Hier gibt es schon eine riesige Quelle von Ideen und Inspirationen für ihre nächste Brainstorming-Session.

   Sie können Ihre Follower auch direkt fragen. Nehmen wir z. B. an, Sie haben eine Marke, die mit der Fitnessindustrie verbunden ist. Stellen Sie Ihren Anhängern eine Frage über ihre liebsten unkonventionellsten Work-outs. Oder welche Mahlzeiten ihnen beim Abnehmen helfen. Die Antworten werden Ihnen helfen, neue inhaltliche Ideen zu entwickeln.

4. *Websites und Blogs der Wettbewerber scannen*

   Sehen Sie sich im Blog oder auf der Website Ihrer Konkurrenten um. Schauen Sie die Beiträge durch und beginnen Sie, Themen und Ideen aufzuschreiben, die Sie noch nicht behandelt und genutzt haben. Nehmen wir z. B. an, Sie verwenden eine Top-5-Liste aus dem Blog eines Konkurrenten als Inspiration für eine neue Inhaltsidee. Nun können Sie versuchen, sie zu überbieten, indem Sie eine Top-10-Liste zum gleichen Thema erstellen. Und damit haben Sie schon die erste brauchbare Idee.

   Zusätzlich zu den Titeln Ihres Konkurrenten für neue Inhaltsideen können Sie sich auch andere Aspekte seiner Website ansehen. Lesen Sie den Abschnitt mit den Kommentaren Ihrer Konkurrenten. Sie haben dies bereits mit den Kommentaren auf Ihrer Website getan, daher ist es sinnvoll zu schauen, ob auch Ideen auf der Website des Konkurrenten vergraben sind. Sehen Sie nach, ob es eine FAQ-Seite (Frequently Asked Questions, kurz FAQ – Englisch für »häufig gestellte Fragen«) auf der Website gibt. Auch diese Fragen könnten schon die ein oder andere interessante Idee beinhalten.

5. *Ideensuche mit Google*

   Wenn Sie ein allgemeines Thema zur Inspiration brauchen, beginnen Sie mit der Suche bei Google (siehe Abbildung 11.4). Schauen Sie sich all die Themenvorschläge an, die auftauchen, wenn Sie z. B. »Content« eingeben (siehe Abbildung 11.5). In dieser Auswahl versteckt sich vielleicht schon eine Idee, die für Sie, Ihr Team und Ihre Marke wichtig sind.

Zusätzlich zu den Suchvorschlägen können Sie sich auch die verwandte Suche unten auf der Google-Seite anschauen.

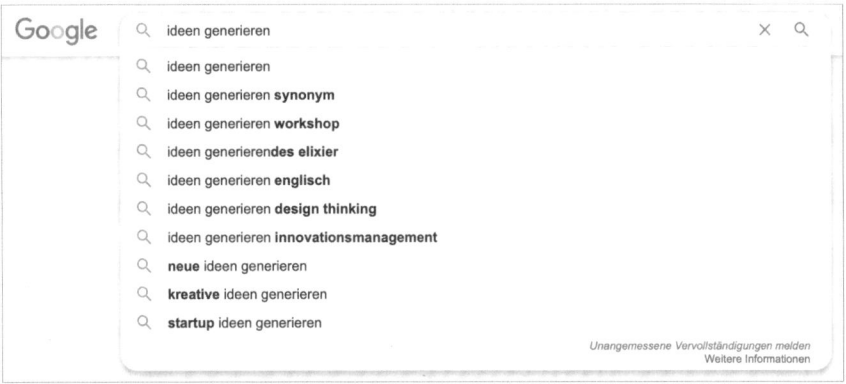

Abbildung 11.4 Inspiration durch die Google-Suche

Abbildung 11.5 Verwandte Begriffssuche bei Google

6. *YouTube-Videos anschauen*

   YouTube kann eine Ressource für die Entwicklung neuer Ideen sein. Behandeln Sie es genauso wie eine Google-Suche. Wenn Sie beginnen, ein Thema einzugeben, werden Ihnen Vorschläge angezeigt. Wenn Sie sich ein Video ansehen, werden in der Seitenleiste verwandte Videos zum Thema angezeigt, die Sie ebenfalls berücksichtigen können.

   Ein Beispiel: Nehmen wir an, Ihre Marke ist in der Automobilbranche angesiedelt. Sie schauen sich das Hauptvideo des Konkurrenten an. Es geht um den Reifenwechsel inklusive Neureifensuche. In der Seitenleiste werden verwandten Themen angezeigt, wie man Bremsbeläge austauscht und wie man Rost an einem Auto repariert. Beides sind geeignete neue inhaltliche Ideen im Zusammenhang mit dieser Industrie.

Zusätzlich zur Suche nach Themen, die auf den Titeln der Videos basieren, können Sie sich auch einige von ihnen direkt ansehen, um sich von ihrem Inhalt inspirieren zu lassen. So wie Sie es bei Ihrer Website und den Websites Ihrer Konkurrenten getan haben, sollten Sie auch den Kommentarbereich der YouTube-Videos durchlesen, um Inspiration zu finden.

7. *Newsletter abonnieren*
Lassen Sie sich Inhaltsideen direkt in Ihren Posteingang liefern. Melden Sie sich für Branchen-Newsletter an. Sie halten Sie über Trendthemen, Neuigkeiten und Veranstaltungen auf dem Laufenden.

Sie können sich sogar für Wettbewerber-Newsletter anmelden. Sehen Sie, was die Konkurrenz mit ihren Kunden bespricht. Nutzen Sie die in diesen Newslettern behandelten Themen, um neue Inhaltsideen zu generieren.

11.4   Ideenfindung mit Kreativitätstechniken

Im vorherigen Abschnitt haben wir Wege zur Inspiration beschrieben, jetzt kommen wir zum Thema Kreativitätstechniken. Mit der Anwendung von Kreativitätstechniken wird die Kreativität der Beteiligten angeregt, um völlig neue, noch nicht realisierte Content-Ideen und -Lösungen zu finden. Kreativitätstechniken sollen den kreativen Prozess unterstützen, ihn kanalisieren, beherrschbar machen und zielgerichtet optimieren:

- *Teambuilding*
Das ideale Team gibt es nicht, aber man kann sich ihm nähern. Entscheidend ist eine gute Mischung aus heterogenen und homogenen Teammerkmalen, wobei auch die Komplexität der Aufgabenstellung eine Rolle spielt. Als Regel könnte man sagen: Mit steigender Aufgabenkomplexität muss der Grad an Heterogenität zunehmen, um in einen Ideen-Flow zu kommen und eine Lösung zu erarbeiten. Homogenität wird für das grundlegende Verständnis im Team benötigt. Darunter fallen gemeinsame Sprache, gemeinsame Wertevorstellungen und gemeinsame Zielvorstellung. Wohingegen Heterogenität für eine ausreichende Meinungsvielfalt sorgt, beispielsweise wenn die Mitglieder unterschiedliche Wissensgebiete haben, unterschiedliche Talente mitbringen oder auch unterschiedlich alt sind.

Konflikte sind gut für die Kreativität! Deshalb darf man auch bewusst Spannungen erzeugen, z. B. dadurch, dass ein Teammitglied die Rolle des Advocatus Diaboli – die Gegenposition zu einer Idee – einnimmt. Empfehlenswert sind sechs bis acht Teilnehmer für den Ideenfindungsprozess.

- *Moderation*

  Ganz wichtig – Definitiv braucht man eine gute Führung im Team. Allerdings ist es im Kreativitätsprozess die Besonderheit, dass die Führung selten nur einer Person zugeschrieben werden kann und soll. Es gibt den Projektleiter, der sich grundsätzlich um die Koordination des Teamprozesses kümmert.

  Daneben gibt es die emotionale Führung im Team. Häufig hat diese Rolle ein anderer Teilnehmer.

  Bei manchen Kreativitätstechniken wird ein Moderator benötigt, der die nötige Empathie mitbringen sollte, um das Team durch den Prozess zu begleiten.

  Und es gibt eine Expertenführerschaft, die je nach Prozessverlauf variiert.

  Damit die Dominanz eines Einzelnen vermieden wird, ist es gut, verschiedene kreative Köpfe in die Führung des Teams zu integrieren.

- *Dauer*

  Eine Kreativsession sollte zwischen 30 Minuten und zwei Stunden dauern. Entscheidend ist, dass das Team nicht zu früh aufhört. Wenn die naheliegendsten Ideen auf dem Tisch bzw. an der Wand hängen, wird es erst richtig spannend. Versprochen!

- *Kreativtechniken*

  Die im Folgenden beschriebenen Methoden eignen sich, Probleme zu präzisieren, die Ideenfindung und den Ideenfluss Einzelner oder von Gruppen zu beschleunigen, die Suchrichtung zu erweitern und gedankliche Blockaden aufzulösen. Die vorgestellten Tools und Techniken können in unterschiedlichen Phasen der Ideation eingesetzt, miteinander kombiniert und aufgabenbezogen ergänzt und abgeändert werden.

11.4.1   Brainstorming

»Ach Brainstorming. Das kenne ich. Da schreiben wir einfach unsere Ideen auf Post-its, kleben sie an die Wand und fertig!« Denkt sich jetzt der eine oder die andere. Aber so einfach ist es leider nicht. Brainstorming ist eines der bekanntesten Tools bei der Ideenfindung. Innerhalb eines heterogenen Teams werden Ideen spontan geäußert, die im besten Fall weitere Ideen nach sich ziehen. Das Besondere daran ist, dass die Ideen nicht logisch vom Problem oder der Fragestellung abgeleitet werden, sondern assoziativ. Damit diese Strategie zum Erfolg führt, dürfen im ersten Schritt alle Gedanken völlig frei geäußert werden. In dieser Phase wird nichts kritisiert oder ausgeschlossen. Jeder Input ist wertvoll und wird festgehalten. Erst im zweiten Schritt werden die Ideen analysiert, bewertet und sortiert. Hier dürfen Prioritäten gesetzt werden, welche Idee als besonders vielversprechend gilt und als Erstes verfolgt werden soll.

Für das Brainstorming brauchen Sie:

- sechs bis acht Teilnehmer
- eine Moderatorin
- Stifte und Post-its
- Flipchart oder Whiteboard

Brainstorming funktioniert dann am besten, wenn man gewisse Regeln beachtet. Diese sieben Regeln helfen, die kreative Kraft einer Brainstorming-Sitzung freizusetzen.

Sieben Regeln für ein erfolgreiches Brainstorming[8]

1. *Keine Kritik*
   Das ist der wichtigste Punkt! Sobald eine Person anfängt, während der Ideengenerierung die Resultate der anderen Teilnehmer zu bewerten, kommt es häufig zu Diskussionen und der Ideenfluss wird direkt ausgebremst.

2. *Verrückte Ideen zulassen*
   »Was für eine verrückte Idee. Komplett abwegig. Nur in der Fantasie umsetzbar?« Genau darum geht: Alle Ideen sind im ersten Schritt erlaubt. Auch wenn sie noch so ungewöhnlich sind.

3. *Bauen Sie auf den Ideen anderer auf*
   Je verrückter die Ideen sind, desto besser. Auch wenn Sie oder das Team nichts von einem Vorschlag halten, versuchen sie einfach, die Idee weiterzuspinnen. Ein Tipp: Nutzen Sie bei der weiteren Ideenentwicklung anstelle des Wortes »aber« lieber ein »und«. Das bewirkt Wunder!

4. *Konzentrieren Sie sich auf ein Thema*
   Alle Ideen sollten auf das Briefing, die vereinbarte Zieldefinition, einzahlen. Versuchen Sie deshalb, die Diskussion strukturiert und zielgerichtet zu führen.

5. *Eine Idee nach der anderen*
   Ein Team kann viel eher auf einer Idee aufbauen und einen kreativen Sprung machen, wenn jeder der- oder demjenigen, der eine neue Idee hat, seine volle Aufmerksamkeit schenkt.

6. *Seien Sie visuell*
   Schreiben Sie alle Ideen auf Post-its und kleben Sie sie dann an eine Wand, auf ein Flipchart oder Whiteboard. Sie dürfen auch zeichnen, malen, scribbeln. Alles hilft und ist erlaubt. Und dafür muss man auch kein Michelangelo sein!

7. *Setzen Sie auf Quantität*
   Streben Sie so viele neue Ideen wie möglich an. In einer guten Sitzung werden in 60 Minuten bis zu 100 Ideen generiert. Lassen sie die Ideen einfach sprudeln, und bauen Sie später auf den besten Ideen auf.

---

8   Adaptiert nach: *www.designkit.org* [03.08.2020]

11.4.2   Brainwriting

Brainwriting ist dem Brainstorming sehr ähnlich. Der wesentliche Unterschied ist, dass beim Brainwriting Gedanken und Vorschläge nicht mündlich, sondern schriftlich geäußert werden. Dadurch werden einige kritische Aspekte des Brainstormings umgangen.

Für das Brainwriting brauchen Sie:

- sechs bis acht Teilnehmer
- Stifte und Papier

So funktioniert das Brainwriting: Alle Anwesenden sitzen im Kreis um einen Tisch. Jeder schreibt seine Ideen ganz oben auf ein Blatt Papier. Nach 5 bis 10 Minuten werden die Ideen an den linken Tischnachbarn weitergegeben. Dieser ergänzt die Ideen um seine Gedanken. Jede Idee wird so lange weitergereicht, bis jeder die Gelegenheit hatte, alle Ideen zu ergänzen. Die aufgeschriebenen Skizzen bilden danach eine Diskussionsgrundlage für die Ideenfindung.

Vorteile von Brainwriting gegenüber dem Brainstorming:

1. *Anonymität*
   Durch den anonymen Arbeitsprozess können Teilnehmer kreativ zusammenarbeiten, die sich nicht oder kaum kennen und dadurch noch kein Vertrauen untereinander aufgebaut haben. Introvertierte Teilnehmer trauen sich auch, ihren Beitrag einzubringen.

2. *Gedankenflow*
   Brainwriting bremst den Denkprozess nicht aus, da alle Teilnehmer ihre Einfälle still notieren. Denkpausen wie beim Brainstorming werden verhindert.

11.4.3   Brainwalking

Wir kennen es alle: Bewegung hilft, den Kopf freizubekommen und um nachzudenken. Dieses Phänomen macht sich die Brainwalking-Methode – eine Abwandlung des Brainwritings – zunutze.

Für das Brainwalking brauchen Sie:

- sechs bis acht Teilnehmer
- Stifte und Post-its
- Flipcharts oder Whiteboards
- mehrere Räume

Dafür werden Flipcharts an verschiedenen Stellen in einem oder mehreren Räumen verteilt. Jeder Teilnehmer wandert die einzelnen Stationen ab und ergänzt die Flipcharts um die eigenen Ideen. Die Ergebnisse werden im Anschluss diskutiert.

11.4.4   Brainswarming

Der amerikanischen Psychologe Tony McCaffrey entwickelte das Brainswarming, nachdem er festgestellt hatte, dass beim klassischen Brainstorming oft extrovertierte Teammitglieder die Gruppe und damit die Ideenfindung dominieren. Dadurch gehen Ideen der eher schüchternen Teilnehmer meist unter oder verloren.

Für das Brainswarming brauchen Sie:

- sechs bis acht Teilnehmerinnen
- Stifte und Post-its
- Flipcharts oder Whiteboards
- im Idealfall einen eigenen Raum

Beim Brainswarming schreiben die Teilnehmer zunächst ihre Ideen auf Post-its – jeder für sich. Anschließend werden diese systematisch auf einer großen Fläche geordnet und die Ideen miteinander verknüpft.

Im nächsten Schritt sortieren und verknüpfen alle gemeinsam die gesammelten Vorschläge. Das Besondere: Ein Moderator ist in der Phase der Ideenfindung und -sammlung nicht notwendig.

Ein weiterer Vorteil des Brainswarmings: Der Prozess kann zeitversetzt und mit verschiedenen Gruppen stattfinden und sich sogar über mehrere Tage oder Wochen hinziehen. Ideal dafür ist ein eigener Raum, wo die Post-it-Zettel länger Zeit hängen bleiben dürfen. So kann jedes Teammitglied immer wieder zurückgehen, etwas ergänzen oder einen Gedanken weiterverfolgen. Hier zeigt sich die eigentliche Vorgehensweise des Brainswarmings (engl. *Swarm* = dt. Schwarm): Jeder im Team sucht sich einen eigenen Weg der Ideenfindung – man arbeitet aber trotzdem gemeinsam im Team!

Die Vorteile von Brainswarming:

- Die Methode ist basisdemokratisch, da es keinen Moderator gibt und alle überall mitmachen können.
- Alle Teammitglieder nehmen aktiv teil, sowohl Introvertierte als auch Extrovertierte.
- Hohe Flexibilität. Es kann zeitversetzt gearbeitet werden.

- Weil nicht auf Knopfdruck Ideen geliefert werden müssen, erlaubt Brainswarming einen längeren Denkprozess.

- Die grafische Darstellung sorgt für sofortige Übersicht.

11.4.5   Die 6-3-5-Methode

Wenn ein klassisches Brainstorming nicht die gewünschten Ergebnisse liefert, bietet sich die 6-3-5-Methode als Alternative an. Diese Kreativitätstechnik ist eine besonders strukturierte Form des vorher erwähnten Brainwritings. Anders als bei einem Brainstorming werden die Ideen dabei nicht mündlich in der Gruppe gesammelt. Stattdessen schreibt jeder Teilnehmer seine Ideen allein auf.

Bei der 6-3-5-Methode ist der Name Programm: Sechs Teilnehmer sollen je drei Lösungsvorschläge für ein Problem erarbeiten und bekommen dafür in jedem Durchgang 5 Minuten Zeit. So sammeln Sie 108 Ideen in 30 Minuten!

Für die 6-3-5-Methode brauchen Sie:

- sechs bis acht Teilnehmerinnen

- einen Moderator

- sechs Arbeitsblätter mit einer Tabelle, die aus jeweils drei Spalten mit sechs Zeilen besteht (siehe Tabelle 11.4)

- sechs Stifte

	Idee 1	Idee 2	Idee 3
Teilnehmer*in 1			
Teilnehmer*in 2			
Teilnehmer*in 3			
Teilnehmer*in 4			
Teilnehmer*in 5			
Teilnehmer*in 6			

Tabelle 11.4 Vorlage Arbeitsblatt für die 6-3-5-Methode

So funktioniert die 6-3-5-Methode:

1. Der Moderator stellt das Problem vor und verteilt die Arbeitsblätter.

2. Jeder Teilnehmer notiert in den obersten drei Kästchen seiner Tabelle drei Ideen zur Problemlösung.

3. Nach 5 Minuten beendet der Moderator die erste Runde und jeder Teilnehmer gibt sein Arbeitsblatt im Uhrzeigersinn an seinen Nachbarn weiter.

4. Jeder Teilnehmer greift nun die Ideen seines Vorgängers auf, ergänzt oder erweitert sie und notiert seine Ergebnisse in der nächsten Zeile darunter. Nach 5 Minuten werden die Blätter wieder weitergereicht.

5. Nach fünf Runden, wenn jeder Teilnehmer jedes Arbeitsblatt einmal ergänzt hat, ist die Ideensammlung beendet. Im Anschluss werden die gesammelten Ideen sortiert und zusammengefasst. Die Ideenbewertung kann dann mit der gesamten Gruppe oder in kleinerer Runde erfolgen.

11.4.6   Collective Notebook

Collective Notebook ist ebenso wie die 6-3-5-Methode eine Brainwriting-Kreativitätstechnik. Die Grundidee des Collective Notebooks besteht darin, dass die Teilnehmer über einen bestimmten Zeitraum von einigen Tagen oder Wochen ein analoges oder digitales Notizbuch bei sich tragen und ihre Ideen und Gedanken zu einer Ausgangsfrage oder einem konkreten Briefing darin notieren. An einem vereinbarten Termin werden die Ideen und Gedanken schließlich ausgetauscht und diskutiert.

So funktioniert das Collective Notebook:

1. *Vorbereitungsphase*
   In dieser Phase werden die Teilnehmer ausgewählt und über Vorgehen sowie Ausgangsfrage unterrichtet. Die Teilnehmer erhalten jeweils ein Collective Notebook in Form eines Notizbuches oder einen digitalen Zugang zu einem Collective Notebook. Das kann jeweils ein eigenes Notizbuch für jeden Teilnehmer sein oder als Variante ein einziges gemeinsames, allen Teilnehmern zugängliches Notizbuch. Dafür eignet sich z. B. die Kollaborationsplattform Padlet: *https://de.padlet.com*

2. *Durchführungsphase*
   In der Durchführungsphase sind die Teilnehmer aufgerufen, ihre Ideen und spontanen Einfälle sowie relevante Gedanken zu notieren. Optional ist es auch möglich, die Teilnehmer zu täglichen Eintragungen aufzufordern. So entsteht ein Anreiz für die Teilnehmer, sich regelmäßig mit dem Thema auseinanderzusetzen. Am Ende der Durchführungsphase sollte jeder Teilnehmer eine Zusammenfassung seiner Ergebnisse erstellen.

3. *Auswertungsphase*
   In der Auswertungsphase sollte eine gemeinsame Gruppensitzung stattfinden. Die Zusammenfassungen werden dort vorgestellt und Ideen diskutiert. Nun werden Lösungsvorschläge erarbeitet.

Die Vorteile des Collective Notebooks:

- geringerer Zeitdruck für die Teilnehmer, da es einen relativ langen Durchführungszeitraum gibt

- Ideen und Gedanken werden zum Zeitpunkt ihrer Entstehung gesammelt, die Teilnehmer können das Thema flexibel bearbeiten.

- Durch die individuelle Auseinandersetzung der Teilnehmer mit einem Thema können Teams aus Mitgliedern verschiedener Kulturen, Fachgebiete und Sprachen gebildet werden.

- Übersetzungs- und Koordinationsaufwand entsteht erst bei der Sammlung der Ideen.

Ein kurzes Fazit zu den Kreativitätstechniken: Wie auch viele Wege nach Rom führen, so führen auch verschiedene Wege zu tollen Ideen. Probieren Sie gemeinsam mit Ihrem Team verschiedene Kreativitätstechniken aus und nehmen Sie die Technik, bei der sich alle am wohlsten fühlen und bei der natürlich auch die besten Content Ideen entstehen!

11.4.7   Additive und subtraktive Kreativität

Viele kreative Einfälle kommen dadurch zustande, dass einer Sache etwas hinzugefügt oder von ihr weggenommen wird. Es gibt z. B. zwei Wege, um eine Skulptur zu schaffen. Man kann sie aus einzelnen Teilen zusammensetzen, aus Ton, Holz oder Lego. Oder man nimmt etwas weg, wie ein Bildhauer aus einem Stück Marmor die Skulptur herausschlägt. Genauso funktionieren additive und subtraktive Kreativität[9] (siehe Abbildung 11.6 und Abbildung 11.7).

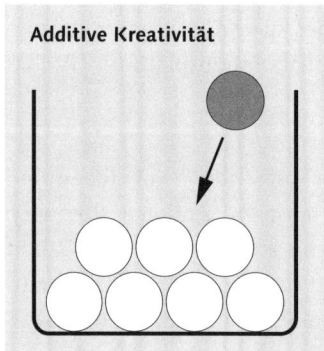

Abbildung 11.6 Additive Kreativität – es wird etwas hinzugefügt.

9   Sascha Friesike, Oliver Gassmann, Kreativcode. München: Carl Hanser Verlag 2015.

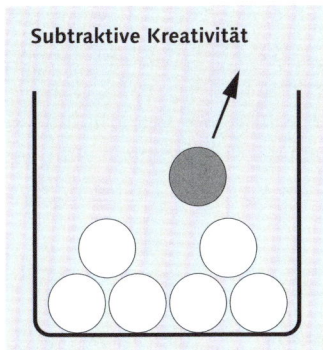

Abbildung 11.7 Subtraktive Kreativität – es wird etwas weggenommen.

Die Lebensmittelindustrie macht sich dieses Gestaltungsprinzip zunutze. Aus Pizza plus Burger wird der Pizzaburger oder aus Schokolade plus Pizza wird die Schokoladenpizza – beides Produkte von Dr. Oetker. Aus Milch minus Laktose wird laktosefreie Milch, aus Cola minus Zucker wird Coca-Cola Zero.

Abbildung 11.8 Additive Kreativität – Sneaker plus Jahresticket der Berliner Verkehrsbetriebe (BVG) (Bild: BVG/Overkill)

Auch in der Content-Kreation lassen sich mit dem Gestaltungsprinzip erfolgreich Ideen generieren. Additive Kreativität nutzten die Berliner Verkehrsbetriebe (BVG) erfolgreich für eine außergewöhnliche Idee.

Zusammen mit Adidas wurde ein auf 500 Paar limitierter Sneaker auf den Markt gebracht, der gleichzeitig als Jahreskarte galt. Das Ticket war in die Schuhzunge integriert und galt in U-Bahn, Bus, Straßenbahn und Fähre. Auch optisch wurde der Bezug zur BVG deutlich, denn das typische BVG-Sitzmuster prangte als Designelement sichtbar am Schuh. Und die typischen Adidas-Streifen in Schwarz dienten gleichzeitig als Ösen für die BVG-gelben Schnürsenkel. Gültig war das Schuhticket natürlich nur, wenn die Sneaker während der Fahrt auch wirklich getragen wurden. Der sehenswerte Casefilm zur Kampagne: *https://www.youtube.com/watch?v= kfryLJijNiE&t=5s*

Übung zur Ideenfindung

Nutzen Sie zur Ideenfindung im Team das Gestaltungsprinzip der additiven und subtraktiven Kreativität. Hier ist wortwörtlich das Querdenken gefordert mit dem Ergebnis, dass sehr ungewöhnliche Ideen entstehen werden. Versprochen! Teilen Sie die Übung in zwei Teile ein:

1. Das Team sucht nach Ideen, die etwas zur Aufgabe hinzuaddieren. Das sollten Ideen sein, die so außergewöhnlich sind wie das Schuhticket der Berliner Verkehrsbetriebe. Dauer: 30 Minuten

2. Nach einer 10-minütigen Pause sucht das Team nach Ideen, die etwas von der Aufgabe subtrahieren, wie die Cola ohne Zucker! Dauer: 30 Minuten

---

11.5   Ideenbewertung

Mithilfe von Kreativitätstechniken können Sie oft in kurzer Zeit sehr viele Ideen generieren. In der ersten, divergenten Phase steht Quantität im Vordergrund: Es sollen möglichst viele Ideen oder Entscheidungsalternativen generiert werden. Von diesen Ideen sind jedoch sicherlich nicht alle gleich gut geeignet, Ihr Problem zu lösen. Daher zielt die zweite, konvergente Phase auf Qualität: Die besten Vorschläge sollen ausgewählt und weiterbearbeitet werden. Aber wie schaffen Sie es, aus der Fülle an Ideen die spannendsten und vielversprechendsten herauszufiltern?

Zündende Ideen haben eine ungeheuer emotionale Wirkung auf alle Beteiligten im Kreativprozess, Gänsehaut und kribbeln im Kopf inklusive – ein gutes Anzeichen, dass eine wirklich gute Idee gefunden wurde. Natürlich muss jede Idee aber auch einer kritischen Reflexion standhalten. Denn nicht aus jeder großartigen Idee entsteht ein perfektes Content-Piece oder eine durchschlagende Content-Kampagne.

Die Ideen sollten Sie mit Ihrem Team logisch rational betrachten und beurteilen. Kritische Einwände sind nicht nur erlaubt, sondern erwünscht! Aber immer konstruktiv, immer mit dem Ziel, das Ergebnis zu verbessern, kurz, die Ideen weiter voranzubringen. Eine Frage bzw. Checkliste zur »neutralen« Ideenbewertung hilft dabei.

Eine Frageliste zur Ideenbewertung

- Was leistet die Idee und warum?
- Ist die Idee einleuchtend und nachvollziehbar?
- Ist die Idee nützlich, wichtig oder relevant für unsere Zielgruppe oder Community?
- Macht die Idee Spaß?
- Hilft die Idee, das Kommunikationsziel zu erreichen?
- Passt die Idee zu unserer Organisation, unserem Unternehmen, unserer Marke?
- Welche Vorteile ergeben sich daraus, wenn die Idee umgesetzt wird?
- Welche Nachteile, wenn sie nicht umgesetzt wird?
- Wie wirkt die Idee im Vergleich zum Wettbewerb? Differenziert sie?
- Welche Schwächen hat die Idee? Wie lässt sich diese Schwäche verhindern oder minimieren?
- Ist die Idee realisierbar?
- Können wir uns diese Idee leisten?

11.5.1   Dotvoting

Ein sehr verbreitetes Verfahren für die Auswahl von Ideen ist Dotvoting. Beim Dotvoting handelt es sich um eine Gruppenmethode zur demokratischen Ideenbewertung. Der große Vorteil für Sie und Ihr Team: Die Idee mit den meisten Stimmen wird gewählt! Deshalb wird dieses Verfahren auch Dotmocracy genannt.

Beim Dotvoting erhalten die Gruppenmitglieder eine jeweils begrenzte Anzahl von Klebepunkten – daher auch der Name –, die sie nach gewissen Regeln auf die verschiedenen Vorschläge verteilen können. Dabei sollten die Gruppenmitglieder pro Idee nicht mehr als zwei Stimmen vergeben dürfen, damit das Endergebnis nicht zu stark durch einzelne Teilnehmende verzerrt wird. Gemäß der Mehrheitsregel werden am Schluss die Ideen mit den meisten Stimmen identifiziert und ausgewählt.

Das Dotvoting umfasst die folgenden Schritte:

1. Für die Durchführung sollten die gesammelten Ideen auf einer für alle Teilnehmenden gut sichtbaren Tafel, einem Flipchart oder Ähnlichem dokumentiert sein.

2. Die Teilnehmenden erhalten jeweils eine festgelegte Anzahl von einfarbigen Klebepunkten (nach Entscheidung des Moderators). Alternativ können auch Farbpunkte verwendet werden, z. B. grüne für »mögen« und rote für »nicht mögen«.

3. Die Teilnehmenden platzieren die Klebepunkte neben den präsentierten Ideen, die ihnen gefallen.

4. Sobald alle Teilnehmenden ihre Klebepunkte angebracht haben, werden die Ideen anhand ihrer Klebepunktzahl sortiert.

5. Die Ideen mit den meisten Klebepunkten werden anschließend weiterentwickelt. Vorschläge ohne Klebepunkte werden verworfen.

6. Ideen, die nicht zu den Top-Ideen gehören, aber mindestens einen Klebepunkt erhalten haben, werden als Reservealternativen aufgehoben.

Klassisches Dotvoting hat den Vorteil, dass es schnell durchgeführt werden kann und leicht verständlich ist. Wer methodischer vorgehen möchten, nutzt die HOW-WOW-NOW-CIAO-Matrix. Bei dieser Methode werden die im Vorfeld generierten Ideen nach ihrer Originalität und ihrer Umsetzbarkeit bewertet. Die Methode kann sowohl für den eigenen Bewertungsprozess wie auch demokratisch im Team angewandt werden.

11.5.2 Die HOW-WOW-NOW-CIAO-Matrix

Kriterien für die Ideenauswahl sind letztendlich subjektiv und von der konkreten Entscheidungssituation abhängig. Es gibt aber Kriterien wie Originalität und Umsetzbarkeit, die oft für eine gute Vorauswahl sorgen.

Sehr anschaulich wird dies, wenn die Ideen anhand einer 2-x-2-Matrix visualisiert werden: der HOW-WOW-NOW-CIAO-Matrix[10]. Die Gruppierung von Ideen anhand dieser vier Kombinationen zeigt unmittelbar auf, wie mit den entsprechenden Ideen weiterverfahren werden soll (siehe Abbildung 11.9).

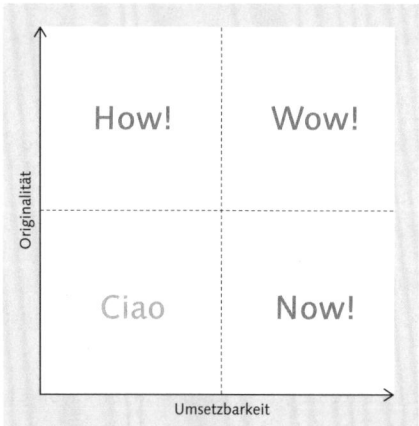

Abbildung 11.9 Die HOW-WOW-NOW-CIAO-Matrix

---

10 Die HOW-WOW-NOW-CIAO-Matrix wurde nach einer Vorlage des Centers for Development of Creative Thinking (COCD) adaptiert: *https://www.designthinking-methods.com/3Ideenfindung/ how-wow-now.html* [23.07.2020]

So ist der Ablauf:

1. Zeichnen Sie eine 2-x-2-Matrix wie in Abbildung 11.9. Die vertikale Achse bezieht sich auf die Originalität, während die horizontale Achse die Umsetzung und Machbarkeit darstellt.
2. Kennzeichnen Sie die einzelnen Quadrate als HOW, WOW, NOW und CIAO.
3. Sofern die Methode im ganzen Team angewendet wird, stimmen Sie demokratisch ab und ordnen Sie die vorliegenden Ideen den einzelnen Quadraten zu.
4. Betrachten, diskutieren und beurteilen Sie die Ergebnisse im Team (siehe Tabelle 11.5).

	Die Bewertungskriterien der HOW-WOW-NOW-CIAO-Matrix
WOW	WOW-Ideen sind Content-Ideen, die besonders originell und auch machbar sind. Hier gilt es, die entsprechenden Umsetzungsschritte zu planen.
HOW	HOW-Ideen sind sehr gut und daher interessant, es stellt sich jedoch die Frage, wie man sie umsetzen kann. Hier gilt es, an der Idee weiterzuarbeiten. (HOW? = engl. Wie?)
NOW	NOW-Ideen sind zwar keine bahnbrechenden Ideen, dafür aber sehr gut machbar. Deshalb können und sollten sie umgehend umgesetzt werden. (NOW! = engl. Jetzt!)
CIAO	CIAO-Ideen sind wortwörtlich die Auf-Nimmerwiedersehen-Ideen, da sie weder besonders originell, noch besonders gut machbar sind. Deshalb dürfen diese Ideen ruhigen Gewissens verworfen werden.

Tabelle 11.5 Die Bewertungskriterien der HOW-WOW-NOW-CIAO-Matrix

11.5.3 Ergebnisse dokumentieren

Glückwunsch! Sie haben die Kreativsitzung mit Ihrem Team erfolgreich hinter sich gebracht und sich für ein oder mehrere starke Ideen entschieden. Machen Sie jetzt bitte nicht den Fehler, an dieser Stelle aufzuhören. Mindestens genauso wichtig wie die eigentliche Ideenfindung ist die Dokumentation und Kommunikation der Ergebnisse.

Während und kurz nach einer Kreativitätssitzung sind Gedanken, Ideen und Diskussionen in den Köpfen der Teilnehmer oft noch sehr präsent. Allerdings zeigt sich oft schon nach wenigen Stunden, dass Ideen und sogar gemeinsam getroffene Entscheidungen aus dem Gedächtnis verschwinden. Um dem entgegenzuwirken, bietet es sich an, ein Protokoll anzufertigen und allen involvierten Teilnehmern zur

Verfügung zu stellen. Dabei sollten schon während der Kreativarbeit alle Ideen schriftlich und fotografisch festgehalten werden.

Das Dokumentieren aller Ideen und Entscheidungen hat drei Vorteile:

1. Die Ideen aller Teilnehmer werden dadurch gewürdigt und berücksichtigt.

2. Ideen gehen nicht verloren und können später wieder aufgegriffen werden, wenn sich z. B. eine gewählte Lösungsidee als nicht geeignet herausstellt.

3. Begründungen für Entscheidungen sind auch noch lange nach der Kreativsitzung für Teilnehmer und Nicht-Teilnehmer nachvollziehbar.

Tipps für das Protokoll

Kaum jemand hat die Zeit und die Muße, detaillierte Minutenprotokolle zu erstellen und später zu lesen. Ein Protokoll sollte deshalb knapp und prägnant formuliert sein und sich auf die wesentlichen Elemente konzentrieren. In diesem Fall sind dies die Ideen, wichtige Hintergrundinformationen und getroffene Entscheidungen inklusive Begründung.

Unterschlagen Sie keine alternativen Lösungsansätze und Ideen, nur weil diese auf den ersten Blick anmuten, als seien sie irrelevant. In der weiteren Bearbeitung kann sich herausstellen, dass in der Alternative die alles entscheidende Idee schlummert. You never know!

Vermeiden Sie redundante, doppelte Informationen, und sorgen Sie für eine möglichst klare, transparente Struktur in Ihrer Dokumentation.

11.5.4   Aktionsplan erstellen

Am Schluss sollten Sie auf jeden Fall eine Dokumentation des Kreativprozesses erstellen. Das hilft Ihnen und dem Team, den Weg der Ideenfindung auch später noch nachzuvollziehen. Daraufhin folgt die Erstellung eines Aktionsplans. Jede Sitzung sollte mit zu erledigenden Aktionen enden, damit die getroffenen Entscheidungen auch umgesetzt werden. Ein Aktionsplan hält fest, welche weiteren Arbeitsschritte zu tun sind und wie die Ideen umgesetzt werden sollen.

Der Aktionsplan sollte mindestens folgende Fragen beantworten:

- Was ist zu tun?
- Wer macht was?
- Und bis wann?

Mit diesem Plan werden Aufgaben und Verantwortlichkeiten explizit klargemacht. Dies fördert das Engagement und die Initiative des Teams.

Das Protokoll der Kreativsitzung und der Aktionsplan sollten gemeinsam an die Teilnehmer der Kreativsitzung als sogenanntes Follow-up kommuniziert werden. Dadurch wird sichergestellt, dass die Teilnehmer konkrete Ergebnisse sehen und diese nicht verloren gehen. Außerdem wird das Gefühl gestärkt, etwas Produktives beigetragen zu haben. Dies wiederum steigert die Motivation, bei zukünftigen Kreativsitzungen aktiv mitzuarbeiten.

Kapitel 12

Storys – warum wir Geschichten lieben

»Well you know the old adage, that great stories happen to those who can tell them.«[1] – Ira Glass, amerikanischer Radioproduzent

Menschen lieben Geschichten. Wir alle lieben Geschichten. Wir verbringen unsere Zeit damit, die Geschichten – Storys – anderer Menschen zu lesen, zu sehen und zu hören – im Roman oder Blogbeitrag, im Kino oder bei Netflix, per Hörbuch oder Podcast. Wir bringen unsere Freunde entweder persönlich oder über soziale Medien mit Geschichten über unser Leben – und gerüchteweise auch gern über das Leben anderer – auf den neuesten Stand. Und wenn wir schlafen, folgen wir den Handlungssträngen unserer Träume. Wir träumen von einer Welt ohne Probleme oder wie wir einen Konflikt heldenhaft gelöst haben, der im wahren Leben nicht so souverän beendet wurde.

Aber warum Geschichten? Weil Menschen sich als soziales Wesen für andere Menschen interessieren. Geschichten erfüllen in unserem Zusammenleben dabei drei wichtige Funktionen:

- Wissen weitergeben
- Erfahrungen teilen
- Werte und Normen vermitteln

Die spannendsten, lehr- und erkenntnisreichsten Geschichten sind dabei oft eine dichte Ansammlung von Konflikten, Schwierigkeiten und Auseinandersetzungen: die schwierige Jagd nach den Mafiosi durch die Polizei, die Suche nach dem Happy End in der verbotenen Liebe, die Überwindung einer tödlichen Krankheit oder der Wettlauf um die erfolgreiche Entwicklung eines Impfstoffes.

Was macht eine gute Story aus? Wofür wird ein Plot gebraucht? Wie funktioniert die Heldenreise? Wie finde ich mithilfe von Archetypen den richtigen Charakter für meine Geschichte? All diese Fragen beantwortet dieses Kapitel. Denn wer gute

---

1 Zitat aus: *https://www.hollywoodreporter.com/news/general-news/ira-glass-american-life-killing-393930* [12.08.2021]

Storys erzählen kann, schafft es, Verbindungen zwischen Menschen herzustellen, Emotionen weiterzugeben und im besten Fall Weltansichten zu verändern.

12.1   Warum funktionieren Storys?

In einem Artikel mit dem Titel »Your Brain on Fiction« von Annie Murphy Paul aus dem Jahr 2012 in der Sunday Review der New York Times gibt es eine interessante Erkenntnis aus der neurowissenschaftlichen Forschung:

> »Gehirnscans enthüllen, was in unseren Köpfen passiert, wenn wir eine detaillierte Beschreibung, eine beschwörende Metapher oder einen emotionalen Austausch zwischen Charakteren lesen. Geschichten, wie diese Forschung zeigt, stimulieren das Gehirn und verändern sogar, wie wir uns im Leben verhalten [...]«[2]

Oder anders gesagt: Unser Gehirn ist perfekt für Geschichten »verdrahtet«.

Die Wissenschaft des Geschichtenerzählens[3]

1. *Neuronale Kopplung*
   Beim Hören, Lesen oder Betrachten einer Geschichte wird der Teil des Gehirns aktiviert, der es dem Zuhörer, der Leserin oder dem Betrachter ermöglicht, die Geschichte in seine eigenen Ideen und Erfahrungen zu verwandeln. Das ist einer der Gründe, warum so viele Fans von Star Wars die »Macht« in sich spüren.

2. *Spiegelung*
   Beim Hören, Lesen oder Betrachten einer Geschichte haben die Zuhörer nicht nur eine ähnliche Hirnaktivität wie die anderen, sondern auch wie der Erzähler, wenn die Geschichte z. B. live erzählt wird. Geschichtenerzählen weckt Mitgefühl.

3. *Dopamin*
   Beim Hören, Lesen oder Betrachten einer emotionalen Geschichte setzt das Gehirn Dopamin frei, das das Erinnern einfacher und genauer macht. Emotionen erzeugen Präzision.

4. *Kortex-Aktivität*
   Beim Hören, Lesen oder Betrachten einer emotional ansprechenden Geschichte aktiviert das Gehirn mehr Teile – darunter den motorischen, den sensorischen und den frontalen Kortex –, als wenn es nur Fakten verarbeitet. Ein aktiviertes Gehirn ist ein engagierter Verstand.

---

2 Eigene Übersetzung aus: Annie Murphy Paul, Your Brain on Fiction. In: The New York Times, 17.03.2012: *https://www.nytimes.com/2012/03/18/opinion/sunday/the-neuroscience-of-your-brain-on-fiction.html* (Paid), [24.08.2020]

3 Angelehnt an die Infografik »The science of storytelling«: *www.onespot.com*

Jede dieser vier Aktionen im Gehirn beweist, dass wir, um ein bestimmtes Verhalten zu ändern, die Emotionen unserer Zuhörer zuerst durch Geschichten und nicht durch Daten und Fakten ansprechen müssen. Werfen wir im Folgenden einen Blick darauf, was großartige Geschichten ausmacht und was sie bewirken und wie Sie selbst zu einem meisterhaften Geschichtenerzähler oder einer Erzählerin werden können.

12.2   Die Grundelemente einer guten Story

Damit Sie Ihr Publikum mit Ihrer Geschichte wirklich fesseln können, benötigen Sie ein tiefes Verständnis der menschlichen Motivationen und Emotionen. Glücklicherweise ist das Geschichtenerzählen etwas, das wir alle von Natur aus tun, angefangen im Kindesalter. Aber es gibt Unterschiede zwischen einer langweiligen und einer guten – im besten Fall auch großartigen – Story.

12.2.1   Eine gute Story ist universell

Beim Geschichtenerzählen, dem Storytelling, geht es darum, ein Stück des menschlichen Daseins – Dinge wie Geburt, Wachstum, Emotionalität, Sehnsucht oder Konflikt – zu nehmen und es in eine einzigartige Story zu verpacken. Der Pixar-Regisseur des oscarprämierten Animationsfilms »Oben«, Pete Docter, bringt es so auf den Punkt:

> *»Was Sie versuchen, wenn Sie eine Geschichte erzählen, ist, über ein Ereignis (in Ihrem Leben) zu schreiben, das Ihnen ein bestimmtes Gefühl gegeben hat. Und wenn Sie eine Geschichte erzählen, versuchen Sie, das Publikum dazu zu bringen, dass es dasselbe Gefühl hat.«*[4]

Ebenso spricht eine gute Story unsere tiefsten Gefühle an. Das sind die sogenannten sechs Basisemotionen: Freude, Überraschung, Furcht, Traurigkeit, Angst und Ekel. Diese Emotionen sind in allen Kulturen gleichermaßen anzutreffen und werden weltweit auf dieselbe Art verstanden und zum Ausdruck gebracht. Und auch Liebe und Hass zählen natürlich dazu.

12.2.2   Eine gute Story hat einen Charakter

Gute Geschichten werden über Charaktere erzählt. Charaktere sind diejenigen, die Konflikte erleben, und sie sind diejenigen, die sie überwinden. Charaktere können

---

[4] Eigene Übersetzung aus: *https://medium.com/@Brian_G_Peters/6-rules-of-great-storytelling-as-told-by-pixar-fcc6ae225f50* [28.08.2020]

während der Erzählung lernen und wachsen, oder sie können statisch bleiben. Das hängt von der Art der Geschichte ab, die erzählt wird.

Der wichtigste Charakter ist der Protagonist, die Hauptfigur, die in sehr vielen Geschichten auf der »Heldenreise« ist. Sie nimmt die Hauptlast des Kampfes und der Opfer auf sich, um ihr Ziel zu erreichen. Diesem Charakter einen starken Wunsch, ein starkes Bedürfnis, eine starke Motivation zu geben, damit er sein Ziel erreichen kann, ist wesentlich für die Entwicklung einer interessanten Hauptfigur.

Eine Geschichte kann auch einen Antihelden als Protagonisten haben. Antihelden sind Hauptcharaktere, die zwar die Geschichte bestimmen, aber weniger heldenhafte Qualitäten aufweisen, da sie z. B. unzuverlässig, dabei aber sehr authentisch und sympathisch sind.

Der Gegenspieler des Protagonisten ist der Antagonist. Der Antagonist ist eine Figur oder eine Kraft, die dem Protagonisten im Laufe der Geschichte zu Wachstum und Veränderung bewegt. Die häufigste Art eines Antagonisten ist der typische Bösewicht. Seine Motivation, gepaart mit seinen eigenen Zielen, steht den Interessen und Zielen der Hauptfigur diametral entgegen.

Der Antagonist kann auch in Form einer äußeren Kraft, wie etwa Technik oder Natur, auftreten oder in Form von Fehlern und Unzulänglichkeiten der Hauptfigur.

12.2.3   Eine gute Story hat einen Konflikt

Ein Konflikt ist das Salz in der Suppe einer guten Story. Der amerikanische Schriftsteller Kurt Vonnegut hat es treffend einmal so formuliert: »Somebody gets into trouble, gets out of it again. People love that story. They never get sick of it.«[5] Sie entwerfen z. B. eine Figur, die ein durchschnittliches Leben führt. Irgendetwas passiert, um dieses normale Leben zu stören. Dieses überraschende Ereignis erzeugt einen Konflikt, den der Charakter in der weiteren Geschichte versucht, zu überwinden. Der Konflikt erzeugt damit das entscheidende Momentum, um die Handlung der Geschichte weiter voranzutreiben.

Es gibt drei Arten von Konflikten:

- Innerer Konflikt: Der Charakter steht sich selbst im Weg und weiß nicht, wie er handeln soll.

- Persönlicher Konflikt: ein Konflikt mit nahestehenden Personen wie Eltern, Kindern, Verwandten, Freunden oder Arbeitskollegen

- Äußerlicher Konflikt: ein Konflikt mit der Umwelt, Institutionen und Autoritäten, physikalischen oder Naturgesetzen

---

5   *https://www.goodreads.com/quotes/182702-somebody-gets-into-trouble-then-gets-out-of-it-again* [28.08.2020]

12.2.4   Eine gute Story hat eine Struktur

Um vom Anfang bis zum Ende einer Geschichte zu gelangen, sollten Sie einer bestimmten Erzählstruktur folgen, um eine fesselnde und spannende Erfahrung für den Zuschauer, die Zuhörerin und den Leser zu schaffen.

»Es beginnt, etwas passiert, es endet« – gehört zu den grundlegendsten Strukturen einer Geschichte. Dies mag zwar die einfachste Sichtweise einer Geschichte sein, aber sie bietet der Geschichtenerzählerin oder dem Erzähler eine gute Hilfestellung für eine Struktur, die sich im Laufe der Zeit bewährt hat.

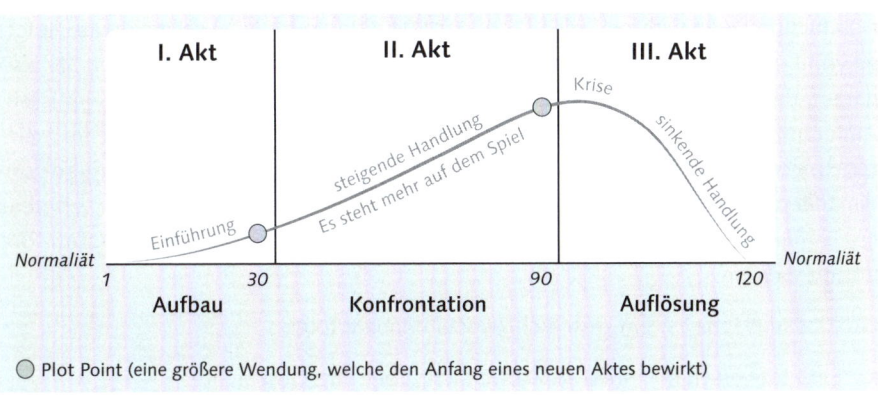

○ Plot Point (eine größere Wendung, welche den Anfang eines neuen Aktes bewirkt)

Abbildung 12.1 Jede gute Geschichte besteht aus drei Akten: auslösendes Ereignis in der Einführung, Konfliktzuspitzung in der steigenden Handlung, Höhepunkt mit der Krise und abfallende Handlung in der Auflösung.

Jede gute Geschichte besteht aus drei Akten (siehe Abbildung 12.1):

1. *Akt: Der Aufbau mit dem auslösenden Ereignis*
   Wo und wann spielt die Geschichte? Wer ist die Hauptfigur und wie lebt sie? Welcher dynamische Vorfall ereignet sich, der die Hauptfigur aus ihrer gewohnten Welt reißt?

2. *Akt: Die Konfrontation mit der Konfliktzuspitzung*
   Die Hauptfigur hat ein Ziel und bemüht sich, dieses Ziel zu erreichen. Sie kämpft mit Problemen und Schwierigkeiten. Die Konflikte nehmen zu.

3. *Akt: Die Auflösung mit dem Höhepunkt*
   Obwohl es aussichtslos erscheint, erreicht die Hauptfigur mithilfe von Mentoren und Verbündeten ihr Ziel. Alle Fragen, die die Geschichte aufgeworfen hat, werden jetzt beantwortet. Und: Welche Charakterveränderung hat die Hauptfigur erfahren? Wie lebt die Hauptfigur weiter?

Die Erzählstruktur einer Geschichte ist oft erheblich komplexer, wie z. B. bei der Heldenreise. Die Kunst des Geschichtenerzählens besteht darin, das Publikum durch die Geschichte zu führen, ohne dass es die Grundstruktur spürt und dadurch den Ausgang der Story vorausahnen kann.

Eine der wichtigsten Komponenten zur Schaffung einer großartigen Story ist die Entwicklung einer Handlung mithilfe eines Plots.

12.3   Der Plot

Jede Geschichte hat eine Handlung. Und eigentlich ist der Plot sogar die bessere Geschichte. Denn während eine Story per Definition nur eine Geschichte als Abfolge von Ereignissen erzählt, stellt der Plot die Zusammenhänge her. Achten Sie also darauf, dass Ihre Geschichten mehr sind als nur eine Chronologie von Ereignissen. Am deutlichsten wird das am Beispiel von Unternehmensgeschichten, die die meisten Unternehmen als chronologischen Ablauf von Jahreszahlen und Ereignissen darstellen – wie langweilig. Obwohl gerade die Geschichte eines Unternehmens fast immer den Stoff für die besten Storys liefert, wenn sie mit einem guten Plot erzählt werden.

Ein Plot hilft Ihnen beim Geschichtenerzählen wie folgt:

- Ein Plot verschafft Ihnen eine Übersicht über Ihre Geschichte.
- Mit einem Plot finden Sie heraus, wo Ihre Geschichte beginnt und wo sie enden soll.
- Ein Plot erleichtert Ihnen, zu entscheiden, wie es weitergeht.
- Sie behalten den Überblick und wissen, wo Sie sind und wie weit Sie noch gehen müssen.
- Sie finden Schwachpunkte in Ihrer Geschichte und können sie beheben.

Ein Plot – wie die im folgenden beschriebene Heldenreise oder die Plot-Formel S.T.O.R.Y. – ist eine Handlungsformel und -struktur, die Ihnen hilft, eine großartige Geschichte zu kreieren.

12.4   Die Heldenreise

Joseph Campbell, ein amerikanischer Mythologe, Schriftsteller und Dozent, kreierte den Zyklus der Heldenreise, nachdem er zahlreiche Mythen und Geschichten in verschiedenen Regionen der Welt recherchiert und analysiert hatte. Er stellte fest, dass alle Mythen eine universelle Erzählstruktur teilen. Daraus entstand das Motiv der Heldenreise[6], auch bekannt als der Monomythos. Die Heldenreise – Hero's Journey – strukturiert eine Geschichte in zwölf Abschnitte oder Etappen. Vereinfacht gesagt geht es bei der Heldenreise um das Bestehen verschiedener Tests, Herausforderungen und Probleme, mit denen der Held während einer Geschichte konfrontiert wird. George Lucas benutzte z. B. Campbells Monomythos, um seine Star-Wars-Filme zu strukturieren. Dank des Erfolgs der Star-Wars-Saga haben Filmemacher in aller Welt die Heldenreise als Handlungsstruktur entdeckt und in ihre Filmen übernommen.

Lernen Sie, wie Sie die zwölf Schritte der Reise des Helden nutzen können, um fesselnde Geschichten zu kreieren. In jedem Abschnitt der Reise des Helden finden Sie einige Fragen. Diese Fragen sollen Ihnen helfen, den Helden, die Verbündeten und den Mentor zu entwickeln und die Handlung Ihrer Story zu strukturieren.

> **Hinweis: Aus 17 werden 12 Etappen der Heldenreise**
>
> Die ursprüngliche Heldenreise besteht aus 17 Etappen. Christopher Vogler, ein amerikanischer Drehbuchautor und Publizist, hat Campbells Arbeit in seinem Buch »Die Odyssee der Drehbuchschreiber, Romanautoren und Dramatiker«[7] zusammengefasst. Voglers Version besteht aus zwölf Etappen, die sich sehr gut für die Konzeption der Heldenreise eignen und hier angewendet werden (siehe Abbildung 12.2).

1. *Gewohnte Welt*

   Hier beginnt die Geschichte des Helden. Wir erfahren etwas über sein gewohntes, vielleicht auch langweiliges Leben, seine Probleme, seine Sorgen, seine inneren oder äußeren Kämpfe. Dies ist eine gute Gelegenheit für die Zuschauerinnen, Zuhörer oder Leserinnen, sich mit dem Helden zu identifizieren.

   – Welche Persönlichkeit, welchen Charakter hat Ihr Held?

   – Wie unterscheidet sich die gewohnte Welt von der neuen Welt, die Ihr Held später in der Geschichte betreten wird?

2. *Ruf des Abenteuers*

   Der Ruf des Abenteuers – Call to Adventure – ist das entscheidende Ereignis in der Geschichte, das den Helden zum Handeln zwingt. Der Held bewegt sich aus seiner Komfortzone heraus – und das nicht unbedingt freiwillig. Der Ruf des Abenteuers kann dabei viele Formen annehmen. Er kann einen Aufruf bedeuten, wie z. B. eine Figur, die eine andere bittet, sie auf eine Reise zu begleiten oder bei der Lösung eines Problems zu helfen. Auch die Ankunft eines neuen

---

6   Joseph Campbell, Der Heros in tausend Gestalten. Frankfurt/M.: Insel-Verlag 2011.

7   Christopher Vogler, Die Odyssee der Drehbuchschreiber, Romanautoren und Dramatiker. Berlin: Autorenhaus Verlag 2018.

Charakters oder eines überraschenden, konfrontativen oder traumatisierenden Ereignisses kann den Ruf des Abenteuers beinhalten.

- Welches Ereignis regt Ihren Helden zum Handeln an? Und wirkt sich dieses Ereignis störend auf das Leben Ihres Helden aus?
- Welche anderen Charaktere werden als Teil der neuen Welt vorgestellt?
- Welche anderen Aspekte der neuen Welt werden offenbart und wie genau?

Abbildung 12.2 Die Heldenreise – eine universell anwendbare Erzählstruktur in zwölf Schritten (Quelle: Heldenreise nach Christopher Vogler)

3. *Weigerung*

Die Weigerung ist die Bühne, auf der der Held über die Risiken nachdenkt, die mit dem Call to Adventure verbunden sind. Der Held wird versuchen, in der Sicherheit der gewohnten Welt zu bleiben.

- Welche Ängste hat Ihr Held, die gewohnte Welt zu verlassen?

- Was wird Ihr Held opfern müssen, um dem Ruf des Abenteuers zu folgen?

- Welche Risiken oder Gefahren erwarten den Helden in der neuen Welt?

4. *Mentor*

An diesem Punkt der Geschichte sucht der Held nach Hilfe, nachdem er sich zunächst dem Ruf des Abenteuers verweigert hatte. Der Mentor erfüllt dieses Bedürfnis und ist in der Regel eine Figur, die in der neuen Welt gewesen ist und weiß, wie man sich in ihr zurechtfindet. Er versorgt den Helden mit Wissen, Werkzeugen oder Ressourcen, die ihm auf seiner weiteren Reise helfen. Der Mentor muss dabei nicht immer eine Figur sein. Ein Unternehmen – Ihre Marke – kann der Mentor sein oder ein Spielzeug, eine virtuelle Figur, eine Karte oder auch ein Text.

- Wer ist der Mentor Ihres Helden? Eine Figur oder Ihre Marke oder etwas anderes?

- Wie wird Ihr Held seinen Mentor finden und ihm begegnen?

- Welches Wissen, welche Werkzeuge und Ressourcen wird Ihr Mentor dem Helden zur Verfügung stellen?

5. *Erste Schwelle*

Dies ist der Punkt, an dem der Held aufgrund eines besonderen Ereignisses die Schwelle von der gewohnten in die neue Welt überschreitet. Ab diesem Punkt gibt es für den Helden kein Zurück mehr.

- Welches Ereignis drängt Ihren Helden in die neue Welt?

- Wie verändert sich das Leben Ihres Helden, wenn er in die neue Welt eingetreten ist?

- Was hält Ihren Helden davon ab, in die gewohnte Welt zurückzukehren, wenn er sich einmal in der neuen Welt aufhält?

6. *Bewährungsprobe(n)*

Sobald der Held die neue Welt betreten hat, wird er vor die erste Bewährungsprobe gestellt und trifft dabei auf Verbündete und Feinde. Er lernt die Regeln der neuen Welt kennen und muss möglicherweise vom Mentor noch weiter unterrichtet werden. Der Held wird damit beginnen, Verbündete zu sammeln, Charaktere, deren Ziele mit denen des Helden übereinstimmen. Diese Charaktere können den Helden sogar auf seiner Suche begleiten.

- Wer ist der Antagonist – der Feind – in Ihrer Geschichte, und was ist sein Ziel?

- Wie wird Ihr Held auf die Probe gestellt werden? Durch einen Test? Durch ein Rätsel? Durch einen psychischen oder physischen Kampf?

- Wer sind die Verbündeten Ihres Helden?

7. *Tiefste Höhle*

Die tiefste, innerste Höhle ist der Weg zum zentralen Konflikt der Geschichte. In diesem Abschnitt bereitet sich der Held auf die Schlacht oder eine andere große Herausforderung mit dem Gegner – dem Antagonisten – vor. Die Verbündeten gruppieren sich neu, gehen wichtige Informationen mit dem Helden durch oder machen eine notwendige Pause. Dies ist ein guter Zeitpunkt, um z. B. eine tickende Uhr einzuführen und auch der perfekte Abschnitt für die weitere Charakterentwicklung des Helden. Tipp: Dieser Teil der Geschichte verträgt auch Humor!

- Wie und wo bereitet sich der Held auf die große Herausforderung, z. B. die Schlacht, vor?

- Welche zusätzlichen Informationen, Werkzeuge oder Ressourcen braucht Ihr Held?

- Können Sie etwas Humor in diesen Abschnitt einbringen oder den Charakter Ihres Helden weiterentwickeln?

8. *Entscheidende Prüfung*

Der Held muss sich einer lebensverändernden Herausforderung stellen. Bei der entscheidenden Prüfung kommt es zur Konfrontation, z. B. einem Kampf, und zur Überwindung eines Konflikts, eines Problems. In diesem Konflikt stellt sich der Held seinen größten Ängsten. Es ist wichtig, dass Ihr Publikum das Gefühl hat, dass der Held wirklich in Gefahr ist. Bringen Sie die Zuschauer, Zuhörerinnen oder Leser dazu, sich zu fragen, ob der Held es lebendig herausschaffen wird.

- Mit welcher Prüfung wird Ihr Held konfrontiert?

- Wie verändern die Konfrontation und die Überwindung des Konflikts Ihren Helden?

9. *Belohnung*

An diesem Punkt der Geschichte hat der Held sich für all seine Mühen einen »Schatz« verdient. Dies kann ein physischer Schatz sein, wie ein Elixier, ein Schwert oder eine andere materielle Belohnung, oder ein psychischer Schatz, wie verborgenes Wissen, interessante Einsichten oder neues Selbstvertrauen.

- Welche Belohnung wird Ihr Held gewinnen? Einen physischen Schatz, verborgenes Wissen, innere Weisheit oder alles davon?

10. *Rückweg*

Zum jetzigen Zeitpunkt hat der Held einige Erfolge auf seiner Reise erzielt und steht kurz vor der Rückkehr in die normale Welt. Er hat eine starke persönliche Veränderung erlebt, die die Rückkehr erschwert. Ähnlich wie beim Überschreiten der ersten Schwelle (5.) könnte Ihr Held ein Ereignis benötigen, das ihn zur Rückkehr zwingt.

Der Weg zurück ist ein dramatischer Wendepunkt, der die Richtung der Geschichte ändert. Diese Handlung stellt für den Helden eine letzte Herausforderung dar, bevor er nach Hause zurückkehren kann.

- Was bewegt Ihren Helden, in die gewohnte Welt zurückzukehren?
- Welchen letzten Test, welches Ereignis wird Ihr Held bestehen müssen, bevor er in die normale Welt zurückkehrt?

11. *Wiedergeburt*

Dies ist der letzte Akt der Geschichte und das krönende Ereignis für den Helden. Der Held hat eine letzte Begegnung mit dem Antagonisten, dem Problem oder dem Konflikt. Alles, was mit dem Helden geschehen ist, hat ihn auf diesen Moment vorbereitet. Der letzte Moment kann ein physischer oder ein metaphorischer Kampf sein. Und dies ist auch der Moment, in dem die Verbündeten zurückkehren, um in letzter Minute noch einmal zu helfen.

- Welcher letzten Herausforderung wird sich Ihr Held stellen müssen?
- Wie wird Ihr Held die erlernten Fähigkeiten einsetzen, die er bei der Bewältigung seiner letzten Herausforderung benötigt?
- Wie werden die Verbündeten Ihrem Helden helfen?

12. *Heimkehr*

Das Ende der Reise. Der Held kehrt in die gewohnte Welt zurück und wird mit Anerkennung belohnt. Er bringt eine physische Belohnung wie einen Schatz oder eine metaphorische Belohnung wie Wissen oder ein Gefühl der Erfüllung mit. Dies ist der Moment, in dem der Held eine Art Gleichgewicht in die gewohnte Welt zurückbringt.

- Wie hat sich der Charakter des Helden durch die Reise verändert?
- Auf welche Weise verändert der Held die gewohnte Welt, wenn er zurückkehrt? Welche Belohnung bringt er mit?

Tipp zur Heldenreise

Bei der Reise des Helden dürfen Sie sich für Ihre Story alle kreativen und künstlerischen Freiheiten nehmen. Sie können Teile der zwölf Abschnitte der Reise des Helden überspringen, wenn sie nicht in Ihre Handlung passen. Lassen Sie sich nicht von der Erzählstruktur einengen. Die drei wichtigsten Elemente der Heldenreise sind folgende:

1. der Mentor, der z. B. Ihre Marke sein kann

2. ein Hinderungsgrund, warum der Held die Reise nicht antreten möchte

3. ein nachvollziehbarer Konflikt, den der Held lösen muss

12.5   Die Plot-Formel S.T.O.R.Y.

Wenn Ihnen die Storyentwicklung der Heldenreise aufgrund der zwölf Kapitel zu detailreich und komplex ist, bietet sich die vereinfachte und wesentlich kürzere Plot-Formel S.T.O.R.Y. an.

Die Plot-Formel S.T.O.R.Y.

- *S*: Setting – der Schauplatz, was wann und wo stattfindet
- *T*: Talking Characters – die Charaktere, die eine Hauptrolle spielen
- *O*: Oops, a problem! – der Konflikt, der sich entwickelt
- *R*: Attempts to Resolve the problem – die Schritte, die zur Lösung führen
- *Y*: Yes, the problem is solved – die Lösung, die gefunden wurde

---

Entwickeln Sie im Team Storys, indem Sie die Plot-Formel S.T.O.R.Y. auf ein Papier oder Flipchart zeichnen und jeden Schritt ausfüllen (siehe Abbildung 12.3). Achten Sie auf die Reihenfolge in der Handlung und die Elemente rundherum.

S	Setting:
T	Talking Characters:
O	Oops! Problem:
R	Attempts to Resolve:
Y	Yes! Problem Solved:

Abbildung 12.3 In fünf Schritten zur eigenen Story mit der Plot-Formel S.T.O.R.Y.[8]

---

8   Adaptiert nach Victoria M. Naughton, Picture it! In: The reading teacher 2008, S. 65.

Beispiel Plot-Formel S.T.O.R.Y.

Bertha Benz hatte 1888 einen Entschluss gefasst: Sie wollte dem patentierten Motorenwagen – eine Erfindung ihres Mannes Carl – durch die erste automobile Langstreckenfahrt von Mannheim ins knapp 100 Kilometer entfernte Pforzheim mehr Aufmerksamkeit verschaffen. Ein Weg voller Herausforderungen, doch Bertha Benz ließ sich durch nichts aufhalten.

130 Jahre später, zum Weltfrauentag 2019, drehte Mercedes-Benz einen sehr aufwendigen vierminütigen Kurzfilm über die Technikpionierin. Anhand der Plot-Formel S.T.O.R.Y. lassen sich die fünf Schritte nachvollziehen, wie Mercedes-Benz die Story, d. h. die Helden- oder in dem Fall Heldinnenreise, konzipiert hat (siehe Abbildung 12.4 bis Abbildung 12.8).

Abbildung 12.4 Der Schauplatz, was wann und wo stattfindet: die erste Fernfahrt mit einem Automobil von Mannheim nach Pforzheim (Screenshot aus dem Film)

Abbildung 12.5 Die Charaktere, die eine Hauptrolle spielen: als Heldin Bertha Benz mit ihren beiden Söhnen Richard und Eugen, als Mentorin ein kleines Mädchen (Screenshot aus dem Film)

Abbildung 12.6 Der Konflikt, der sich entwickelt: In dem Dorf Wiesloch hat der Motorwagen eine Panne. Die Einheimischen schauen skeptisch bis abweisend auf Bertha Benz und ihr Automobil und bieten ihr keine Hilfe an. (Screenshot aus dem Film)

Abbildung 12.7 Die Schritte, die zur Lösung führen: Ein kleines Mädchen aus dem Dorf gibt als Mentorin mit einem Augenzwinkern Bertha Benz einen Hinweis, wo der von ihr dringend gesuchte Apotheker zu finden ist: in der Kneipe. Sie fragt den Apotheker dort nach 10 Litern Ligroin, das als Leichtbenzin für den patentierten Motorenwagen benötigt wird. (Screenshot aus dem Film)

Abbildung 12.8 Die Lösung, die gefunden wurde: Nachdem Bertha Benz ihren Tank mit Ligroin nachgefüllt, die verstopfte Benzinleitung mit ihrer Hutnadel gereinigt und die Ummantelung des Keilriemens mit dem Strumpfband geflickt hat, schafft sie es nach 12 Stunden und 57 Minuten nach Pforzheim. (Screenshot aus Film)

Der Film »Bertha Benz: Die Reise, die alles veränderte« ist hier zu sehen: *https://www.youtube.com/watch?time_continue=1&v=vsGrFYD5Nfs&feature=emb_logo*

In einer Zeit, in der das Wort Auto noch nicht existierte und man auf Pferde setzte, um Wagen zu ziehen, stellte Bertha Benz mit der ersten Fernfahrt eines Motorenwagens den Status quo infrage. Mit ihrer couragierten Tat wurde sie zu einer Heldin der mobilen Welt, die beispielhaft Probleme und Konflikte auf ihrer Reise löste. Damit stellt sie einen von zwölf Archetypen dar, die man für eine spannende Geschichte einsetzen kann.

12.6   Die zwölf universellen Archetypen

Geschichten bestimmen unsere Kultur und in fast allen Storys entdecken wir Charakterzüge der immer gleichen Typen und Protagonisten. Beinahe scheinen die einzelnen Ganoven, Bösewichte, Prinzen oder Liebhaber austauschbar, egal, ob sie in einem Märchen, in einem Hollywoodfilm, in einem Roman oder einer Netflix-Serie auftauchen. Diese sogenannten Archetypen – vom Narren bis zur Heldin, vom Liebenden bis zur Rebellin – sind in unserem gemeinsamen Gedächtnis und Verständnis verankert.

Schon zu Beginn des 20. Jahrhunderts beschäftigte sich Carl Gustav Jung, der Begründer der analytischen Psychologie, mit bedeutenden Ereignissen und Charakteren der verschiedenen Ursprungsgeschichten der Menschheit, der Mythologie. Er identifizierte zwölf universelle, mythische Archetypen[9], die in unserem kollektiven Unbewussten wohnen und vier menschlichen Grundmotivationen repräsentieren. Jeder von uns neigt dazu, einen dominanten Archetyp zu haben, der unsere Persönlichkeit dominiert. Und in guten Geschichten entdecken wir den eigenen oder einen der anderen elf Archetypen wieder.

Die zwölf Archetypen:

1. der Unschuldige
2. die Weise
3. der Entdecker
4. die Rebellin
5. der Magier
6. die Heldin
7. der Liebende

---

9 Carl Gustav Jung, Der Archetyp und das kollektive Bewusstsein. Ostfildern: Patmos Verlag 2018.

8. die Närrin

9. der Jedermann

10. die Betreuerin

11. der Herrscher

12. die Schöpferin

Die verschiedenen Archetypen versuchen, eine von vier Grundmotivationen in ihrem Leben zu verwirklichen:

1. die Suche nach Freiheit – die Sehnsucht nach dem Paradies

2. das Streben nach Ordnung – der Welt eine Struktur geben

3. das Wirken im Sozialen – sich mit anderen im Leben verbinden

4. die Verwirklichung des Egos – in der Welt eine Spur hinterlassen

Diese Grundmotivationen helfen Ihnen bei der Auswahl Ihres Charakters, welches Warum, welchen Zweck, welches Ziel grundsätzlich jeder Archetyp in Ihrer Geschichte verfolgt. Jeder Archetyp erzählt damit auch eine eigene Geschichte – vom Geben und Nehmen, von Wandel und Ordnung, von Kontrolle und Freiheit.

Beschreiben Sie die Wünsche, Talente und Ängste Ihres Charakters anhand der folgenden Übersicht[10], am besten detailliert. Das hilft Ihnen, Ihre Figur – ob Protagonist oder Antagonist – lebendig und nahbar werden zu lassen und perfekt in Ihren Plot zu integrieren.

12.6.1   Drei Archetypen, die die Sehnsucht nach dem Paradies teilen

Der Unschuldige ist optimistisch, spontan, verlässlich, moralisch.

- Motto: frei sein, um wie du und ich zu sein

- Wunsch: ins Paradies zu kommen

- Ziel: glücklich sein

- Größte Angst: bestraft zu werden, wenn man etwas Böses oder Falsches tut

- Strategie: die Dinge richtig machen

- Schwäche: Wirkt langweilig bei aller naiver Unschuld.

- Talent: Glaube und Optimismus

- Der Unschuldige ist auch bekannt als Utopist, Traditionalist, Mystiker, Heiliger, Romantiker, Träumer.

---

10 *https://conorneill.com/2018/04/21/understanding-personality-the-12-jungian-archetypes*
    [04.09.2020]

Die Weise ist vertrauenswürdig, nachdenklich, analytisch, intelligent.

- Motto: Die Wahrheit wird dich befreien.
- Wunsch: die Wahrheit zu finden
- Ziel: Intelligenz und Analyse nutzen, um die Welt zu verstehen
- Größte Angst: getäuscht oder ignoriert zu werden
- Strategie: Suche nach Informationen und Wissen, Selbstreflexion und das Verstehen von Denkprozessen
- Schwäche: Studiert ewig die Details und handelt niemals.
- Talent: Weisheit, Intelligenz
- Die Weise ist auch bekannt als Expertin, Gelehrte, Detektivin, Beraterin, Philosophin, Akademikerin, Forscherin, Denkerin, Planerin, Fachfrau, Mentorin, Lehrerin.

Der Entdecker ist neugierig, abenteuerlustig, individualistisch, unabhängig.

- Motto: Halten Sie mich nicht auf.
- Wunsch: durch Erkundung der Welt herauszufinden, wer man ist
- Ziel: ein besseres, authentischeres, erfüllteres Leben zu erfahren
- Größte Angst: Gefühl des Eingeengtseins, Konformität und innere Leere
- Strategie: Reisen, neue Dinge suchen und erleben, der Langeweile entfliehen
- Schwäche: ziellos umherzuirren, ein Außenseiter zu werden
- Talent: Autonomie, Ehrgeiz, der Seele treu sein
- Der Entdecker ist auch bekannt als Suchender, Wanderer, Individualist, Pilger.

12.6.2   Drei Archetypen, die der Welt eine Struktur geben wollen

Die Rebellin ist euphorisch, fanatisch, rebellisch.

- Motto: Regeln werden gemacht, um gebrochen zu werden.
- Wunsch: Rache oder Revolution
- Ziel: umstürzen, was nicht funktioniert
- Größte Angst: machtlos oder unwirksam zu sein
- Strategie: stören, zerstören oder schockieren
- Schwäche: Übergang zur dunklen Seite, Kriminalität
- Talent: Mut, Radikalität, Unverfrorenheit
- Die Rebellin ist auch bekannt als Revolutionärin, Wilde, Außenseiterin, Outlaw.

Der Magier ist visionär, idealistisch, kreativ.

- Motto: Ich lasse Dinge geschehen.

- Wunsch: die fundamentalen Gesetze des Universums zu verstehen

- Ziel: Träume wahr werden zu lassen

- Größte Angst: unbeabsichtigte negative Folgen

- Strategie: eine Vision entwickeln und nach ihr leben

- Schwäche: manipulativ zu werden

- Talent: Win-win-Situationen zu finden

- Der Magier ist auch bekannt als Zauberer, Visionär, Katalysator, Erfinder, charismatischer Führer, Schamane, Heiler, Mediziner.

Die Heldin ist kämpferisch, stark, mutig, hilfsbereit.

- Motto: Wo ein Wille ist, da ist auch ein Weg.

- Wunsch: sich durch mutige Taten zu beweisen

- Ziel: Expertenbeherrschung in einer Weise, die die Welt verbessert

- Größte Angst: Schwäche, Verwundbarkeit, ein Feigling zu sein

- Strategie: so stark und kompetent wie möglich zu sein

- Schwäche: arrogant, muss immer weiter kämpfen, in die nächste Schlacht ziehen

- Talent: Kompetenz und Mut

- Die Heldin ist auch bekannt als Kriegerin, Kreuzritterin, Retterin, Superheldin, Soldatin, Drachentöterin, Siegerin und Teamplayerin.

12.6.3   Drei Archetypen, die sich mit anderen verbinden wollen

Der Liebende ist leidenschaftlich, verführerisch, nahbar.

- Motto: You are the only one.

- Wunsch: Intimität und Erfahrung

- Ziel: in einer Beziehung mit den Menschen, der Arbeit und der Umgebung zu sein, die sie liebt

- Größte Angst: allein und ein Mauerblümchen zu sein, ungewollt und ungeliebt

- Strategie: Möchte physisch und emotional immer attraktiver werden.

- Schwäche: nach außen gerichteter Wunsch, anderen zu gefallen, auf die Gefahr hin, die eigene Identität zu verlieren

- Talent: Leidenschaft, Dankbarkeit, Anerkennung und Engagement
- Der Liebende ist auch bekannt als Partner, Freund, Vertrauter, Enthusiast, Ehepartner, Teambuilder.

Die Närrin ist humorvoll, unterhaltsam, sympathisch.

- Motto: Man lebt nur einmal.
- Wunsch: im Augenblick mit voller Freude zu leben
- Ziel: sich zu amüsieren und die Welt zu erhellen
- Größte Angst: sich zu langweilen oder andere zu langweilen
- Strategie: spielen, Witze machen, lustig sein
- Schwäche: Leichtsinn, Zeitverschwendung
- Talent: Freude
- Die Närrin ist auch bekannt als Hofnärrin, Spaßvogel, Trickbetrügerin, Joker, Scherzkeks, Komikerin.

Der Jedermann ist traditionell, einfach, bodenständig, bescheiden.

- Motto: Alle Männer und Frauen sind gleich.
- Wunsch: sich mit anderen zu verbinden
- Ziel: dazuzugehören
- Größte Angst: Ausgrenzung oder am Rand zu stehen
- Strategie: gewöhnliche, solide Tugenden entwickeln, bodenständig sein, die gemeinsame Note
- Schwäche: gewöhnlich, »Down to earth«, der kleinste gemeinsame Nenner
- Talent: Realismus, Einfühlungsvermögen, scheinheilig
- Der Jedermann ist auch bekannt als die Person von nebenan, der Realist, das Arbeitstier, der solide Bürger, der gute Nachbar, die schweigende Mehrheit.

12.6.4   Drei Archetypen, die in der Welt eine Spur hinterlassen wollen

Die Betreuerin ist fürsorglich, selbstlos, mitfühlend.

- Motto: Liebe deinen Nächsten wie dich selbst.
- Wunsch: andere zu schützen und für sie zu sorgen
- Ziel: anderen zu helfen
- Größte Angst: Egoismus und Undankbarkeit

- Strategie: Dinge für andere tun

- Schwäche: Märtyrertum, wird ausgenutzt

- Talent: Mitgefühl, Großzügigkeit

- Die Betreuerin ist auch bekannt als Heilige, Altruistin, Elternteil, Helferin, Unterstützerin.

Der Herrscher ist dominant, kontrolliert, verantwortungsvoll.

- Motto: Macht ist alles.

- Wunsch: Kontrolle

- Ziel: Schaffung einer wohlhabenden, erfolgreichen Familie oder Gemeinschaft

- Strategie: Macht auszuüben

- Größte Angst: Chaos und gestürzt zu werden

- Schwäche: autoritär, kann nicht delegieren

- Talent: Verantwortung, Führung

- Der Herrscher ist auch bekannt als Chef, Führer, Aristokrat, König, Politiker, Vorbild, Manager, Verwalter.

Die Schöpferin ist kreativ, erfinderisch, proaktiv.

- Motto: Wenn man es sich vorstellen kann, kann man es auch machen.

- Wunsch: Dinge von bleibendem Wert zu schaffen

- Ziel: eine Vision zu verwirklichen

- Größte Angst: mittelmäßige Visionen oder Ausführungen

- Strategie: künstlerische Kontrolle und Fertigkeiten zu entwickeln

- Aufgabe: Kultur zu schaffen, eigene Vision auszudrücken

- Schwäche: Perfektionismus, schlechte Lösungen

- Talent: Kreativität und Fantasie

- Die Schöpferin ist auch bekannt als Künstlerin, Erfinderin, Innovatorin, Musikerin, Schriftstellerin, Filmemacherin.

Verwenden Sie einen der zwölf Archetypen zur Ideenfindung für Ihre Story. Und denken Sie daran: Je menschlicher, authentischer und nachvollziehbarer der Charakter ist, den Sie kreieren, desto leichter fällt es dem Publikum, sich mit der Figur zu identifizieren.

12.7   Beispiel Archetyp Rebell

Im Folgenden ein Beispiel für den Archetyp des Rebellen: Er ist Hauptcharakter im Weihnachtsspot »#heimkommen« von Edeka. Der Film startet mit einem älteren Herrn, der auf seinem Anrufbeantworter die Absagen seiner drei erwachsenen Kinder zu den Feiertagen hört. Die Einsamkeit zur Weihnachtszeit möchte der ältere Herr aber nicht hinnehmen und greift zu einer List. Er inszeniert seinen eigenen Tod, um die über die Welt verstreuten Kinder und Enkel nach mehreren gescheiterten Versuchen wieder an der heimatlichen Weihnachtstafel zu vereinen. Denn schließlich möchte niemand der Trauerfeier des eigenen Vaters und Großvaters fernbleiben. Die traurigen Gesichter verwandeln sich zu einem freudigen Strahlen, als der vermeintlich Verstorbene die Familie gesund und munter im weihnachtlich geschmückten Haus empfängt. Es folgt ein Weihnachtsmahl an der großen Tafel, das zum besinnlichen Genuss für die ganze Familie wird.

Der Großvater schlüpft in dieser Story in die Rolle des Rebellen, der seiner Welt wieder eine feste Struktur – gemeinsame Familienfeier zur Weihnachtszeit – geben möchte. Sein Ziel: Die Einsamkeit im Alter, die für ihn so nicht funktioniert, als Tabuthema in seiner Familie zu thematisieren. Seine Strategie: mit der Vortäuschung seines Todes den scheinbaren Familienfrieden radikal zu stören.

Edeka hatte 2015 mit diesem Spot eine öffentliche Debatte darüber ausgelöst, ob mit den Themen Tod und Einsamkeit »gespielt« werden darf. Verbunden mit dem Aufruf, sich in der Weihnachtszeit mehr Zeit für das familiäre Miteinander und für besinnliche Momente zu nehmen. Edeka tritt dabei geschickt nur als Mentor und Absender der Geschichte auf und macht nicht den Fehler, sich als Marke in den Mittelpunkt zu stellen. Die Story wurde über 66 Millionen Mal angeschaut und ging damit wortwörtlich viral!

Den Film können Sie sich anschauen unter: *http://www.youtube.com/watch?v=V6-0kYhqoRo*

12.8   Übung im Team

Nehmen Sie die Heldenreise als Schablone, und schreiben Sie eine oder mehrere Geschichten für Ihre Marke. Fragen Sie sich im Team, auf welches große gesellschaftliche Problem ein Archetyp eine Antwort geben kann, und formulieren Sie daraus eine Vision von einer besseren Welt, wie es Edeka im Spot »#heimkommen« gemacht hat. Oder suchen Sie gemeinsam den Archetyp heraus, der sich einen Traum verwirklichen möchte oder die große Liebe erleben will. Es gibt unendliche Möglichkeiten und spannende Storys. Spielen Sie einfach mit der Heldenreise und den Archetypen und entwickeln Sie rund um die Hauptfigur ungewöhnliche, verrückte Geschichten. Und denken Sie immer daran: Ihre Marke ist der Mentor. Wählen Sie am Schluss die beste und überraschendste Story aus.

Tipp: Testen Sie die Zugkraft Ihrer Story in Ihrem Umfeld

Eine gute Möglichkeit, um zu testen, ob Ihre Geschichte leicht nachvollziehbar, spannend und interessant ist, besteht darin, sie Arbeitskollegen, Familienmitgliedern oder Freunden zu erzählen, die sie noch nie zuvor gehört haben. Beobachten Sie ihre Gesichter, während Sie die Story vortragen, und versuchen Sie herauszufinden, wo ihr Publikum innehält und welche Fragen sie haben könnten. Damit bekommen Sie die beste Grundlage, um Ihre Geschichte weiter zu optimieren.

Kapitel 13

Storytelling – Geschichten richtig erzählen

Die Fähigkeit des kraftvollen Geschichtenerzählens, des Storytellings, ist eine Kunst, die erlernt und als Werkzeug mit großer Wirkung eingesetzt werden kann.

Geschichten sind die Art und Weise, wie wir die Welt, in der wir uns befinden, verstehen und ihr einen Sinn geben. Geschichten haben eine transformative Kraft, die es uns ermöglicht, die Welt anders zu sehen, als wenn wir ihr nur von uns aus begegnen. Geschichten sind ein Einstiegspunkt, um eine andere Erfahrung der Welt zu verstehen.

Dieser Aspekt des Geschichtenerzählens, die Darstellung einer anderen Perspektive der Welt, ist wichtig, wenn es darum geht, sich miteinander zu verbinden. Er gibt uns die Möglichkeit, aus der Erfahrung eines anderen Menschen, einer Institution oder Organisation, wie z. B. einer Marke, zu lernen, und er kann unsere Meinungen und Werte formen, stärken oder infrage stellen. Wenn eine Geschichte unsere Aufmerksamkeit erregt und uns fesselt, nehmen wir die Botschaft und die Bedeutung, die in ihr steckt, mit größerer Wahrscheinlichkeit auf, als wenn die gleiche Botschaft nur in Fakten und Zahlen präsentiert wird. Kurz gesagt emotionalisieren Geschichten Informationen.

Die Fähigkeit des kraftvollen Geschichtenerzählens – des Storytellings – ist eine Kunst, die erlernt und als Werkzeug mit großer Wirkung eingesetzt werden kann. Gezielt entwickelt und genutzt, kann das Geschichtenerzählen zur Integration und Verbindung von Mensch zu Mensch und vom Menschen zur Marke beitragen. Das Geschichtenerzählen kann Vertrauen in gemeinsame Werte, Moralvorstellungen und Ethik schaffen – so wie auch Vertrauen in Angebote, Dienstleistungen und Services.

Welche unterschiedlichen Arten des Storytellings gibt es? Welche Erzählstrukturen, welche Plots nutzen und teilen weltweit alle Menschen? Und wie können Sie als Content Creator diese Strukturen erfolgreich nutzen? Welche narrativen Erzählweisen gibt es, und wie konzipieren Sie ein Ende Ihrer Geschichte? Diese Fragen beantwortet dieses Kapitel. Und warum Donald Trump aus Sicht des Storytellings seinen Wahlkampf 2016 erfolgreich gewonnen hat.

13.1   Die drei Ebenen des Storytellings

Geschichten sind eines der mächtigsten Werkzeuge, mit denen Sie Ihr Publikum ansprechen und mit ihm in Verbindung treten können. Die unterschiedlichen Geschichten nehmen dabei viele Formen an, aber in der Regel haben sie einige Elemente gemeinsam. Statt trockener Fakten, sogenannter »Facts and Figures«, haben Geschichten eine Erzählstruktur und stellen Personen und Charaktere vor. Wenn Sie in Ihrer Content-Kreation Storytelling einsetzen möchten, sollten Sie dabei drei Ebenen berücksichtigen (siehe Abbildung 13.1).

Abbildung 13.1 Die drei Arten des Storytellings: Fictional, Non-Fictional und Brand Storytelling

1. *Fictional Storytelling*

   Fiktion – aus dem lateinischen *fictio* »Gestaltung« – bezeichnet in der Content-Kreation die Schaffung einer neuen, authentischen, glaubhaften Welt in Form einer Story. Einerseits können das Geschichten sein, die auf Grundlage von Consumer-, Produkt- oder Nutzer-Insights kreiert und erzählt werden. Unter einem Insight versteht man die durch Beobachtung und Untersuchung erhaltenen tiefen Einsichten in die Bedürfnisse, Gedanken und Gewohnheiten von Menschen – Kunden, Konsumenten oder einer Community. Dieser Insight wird im Storytelling in eine Geschichte verpackt. Anderseits können das auch Geschichten sein, die von Strategien, Visionen und Zukunftsideen für z. B. ein Unternehmen oder eine Marke berichten.

Tipp zum Fictional Storytelling

Finden Sie heraus, warum Ihre Zielgruppe denkt, was sie denkt, und warum sie sich so verhält, wie sie sich verhält, und warum sie fühlt, was sie fühlt. Kreieren Sie dann Geschichten, die Antworten auf die realen Bedürfnisse geben – gerne auch mit den zugrunde liegenden Konflikten und Problemen der Zielgruppe. Das macht Ihre Story menschlich.

2. *Non-Fictional Storytelling*

   Das sind vorgefundene, authentische Geschichten, die auf der Grundlage von realen Ereignissen, realen Fakten, realen Menschen erzählt werden. Das Problem: Die Wirklichkeit ist manchmal langweilig und wenig faszinierend. Deshalb brauchen vorgefundene Geschichten eine dramatische Überhöhung, wie sie im Fictional Storytelling genutzt wird. Sie berichten im besten Fall von Hürden und Herausforderungen, denen sich Menschen oder Mitarbeiter oder Kunden oder Unternehmen stellen mussten und die sie (meistens) erfolgreich gemeistert haben, auch was sie aus den Fehlern gelernt haben. Diese Geschichten sind damit ein Vehikel, das es erlaubt, die realen Fakten in einen emotionalen Kontext zu stellen.

3. *Brand Storytelling*

   Das sind Geschichten, die eine Marke aus der Addition von Fictional und Non-Fictional Storytelling definieren. Das funktioniert von Marken-, Mitarbeiter- und Unternehmensgeschichten über Radio- und Werbespots bis hin zu Instagram- und Facebook-Storys.

   Brand Storytelling ist mehr als die Erzählung einer Geschichte. Die Geschichte geht über den Text einer Broschüre, einer Website, eines Blogs oder einer Präsentation für Investoren und Aktionäre hinaus. Die Markengeschichte ist ein vollständiges Bild, das sich aus Fakten, Gefühlen und Interpretationen zusammensetzt, inklusive der Signale, die die Marke sendet – von der Markenfarbe über die Beschaffenheit der Verpackung bis hin zu den Mitarbeiterinnen und Mitarbeitern.

   Ein Unternehmen, das mit exzellentem Brand Storytelling erfolgreich ist, ist Starbucks. In der Starbucks-Story geht es um die Idee eines dritten Ortes, den Third Place, den Starbucks bietet. Es ist ein Ort zwischen zu Hause (First Place) und der Arbeit (Second Place), an dem Menschen zusammenkommen können, lachen, reden, Zeitung lesen, Smartphone checken und eben auch Kaffee trinken. In der Starbucks-Story geht es nicht explizit um Kaffee, sondern um die Kunden, die zu Helden der Brand Story werden.

   Verwenden Sie wie Starbucks die Heldenreise – ausführlich in Kapitel 12, »Storys – warum wir Geschichten lieben«, erklärt – für Ihr Brand Storytelling.

> **Tipp: Nutzen Sie die Heldenreise für Ihre Markenstory[1]**
>
> - *Der Hero*
>   Der Held der Geschichte ist immer der Outsider – nicht der Insider, der alles weiß. Ihre Marke ist also nicht der Held der Geschichte. Ihre Zuhörer, Zuschauerinnen und Kunden sind es. Hören Sie auf, über sie zu sprechen, und fangen Sie an, in Ihren Storys mit ihnen zu sprechen.
>
> - *Der Mentor*
>   Das ist Ihre Marke. Sie sind die Figur, die die Helden – Ihre Kunden – befähigt, ihre höheren Werte zu verfolgen, mit (werblicher) Verlockung und echter Partnerschaft.
>
> - *Das Markengeschenk*
>   Die Reise des Helden ist schwierig, und der Held versucht, sich der Reise zu verweigern. Aber der Mentor – Ihre Marke – bietet einen magischen Gegenstand an, der die Reise möglich macht. Denken Sie an Nike und deren »magischen Gegenstand«, den Turnschuh (Just do it), oder BMW mit ihren Sportwagen (Freude am Fahren) oder das Lichtschwert bei Star Wars (Möge die Macht mit dir sein). Die besten Storymarken wissen, was ihr magischer Platzhalter ist, und hören nie auf, ihn differenzierend in ihren Storys zu verwenden.

Nach dem Prinzip »Story first, product second« geht nicht nur Starbucks vor. Auch andere Unternehmen haben gelernt, dass es nicht um das Produkt, wie z. B. Schuhe, Autos, Kleidung oder digitale Produkte, geht, sondern um die Story dahinter. Die Story, dass Menschen erfolgreich sind, wenn sie eine neue Uhr besitzen, ein neues Auto oder ein neues Smartphone. Die Story, dass Menschen selbst sportlich sind, wenn sie nur neue Laufschuhe kaufen. Oder auch die Story, dass Menschen produktiver sind, wenn sie eine App nutzen. Kurz, Menschen kaufen keine Produkte, sie kaufen Storys.

Übrigens: Der Begriff Third Place und das damit verbundene Konzept wurde nicht von Starbucks erfunden. Es ist vielmehr ein Konzept, das in Zusammenhang mit der jüdischen Kaffeehauskultur[2] bereits Mitte des 19. Jahrhunderts aufkam. Starbucks hat diese Idee und damit diese Story für sich neu interpretiert und sich damit zu eigen gemacht.

Inspiration für Ihr eigenes Brand Storytelling finden Sie z. B. in Ihrem Markenarchiv, bei den Gründern des Unternehmens, bei persönlichen Umfragen oder wie Starbucks in kulturellen und historischen Ereignissen.

---

1   Jonah Sachs, Winning the Story Wars. Boston, Massachusetts: Harvard Business Review Press 2012.

2   Shachar M. Pinsker, A Rich Brew: How Cafés Created Modern Jewish Culture. New York: New York University Press 2018.

Ein Beispiel: Der Storytelling-Dreiklang von Donald Trump im Wahlkampf 2016 aus kommunikativer Sicht

- *Non-Fictional Storytelling*
  Donald Trump wurde in Queens (New York) geboren. Er ist ein erfolgreicher Unternehmer aus der Immobilienbranche, Inhaber des Mischkonzerns Trump Organization und deren CEO. Er brachte es im Laufe der Jahre mit seinem Konzern zu einem Milliardenvermögen. Das sind die vorgefundenen, authentischen, scheinbar auch erfolgreichen Geschichten, die Donald Trump im Wahlkampf erzählen konnte.

- *Brand Storytelling*
  Mit dem Bau des Trump Towers in Manhatten und des Spielcasinos Trump Plaza, der Gründung der eigenen Fluglinie Trump Shuttle, der Trump University, der Vergabe von Lizenzen für unter anderem das Mineralwasser Trump Ice oder Donald Trump the Fragrance baute er die Marke Trump systematisch auf. Vor allem die Reality Show »The Apprentice« (»Der Lehrling«), in der 16 Kandidaten darum kämpften, einen Einjahresvertrag als Mitarbeiter der Trump Organization zu erhalten, machten ihn in ganz Amerika populär. Er war Moderator der Show von 2004 bis 2015 und prägte den mittlerweile berühmten Satz: »You're fired!« (Du bist gefeuert!) Das sind die vielen Geschichten, die die Marke Donald Trump in Amerika prägten und definierten, mitsamt Erfolgen und Misserfolgen, was die Marke nur umso menschlicher erscheinen ließ.

- *Fictional Storytelling*
  Donald Trump führte seinen Wahlkampf 2016 mit dem Slogan »Make Amerika Great again« (»Macht Amerika wieder großartig«), den zuvor schon Ronald Reagan 1980 benutzt hatte. Er lud mit diesem Slogan alle Amerikaner auf eine gemeinsame Reise ein, die Geschichte der USA über die nächsten vier Jahre neu zu schreiben und zu erzählen. Er nutzte die Erzählstruktur der Heldenreise und bot sich als Mentor an, der die schwierige, aber verheißungsvolle Reise begleitet. Auch nach seinem Wahlsieg nutzte er den Hashtag #makeamericagreatagain bei Twitter weiter, um diese Heldenreise Amerikas mit ihm als Mentor weiter zu befeuern.

Mehr zur Heldenreise und Erzählstruktur finden Sie in Kapitel 12, »Storys – warum wir Geschichten lieben«.

13.2   Die Arten der narrativen Struktur

Die *narrative Struktur*, die auch als Storyline oder Handlungsstrang bezeichnet wird, beschreibt den Rahmen, in dem man eine Geschichte erzählt. Es geht darum, wie eine Story, ein Text, ein Blogbeitrag oder auch ein Film organisiert ist und wie die Handlung dem Leser, Zuschauer oder Zuhörer enthüllt wird.

Die meisten Geschichten drehen sich um eine einzige Frage, die den Kern der Geschichte ausmacht. Wird Frodo den Ring zerstören? Werden Romeo und Julia am Ende zusammenkommen?

Die Reihe von Ereignissen, die auf den Versuch folgen, diese entscheidende Frage zu beantworten, bildet die Grundlage der Erzählstruktur:

- *Linear:* Wenn der Autor eine Geschichte in chronologischer Reihenfolge erzählt. Diese Struktur kann Rückblenden enthalten, aber der Großteil der Story wird in der Reihenfolge erzählt, in der sie stattfindet.

- *Nichtlinear:* Eine nichtlineare Struktur erzählt die Geschichte bruchstückhaft und springt unzusammenhängend in der chronologischen Reihenfolge hin oder her. In dieser narrativen Struktur wird gerne zwischen mehreren Charakteren zu verschiedenen Zeitpunkten hin- und hergewechselt.

- *Zirkulär:* In einer zirkulären Erzählung endet die Geschichte dort, wo sie begonnen hat. Obwohl Anfangs- und Endpunkt gleich sind, durchlaufen die Figur(en) eine Transformation, die durch die Ereignisse der Geschichte beeinflusst wird

- *Parallel:* In einer parallelen Struktur folgt die Geschichte mehreren Handlungssträngen, die durch ein Ereignis, eine Figur oder ein Thema miteinander verbunden sind.

- *Interaktiv:* Der Zuschauer, die Zuhörerin oder der Leser trifft während der gesamten interaktiven Erzählung folgenreiche Entscheidungen, die zu neuen Optionen und alternativen Endpunkten in der Geschichte führen. Ganz nach dem Motto: Wähle dein eigenes Abenteuer.

13.3   20 Masterplots

Ein praktisches Hilfsmittel, um den Spannungsbogen einer Story bewusst zu planen, sind die 20 Masterplots. Sie helfen beim Kreieren eines funktionierenden Plots – einer Erzählstruktur – und zeigen, worauf viele Menschen mit Interesse und Neugier reagieren. Und sie schärfen den Blick für bewährte Strukturen, verschiedene Arten von Geschichten und ihre Hauptelemente.

Nutzen Sie die Masterplots als Orientierung und kreative Anregung für Ihr Storytelling. Eine Checkliste unter jedem Plot soll Ihnen helfen, die wichtigsten Elemente einer Story schnell zu erfassen und erfolgreich zu nutzen.

20 Masterplots fürs Storytelling[3]

1. die Suche
2. das Abenteuer
3. die Verfolgung
4. die Rettung
5. die Flucht
6. die Rache
7. das Rätsel
8. die Rivalität
9. der Underdog
10. die Versuchung
11. die Metamorphose
12. die Verwandlung
13. die Reifung
14. die Liebe
15. die verbotene Liebe
16. das Opfer
17. die Entdeckung
18. die Grenzerfahrung
19. und 20. Aufstieg und Fall

13.3.1   Die Suche

Die Suche ist ein sehr altes Motiv, das schon seit Tausenden von Jahren in vielen Geschichten neu interpretiert wurde. Im Mittelpunkt steht die Figur des Suchenden, der sich durch die Suche selbst signifikant verändert. Die Hauptfigur sucht einen Gegenstand, eine Person, einen Ort, einen Schatz oder etwas Immaterielles. Die Suche ist ein auf den Charakter fokussierter Plot.

- Die erste Handlung sollte eine motivierende Begebenheit beinhalten, die die eigentliche Suche des Hauptdarstellers einleitet.

- Die Hauptfigur sollte mindestens einen Reisebegleiter haben. Die Interaktion mit einem anderen Charakter verhindert, dass die Geschichte zu abstrakt oder zu innerlich wird.

- Was die Hauptfigur entdeckt, unterscheidet sich gewöhnlich von dem, was sie ursprünglich gesucht hat.

---

3   Ronald B. Tobias, 20 Masterplots – Die Basis des Story-Building in Roman und Film. Berlin: Autorenhaus Verlag 2016.

Beispiel für einen Suche-Plot: eBay – »A Thank You«

Jeder Mensch hat »die eine Geschichte« über die verpasste Liebe, die unerfüllte Leidenschaft oder die verpasste Chance, die einen ein Leben lang nicht mehr loslässt. Für Ed Church war es nicht eine Highschool-Liebe, die sich nicht erfüllte, oder ein Jobangebot, das er ablehnte, es war seine heiß geliebte Harley-Davidson von 1958 (siehe Abbildung 13.2).

Als junger Mann war er besessen von Motorrädern, und als Schüler kaufte er sich eine 58er Harley-Davidson, die er die nächsten 13 Jahre lang fahren sollte. Er verkaufte die Harley aber nach der Geburt seiner Tochter. »Ich wusste, dass ich einen Fehler gemacht hatte. Ich fragte mich immer, was kommen würde, wenn ich sie jemals wiederfinden würde, aber ich hatte nie viel Hoffnung.«

Abbildung 13.2 Ed Church hat lange nach seiner verkauften Harley-Davidson gesucht. Mithilfe von eBay fand er sie wieder. (Screenshot aus dem Spot »A Thank You« von eBay)

Und die Suche begann. Dieses flüchtige Gefühl der Hoffnung bekam einen großen Auftrieb, als er bei eBay über eine Anzeige für sein Motorrad stolperte, 32 Jahre nach dem Zeitpunkt, an dem er sie verkauft hatte. Er erkannte die Karosserienummer und bot auf seine lange verschollene Maschine, nur um die Auktion zu verlieren!

Als die Harley ein Jahr später bei eBay wieder auftauchte, ging Ed Church kein Risiko ein: Wie er sagte, bot er, was das Motorrad ihm wert war, und er war endlich wieder mit der Harley vereint.

In diesem Suche-Plot entsteht der erste Konflikt durch das Verlustgefühl von Ed Church über die Harley-Davidson und den Impuls, die Maschine nach langer Zeit wieder zu suchen. eBay ist der Mentor und Reisebegleiter, der ihm bei der Suche hilft. Der zweite Konflikt ist die verlorene Auktion. Nachdem er schließlich das Motorrad erfolgreich ersteigert hat, hat er das gute Gefühl, das verlorene Familienmitglied – die Harley-Davidson – wieder zurückgeholt zu haben. Den Film können Sie hier anschauen: *https://www.youtube.com/watch?time_continue=1&v=4M8c46pZ-H1c&feature=emb_logo*

13.3.2 Das Abenteuer

Der Abenteuer-Plot ähnelt dem Suche-Plot, aber mit einem wichtigen Unterschied: Im Mittelpunkt steht die Reise – das Abenteuer – und nicht die Hauptfigur. Es ist ein Action-Plot, daher wird nicht erwartet, dass sich die Hauptfigur großartig verändert. Es geht um Neugierde, Nervenkitzel und Action. Ein Beispiel für einen Abenteuer-Plot ist das Projekt Red Bull Stratos. Bei diesem Projekt machte der Extremsportler Felix Baumgartner einen Fallschirmsprung aus der Stratosphäre aus knapp 40 Kilometern Höhe. Dieses Event wurde von etwa 200 Fernsehsendern und auf YouTube live übertragen.

- Die Hauptfigur sollte von einer Person oder einem besonderen Ereignis motiviert werden, das Abenteuer zu beginnen.
- Der Schwerpunkt der Geschichte sollte mehr auf der Reise liegen als auf der Person – der Hauptfigur –, die die Reise macht.
- Das Abenteuer sollte eine Reise zu neuen, fremden Orten und Ereignissen sein.

13.3.3 Die Verfolgung

Zu einem der beliebtesten Kinderspiele gehört »Fangen« – natürlich mit dem dazugehörigen Nervenkitzel. Die literarische Version ist der Verfolgungs-Plot. Er ist einer der am einfachsten strukturierten Plots und auch einer der mitreißendsten. Innerhalb kürzester Zeit ist klar, wer der Gute und wer der Böse ist – und wer wen jagt.

- Der erste dramatische Akt der Geschichte sollte drei Phasen umfassen:
  1. Festlegung der Grundregeln für die Jagd
  2. Festlegung der Einsätze
  3. Start des Rennens mit einem motivierenden Zwischenfall
- In der Verfolgungshandlung ist die Verfolgungsjagd wichtiger als die Personen, die daran teilnehmen.
- Der Verfolger sollte eine vernünftige Chance haben, den Verfolgten zu fangen. Er könnte den Verfolgten sogar kurzzeitig einfangen.

13.3.4   Die Rettung

Der Rettungs-Plot ist – wie auch der Abenteuer Plot – ein Action-Plot. Doch hier liegt der Schwerpunkt stärker auf dem Antagonisten. Es geht um die Dynamik zwischen Protagonist, Antagonist und Opfer. Der Protagonist versucht das, was er verloren hat, das Opfer, vor dem Antagonisten zu retten. Da es hier um die Handlung selbst geht, ist bei diesem Plot eine klare Unterscheidung zwischen »Gut« und »Böse« nötig.

- Das Charakterdreieck sollte aus einem Helden, einem Schurken und einem Opfer bestehen. Der Held sollte das Opfer vor dem Schurken retten.
- Das Opfer ist im Allgemeinen die schwächste der drei Figuren und dient hauptsächlich als Mechanismus, um den Helden zur Konfrontation mit dem Antagonisten zu zwingen.
- Der Rettungs-Plot besteht aus drei dynamischen Phasen:
  1. der Trennung
  2. der Verfolgung
  3. der Konfrontation und Wiedervereinigung

Beispiel für einen Rettungs-Plot in Social Media: Die Geschichte von Ahmed Mohamed

Als Ahmed Mohamed am Montag seine Highschool in Irving, Texas, besuchte, war er sehr aufgeregt. Als Teenager, der davon träumte, Ingenieur zu werden, wollte er seinem Lehrer die Digitaluhr zeigen, die er zu Hause gebaut hatte. Der Tag des 14-Jährigen endete nicht mit Lob, sondern mit einer Bestrafung. Der Grund: Sein Englischlehrer fand, dass die Digitaluhr einer Bombe ähnelte, beschlagnahmte sie und meldete den Vorfall dem Schuldirektor. Die örtliche Polizei wurde gerufen. Man legte Ahmed Handschellen an, brachte ihn in eine Jugendstrafanstalt, wo man ihm Fingerabdrücke abnahm und ein Fahndungsfoto machte.

Der Vorfall wurde von Ahmeds Schwester dokumentiert und auf Twitter geteilt (siehe Abbildung 13.3). Und damit begann die Rettung des »Opfers« Ahmed. Der damalige US-Präsident Barack Obama meldete sich: »Coole Uhr, Ahmed«, twitterte Obama. »Willst du sie ins Weiße Haus bringen? Wir sollten mehr Kinder wie dich dafür begeistern, Wissenschaft zu mögen. Das ist es, was Amerika großartig macht.« (siehe Abbildung 13.4)

Abbildung 13.3 Der Post, der den Rettungs-Plot für Ahmed Mohamed in Social Media auslöste. (Quelle: Twitter-Screenshot)

Abbildung 13.4 Barack Obama lud via Twitter Ahmed in das Weiße Haus ein. (Quelle: Twitter-Screenshot)

Unterstützung erhielt Ahmed auch von Hillary Clinton und Mark Zuckerberg (siehe Abbildung 13.5 und Abbildung 13.6). Tausende solidarisierten sich unter dem Hashtag #IStandWithAhmed, um Unterstützung für den Teenager zu zeigen und seinen Einfallsreichtum und seine Kreativität zu feiern.

Abbildung 13.5 Auch Hillary Clinton kommentierte den Vorfall. (Quelle: Twitter-Screenshot)

Abbildung 13.6 Mark Zuckerberg lud Ahmed zu einem persönlichen Treffen in die Facebook Zentrale ein. (Quelle: Facebook-Screenshot)

13.3.5   Die Flucht

Auch der Flucht-Plot ist ein Action-Plot. Er ist die Umkehrung des Rettungs-Plots, denn auch hier wird ein Opfer gefangen, nur rettet sich das Opfer hier diesmal selbst. Opfer und Protagonist sind die gleiche Person. Flucht ist in diesem Plot wörtlich zu nehmen. Der Protagonist, der Held, sollte gegen seinen Willen – oft zu Unrecht – eingesperrt werden und möchte fliehen.

- Ihr Held sollte das Opfer sein – im Gegensatz zum Rettungs-Plot, bei dem der Held das Opfer rettet.
- Es gibt drei Phasen in der Geschichte:
  1. Der Held startet nach seiner Inhaftierung die ersten Fluchtversuche, die scheitern.
  2. Der Held schmiedet Fluchtpläne, die fast immer durchkreuzt werden.
  3. Der Held ist auf der eigentlichen Flucht.
- In den ersten beiden dramatischen Phasen hat der Antagonist die Kontrolle über den Helden. In der letzten dramatischen Phase gewinnt der Held die Kontrolle.

13.3.6   Die Rache

Ein sehr emotionales Thema ist die Rache. Denn sehr viele Menschen haben ein tief empfundenes Gefühl für Recht und Unrecht. Das Hauptmotiv des Rache-Plots: Der Protagonist rächt sich am Antagonisten für ein reales oder gefühltes Unrecht. Das Geschehen spielt sich in diesem Plot fast immer außerhalb von Recht und Gesetz ab.

- Die drei Phasen des Rache-Plots:
  1. Der Held führt ein normales Leben. Der Antagonist greift ein, indem er ein Verbrechen am Protagonisten verübt. Der Held findet keine Genugtuung beim Gang durch die offiziellen Kanäle und erkennt, dass er die Sache selber in die Hand nehmen muss.
  2. Der Held schmiedet Rachepläne und verfolgt den Antagonisten.
  3. Konfrontation zwischen dem Helden und dem Antagonisten. Oftmals gehen die Pläne des Helden schief und zwingen ihn zur Improvisation. Entweder gelingt dem Helden die Rache oder er scheitert bei seinem Versuch.
- Der Held sollte zunächst versuchen, mit dem Unrecht auf traditionelle Weise umzugehen, indem er sich z. B. auf eine Institution wie die Polizei verlässt – ein Versuch, der in der Regel fehlschlägt.
- Beim Rache-Plot zahlt der Held normalerweise keinen hohen emotionalen Preis für die Rache. Das lässt die Handlung für das Publikum kathartisch wirken.

13.3.7   Das Rätsel

Menschen lieben die Herausforderung und die Freude bei der Lösung eines Rätsels. Im Rätsel-Plot geht es darum, ein Geheimnis zu lüften und genau wie bei jedem Rätsel, muss das Geheimnis schwierig und vielschichtig sein, sodass es nach einer Lösung verlangt. Der Plot steht und fällt mit der Qualität des Rätsels. Wichtig ist dabei das Element der Überraschung. Oft ist dieser Plot auch mit dem Abenteuer-Plot verbunden.

- Die erste Phase sollte aus der Fragestellung des Rätsels bestehen: Welche Personen, Orte oder Ereignisse spielen eine Rolle?

- Die zweite Phase sollte aus den Besonderheiten des Rätsels bestehen: In welcher Beziehung zueinander stehen Personen, Orte oder Ereignisse?

- Die dritte Phase sollte aus der Lösung, der Klärung des Rätsels bestehen: Wie ist die wirkliche Abfolge der Ereignisse zwischen Personen, Orten oder Ereignissen – im Gegensatz zu dem, was scheinbar geschehen ist?

13.3.8   Die Rivalität

Rivalität ist ein uraltes, aber auch sehr modernes Motiv der Menschheit. Kain und Abel, Griechen und Römer, Tom und Jerry – zwei Personen oder Gruppen haben dasselbe Ziel: den gleichen Menschen zu erobern, den Schatz oder die Schlacht zu gewinnen, den Rivalen zu besiegen. Die Gegner sind sich ebenbürtig und der Kampf findet auf Augenhöhe statt, aber nur einer kann gewinnen.

- Der Kampf zwischen den Rivalen sollte ein Kampf auf den Machtkurven der Figuren sein. In der ersten Phase gewinnt der Antagonist die Überlegenheit über den Protagonisten. In der zweiten Phase dreht sich die Machtkurve um. Der Protagonist gewinnt die Hoheit.

- Die dritte, dramatische Phase befasst sich mit der endgültigen Konfrontation zwischen den Rivalen.

- Nach der Auflösung stellt der Protagonist die Ordnung für sich und seine Welt wieder her.

Beispiel für einen Rivalitäts-Plot: »The Normal One« vs. »The Special One«

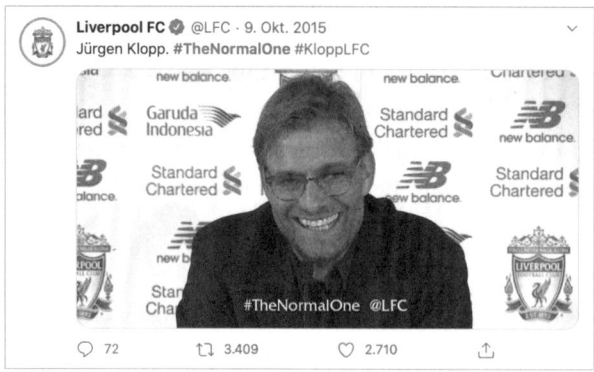

Abbildung 13.7 Jürgen Klopp bei seiner ersten Pressekonferenz beim FC Liverpool: »I'm the normal one.« (Quelle: Twitter-Screenshot)

Dass man den Rivalitäts-Plot z. B. als Thema und Content-Piece der Presse vorgeben kann, hat Jürgen Klopp bei seiner ersten offiziellen Pressekonferenz beim FC Liverpool bewiesen (siehe Abbildung 13.7). Dort verkündete er in seiner für ihn typischen locker-lässigen Art seinen Antritt als Trainer beim »Liverpool Football Club«. Und im Plauderton sagte er einen englischen Satz, der ihn schlagartig zum Titelanwärter der Fußball- oder eher der »Storyteller-Saison« 2015/16 machte: »Maybe I'm the normal one.«

Aber worauf bezog sich Jürgen Klopp? José Mourinho hat 2004 bei seiner Erstverpflichtung beim FC Chelsea auf der damaligen Pressekonferenz folgenden Satz gesagt: »Please don't call me arrogant, but I'm European champion and I think I'm a special one.« (Quelle Wikipedia) Diese Äußerung erlangte Kultstatus und verhalf dem Portugiesen zu seinem, von den britischen Boulevardmedien gerne verwendeten Spitznamen »The Special One«.

Über zehn Jahre später verband Jürgen Klopp in derselben Antrittssituation seine Fußballzukunft in der Englischen Liga mit der Geschichte von Mourinho. Die Ausgangslage war schwierig bei den »Reds«. Schließlich war es 25 Jahre her, dass Liverpool den letzten Titel in der Premier League gewonnen hatte. Aber der Weg und das Ziel waren schlagartig definiert: die Meisterschaft. Dabei versprach er gleich noch das neue Markenerlebnis des FC Liverpool der Zukunft. Er wollte Tempofußball spielen lassen, verbunden mit schnellem Umschaltspiel.

Gleich am nächsten Tag nach der Pressekonferenz konnten die Fußballfans die »Markenpositionierung« von Jürgen Klopp schriftlich in Rot auf Weiß in Form eines T-Shirts mit der Aufschrift »The Normal One« im Fanshop kaufen. Der Hashtag #thenormalone wird bis heute in Social Media genutzt. Und die Presse nahm diesen Machtkampf für ihr Storytelling und ihre Content-Produktion dankbar an, den Machtkampf zwischen Jürgen »The Normal One« Klopp gegen José »The Special One« Mourinho, das Duell Protagonist gegen Antagonist, »erfolgreich« gegen »sehr erfolgreich«, »bescheiden« gegen »arrogant«, »einer von uns« gegen »einer wie keiner«.

13.3.9   Der Underdog

Auch im Underdog-Plot geht es um Rivalität, doch im Gegensatz zum Rivalitäts-Plot sind sich die Gegner nicht ebenbürtig. Es ist ein emotionaler Plot, da die Zuschauer, Zuhörerinnen oder Leser dem Underdog gerne helfen wollen. Es ist auch ein Plot der Hoffnung: Wir wollen sehen, dass einer gegen viele gewinnen kann und dass nichts unmöglich ist. Beispiel: David gegen Goliath oder Apple gegen IBM. Apple hat lange werblich und kommunikativ den Underdog-Plot genutzt und sich damit gegen IBM positioniert.

- Der Underdog-Plot ähnelt dem Rivalitäts-Plot, außer dass der Protagonist nicht in gleicher Weise gegen den Antagonisten antreten kann. Der Antagonist, bei dem es sich um eine Person, einen Ort oder eine Sache, wie z. B. Bürokratie, handeln kann, hat eindeutig eine viel größere Macht als der Protagonist.

- Die dramatischen Phasen ähneln der Rivalitätshandlung, da sie den Machtkurven der Figuren folgt.

- Der Underdog überwindet gewöhnlich, aber nicht immer, seine Gegnerschaft.

13.3.10   Die Versuchung

Beim Versuchungs-Plot wird die Hauptfigur in Versuchung geführt, etwas Unmoralisches, Falsches oder Unkluges zu tun. Es ist ein psychologischer Plot, da die Hauptfigur hin- und hergerissen ist, sich zwischen dem Wunsch, dem Verlangen nachzugeben oder der Versuchung zu widerstehen, entscheiden muss. Das älteste Beispiel der Versuchung sind Adam und Eva im Paradies.

- Der Versuchungs-Plot ist eine Charakterhandlung. Sie untersucht die Motive, Bedürfnisse und Impulse des menschlichen Charakters.

- Die Geschichte sollte weitgehend von der Moral und den Auswirkungen des Nachgebens in der Versuchung handeln. Am Ende der Handlung sollte die Figur von einer niedrigeren moralischen Ebene – in der sie der Versuchung nachgibt – auf eine höhere moralische Ebene übergegangen sein. Mit einer Lektion, die man lernen muss, wenn man der Versuchung nachgibt.

- Am Schluss sollten die internen Konflikte des Protagonisten gelöst werden. Die Geschichte endet mit Sühne, Versöhnung oder Vergebung.

13.3.11   Die Metamorphose

Im Metamorphose-Plot geht es um eine tatsächliche physikalische Veränderung der Hauptfigur, des Metamorphs, und die emotionale Veränderung, die diese mit sich bringt. Die Metamorphose ist in der Regel die Folge eines Fluches, das Heilmittel gegen den Fluch ist die Liebe. Der Metamorphose-Plot ist oft märchenhaft erzählt, wie in Fantasy- oder Science-Fiction-Filmen. Ein Beispiel einer Gestaltwandler-Geschichte ist »Wolfman«.

- Der Metamorph wird in der Regel als Protagonist dargestellt und ist ein von Natur aus trauriger Charakter. Sein Leben ist an Rituale und Verbote gebunden.

- Der Sinn der Handlung besteht darin, den Prozess der Verwandlung zurück zur Menschlichkeit zu zeigen.

- Die drei Phasen des Metamorphose-Plots:

1. Am Anfang kann der Metamorph die Gründe für seinen Fluch nicht erklären. Wir sehen ihn in dem Zustand, in dem er sich nach dem Fluch befindet. Der Antagonist fungiert als Katalysator, der den Metamorph zur Befreiung treibt.

2. Zwischen dem Metamorph und dem Antagonisten entwickelt sich eine gefühlsmäßige Beziehung.

3. Die Bedingungen für die Befreiung des Metamorphs werden erfüllt und Ihr Protagonist von dem Fluch befreit. Der Metamorph kann entweder in seinen ursprünglichen Zustand zurückkehren oder sterben.

- Wenn der Fluch durch bestimmte Handlungen des Antagonisten rückgängig gemacht werden kann, kann sich der Protagonist weder erinnern, noch die Ereignisse erklären.

13.3.12   Die Verwandlung

Im Mittelpunkt dieses Plots steht die Veränderung der Hauptfigur, die hauptsächlich innerlich und nur bedingt eine äußerliche ist. Er beruht auf der millionenalten Fähigkeit und Notwendigkeit des Menschen, sich an verändernde Verhältnisse anzupassen, um zu überleben. Der Verwandlungs-Plot befasst sich mit dem Teil des Lebens der Hauptfigur, der die Periode des Wandels repräsentiert, in der er von einem bedeutenden Charakterzustand in einen anderen übergeht.

- Die Geschichte sollte sich auf die Art der Veränderung konzentrieren und darauf, wie sie den Protagonisten vom Anfang bis zum Ende der Erfahrung beeinflusst.

- Es gibt drei Phasen:

   1. Die erste Phase bezieht sich auf den transformierenden Zwischenfall, der den Antagonisten in eine Krise treibt, die den Prozess der Veränderung einleitet.

   2. Die zweite Phase stellt die generellen Auswirkungen der Transformation dar. Da es in dieser Handlung um den Charakter geht, wird sich die Geschichte auf die Selbstprüfung des Protagonisten konzentrieren.

   3. Die dritte Phase sollte einen klärenden Anfang enthalten, der die letzte Phase der Transformation darstellt.

- Der Charakter versteht am Ende der Geschichte die wahre Natur seiner Erfahrung und wie sie ihn beeinflusst hat. Im Allgemeinen ist dies der Punkt der Geschichte, an dem wahres Wachstum und Verständnis eintreten.

13.3.13   Die Reifung

Während der Verwandlungs-Plot von Erwachsenen handelt, die sich wesentlich verändern, handelt der Reifungs-Plot von Heranwachsenden auf ihrem Weg zum Erwachsenwerden. Der Reifungs-Plot handelt vom Kontrast zwischen dem (naiven) Leben in der Kindheit und der Realität des (ungeschützten) Erwachsenenlebens.

- Der Reifungs-Plot handelt von einem Protagonisten, der an der Schwelle zum Erwachsenenalter steht, dessen Ziele entweder verwirrt oder noch nicht klar definiert sind.

- Die Geschichte konzentriert sich auf die moralischen und psychologischen Aspekte der Veränderung des Protagonisten. Kleine Lektionen stehen für große Umwälzungen im Wachstumsprozess. Deshalb sollte die Veränderung allmählich und nicht plötzlich erfolgen.

- Lehnt die Hauptfigur die Veränderungen ab oder akzeptiert sie sie? Widersetzt sie sich der Lektion? Wie verhält sie sich?

13.3.14   Die Liebe

Eines der zentralsten Themen der Menschheit: Frau trifft Mann, Mann trifft Frau, Mann trifft Mann oder Frau trifft Frau. Doch da Geschichten vom Konflikt leben, gibt es ein Aber. Das Aber bezieht sich auf die Schwierigkeiten und Hindernisse, die die beiden überwinden müssen, um zusammen sein zu können, Beispiel »Tristan und Isolde«.

- Der Aussicht auf Liebe sollte immer ein großes Hindernis entgegenstehen. Die Figuren wollen sich haben, aber sie können sich aus den verschiedensten Gründen, wie z. B. Herkunft aus verschiedenen sozialen Schichten oder körperliche Ungleichheit, nicht haben, zumindest nicht sofort. Und wie wir alle wissen: Nicht jede Liebe endet im Happy End.

- Emotionen sind ein wichtiges Element der Liebe. Und deshalb sollte die ganze Bandbreite von Gefühlen, wie Angst, Abscheu, Anziehung, Enttäuschung oder Wiedervereinigung genutzt werden. Mit der Liebe sind viele Gefühle verbunden, die bei der Entwicklung der Handlung berücksichtigt werden sollten.

- Die Liebenden fahren auf der Achterbahn der Liebe. Ihre Liebe wird getestet, sodass sie schließlich die Liebe bekommen, die sie verdienen. Ungeprüfte Liebe ist keine wahre Liebe.

13.3.15   Die verbotene Liebe

Dieser Plot funktioniert genauso wie der Liebes-Plot, doch das Aber bezieht sich in diesem Fall auf die Verletzung gesellschaftlicher Tabus, wie unterschiedliche Ethnien, Altersstufen, gesellschaftliche Klassen oder Gesetze. Der Verbotene-Liebe-Plot handelt von jener Liebe, die gegen die Konventionen der Gesellschaft verstößt, sodass in der Regel entweder eine explizite oder implizite Kraft gegen die Liebenden ausgeübt wird, wie z. B. bei »Romeo und Julia«.

- Die Liebenden ignorieren die gesellschaftlichen Konventionen und folgen ihrem Herzen, meist mit katastrophalen Folgen.

- Ehebruch ist die häufigste Form der verbotenen Liebe. Der Ehebrecher kann entweder der Protagonist oder der Antagonist sein, je nach der Art der Geschichte.

- In der ersten Phase wird die Beziehung zwischen den Partnern definiert und in ihrem sozialen Kontext formuliert. Welches sind die Tabus, die gebrochen werden? In der zweiten Phase steht die Beziehung der Liebenden im Mittelpunkt. Die Liebenden mögen in einer idyllischen Phase beginnen, aber wenn die sozialen und psychologischen Probleme der Affäre auftreten, beginnt der Druck. Die dritte Phase führt die Liebenden an den Endpunkt ihrer Beziehung. Jetzt werden alle moralischen Rechnungen beglichen. Die Liebenden werden getrennt, entweder durch Separation, Gewalt oder Tod.

13.3.16   Das Opfer

Das uralte Konzept des Opfers beruht darauf, dass ein Objekt für einen Gott geopfert wird, um eine Beziehung zwischen dem Opfernden und Gott herzustellen. Heutzutage ist meist kein Gott mehr involviert, sondern jemand opfert sich oder etwas für eine Idee, ein Lebenskonzept, die Ehre oder aus Barmherzigkeit. Mann oder Frau »opfern« sich für Kind oder Karriere, für die alte oder die neue Liebe, für oder gegen das Leben.

- Ein starkes moralisches Dilemma steht im Mittelpunkt der Geschichte. Die Handlungslinie wird durch die Gedankenlinie der Hauptfigur gezeigt.

- Das Opfer sollte einen hohen persönlichen Preis zahlen. Der Protagonist spielt um hohe Einsätze, entweder körperlich oder geistig. Deshalb sollte die Motivation der Hauptfigur deutlich werden, damit das Publikum versteht, warum er diese Art von Opfer bringt.

- Alle Ereignisse sind ein Spiegelbild der Hauptfigur. Die Ereignisse testen und entwickeln den Charakter.

13.3.17   Die Entdeckung

»Wer bin ich?« und »Wieso bin ich hier?« – Menschen waren schon immer auf der Suche danach zu erfahren, wer sie wirklich sind. Der Entdeckungs-Plot dreht sich um Menschen, die danach suchen, wer sie sind. Bei diesem Plot geht es mehr um den Charakter, der die Entdeckung macht, als um die Entdeckung selbst. Dies ist keine Suche nach einem Schatz oder dem Geheimnis eines verlorenen Grabes, sondern um die Suche nach dem Verständnis der menschlichen Natur.

- Wichtig ist, dass der Katalysator, der den Wandel erzwingt – von einem Zustand des Gleichgewichts zu einem des Ungleichgewichts –, signifikant und interessant genug ist, um die Aufmerksamkeit der Zuschauerin, des Zuhörers oder der Leserin zu fesseln. Es darf weder zu trivial noch zu detailreich sein.

- Die Hauptfigur sollte so schnell wie möglich in die Krise kommen, aber der wesentliche Teil der Spannung zwischen Vergangenheit und Gegenwart aufrechterhalten bleiben.

- Die Enthüllungen des Charakters stehen in einem angemessenen Verhältnis zu den Emotionen und Ereignissen, die passieren.

13.3.18   Die Grenzerfahrung

In diesem Plot (Grenzerfahrungs-Plot) geht es um Figuren, die bestehende Grenzen überschreiten. Entweder erleben gewöhnliche Menschen außergewöhnliche Umstände oder außergewöhnliche Menschen erleben gewöhnliche Umstände, gewollt oder ungewollt. Die Spannung entsteht dadurch, dass der Zuschauer, Leser oder Zuhörer das Gefühl hat, jeder könnte in diese Situation geraten, auch er selbst.

- Es gibt drei Phasen der Grenzerfahrung, wie z. B. beim Niedergang:
    1. Wie geht es dem Hauptcharakter, bevor die Ereignisse beginnen, ihn zu verändern?
    2. Wie geht es ihm, während seine Situation sich verändert oder verschlechtert?
    3. Was passiert, nachdem die Ereignisse einen kritischen Punkt erreicht haben und ihn zwingen, sich entweder seiner Erfahrung und Veränderung vollständig hinzugeben oder sich davon erfolgreich zu erholen?

- Die Charakterentwicklung weckt bei der Veränderung oder beim Verfall im besten Fall Sympathie – im schlechtesten Fall Mitleid.

- Die Handlung sollte sich immer auf den Charakter beziehen. Dinge geschehen, weil die Hauptfigur bestimmte Dinge tut oder eben nicht tut. Die Ursache und die Auswirkungen der Handlung darf sich immer, entweder direkt oder indirekt, auf den Hauptdarsteller beziehen.

13.3.19   Aufstieg und Fall

Die beiden Plots Aufstieg und Fall beziehen sich auf die gegensätzlichen Positionen im Kreislauf von Erfolg und Misserfolg. Während der Aufstiegs-Plot den Aufstieg eines Menschen oder einer Gruppe beschreibt, erzählt der Fall-Plot von seinem oder ihrem Absturz. Manche Geschichten erzählen beides, z. B. »Der Pate«.

- Der Hauptcharakter der Geschichte darf willensstark, charismatisch und scheinbar einzigartig sein. Alle anderen Figuren drehen sich um diese Figur.

- Im Mittelpunkt der Story sollte ein moralisches Dilemma oder eine große Herausforderung stehen. Beides stellt den Charakter des Protagonisten auf die Probe und ist die Grundlage für den Katalysator des Wandels.

- Charakter und Ereignis sind eng miteinander verbunden. Alles, was geschieht, geschieht wegen des Hauptdarstellers. Er ist die Kraft, die das Geschehen beeinflusst, nicht umgekehrt. Die Hauptfigur sollte vor, während und nach der Veränderung gezeigt werden, sei es beim Aufstieg oder beim Abstieg.

- Der Aufstieg oder der Abstieg erfolgt nicht geradlinig, sondern in einer Reihe aufeinanderfolgender, variierender Ereignisse – wie im wahren Leben. Die Gründe für die Fähigkeit einer Figur, Widrigkeiten zu überwinden oder Chancen zu ergreifen, sollten das Ergebnis des Charakters sein.

Beispiel für einen Aufstiegs- und Fall-Plot: Nike – »Write the future«

Abbildung 13.8 Der Nike-Spot »Write the future« zeigt in 3 Minuten, wie eine einzige Spielszene das Leben von Fußballstars verändern kann – positiv und negativ. (Screenshot aus dem Film)

Eine große Content-Maschine, die vom Aufstiegs- und Fall-Plot lebt, ist der Fußball. Jedes Wochenende gewinnen oder verlieren Mannschaften, Spieler werden gefeiert oder (gefühlt) gefeuert, Trainer steigen auf oder ab – zumindest in der Gunst der Fans. Und in der Woche werden in der Kneipe, in der Presse, in Social

Media die Storys von Auf- und Abstieg erzählt, die den Fußball zu einer berauschenden Achterbahnfahrt der (Fan-)Gefühle machen. Wie das genau funktioniert, zeigt anschaulich ein Spot von Nike.

In dem dreiminütigen Werbespot »Write the future« träumen Fußballstars wie Cristiano Ronaldo, Wayne Rooney und Fabio Cannavaro vom Ruhm auf und neben dem Spielfeld, wie sie bei einem Fußballturnier triumphieren – und von Schmach und Verachtung, wenn sie scheitern. Der Spot zeigt die ganzen Emotionen und die Wirkung, die ein einziger Moment in einem Fußballspiel auf einen Spieler, einen Fan oder eine Nation haben kann.

Die Geschichte beginnt, als ein Ball aus der Luft den Weg zu Didier Drogba findet. Während die Welt den kollektiven Atem anhält, bahnt sich Drogba seinen Weg durch die gegnerische Verteidigung und überwindet gekonnt den Torhüter. Der Ball fliegt in Richtung Tor, ganz Afrika kommt in einen Freudentaumel und beginnt wild zu feiern. Doch in letzter Sekunde fängt Fabio Cannavaro den Ball ab und schießt ihn über das Tor. Dieser spielentscheidende Moment macht ihn schlagartig zu einer Ikone der Popkultur, mit Auftritten in Fernsehtalkshows und einem Lied, das seine Fußballkunst feiert.

In der nächsten Szene wird ein Pass des englischen Stürmers Wayne Rooney von Frank Ribery abgepasst und für Rooney beginnt damit der Albtraum einer zerstörten Karriere. Ein Leben als Platzwart vor Augen, hausiert er in einem Wohnwagenpark mit gebackenen Bohnen und einem Blick auf eine riesige Plakatwand, auf der – natürlich – Ribery abgebildet ist.

Aber Rooney gibt im Spiel nicht auf, sprintet hinter Ribery her und gewinnt den Ball zurück. Sein persönlicher und nationaler Stolz ist wiederhergestellt, und wir sehen, wie er den Ritterschlag erhält, mit schlagzeilenträchtigen Lobeshymnen überschüttet wird, einem Entbindungsraum voller kleiner Waynes und einer für Rooney mühelosen Tischtenniseinlage gegen Roger Federer.

Nachdem in der nächsten Szene Ronaldinho als Meme weltweit für seine Drippling Skills gefeiert wird, bekommt Cristiano Ronaldo den Ball. Während er aufs Tor zuläuft, wird schon ein Fußballstadion nach ihm benannt, er begegnet den Simpsons und besucht die Filmpremiere seines eigenen Films. Um schließlich gefoult zu werden! Während er sich darauf vorbereitet, den entscheidenden Freistoß für Portugal zu schießen, schauen wir in die Zukunft, wie eine Statur zu seinen Ehren enthüllt wird (siehe Abbildung 13.8). Falls er ein Tor schießen sollte! Den Spot können Sie hier sehen: *https://www.youtube.com/watch?v=lSggaxXUS8k*

Die Beispiele von Nike, eBay, Ahmed Mohamed und dem FC Liverpool mit Jürgen Klopp zeigen, dass die Masterplots in jedem Medium und in jedem Kanal funktionieren. Sie können auch einen Podcast durch die Anwendung der Masterplots strukturieren. Ein Beispiel ist der Podcast »Beste Freundinnen von Max und Jakob«. Laut Eigenwerbung: »Der ultraehrliche Männerpodcast. Zwei, die so über Liebe, Sex und Partnerschaft reden, als wären sie nur zu zweit.«

Testen Sie, wie gut Sie die Masterplots kennen, und finden Sie heraus, welcher Plot hinter jeder Folge des Podcasts steckt. Sie werden sehen, nur wenn Sie den Titel jeder einzelnen Folge lesen, wissen Sie schon, wie das Storytelling funktioniert.

Frage: Welcher Masterplot steckt in der jeweiligen Folge?

1. Die 10 Stufen des Kennenlernens

2. Warum stalkt man die Ex-Freunde des Partners?

3. Warum wollen Männer immer wissen, wie viele Sexpartner man schon hatte?

4. 11 Dinge, die wir von unserem Vater gelernt haben

5. Sex mit der Ex

6. Was machst du, wenn eine Nachricht dein ganzes Leben verändert?

Die Auflösung finden Sie am Ende des Kapitels.

13.4   Das entscheidende Ende

Wie soll der Zuschauer, wie die Zuhörerin oder der Leser aus einer Story entlassen werden? Mit einem überraschenden Ende oder einem humorvollen? Oder vielleicht mit einem Cliffhanger, damit er sehnsüchtig auf die nächste Folge wartet?

Neun Wege helfen Ihnen, das richtige Ende für Ihre Story zu finden. Ein Tipp: Manchmal hilft es, eine Story vom Ende der Geschichte aus zu kreieren. Wenn Sie nämlich schon genau wissen, mit welcher Emotion, welchem Gefühl und Gedanken Sie das Publikum aus der Story entlassen wollen.

Neun Wege, wie Sie eine Story beenden können

1. *Kreisförmiges Ende*
   Eine Geschichte, die einen Kreis schließt und zum Anfang der Geschichte zurückkehrt, hat ein kreisförmiges Ende. Diese Art des Endes bietet eine gute Möglichkeit, mit Ironie und Satire zu arbeiten. Wenn der Zuhörer, die Zuschauerin oder der Leser dazu ermutigt wird, das Vorher und Nachher zu vergleichen, kann er das Missverhältnis zwischen dem, wie die Dinge sind, und dem, wie sie entweder sein sollten oder wie er sie sich wünscht, erkennen. Der Kontrast – ob bitter oder süß, arm oder reich, schön oder hässlich – ist deutlich zu erkennen.

2. *Überraschendes Ende*

Das überraschende Ende ist die große Wendung in letzter Minute! Und damit ist sie das Ende, wie wir es in der Geschichte am wenigsten erwartet hätten. Wenn man es richtig macht, können sich solche Enden einer Story für Jahre nachhaltig in die Erinnerung der Leserin, des Zuhörers oder Zuschauers »einbrennen«. Ein überraschendes Ende kann die Wahrnehmung der vorangegangenen Ereignisse durch das Publikum nachhaltig verändern. Es kann auch einen neuen Konflikt einführen, der die Geschichte in einen anderen Kontext stellt. Eine subtile Irreführung ist der Schlüssel zu dieser Art von Schluss.

3. *Reflexionsende*

Der Held oder Antiheld betrachtet im Reflexionsende alles, was er erreicht hat, was er erlebt hat und was er durchgemacht hat. Diese Art des Endes gibt der Hauptfigur die Möglichkeit, tiefer über die Geschehnisse in der Geschichte nachzudenken und zu fühlen und sogar die ein oder andere neue und überraschende Einsicht zu gewinnen.

4. *Humorvolles Ende*

Das humorvolle Ende lässt den Zuseher, die Zuhörerin oder den Leser über eine Zeile oder einen (Insider-)Witz in der Geschichte schmunzeln oder lachen. Bevor Sie ein solches Ende konzipieren, ist es wichtig, über den gemeinsamen Sinn für Humor mit Ihrer Zielgruppe oder Community nachzudenken und darüber, wie Sie diesen für ein humorvolles Ende nutzen können und wollen.

5. *Moralisches Ende*

Das moralische Ende ist das Ende einer Story, in dem die Hauptfigur ihren Charakter entwickelt und eine Lektion fürs Leben lernt. Der schwierigste Teil des moralischen Endes besteht darin, herauszuarbeiten, was genau die Moral der Geschichte ist. Denken Sie über Ihre Hauptfigur und deren Ziel am Anfang der Story nach und wie sich dieses Ziel und auch die Figur im Laufe der Story weiterentwickelt und verändert. Diese Art von Schluss – das moralische Ende – hilft dem Publikum, durch die Hauptfigur selber eine wichtige Lebenslektion zu lernen.

6. *Emotionales Ende*

Hinterlassen Sie Ihre Zuschauer, Zuhörerinnen oder Leser mit einem Gefühl der Traurigkeit, der Freude oder des Glücks. Bevor Sie ein emotional ansprechendes Ende für Ihre Geschichte konzipieren, müssen Sie genau wissen, warum Sie Ihr Publikum mit diesem Gefühl konfrontieren wollen.

7. *Cliffhanger-Ende*

Beenden Sie eine Folge einer Geschichte, meistens einer Serie, mit einem Cliffhanger. Auf dem Höhepunkt der Episode gibt es ein offenes Ende, das erst im nächsten Teil aufgelöst wird. Dieses Ende sorgt für Spannung und lässt Fragen unbeantwortet, die beim Leser oder Betrachter den Wunsch wecken, weiterzuschauen oder weiterzuhören und zu erfahren, was als Nächstes passiert.

8. *Fragendes Ende*

Bringen Sie die Zuschauerinnen oder Zuhörer dazu, sich zu fragen, was als Nächstes in der Story passieren wird, obwohl die Geschichte schon beendet ist – und keine Fortsetzung folgt. Mit einer Frage zu enden, ist eine effektive Strategie, die man anwendet, wenn man möchte, dass das Publikum sich an das Ende erinnert und noch länger über die Geschichte nachdenkt. Spielen Sie mit verschiedenen Fragen und sehen Sie, was am besten in ihrer Geschichte funktioniert.

9. *Dialogisches Ende*
   Beenden Sie Ihre Geschichte mit einem Dialog oder Monolog des Hauptcharakters – des Helden oder des Antihelden. Wenn eine Geschichte auf diese Weise endet, können sich die Zuhörerin oder der Zuschauer mit der Hauptfigur verbünden, weil die Figur die eigenen Gefühle am Ende der Geschichte mit seinem Publikum teilt.

Die Auflösung

1. das Abenteuer

2. das Rätsel

3. die Rivalität

4. die Reifung

5. die verbotene Liebe

6. die Grenzerfahrung

Content-Marketing-Kampagne – wie Sie mit einer Leitidee crossmedial sichtbar werden

»Manchmal lässt es sich nicht vermeiden, dass man Anstoß erregt.«
– Vincent van Gogh, niederländischer Maler und Zeichner

Sie haben noch nie eine Content-Marketing-Kampagne gesehen? Oh doch! Wenn Sie mit Ihrem Smartphone an einem gesponserten Instagram-Post vorbeiscrollen, Ihnen bei Facebook ein Rap-Video auffällt, Sie bei TikTok zu einer Tanz-Challenge aufgefordert werden und Ihnen dann noch bei YouTube ein Unboxing-Video gezeigt wird, dann könnte es sein, dass all diese Aktionen für ein und dasselbe Produkt werben, das Sie jetzt natürlich gleich im Onlineshop bestellen, daraufhin den Newsletter direkt mit abonnieren und dank diesem eine Einladung in die Community bekommen …, ja, dann sind Sie mittendrin im Onlinemarketing.

Das Wort Kampagne ist definiert als eine »geplante Reihe von besonderen politischen, wirtschaftlichen oder militärischen Aktivitäten, die ein bestimmtes Ziel erreichen sollen«[1]. Das ist der Grund, warum Politiker eine Kampagne für eine bestimmte Wahl und Militärs eine Kampagne für eine bestimmte Schlacht führen. Großartige Content-Marketing-Kampagnen folgen in einer Kampagne einem konsistenten Thema, einer einzelnen, fokussierten Idee und einem Ziel, wie z. B. Engagement, Conversion, Traffic oder den Umsatz zu steigern. Die Phasen des Aufbaus einer Kampagne umfassen Planung, Entwicklung und Management.

Es gibt vier Gründe, wofür Sie eine Content-Marketing-Kampagne nutzen können:

1. Sie erzeugt Aufmerksamkeit.
2. Sie kommuniziert Anliegen.
3. Sie vermittelt Werte und definiert eine Haltung.
4. Sie kreiert und inszeniert eine Marke.

---

1 *https://dictionary.cambridge.org/de/worterbuch/englisch/campaign* [16.10.2020]

Kurzdefinition: Content-Marketing-Kampagne

Eine Content-Marketing-Kampagne gestaltet die Kommunikationsmaßnahmen mit einer durchgängigen Leitidee. In für die Zielgruppen relevanten Medien wird die Leitidee inhaltlich, formal und zeitlich integriert. Die vernetzte interaktive Ansprache bietet dem Publikum Nutz- und Mehrwert.

Trotz ihrer einfachen Definition können Content-Marketing-Kampagnen eine Menge Arbeit bedeuten. In diesem Kapitel erfahren Sie, warum Sie Momentum, Haltung und Crossmedialität für eine Kampagne brauchen, wie Sie ein erfolgreiches Kampagnen-Briefing erstellen, eine Big Idea kreieren und bewerten und schließlich wie Sie mithilfe des Hub-Hero-Help-Modells eine sinnvolle, effiziente Kampagnenplanung aufsetzen.

14.1   Zusammenspiel von Content-Marketing-Kampagne und Content-Marketing-Strategie

Die einzelnen Content-Marketing-Kampagnen und die Content-Marketing-Strategie sind trotz der Unterschiede eng miteinander verwoben. Ohne eine übergeordnete Strategie kann keine Kampagne funktionieren. Kampagnen basieren auf einer zuvor erarbeiteten Prozessstrategie und sind der Turbo für eine langfristig angelegte Content-Marketing-Strategie. Der Content, über den Besucher langfristig konvertiert werden sollen, muss dabei über verschiedene Kampagnen organisiert werden. Bei Content-Marketing-Kampagnen geht es darum, operativ messbare Etappenziele auf dem Weg der langfristig angelegten strategischen Ziele der Content-Marketing-Strategie zu erreichen. Die einzelnen Bestandteile der Kampagne, der Start, die Durchführung und das Ende sind dabei eindeutig definiert.

Das Besondere: Content-Marketing-Kampagnen sind zeitlich begrenzt und auf kurz- und mittelfristige Erfolge ausgelegt. Sie fungieren als einzelne Abschnitte innerhalb der gesamten Content-Marketing-Strategie und richten den Fokus auf ein klares und messbares Ziel. Dazu gehören etwa konkrete Zahlen hinsichtlich zu erreichender KPIs (Key Performance Indicators, mehr dazu in Kapitel 28, »KPIs und Metriken – Erfolg lässt sich messen«) oder Ziele wie Newsletter-Abos, Downloads und Log-ins. Es kann auch darum gehen, die Nutzerinteraktion auf Websites zu optimieren, Besucherzahlen zu erhöhen oder ein höheres Google-Ranking zu erzeugen. Die Verbesserung der Markenwahrnehmung oder für mehr Social Buzz in den sozialen Netzwerken zu sorgen, sind ebenfalls messbare Kommunikationsziele.

14.2   Momentum, Haltung und Crossmedialität

Bei einer Content-Marketing-Kampagne geht es darum, eine kommunikative Idee über mehrere Medienkanäle mit einer Stimme zu kommunizieren. So wird die Kernbotschaft der Marke verstärkt und ein großes, nahtloses Erlebnis für den User, Konsumenten und Verbraucher geschaffen.

Und wie stellen Sie als Marke diese Erfahrung sicher? Der Schlüssel zum nahtlosen Erlebnis ist Konsistenz in Ihrer Kommunikation und Kohärenz in Ihrer Botschaft. Für eine Marke arbeiten oft diverse Content-Agenturen. Es ist daher unerlässlich, die Markenaktivitäten zu synchronisieren. So können Sie sicherstellen, dass die Kommunikation über alle Kanäle abgestimmt ist und jeder Kanal der kommunikativen Leitidee dient.

Warum eine Content-Marketing-Kampagne? Weil die Menschen von heute viel stärker vernetzt sind und das Internet und die sozialen Medien einen großen Teil ihres Lebens ausmachen. Dies verändert die Art und Weise, wie wir alle Informationen konsumieren, was wir kaufen und wie wir Marken erleben. Die User, Konsumenten und Verbraucher von heute verlieren sehr schnell das Interesse, lange nach etwas zu suchen und stellen sich immer häufiger die Frage: »Was habe ich davon? Was springt für mich dabei heraus?« Eine Content-Marketing-Kampagne bietet einen crossmedialen Mehrwert und lässt die User, Konsumenten und Verbraucher an einer gemeinsamen (Marken-)Erfahrung teilhaben, die sie im Idealfall mit ihren Freunden und ihrer Community teilen und kommentieren können. Eine Content-Marketing-Kampagne kann sich dabei je nach Größe und Umfang über Stunden, Tage oder Monate erstrecken.

Beispiel: Die Kampagne »Daily Twist« von Oreo

Nur wenige Kekse haben den gleichen Grad an Ikonizität erreicht wie der Oreo-Doppelkeks von Nabisco (Mondelez International). Seine runde Form, die schwärzliche Farbe und die weiße Cremefüllung haben unbestreitbar zu seinem Erfolg beigetragen.

Aber wie konnte Oreo weltweit nicht nur Hunderttausende von Mündern, sondern auch Millionen von Herzen erreichen? Mit der Content-Marketing-Kampagne »Daily Twist« (dt. tägliche Drehung oder Wendung) zum Beispiel. Anlässlich des 100. Geburtstages des Doppelkekses in Amerika startete Oreo eine Bilderkampagne zu zeitgenössischen Ereignissen und Themen. Die Bilder wurden über Facebook, Twitter, Tumblr und Pinterest unter dem Hashtag #oreodailytwist über 100 Tage lang online gestellt. Das Besondere: Die Kampagne stellte das Produkt – den Oreo-Keks – in den Mittelpunkt. Im Marketing spricht man in diesem Fall von einer Packshot-Kampagne.

Aber warum war die Content-Marketing-Kampagne so erfolgreich? Erstens, weil die sogenannten Content-Pieces – die einzelnen Posts, Tweets und Beiträge – relevant, zeitgemäß und teilbar waren, ohne jemals um Likes, Shares und Kommentare zu betteln. Zweitens, weil die Kampagne drei entscheidende Komponenten genutzt hat – Momentum, Haltung und Crossmedialität.

Abbildung 14.1 Oreo-Post anlässlich des LGBT-Monats in den USA (Quelle: Lürzer's Archiv)

Abbildung 14.2 Oreo-Post zur Mars-Rover-Landung (Quelle: Lürzer's Archiv)

Abbildung 14.3 Oreo-Post zum Vollmond im August 2012 (Quelle: Lürzer's Archiv)

Abbildung 14.4 Oreo-Post anlässlich des 35. Todestages von Elvis Presley
(Quelle: Lürzer's Archiv)

Abbildung 14.5 Oreo-Post zum Ende der Tour de France (Quelle: Lürzer's Archiv)

Abbildung 14.6 Oreo-Post zur Filmpremiere von »The Dark Knight Rises«
(Quelle: Lürzer's Archiv)

Die Kampagne hat Momentum: 100 Tage lang erhielt der Oreo-Keks eine andere Wendung, einen anderen Twist – der Keks wurde so gestaltet, dass er wie Elvis (siehe Abbildung 14.4), wie ein Pandabär oder wie die Marsoberfläche aussah, nachdem der Mars Rover darübergefahren war (siehe Abbildung 14.2). Die Beobachtung von Trendthemen und die Nutzung aktueller Ereignisse stellte sicher, dass die Inhalte der Kampagne immer relevant und aktuell waren und ein tägliches überraschendes Momentum erzeugten (siehe Abbildung 14.3, Abbildung 14.5, Abbildung 14.6). Auf der »Daily Twist«-Website konnten die Benutzer ihre eigene kreative »Oreo-Keks-Wendung« vorschlagen und sich aktiv als Co-Creator in die Kampagnengestaltung einbringen.

Die Kampagne zeigt Haltung: Die Kampagne startete mit dem Gay-Pride-Regenbogenkeks in Anerkennung der LGBTQ-Gemeinschaft (siehe Abbildung 14.1). Der Post löste eine hitzige Onlinedebatte aus, die die Gegner der Homo-Ehe dazu veranlasste, zu einem Oreo-Boykott aufzurufen. Doch während Befürworter und Gegner ihren Onlinekampf kämpften, verdoppelte der Regenbogen-Cookie das Fanwachstum von Oreo. Dadurch, dass Oreo eine starke Position und Haltung einnahm und daran festhielt, etablierte sich Oreo bei seinen liberaleren Fans als mutige Marke.

Die Kampagne arbeitet crossmedial: Die Oreo-Content-Marketing-Kampagne hatte einen crossmedialen Ansatz, der die Offline- und Onlinewelt kombinierte. Das Finale der Kampagne fand auf dem Times Square in New York statt. Dort gründete das Oreo-Team eine Pop-up-Agentur, in der die letzten »Daily Twist«-Posts auf der Grundlage von Vorschlägen von Fans entworfen wurden. Am frühen Morgen hatte die Marke ihre Twitter-Follower und Facebook-Fans um Ideen gebeten, die live auf einer Plakatwand veröffentlicht wurden. Die Kreativen wählten die besten Ideen aus, drei von ihnen wurden online zur Abstimmung gestellt. Der siegreiche Cookie-Entwurf wurde vor Ort entworfen und auf einer großen Plakatwand installiert. So entstand ein nahtloser Fluss zwischen der Online- und Offlinewelt, eine Mischung aus sozialem und klassischem Marketing, crossmedial gespielt.

Tipp: Nutzen Sie die drei Komponenten

Nutzen Sie und Ihr Team die drei Komponenten – Momentum, Haltung und Crossmedialität – als wichtige Bausteine für Ihre Content-Marketing-Kampagne.

Die Content-Marketing-Kampagne von Oreo zeigt, dass themenspezifische Inhalte und tagesaktuelle Ereignisse Menschen bewegen und sie zur Interaktion animieren. Während der Kampagne und auch danach tauchten zahlreiche Nachahmerfotos von Usern auf, die ebenfalls das Produkt für ihre Postings umgestalteten. Damit wurde der Abverkauf der Oreo-Kekse und die Bekanntheit der Marke weltweit gesteigert.

Den Casefilm zur »Daily Twist«-Kampagne können Sie hier sehen: *https://www.ad-forum.com/creative-work/ad/player/34486225/oreo-daily-twist/oreo*

14.3   Startpunkt Briefing

Der sicherste Weg zur großartigen Content-Marketing-Kampagne ist, mit einem großartigen kreativen Briefing zu beginnen. *Briefing* ist Englisch und bedeutet »Anweisung« oder »Lagebesprechung«. Das Briefing legt das Fundament für das kreative Konzept, deshalb ist es so wichtig. Oft wird darauf aber nicht genügend Zeit und Sorgfalt verwandt. Dabei ist es sehr wertvoll, sich die Zeit zu nehmen, um ein gutes Briefing zu erstellen und zu schreiben.

Und warum? Ein einfacher Grund: Wenn Sie, die Mitglieder Ihres Content-Teams und Ihre Content-Agentur(en) von Anfang an verstehen, was z. B. die Kommunikationsziele und die Erwartungen sind, werden Sie bessere Arbeit leisten. Wenn jeder versteht, mit wem Ihre Marke spricht, und wenn jede weiß, worüber diese Menschen etwas hören, sehen oder lesen wollen, wird Ihr Team mehr Fokus und Kreativität auf ansprechenden, aufregenden und effektiven Content legen. Eine gute Content-Marketing-Kampagne ist relevant für das Zielpublikum, sie ist nützlich und aktivierend, im Idealfall ist sie an Ihre Kommunikations- und Marketingziele gebunden und fühlt sich authentisch als Teil Ihrer Marke an. Wenn Sie sicherstellen können, dass Ihre Content-Marketing-Kampagne diese Anforderungen erfüllt, dann wird sie funktionieren. Ihre Kunden und potenziellen Kunden, Ihre Marken-Community und Markenfans werden die Content-Kampagne honorieren, konsumieren, auf sie reagieren, sie liken und sharen.

Die Entwicklung eines kreativen Briefings mag dabei wie ein Hindernis erscheinen, aber ein (kreatives) Briefing ist in Wirklichkeit eine sehr gute Investition in Zeit, Motivation und Effizienz. Wenn alle am Projekt Beteiligten wissen, was sie tun und vor allem warum sie es tun, werden Sie weniger Kampagnenüberarbeitungen und späteres Um- oder sogar Neudenken und -planen haben und natürlich eine bessere, erfolgreichere Content-Marketing-Kampagne. Worauf sollten Sie bei einem guten Briefing achten?

- *Setzen Sie Ziele:* Was sollen die Menschen tun, die Ihre Content-Marketing-Kampagne sehen, lesen oder hören? Wie möchten Sie, dass sie reagieren? Wie möchten Sie, dass sie sich fühlen? Wie wollen Sie dies messen? Wenn Sie zu Beginn des Projekts den Erfolg definieren, dann haben Sie immer etwas, woran Sie die Wirksamkeit Ihrer Kampagne messen können.

- *Fassen Sie sich kurz:* Fassen Sie die wichtigsten Informationen prägnant und klar im Briefing zusammen. Setzen Sie dabei aber keine Vorkenntnisse voraus. Fügen

Sie dem Briefing so viele nützliche Hintergrundinformationen wie möglich hinzu, wie z. B. Kommunikations- und Marketingziele, Kernbotschaft, Zielgruppendaten, Personas, Markenrichtlinien und – falls vorhanden – Informationen zu Influencer-Kooperationen. Auch frühere Content-Marketing-Kampagnen können als Beispiel und Referenz für die Content-Kreation hilfreich sein. Genauso wie Content-Kampagnen der Mitbewerber oder »Best in Class«-Kampagnenbeispiele als Inspiration.

- *Bitten Sie um Hilfe:* Beziehen Sie Ihr Content-Team, Stakeholder aus involvierten Abteilungen und Ihre Agentur(en) in die Entwicklung des Briefings ein. Input zu erhalten bedeutet, dass Ihr Briefing gründlich sein wird, und es bedeutet auch, dass alle, die dabei sein müssen, mit an Bord sind. Außerdem wissen alle Mitglieder, welche Informationen sie genau benötigen, um die bestmögliche kreative Arbeit zu leisten.

Tipp: Seien Sie gründlich

Seien Sie einerseits nicht zu detailliert, sodass Sie die Kreativität nicht ersticken. Beschreiben Sie andererseits detailliert das Wer und das Warum. Aber schreiben Sie nicht das Wie vor, das ist die kreative Aufgabe Ihres Content-Teams.

- *Verwenden Sie eine Checkliste:* Verwenden Sie die folgende Checkliste aus Tabelle 14.1 als Leitfaden für Ihr Content-Marketing-Kampagnen-Briefing, und stellen Sie dann sicher, dass alle Teammitglieder dieses Briefing haben, um ihren jeweiligen Teil der Content-Kreation so kreativ wie möglich zu gestalten. Auch wenn Sie die Content-Kreation allein angehen, sollten Sie nicht auf das Briefing verzichten. Stellen Sie sich dann selbst die Fragen, die im Folgenden aufgeworfen werden.

Content-Marketing-Kampagne – Checkliste	Briefing
Was ist der Zweck der Content-Kampagne? Was ist das Kommunikationsziel? (Welches Problem wird durch die Kampagne gelöst? Wie passt das zur Content-Marketing-Strategie?)	Ziele:
Mit wem sprechen wir? (Wer ist das Zielpublikum? Kennen wir die Vorlieben, Abneigungen, Motivationen und Lebensweisen unserer Zielgruppe? Gibt es Personas?)	Zielgruppe:
Was denkt oder tut das Publikum, der User, die Konsumentin derzeit? (Wie nehmen sie unsere Marke, unser Produkt oder unsere Dienstleistung wahr? Gibt es Schmerzpunkte beim Publikum?)	Status Marke heute:

Tabelle 14.1 Content-Marketing-Kampagnen – Checkliste zur Briefing-Erstellung

Content-Marketing-Kampagne – Checkliste	Briefing
Was soll das Publikum, die Userin, der Konsument tun? (Was ist die erwünschte Reaktion als Ergebnis der Content Kampagne?)	Marke morgen:
Gibt es ein Nutzenversprechen, das vermittelt werden soll? (über unsere Marke, unser Produkt oder unsere Dienstleistung)	Botschaft:
Was sind die wichtigsten Meilensteine und Termine, die in den (Kampagnen-)Zeitplan aufgenommen werden sollen?	Timing:
Wie wird der Erfolg der Kampagne definiert und wie wird er gemessen? (Welche Mechanismen und Tools werden zur Messung verwendet?)	KPIs:
Wie hoch ist das Budget? (Gibt es ein Budget für die Konzeption? Ein Budget für die Produktion? Ein Budget für die Mediaschaltung?)	Budget:
Gibt es zusätzliches Quellenmaterial? (einschließlich Links und Anhänge)	Weitere Materialien:
Gibt es Community-Regeln zu beachten? Oder rechtliche oder Compliance-Regeln?	Hinweise:
Welche zusätzlichen Informationen wären für die Content-Kreation hilfreich?	Zusatzkommentare:

Tabelle 14.1 Content-Marketing-Kampagnen – Checkliste zur Briefing-Erstellung (Forts.)

14.4   Finden Sie die Big Idea

Nach der Erstellung des Briefings kommt die kreative Suche nach der großen Idee. Die Kreation einer Big Idea (große Idee) ist ein grundlegender Teil bei der Entwicklung einer digitalen Content-Marketing-Kampagne. Denn ohne eine klare, wirkungsvolle, differenzierende Kommunikationsidee ist die Chance wesentlich geringer, dass eine Kampagne den allgemein täglich vorherrschenden Social-Media-Lärm durchdringt und bei Ihrem Zielpublikum die gewünschte Aufmerksamkeit erzeugt.

Was ist eine Big Idea? Jede neue Content-Marketing-Kampagne braucht einen Aufhänger oder ein Thema, an das sich die Menschen erinnern, das sie weitererzählen und wonach sie im besten Fall handeln können. Die Big Idea einer Kampagne ist die übergreifende Botschaft, die alle Elemente einer Kampagne vereint, damit sie bei der Zielgruppe ankommt. Die Kommunikationsidee – gerne auch Leitidee genannt – muss in einer durchdringenden Einsicht verwurzelt und mit den Kommunikationszielen der Kampagne verknüpft sein, um sicherzustellen, dass sie maximale Wirkung und Relevanz hat.

Was macht eine Big Idea[2] aus?

1. Sie schafft eine emotionale Verbindung mit der Öffentlichkeit.

2. Sie ist einzigartig, da sie die Art und Weise, wie wir denken, handeln oder fühlen, neu definiert.

3. Sie ist ein wertvolles Diskussionsthema, weil sie Resonanz und Bedeutung hat.

4. Sie durchdringt alle kulturellen und ethnischen Grenzen, verbindet sich mit Menschen auf einer tieferen Ebene.

5. Sie ist universell und kann über alle Medienplattformen kommuniziert werden.

Nicht alle fünf Kriterien muss eine Kommunikationsidee erfüllen. Nutzen Sie sie als Orientierungs- und Bewertungskriterium, um herausfinden, ob Sie einer relevanten Idee auf der Spur oder schon mit Ihrem Team im Brainstorming eine Big Idea kreiert haben. Mehr zum Thema Brainstorming und Ideenfindung lesen Sie in Kapitel 11, »Der kreative Prozess – der schnelle Weg zur zündenden Idee«.

Die geheimen Zutaten einer großen Idee sind Einsichten und Wahrheiten. Entdecken Sie bei Ihrer Ideensuche eine fesselnde Einsicht oder Wahrheit. Denn was die Menschen für eine Marke, ein Produkt oder eine Dienstleistung anzieht, ist die Kommunikation, die eine Verbindung zu ihnen herstellt – sei es ihr persönliches Interesse, ein Lebensziel, eine Haltung oder eine (spezifische) Kultur. Diese Informationen, die auch als Insights bezeichnet werden, sind Bestandteil einer Big Idea. Diese Insights werden in der Regel als Grundlage durch umfangreiche Recherchen sowohl in Bezug auf das gewünschte Zielpublikum als auch auf die gesamte Produkt-, Service- oder Dienstleistungskategorie im Zusammenhang mit der Content-Marketing-Kampagne erreicht. Mehr zum Thema Insights finden Sie in Kapitel 8, »Insights – finden Sie Themen, die Menschen bewegen«.

Die in der Recherchephase entdeckten Erkenntnisse ermöglichen es, mit dem Brainstorming von Ideen und Lösungen zu beginnen, um eine transformatorische Idee zu kreieren. Eine transformatorische Idee kann Einstellungen, Überzeugungen und Verhaltensweisen bei Menschen verändern. Sie eröffnet eine neue Art, die Dinge zu sehen. Das ist die große Kunst einer Big Idea.

Das Kreieren einer Big Idea ist keine einfache Aufgabe und umfasst mehrere Phasen und Akteure. Unabhängig davon, ob Sie eine Idee intern oder in Partnerschaft mit einer Agentur entwickeln, erfordert es Disziplin und einen klaren Fokus auf die Auf-

---

2   Wikipedia, engl. Stichwort »Big Idea (marketing)«: *https://en.wikipedia.org/wiki/Big_Idea_(marketing)* [16.11.2020]

gabe und die Ziele der Kampagne. Ziel ist es, eine Idee zu entwickeln, die mit allen relevanten analogen und digitalen Kanälen, wie z. B. TV, Plakat, Anzeige, Radio und Social Media, mit einer Website und einem Blog verbunden und integriert ist.

Unterm Strich sollten Sie mit Ihrer Content-Marketing-Kampagne versuchen, Menschen zum Interagieren und zum Handeln zu motivieren – denn Menschen werden von großen Ideen bewegt.

14.5   Ideen- und Kampagnenbewertung

Grundsätzlich sollten Sie sicherstellen, dass keiner Ihrer Kanäle in Ihrer Content-Marketing-Kampagne – vom klassischen TV-Spot über die Website bis hin zu allen Social-Media-Kanälen – isoliert arbeitet, sondern dass alle als eine einheitliche Kraft, mit einer einheitlichen Content-Strategie sowie einer einheitlichen Kommunikationsidee zusammenwirken, um die Kernbotschaft Ihrer Marke zu erzählen und zu verbreiten. Doch was macht eine Big Idea, eine Kommunikationsidee »groß«? Was unterscheidet sie von ihren »nicht ganz so großen« Konkurrenten? Es sind diese vier Eigenschaften: Originalität, Einmaligkeit, Einfachheit und Empathie. Nutzen Sie diese Eigenschaften als Bewertungskriterium, um sicherzustellen, dass Ihre Kampagne erfolgreich wird.

- *Originalität*
  Kann Ihre Content-Marketing-Kampagne Einstellungen, Überzeugungen und Verhaltensweisen Ihres Zielpublikums verändern? Neue Wege des Sehens und Denkens für Ihre Marke eröffnen? Neuheit und Originalität dem Zielpublikum anbieten und damit dieses Publikum aus seiner täglichen, gewöhnlichen Routine herausreißen? Wenn ja, dann ist es eine große Idee, und die Veränderung, die sie bewirkt, sollte sich im besten Fall auch auf Ihr Unternehmen und Ihre Mitarbeiter auswirken.

- *Einmaligkeit*
  Wie eng kann die Content-Marketing-Kampagne mit Ihrer Marke und nur mit Ihrer Marke verbunden werden? Gibt es einen einmaligen Aspekt wie einen besonderen Slogan oder Hashtag – z. B. #LikeABosch –, den Ihre Marke mit der Kampagne besetzen kann? Oder eine allgemeine Wahrheit wie »Du bist nicht du, wenn du hungrig bist« von Snickers, die die Unterzuckerung des Körpers thematisiert und als Marke besetzt? (Mehr zur Insight-Generierung lesen Sie in Kapitel 8, »Insights – finden Sie Themen, die Menschen bewegen«.) Oder ein spezielles Lied oder eine besondere Verhaltensweise oder …? Suchen Sie nach der Einmaligkeit für Ihre Content-Marketing-Kampagne!

- *Einfachheit*

  Hat Ihre Content-Marketing-Kampagne den »Ich hab's verstanden«-Faktor? Heute hat jedes Publikum mehr Auswahlmöglichkeiten an digitalen Informationen und an digitaler Kommunikation und Unterhaltung als je zuvor, also riskieren Sie nicht, es zu verwirren, zu irritieren und abzuweisen. Wirklich kreative Ideen sind einfach. Sie klären, enthüllen und schaffen Klarheit. Jeder Verdacht, dass eine Idee und damit Ihre Content-Marketing-Kampagne verwirrend sein könnte, erfordert eine Prüfung.

- *Empathie*

  Menschen haben ein angeborenes Interesse und eine angeborene Faszination für sich selbst. Sie können Ihre Marke und Ihre Kampagne stärken, indem Sie einfach an das Eigeninteresse der Menschen appellieren. Der amerikanische Schriftsteller John Steinbeck hat diese Idee vielleicht am besten eingefangen, als er in »Der Winter« über unser Eigeninteresse schrieb:

  »*For the most part people are not curious except about themselves.*« (»In den meisten Fällen sind die Menschen nicht neugierig, außer auf sich selbst.«)

  Zeigt Ihre Content-Marketing-Kampagne Empathie für und mit dem Fan, Follower, User? Hierfür kommen vier Motivationsfaktoren infrage: Fun, Fortune, Fulfillment und Fame.[3] Während der Motivationsfaktor Fun den Spaß und die Leidenschaft des Users beschreibt, sich einer Sache oder eines Themas anzunehmen, verweist der Motivationsfaktor Fortune auf (wirtschaftliche) Interessen und andere Vorteile der Nutzerin, sich zu engagieren. Der Motivationsfaktor Fulfillment bringt zum Ausdruck, dass der User durch die Teilnahme und Mitwirkung an einer Social-Media-Aktivität eine innere Befriedigung erlangt. Die Suche nach sozialer Anerkennung der Userin verweist auf den Motivationsfaktor Fame. (Mehr dazu lesen Sie in Kapitel 2, »Content-Marketing-Strategie – Intuition ist gut, Fahrplan ist besser«.)

  Prüfen Sie, ob Ihre Kampagne zum liken, sharen, kommentieren oder interagieren einlädt. Nutzen Sie die vier F: Fun, Fortune, Fulfillment und Fame. Damit zeigen Sie Empathie für Ihre Follower, Markenfans, die Community und Ihre potenziellen Neukunden!

---

3   Die vier F des Content Marketings. Eigene Darstellung auf der Grundlage von Parvanta, Claudia; Roth, Yannig; Keller, Heidi; Crowdsourcing 101: A Few Basics to Make You the Leader of the Pack. Health Promotion Practice, 14. 10.1177/1524839912470654, 2013, S.163-167, online unter: *https://www.researchgate.net/publication/234089531_Crowdsourcing_101_A_Few_Basics_to_Make_You_the_Leader_of_the_Pack* [23.11.2020]; siehe auch Wolfgang Henseler, Social Media Branding. Markenbildung im Zeitalter von Web 2.0 und App-Computing. In: Brand Evolution – moderne Markenführung im digitalen Zeitalter. Wiesbaden, Gabler Verlag 2011

Abbildung 14.7 Wie man mit dem Smartphone souverän die Kaffeemaschine #LikeABosch steuert, zeigt die Content-Marketing-Kampagne von Bosch. (Foto: Bosch)

Ein gutes Beispiel für die Einmaligkeit einer Content-Marketing-Kampagne zeigt die Firma Bosch. Das Traditionsunternehmen Bosch hatte das Ziel, mit #LikeA-Bosch das staubige Markenimage zu erneuern, um sich mit dem Trendthema Internet of Things (IoT) als weltweit führender Anbieter für vernetzte Smarthome-Lösungen zu positionieren. Dafür bediente sich Bosch eines bekannten Netzphänomens. Die Redewendung »Like a Boss« kommt immer dann zum Einsatz, wenn jemand etwas sehr gut beherrscht oder durch eine besonders smarte Idee oder Lösung überzeugt. Daraus wurde in der Content-Marketing-Kampagne »Like a Bosch«. Natürlich gepaart mit smarten IoT-Lösungen von Bosch, anschaulich zum Start der Kampagne in einem Film vorgeführt.

Der Film, der für das Fernsehen und für Bewegtbild in Social Media produziert wurde, zeigt einen nerdigen Typen mit coolem Schnurrbart, der unter dem Motto »Live like a Bosch« seinen – digital vernetzten – Tagesablauf rappt (siehe Abbildung 14.7). In dem Musikvideo bewältigt er seinen gesamten Tagesablauf mit den Smarthome-Lösungen von Bosch: Das beginnt mit der Verknüpfung zwischen Wecker und Rollladen und geht weiter mit der Steuerung der Kaffeemaschine, des smarten Saugro boters und des heimischen Ofens aus der Ferne via Smartphone. Das Video »Das Internet der Dinge präsentiert – #LikeABosch« wurde über 24 Millionen Mal bei YouTube angeschaut: *https://www.youtube.com/watch?v=v2kV6pgJxuo&feature=emb_logo*

Der Spot kam bei den Nutzern sehr gut an, wie die Kommentare auf YouTube verraten. Das zeigt, dass mutige, lustige und originelle Content-Marketing-Kampagnen, die den Zeitgeist treffen, hohes Erfolgspotenzial haben.

Um die breite Masse und verschiedene Communitys in Social Media zu erreichen und eine eigene IoT-Bewegung viral in Gang zu setzen, setzte Bosch auch auf seine mehr als 400.000 Mitarbeiter. Sie sollten das Video ebenfalls liken und teilen.

Mehr zur Bosch-Kampagne unter: *https://www.bosch.com/de/internet-der-dinge*

14.6   Hero-Hub-Help-Modell

Eine nützliche Hilfe für die Planung Ihrer Content-Marketing-Kampagne liefert das Hero-Hub-Help-Modell (siehe Abbildung 14.8). Entwickelt wurde es ursprünglich von Google, um YouTubern eine Anleitung zu geben, wie sie ihren produzierten Content programmatisch für ihren YouTube-Kanal planen können.

Die Idee des Modells ist es, dass Marken, Unternehmen und Content Creators drei verschiedene Arten von Content erstellen sollten. Jede Art dient einem anderen Zweck, und zusammen bilden sie eine perfekte Symbiose aus breiter Publikumsreichweite, der Aufrechterhaltung der Verbindung mit einem treuen Publikum – den Followern und der Community – und der Entdeckbarkeit durch neue Zielgruppen (siehe Abbildung 14.9). Nutzen Sie das Hero-Hub-Help-Modell für Ihre Content-Kreation – die Fragen sollen Ihnen bei der Einordnung und Bewertung des Contents helfen.

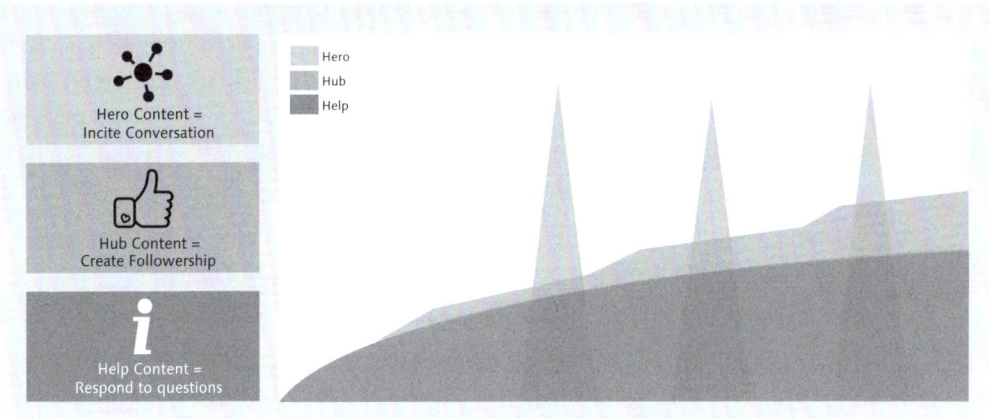

Abbildung 14.8 Das Hero-Hub-Help-Modell zur crossmedialen Planung für eine Content-Marketing-Kampagne (Quelle: Creator Playbook for Brands – think with Google)

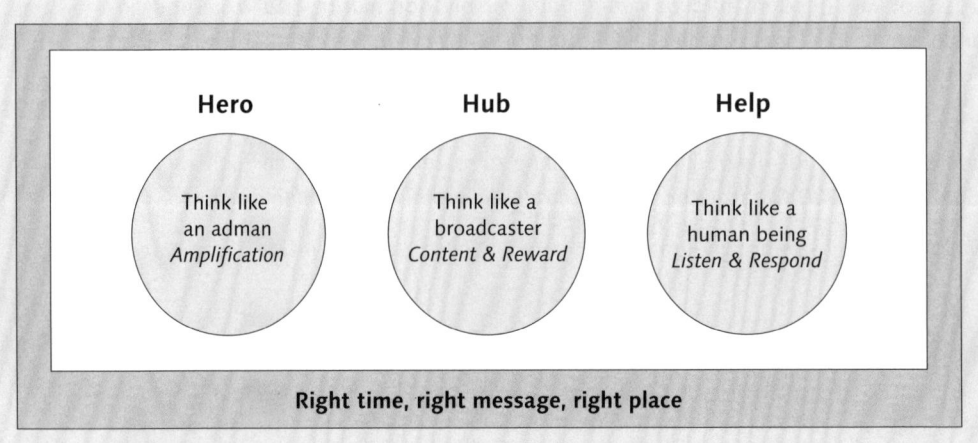

Abbildung 14.9 Das Hero-Hub-Help-Prinzip. Hero: Denke wie ein Werber und schaffe Aufmerksamkeit. Hub: Denke wie ein Sender, biete relevanten Content an. Help: Denke wie ein einfühlsamer Mensch, höre zu und antworte.

Die drei Hauptkategorien sind:

1. *Hero*

   Hero-Content soll ganz bewusst große Aufmerksamkeit erzeugen und Interesse bei neuen Zielgruppen für Ihre Marke und die Markenrelevanz, (neue) Produkte, Services oder Dienstleistungen wecken. Der Content wird in der Regel als Spot im Fernsehen oder Bewegtbild in Social Media, als Radiospot, als Anzeige, Plakat oder über Onlinebanner ausgespielt.

   Hero-Content soll Aufmerksamkeits-Peaks erzeugen und ist deshalb häufig mit reichweitenstarken Events, wie z. B. Welt- und Europameisterschaften im Fußball oder zentralen Feiertagen wie Ostern oder Weihnachten, verbunden. Häufig werden auch reichweitenstarken Influencer oder Testimonials eingesetzt, die als Protagonisten in der Kampagne für mehr Aufmerksamkeit sorgen sollen. Die Grenzen zur Werbung sind dabei fließend.

   Fragen zur Content-Kreation Ihres Hero-Contents:

   – Hat der Hero-Content einen »Wow«-Moment für Ihr Publikum?

   – Erzeugt dieser Content Aufmerksamkeit? Oder sogar Buzz?

   – Ist der Content unterhaltsam, interessant und teilbar? Hat er virales Potenzial?

   – Hilft der Content Ihrer Marke, sich vom Wettbewerb zu differenzieren?

   – Wird der Zuschauer durch den Hero-Content neugierig auf den Hub- oder Help-Content? Denken Sie crossmedial!

2. *Hub*

Der Hub ist der Ort, an den Follower, Fans und (Neu-)Kunden immer wieder gerne zurückkehren. Das kann eine Plattform, wie z. B. ein Blog, ein YouTube-Kanal, eine Web- oder Microsite, oder auch ein Podcast sein.

Beim Hub-Content geht es um seriell und episodisch produzierten Content, der regelmäßig wiederkehrt und für die Zielgruppe – die Fans und Follower – planbar und erwartbar ist. Dies kann in Form von regelmäßigen Blogbeiträgen, Social-Media-Posts oder Webserien geschehen. Der Content sollte konsistente Elemente und spezifische Themen haben. Es ist etwas, das Markenfans und Follower erwarten – sie wissen, dass der Content kommt, und sie holen ihn sich freiwillig. Warum? Weil sie sich darauf freuen! Genau darum geht es: Beziehungen zu den Nutzern zu pflegen und Loyalität aufzubauen.

Hub-Content wird über Benachrichtigungen oder E-Mails an Abonnenten angekündigt. Er erscheint nach einem bestimmten Zeitplan und wird damit Teil der Routine Ihres Publikums. Der Hub-Content sollte das Interesse der Menschen aufrechterhalten, die den Hero-Content gesehen haben und mehr über die Marke erfahren möchten.

Fragen zur Content-Kreation Ihres Hub-Contents:

- Hält der Hub-Content die Follower bei Laune? Lohnt es sich für die Zielgruppe, wiederzukommen?
- Werden Testimonials, Influencerinnen oder Mitarbeiterinnen, also wiederkehrende Personen, benötigt, um mit dem Hub-Content möglichst realitätsnah kommunizieren zu können?
- Welche Anlässe gibt es über das Jahr verteilt, die als Ankerpunkte für verschiedene Schwerpunkte der Serie zur Content-Kreation dienen können?
- Gibt es einen regelmäßig festgelegten Veröffentlichungstermin für den Hub-Content, einen Redaktions- oder Veröffentlichungskalender?
- Gibt es Möglichkeiten zur gezielten Interaktion?

3. *Help*

Help-Content – manchmal auch als Hygiene-Content bezeichnet – beantwortet die Fragen potenzieller und aktueller Kunden, Followerinnen und der Community. Er zielt darauf ab, sowohl relevante Informationen als auch Ideen, Inspiration und Spaß zu liefern. Dies kann ein YouTube-Tutorial mit einer DIY-Anleitung, ein Instagram-Post mit einer Infografik, ein Snapchat-Filter als Verwandlungshilfe, ein TikTok-How-to-Video bis hin zu einem Blogbeitrag mit Tipps und Tricks sein.

Der Help-Content wird redaktionell auf täglicher oder wöchentlicher Basis kreiert und produziert. Er findet in der Regel auf sogenannten Always-on-Social-

Media-Plattformen statt, wie z. B. YouTube, Twitter, Facebook, Instagram, Snapchat oder TikTok. Dieser Content ist die wesentliche Grundlage, um in Suchmaschinen sichtbar zu sein. Hierfür müssen richtige Schlüsselbegriffe, hohe Dynamik und Vernetzung der Kanäle vorhanden sein.

Help-Content eignet sich auch hervorragend, um von neuen Zielgruppen entdeckt zu werden und ihnen eine spezifische Antwort auf eine Frage zu geben und zum Hub-Content weiterzuleiten.

Fragen zur Content-Kreation Ihres Help-Contents:

– Wonach sucht meine Zielgruppe aktiv?

– Orientiert sich der Help-Content an den Suchanfragen der gewünschten Zielgruppe und funktioniert der Content als Antwort auf diese Suchanfragen?

– Kann der Help-Content die Follower, die Community und die Abonnenten über einen längeren Zeitraum binden? Erzeugt er Loyalität beim Publikum?

– Bietet der Content relevante Informationen, Ideen oder Inspiration?

– Verweist der Help-Content auf den Hub-Content?

Tipp zur Nutzung des Hero-Hub-Help-Modells

Bevor Sie eine Content-Marketing-Kampagne mit Ihrem Hero-Content starten, stellen Sie sicher, dass Sie ausreichend Help- und Hub-Content als Folgemaßnahmen produziert haben, um den erzeugten Buzz aufrechtzuerhalten. Ein Content-Kalender mit den geplanten Posts und Content-Pieces aller drei Inhaltstypen kann eine gute Taktik und Hilfe sein.

Verwenden Sie Hero-Content, um Aufmerksamkeit zu erzeugen. Verwenden Sie Hub- und Help-Content, um Mehrwert und ein konsistentes, digitales Erlebnis zu liefern. Oder anders gesagt: Halten Sie den Ball am Rollen.

Beispiel: Die Bundeswehrkampagne »Mali – der Auslandseinsatz«

Die Bundeswehr ist eine freiwillige Armee, die sich aus Berufs- und Zeitsoldaten sowie freiwilligen Wehrdienstleistenden zusammensetzt. Um Nachwuchs zu rekrutieren und für die Bundeswehr zu begeistern, wurde die Webserie »Mali – der Auslandseinsatz« auf YouTube gestartet. Im Mittelpunkt der Serie stehen acht Soldatinnen und Soldaten, die vor, während und bis zum Ende ihres Auslandseinsatzes in dem westafrikanischen Wüstenstaat begleitet wurden. Ziel der YouTube-Serie war es, den Alltag im Auslandseinsatz so hautnah, realistisch und transparent wie möglich sowie die Menschen und deren Berufe dahinter zu zeigen. Für Aufmerksamkeit sorgte eine crossmediale Kampagne, ausgespielt über Plakate, Ambient, Kino, Print und Radio sowie online über zielgruppenspezifische Social-Media-Plattformen.

Hero-Content: Die Bundeswehrkampagne »Mali – der Auslandseinsatz« wurde als Hero-Content im Kino, auf Onlinebannern (siehe Abbildung 14.10) und mit drei Motiven auf Plakaten und Digital-out-of-Home (DOOH) beworben. Auf digitalen Außenwerbeflächen und im U-Bahn-TV gab es Echtzeit-Chats des Mali-Bots.

Das Besondere: Die Bildsprache und Ästhetik des ersten Kinotrailers erinnerte dabei mit seinen verwackelten Bildern an die Aufnahmen von Reportern aus Kriegsgebieten oder auch an die Ankündigung eines eGames für Spielekonsolen.

Der Hero-Content hatte die Aufgabe, Aufmerksamkeit für die Webserie zu erzeugen und die Zuschauer auf den YouTube-Kanal »Bundeswehr Exklusive« neugierig zu machen und sich zusätzlich für den Mali-Chatbot im Facebook Messenger anzumelden.

Abbildung 14.10 Onlinebanner für die Bundeswehr-Webserie »Mali – der Auslandseinsatz« (Quelle: Screenshot)

Hub-Content: Als Hub-Content wurde der YouTube-Kanal »Bundeswehr Exklusive« genutzt. 40 Folgen der sechs- bis achtminütigen »Mali«-Episoden wurden zwei Monate lang jeweils von Montags bis Donnerstags pünktlich um 17 Uhr gezeigt. Jeden Samstag gab es zusätzliche »Specials«.

Die YouTube-Reality-Dokumentation zeigt dabei nicht nur das Leben und Arbeiten der Soldaten und Soldatinnen im Bundeswehr-Camp Castor in Mali, sondern begleitet sie auch bei der Vorbereitung auf Auslandseinsätze. Sie zeigt, wie sie sich von ihren Familien verabschieden und wie sie das Erlebte nach der Rückkehr verarbeiten. Die Protagonisten, die im Alter zwischen Mitte 20 und Anfang 40 waren, wurden von mehreren Kamerateams begleitet und dokumentarisch gefilmt.

Der Hub-Content hatte die Aufgabe, dem Zuschauer täglichen Mehrwert zu bieten und immer wieder durch spannendes, serielles Storytelling zur Rückkehr auf den Bundeswehr-YouTube-Kanal zu bewegen. Mehr zum Thema Storytelling lesen Sie in Kapitel 13, »Storytelling – Geschichten richtig erzählen«.

Help-Content: Als Help-Content wurde ein Chatbot im Facebook Messenger implementiert. Der sogenannte »Mali-Bot« holte die Zielgruppe mit zwei bis drei Echtzeitnachrichten am Tag ab und zog sie eng in das Geschehen in Mali hinein. Anfangs über Protagonistensteckbriefe, später mit Handyfilmen aus dem Wüstencamp, GIFs oder Echtzeitbildern wie dem Auftauchen eines Skorpions im Lager oder dem Abschießen einer Leuchtrakete. Fragen der Community zum Einsatz in Mali oder zur Bewerbung bei der Bundeswehr wurden im direkten Dialog via Chat-bot beantwortet. Der gewünschte »Mali-Bot«-Effekt: Der Einsatz der Soldaten und Soldatinnen wurde zum Teil der Lebensrealität des Users so transparent und nah, als wäre ein Freund oder eine Freundin gerade dort im Einsatz.

Auf dem Instagram-Account »bundeswehrexlusive« wurden Fotos und Videos von den täglichen Ereignissen, Routinen und Einsätzen aus dem Camp gezeigt. Das Besondere waren die sehr ausführlichen textlichen Beschreibungen – wie bei Wiki-pedia – von technischem Kriegsgerät wie Panzer und Drohnen (siehe Abbildung 14.11).

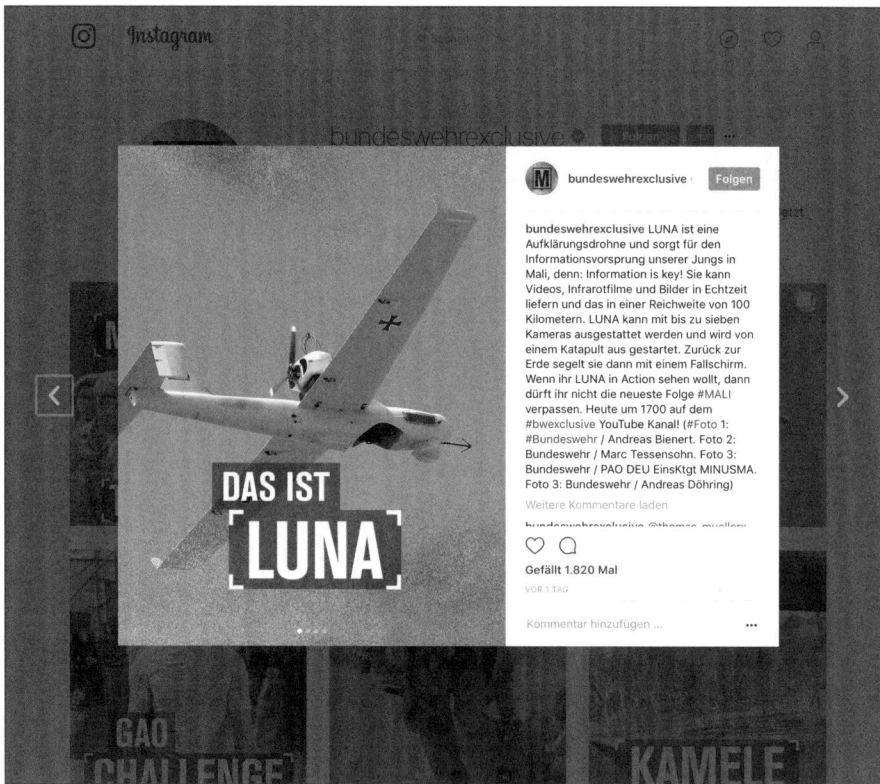

Abbildung 14.11 Instagram-Post zum Thema Aufklärungsdrohne (Quelle: Screenshot)

Ebenfalls als Help-Content wurde ein eigenes kleines Redaktionsteam für Snapchat mit dem eigenen Snapchat-Kanal »Bundeswehrjobs« eingerichtet. Rund um die Bundeswehr-Story-Features wurde eine Snapchat-Linse kreiert: Über einen Snap-code konnten Nutzer darauf zugreifen, sich eine Wüstenuniform überziehen, einen Helm aufsetzen und über die Bewegung einer Augenbraue die Linse in eine Nachtsichtvariante umwandeln. Die sogenannten Snapchatter konnten auch den Filter »Einsatz sagt mehr als tausend Worte« nutzen (siehe Abbildung 14.12).

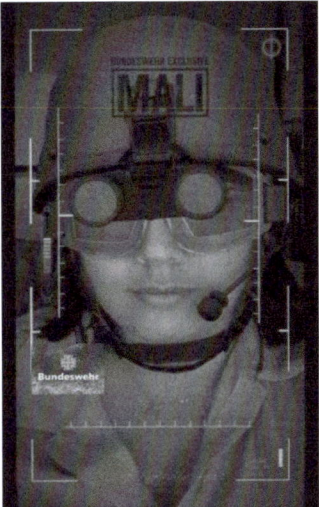

Abbildung 14.12 Snapchat-Filter (Quelle: Screenshot)

Der Help-Content hatte insgesamt die Aufgabe, in den aktiven Dialog mit den Usern und möglichen Bewerbern zu treten. Es wurde Interaktion (Snapchat), Information (Instagram) und Dialog (via Chatbot) angeboten. Das Ziel des Help-Contents: zuhören, lernen und dem Nutzer Hilfe anbieten.

Abbildung 14.13 Kampagnen- und Content-Planung mithilfe des Hero-Hub-Help-Modells am Beispiel der Bundeswehrkampagne »Mali – der Auslandseinsatz«

Fazit: Die Employer-Branding-Kampagne der Bundeswehr ist ein gutes Beispiel dafür, wie das Hero-Hub-Help-Modell zur crossmedialen Kampagnenplanung genutzt werden kann und wie eine Kampagnenarchitektur rund um einen Content-Hub – wie in diesem Fall der YouTube-Kanal »Bundeswehr Exclusive« – aufgebaut und mit verschiedenen Medien und Kanälen sinnvoll orchestriert wird (siehe Abbildung 14.13).

Vier Gründe, warum Content-Marketing-Kampagnen nicht funktionieren

Es gibt eine Reihe von Gründen, warum Content-Marketing-Kampagnen nicht erfolgreich sind. Hier sind die vier häufigsten, die Sie vermeiden sollten:

1. *Mangelndes Wissen über die Zielgruppe*
   Bevor irgendein Inhalt erstellt oder eine Big Idea kreiert wird, sollten Sie sich ausführlich mit Ihrer Zielgruppe beschäftigen. Es gibt viele Möglichkeiten, sich intensiv mit den Interessen, Wünschen, Sehnsüchten, Leidenschaften und Pain Points, den Schmerzpunkten, Ihres Zielpublikums vertraut zu machen – vom persönlichen Interview über die Marktforschung bis hin zur Datenanalyse. Alle Informationen sind eine wertvolle Quelle für die Content-Kreation.

2. *Der Content ist nicht relevant*
   Das Internet ist überflutet von Inhalten, und immer mehr Unternehmen haben das Content Marketing für sich entdeckt, sodass es für Marken immer schwieriger wird, sich abzuheben. Wenn der angebotene Content nicht außergewöhnlich, interessant, informativ, aufschlussreich oder kurz gesagt relevant ist, wird eine Content-Marketing-Kampagne ihre Kommunikationsziele nicht erreichen. So einfach ist das!

3. *Mangelnde Content-Qualität*
   Nicht immer trifft das Sprichwort »Viel hilft viel« zu. Auch wenn Ihr Content-Team die Fähigkeit hat, große Mengen an Content zu produzieren, ist die Quantität keine Garantie für eine erfolgreiche Kampagne. Nehmen Sie sich die Zeit und wenn nötig auch das entsprechende Geld, um hochwertigen Content zu kreieren und zu produzieren. Qualität geht vor Quantität. Das mittlerweile verwöhnte Publikum wird sich bei Ihnen mit der gewünschten Aufmerksamkeit bedanken.

4. *Eine fehlende Mediastrategie*
   Selbst der beste Content verbreitet sich nicht von selbst und schon gar nicht, wenn er crossmedial wie bei einer Kampagne konzipiert ist. Die richtige Mediastrategie zur Verbreitung von crossmedialem Content kann den Unterschied ausmachen, ob die ausgespielten Inhalte die richtige Zielgruppe, Community oder Neu- und Bestandskunden erreichen kann oder nicht. Für die Mediastrategie gilt das Motto: mit dem richtigen Content, im richtigen Medium, zur richtigen Zeit, auf dem richtigen Kanal.

Kapitel 15

Branded Content – Inhalte mit kreativen Partnern entwickeln

Marken können Menschen mit Geschichten begeistern, ohne dabei über sich oder ihre Produkte zu sprechen. Ungewöhnlich, fesselnd, multimedial, aber immer mit einem strategischen Ziel vor Augen. Wie? Am besten suchen Sie sich dafür einen erfahrenen Partner.

Eine Serie über Comedians, die in verrückten Autos herumfahren, um unterwegs bei einer guten Tasse Kaffee über dies, das und jenes zu quatschen, mal blödelnd, mal tiefsinnig – klingt für Sie nach Unterhaltung? Würden Sie sich anschauen? Dann sind Sie wahrscheinlich ein Fan von »Comedians auf Kaffeefahrt« (im Original: »Comedians In Cars Getting Coffee«). Für seine Serie lädt deren Erfinder, Regisseur und Host Jerry Seinfeld seit 2012 Künstler wie Eddie Murphy, Mel Brooks oder Steve Martin auf Kaffeefahrten im Oldtimer ein. Die Folgen der ca. 15–20 Minuten langen, nicht geskripteten Serie sind mit schlanker Produktionscrew produziert, clever geschnitten und geschickt mit Musik untermalt. Da Seinfeld keine Autoren hat, sitzt er beim Schnitt, der einige Wochen pro Episode dauert, mit dabei, um sicherzustellen, dass alles zusammenpasst. Die Kosten pro Episode liegen inklusive Honorar bei ca. 100.000 US$.[1]

Die ersten neun Staffeln der mit Awards überschütteten Unterhaltungsshow wurden in Zusammenarbeit mit der Streamingplattform Crackle produziert. Facebook und Yahoo hatten Seinfelds Anfrage, das Projekt zu unterstützen, abgelehnt, ebenso Starbucks. Als Markenpartner gewann Seinfeld schließlich Autohersteller Acura (Honda), der ihm fortan auch die notwendige kreative Freiheit bei der Gestaltung dieses Formats einräumte.[2]

---

1 Katia McGlynn, Seinfeld Schools Letterman On »Comedians In Cars, A.K.A. The Anti-Show About A Nonevent«. In: Huffington Post, 06.12.2014: *https://www.huffpost.com/entry/jerry-seinfeld-david-letterman-comedians-in-cars-paley_n_5480298* [20.04.2021]
2 Wikipedia, Stichwort »Comedians auf Kaffeefahrt«: *https://de.wikipedia.org/wiki/Comedians_auf_Kaffeefahrt* [20.04.2021]

Zuletzt wurde das Format 2019 mit Netflix neu aufgelegt. Das Erfolgsrezept blieb das gleiche. Allerdings wurde jetzt ausschließlich Kaffee des neuen Partners Lavazza getrunken, was dem Publikum in kleinen Zwischenschnitten auch gezeigt wurde. Ob Luxusautomarke oder italienischer Kaffeeröster – beides sind bei diesem Format glaubwürdige und naheliegende Content-Partnerschaften. Eine wichtige Frage, die sich an dieser Stelle sofort stellt: Ist so etwas vielleicht nur Schleichwerbung? Nein, denn die Partnerschaft wird klar kommuniziert. Eine (insbesondere bezahlte) Erwähnung oder Darstellung von Marken und Produkten in Sendungen, mit der Absicht zu werben, *ohne* die Allgemeinheit mit klarer Kennzeichnung darüber zu informieren, wäre per Gesetz[3] auch schlichtweg verboten.

Die Serie ist damit ein gutes Beispiel für Branded Content. Das Besondere in diesem Fall: Seinfeld war mit seiner Idee für diese Serie war zuerst da. Dazu hat sich der Comedian die passenden Unterstützer in Form von Honda oder Lavazza regelrecht suchen müssen. Im Fall von Content Marketing, bei dem es um die strategisch geplante Kreation von Branded Content für das Erreichen von Kommunikationszielen geht, wird es häufig wohl umgekehrt sein: Das finanzierende Unternehmen geht initial auf einen kreativen Partner zu, um mittels dessen Können, Netzwerk und Reichweite ein neues »Publikum« zu erreichen.

15.1   Wie viel Marke passt in Ihren Content? Eine Frage der Zielsetzung!

Um zu verstehen, worum es bei der Erstellung von Branded Content genau geht, bietet sich folgende Definition von Robert Rose vom Content Marketing Institute an:

> *»Branded Content ist eine Taktik zur Erstellung von Inhalten, die in der Regel durch eine gesponserte oder bezahlte Partnerschaft zwischen der Marke und Medien produziert werden und das Publikum dazu anregen sollen, sich mit der Marke aufgrund ihres Unterhaltungs-, Informations- und/oder Bildungswertes zu beschäftigen.«*[4]

Wichtig bei diesem Verständnis von Branded Content ist der Aspekt des Mehrwertes, den der Inhalt seinem Publikum bieten soll. Ein werblicher Produktfokus ist

---

3   Rundfunkstaatsvertrag, Schleichwerbung, Definition von § 2, Abs. 2, Nr. 8 RStV: *https://www.urheberrecht.org/law/normen/rstv/RStV-13/text/2010_01.php* [18.02.2021]

4   Eigene Übersetzung aus dem Englischen: Robert Rose, What's the Difference Between Content Marketing, Branded Content, and Native Advertising? CMI: *https://contentmarketinginstitute.com/2019/03/definitions-content-branded-native/* [20.04.2021]

wie im Content Marketing an sich auch hier nicht gewünscht und wird sogar aus-geschlossen.[5]

Bezüglich der Rolle der Marke oder des Produkts gibt es von dieser Art der Con-tent-Konzeption zwei wesentliche Ausprägungen:

- *Formate, in dem die Marke fast gar nicht auftaucht*
  Die Marke spielt als »Enabler« nur eine Nebenrolle. Seinfelds Serie ist ein gutes Beispiel für eine eigenständige Content-Marke, in der der Partner, der die Pro-duktion finanziell unterstützt, nur am Rande sichtbar wird.

- *Formate, bei dem die Marke den Content komplett ausmacht*
  Bestes Beispiel dafür: »The LEGO-Movie«. Der computeranimierte Kinofilm, der komplett im Look eines Stop-Motion-Films auf Basis des LEGO-Baukastensys-tems realisiert wurde, kam 2014 in die Kinos. In der Hauptrolle: LEGO-Figur Emmet, ein gewöhnlicher Bauarbeiter. Emmet nimmt in der Geschichte ge-meinsam mit Freund Batman und dem Weisen Vitruvius den Kampf gegen den mit einer Superwaffe bewaffneten Bösewicht President Business auf. Ein klassi-scher Plot, in der ein Held geboren wird.

Der Oscar-nominierte und vielfach ausgezeichnete LEGO-Film ist ein tolles Beispiel für von vornherein strategisch geplanten und konzipierten Branded Content. Denn LEGO produzierte diesen Film mit einem klaren Ziel vor Augen, um zu verhindern, dass die neue, digitale Unterhaltungskonkurrenz – Videospiele, YouTube und mo-bile Games – die Herzen der Kinder erobert und das analoge Spielzeug zukünftig immer häufiger »in der Kiste« bleibt. Aber nicht nur das: Die Marke hat erkannt, dass es genauso wichtig ist, auch die Beziehung zu den Eltern der Kinder wieder zu vertiefen, also zu denen, die früher selbst gern mit LEGO gespielt haben und nun das Spielzeug als Geschenk für ihre Kids kaufen. So wurde der Film als grandioses Gemeinschaftserlebnis für Jung und Alt konzipiert, in dem die Marke zum Leben erweckt wird, mit all ihren Werten und ihrer Kreativität – optisch, inhaltlich und stilistisch.

So unterschiedlich die beiden Beispiele für Branded Content auch sind, so haben sie doch eine große Gemeinsamkeit: In keinem Fall geht es dem finanzierenden Un-ternehmen um den kurzfristigen Verkaufserfolg, sondern vielmehr um das Errei-chen strategisch wichtiger Ziele. Damit ist ein Charakter von Branded Content klar beschrieben, er soll die Verbindung der Marke zur Community bzw. zur Zielgruppe aufbauen und/oder vertiefen – nicht verkaufen.

Mit diesem Anspruch im Hinterkopf können wir uns der Frage zuwenden, wie viel Marke denn eigentlich in ein Branded-Content-Format passt. Rose schlägt vor, sich

---

5   Siehe: Branded Content it's As Easy As ABCD. Podcast mit Andrew Canter, BCMA Institute of Branded Content, Marketing Study Lab: *https://marketingstudylab.co.uk/episode-9-branded-content-its-as-easy-as-abcd-andrew-canter-bcma-institute-of-branded-content/* [22.04.2021]

bei der Antwort an der Customer Decision Journey der Persona zu orientieren, die mit dem Content angesprochen werden soll:

Branded Content für die eher frühe, die (Vor-)Consideration-Phase: Die Serie »Comedians In Cars Getting Coffee« führt Menschen, die Lavazza-Kaffee noch nicht (gut) kennen, eher vorsichtig an die Marke heran. Die Persona befindet sich noch nicht oder allenfalls gerade frisch in der Consideration, sprich der Abwägungsphase, ob die Marke denn nun etwas für sie sein könnte. Die Marke sollte in dem Unterhaltungsumfeld daher eher entspannt und positiv in Erscheinung treten.

Branded Content für die spätere Loyalitätsphase: Im LEGO-Film ist die Marke sozusagen selbst der Content. Das Publikum kennt und liebt sie bereits so sehr, dass es für den Kinobesuch sogar zahlt. Weder bei Kindern noch Eltern kommt das Gefühl auf, dass es hier um Werbung gehen könnte. Ein Effekt, der insbesondere bei solch großen Marken eintritt, die tief in unserer Kultur verwurzelt sind.

Bevor Sie sich also an die Konzeption Ihres Branded Contents und auf die Suche nach dem passenden Partner machen, überlegen Sie: Was ist Ihr strategisches Ziel? Wen möchten Sie ansprechen? Wo stehen Sie mit dieser Zielgruppe? Möchten Sie diese Beziehung der Persona zu Ihrer Marke eher vertiefen oder zunächst einmal vorsichtig aufbauen?

15.2   Dos and Don'ts für Branded Content

Branded Content ist sowohl für das Publikum, das tolle Geschichten sucht, als auch für die Marke, die ihre Bekanntheit steigern und ihre Werte auf angenehme Art und Weise erlebbar machen möchte, in hohem Maße attraktiv. Aber die Konzeption ist zugleich auch eine Herausforderung. Denn hier gilt es, sich von vornherein intensiv mit der Community zu beschäftigen und die Grenze zur sonst gewohnten Produktwerbung nicht zu überschreiten.

Daher folgen hier einige Punkte, die Sie bei der Konzeption und Produktion von Branded Content berücksichtigen sollten:

- *Definieren Sie zuerst Ihre Strategie – und dann das Konzept:* Welches Ziel möchten Sie erreichen? Welchen Status hat Ihre Marke? Wo soll's hingehen? Ohne diese Fragen beantwortet zu haben, wird auch Branded Content kreativ, verliert aber an strategischer Relevanz.

- *Konzentrieren Sie sich bei der Gestaltung Ihrer Inhalte auf konkrete Ziele:* wie beispielsweise den Aufbau von Thought Leadership im Sinne von Meinungsführerschaft. Haben Sie den Expertenstatus erreicht, können Sie mit Ihrem Content zugleich Einfluss auf Marktentwicklungen oder Branchen-Trends nehmen. Die Beispiele LEGO und Lavazza zeigen, wie Sie mit der konkreten Zielsetzung vor

Augen zugleich auch Präsenz und Rolle der Marke im Content ausbalancieren können.

- *Konzipieren Sie einzigartigen Content mit echtem Mehrwert:* Je präsenter Ihre Marke in Ihrem Content ist, desto außergewöhnlicher und ungesehener sollten Inhalt und Mehrwert sein. Gehen Sie bei der Themenwahl auf die Bedürfnisse und Interessen Ihrer Community ein: Fun, Fortune, Fame und/oder Fulfillment? Wie können Sie sie unterhalten, ihr helfen, sie unterstützen, wie es noch kein anderer getan hat?

Tipp: Nutzen Sie die Persona, Insights und die Content-Marketing-Mission

Nutzen Sie die Erkenntnisse aus Ihrer Arbeit mit der Persona. Werfen Sie dazu einen Blick auf das entsprechende Plakat (siehe Kapitel 7, »Mit der Persona zur besseren Zielgruppe – Communitys aufbauen und pflegen«). Nutzen Sie für die Ideenfindung auch Ihre Erkenntnisse aus der Suche nach einem spannenden Insight (siehe Kapitel 8, »Insights – finden Sie Themen, die Menschen bewegen«). Und arbeiten Sie mit dem »indem«-Teil Ihrer Content-Marketing-Mission (siehe Kapitel 10, »Die Content-Marketing-Mission – das inspirierende Sprungbrett für die Content-Kreation«) als Sprungbrett.

Beispiel Telekom & James Blunt: Das Geisterkonzert im Branded Livestream

Die Kooperation zwischen James Blunt und der Telekom wurde 2020 gleich zu Beginn der Corona-Pandemie zu einem besonderen Branded-Content-Ereignis. Der britische Sänger musste sein lang geplantes und ausverkauftes Konzert, ursprünglich geplant als sogenannter Telekom-Gig in der Hamburger Elbphilharmonie, vor leeren Rängen geben. Die Enttäuschung des Künstlers, aber erst recht der Besucher, war entsprechend groß. Sponsor Telekom sprang geschickt ein und übertrug das »Geisterkonzert« als Livestream ins Internet – kostenlos für alle Fans – vor dezent magentafarben beleuchteter Kulisse (siehe Abbildung 15.1). Mit dieser Aktion löste das Unternehmen zugleich sein Markenversprechen ein: »Erleben, was verbindet.«

Abbildung 15.1 Das Geisterkonzert mit James Blunt als Branded-Content-Event der Telekom[6]

---

6 James Blunt, Geisterkonzert mit 1,7 Millionen Zuschauern, Telekom: *https://www.telekom.de/ mehr-magenta/james-blunt-geisterkonzert* [02.04.2021]

- *Machen Sie keine Werbung:* Viele Unternehmen tun sich schwer, Inhalte zu produzieren, die nicht explizit darauf abzielen, Produkte zu verkaufen. Sie verpassen damit aber die Chance, ihr Image zu verbessern, Links und Shares von treuen Fans zu gewinnen und damit die Beziehung zu und das Engagement in der Community zu intensivieren. Eine Studie von Turner Ignite und Realeyes[7] zeigt, dass Menschen solche Marken, die sich auf diese Weise vorstellen, eher für einen Kauf in Betracht ziehen als nach Ansicht eines 30-sekündigen Werbespots. Red Bull ist ein Beispiel: Beim Branded Content der Marke geht es immer um Adrenalin – und nur selten um einen Call-to-Action. Genau wegen dieser Zurückhaltung schätzt das Publikum solche Inhalte. Es vertraut ihnen sogar mehr als produkt- und werbegetriebenen Formaten.[8]

- *Machen Sie sich nicht abhängig von Kanälen:* Denken Sie zuerst in Inhalten. Und dann sorgen Sie dafür, dass Sie dort stattfinden oder beworben werden, wo sich Ihr Publikum gerade aufhält. Sonst laufen Sie Gefahr, sich durch die eingeschränkten Möglichkeiten der Kanäle in Ihrer Kreativität und später der Umsetzung beschränken zu lassen. Das Publikum liebt Inhalte, nicht die Kanäle an sich.

- *Suchen Sie sich den passenden Partner:* Wenn Sie ein Thema gefunden haben, auf das Ihre Zielgruppe steht, suchen Sie sich den richtigen Partner, der Ihnen hilft, die Idee in Szene zu setzen. Leichter gesagt als getan: Im Marketing ist es wie im normalen Leben schwierig, den richtigen Partner zu finden. Aber es lohnt sich: Die Co-Produktion von Geschichten mit anderen Marken, die Ihre Werte und Interessen teilen, macht es möglich, zusätzliche Zugkraft auch in deren Community zu gewinnen.

Verlage, Medienhäuser, Musiker, Schauspielerinnen, Produzenten, aber auch erfolgreiche Influencerinnen sind gute Partner und möglicherweise erfahrene Berater bei der Konzeption und Produktion, weil sie ihr Publikum in- und auswendig kennen. Sie wissen genau, welche Themen es bewegen, was gut ankommt und was nicht. Echte Content-Profis würden nie etwas machen, womit sie vor ihrem kritischen Publikum in Ungnade fallen oder gar die Glaubwürdigkeit ihrer eigenen Marke zerstören würden. Ihnen geht es um Applaus und Reichweite durch hochwertigen Inhalt. Diskutieren Sie mit diesen Expertinnen und Experten Ihre Ideen. Seien Sie offen für Kritik und Anregungen. Deren Perspektive wird Sie im Zweifel auch »erden«. Erfahrungsgemäß können Sie so Ihre Innensicht verlassen und werden vielleicht Ideen verwerfen, die Sie schon fertig

---

7   The Emotional Impact of Branded Storytelling. Realeyes: *https://info.realeyesit.com/branded-content-study* [28.03.2021]

8   Jodi Harris, Branded Content: Getting It Right. Content Marketing Institute: *https://contentmarketinginstitute.com/2019/02/branded-content-right/* [20.03.2021]

im Kopf hatten. Aber der Austausch wird Sie zugleich auch inspirieren und auf eine neue kreative Flughöhe bringen.

Tipp: Finden Sie das Perfect Match mit der Persona

Auf der Suche nach dem Perfect Match Ihrer Marke mit einem solchen Partner helfen Ihnen die Erkenntnisse aus Ihrem Persona-Arbeitsblatt (siehe Kapitel 7, »Mit der Persona zur besseren Zielgruppe – Communitys aufbauen und pflegen«) zur Frage: Welche (Medien-)Marken, Influencer oder andere Marken schätzt Ihre Community? Wie informiert sie sich? Wer beeinflusst sie? Gehen Sie auf diese zu und prüfen Sie: Passen Sie wirklich zusammen? Falls ja: Machen Sie gemeinsame Sache.

Beispiel Heineken und National Geographic: Zwei Männer auf der Reise zur Hefe

Heineken hat sich im Rahmen einer Branded-Content-Partnerschaft mit dem Naturdoku-Profi National Geographic zusammengetan. »A Wild Lager Story« ist die Geschichte hinter dem limitierten H41 Wild Lager Bier. Es wurde aus einer seltenen, wilden Hefe hergestellt, die 2010 in Patagonien entdeckt wurde. Die dreiminütige Minidokumentation führt den Zuschauer nach Patagonien. Biologe Diego Libkind, der die Hefe entdeckte, und Willem van Waesberghe, Heinekens Braumeister, erklären auf ihrer gemeinsamen Entdeckungsreise, wie sie als ungewöhnliches Paar eine neue Bierkategorie geschaffen haben (siehe Abbildung 15.2).

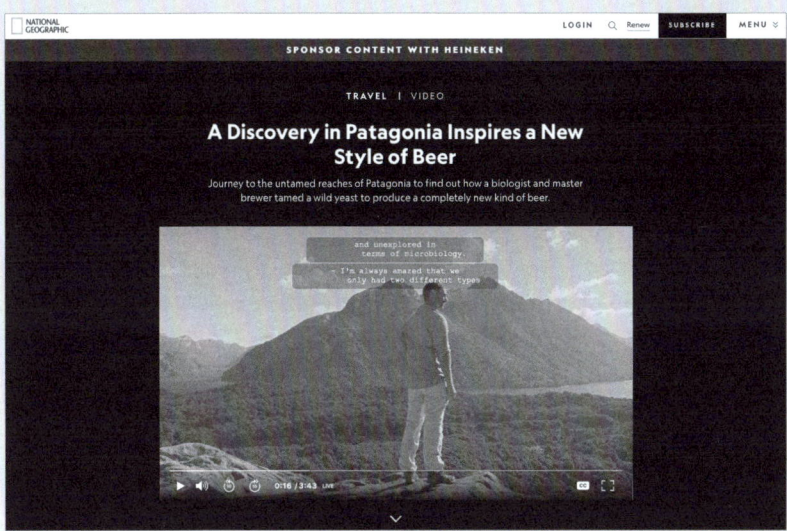

Abbildung 15.2 »A Wild Lager Story« und der dazugehörige Film sind auf einer gebrandeten Artikelseite auf der Website von Nat Geo zu sehen.[9]

---

9 A discovery in Patagonia inspires a new style of beer. National Geographic: *https://www.nationalgeographic.com/travel/article/sponsor-content-wild-lager-story* [25.03.2021]

Die Grenzen zum Native-Advertising sind hier allerdings fließend: In der Art der Einbindung auf dem Portal von Nat Geo erscheint der Marken-Content stark redaktionell gestaltet.

- *Sprechen Sie wie ein Mensch, nicht wie ein »Marketing-Nerd«:* Viele Unternehmen bestehen bei der Produktion von Branded Content auf der korrekten Corporate Speach. Oft bringen sie so Worte und Ausdrücke in die Inhalte hinein, die markentechnisch zwar »richtig« sein mögen, nur spricht so kein normaler Mensch. Schauen Sie Ihrem Publikum lieber »aufs Maul« – oder lassen Sie es gleich für sich selbst sprechen. Sonst beleidigen Sie unter Umständen die Intelligenz Ihrer Community.[10]

- *Seien Sie mutig, werden Sie kreativ:* Suchen Sie neue Wege und kreieren Sie ungesehene Ideen und Medienformate. Gehen Sie ungewöhnliche Partnerschaften ein. Scheuen Sie sich nicht, mit Ihren Ideen auf Influencerinnen, prominente Schauspieler oder Musikerinnen zuzugehen. Auch diese »Content-Marken« suchen das Licht der Öffentlichkeit und Reichweite. Mit Ihrem Konzept, Ihrer Bekanntheit oder Ihrem Budget können Sie da sicherlich unterstützen. So wird die Partnerschaft ein Geben und Nehmen auf Augenhöhe.

Tipp: Werden Sie kreativ

Nutzen Sie Kreativtechniken wie die der additiven Kreativität (siehe Abschnitt 11.4.7): Wenn Sie eine Idee haben, überlegen Sie, wie Sie diese durch die Addition eines besonderen Partners oder einer neuen Plattform zu einer ungewöhnlichen Idee machen können.

Beispiel ABOUT YOU: Ein Modeunternehmen geht eigene Branded-Content-Wege

ABOUT YOU ist eines der erfolgreichsten E-Commerce-Unternehmen Europas und Hamburgs erstes Unicorn. Das Modeunternehmen ist ein Meister des Branded Contents, der so attraktiv ist, dass es damit sogar Geld verdient, z. B. mit Events wie der »About You Fashion Week«, dem »About You Pangea Festival« und den »About You Awards« (siehe Abbildung 15.3), Letzteres produziert mit ProSieben als eigene Fernsehshow. Auch eigene Dokus produziert das Unternehmen inzwischen, beispielsweise über Lena Gercke, in der der gemeinsame Aufbau der neuen Marke LeGer porträtiert wird.

Den dahinterliegenden Anspruch an die eigene Branded-Content-Kreation formuliert sein Gründer Tarek Müller so:

---

10 Luke Cope, Why Your Branded Content Shouldn't Always Be About Your Brand. Content Marketing Institute: *https://contentmarketinginstitute.com/2014/03/branded-content-shouldnt-always-be-about-brand/* [25.03.2021]

»Wir orientieren wir uns nicht so sehr an anderen, wenn es darum geht, wie wir unsere Marke aufladen und bespielen. [...] Der Erfolg von About You hängt (auch) nur indirekt mit Social Media zusammen. Was unsere Mannschaft ganz gut kann, ist, zu erkennen, wo sich die Nutzer aufhalten, wo sie ihre Zeit verbringen, und dann sehr gute Inhalte für diese Medien zu produzieren. Wenn es Facebook und Instagram heute nicht gäbe, dann gäbe es eben andere Plattformen und dann würden wir halt die bespielen.«[11]

Abbildung 15.3 Modemarke + Creator + TV-Sender: ABOUT YOU zeichnet die wichtigsten Digital Creators des Jahres aus – Branded Content live auf ProSieben.[12]

- *Nutzen Sie Branded Content für multimediales Storytelling:* Mit Audio- und Video-Content können Sie emotionale Marken-Erlebnisse schaffen. Diese Formate ermöglichen es dem Publikum, tief in Ihr Storytelling einzutauchen. Bewegtbild liefert zudem sehr gute Ergebnisse für Marken-KPIs. Nicht zuletzt: Audio- und Videoinhalte lassen sich sehr gut »unterwegs« anschauen bzw. anhören und sind attraktiv, um sie zu teilen (siehe Kapitel 18, »Audio-Content – von Radio bis Podcast«, und Kapitel 17, »Video-Content bleibt im Kopf – mit Bewegtbild begeistern«)

Beispiel Red Bull: Multimedia-Storytelling für die Community
Der im Zusammenhang mit dem Thema Branded Content oft genannte Brausehersteller Red Bull soll auch hier nicht fehlen. Die Marke veranstaltet oder sponsert zahlreiche publikumswirksame Events rund um Extremsportarten, bei denen es tatsächlich auch

---

11 Vera Hermes, Tarek Müller von About You: keine Modeerscheinung. In: Absatzwirtschaft, 01.02.2021: *https://www.absatzwirtschaft.de/tarek-mueller-von-about-you-keine-modeerscheinung-177485/* [14.04.2021]
12 ABOUT YOU: https://corporate.aboutyou.de/de/newsroom/press-releases [14.04.2021]

durchaus zu gefährlichen Unfällen kommen kann. Dennoch ist die Marke mit den entsprechenden Inhalten omnipräsent – und steht offiziell dazu: Sie möchte Athleten helfen, selbst die abenteuerlichsten Träume zu verwirklichen. Bei den »Red Bull Air Race Weltmeisterschaften« beispielsweise ist das Logo des Unternehmens auf jeder Pylone, nahezu jedem Helm und den Fluggeräten zu sehen. Auch die von Red Bull gesponserten Sportler wie Extrem-Mountain-Biker, Base-Jumper und die Spezialteams geizen nicht mit Logopräsenz auf deren Sportgerät oder Anzug. Einige Besonderheiten seien an dieser Stelle erwähnt: Produziert werden die Inhalte mit dem eigenen Mediahaus. Und die spektakulären Berichte, Bilder und Videos werden auf besonders gut aufgestellten Owned-Media-Kanälen wie Red Bull TV, Servus TV oder im Lifestyle-Magazin »The Red Bulletin« publiziert. Zusätzlich füllen die Dokus die Mediatheken die Streamingplattformen Dritter, wie z. B. Joyn. Kürzere Video-Snippets, meist die Auszüge aus den langen Formaten, werden darüber hinaus zielgruppengenau in den sozialen Medien geteilt. Damit erreicht das Unternehmen dann ein noch breiteres Publikum – weit über die Live-Events und Shows auf den eigenen Medienkanälen hinaus. Denn die spektakulären Bilder werden gerne von und in der Community geteilt. Dass man dabei zugleich auch Werbung für das Unternehmen macht, das diese Inhalte bereitstellt, wird im Gegenzug für den gebotenen Unterhaltungswert akzeptiert.

15.3   So funktioniert Branded Content in Social Media

Social-Media-Plattformen wie Instagram oder Facebook bieten sogenannte Branded-Content-Formate. Kurz beschrieben passiert dabei meist Folgendes: Ein Influencer macht ein Foto eines Produkts (oder von sich selbst mit dem Produkt) und postet es auf dem eigenen Instagram-Kanal, meist nicht umsonst, sondern im Austausch für das gratis zur Verfügung gestellte Produkt oder für ein Honorar des Herstellers. Die Zusammenarbeit wird im Beitrag kenntlich gemacht – auf Facebook-Plattformen mit dem sogenannten Branded-Content-Tag. Der Influencer übernimmt also in seinem Rahmen der Möglichkeiten die kreative Gestaltung des Contents und wird mit seinem Kanal zum offiziellen Medienpartner der Marke.

Bei diesen von Instagram, Facebook und Co. dann Branded Content genannten Inhalten geht es allerdings in den meisten Fällen einzig und allein um die werbliche Inszenierung von Produkten – und aus Influencer-Sicht um die relativ unkomplizierte Monetarisierung ihrer hart erarbeiteten Reichweite. Diese Art der Partnerschaft und deren Ergebnis sind dann aber auch nichts anderes als Produktwerbung. Diese kann je nach Eignung des Partners und Geschick seines Geldgebers glaubwürdig, aber auch plump und ungelenk daherkommen. Mit dem eigentlichen Konzept von Branded Content und dessen Anspruch an den notwendigen Mehrwert jenseits von Produktwerbung, wie das im ersten Abschnitt dieses Kapitels definiert ist, hat das dann nur wenig zu tun.

Beispiel: So ermöglichen Sie Branded-Content-Partnerschaften auf Facebook und Instagram

Die Partnerschaft mit Content Creators bzw. Influencerinnen lässt sich auf den Plattformen technisch recht unkompliziert organisieren. Als Markenpartner autorisieren Sie dazu den Creator, seine Posts als Branded Content Ihrer Marke zu markieren. Um eine solche Partnergenehmigung einzurichten, gehen Sie auf Ihr Business-Profil und tippen im Menü auf EINSTELLUNGEN • UNTERNEHMEN • BRANDED CONTENT. Suchen Sie dort nach dem Account-Namen Ihres gewünschten Creators. Wählen Sie sie oder ihn aus. So kann dieser all seine Beiträge in allen Formaten (z. B. Bilder, Reels, Livevideos oder Stories) mit dem Label »Bezahlte Werbepartnerschaft« kennzeichnen.

Umgekehrt können auch die Creators ihrerseits maximal zwei Markenpartnern proaktiv eine Genehmigungsanfrage stellen, um sie einem Ihrer Beiträge hinzuzufügen. Dafür müssen Sie aber zuvor den Zugang zum Branded-Content-Tool beantragen.

Bekommt das Unternehmen die Erlaubnis des Creators, die jeweiligen organischen Posts auch noch zu bewerben, also Mediageld zu investieren, wird aus dem Post eine Branded-Content-Anzeige. Damit haben die Inhalte des Creators – inklusive Markennennung – eine noch größere Reichweite über die in erster Linie angesprochenen Follower des Creators hinaus. Ist die Anzeige live, kann das Unternehmen den Erfolg anhand der zur Verfügung gestellten Zahlen im Facebook-Business-Manager einsehen.

Beispiel: Lady Gaga und Intel machen gemeinsame Sache

Lady Gaga hat (siehe Abbildung 15.4) in einem ihrer Posts eine Backstage-Story promotet, die auf der Website ihres Partners und Sponsors Intel zu finden ist: »Geht hinter die Bühne und schaut euch an, wie Gaga mithilfe von Technologie ihren innovativen Grammy-Auftritt kreiert hat«, lautet der Teaser – dazu der Link zum eigentlichen Branded-Content-Beitrag. Neben ihrem Namen steht das Branded-Content-Tag »Mit Intel«. Damit ist die Zusammenarbeit zwischen der VIP-Influencerin und Intel deutlich gekennzeichnet: Content Promotion mit Branded Content sozusagen.

Abbildung 15.4 VIP-Influencerin Lady Gaga – Post mit Branded-Content-Tag von Intel[13]

---

13 Adweek: *https://www.adweek.com/wp-content/uploads/sites/2/2016/04/BrandedContentLady-GagaIntel.jpg* [22.04.2021]

Aber Branded Content mit Influencern in Social Media umzusetzen, geht auch besser. Solche, nennen wir sie »Partnerschaften auf Augenhöhe« sind für Marken deshalb spannend, weil sie oft noch zu weit weg von ihren Communitys sind. Mit der Partnerschaft bekommen sie die Chance, nicht nur den Kanal, sondern auch die richtige Ansprache und den richtigen Ton im Umgang mit deren Mitgliedern zu treffen: Gute Influencer mit einer ausgeprägten Empathie für die eigene Community und idealerweise einer glaubwürdigen Affinität zur Marke übernehmen die Aufgabe. Diese können die Marke in ihrem ureigenen kreativen Gesamtkonzept und im persönlichen Kontext unterhaltsam, und damit vor allem ohne Werbung zu machen, in Szene setzen.

Marken sollten bei der Ausgestaltung darauf achten, dass die neuen Partner authentisch bleiben können und sich für die neue Partnerschaft weder verbiegen, noch anbiedern oder »verkaufen« müssen. Das ist ein wichtiger Erfolgsfaktor, denn Menschen folgen ihren Lieblings-Influencern auf Schritt und Tritt. Unerwartete Brüche im persönlichen Storytelling oder in deren Überzeugungen nehmen sie sofort wahr und kritisieren das dann auch frank und frei.

Beispiel DRF Luftrettung und Doktor Allwissend: Ein YouTuber erklärt die Erste Hilfe aus der Luft

Mit ihren rot-weißen Hubschraubern und Ambulanzflugzeugen leistet die DRF-Luftrettung schnelle Notfallrettung aus der Luft und übernimmt sichere Patiententransporte. Damit rettet die Organisation Menschenleben. Eigentlich eine klare und wichtige Sache. Das Unternehmen sah aber die Notwendigkeit, den Menschen die Arbeit und den Umgang mit den Hubschraubern zu erklären. Aufklärung war angesagt: Die fliegenden Retter kommen nämlich, entgegen mancher Erwartung, nur in besonders herausfordernden Situationen, nicht auf Wunsch des Patienten. Auch ist die Crew bis zu Ihrer Ankunft auf die Erste Hilfe durch die Menschen vor Ort angewiesen. Auf der Suche nach einem unterhaltenden Aufklärungsformat ohne erhobenen Zeigefinger ging das Unternehmen auf »Doktor Allwissend« zu: einen erfolgreichen YouTuber mit blauer Hornbrille, hellblauem Hemd und Krawatte. Der kommentierte und erklärte bereits seit 2012 auf seinem Kanal das alltägliche Leben: selbstironisch, witzig. Damit hat er sich über die Jahre eine treue interessierte Community aufgebaut.

Dem YouTuber gefiel die Idee einer Kooperation mit den Lebensrettern. Sie passte zu dem Menschen hinter der Kunstfigur und traf wiederum sein Faible für das einfache Erklären komplexer Herausforderungen. Es kam zur Zusammenarbeit: Das Unternehmen gab dem kreativen YouTuber die Fragen weiter, wies ihn in die grundsätzliche Botschaft ein. Es überließ ihm aber die Antworten auf Fragen wie »Wann kommt eigentlich ein Rettungshubschrauber?« (siehe Abbildung 15.5), »Wie kann ich Erste Hilfe leisten, bevor der Hubschrauber eintrifft?« in seiner Sprache zu formulieren. »Doktor Allwissend« drehte und schnitt auch die Antwortvideos – und das auf seine ganz eigene Art und Weise. Die unterhaltsamen Filme waren auf dem Kanal von Doktor Allwissend als Teil seines Programms zu sehen – klar gekennzeichnet und angekündigt als Kooperation.

Außerdem stellte das Unternehmen die Videos auf die eigene Corporate Website und teilte sie auf Social Media.[14]

Abbildung 15.5 Die DRF Luftrettung arbeitet für Branded Content mit Influencer Doktor Allwissend zusammen.

Für Influencer lohnt sich eine solche inhaltlich fundierte Partnerschaft mit Marken gleich doppelt. Sie monetarisieren mit der Zusammenarbeit ihre Reichweite und profitieren zugleich von dem daraus resultierenden erhöhten Engagement ihrer Community. Denn die erkennt eine authentische, professionelle Zusammenarbeit mit einer Marke durchaus als »Ritterschlag« ihres Idols an und honoriert die so produzierten, exklusiven Inhalte mit Kommentaren, Likes und Shares. Im besten Fall wird sich die Community des Influencers durch die Partnerschaft als »umworben«, aber eben nicht »beworben« fühlen.

Zur Ausgestaltung solcher Branded-Content-Kooperationen an dieser Stelle noch zwei grundsätzliche Tipps.

Tipp 1: Halten Sie sich ans Gesetz und die Spielregeln der Plattformen

Früher war es nur schwer nachvollziehbar, ob ein Influencer die Marke oder deren Produkt einfach nur gut fand, wenn sie oder er einen nett gemeinten Post dazu zu machte, oder dafür ein Honorar bekam. Der Grund: Die Kennzeichnungspflicht, z. B. mit Hashtags wie #bezahlteWerbung oder #AD (für Advertising), wurde von vielen ignoriert, »vergessen« oder einfach nicht umgesetzt. Die Richtlinien der jeweiligen Plattformen regeln aber inzwischen streng, nicht nur was als Branded Content beworben werden darf, sondern auch wie solche Inhalte in Beiträgen erscheinen dürfen.[15] Vor allem, wenn

---

14 Doktor Allwissend erklärt die DRF Luftrettung. DRF Luftrettung: *https://www.youtube.com/ playlist?list=PLiOlt5TQ6EyP5WukbkXxobZTMrdD3qZlf* [30.04.2021]

15 Siehe dazu z. B. die Branded-Content-Richtlinien von Facebook: *https://www.facebook.com/ policies/brandedcontent/* [26.04.2021]

Geld fließt oder der Creator im Gegenzug für ihre oder seine Leistung Waren von Wert zur Verfügung bekommt, muss das in dem geteilten Beitrag klar gekennzeichnet werden. Sieht das Publikum beispielsweise das Branded-Content-Tag auf Facebook und Instagram, wird ihm sofort klar, dass es gesponserte Inhalte sieht. Kurz gesagt: Stellen Sie sicher, dass Sie und Ihre Partner die plattformspezifischen Vorschriften einhalten.

Tipp 2: Kommunizieren Sie Ihre eigenen Regeln, ohne die kreative Freiheit und Kompetenz der Partner zu beschränken

Als Unternehmen oder Marke sollten Sie Ihrem Kreativpartner vorab die wichtigsten Regeln für den Umgang mit den eigenen Produkten, Dos and Don'ts im Hinblick auf das Markenverständnis, den moralisch-ethischen Anspruch und die allernötigsten Corporate Guidelines kommunizieren. Damit ersparen Sie sich viel Frust oder sogar Peinlichkeiten bei der späteren Zusammenarbeit und der internen Abstimmung. Involvieren Sie im Zweifel auch Ihre juristische Abteilung gleich zu Beginn, wenn diese für den Freigabeprozess Ansprüche anmeldet. Sie sollten dem Creator Ihres Vertrauens allerdings gleichzeitig maximal große kreative Freiheit geben. Beschränken Sie Ihr Regelwerk auf das Nötigste.

Wenn Sie selbst wie im oben genannten Beispiel bereits eine inhaltliche Konzeptidee oder Content-Framework entwickelt haben: gut! Diese gilt es dann mit dem entsprechenden Partner offen zu besprechen. Schließlich wollen Sie ihn oder sie aktiv einbinden: mit ihrer oder seiner besonderen Sichtweise auf die Welt, der eigenen Art zu sprechen, der Fähigkeit Videos »anders« zu schneiden oder Fotos nicht nur zeitgemäß zu schießen, sondern auch entsprechend nachzuarbeiten – auch wenn sich Ihre Corporate-Design-Experten bei deren Anblick vielleicht die Haare raufen. Für lang- und mittelfristig geplante Partnerschaften ist daher vor Beginn der Zusammenarbeit eine ausführliche, gegenseitige Überprüfung des Brand Fits und der gegenseitigen Sympathie sinnvoll. Weitere Regeln zur grundsätzlichen Zusammenarbeit mit Influencern finden Sie in Kapitel 21, »Create Content mit Influencern – Marketing auf Augenhöhe«.

Bleibt am Ende noch eine Frage zu klären: Ist Branded Content noch Content Marketing? Worin liegt der Unterschied? Wir betrachten Branded Content aufgrund des Anspruchs, Mehrwert jenseits von Werbebotschaften zu schaffen, tatsächlich als eine wichtige Variante des Content Marketings. Interessen und Bedürfnisse von Menschen und deren Community stehen im einen wie im anderen Fall im Mittelpunkt der Kreation – und eben nicht ein Produkt oder die Marke selbst. Die wichtige Besonderheit von Brand Content liegt tatsächlich in der bezahlten oder gesponserten Partnerschaft. Solche Inhalte erscheinen daher meist auch nicht primär auf den Owned Media der Marke, sondern bewusst und geplant auf den Kanälen der beteiligten Medien- und Kreativpartner.

Kapitel 16

Visueller Content – von der Infografik bis zur Fotografie

»Der Mensch, das Augenwesen, braucht das Bild.«
– Leonardo da Vinci, italienisches Universalgenie

Text-Content ist der König des digitalen Marketings, denn das geschriebene Wort regiert auch heute noch. Es gibt jedoch einen Content-Marketing-Trend, der so sehr zum Mainstream geworden ist, dass es schwer ist, seinen Wert zu ignorieren. Das ist das visuelle Content Marketing oder auch *Visual Content Marketing*. Und dafür gibt es einige gute Gründe. Unser Gehirn verarbeitet Bilder viel schneller als Text. Die Erfindung der Presse durch Gutenberg im 15. Jahrhundert war ein entscheidendes Element für die Popularität des Lesens und Schreibens. 1455 erschien das erste gedruckte Buch für die breite Masse: die Gutenberg-Bibel. Im Gegensatz dazu kann die Verarbeitung komplexer visueller Darstellungen fast 300 Millionen Jahre zurückdatiert werden, mit der Entdeckung eines versteinerten Fisches, der Farbsehen nutzte. Visuelle Bilder werden schneller verarbeitet, weil sie den Vorteil von 300 Millionen Jahren Evolution haben.

> »Bilder wirken schnell: Wir nehmen sie 60.000-mal schneller wahr als Texte. Ein flüchtiger Blick reicht, um uns einen ersten Eindruck zu machen und emotional einzusteigen. In Zahlen: 0,1 Sekunden reichen, damit wir uns grob etwas unter dem Bild vorstellen können. In einer Sekunde können wir 5 Bilder im Schnelldurchlauf erkennen – mit kritischem Bewusstsein wäre dies nicht möglich. 2 Sekunden ein Bild zu betrachten reichen aus, damit wir es später sicher wiedererkennen. Wenn also Ihre Kommunikation schnell gelingen soll: Setzen Sie auf Bilder.«[1]

Es ist kein Wunder, dass sowohl Instagram, TikTok, Facebook als auch YouTube die meistgenutzten sozialen Netzwerke weltweit sind. Visuelle Elemente wie Grafiken, Bilder sowie Videos dominieren diese Social-Media-Kanäle und erlangen zum Teil virale Aufmerksamkeit. Und der Grund dafür ist einfach: Visuelle Inhalte, die attrak-

---

1   Dieter Georg Adlmaier-Herbst, Bildeigenschaften – wir schauen lieber als wir lesen: *https:// dietergeorgherbst.de/blog/2013/02/07/bildeigenschaften-wir-schauen-lieber-als-wir-lesen* [26.06.2021]

tiv sind und einen Mehrwert bieten, ziehen an, erzeugen Interaktionen und verkaufen dabei auch noch. Beim Visual Content Marketing geht es darum, die vorbeisurfenden oder scrollenden User einzufangen. Deshalb sollten sie ein Teil Ihrer Content-Marketing-Strategie sein. Bevor Sie starten, sollten Sie folgende Fragen beantworten, um eine erfolgreiche Kreation zu ermöglichen:

- Was wollen Sie mit Ihrem visuellen Content erreichen?
- An welchen Arten von visuellem Content ist Ihre Zielgruppe, die Community, interessiert?
- Wie können Sie für ein konsistentes visuelles Markenerlebnis sorgen? Gibt es ein hilfreiches Corporate Design Ihrer Marke mit einer definierten Bildsprache?

Tipp: Nutzen Sie die Bildersuche, um visuelle Trends zu finden

Visuelle Trends kommen und gehen. Nutzen Sie die Google-Bildersuche[2], das Visual Search Tool von Pinterest[3] und YouTube, um einen detaillierten Überblick über beliebte visuelle Trends zu bekommen. So bleiben Sie regelmäßig auf dem Laufenden und bekommen frische Ideen für die Content-Kreation.

In diesem Kapitel lernen Sie die sechs wichtigsten Arten von visuellem Content kennen, worauf man bei der Nutzung achten sollte und welche Tools Ihnen bei der Kreation und Produktion helfen. Zusätzlich gibt es Tipps und Tricks, wie Sie Ihre Smartphone-Fotografie als Content Creator optimieren können. Apropos visueller Content: Warum beschäftigen sich Menschen gerne mit visuellen Inhalten? Mit nur einem Bild, das Ihr Publikum anspricht, können Sie Freude, Traurigkeit, Schock, Angst oder Wut auslösen. So mächtig ist das visuelle Storytelling. Schauen Sie sich im Folgenden das Beispiel von Visit Norway an.

16.1   Visual Storytelling mit #SheepWithAView

Ein spannendes Praxisbeispiel zeigt, wie Visual Storytelling funktioniert. In der norwegischen Kultur gibt es ein skurriles Phänomen. Denn jedes Jahr werden 2 Millionen Schafe freigelassen, um die wunderschönen Landschaften der norwegischen Wildnis zu erkunden. Zwischen abenteuerlichen Fjorden und majestätischen Bergen, in üppigen Wäldern und an wunderschönen Stränden spazieren und grasen dann diese pelzigen Entdecker. Und wir Zuschauer durften dabei sein! Die Visit-Norway-Kampagne folgte den Abenteuern von vier Schafen, die aus verschiedenen

---

2   Google-Bildersuche: *https://www.google.de/imghp?hl=de* [18.06.2021]

3   Visuelle Suchfunktion von Pinterest: *https://newsroom.pinterest.com/de/post/suchen-geht-jetzt-ganz-anders-mit-den-neuen-visuellen-funktionen-von-pinterest* [29.06.2021]

Regionen Norwegens stammten. Unter dem Hashtag #SheepWithAView konnte man Kari, dem Surfermädchen, Lars, dem Feinschmecker, Erik alias Mr. Chilled und Frida, der Abenteurerin, folgen. Die Betrachter konnten die Schafe auf Instagram und Facebook einen ganzen Sommer über treffen, auf die #SheepWithAView-Landingpage klicken, um in Videos mehr über das Leben und die Abenteuer der Schafe zu lernen und so Norwegen als Reiseziel aus einem anderen Blickwinkel kennenzulernen (siehe Abbildung 16.1).

Was war der Schlüssel zum Erfolg dieser Content-Marketing-Kampagne? Visual Storytelling! Die Schafe waren als sogenannte Key Visuals der starke visuelle Schlüssel, das Bild, das die Kampagne einmalig und merkfähig machte. Der visuelle Content wurde als niedlich und spielerisch wahrgenommen, löste positive Reaktionen aus und motivierte die Community zum Interagieren, zum Liken und Teilen der Kampagneninhalte.

Abbildung 16.1 Ein gutes Beispiel für Visual Storytelling: die Visit-Norway-Kampagne #SheepWithAView (Quelle: Instagram-Screenshot)

16.2   Sechs Arten von visuellem Content

Visueller Content hilft den Nutzerinnen und Nutzern, Botschaften leichter zu verstehen, einfacher zu teilen und leichter zu referenzieren. Für das Visual Storytelling steht Ihnen dabei die gesamte Bandbreite der visuellen Darstellungsformen zur Verfügung, von Infografiken über Fotos bis hin zu Videos. Sie alle haben unterschiedliche Stärken. Welche Art von visuellem Content sich für Sie am besten eignet, hängt davon ab, welches Ziel Sie verfolgen und welche Talente dafür gefragt sind. Es erfordert spezielle Fähigkeiten, um eine beeindruckende Infografik, ein emotionales Foto oder ein unterhaltsames Lehrvideo zu erstellen. Auch wenn Sie kein Designer oder Fotograf sind, können Sie großartige visuelle Inhalte erstellen. Viele Onlinetools für visuelles Content Marketing helfen Ihnen, Bilder zu finden und einfach zu bearbeiten, Memes und animierte GIFs oder Präsentationen zu erstellen und vieles mehr. Im Folgenden finden Sie die sechs wichtigsten Arten visueller Inhalte, die Ihnen bei richtiger Verwendung leicht zu einem viralen Erfolg verhelfen können:

- Infografiken
- Memes und GIFs
- Präsentationen
- Screenshots
- Videos
- Bilder

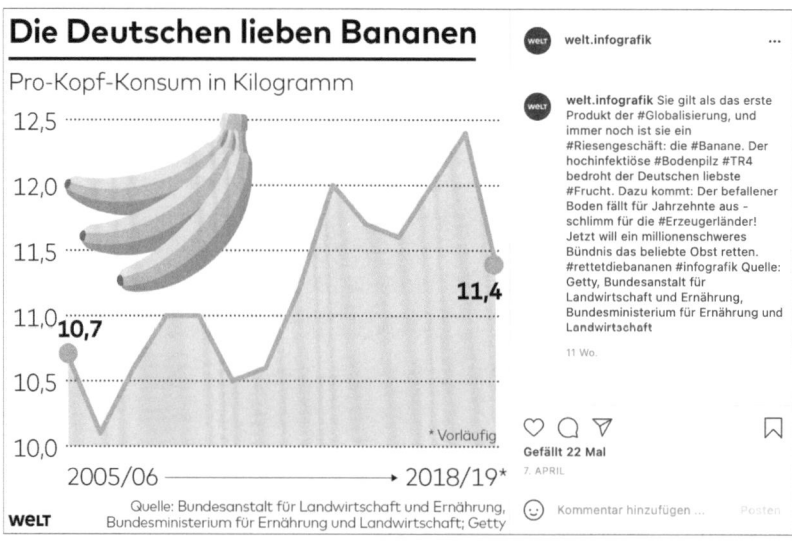

Abbildung 16.2 Eine Statistik, ansprechend aufbereitet in einer Infografik
(Quelle: Instagram-Screenshot)

16.2.1 Infografiken

Kundinnen und Kunden treffen jeden Tag (Kauf-)Entscheidungen auf der Grundlage von Daten, Fakten und Informationen. Aber nicht jeder hat die Zeit, sich durch lange Werbetexte, Berichte oder Kundenkommentare zu lesen. Infografiken verpacken wichtige Informationen auf eine Art und Weise, die leicht für die Userinnen und User zu verdauen und zu teilen sind. Deshalb eignen sie sich perfekt zur Visualisierung komplexer Daten, Fakten und Statistiken. Und sie eignen sich auch für Anleitungen und Schritt-für-Schritt-Anweisungen. Infografiken können dafür in verschiedenen Formen gestaltet werden – als animierte oder statische Grafiken, Illustrationen oder Erklärvideos. Sie können in Blogartikel, Fallstudien und Webseiten eingebettet oder auf Social-Media-Plattformen geteilt werden.

Die wichtigsten Anwendungsfälle für Infografiken sind folgende:

- Visualisierung von Umfrage- und Abstimmungsergebnissen
- Hervorhebung wichtiger Statistiken
- Wiederverwendung von *Listicles*[4]
- Produktvergleiche
- Teilen von Unternehmens-Timelines

Warum sollten Sie Infografiken verwenden? Angenommen, Ihr Unternehmen arbeitet mit komplizierten Statistiken. Dann können Sie mithilfe von Infografiken Gruppen zusammenstellen, die auf einen Blick Ihrem Publikum wertvolle Einblicke bieten (siehe Abbildung 16.2). Wenn Sie z. B. eine Anleitung in eine Infografik umwandeln, ist eine hohe *Shareability* praktisch garantiert, vor allem, wenn sie so nützlich ist, dass Menschen anfangen, sie zu liken und in den sozialen Medien zu teilen. Infografiken eignen sich damit hervorragend, um Fachwissen auf einfache, schnelle und benutzerfreundliche Weise zu vermitteln.

Die Vorteile von Infografiken im Überblick:

- *Infografiken gestalten Informationen ansprechend*
  Mit Infografiken werden Informationen visuell ansprechend dargestellt, was sie effektiver macht als bloßer Text. Datenvisualisierung hilft, aus trockenen Zahlen, Tabellen und Diagrammen attraktive und verständliche Inhalte und Botschaften für Ihre Zielgruppe zu gestalten. Die kreative Verwendung von Farben, Linien und Formen macht Infografiken zusätzlich einzigartig.

---

4 Listicle ist eine Wortkreuzung aus dem englischen Wörtern *list* (Liste) und *article* (Artikel) und bezeichnet einen journalistischen Artikel, der in Aufzählungsform, eben als Liste, veröffentlicht wird. Ein typisches Listicle ist ein Blog- oder Zeitschriftenartikel mit einer Überschrift wie »10 Dinge, die der Mann braucht«. Quelle: Wikipedia, Stichwort »Listicle«: *https://de.wikipedia.org/wiki/Listicle* [27.06.2021]

- *Infografiken erregen Aufmerksamkeit*
  Nutzen Sie die Neugierde der Menschen. Allein durch ansprechendes Design wird die Aufmerksamkeit des Publikums geweckt. Sie möchten dann gerne wissen, wofür die Linien, Diagramme und Zahlen in eine Infografik stehen und das Rätsel schließlich auch erfolgreich selber lösen. Versprochen!

- *Infografiken verringern die Langeweile*
  Komplexe Informationen sind für viele Menschen oft langweilig. Wer möchte eine Menge Zeit damit verbringen, komplizierte Fakten und Zahlen zu lesen und zu verstehen? Infografiken bieten dagegen alles Wichtige auf einen Blick!

- *Infografiken sind leicht zugänglich*
  Über die Bildersuche in Suchmaschinen und auf verschiedenen Social-Media-Plattformen können Infografiken leicht gefunden und geteilt werden. Zusätzlich bietet es sich an, Infografiken auf Papier zu drucken und damit allen zugänglich zu machen.

- *Infografiken sind einprägsam*
  Denken Sie daran, dass Bilder leichter im Gedächtnis bleiben als Informationswüsten. Die Verwendung von kontrastreichen Farben, Formen und Grafiken macht es für Menschen einfacher, sich an eine bestimmte Infografik zu erinnern.

Hinweis: Geben Sie keinen Anlass zu Fehlinterpretationen

Achten Sie als Content Creator darauf, dass sie Infografiken wirklich gut gestaltet sind, ohne Fehlinterpretationen der Daten und Informationen zu verursachen. Stellen Sie auch sicher, dass die Wahl der Farben und Formen für einen bestimmten Sachverhalt angemessen ist.

Und jetzt gestalten Sie Ihre eigenen Infografiken, um komplexe Daten einfach zu kommunizieren. Es ist einfacher, als Sie denken. Diese Onlinetools helfen Ihnen dabei:

- Piktochart[5]
- Canva[6]
- Venngage[7]
- Easel.ly[8]
- Infogr.am[9]

---

5 Piktochart: *https://piktochart.com*
6 Canva: *https://www.canva.com/de_de/*
7 Venngage: *https://venngage.com*
8 Easel.ly: *https://www.easel.ly*
9 Infogr.am: *https://infogram.com*

Abbildung 16.3 Memes sind heute allgemein als Bilder bekannt, die von humorvollen Bildunterschriften begleitet werden. Das Internetphänomen Grumpy Cat gewann einen Preis für das Meme des Jahres bei den Webby Awards 2013. (Quelle: *https:// www.memecenter.com/fun/4053995/grumpy-cat* Screenshot)

Abbildung 16.4 Ein Beispiel für erfolgreiches Newsjacking. Den Schulterbiss von Luis Suárez bei der Fußball-Weltmeisterschaft 2014 nutzte Snickers für einen Post und kreierte damit ein erfolgreiches Meme mit über 47.000 Retweets. (Quelle: Twitter-Screenshot)

16.2.2   Memes und GIFs

Wir alle lieben es zu lachen. Und in der Welt des Internets gibt es nur wenige Dinge, über die man mehr lachen kann, als über Memes. Ein Meme kann dabei jede Art von Medienformat sein, einschließlich eines GIFs, eines Videos, eines Textbeitrags oder eines Bildes.

> *»Richard Dawkins prägte das Wort ›Meme‹ 1976 in seinem Bestseller ›The Selfish Gene‹. Das Wort – das einer Idee, einem Verhalten oder einem Stil zugeschrieben wird, der sich innerhalb einer Kultur von Mensch zu Mensch ausbreitet – wurde seitdem vom Internet vereinnahmt.«*[10]

Das Internetphänomen Grumpy Cat wurde beispielsweise seit seiner Erstveröffentlichung im Jahr 2012 zum viralen Hit und springt seitdem von IP-Adresse zu IP-Adresse und damit von Gehirn zu Gehirn der Userinnen und User (siehe Abbildung 16.3). Genauso funktionieren Memes. Und so albern sie auch erscheinen mögen, Memes sind eine großartige Möglichkeit, eine Marke zu bewerben. Sie helfen Unternehmen, eine sinnvolle Verbindung mit einer Community herzustellen, besonders wenn das Publikum jung ist und guten Humor zu schätzen weiß.

Wie funktioniert Marketing mit Memes? Zum Beispiel mit *Newsjacking*. Beim Newsjacking springt ein Unternehmen auf einen viralen (Nachrichten-)Trend auf, um die eigene Marke in Social Media (noch) bekannt(er) zu machen und die User zum Teilen zu animieren. Genau das hat Snickers getan, als der uruguayische Fußballspieler Luis Suárez bei der Fußballweltmeisterschaft 2014 seinen italienischen Rivalen Georgie Chiellini in die Schulter biss. Snickers tweetete: »Wenn du das nächste Mal hungrig bist, schnapp dir einfach ein Snickers«, taggte den Spieler und fügte ein Foto mit einem angebissenen Snickers und der Bildüberschrift »Sättigender als ein Italiener« hinzu. Der Tweet hatte über 47.000 Retweets (siehe Abbildung 16.4).

Tipp: Nutzen Sie das GIF-Format

Kreieren Sie Memes im GIF-Format. Ein GIF erlaubt die verlustfreie Kompression eines Bildes. Mehrere Einzelbilder können darüber hinaus in einer Datei gespeichert werden, die wie eine Animation wahrgenommen wird. Der Vorteil? Die Userinnen und User haben manchmal einfach keine Zeit und Lust, sich ein zweiminütiges Video anzusehen. Aber sie können sich ein animiertes GIF anschauen, das nur ein paar Sekunden dauert und außerdem keine langen Ladezeiten verursacht!

Memes machen Spaß, weil sie es Userinnen und Usern auf der ganzen Welt erlauben, skurrile Trends, aktuelle Nachrichten und Insider-Witze schnell zu teilen.

---

10 Zitat aus WIRED: *https://www.wired.co.uk/article/richard-dawkins-memes*, 2013 [29.06.2021]

Memes sind einfach zu erzeugender visueller Content. Hilfreiche Programme für die Erstellung von Memes und GIFs sind folgende:

- Imgflip[11]
- Adobe Spark[12]
- Giphy[13] (für GIFs)

Achtung: Nicht jedes Meme ist geeignet

Content Creators sollten vorsichtig sein, wie sie Memes verwenden. Manch ein Meme passt nicht zu einer Marke und einem Unternehmen. Oder sie werden in der digitalen Welt falsch oder einfach gar nicht verstanden.

16.2.3 Präsentationen

Eine sehr gute Möglichkeit, um visuellen Content zu kreieren, ist das Recycling von Inhalten in ein neues Format. Verwandeln Sie alte und neue Beiträge, Artikel und Vorträge in prägnante Präsentationen – die Sie dann auf digitalen Plattformen wie LinkedIn, XING oder Twitter gut teilen können.

Achten Sie darauf, dass die Präsentationen ein einheitliches Erscheinungsbild haben – ein gutes Corporate Design Ihres Unternehmens hilft dabei. Auch Rechtschreib- oder Grammatikfehler sollten vermieden werden, da man sich sicher sein kann, dass Nutzerinnen und Nutzer die Präsentationen zumindest zum Teil lesen. Nennen Sie Datenquellen und achten Sie besonders auf deren seriöse Qualität.

Wenn Sie eine Präsentation fertig erstellt haben, geht es ans »Sharen«. Dafür eignet sich SlideShare[14] sehr gut – ein Filehosting-Dienst zum Tauschen und Archivieren von Präsentationen. Auf der SlideShare-Startseite gibt es die Möglichkeit, eine Präsentation als TOP-SLIDESHARE VON HEUTE oder als EMPFOHLENER SLIDE SHARE zu präsentieren. Beides sind gute Wege, eine neue Zielgruppe für Ihren Content zu erreichen und den Traffic zu steigern.

16.2.4 Screenshots

Eignen sich Screenshots als visueller Content? Und ob! Es gibt kaum einen besseren Weg, eine Anleitung für ein Produkt oder einen Service zu demonstrieren, als durch kommentierte Screenshots. Das Hinzufügen einer visuellen Demonstration, die so-

---

11 Imgflip: *https://imgflip.com/memegenerator/315500606/Anything-for-a-fellow-chef*
12 Adobe Spark: *https://www.adobe.com/de/express/create/meme*
13 Giphy: *https://giphy.com*
14 SlideShare: *https://www.slideshare.net*

wohl attraktiv als auch lehrreich ist, ist dabei eine sehr einfache und authentische Lösung. Wenn Sie Pfeile einfügen, Inhalte unterstreichen oder wichtige Punkte in Kreisen, Quadraten oder Dreiecken platzieren, stellen Sie sicher, dass die Userinnen und User genau wissen, was zu tun ist. Screenshots sind die leichteste Art, eigenen visuellen Content zu produzieren.

Welche Funktionen übernehmen Screenshots? Screenshots heben etwas hervor, auf das Sie als Content Creator aufmerksam machen möchten, das sonst vielleicht von den Nutzerinnen und Nutzern nicht bemerkt wird. Sie helfen, Probleme visuell zu erklären und zu lösen oder verschiedene Funktionen eines Service zu demonstrieren. Die Verwendung von Screenshots kann dabei für alles verwendet werden, von Lehrinhalten über Bewertungen bis hin zu Tutorials. Nutzen Sie beispielsweise Screenshots von positiven Kundenbewertungen und Kommentaren in Ihren Social-Media-Posts oder auf Ihrer Website, um mehr Aufmerksamkeit und Vertrauen für Ihre Produkte oder Dienstleistungen zu erzeugen.

Mithilfe von Screenshots können Sie sehr leicht:

- Anwendungen von Software oder Apps demonstrieren
- Produkte oder Services erklären
- Ergebnisse von Analysen und Statistiken veröffentlichen
- Kundenrezensionen teilen
- Tutorials, Lehr- und How-to-Beiträge erstellen und publizieren

Sie können Screenshots unkompliziert aufnehmen, indem Sie die Optionen Ihres Rechners nutzen. Oder Sie nutzen folgende Programme:

- Greenshot[15], eine Freeware, die das Aufnehmen und Bearbeiten von Screenshots vereinfacht
- Skitch[16], ein kostenloses Screenshot-Bearbeitungsprogramm

16.2.5   Videos

Ein weiteres audiovisuelles Format, das Ihre Aufmerksamkeit verdient, sind Videos. Denn laut HubSpot sind …

> »[...] Videos mittlerweile das am häufigsten verwendete Format im Content Marketing, noch vor Blogs und Infografiken.«[17]

Und Videos werden auch sehr gerne geteilt.

---

15 Greenshot: *https://getgreenshot.org*
16 Skitch: *https://apps.apple.com/de/app/skitch/id425955336?mt=12*
17 *https://www.hubspot.de/marketing-statistics* [23.06.2021]

»Nutzer teilen Video-Content mit doppelt so hoher Wahrscheinlichkeit mit ihren Freunden als alle anderen Content-Arten.«[18]

Das sind zwei gute Gründe, Videos in Ihre visuelle Content-Strategie zu integrieren. Alles über die Videoproduktion, die verschiedene Arten von Bewegtbild-Content und Tipps für Videoaufnahmen mit einem Smartphone erfahren Sie ausführlich in Kapitel 17, »Video-Content bleibt im Kopf – mit Bewegtbild begeistern«.

16.2.6   Fotos

Content Marketing ist ohne Bilder undenkbar. Denn wie das Sprichwort »ein Bild sagt mehr als tausend Worte« schon sagt, gibt es einen großen Mehrwert von Bildern gegenüber Text: Ein gutes Bild informiert, dokumentiert und emotionalisiert, und zwar unmittelbar und direkt. Anders als bei Schrift oder Sprache können wir Menschen Bilder intuitiv wahrnehmen. In nur 0,1 Sekunden haben wir den grundlegenden Inhalt eines Fotos erfasst. Außerdem fällt es uns leicht, größere Mengen an Bildinformationen zu speichern. Auch Tage später können wir uns besser an bildhafte Informationen erinnern als etwa an einen Text. Manche Bilder können sich wortwörtlich in unser Gedächtnis einbrennen. Nutzen Sie als Content Creator die Macht der Bilder für Ihre Content-Kreation, denn Fotos bewegen und fesseln Menschen auf eine ganz einzigartige Weise.

Die Vorteile von Bildern:

- *Bilder können schnell und einfach konsumiert werden*
  Unser Gehirn verarbeitet Bilder unmittelbar. Auch wenn Text selbstverständlich Wirkung zeigt, haben Bilder einen ganz entscheidenden Vorteil: Sie wirken direkt auf unser Bewusstsein. Eine Verarbeitung beim Prozess der Kognition ist bei ihnen – anders als bei Sprache und Schrift – nicht mehr nötig.

- *Bilder machen Content einzigartig*
  Werden Nutzerinnen und Nutzer mit einem langen Textblock konfrontiert, können sie schnell gelangweilt oder frustriert sein. Relevante Bilder helfen, einen Text in kurze Absätze aufzuteilen und mit einem emotionalen Mehrwert aufzuladen. Komplexere Zusammenhänge können durch eine gelungen Text-Bild-Kombination einzigartig erzählt werden.

- *Bilder sorgen für mehr Interaktion*
  Laut dem Digital Marketing Institute haben Inhalte mit relevanten Bildern 94 % mehr Ansichten als solche mit reinem Text.[19] Außerdem werden Tweets mit

---

18 *https://www.hubspot.de/marketing-statistics* [23.06.2021]
19 *https://digitalmarketinginstitute.com/blog/2017-the-year-of-visual-content* [24.06.2021]

Bildern fast dreimal so oft retweetet wie Tweets, die keine Bilder enthalten. Zwei gute Gründe also, die für den Einsatz von Bildern sprechen.

- *Bilder erzeugen Glaubwürdigkeit*
  Texte können Inhalte stark vereinfachen, Wesentliches weglassen oder Unwichtiges in den Vordergrund stellen. Bei Bildern wird davon ausgegangen, dass sie die Realität abbilden. Deshalb werden sie häufig als glaubwürdiger empfunden.

- *Bilder werden gesucht und gefunden*
  Suchmaschinen lieben Fotos. Visueller Content in Form von Fotos wird beispielsweise vom Algorithmus von Google bevorzugt. Benennen Sie Ihre Bilder deshalb für optimales Bilder-SEO stets nach einem passenden Keyword.

- *Bilder faszinieren*
  Fotos müssen nicht immer real und authentisch sein. Bilder dürfen auch kreiert und komponiert werden. Von der Fotocollage bis zur Fotokunst bietet sich alles für die visuelle Content-Kreation an – je origineller, desto interessanter. Die Zuschauenden werden sich mit vielen Likes und Shares bedanken!

Ein Praxisbeispiel: GoPro

Ein perfektes Beispiel, wie man mit ungewöhnlichen Fotos und Filmen Content-Kreation macht, zeigt die Firma GoPro. Der Hersteller von Actionkameras lädt täglich die besten Bilder auf Instagram und Facebook hoch, die mit ihren Kameras aufgenommen wurden. So nehmen sie die GoPro-Community mit auf eine Reise auf einem Segelboot inklusive Begegnung mit einem Hai. Vom Bungee-Jumping Sprung über das Surfen im Wellenpool bis hin zur Kart-Fahrt ist alles dabei. Und die Community sendet täglich mehr atemberaubende Fotos und Filme ein. Ein toller Weg, um mehr als 10 Millionen Follower anzulocken und zu binden, finden Sie nicht auch? Schauen Sie mal bei Instagram vorbei und lassen Sie sich inspirieren: *www.instagram.com/goprode*.

16.3   Bilddatenbanken und Bildbearbeitung

Es gibt drei Wege, wie Sie an gute Fotos für Ihre Content-Kreation kommen. Der erste Weg: Sie machen als Content Creator Ihre Fotos selbst, beispielsweise mit einem Smartphone. Dafür sollten Sie über das nötige Know-how des Fotografierens verfügen. Der zweite Weg: Sie engagieren eine professionelle Fotografin. Das kostet natürlich Geld, aber dafür bekommen Sie einmalige, exklusive und qualitativ hochwertige Bilder für Ihr Content Marketing. Der dritte Weg: Sie nutzen Stockbilder, die es teilweise sogar kostenlos in Bilddatenbank gibt.

Bilddatenbanken, auf denen Sie attraktive Bilder finden können, sind z. B.:

- Unsplash[20] – kostenlose Fotos von der Unsplash-Community

- Pixabay[21] – kostenlose und lizenzfreie Bilder

- Pexels[22] – kostenlose Stockfotos und Videos

- Pikwizard[23] – kostenlose Stockfotos zur kommerziellen Nutzung

Falls Sie als Content Creator selbst Interesse an professioneller Bildbearbeitung haben, so lohnt es sich, einmal folgende Programme auszuprobieren: Pixlr[24], Polarr[25] und Photoshop[26]. Um Ihre Bilder mit Texten kombinieren zu können, bietet sich die App Phonto[27] an.

Jetzt wissen Sie, welche sechs Arten von visuellen Inhalten Sie in Ihre Content-Strategie einbeziehen sollten. Hier ein paar Tipps, die Ihnen helfen werden, besseren visuellen Content zu erstellen, der etwas bewirkt:

- Laden Sie Ihre Userinnen und User ein, Bilder mit Ihren Produkten, Services oder Dienstleistungen zu kreieren, hochzuladen und zu teilen. Durch User-generated-Content generieren Sie mehr Reichweite, Interaktion und Engagement für Ihre Marke. Mehr zum Thema lesen Sie in Kapitel 20, »User-generated Content – authentische Inhalte für Menschen von Menschen«.

- Zeigen Sie der Community das wahre Gesicht Ihrer Marke und Ihres Unternehmens. Wie wäre es mit einem Foto aus dem Lager, der Produktion oder aus dem Büro? Oder von den Mitarbeiterinnen und Mitarbeitern, die im Service arbeiten? Diese »Behind the Scenes«-Bilder zeigen, dass wirkliche Menschen aus »Fleisch und Blut« im Unternehmen arbeiten. Das erzeugt Engagement und Vertrauen zugleich bei Ihrer Community.

- Nutzen Sie die passenden Bildgrößen in den sozialen Netzwerken. Denken Sie daran, dass jedes Netzwerk seine eigenen Bildgrößen hat, um lange Ladezeiten zu vermeiden. Passen Sie daher Ihren visuellen Content diesen Empfehlungen an. Die Community wird es Ihnen danken!

---

20 Unsplash: *https://unsplash.com*

21 Pixabay: *https://pixabay.com/de*

22 Pexels: *https://www.pexels.com/de-de*

23 Pikwizard: *https://pikwizard.com*

24 Pixlr: *https://pixlr.com/de*

25 Polarr: *https://photoeditor.polarr.co*

26 Photoshop: *https://www.adobe.com/de/products/photoshop.html*

27 Phonto: *https://phon.to/download*

- Erstellen Sie einen monatlichen Veröffentlichungskalender. Legen Sie im Voraus fest, wann Sie welchen visuellen Content auf welcher Ihrer digitalen Plattformen veröffentlichen werden. Und kontrollieren Sie regelmäßig, welcher visuelle Content wo am besten funktioniert. Und finden Sie heraus, welche Art von visuellem Content Ihr Publikum am meisten anspricht. Das ist der beste Weg, um Ihren visuellen Content zu optimieren!

Fazit

Visueller Content ist ein wichtiger Bestandteil jeder Content-Strategie. Wenn der Content qualitativ hochwertig produziert wird, hilft er einer Marke und einem Unternehmen, sich erfolgreich von der Konkurrenz abzuheben und zu differenzieren. Wir Menschen sind durch die Evolution so »verkabelt«, dass wir Bilder schneller als Text verarbeiten. Wenn also textlicher und visueller Content kombiniert werden, gibt es eine deutliche Zunahme des Verständnisses und eine erhebliche Verbesserung im Web- und Social-Media-Engagement der Zielgruppen. Wenn wir davon ausgehen, dass die Menge der Informationen, die wir täglich digital erhalten, noch zunehmen wird, wird sich das Visual Content Marketing sehr bald zu einem erheblichen Wettbewerbsvorteil entwickeln. Nutzen Sie als Content Creator die Macht der Bilder!

Abbildung 16.5 Die Rasteransicht des Smartphones hilft, Bilder besser zu komponieren. (Foto: Luke van Zyl on Unsplash)

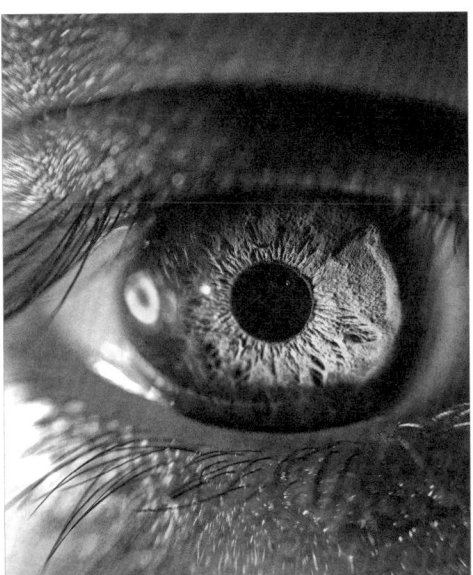

Abbildung 16.6 Eine optimale Bildkomposition: das Hauptmotiv im Zentrum des Bildes
(Foto: Nathan DeFiesta on Unsplash)

Abbildung 16.7 Ungewöhnliche Perspektiven erzeugen spannende Bilder.
(Foto: Martin Sanchez on Unsplash)

Abbildung 16.8 Spiegelungen – wie hier eine Wasserpfütze – laden zum fotografischen Experimentieren ein. (Foto: Photoholgic on Unsplash)

Abbildung 16.9 Das menschliche Auge liebt symmetrische Formen. (Foto: Alex Wong on Unsplash)

16.4   Smartphone-Fotografie – Tipps und Tricks

Vorbei sind die Zeiten, in denen man in eine teure Kamera, Zubehör und externe Software investieren und sich mühsam in deren Verwendung einarbeiten musste. Ein Foto ist heute in Sekundenbruchteilen gemacht – und genauso schnell ist es auch geteilt, verschickt oder gepostet. Als Content Creator benötigen Sie dazu nur ein Smartphone und die ein oder andere zusätzliche App. Die folgenden zehn Tipps und Tricks helfen Ihnen, das Beste aus Ihren Smartphone-Fotos herauszuholen – von der Bildkomposition bis zur Nachbearbeitung.

1. *Achten Sie auf eine saubere Kameralinse*
   Im Gegensatz zu Kameras werden Smartphones meist relativ ungeschützt in Hosen- oder Handtaschen verstaut. Dadurch können sich Staub, Schmutz und Fingerabdrücke auf der Kameralinse ansammeln. Nehmen Sie also am besten erst Ihre Fotos auf, nachdem Sie die Linse mit einem weichen Tuch oder einem Kleidungsstück gereinigt haben.

2. *Aktivieren Sie die Rasteransicht*
   Um Ihre Smartphone-Kamera optimal zu nutzen, sollten Sie die Rasteransicht aktivieren. Damit werden je zwei horizontale und vertikale Linien eingeblendet, die Ihren Bildschirm in neun Rechtecke unterteilt (siehe Abbildung 16.5). Achten Sie dann darauf, dass sich Ihr Fotomotiv an einer Stelle befindet, an der sich eine vertikale und eine horizontale Linie kreuzen. Diese Methode wird als Drittelregel bezeichnet. Indem das Objekt eines Fotos etwas abseits der Mitte platziert wird, entsteht ein Ungleichgewicht, das das Foto interessanter wirken lässt. Probieren Sie es aus!

3. *Komponieren Sie Ihre Fotos*
   Eine gute Bildkomposition ist wichtig, um die Userinnen und User in der digitalen Welt zu fesseln. Worauf Sie dabei achten sollten:

   – *Auf das Hauptobjekt oder ein Detail fokussieren*
     Ein Foto, das beispielsweise ein Gesicht oder ein Auge zentriert in den Mittelpunkt eines Motivs stellt, ist eine optimale Bildkomposition (siehe Abbildung 16.6). Versuchen Sie aber auch einmal, den Fokus nicht auf das offensichtliche Objekt zu richten, sondern stattdessen auf ein kleines Detail im Vorder- oder Hintergrund, wie beispielsweise abblätternde Farbe, eine Wolke oder ein Straßenschild. Ein Tipp: Merken Sie sich das Fotografen-Sprichwort »Vordergrund macht Bild gesund«. Wenn ein Fotomotiv langweilig erscheint, hilft es, beispielsweise ein Blatt unscharf im Vordergrund mit zu fotografieren. Das schafft mehrere Bildebenen, wodurch das Foto sofort viel interessanter wirkt. Probieren Sie es aus!

– *Negativraum nutzen*

Als Negativraum wird die ungenutzte Fläche rund um das Hauptmotiv eines Fotos bezeichnet. Je schlichter ein Hintergrund – wie beispielsweise ein blauer Himmel oder eine monochrome Wand – ist, desto mehr sticht ein Objekt hervor. Nutzen Sie diesen Effekt für eine fokussierte Bildkomposition.

– *Ungewöhnliche Perspektiven auswählen*

Auf den meisten Smartphone-Fotos befindet sich das fotografierte Objekt direkt auf Augenhöhe. Es geht aber auch spannender. Wenn Sie Objekte aus einer anderen Perspektive ablichten, beispielsweise von schräg unten oder aus der Vogelperspektive, verleihen Sie Ihren Fotos etwas Besonderes (siehe Abbildung 16.7).

– *Mit Spiegelungen experimentieren*

Spiegelungen eignen sich hervorragend als Fotomotiv und finden sich überall: auf Gläsern und Sonnenbrillen, in Seen und Wasserpfützen, auf Metall oder direkt im Spiegel (siehe Abbildung 16.8). Nutzen Sie diese faszinierenden Motive.

– *Linien nutzen*

Linien verstärken die Tiefenwirkung eines Fotos. Denken Sie nur an eine gerade verlaufende Straße, an Schienengleise, an die Fassade eines Hochhauses oder an ein gebogenes Treppengeländer. Diese Linien (ver-)führen und lenken das Auge der Zuschauenden direkt in das jeweilige Motiv.

– *Auf Symmetrien und Muster achten*

Das menschliche Auge empfindet symmetrische Formen und Muster als harmonisch und angenehm. Ein Foto ist dann symmetrisch, wenn eine Hälfte des Bildes das exakte Spiegelbild der anderen darstellt (siehe Abbildung 16.9). Muster wirken auf Fotos wiederum besonders gut, wenn es sich um wiederholende Elemente handelt, wie beispielsweise Linien, Farben oder geometrische Formen.

Tipp: Rasteransicht nutzen

Aktivieren Sie die Rasteransicht, sodass Sie Ihre Symmetrie- oder Musterfotos optimal ausrichten und komponieren können.

– *Farbakzente setzen*

Farbakzente werden eingesetzt, um das Auge des Betrachters betont und gezielt auf ein bestimmtes Element eines Fotos zu lenken – wie auf ein gelbes Taxi oder eine rote Rose. Sie können beispielsweise farbige Fotos in Schwarzweißfotos umwandeln und dabei nur das Hauptobjekt in Farbe belassen.

Scheuen Sie sich nicht davor, Neues auszuprobieren. Und überraschen Sie die Community mit kreativen Ideen und originellen Motiven. Probieren Sie einfach alles aus!

4. *Verzichten Sie auf den Blitz*

   Bei einer Smartphone-Kamera empfiehlt es sich generell, auf den Blitz zu verzichten. Denn mit Blitz aufgenommene Fotos wirken häufig überbelichtet, Menschen wirken viel zu blass und Farben werden nicht korrekt dargestellt. Es gibt sehr wenige Situationen, in denen der Blitz hilft, künstlerisch wertvolle Fotos zu machen.

5. *Nutzen Sie natürliches Licht*

   Licht ist der beste Freund des Fotografen. Zu verschiedene Tageszeiten lassen sich damit die unterschiedlichsten Fotos machen. Fotografieren Sie beispielsweise eine Stadt bei Sonnenaufgang oder Sonnenuntergang, so wird das Motiv durch die tief stehende Sonne eine andere Stimmung haben als mittags, wenn die Sonne hoch steht. Bei bewölktem Himmel wiederum sieht ein Porträt besser aus, da etwa die Nase keinen harten Schatten ins Gesicht wirft. Spielen Sie mit dem Kontrast zwischen Licht und Schatten!

6. *Nutzen Sie ein Stativ*

   Probleme mit verwackelten Fotos? Um die Kamera ruhig zu halten, sollten Sie das Smartphone stets mit beiden Händen stabilisieren. Oder Sie nutzen ein Handystativ oder einen Selfie-Stick, um auf Nummer sicher zu gehen. Das hilft auch, wenn Sie in der Dämmerung oder bei Nacht fotografieren wollen.

7. *Fokussieren Sie manuell*

   Smartphone-Kameras richten ihren Fokus automatisch auf Objekte, die im Vordergrund stehen. Wenn Sie den Fokus auf einen anderen Punkt im Bild setzen möchten, tippen Sie einfach auf die Stelle auf dem Bildschirm. Der Fokuspunkt liegt dann dort, wo ein kleiner Kreis oder ein Quadrat eingeblendet wird. Den Fokuspunkt manuell zu setzen, empfiehlt sich außerdem dann, wenn Sie ein Objekt fotografieren, das sich bewegt.

8. *Vermeiden Sie den digitalen Zoom*

   Um Motive fotografieren zu können, die sich in einiger Entfernung befinden, verwenden viele die digitale Zoomfunktion der Smartphone-Kamera. Hat das Smartphone allerdings kein dediziertes Teleobjektiv, wird das Resultat in den meisten Fällen verschwommen oder sogar verpixelt sein. Versuchen Sie stattdessen, näher an das gewünschte Objekt heranzukommen.

9. *Verwenden Sie die RAW-Qualität*

   Möchten Sie Ihre Fotos im Nachhinein aufwendig bearbeiten, bietet sich der Pro-Modus an. Hier bekommen Sie RAW-Dateien geliefert, die deutlich mehr Bildinformationen enthalten als ein JPG-Foto.

10. *Bearbeiten Sie Ihre Fotos*

Instagram machte Filter populär. Unzählige Apps folgten, mit denen Sie Ihren Fotos einen bestimmten Look geben, Feinheiten verbessern oder sogar eigene Filter kreieren können. Zwei interessante Programme für die Bildbearbeitung sind das kostenlose Snapseed[28] (für Android und iOS) und Adobe Lightroom[29]. Machen Sie das Beste aus Ihren Fotos. Viel Spaß dabei!

---

28 Snapseed: *https://snapseed.de.softonic.com*
29 Adobe Lightroom: *https://www.adobe.com/de/products/photoshop-lightroom.html*

Kapitel 17

Video-Content bleibt im Kopf – mit Bewegtbild begeistern

Video-Content bleibt im Kopf. Wir erinnern uns länger an Videos als an Texte oder Bilder. Das liegt zum einen daran, dass ein Video mehrere Sinne gleichzeitig anspricht, und zum anderen, dass es Emotionen weckt.

Nehmen Sie sich einen Moment Zeit, um darüber nachzudenken, wie Sie das Internet heute genutzt haben: Welche Beiträge, welche Content-Snippets haben Sie dazu gebracht, nicht mehr weiterzuscrollen? Auf welchen Webseiten haben Sie die meiste Zeit verbracht? Oder auf welcher Social-Media-Plattform? Und vor allem: Welche Inhalte haben Ihnen gefallen? »Videoinhalte, die mich inspiriert, motiviert, belustigt oder belehrt haben«, wird wahrscheinlich Ihre Antwort lauten. Es überrascht daher nicht, dass Content Creators und Unternehmen mit ihren Marken seit Jahren verstärkt Videos kreieren, produzieren und distribuieren. Denn *Video content is* – mittlerweile – *king.*

> *»I see video as a megatrend«,*[1]

sagte Facebooks CEO Mark Zuckerberg bereits im Februar 2017 voraus und zeigte damit die Richtung an, mit welchem Content-Format Social-Media-Plattformen Menschen wirklich begeistern können: mit Bewegtbild. Und dafür gibt es gute Gründe:

- Der große Erfolg von Videos basiert auf den immer besseren mobilen Endgeräten: Displays werden größer, Datenverbindungen schneller und günstiger. Wir können heute überall und jederzeit Video-Content anschauen.

- Die Erstellung von Videos ist im Zeitalter von Smartphones mit High-Definition-Kameras viel einfacher geworden. Dadurch haben wir alle die technischen Möglichkeiten zum Content Creator, dem sogenannten Videographer[2], zu werden.

---

1 *https://www.geekwire.com/2017/zuckerberg-calls-video-megatrend-facebook-expands-focus-looks-episodic-content* [17.02.2021]

2 *»Videography refers to the process of capturing moving images on electronic media and even streaming media. The term includes methods of video production and post-production.«* Aus: Wikipedia, Stichwort »Videography«: *https://en.wikipedia.org/wiki/Videography* [17.02.2021]

Videos können Texte oder Bilder im Content-Marketing-Mix perfekt ergänzen. Warum ist das so?

- Videos funktionieren sowohl im Lang- als auch im Kurzformat – von kurzen Videobotschaften auf Snapchat, TikTok oder Instagram bis hin zum Image- oder Dokumentarfilm in voller Länge.

- Videos funktionieren als eigenständige Content-Pieces, z. B. bei YouTube oder als Pre-Roll-Ad in Social Media. Sie können auch einen laufenden, seriellen Charakter haben und damit eine wiederkehrende, treue »Followerschaft« erzeugen.

- Videos funktionieren in praktisch jeder Content-Plattform. Eingebettet auf der Website oder im Blog, geteilt per E-Mail, über mobile Apps oder auf Video-Websites von Drittanbietern wie Vimeo, integriert in Storys in Social Media, in einer SlideShare-Präsentation, in einem Live-Event oder einem Webinar.

- Videos können sehr aufwendig – *polish* (engl. glänzend) – z. B. für Werbe- oder Imagefilme oder auch sehr *rough* (engl. roh) für Social Media produziert werden.

- Videos können sowohl in der Desktop- als auch in der mobilen Umgebung konsumiert werden.

So weit, so gut. Aber es gibt ein Problem: Unternehmen produzieren mit ihren Content-Teams aus drei verschiedenen Gründen oft sehr wenig Video-Content:

1. *Mangelnde Erfahrung*
   Die meisten (kleinen) Content-Teams haben wenig bis keine Erfahrung mit der Erstellung von Video-Content. Und sie trauen sich und dem Team aus Ressourcen-, Zeit- und Expertise-Mangel diese Produktionen auch nicht zu.

2. *Mangelnde Kontinuität*
   Viele Unternehmen haben in der digitalen Welt gelernt, wie sie kontinuierlich relevanten textlichen und fotografischen Content produzieren, um damit ihre Marken-Community erfolgreich zu begeistern. Wenige Unternehmen nutzen Bewegtbild-Content in dem gleichen Maße. Content-Teams leiden oft unter der mangelnden Einsicht und der erforderlichen Rückendeckung ihrer Führungsetage, dass der Mehraufwand für Bewegtbild sich wirklich lohnt.

3. *Mangelndes Budget*
   Viele Unternehmen und Content-Teams gehen einfach davon aus, dass sie sich Bewegtbild-Content nicht leisten können.

Die gute Nachricht an Sie: Die genannten Eintrittsbarrieren für die Videoproduktion gelten nicht mehr. Denn es muss nicht immer die eine groß angelegte Produktion sein. Die Tage, in denen Sie Tausende von Euros und Wochen an Zeit für jedes Video aufwenden mussten, sind vorbei. Das Geheimnis der Videoproduktion liegt in einem systematischen Vorgehen mit einem gut geplanten Dreisprung: Video-Vorproduktion, Videoproduktion und Video-Postproduktion.

17.1   Die Video-Vorproduktion

In der Planung eines Videoprojekts geschieht der größte Teil der Magie – lange bevor Sie auf die Aufnahmetaste Ihrer (Smartphone-)Kamera drücken:

- *Entwickeln Sie eine Video-Content-Marketing-Strategie*: Sie und Ihr Content-Team haben das Potenzial von Videos erkannt und wollen sofort starten? Ganz so einfach ist es leider nicht. Bevor Sie beginnen, sollten Sie eine Video-Content-Marketing-Strategie entwickeln und sich mindestens diese Fragen stellen und sie beantworten:

  - Welche Ziele verfolgen unsere Videos?
  - Wer ist unsere Zielgruppe und auf welchen Plattformen finden wir sie?
  - Welche Botschaften haben unsere Videos?
  - Wie sollten unsere Videos aufgebaut sein?
  - Und welche Videos passen zu welcher Plattform?

  Neben der Webseite, dem Blog und YouTube gibt es noch viele andere Social-Media-Plattformen, auf denen Sie Ihre Videos streuen können. Aber Sie sollten vor der Produktion bedenken, dass sich nicht alle Videoformate und Erzählweisen für jede Plattform eignen. Auf Facebook werden längere Livestreams immer beliebter, die später als Videoaufzeichnung abrufbar sind, wohingegen auf Instagram, Snapchat und TikTok die kürzeren Videos als Storys oder Reels besser ankommen.

  Informieren Sie sich also genau über die unterschiedlichen Plattformen, und entwickeln Sie eine Video-Content-Strategie über verschiedene Social-Media-Plattformen hinweg. Mehr zur Content-Strategie lesen Sie in Kapitel 2, »Content-Marketing-Strategie – Intuition ist gut, Fahrplan ist besser«.

  Wichtig ist, dass Sie stets die Zielgruppe, die Marken-Community und die Neukunden im Blick haben. Niemand sitzt herum und wartet auf Ihren Video-Content. Sie müssen den Menschen einen guten Grund geben und die Motivation und Insights der Zielgruppen kennen, damit sie sich die Videos anschauen. Mehr zum Thema Insights finden Sie in Kapitel 8, »Insights – finden Sie Themen, die Menschen bewegen«.

- *Erstellen Sie ein Storyboard*: Ein Storyboard besteht aus einer Reihe von Illustrationen oder Bildern, die jede einzelne Aufnahme darstellen (siehe Abbildung 17.1). Hinzu kommen Notizen darüber, was in der jeweiligen Szene vor sich geht und was während dieser Aufnahme gesagt wird. Schreiben Sie neben jedes Bild die Zeilen aus dem Mono- oder Dialog, die in dieser Szene gesprochen werden. Und notieren Sie sich, was genau passiert. Ein Storyboard hat damit einen unschätzbaren Wert als effiziente Möglichkeit, das Video-Shooting zu verbalisieren und zu visualisieren, bevor es stattfindet. Und es ermöglicht allen Projektbeteiligten einen guten Überblick über das zu bekommen, was geplant ist. Sie müssen dafür kein atemberaubendes Meisterwerk als Storyboard zeichnen. Tatsächlich müssen Sie es überhaupt nicht zeichnen. Sie können eine Reihe von Standbildern aus Fotos oder sogar grobe Skizzen oder Strichmännchen verwenden, was auch immer am einfachsten für Sie oder Ihr Content-Team ist. Stellen Sie nur sicher, dass Sie wissen, welche Aufnahmen Sie benötigen, bevor Sie mit dem Videodreh beginnen.

Abbildung 17.1 Wie ist ein Storyboard aufgebaut? Stellen Sie sich die Quadrate als Videobild vor. In jedem Quadrat findet eine andere Aufnahme oder Szene statt. Sie können die Szenen von Hand skizzieren, auf einem Computer erstellen oder Fotos machen.

Schreiben Sie dazu ein Skript, was genau im Video gesagt wird – sei es ein Mono- oder ein Dialog. Und überarbeiten Sie es. Und dann überarbeiten Sie es noch einmal. Denn hier empfiehlt sich Präzision. So stellen Sie sicher, dass Ihre Moderatoren, Interviewpartner und Protagonistinnen vorher genau wissen, was von ihnen erwartet wird. Der Vorteil: Textliche Fehler und Missverständnisse werden minimiert.

Denken Sie generell daran: Je mehr Zeit Sie mit der Gestaltung des Storyboards verbringen, desto geringer ist die Wahrscheinlichkeit, dass Ihnen später Audio- oder Videomaterial fehlt. Und es hilft Ihnen, frühzeitig Logikfehler in der Bild- gestaltung und im Skript zu identifizieren. Wenn Sie diese Probleme beheben, bevor Sie mit der Erstellung Ihres Videos beginnen, wird später unnötiger Auf- wand vermieden.

Kostenlose druckbare Storyboard-Vorlagen gibt es hier: *https://www.sample- templates.com/business-templates/vertical-storyboard-sample.html*

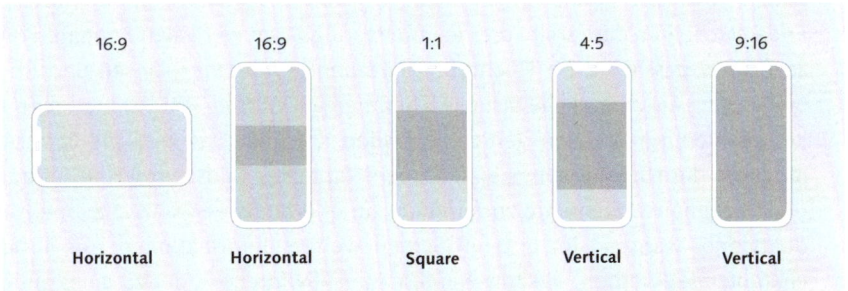

Abbildung 17.2 In der Videoproduktion ist es heute üblich, mehrere Versionen eines Projekts mit verschiedenen Seitenverhältnissen herzustellen, vom üblichen horizontalen (16 : 9) über das quadratische Format bis hin zum vertikalen Seitenverhältnis (9 : 16).

- *Horizontales oder vertikales Videoformat? Drehen Sie am besten beides!* »Filmste quer, siehste mehr« ist eine alte Weisheit unter Filmprofis. Dennoch entscheidet sich die Frage, ob man horizontal (Format 16 : 9) oder auch vertikal (Format 9 : 16) filmen sollte, nach dem Nutzerverhalten der Zielgruppe, die Sie errei- chen wollen (siehe Abbildung 17.2). Verschiedene Social-Media-Plattformen, Websites und Blogs wie auch TV, Kino oder YouTube benötigen Videoclips mit unterschiedlichen Seitenverhältnissen. Das gute alte Querformat wird im TV, im Kino oder bei YouTube genutzt. Die neuen vertikalen Videoformate legen dank sozialer Plattformen wie TikTok, Snapchat oder Instagram mit den jeweiligen Storys- oder Reels-Formaten allerdings stark zu, und das aus gutem Grund. Laut Statista nutzen 95 %[3] aller Deutschen zwischen 14 und 49 Jahren intensiv ein

---

3 Statista: *https://de.statista.com/statistik/daten/studie/198959/umfrage/anzahl-der-smartphone- nutzer-in-deutschland-seit-2010/* [26.03.2021]

Smartphone – meistens hochkant. Vertikal ist damit authentisch und passt in die mobile Lebenswelt der Nutzer. Und jede und jeder von ihnen ist auch selbst als Content Creator im Alltag unterwegs und dreht selbst vertikale Video-Storys, sei es ein spontanes Urlaubsvideo für die WhatsApp-Gruppe oder ein Tanz- oder Singvideo für TikTok.

Denken Sie daran, wenn Sie vom Querformat zum Hochformat wechseln, ändert sich der Bildbereich. Bei vertikalen Videos spielen sich die einzelnen Szenen oben und unten ab, nicht mehr links oder rechts wie beim horizontalen Video. Durch den schmaleren Bildbereich beim Hochformat stehen die Personen oder Produkte mehr im Fokus, und der Hintergrund wird uninteressanter. Eine Bierflasche, eine Stehlampe oder eine Vase mit Rosen lassen sich vertikal viel schöner inszenieren als horizontal.

Vertikale Videoformate sind schnell und facettenreich geschnitten. Die ersten 3 Sekunden zählen, um einen visuellen Hook, einen visuellen Aufhänger, zu platzieren. Während die Pointe einer Story in »klassischen« Videoformaten zum Ende erscheinen darf, sollte dies bei überspringbaren vertikalen Formaten direkt zu Beginn passieren. Im Hochformat werden gerne Filter, Linsen und Sticker eingesetzt. Als zusätzliche visuelle Ebene ergänzen Bild-Text-Animationen und komplementäre Grafiken den zu sehenden Kontext. Das vertikale Format ermöglicht die Nutzung eines Split Screens (geteilter Bildschirm), um Branding- und Perfomance-Elemente zu mischen. Im oberen Screen startet z. B. ein Produktvideo, während im unteren Screen weitere Informationen zum Produkt eingeblendet werden, die zum Kaufen, zum »Swipe up« oder zu einer anderen Nutzerinteraktion aufrufen.

Auch Augmented Reality ist mittlerweile ein Treiber von vertikalen Videos geworden. Marken erstellen beispielsweise eigene, gebrandete Filter, die sie mithilfe von Influencern in den sozialen Plattformen teilen. Dafür wird zur Teilnahme an einer Challenge aufgerufen, um die Interaktion und die Markenwahrnehmung zu steigern.

Ein paar wertvolle Tipps für das vertikale Storytelling:

- Vermeiden Sie schnelle, horizontale Bewegungen, sonst arbeiten Sie gegen das Auge der Zuschauenden und sorgen dafür, dass sie dem Bild schlecht folgen können.

- Bewegung nach oben und unten, wie beispielsweise Treppensteigen, schmeicheln dem vertikalen Format.

- Gruppen sind im vertikalen Format schwierig abzubilden. Stellen Sie die Protagonistinnen am besten leicht versetzt hintereinander.

– Bewegung sollte vom Betrachtenden weg oder zum Betrachtenden hin ab-
laufen, als würde die Person dem Geschehen folgen. Das Bild wird zum Kor-
ridor, der den Blick führt. Ein gelungenes Beispiel ist der TikTok-Spot »smart
x Oumi Janta«. Hier folgt die Kamera der Rollschuhfahrerin Oumi Janta:
https://www.youtube.com/watch?v=Y4OOAf44O7c

Egal, wie Sie es machen: Hauptsache, Sie und Ihr Team denken das horizontale
und vertikale Videoformat von Anfang an mit.

Tipp: Nutzen Sie für jedes Format ein eigenes Storyboard

Um digitalen Video-Content auf allen Kanälen mit unterschiedlichen Formatanforde-
rungen auszuspielen, lohnt es sich, zwei Storyboards zu entwickeln: eines für das klassische horizontale Format 16 : 9 , das zweite für das vertikale Format 9 : 16 . Dadurch
haben Sie die volle Kontrolle über beide Formate. Und es hilft Ihnen, nicht den Fehler
zu machen, während des Drehs eines Videos noch schnell etwas »im Vorübergehen« für
das Hochformat mitproduzieren zu müssen.

17.2   Die Videoproduktion

Von der Vorbereitung geht es nun zur Videoproduktion, dem eigentlichen Dreh.
Wobei der Dreh selbst den kürzesten, aber auch den wichtigsten Schritt in der Videoproduktion darstellt.

- *Verwenden Sie ein Raster*: Komposition ist der richtige Begriff dafür, wie eine
Aufnahme gerahmt und inszeniert oder eben »komponiert« wird. Dies bezieht
sich darauf, wie Ihr Motiv innerhalb der Aufnahme angeordnet und positioniert
ist. Die Drittelregel ist eines der grundlegendsten Prinzipien der Filmkomposition. Sie erleichtert das Komponieren von Filmaufnahmen. Aber wie genau
funktioniert diese Drittelregel?

  Stellen Sie sich vor, es gibt ein 3-x-3-Raster über dem Aufnahmefeld, das Sie filmen. Anstatt Ihr Motiv direkt in der Mitte der Aufnahme zu platzieren, sollten
Sie Ihr Motiv entlang einer der Linien des Rasters positionieren (siehe Abbildung 17.3). Die Punkte, an denen sich die Linien schneiden, die sogenannten
Ankerpunkte, helfen Ihnen dabei, wichtige Elemente des Motivs ästhetisch an-
zuordnen und hervorzuheben. Die Technik der Drittelregel hilft, das Auge der
Betrachtenden explizit auf die wichtigsten »Sehenswürdigkeiten« der Aufnahme
zu lenken. Viele Kameras und Smartphones ermöglichen es Ihnen, dieses Raster
auf den Sucher zu legen, wodurch es einfacher ist, Ihre Aufnahme vor und während der Dreharbeiten zu komponieren.

Abbildung 17.3 Die Drittelregel ist eines der grundlegendsten Prinzipien der Filmkomposition. Diese Technik wird verwendet, um das Auge des Betrachters mithilfe von Ankerpunkten auf die wichtigsten »Sehenswürdigkeiten« der Aufnahme zu lenken. (Foto: Paul Hanaoka on Unsplash)

Tipp: Die Drittelregel ist kein Gesetz, doch eine gute Stütze

Sie müssen nicht ständig der Drittelregel folgen, aber während Sie noch das Filmen lernen, ist es eine gute Idee, sich so oft wie möglich daran zu halten. Während Sie Erfahrungen sammeln, entwickeln Sie einen besseren Instinkt dafür, wann Sie sich an die Regel halten sollten und wann Sie sie brechen dürfen.

- *Vermeiden Sie verwackelte Filmszenen:* Wackeliges Filmmaterial lässt jedes Video amateurhaft aussehen, denn es ist schwierig, eine Kamera aus der Hand völlig stabil zu halten. Verwenden Sie stattdessen lieber ein Stativ oder stellen Sie Ihre (Smartphone-)Kamera auf eine stabile Oberfläche. Sobald Sie Ihre Kamera eingerichtet haben, versuchen Sie, sie nicht mehr zu bewegen, es sei denn, Sie müssen dies tun, wenn Sie z. B. eine neue Szene drehen. Anstatt also die Kamera zu schwenken, wenn man die Perspektive ändern möchte, ist es besser, später in der Postproduktion von einer Aufnahme zur anderen zu schneiden.

  Wenn sich Ihr Filmmaterial trotz Ihrer Bemühungen als wackelig erweist, kann eine Videostabilisierungssoftware helfen, die Szenen später im Schnitt zu »beruhigen«. Einige Kameras verfügen auch über eine integrierte Bildstabilisierung, die Sie während der Dreharbeiten verwenden können.

- *Drehen Sie mehrere Takes*: Ein Take (engl. »Aufnahme«) ist eine ungeschnittene, zumeist kurze Filmaufnahme. Nehmen Sie sich die Zeit und filmen Sie während eines Drehs lieber mehrere Takes einer Szene, anstatt sich nur auf einen Take – eine einzige Aufnahme – zu verlassen. Damit haben Sie später im Videoschnitt die Möglichkeit, die beste Aufnahme für Ihr Video auszuwählen. Das bietet Ihnen die Sicherheit, einen Fehler, wie beispielsweise einen Versprecher der Moderatorin oder des Moderators, den Sie während des Drehs nicht bemerkt haben, im finalen Videoschnitt nicht verwenden zu müssen. Und selbst wenn der erste Take einwandfrei verläuft, filmen Sie noch ein oder zwei weitere – nur für den Fall der Fälle.

- *Verwenden Sie viel Licht:* Die Beleuchtung macht einen großen Unterschied in der Qualität eines guten, professionellen Videos. Wenn Sie nicht genug richtig platziertes Licht verwenden, wird Ihr Video amateurhaft aussehen, auch wenn es auf jede andere Weise großartig ist.

  Die Sonne ist eine der besten Lichtquellen für ein Video. Wenn Sie bei natürlichem Licht filmen möchten, tun Sie das am besten morgens oder abends, wenn das Licht weicher und wortwörtlich schmeichelhafter ist. Mittagslicht – wenn die Sonne hoch am Himmel steht – kann harte Schatten auf Ihre Motive werfen, was schnell sehr unvorteilhaft wirkt. Wenn Sie mitten am Tag filmen müssen, versuchen Sie dies an einem bewölkten Tag oder suchen Sie für die Filmaufnahmen einen schattigen Bereich für weicheres Licht. Wenn Sie drinnen filmen, müssen Sie sich bewusst Gedanken darüber machen, welche Art von Licht Sie verwenden und wo Sie dieses Licht platzieren wollen. Eine Sache, die Sie auf jeden Fall vermeiden sollten, ist die Deckenbeleuchtung – sie kann weniger schmeichelhafte Schatten auf die Gesichter Ihrer Protagonisten werfen. Fenster sind dagegen eine gute natürliche Lichtquelle. Sie können auch ein oder zwei große Lampen als Lichtquelle verwenden, um die Filmszene ausreichend zu beleuchten.

Tipp: Schatten beachten

Die Verwendung von viel Schatten sieht dramatisch aus, kann aber in einem professionellen Video ablenken, sofern er nicht als beabsichtigter Effekt eingesetzt wird. Der Gebrauch von wenig oder gar keinem Schatten schafft eine offenere und unkompliziertere Atmosphäre, was in der Regel besser zu Social-Media- und Markenvideos passt.

- *Verwenden Sie einen einfarbigen Hintergrund:* Eine einfache Möglichkeit, ein professionelles Aussehen für Ihr Video zu erhalten, ist die Verwendung eines einfarbigen Hintergrundes. Eine Wand, ein Bettlaken oder ein großes Blatt Hintergrundpapier sind gute Optionen. Stellen Sie sicher, dass Ihr Motiv mehrere Meter vom Hintergrund entfernt steht, um zu vermeiden, dass Schatten darauf geworfen werden.

  Sie können als Hintergrund auch eine »professionelle Umgebung« nutzen, den Ort, an dem Sie tatsächlich arbeiten oder Zeit verbringen, oder auch einen Meeting-Raum oder eine Produktionsstätte in Ihrem Unternehmen. Achten Sie in jedem Fall darauf, dass der Hintergrund unscharf, aber das Hauptmotiv, wie z. B. die Hauptperson Ihres Videos, scharf im Bild zu sehen ist. Achten Sie auch darauf, nicht mit einem Fenster oder einer anderen reflektierenden Oberfläche im Hintergrund Ihre Aufnahme zu filmen. Man könnte die Kamera versehentlich im Spiegelbild sehen.

- *Achten Sie auf einen guten Ton:* Die Audioqualität ist eigentlich wichtiger als die professionelle Videoqualität. Die meisten Menschen sind bereit, ein Video anzusehen, das nicht in Ultra-HD-Qualität[4] gedreht wurde oder sogar ein wenig unscharf oder körnig ist, solange alles andere daran gut ist. Aber ein schlechter oder undeutlicher Ton reicht aus, damit das Publikum innerhalb weniger Sekunden nach der Wiedergabe das Video stoppt oder weiterskippt. Da Audio so wichtig ist, lohnt es sich, in ein gutes Mikrofon zu investieren.

  Nehmen Sie einen klaren Audioton auf, indem Sie Ihr Mikrofon so nah wie möglich am Motiv, wie z. B. einer Moderatorin oder einem Moderator, platzieren. Vermeiden Sie alle Hintergrundgeräusche, die Ihr Mikrofon möglicherweise mit aufnimmt und die im finalen Video stören. Das können Dinge wie Straßenverkehrslärm, Vögel und sogar das Geräusch des Windes sein.

17.3   Die Video-Postproduktion

Ist das Videoprojekt abgedreht, erfolgt die Postproduktion mit dem Schnitt, der Farbkorrektur und dem Sounddesign:

- *Wählen Sie ein gutes Videobearbeitungsprogramm:* Eine gute Videoschnittsoftware kann Ihnen helfen, Ihre gedrehten Clips in ein großartiges Video zu verwandeln. Es gibt einige einfachere Schnittprogramme wie MovieMaker[5] oder iMovie[6], die sich sehr gut für Einsteiger eignen und Lust auf mehr machen. Auf YouTube finden Sie viele Tutorials, die Ihnen beim Einstieg in das Thema Videoschnitt mit Tipps und Tricks zur Seite stehen. Weitere professionale Optionen sind Final Cut Pro[7] und Adobe Premiere Pro[8], die gerne von Profi-Cuttern genutzt werden. Apropos Profi: Den Videoschnitt können Sie sehr gut auslagern. Wenn Sie oder Ihr Team diesen Teil der Videoproduktion nicht selber übernehmen möchten, engagieren Sie jemandem, der sich damit sehr gut auskennt, wie z. B. eine Mediendesignerin oder einen Mediendesigner.

---

4 »Ultra HD« (Abk. für Ultra High Definition) bedeutet »extrem hohe Auflösung«. Damit wird die Eigenschaft eines HDTV-fähigen Geräts (Fernseher, Blu-ray-Player, Videokamera, Set-Top-Box, Spielkonsole, Smartphone etc.) bezeichnet, die die für den Konsumbereich angebotene HD-Auflösung von 3.840 × 2.160 Pixeln ausgeben oder aufzeichnen können.

5 *https://www.chip.de/downloads/MiniTool-MovieMaker_178995568.html*

6 *https://www.apple.com/de/imovie*

7 *https://www.apple.com/de/final-cut-pro*

8 *https://www.adobe.com/de/products/premiere.html*

Hier sind die wichtigsten Funktionen, auf die Sie bei der Auswahl eines Video-editors achten sollten:

– Schneiden und Bearbeiten von Videos

– die Möglichkeit, Text zum Video hinzuzufügen

– das Angebot von kreativen Videoübergängen

– die Option zur Farbkorrektur

– die Fähigkeit, das Seitenverhältnis des Videos – quadratisch, vertikal, als Breitbild – zu ändern

– das Hinzufügen von Filtern und Overlays

– eine Bibliothek mit Stockvideos und Sounds

■ *Starten Sie in den ersten 10 Sekunden mit einem »Wow«-Effekt:* Wie Abbildung 17.4 zeigt, sind die ersten 10 Sekunden eines Videos die perfekte Zeit, um die Aufmerksamkeit des Publikums zu erregen und ihm mitzuteilen, was sie vom Rest des Videos erwarten können. Kreieren Sie deshalb einen Wow-Effekt zum Start (siehe Abbildung 17.4). Das Publikum sollte sofort fasziniert sein. Denken Sie daran: Beim Einstieg in ein Video beginnt beim User eine gnadenlose innere Stoppuhr in einem wahnsinnigen Tempo an zu laufen: Warum soll ich mir dieses Video ansehen? Und warum weiter anschauen, wenn noch unzählige, vielleicht sogar viel bessere Videoinhalte auf mich warten?

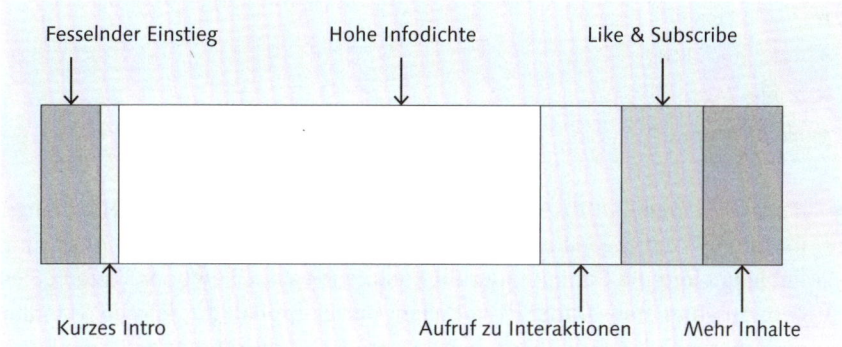

Abbildung 17.4 Ein typisches YouTube-Video startet mit einem Wow-Effekt, dem nach einem kurzen Intro der eigentliche Inhalt des Videos folgt. Der Call-to-Action ist in zwei Teile gegliedert: den Aufruf zur direkten Interaktion und die »Like & Subscribe«-Aufforderung. Der Schluss verweist auf andere Videoinhalte.

Führen Sie die Zuschauer gleich zum Start ohne Umschweife in medias res[9], in die Handlung, ein. Eine Story mittendrin zu beginnen, versetzt das Publikum in eine erhöhte Spannung und erzeugt Neugierde und Aufmerksamkeit.

---

9 *In medias res* (auch *medias in res*) ist eine lateinische Phrase und bedeutet »mitten in die Dinge«.

Ein Beispiel: Starten mit dem Wow-Effekt

Ein Unternehmen für Buchhaltungssoftware zeigt in einem Video, wie viel Zeit die Zielgruppe damit verbringt, Quittungen zu sammeln, einzuscannen und zu archivieren. Und es zeigt eine Lösung des Problems: eine Software, die den Mitarbeiterinnen und Mitarbeitern sichtlich eine große Zeitersparnis bringt. Die ersten 10 Sekunden des Videos starten mit einer typografischen Einblendung: »Wir sparen Ihrem Unternehmen viel Zeit!« Ein Wow-Moment für die Zielgruppe mit einem starken Versprechen und einem guten Grund, das Video bis zum Schluss anzuschauen.

- *Wählen Sie Ihre Musik sorgfältig aus:* Nicht jedes Video braucht Musik! Aber wenn Sie Musik für Ihr Video verwenden möchten, achten Sie auf die Lizenzanforderungen des jeweiligen Musikstücks. Sofern Sie also keine lizenzfreie Musik oder ein selbst komponiertes Lied verwenden, unterliegen die meisten Musikstücke strengen Urheberrechtsbeschränkungen. Wenn Sie diesen urheberrechtlichen Schutz der Musik nicht beachten, kann das schnell zu einer kostspieligen Klage einer Plattenfirma oder eines Musikverlags führen, sofern Sie sich nicht an die Regeln halten.

Tipp: Nutzen Sie lizenzfreie Musik und Soundeffekte

Es gibt mehrere Webseiten, die lizenzfreie Musik und Soundeffekte anbieten, die man sehr gut für ein Video verwenden kann:

- Audio Library[10]
- Free Stock Music[11]
- Audio Micro[12]
- Premium Beat[13]

- *Bauen Sie einen Call-to-Action in Ihr Video ein:* Eine eingebaute Handlungsaufforderung – ein sogenannter Call-to-Action – ist eine gute Möglichkeit, um das Publikum und die Community zum Kommentieren, Liken oder Sharen eines Videos zu animieren. Dabei ist vor allem der Zeitpunkt, zu dem die Handlungsaufforderung eingesetzt wird, entscheidend. In Erklärvideos z. B., die kurz und prägnant sind, sollte der Call-to-Action unbedingt an den Schluss gesetzt werden. Zu diesem Zeitpunkt ist der User emotional von dem Video gefesselt, bestenfalls vom Inhalt überzeugt und bereit, dem Call-to-Action zu folgen.

---

10 *https://www.audiolibrary.com.co*

11 *https://www.free-stock-music.com*

12 *https://www.audiomicro.com/royalty-free-music*

13 *https://www.premiumbeat.com*

Auch attraktive, zeitlich begrenzte Angebote sind eine motivierende Handlungsaufforderung. Das kann eine Rabattaktion oder ein Gewinnspiel am Ende des Films sein: »Teile mein Video und sichere dir nur noch heute den Gratisversand für mein Produkt.« oder »Abonniere meinen Kanal und bis Freitag erhältst du einen 10-Euro-Gutschein.«

Auf diese Dinge lohnt es sich zu achten:

- Die Handlungsaufforderungen sollten klar und eindeutig formuliert sein.
- Packen Sie nicht zu viele Handlungsaufforderungen in ein Video, denn das verwirrt die Zuschauenden.
- Der Call-to-Action sollte sich deutlich vom Rest des Videos abheben.

Tipps für die Videoaufnahme mit einem Smartphone

Hier folgen einige kurze Tipps und Tricks[14], wie Sie ein professionelles Video mit Ihrem Smartphone drehen können:

- Verwenden Sie eine professionelle Filmkamera-App wie FiLMiC-Pro[15]. Damit haben Sie die volle Kontrolle über Belichtung, Bildrate, Seitenverhältnis, Aufnahmequalität und vieles mehr.
- Verwenden Sie ein weiches Tuch, um Flecken von der Linse zu entfernen.
- Verwenden Sie das Frontobjektiv, nicht das Selfie-Objektiv auf der Bildschirmseite.
- Verwenden Sie ein externes Bluetooth-Mikrofon für einen besseren Klang.
- Filmen Sie im Querformat (horizontal) und/oder im Hochformat (vertikal), je nachdem, auf welcher Plattform Sie das Video verwenden wollen.
- Verwenden Sie ein Stativ.
- Schauen Sie beim Moderieren eines Videos in das Kameraobjektiv und nicht die Person an, die das Smartphone hält – es sei denn, Sie möchten im Interviewstil filmen.
- Wählen Sie einen ruhigen Ort mit minimalen Hintergrundgeräuschen.
- Versuchen Sie, eine interessante Umgebung zu finden. Vermeiden Sie es, wenn möglich, vor einer leeren Wand zu stehen.
- Wählen Sie einen gut beleuchteten Ort, und filmen Sie nicht vor einem Fenster oder einem anderen hellen Hintergrund.
- Achten Sie auf Ihre Umgebung und was in Ihrer Aufnahme enthalten ist. Entfernen Sie alles, was ablenkt.
- Warten Sie bei einer Filmaufnahme einen Moment, bevor Sie sprechen, und warten Sie einen Moment, wenn Sie fertig sind, bevor Sie stoppen. Die kurzen Pausen helfen später beim Schnitt des Films.
- Vergessen Sie nicht zu lächeln ;-).

---

14 *https://www.alliedpixel.com/2020/05/tips-for-shooting-video-with-your-iphone* [18.04.2021]
15 *https://www.filmicpro.com*

- Wenn Sie fertig sind, exportieren Sie die gedrehten Videoclips mit AirDrop, einem Cloud-Dienst wie Dropbox oder über ein USB-Kabel, das an Ihrem Laptop oder Computer angeschlossen wird. Senden Sie die Clips von Ihrem Smartphone nicht per E-Mail oder SMS aus – sie werden dann mit einer zu niedrigen Auflösung versendet.

- Bearbeiten Sie das Video mit einer einfachen App wie Premiere Rush[16] oder iMovie[17]. Machen Sie Farbkorrekturen, fügen Sie Überblendungen ein und addieren Sie Musik zu Ihrem Film.

17.4   Die ABC-Kategorien der Bewegtbildproduktion

Bevor Sie mit der Videoproduktion starten, teilen Sie Ihren Bewegbild-Content in die drei folgenden Kategorien A, B oder C ein und entscheiden Sie, welchen Videoinhalt Sie für Ihre Content-Marketing-Strategie benötigen:

- Bewegtbild in der *Kategorie A* sind aufwendig produzierte und daher die am teuersten zu erstellenden Filme. Dazu gehören Werbespots, Produktvideos und Imagefilme. Immer dann, wenn Ihre Marke einen starken Eindruck oder eine hohe Aufmerksamkeit bei den Zuschauerinnen und Zuschauern hinterlassen möchte, lohnt sich der hohe Aufwand. Dafür empfiehlt es sich, mit professionellen, externen Filmproduktionen oder Content-Marketing-Agenturen zusammenzuarbeiten. Hier bekommen Sie von der Entwicklung einer Filmidee über das Storyboard bis hin zur kompletten Filmproduktion alles professionell aus einer Hand.

- Bewegtbild in der *Kategorie B* ist gut geplant, aber nicht perfekt. Hierzu gehören z. B. Vlogs, ein Social-Media-Video, einfache Produktdemos, Anleitungs- oder Einführungsvideos. Für solch ein Video brauchen Sie nur eine einfache Idee und ein kurzes Skript, eine (Smartphone-)Kamera, ein gutes Mikrofon, eine gute Beleuchtung und jemandem aus dem Team, der sich mit einem Videoschnittprogramm auskennt. Das Beste an Kategorie-B-Filmen ist, dass sie oft von Ihren eigenen Mitarbeitern erstellt werden können. Und selbst wenn Sie sich entscheiden, sie auszulagern, sind sie viel günstiger als Videos der Kategorie A, da Sie mehrere Videos gleichzeitig produzieren oder einen Drittbieter für nur einen Teil des Produktionsprozesses – wie z. B. den Filmschnitt – beauftragen können. Wenn Sie niemandem in Ihrem Content-Team haben, der sich mit der Filmproduktion und der Postproduktion auskennt, empfiehlt es sich, eine Mediendesignerin oder einen Mediendesigner mit diesen Fähigkeiten einzustellen. Und es gibt noch einen weiteren Vorteil von Kategorie-B-Filmen: Genau wie bei einem

---

16 *https://www.adobe.com/de/products/premiere-rush.html*
17 *https://www.apple.com/de/imovie*

Newsletter oder einem Blog können Sie durch regelmäßige, kontinuierliche Veröffentlichung von Videos ein engagiertes Publikum mit wiederkehrenden Zuschauerinnen und Zuschauern aufbauen.

- Bewegtbild in der *Kategorie C* ist roh, unpoliert und nahbar. Dazu gehören Social-Media-, Ankündigungs- und Statement-Videos, die z. B. eine aktuelle Produkteinführung begleiten. Auch sogenannte Reaction-Videos zählen dazu, die ein Feedback auf User-Kommentare in Social Media geben. Sie müssen für diese Videos nur Ihre Webcam einschalten oder Ihre Smartphone-Kamera aktivieren, auf Aufnahme drücken und mit dem Sprechen beginnen. Sie müssen keine weiteren Bearbeitungen des gedrehten Filmmaterials vornehmen, die über das Schneiden des Videoclips hinausgehen. Dafür empfehlen sich Mobile-Apps, wie z. B. Premiere Rush von Adobe.

Welche Art von Video möchten Sie erstellen? Jetzt, nachdem Sie die ABC-Kategorien von Videoinhalten und den Produktionsprozess der Videoproduktion kennen, sollten Sie entscheiden, welche Art von Bewegtbild-Content Sie produzieren wollen.

17.5   Neun Arten von inspirierendem Bewegtbild-Content

In diesem Abschnitt lernen Sie neun unterschiedliche Arten der Videoproduktion kennen, die erfolgreich in der Content-Produktion eingesetzt werden. Mit jedem dieser unterschiedlichen Videoformate können Sie Ihre Kunden, Mitarbeiterinnen und Ihre Marken-Community erfolgreich emotional fesseln und zum Handeln bewegen. Versprochen!

1. *Produktfilm*
   Ein Produktfilm stellt ein Produkt, eine Produktgruppe, einen Service oder eine Dienstleistung in den Mittelpunkt. Der Produktfilm zeigt, wie Ihr Produkt oder Ihre Dienstleistung funktioniert – sei es, dass Sie die Zuschauer auf eine Tour durch einen Service, wie z. B. eine App, mitnehmen und zeigen, wie und wofür sie verwendet werden kann, oder dass Sie ein physisches Produkt auspacken, testen und besondere Produktvorteile demonstrieren.

   Eine besondere Art des Produktfilms sind die sogenannten Produktbewertungs- und Unboxing-Videos. Ein Produktbewertungsvideo ist eine Produktbesprechung einschließlich eines Produkttests, das von Usern, Influencerinnen oder dem Unternehmen selbst erstellt und veröffentlicht wird. Diese Videos erscheinen z. B. bei Amazon in den Kundenbewertungen unter einem Produkt.

   Ein Unboxing-Video (engl. *to unbox* für auspacken) zeigt, wie ein Produkt der Verpackung entnommen und detailliert vorgestellt wird. Der Prozess wird auf

Video aufgezeichnet und in Social-Media-Kanälen wie auf Instagram oder You-Tube hochgeladen oder sogar direkt live gestreamt. In der Regel werden diese Videos von Influencern und YouTuberinnen erstellt, die ihre Social-Media-Kanäle durch Produktsponsoring monetarisieren wollen und damit gute Kooperationspartner für Ihre Marke sind.

Eine Übung für zu Hause. Drehen Sie selber ein Unboxing-Video, indem Sie einfach das nächste Paket, das Sie geliefert bekommen, vor laufender Kamera auspacken. Nehmen Sie dafür Ihr Smartphone. Filmen Sie Schritt für Schritt den Auspackvorgang und erzählen Sie, was Sie gerade tun und was Sie genau sehen. Erklären Sie auch das Produkt, das in dem Paket steckt. Filmen Sie das Ganze ohne Schnitt und Unterbrechung in einem Vorgang. Und zack – schon haben Sie ihr erstes Unboxing-Video gedreht!

Als Belohnung werden Sie beim Anschauen des Films später sehen, wie spannend und authentisch es ist, jemandem dabei zu beobachten, wie er oder sie etwas auspackt und seine oder ihre persönlichen Eindrücke vom Produkt mit uns teilt. Nutzen Sie dieses Format auch für Ihre Marke und Ihre Content-Produktion!

2. *Marken- und Imagefilm*

Marken- und Imagefilme werden als Teil einer größeren Werbe- oder Content-Marketing-Kampagne erstellt, in der die übergeordnete Vision, Mission oder der Purpose (mehr dazu auch in Kapitel 3, »Marken verstehen – und mit Content führen«) eines Unternehmens vorgestellt wird. Das Ziel ist es, die Bekanntheit der Marke und des Unternehmens zu steigern und die Zielgruppe zu faszinieren und anzuziehen.

Ein humorvolles und sehr unterhaltsames Beispiel aus der Praxis ist das Video von »Didi's Obststand« an der Ludwig-Maximilians-Universität in München. Mit der Aussage »S'Lebn is a Freid« ist die selbst titulierte »Mutter aller Imagefilme« der weltweit erste Unternehmensfilm für einen Obst- und Gemüsestand. Die Idee des Regisseurs Peter Schels war es, einen völlig überhöhten Imagefilm zu drehen, der mit dem gleichen hochwertigen Equipment wie Kameradrohnen und -kränen, aufwendigen Lichtelementen und extra verlegten Schienen wie ein teurer Imagefilm eines Großkonzerns arbeitet. Der Film wurde in Hochglanzoptik samt Zeitraffer, Farbfiltern, Kameraflug durchs Siegestor und einem humorvollen Seitenhieb auf die »Worthülsen« der Werbebranche gedreht. Eine Produktion mit einem solchen Aufwand würde gewöhnlich zwischen 30.000 € und 50.000 € kosten. Dieses Beispiel zeigt damit sehr anschaulich, wie viel Aufwand ein guter Imagefilm benötigt. Schauen Sie selbst: »Die Mutter aller Imagefilme – S'Lebn is a Freid«: *https://www.youtube.com/watch?v=DXIsTTH2wzg*

3. *Tutorials und How-to-Videos*

Haben Sie sich schon einmal ein Produkt gekauft, mit dem Sie nicht zurechtkamen, obwohl eine schriftliche Anleitung beigefügt war? Ein Video-Tutorial oder ein sogenanntes How-to-Video helfen. Diese Erklärvideos sind eine filmische Anleitung, wie man ein Produkt nutzt und einsetzt, welche Tipps es im Umgang mit einem Produkt, einem Service oder einer Dienstleistung gibt. Erklärvideos können verwendet werden, um Ihren Zuschauern etwas Neues beizubringen, abstrakte Konzepte und Zusammenhänge zu erklären oder das Grundwissen aufzubauen, das sie benötigen, um Ihr Unternehmen und Ihre Lösungen besser zu verstehen.

Animierte Videos können ebenfalls ein großartiges Format für schwer verständliche Konzepte sein, die starkes Bildmaterial benötigen, um eine abstrakte Dienstleistung oder ein Produkt zu erklären. Dafür gibt es verschiedene (kostenpflichtige) Programme, wie z. B. simpleshow. Simpleshow ist ein einfach zu bedienendes Onlinetool, mit dem jeder Content Creator ein eigenes professionell animiertes Erklärvideo erstellen kann. Probieren Sie es aus unter: *https://videomaker.simpleshow.com/de*

Viele User suchen gezielt bei YouTube oder auf einer anderen Social-Media-Plattform nach Tutorials, die ihnen beim Zusammenbau oder beim Gebrauch ihres erworbenen Produkts helfen. Und nicht nur Unternehmen greifen auf diese Möglichkeit des Videomarketings zurück. Auch engagierte User stellen anderen Nutzern ihr Wissen zur Verfügung, zeigen Kniffe und Tricks und stellen Produkte vor.

Eine besondere Form sind die sogenannten Haul-Videos (engl. *haul* für Fang oder Ausbeute). Diese Videos zeigen, wie Userinnen oder Influencer »erbeutete« Konsumartikel – Pflegeprodukte, Kleidung, Accessoires und Kosmetikartikel – präsentieren, beschreiben und kommentieren. Eingebettet in eine Story – meistens in Form eines Erlebnisberichts – werden sie auf Instagram (z. B. in einer Instagram Story), auf Snapchat, Facebook oder YouTube hochgeladen und geteilt. Es gibt auch Food-Haul-Videos, die genauso wie die Fashion-Haul-Videos funktionieren, in denen eingekaufte Lebensmittel vorgestellt und beurteilt werden.

Tipp: Kooperation mit Content Creators

Für Haul-Videos lohnt sich für Ihre Marke eine Kooperation mit Influencerinnen und YouTubern, die die Videos selber kreieren und produzieren. Der Vorteil für Ihre Marke: Sie müssen die Videoproduktion nicht selbst übernehmen und bekommen durch die Haul-Videos eine hohe Authentizität und Glaubwürdigkeit für Ihre Produkte in der gewünschten Zielgruppe und Community.

4. *Eventfilm und Webinare*

Veranstaltet Ihr Unternehmen Fachkongresse, Konferenzen, Webinare, Spendenaktionen oder eine andere Art von Event? Dann produzieren Sie einen Eventfilm mit interessanten Interviews, Präsentationen und weiteren Highlights der jeweiligen Veranstaltung. Ein Eventfilm ist ein gutes Mittel, um Stimmung und Atmosphäre einzufangen. In der Nachberichterstattung können Sie so die Teilnehmer an interessante, inspirierende und lehrreiche Momente erinnern, Abwesenden verdeutlichen, was sie verpasst haben, und neue Teilnehmer für weitere Events generieren.

Webinare sind interessante Angebote zur Fort- oder Weiterbildung – ideal auch zur Kundenbindung für Ihre Marke. Das Wort Webinar setzt sich aus »Web« und »Seminar« zusammen. Webinare funktionieren ortsungebunden, was ihre Reichweite im Vergleich zu klassischen Seminaren ungemein erhöht. Sie sind aber zeitgebunden, weil sie zu einem bestimmten Zeitpunkt live stattfinden. Stellen Sie den Usern deshalb einen Eventfilm des Webinars bereit. Diese haben dann die Möglichkeit, sich das Webinar einfach zeitunabhängig später anzuschauen.

5. *Vlog*

Ein Blog ist eine Art persönliches Tagebuch, das von einer Person, einer Marke oder einem Unternehmen in Textform anderen zugänglich gemacht wird. Ein Vlog ist eine filmische Version eines Blogs und setzt sich aus den Worten »Video« und »Blog« zusammen. Ein sogenannter Vlogger oder eine Vloggerin erstellt ein Videotagebuch zu einem speziellen Thema wie Fashion, Beauty, Kochen, Gaming oder Reisen und lädt es auf einer Videoplattform wie YouTube oder Vimeo hoch. Für ein erfolgreiches Vlog ist sowohl authentischer und einzigartiger Content mit Mehrwert für die Zielgruppe und Community notwendig als auch die regelmäßige Veröffentlichung der Inhalte. Hierbei sollte die Veröffentlichung der Videos in kurzen Abständen erfolgen, da das Publikum einen Online-Content in regelmäßigen Abständen bevorzugt. Die Zuschauenden können diesen Kanal auch abonnieren und erhalten eine Benachrichtigung, sobald ein neues Video hochgeladen wird. Ein ausschlaggebender Aspekt für den Erfolg eines Vlogs ist die Reaktion auf die Zuschauerkommentare. Denn das Publikum und die Community erwarten eine Reaktion vom »Vlogger« auf ihre Fragen, Anmerkungen und Kommentare.

Und wie können Sie in der Praxis ein Vlog aufsetzen? Eine interessante Art von Videoinhalt für das »Vlogging« ist das Konzept, Ihren Arbeitstag oder den Arbeitsalltag Ihres Unternehmens zu teilen. Dafür brauchen Sie nichts weiter als Ihr Smartphone oder Ihre Webcam und ein einfaches Skript, das Sie auf der Rückseite eines Bierdeckels oder einer Serviette notiert haben. Diese authentische – aber auch strukturierte – Herangehensweise verleiht Ihren Videoinhalten eine nachvollziehbare menschliche Qualität, anstelle der High-End-Qualität einer teuren Videoproduktion. Gesamtkosten? Etwas Zeit, ein paar gute Ideen und eine Tasse Kaffee!

6. *Experten-Videointerviews*

Die Videoaufnahme von Interviews mit Expertinnen oder Vordenkern Ihrer Branche ist eine großartige Möglichkeit, Vertrauen und Markenautorität bei Ihrer Zielgruppe und Ihrer Community aufzubauen:

- Sie bieten Ihrem Publikum und Ihrer Community ein intimes 1:1-Erlebnis, bei dem Branchenexperten spezifisches Fachwissen teilen und Fragen beantworten. Das dürfen natürlich auch eigene Mitarbeiterinnen und Mitarbeiter sein.

- Ihre Marke wird mit verschiedenen Branchenvordenkerinnen und inspirierenden Personen in Verbindung gebracht.

- Die Interviews helfen Ihnen, Autorität mit dem Input einer angesehenen Stimme aufzubauen und damit als wichtiger Impulsgeber Ihrer Branche wahrgenommen zu werden.

- Sie können schnell einmaligen, audiovisuellen Content für Ihre Social-Media-Kanäle wie YouTube oder Ihre Website produzieren. Ihre Interviewpartner können auf ihren eigenen Kanälen ebenfalls den Content teilen und damit für höhere Reichweite Ihrer Marke sorgen.

Wie ein Vlog sollte auch ein gutes Interview einem Skript folgen, aber es sollte sich dabei nicht wie ein Drehbuch anfühlen. Überlegen und notieren Sie sich vor dem Interview die Fragen, die Sie stellen wollen. Dies können z. B. Fragen zur Branche, zu Trends oder Innovationen sein, aber auch Fragen zum persönlichen Werdegang. Ihr Job als Interviewer ist es, die Interviewpartnerin oder den Interviewpartner zu führen, sie oder ihn zum Reden zu bringen, um tiefe Einblicke in die Branche zu ermöglichen und heiße Themen und Trends zu diskutieren. Und im besten Fall bringen Sie sie oder ihn sogar dazu, exklusive Neuigkeiten oder spannende Branchengeheimnisse preiszugeben. Neben einem Skript mit spannenden Fragen brauchen Sie für die Videoproduktion zwei Kameras, wie z. B. zwei Smartphones. Eine Kamera filmt den Interviewten, die andere den Interviewer. Beides wird später im Videoschnitt wie beim Pingpong-Spiel gegeneinander geschnitten. Ach ja, und vergessen Sie nicht ein gutes Mikrofon für einen perfekten Ton. Ihr Publikum wird es Ihnen danken!

7. *Testimonial-Filme*

Erstellen Sie Videos mit den wahren Expertinnen und Experten Ihrer Produkte, Services und Dienstleistungen: Ihren echten Kundinnen und Kunden, den Userinnen und Usern. In diesen sogenannten Testimonial-Filmen (von lat. *testimonium* = Zeugenaussage) erzählen, erklären und empfehlen Menschen ihre persönlichen positiven Nutzererfahrungen mit Ihrer Marke. Es funktioniert wie eine Empfehlung von vertrauten Freundinnen und Freunden oder Familienmitgliedern. Deshalb dürfen auch kritische Anmerkungen und Verbesserungsvorschläge gemacht werden. Das erhöht die Glaubwürdigkeit und Authentizität der Videos ungemein. Drehen sie die Kundeninterviews einfach mit ihrem Smartphone und teilen sie die Videos auf Ihren Social-Media-Kanälen. Authentizität ist Trumpf, nicht Perfektion!

Wenn Sie nicht wissen, welche Fragen Sie in Ihren Testimonial-Videos stellen sollen, finden Sie hier einige, die Sie Ihren Kunden und Kundinnen stellen können:

– Was war Ihr Hauptanliegen beim Kauf unseres Produkts?

– Welche Ergebnisse haben Sie nach dem Kauf des Produkts erzielt?

– Haben Sie eine Lieblingsfunktion unseres Produkts?

– Was gefällt Ihnen gut an unserem Service? Was eher nicht?

– Gibt es »unerwartete« Vorteile, die Sie durch unser Produkt, unseren Service oder unsere Dienstleistung erhalten haben?

– Gibt es generell Verbesserungsvorschläge oder Wünsche an unsere Marke? An unsere Produkte und Dienstleistungen?

Denken Sie daran, dass spezifische Fragen mit großer Wahrscheinlichkeit interessantere Antworten zutage fördern.

8. *Recruiting-Video*

Recruiting-Videos sind heute in vielen Unternehmen ein fester Bestandteil des Employer Brandings und der Mitarbeitergewinnung. Was das Recruiting-Video vom Imagefilm unterscheidet, ist zunächst einmal die Zielgruppe. Während Imagefilme in der Regel werblicher Natur sind und auf die Zielgruppen Kunden, Investorinnen und Partner abzielen, richten sich Recruiting-Videos an potenzielle Bewerberinnen und Bewerber. Und weil Menschen echten Menschen vertrauen, kommen in Recruiting-Videos häufig ausgewählte Mitarbeiterinnen und Mitarbeiter zu Wort. Sie erzählen als Video-Testimonials von ihrem Arbeitsalltag, der Arbeitskultur und den Entwicklungsmöglichkeiten in einem Unternehmen.

Um ein authentisches Recruiting-Video selbst zu produzieren, brauchen Sie nur ein Smartphone, ein gutes Mikrofon und jemanden, der sich mit Videoschnitt auskennt. Jetzt suchen Sie Mitarbeiterinnen und Mitarbeiter, die gerne als Markenbotschafter für Ihr Unternehmen auftreten und sich als Protagonisten für ein Video interviewen lassen möchten. Der Markenbotschafter erzählt im Interview z. B., warum sie oder er gerne für das Unternehmen arbeitet, aus welchen persönlichen Gründen sie oder er sich damals für die Firma entschieden hat und wie die weiteren Zukunftspläne aussehen. Schreiben Sie sich eine Liste mit Fragen für das Interview auf, die Bewerberinnen und Bewerbern besonders wichtig für die Wahl eines neuen Arbeitsplatzes in Ihrem Unternehmen sind. Themen können sein:

- Homeoffice-Regelung
- Vereinbarkeit von Familie und Beruf
- Gleitzeit und flexible Arbeitszeiten
- Work-Life-Balance
- Aufstiegsmöglichkeiten und Karrierechancen
- Arbeitsklima

Tipp: Bitten Sie Ihre Angestellten um Hilfe

Fragen Sie Ihre Angestellten, wie sie ihre Freundinnen und Freunde von Ihrem Unternehmen überzeugen würden oder warum sie sich selbst damals für Ihr Unternehmen entschieden haben. Die genannten Gründe werden genau dieselben sein, aus denen auch zukünftige Bewerberinnen und Bewerber diese Entscheidung treffen werden. Und zack, schon haben Sie einen tollen Fragebogen.

Während oder nach dem Interview können Sie weitere Videoaufnahmen machen und später im Schnitt verwenden. Vom Arbeitsplatz, von den Kolleginnen und Kollegen oder von einem Team-Meeting oder einem Event. Das Gezeigte sollte zum Gesagten passen. Spricht der oder die Interviewte davon, wie viel Spaß es im Team macht und wie gut die Arbeitsatmosphäre ist, zeigen Sie sie oder ihn bitte nicht am Kopierer oder an der Kaffeemaschine, sondern lieber entspannt in der Mittagspause oder beim Kickern mit den Kolleginnen oder Kollegen.

Es gibt einen weiteren Vorteil eines gut gemachten Recruiting-Videos, der oft nicht bedacht wird: Sie begeistern mit einem Recruiting-Video nicht nur neue Interessenten, sondern auch Ihre aktuellen Mitarbeiterinnen und Mitarbeiter. Denn je mehr der Film nach innen und nach außen eine mitreißende Botschaft ausstrahlt, desto besser für die Stimmung und Performance Ihres gesamten Unternehmens.

9. *Dokumentations- oder Reportagevideo*
Brand Storytelling kann ein Unternehmen von der Konkurrenz abheben und gleichzeitig die Angestellten motivieren und die Konsumenten fesseln. Eine gute Möglichkeit bietet dafür ein Behind-the-Scenes-Video, ein Blick hinter die Kulissen in Form einer Dokumentation oder einer Reportage. Geben Sie Ihrem Publikum einen offenen und ehrlichen Einblick, Ihre Marken- und Unternehmenskultur filmisch zu erleben.

Sie können dabei verschiedene Arten von Inhalten zeigen. Es kann ein Brainstorming-Meeting im Team oder ein After-Work-Event sein, auch Bürostreiche oder ein spannender Arbeitsalltag sind interessant. Welchen filmischen Weg Sie auch gehen, denken Sie daran, dass das Ziel darin besteht, den Charakter Ihres Teams, das Umfeld Ihres Arbeitsplatzes, die Produktion Ihrer Markenprodukte oder die anschauliche Anwendung Ihrer Services glaubhaft und inspirierend zu zeigen.

Schlussklappe

Jetzt, da Sie sich einen Überblick über die Video-Vorproduktion, die Videoproduktion und die Postproduktion gemacht haben und Ihre Videoinhalte in die ABC-Kategorien einteilen können, steht einem Videodreh nichts mehr im Wege. Bestimmen Sie Ihr Videothema, machen Sie sich einen Zeitplan und teilen Sie die benötigten Ressourcen ein. Nun müssen Sie zum Drehstart nur noch rufen: »Ruhe bitte, Ton an, Kamera ab und Action!«

Kapitel 18

Audio-Content – von Radio bis Podcast

Audio-Content ist der »Rising Star« der Content-Kreation.

Audio-Content ist der ultimative menschliche Begleiter. Vom morgendlichen Radioweckruf bis zum abendlichen Sport mit einem Fitness-Podcast, Audio erreicht uns Zuhörer den ganzen Tag. Beim Pendeln, Reisen, Essen, Sporttreiben bis zum Duschen und Schlafen – Audio-Content bietet den Hörerinnen und Hörern einzigartige Medienzeiträume. Denn obwohl Audio oft eine Nebenbeschäftigung ist, ist der Konsum tendenziell weniger fragmentiert oder abgelenkt als bei Text- oder Bild-Content. Wir leben in einer Audio-first-Welt. Was heißt das genau?

Die meisten Menschen in Deutschland[1] besitzen heutzutage ein Smartphone, mit dem sie sprechen und hören, vor allem aber auch selber Audio-Content kreieren und produzieren können, in Form von Sprachnachrichten an Freundinnen und Freunde, eine Bestellung der Pizza per Sprachsteuerung bis hin zur eigenen Hip-Hop-Musikproduktion. Alles ist mit einem Smartphone als digitaler Alleskönner möglich. Voice-first-Geräte wie sprachgesteuerte Assistenten in Form von Smart-Speakern von Firmen wie Amazon und Google und das Internet der Dinge (IoT) bieten weitere Möglichkeiten, um mit Audioinhalten zu interagieren. Durch Voice Search ist beispielsweise die Anzahl vorgelesener Blogartikel und anderer Webinhalte beträchtlich gestiegen. Auch auf Social Media dominiert immer mehr der Ton. TikTok hat es mit der Lippensynchronisation von Musikvideos vorgemacht. Andere Plattformen wie Instagram folgen mit Video-Content – und damit auch mit Sound.

Menschen suchen und hören immer mehr Audioinhalte. Stellen Sie als Content Creator mit Ihrem Team Audio-Content bereit, wann, wo und wie die Userinnen

---

1 Die Anzahl der Smartphone-Nutzer in Deutschland wächst weiter und belief sich im Jahr 2020 auf rund 60,7 Millionen. In der Altersgruppe der 14- bis 49-Jährigen sind Smartphones mit einem Nutzeranteil von über 95 % nicht mehr wegzudenken: *https://de.statista.com/statistik/ daten/studie/198959/umfrage/anzahl-der-smartphonenutzer-in-deutschland-seit-2010* [12.06.2021]

und User es sich wünschen. Denn mit Audio-Content ist eine Marke direkt im Kopf – genauer im Ohr – der Interessenten.

Die Vorteile von Audio-Content im Überblick:

- Audio-Content kann im Voraus aufgezeichnet oder in Echtzeit präsentiert und konsumiert werden. Dadurch ergibt sich eine extrem hohe Usability durch Content on demand für die Userinnen und User.

- Audio-Content bietet den Hörerinnen und Hörern ein freihändiges und bildschirmfreies Inhaltserlebnis.

- Audio-Content kann im Gegensatz zu Texten, Bildern, Videos und Präsentationen im Hintergrund während der ansonsten medienfreien Zeit konsumiert werden.

- Audio-Content ermöglicht Barrierefreiheit durch hörbare Inhalte.

- Audio-Content wird von Suchmaschinen wie Google präsentiert und bedient damit gezielte Suchanfragen.

Warum Audio-Content sich in Ihrer Content-Strategie lohnt, welche Audioformate es gibt, wie Sie einen Podcast produzieren und welche Tools Ihnen dabei helfen, lernen Sie in diesem Kapitel.

18.1   Warum sich Audio-Content lohnt

Content Marketing ist langfristig gedachtes Marketing, doch dabei sind Text, Fotos und Videos nur drei der Formate. Audio-Content ist der Rising Star der Content-Kreation. Ein paar gute Gründe, warum es sich lohnt, Audio-Content zur Content-Strategie hinzuzufügen:

- Audio-Content verleiht einer Marke und einem Unternehmen eine menschliche Qualität. Erinnern wir uns. Unser Verlangen nach der menschlichen Stimme begann, als wir noch alle weinende Babys waren. Es ist der Wunsch nach persönlicher Nähe und sozialer Anerkennung, die eine menschliche Stimme einlösen und stillen kann. Deshalb bringt eine menschliche Stimme auch Emotionen ins Content Marketing und fesselt das Publikum. Audio-Content hilft Marken, die eine eigene Corporate Language und einen eigenen Corporate Sound entwickelt haben, sich bei den Zuhörenden nachhaltig zu etablieren und – wortwörtlich – einmalig im Ohr zu bleiben.

- Audio-Content fügt Inhalten neue Informationen hinzu. Ohne es zu merken, ordnen wir einer Stimme, die wir hören, bestimmte Eigenschaften zu. Zu diesen Eigenschaften gehören Faktoren wie Geschlecht, Alter, Bildungsniveau, regionale Herkunft. Daher hat die Stimme, die eine Marke für Audioinhalte verwendet, positive Auswirkungen auf die Zielgruppe, die sie ansprechen möchte.

- Audio-Content erweitert die Reichweite. Er zieht Userinnen und User an, die Audioinhalte bevorzugen und ihre Inhalte auf anderen digitalen Plattformen finden, die eine Marke vielleicht gerade nicht bespielt. Außerdem erreicht er ein Publikum, die andere Formen von Content nicht nutzen können, wie beispielsweise sehbehinderte Menschen. Es lohnt sich deshalb, Audiooptionen für Text-, Bild-, Video- und Präsentationsinhalte anzubieten. Dies verbessert nicht nur die Auffindbarkeit von Audioinhalten bei der digitalen Suche, sondern ermöglicht durch digitale Barrierefreiheit die Nutzung aller angebotenen Inhalte einer Marke durch die Userinnen und User.

18.2   Formate für Audio-Content

Audio-Content kommt in vielen Formen vor. Die folgende Übersicht zeigt, wie Audio-Content für Marken und Unternehmen wo kreativ eingesetzt wird:

- *Radio:* Der Klassiker für Audio-Content ist das Radio, ein rein hörbares Medium mit einer hohen Reichweite. Hier kann man sehr gut lernen, wie man mit einer guten Programmstrategie und einer variablen Programmplanung Hörerinnen und Hörer mit Audioinhalten binden kann – und das 24/7. Wie Sie diese Erkenntnisse für die eigene Audio-Content-Kreation nutzen können, zeigt ein Beispiel aus der Praxis. Die Supermarktkette Rewe betreibt deutschlandweit für ihre 3.300 Märkte ein eigenes Instore-Radio: »Radio Rewe«. Betrieben wird der Sender vom konzerneigenen Instore-Radio-Dienstleister Radio Max[2], der täglich ein moderiertes Programm erarbeitet. Zum Programm gehören Musik, wie auch Promotion-, Werbe- und Imagespots, wöchentliche Angebote und Themenblöcke, beispielsweise zum Thema Nachhaltigkeit. Das Ziel: die Kundschaft einerseits gezielt zu informieren und andererseits zu entschleunigen. Warum? Damit die Kunden sich im Markt wohlfühlen und dadurch länger bleiben, um dann – logisch – auch mehr einzukaufen.

- *Sprachnachrichten:* Auch Sprachnachrichten sind Audio-Content und als Kommunikationsform im Content Marketing bisher unterschätzt. Audionachrichten können in E-Mails oder Newslettern eingesetzt werden, wie auch bei Facebook oder Instagram. Bei WhatsApp Business – einer Variante von WhatsApp, die sich speziell an kleinere Unternehmen richtet – kann sich ein Unternehmen direkt an die Kundinnen und Kunden richten, um beispielsweise den CEO über die Zukunft der Marke sprechen zu lassen. Vorteil: Es ermöglicht eine viel per-

---

2   *https://radiomax.at* [12.06.2021]

sönlichere Ansprache der Zielgruppe mit einer ganz anderen Wirkung, als wenn eine Nachricht »nur« geschrieben erscheint. Auch Twitter testet Voice Messages.[3] Audio-Tweets sind gesprochenen Tweets, um das Zwitschern von unterwegs zu erleichtern. Für Marken ergibt sich dadurch die Möglichkeit, informative Standardantworten auf gängige Fragen aufzunehmen und den Userinnen und Usern barrierefrei zur Verfügung zu stellen.

- *Telefonansagen:* Eine Telefonansage, einen Anrufbeantworter oder eine Hotline ist in sehr vielen Fällen das erste, was potenzielle Kundinnen und Kunden von einer Marke hören. Vom zusätzlichen Kanal für Audio-Content bis hin zur informativen und freundlichen Ansage leisten sie einen wichtigen Beitrag zur Kundenbindung. Sie lassen sich allerdings kreativer und vielfältiger nutzen, als wir es von vielen Unternehmen gewohnt sind. Denn Unternehmen überfrachten diesen Berührungspunkt sehr oft mit viel zu langen Grußformeln, Standardsprüchen und lästiger Werbung. Hier ist es sinnvoll, aus Sicht des Empfängers relevanten Audio-Content anzubieten.

- *Voicebots:* Was der Chatbot schriftlich erledigt, macht der Voicebot mündlich. Er ist ein digitaler Assistent, mit dem man durch Spracheingabe mit einem Gerät oder Dienst kommunizieren und interagieren kann. Da Sprache die schnellste Form der menschlichen Interaktion ist, bieten Voicebots ungeahnte Möglichkeiten für Audio-Content, z. B. für den Kundenservice, der auf Anfragen von Kundinnen passende Audioantworten mithilfe von Künstlicher Intelligenz (KI) generieren kann, und zwar in der Tonalität – der Corporate Language – einer Marke oder eines Unternehmens. Dem Smart Speaker Alexa von Amazon kann man heute beispielsweise schon selber Antworten beibringen. Unter »Alexa sagt« ist es möglich, individuelle und benutzerdefinierte Wunschantworten einzurichten. Probieren Sie es aus: *https://blueprints.amazon.de*

- *Audiotranskription:* Um die Verbreitung und Sichtbarkeit des eigenen, schon produzierten Contents zu erhöhen, lohnt es sich, Text-Content in Audio-Content umzuwandeln. Dafür gibt es Text-to-Speech-Programme, die Text in Audio umwandeln. Oder es werden professionale Sprecherinnen und Sprecher engagiert, was sich natürlicher und menschlicher anhört. Bei Videos, Webinaren und Live-Events werden die Bilder entfernt und nur die Audioaufnahme verwendet. Es empfiehlt sich, das Audio zu bearbeiten und Geräusche und Füllwörter zu entfernen. Audiotranskription ist eine großartige Möglichkeit, die Reichweite des eigenen Contents kostengünstig zu erhöhen.

- *Audiologo und Musikproduktion:* Corporate Sound ist der hörbare Unternehmensauftritt einer Marke. Und die Keimzelle des Corporate Sounds ist das Audiologo – auch Jingle genannt. Denken Sie an die Telekom und summen Sie einfach mal das Audiologo nach: »dadadadida«. Sehen Sie, was ins Ohr geht, bleibt

---

3   *https://onlinemarketing.de/social-media-marketing/twitter-testet-voice-messages* [12.06.2021]

auch im Kopf. Das Gleiche gilt auch für das Intro und Outro eines Podcasts, die Musik für eine Warteschleife oder den Jingle für eine Radio- oder TV-Werbung. Die Kreation prägnanter akustischer Markenzeichen ist ein wichtiger Teil der Audio-Content-Produktion, genauso die Musikproduktion. Das Ziel dahinter ist, eine akustische Klammer für eine Marke mit einem hohen Merk- und Wiedererkennungswert zu kreieren.

- *Hörbuch:* Ein in sich abgeschlossenes, inhaltlich klar gegliedertes Werk, das ein Thema umfassend aufbereitet, ist das Hörbuch. Auf dem Weg zur Arbeit, beim Joggen, auf Autofahrten oder der Reise – ein Hörbuch hört man einfach, egal, wo und wann. Das ist eine gute Chance für Marken, Audio-Content zu produzieren, der eine gewisse Tiefe, Stringenz und Expertise hat. Eine spannende Unternehmensgeschichte, eine interessant erzählte Jahresbilanz oder auch ein gut erzählter Nachhaltigkeitsbericht ist Audio-Content, der in Form eines Hörbuches publiziert werden kann. Davon gibt es bisher aber noch zu wenig. Deshalb denken Sie bei Ihrer nächsten Audio-Content-Kreation auch mal an das Medium Hörbuch und überraschen Sie damit Ihre Hörerinnen und Hörer.

  Ein Beispiel der DMK Group (Deutsche Milchkontor) zeigt, wie man einen Geschäfts- und Nachhaltigkeitsbericht als Audioerlebnis in Form eines Hörbuches produzieren kann. Das Besondere: Interviews mit Mitarbeitern der DMK laden die Zuhörer ein, sich noch spezifischer mit einzelnen Themenbereichen zu beschäftigen. Hören Sie hier einmal rein: *https://www.dmk.de/wer-wir-sind/geschaeftsbericht-2020*

- *Blogcast:* Ein Blogcast – eine Wortbildung aus Blog und Podcast – ist ein vorgelesener Blogbeitrag und damit ein Duplikat eines bereits vorhandenen Inhalts. Es gibt zwei Möglichkeiten, einen Blogcast zu produzieren, entweder durch einfaches Vorlesen des Blogartikels oder der Blogbeitrag wird inhaltlich neu erzählt und um anderen Audio-Content, wie beispielsweise ein Interview, ergänzt. Da der Inhalt des Blogcasts kanalübergreifend auf neuen Plattformen außerhalb des Blogs angeboten wird, werden neue Zielgruppen erreicht. Außerdem hat der Audio-Content Effekte auf die Nutzersignale des Blogs oder der Webseite, die wichtig für Google und das Suchmaschinenranking sind.

  Ein gutes Beispiel für einen Blogcast gibt es von der Telekom unter »welove.ai – Leben & Arbeiten mit AI.« Hören Sie einfach mal rein: *https://about.narando.com/publishers/welove-ai*

- *Podcast:* Der Begriff Podcast ist ein Kunstwort, das sich aus Pod für Play on demand und cast – abgekürzt aus dem Begriff Broadcast (Rundfunk) – zusammensetzt. In mehreren Episoden, die meist wöchentlich veröffentlicht werden, liefern Podcasts Unterhaltung, Nachrichten, Informationen und Wissen on demand – auf Knopfdruck. Das heißt, dass Userinnen und User sich bewusst dafür entscheiden, Ihnen und Ihrer Marke zuzuhören – unabhängig von Zeit und Ort.

Ob auf dem Weg zur Arbeit, beim Reisen oder auch beim Sport: Ein Podcast lässt sich unkompliziert konsumieren und in den Alltag der Menschen integrieren. Viele Podcasts nutzen das Interviewformat, um immer wieder neue spannende Themen zu behandeln und für die Zuhörerinnen und Zuhörer Abwechslung zu bieten. Eine Moderatorin oder ein Moderator interviewt als Host einen eingeladenen Gast, die oder der Experte in einem speziellen Themenfeld, wie beispielsweise Kochen, Unterhaltung, Wirtschaft, Wissenschaft oder Politik ist. Im Podcast-Interview geht es um den Interviewten als Person und um seine Meinung, Erfahrung und fachliche Expertise zu einem oder mehreren Themen.

Weitere Podcast-Formate[4] sind:

- *Co-Host-Podcast*
  In dem Co-Host-Podcast sprechen zwei Personen, die Co-Hosts, über ein bestimmtes Thema. In jeder Folge sind es immer die gleichen Personen. Es können z. B. zwei Architekten sein, die sich über Planung, Erfahrungen und Wissen im Bereich Häuserbau austauschen.

- *Solo-Podcast*
  In diesem Format spricht nur eine Person im Monolog. Für ein Unternehmen, beispielsweise eine SEO-Agentur, die spezielles Fachwissen, Neuigkeiten, Erkenntnisse und Hilfe bei der SEO-Optimierung vermitteln möchten, ist der Solopodcast ein ideales Format. Der Solopodcast hilft, sich und/oder seine Marke als Experte zu positionieren.

- *Storytelling-Podcast*
  Ein Storytelling-Podcast erzählt eine meist wahre Geschichte in dokumentarischer Form. Das können journalistisch gut aufbereitete Wirtschaftskrimis sein oder auch wahre Kriminalfälle in Form eines True-Crime-Podcasts. Eine Marke kann z. B. über interessante Projekte oder die Unternehmensgeschichte sprechen. Die Herausforderung für die Macher des Storytelling-Podcasts: Wie kann eine Geschichte von Anfang bis Ende spannend erzählt werden?

- *Wissens-Podcast*
  Wie der Name schon verrät, vermittelt dieser Podcast Wissen, Erfahrung und Expertise. Der Vorteil dieses Formats: Die Hörer wollen in jeder neuen Podcast-Folge etwas Neues erfahren und lernen. Der Wissens-Podcast kann als Solo-, Co-Host- oder Interview-Podcast konzipiert, kreiert und produziert werden. Ein bekanntes Beispiel ist der NDR-Info-Podcast »Das Coronavirus-Update« mit den Virologen Christian Drosten und Sandra Ciesek, der über 100 Millionen Mal[5] abgerufen wurde. Der Podcast berichtete regelmäßig unaufgeregt, ver-

---

4   *https://podcastwonder.com/podcast-formate/* [12.06.2021]

5   *https://www.rnd.de/medien/ndr-podcast-coronavirus-update-uber-100-millionen-mal-abgerufen-NDHIC6D52FH7DILYRD3UCENRXI.html?newsletter=true* [14.06.2021]

ständlich und seriös über den neuesten Stand der Forschung rund um die COVID-19-Pandemie.

- *Nachrichten-Podcast*
  Bei diesem Podcast-Format geht es um faktenbasierte Nachrichten, die über gesellschaftliche und politische Themen berichten. Dazu zwei Beispiele:
  - Apokalypse und Filterkaffee mit Micky Beisenherz[6]
  - wach & wichtig, der radioeins-Morgen-Podcast[7]

- *Corporate Podcast*
  Für die Außen- und die interne Kommunikation nutzen Unternehmen, NGOs, Verbände und Parteien einen Corporate Podcast. Nach außen dient er der Selbstdarstellung des Unternehmens, der Stärkung der Kundenbindung und der Gewinnung neuer Kunden wie auch dem Recruiting neuer Mitarbeiterinnen. Nach innen dient ein Corporate Podcast als Informations- und Nachrichtenkanal für die Mitarbeiterinnen und Mitarbeiter. Ein Beispiel ist der Podcast »From Know-how to WOW«[8] des Unternehmens Bosch. Er ermöglicht spannende Einblicke in die interne Forschung. Jede einzelne Episode stellt eine Innovation vor. Das Besondere: Die Hosts sind zwei Mitarbeitende, die als Corporate Influencer auf Englisch durch die Folgen führen.

Die Vorteile von Podcasts im Content Marketing? Es ist das optimale Kundenbindungsformat, um eine Zielgruppe umfassend über relevante Themen wöchentlich zu unterhalten und zu informieren. Dieser Mehrwert hilft, Vertrauen und eine langfristige (Marken-)Beziehung aufzubauen. Ein Podcast lässt sich relativ kostengünstig produzieren und wiederverwenden. Ist eine Podcast-Folge einmal erstellt, bleibt sie dauerhaft in den Podcast-Bibliotheken oder auf einer Podcast-App verfügbar. Die Inhalte können dadurch leicht von Interessierten gefunden, abonniert und konsumiert werden.

Wie Sie einen Podcast erstellen können und ein dazugehöriges Skript schreiben, lesen Sie im Folgenden.

18.3   Einen Podcast erstellen

Podcasts sind informativ oder unterhaltsam oder beides. Es gibt Podcasts für fast alle Themen und Nischen. Und sie eignen sich ideal für gutes Storytelling. Die Hosts sind auf Augenhöhe mit ihrem Publikum, und es entsteht eine emotionale Verbin-

---

6 *https://podcasts.apple.com/de/podcast/apokalypse-filterkaffee/id1505993848?l=en*
7 *https://www.radioeins.de/archiv/podcast/wachundwichtig.html*
8 *https://www.bosch.com/de/stories/podcast-from-know-how-to-wow*

dung zu den Hörerinnen und Hörern. Alles gute Gründe, um einen Podcast zu produzieren! Allerdings steckt hinter jedem Podcast eine detailreiche Planung. Lesen Sie weiter, um alle wichtigen Schritte zur Planung Ihres Podcasts zu erfahren.

Die wichtigsten Schritte bei der Planung eines Podcasts:

1. *Bestimmen Sie die Ziele des Podcasts*
   Zum Start sollten die Ziele des Podcasts festgelegt werden. Dafür ist es hilfreich, folgende grundlegende Fragen zu beantworten:

   – Was soll mit dem Podcast erreicht werden? Soll Ihre Marke als Experte für ein Thema positioniert werden? Soll eine neue Zielgruppe erreicht werden? Soll mehr Reichweite für Ihre Marke generiert werden? Und was sollen die Hörerinnen aus dem Podcast mitnehmen? Was macht den Podcast einmalig? Vermittelt der Podcast interessantes Know-how?

   – Wer soll mit dem Podcast angesprochen werden? Bestands- oder Neukundinnen und -kunden? Die eigene Marken-Community oder die der Konkurrenz?

   – Wie passt der Podcast in die Content-Strategie? Welchen zusätzlichen Mehrwert bietet der Podcast den Hörerinnen und Hörern in Ihrer Content-Strategie? An welcher Stelle der Customer Journey findet der Podcast statt?

2. *Definieren Sie das Hauptthema des Podcasts*
   Recherchieren Sie Themen, die Ihre Zielgruppe interessieren und die für Sie und Ihre Marke eine besondere Relevanz besitzen. Auch wenn die Gespräche von Episode zu Episode im Podcast variieren, sollte es ein übergreifendes Hauptthema geben, wie beispielsweise cleveres Kochen, nachhaltiges Bauen oder Börse verstehen.

3. *Geben Sie dem Podcast einen Namen*
   Der richtige Name für einen Podcast hilft, sich von der Masse der zahlreichen Podcast-Angebote abzuheben und die richtigen Hörerinnen und Hörer anzusprechen.

4. *Gestalten Sie ein Podcast-Cover*
   Ein Podcast-Cover hat dieselbe Funktion wie ein Plakat oder eine Anzeige: Es soll das Publikum verführen, sich Ihre Sendung anzuhören. Kreieren Sie deshalb ein attraktives Cover, das zu Ihrem Marken-Branding passt und in den Podcast-Charts und -Bibliotheken auffällt.

5. *Beauftragen Sie eine Musikproduktion*
   Ein Podcast braucht Musik. Für das Intro und das Outro, die Zwischentitel, die Hintergrundmusik und den Jingle. Suchen Sie nach einem musikalischen Thema für Ihre Sendung, das den Podcast einmalig und unverwechselbar macht. Dafür bieten sich zwei Wege an. Sie beauftragen talentierte Musiker. Oder sie kaufen Stock-Musik (mehr dazu in Abschnitt 18.5, »Hilfreiche Podcast-Tools«).

6. *Bestimmen Sie die Tonalität des Podcasts*
    Nahbar und locker mit hohem Unterhaltungswert oder professionell distan-
    ziert mit einer hohen Informationsdichte? Definieren Sie die Tonalität des Pod-
    casts.

7. *Schreiben Sie ein Podcast-Skript*
    Ein Podcast muss die Hörerinnen und Hörer in den ersten Sekunden einer Epi-
    sode fesseln. Um einen stimmigen Ablauf zu gewährleisten, sollten Sie jede
    Podcast-Folge deshalb genau planen und ein Skript für die Aufnahmen erstel-
    len. Ob in einzelnen Stichwörtern oder ausformulierten Sätzen richtet sich
    dabei nach Ihren persönlichen Präferenzen (mehr dazu in Abschnitt 18.4, »Ein
    Podcast-Skript schreiben«).

8. *Nehmen Sie Ihren Podcast auf*
    Für einen professionell klingenden Podcast benötigen Sie einen geeigneten
    Raum mit möglichst wenig Hall und Hintergrundgeräuschen. Für die Aufnahme
    des Podcasts brauchen Sie ein gutes Mikrofon, eine Sprachaufnahmesoftware
    und Ihr vorbereitetes Skript. Falls Sie einen Gast als Interviewpartner einladen,
    empfiehlt es sich, ein zweites Mikrofon bereitzustellen.

Tipp: Vergleichen Sie Preise und Leistung

Podcast-Mikrofone gibt es viele und auch für jedes Budget. Ein Blick ins Internet lohnt
sich, um die Leistung der einzelnen Mikrofone und die Preise zu vergleichen.

---

9. *Machen Sie Ihren Podcast »hörertauglich«*
    Nachdem Sie Ihren Podcast aufgenommen haben, geht es mit einem Schnitt-
    programm ans Schneiden des Audiorohmaterials. Der Podcast wird auf die rich-
    tige Länge geschnitten. Unerwünschte Pausen, Geräusche und Versprecher
    werden entfernt. Elemente wie das Intro und Outro und ein Jingle werden ein-
    gesetzt, um den Wiedererkennungswert des Podcasts zu gewährleisten. Zum
    Schluss wird der Audiopegel auf eine angenehme Lautstärke eingestellt. Der
    Podcast sollte weder zu leise noch zu laut sein.

10. *Optimieren Sie Ihren Podcast suchmaschinentauglich*
    Suchmaschinenoptimierung (SEO) funktioniert auch bei Podcasts. Um von
    Ihren potenziellen Hörern gut gefunden zu werden, sollten Sie eine Zusam-
    menfassung schreiben. Diese sogenannten Shownotes – Notizen – beschreiben
    den wesentlichen Inhalt des Podcasts, enthalten weiterführende Links und re-
    levante Keywords. Hier darf auch Feedback von der Hörerschaft eingefordert
    werden oder eine Handlungsaufforderung, wie beispielsweise »Klicken Sie hier
    für mehr Infos zu unserem Börse-Online-Kurs«, integriert werden.

11. *Erstellen Sie einen RSS-Feed*
    Damit Ihr Podcast die Ohren Ihrer Zuhörerschaft auch erreicht, müssen Sie einen RSS-Feed[9] erstellen und diesen Feed in einer geeigneten Podcast-Plattform, wie beispielsweise Apple Podcasts, Google Podcasts oder Spotify, eintragen. Damit stellen Sie sicher, dass Ihr Podcast überall dort gefunden wird, wo Ihre Hörerinnen und Hörer auch suchen. Der Vorteil: Die neuen Abonnenten werden automatisch informiert, sobald eine neue Episode erscheint. Was enthält der RSS-Feed? Der Feed enthält alle relevanten Metadaten des Podcasts. Dazu gehören unter anderem die Episodentitel, die Episodenbeschreibung mit den Shownotes, Links und Informationen zum Podcast-Inhaber.

12. *Bewerben Sie Ihren Podcast*
    Entwickeln Sie eine Werbestrategie, um Reichweite für Ihren Podcast zu generieren. Die Marken-Community, wie auch interessierte Hörerinnen und Hörer sollen von Ihrem neuen Audio-Content-Format erfahren. Nutzen Sie dafür Ihre Social-Media-Kanäle wie auch Ihren Newsletter oder Ihre Website, um den Podcast zu bewerben. Audiogramme lassen sich z. B. sehr gut auf den unterschiedlichsten Plattformen teilen. Audiogramme sind kurze Audiosequenzen aus einer Podcast-Folge, die mit einem Bild kombiniert werden. Diese Kurzvideos werden in Social Media geteilt, um für die Inhalte des Podcasts zu werben und um Interaktion mit den Followern zu generieren.

18.4   Ein Podcast-Skript schreiben

Podcasts klingen sehr oft wie natürliche, frei fließende Gespräche, aber lassen Sie sich nicht täuschen. Die meisten Podcasts folgen einer Skriptvorlage. Ein Skript hilft festzulegen, worüber und an welcher Stelle einer Episode, welches Thema besprochen wird. Wie die einzelnen Teile eines Interview-Podcast-Skripts aussehen, zeigt Ihnen die Beispielvorlage:

- *Werbeeinblendung*
  Starten Sie mit der klassischen Form von Podcast-Werbung, dem sogenannten Host Read. Der Podcast-Host trägt in persönlichen Worten den Werbetext vor, der den Nerv der Zielgruppe treffen sollte. Das kann vor, aber auch während oder nach dem Interview sein.

- *Eröffnung*
  Eröffnen Sie mit einem kurzen musikalischen Jingle – einer kurzen, einprägsamen Erkennungsmelodie – mit Namensnennung des Podcast-Namens, gesprochen oder gesungen.

---

9   RSS steht für Really Simple Syndication. Der RSS-Feed ist ein News-Abo, das über Berichte, Artikel, Neuigkeiten informiert.

- *Einleitung/Intro*
  Ein Intro im Stil eines Monologs, in dem Sie als Host (Gastgeber) Ihren Gast/Ihre Gäste, den Co-Host und die geplanten Themen der Sendung vorstellen. Dieser Teil kann mit Musik oder Soundeffekten unterlegt sein.

- *Anmoderation*
  »Unser erstes Thema lautet ...«
  Dieser Teil kann mit Musik unterlegt sein.

- *Thema 1*
  Diskutieren Sie das erste Thema für 5 bis 10 Minuten.

- *Zwischenmoderation 2*
  »Wir machen jetzt weiter mit ...«
  Dieser Teil kann mit Musik unterlegt sein.

- *Thema 2*
  Diskutieren Sie das nächste Thema für 5 bis 10 Minuten.

- *Zwischenmoderation 3*
  »Das Schluss-Thema lautet ...«
  Dieser Teil kann mit Musik unterlegt sein.

- *Thema 3*
  Diskutieren Sie das letzte Thema für weitere 5 bis 10 Minuten.

- *Schlussmoderation/Outro*
  Rekapitulieren Sie das Gesagte in einer kurzen Zusammenfassung. Bedanken Sie sich bei den Zuhörenden und Ihren Gästen und geben Sie – wenn möglich – einen Ausblick auf das, was in der nächsten Podcast-Folge besprochen wird. Sie können beispielsweise auch ein besonderes Ereignis ankündigen, das für Ihren Podcast oder Ihre Marke relevant ist. Oder die Hörerinnen und Hörer dazu auffordern, den Podcast zu abonnieren. Dieser Teil kann mit Musik oder Soundeffekten unterlegt sein.

- *Musikalischer Schluss-Jingle*

Es gibt zwei verschiedene Voice-over-Stile für die Aufnahme Ihres Podcasts, die Sie beim Schreiben Ihres Skripts berücksichtigen sollten.

1. *Vorgeschriebenes Podcast-Skript*
   Das Skript wird vor der Aufnahme geschrieben und im besten Fall auch geprobt. In der Regel hat dieser Podcast ein bestimmtes Thema, das in einer genauen Reihenfolge abgehandelt werden soll, was mehr Struktur und Präzision in der Produktion erfordert. Ein ausgefeiltes Podcast-Skript ähnelt dem, was Sie in einer Dokumentation oder einer Nachrichtensendung hören können.

2. *Freestyle-Podcast-Skript*

Freestyle ist ein spontaner und improvisierter Aufnahmestil, der unvorherseh-bare und überraschende Momente beinhaltet. Dieser Aufnahmestil eignet sich am besten für Podcasts mit einer spontanen, schlagfertigen und witzigen Mo-deratorin. Für ein Freestyle-Podcast-Skript brauchen Sie nur das Thema der Fol-ge mit einigen dazugehörigen Stichworten und Anmerkungen aufzuschreiben. Auf diese Weise können Sie während der Aufnahme auf Ihr Freestyle-Skript zu-rückgreifen, ohne sich auf ein fertiges Skript festzulegen. Freestyle-Aufnahmen sind am ehesten mit Live-Fernsehinterviews oder Live-Radiosendungen ver-gleichbar.

Fragenkatalog erstellen

Bevor Sie ein Interview führen, sollten Sie eine Liste von Fragen vorbereiten, die Sie Ihrem Gast stellen möchten. Gruppieren Sie die Fragen rund um die Themen, die Sie im Interview behandeln möchten. Denken Sie beim Interviewen daran, dass Sie den Gesprächsfluss des Interviews aufrechterhalten, indem Sie den Antworten des Gastes genau zuhören. Aus den Antworten können Sie dann einfach Folgefragen formulieren. Deshalb halten Sie sich nicht unbedingt an die Reihenfolge der Fragen, die Sie vorher festgelegt haben.

Tipp: Lernen Sie von Ihrem Lieblings-Podcast

Das Beispiel ist nur eine Einführung, wie Sie ein Podcast-Skript schreiben können. Al-ternativ können Sie sich auch zur Inspiration Ihre Lieblings-Podcasts anhören und sich Notizen zu den verschiedenen Elementen machen, aus denen das Podcast-Skript be-steht, und einige dieser Elemente in Ihrer eigenen Skriptvorlage und Produktion ver-wenden. Sobald Sie eine Hörerschaft haben, bitten Sie diese um Feedback zu Ihrer Sen-dung und erhalten so wertvolle Informationen, die Ihnen zusätzlich helfen, Ihren Pod-cast zu verbessern.

18.5   Hilfreiche Podcast-Tools

Nutzen Sie Podcast-Tools für die Produktion und Distribution Ihres Podcasts. Hier ein paar hilfreiche Vorschläge:

- *Podcast-Erstellung und -Hosting:* Die kostenlose Plattform Anchor[10] von Spotify ermöglicht die einfache Erstellung, Bearbeitung und das Hosting eines Podcasts. Neben der Veröffentlichungsfunktion für verschiedene Hörplattformen enthält die App eine Bibliothek mit lizenzfreier Musik und Soundeffekten.

---

10 Anchor: *https://anchor.fm*

Eine der führenden Podcast-Hosting-Plattformen ist Simplecast[11]. Das Besondere: Namhafte Marken wie Facebook und Shopify nutzen das Podcast-Management. Die Plattform eignet sich für unabhängige Podcaster und professionelle Podcasts von Unternehmen.

- *Audiobearbeitungstools*
  Mit kostenlosen Open-Source-Programmen wie GarageBand[12] für Apples iOS oder Audacity[13] für Windows können Sie Ihren Podcast aufnehmen und mithilfe des integrierten Schnittprogramms die Audioaufnahme bearbeiten. Vieles ist hier schon technisch so automatisiert, dass Sie leicht Musik unterlegen, den Ton optimieren und Hintergrundgeräusche entfernen können. Empfehlenswerte professionelle Lösungen zur Audioaufzeichnung, Bearbeitung und Abmischung sind Adobe Audition[14] und Logic Pro[15].

- *Lizenzfreie Musik*
  Lizenzfreie Musik für den Podcast-Jingle, das Intro und Outro, die Zwischentitel und die Hintergrundmusik finden Sie auf Storyblocks[16], Artlist[17] und PremiumBeat[18].

- *Grafikdesignsoftware*
  Ohne Grafikdesign-Vorkenntnisse können Sie mit Canva[19] Ihr Podcast-Cover gestalten. Diese kostenfreie Software funktioniert nach dem Drag-&-Drop-Prinzip und beinhaltet vorproduzierte Vorlagen, Bilder und Grafikelemente.

18.6   Praxisbeispiele für Podcasts

Vier interessante Praxisbeispiele zeigen, wie kreativ und unterschiedlich Podcast-Formate eingesetzt werden können. Lassen Sie sich inspirieren:

- *Der Ikea-Katalog als Podcast*
  Im Dezember 2020 verkündete das schwedische Möbelhaus Ikea das Ende des legendären Ikea-Katalogs in gedruckter Form, um schließlich die 70. Ausgabe erstmals als Podcast zu veröffentlichen: »The IKEA Audio Catalog« (siehe Abbildung 18.1).

---

11 Simplecast: *https://simplecast.com*

12 GarageBand: *https://apps.apple.com/de/app/garageband/id682658836?mt=12*

13 Audacity: *https://www.audacityteam.org*

14 Adobe Audition: *https://www.adobe.com/de/products/audition.html*

15 Logic Pro: *https://www.apple.com/de/logic-pro*

16 Storyblocks: *https://www.storyblocks.com/audio*

17 Artlist: *https://artlist.io*

18 PremiumBeat: *https://www.premiumbeat.com*

19 Canva: *https://www.canva.com/de_de*

Abbildung 18.1 Der Ikea-Katalog als Podcast (Quelle: YouTube-Screenshot – IKEA USA)

Über 4 Stunden können sich die Markenfans die Angebote des Katalogs auditiv vorstellen lassen. Ikea schreibt dazu:

»*It's the same IKEA catalog you know and love, now as a handy, and hands-free, audiobook. Not only does this catalog save on paper, it's also contactless, convenient, and filled with style inspiration and vivid product descriptions for your listening pleasure.*«[20]

- *Ein Interview-Podcast von Douglas*
  Rund um das Thema Schönheit geht es im Interview-Podcast »Beauty & Beyond« der Parfümeriemarke Douglas. Das Besondere? Keine geringere als die CEO der Douglas Group, Tina Müller, ist der Host des klassischen Talkformats (siehe Abbildung 18.2).

Abbildung 18.2 Ein Interview-Podcast mit der CEO als Host
(Quelle: Screenshot von der Webseite: beauty-and-beyond.podigee.io)

---

20 *https://onlinemarketing.de/cases/ikea-katalog-podcast* [15.06.2021]

Mit verschiedenen Gästen wird in jeder Episode über aktuelle Trends und Neuigkeiten aus der Branche gesprochen. Von der wahren Schönheit von innen,
über Kosmetikprodukte bis hin zur plastischen Chirurgie. Darüber hinaus werden auch Themen wie Unternehmertum, Wandel und Leadership diskutiert.
Reinhören lohnt sich: *https://beauty-and-beyond.podigee.io*.

- *Eine Krimiserie als Podcast – »The Enigma-Thrillers«*
  Der preisgekrönte französische Science-Fiction-Autor Fabrice Colin hat für die
  Automarke Nissan eine Krimireihe in Podcast-Form geschrieben (siehe Abbil-
  dung 18.3).

Abbildung 18.3 Storytelling im Podcast-Format von Nissan (Quelle: YouTube-Screenshot)

Der Anlass: der Launch eines neuen Sondermodells. In fünf Episoden muss eine
Gruppe von Spezialagentinnen und -agenten unheimliche Vorfälle untersuchen.
Die Hörerinnen und Hörer werden in der spannenden Story quer durch Europa
geschickt. Sie treffen dabei auf zwielichtige Personen und aufreibende Intrigen.
Und wer ist der perfekte Begleiter für diese abenteuerliche Mission? Natürlich
der neue Nissan Juke Enigma. Zum Podcast-Thriller fahren Sie hier lang: *https://
play.acast.com/s/the-enigma-thrillers-de*.

- *»Hoagartn« – Stadtmarketing in Podcast-Form*
  Übersetzt heißt »Hoagartn« so viel wie »Heimgarten«. Genau wie Nachbarn und
  Freunde sollen sich die Hörerinnen und Hörer fühlen, wenn Gastgeber David
  Stiehler Einheimische, Zugroaste und Heimkehrerinnen in »Hoagartn – der Pod-
  cast aus Garmisch-Partenkirchen« interviewt. Vom Wein-Sommelier bis zum

Schokoladen-Künstler – interessante Menschen aus der Region erzählen spannende Geschichten aus ihrem Leben und aus ihrer Stadt. Das Ziel des Podcasts: Garmisch-Partenkirchen als attraktives Reiseziel zu positionieren. Die regionale Hörreise gibt es hier: *https://www.gapa.de/podcast*.

Abbildung 18.4 Eine Stadt zum Hören
(Quelle: Screenshot von der Webseite *www.gapa.de/podcast*)

Kapitel 19

Schreiben können –
das Geheimnis guter Texte

Mit 26 Buchstaben kann man die ganze Welt erklären, beschreiben, animieren und begeistern, egal ob klassisch analog oder digital.

Während eines Mittagessens mit Freunden in einem Restaurant wettete der berühmte Schriftsteller Ernest Hemingway mit dem Tisch um je 10 US$, dass er eine ganze Geschichte in nur sechs Wörtern erfinden könne. Nach dem Wetteinsatz schrieb Hemingway »*For sale: baby shoes, never worn.*« (»Zu verkaufen: Babyschuhe, nie getragen«) auf eine Serviette, reichte diese am Tisch herum und strich seinen Gewinn ein. Obwohl nicht belegt ist, dass dieses Ereignis so stattgefunden hat,[1] zeigt es doch eines ganz klar. Wie es nur sechs Wörter, die »Six Word Story«[2], schaffen, eine ganze Geschichte im Kopf der Lesenden auszulösen. Hier zeigt sich die Macht des gut geschriebenen Wortes, des professionellen Textens – ohne Verwendung eines Bildes oder Films.

Als Content Creator stehen Sie tagtäglich vor zahlreichen Schreibaufgaben. Hier ein Text für die Website, den Newsletter und einen Blogbeitrag, dort noch ein oder zwei Headlines für die Instagram Story und einen Thread[3] auf Twitter. Und schreiben Sie bitte noch schnell eine »Six Word Story« wie Hemingway. Ja, wenn das doch alles doch nur so einfach wäre.

Da die Welt der Content-Kreation immer wettbewerbsfähiger wird, wird Text-Content immer anspruchsvoller. Dennoch bleiben die Grundprinzipien hinter guten Texten bestehen, nämlich dass sie Aufmerksamkeit erregen und Menschen unterhalten, aufklären, informieren und überzeugen müssen, z. B. vom Kauf eines Produkts, dem Besuch einer Webseite oder auch der Teilnahme an einem Onlinegewinnspiel.

---

1   *https://quoteinvestigator.com/2013/01/28/baby-shoes/* [23.05.2021]

2   Mehr »Six Word Stories« gibt es hier: *https://www.pinterest.de/noel_maynard/6-word-stories*

3   Ein Thread auf Twitter ist eine Reihe von verbundenen Tweets, die von derselben Person stammen und einen längeren Text ermöglichen als die üblichen 280 Zeichen.

In diesem Kapitel lernen Sie, wie hilfreich Textformeln sind, die Grundprinzipien für erfolgreiches Texten, welche Tricks es gibt, um gute Headlines zu schreiben, und warum Google sich für Ihre Texte interessiert.

19.1   Texten lernen

Beim Texten geht es darum, eine persönliche Beziehung zu Menschen aufzubauen. Versuchen Sie deshalb, Geschichten zu erzählen und die Leserinnen und Leser zu verzaubern, anstatt sie mit Sprachakrobatik zu beeindrucken. Die Person, die Ihren Text sieht, egal, ob klassisch in einer Broschüre, digital auf einer Webseite oder in einem Instagram-Post, sollte beim Lesen denken: »Wow, die Person, die den Text geschrieben hat, versteht mich. Sie kennt meine Probleme und Wünsche, kann mich richtig Informieren, gut umwerben und unterhalten.« Je nach Anlass. Das ist die Kunst eines guten Textes.

Um effektive Texte zu schreiben, müssen Sie erstens Ihre Produkte, Services oder Dienstleistungen kennen und zweitens wissen, wer Ihren Text liest. Stellen Sie sich vor, wer diese Person ist. Und schreiben Sie so, als ob Sie diese Person direkt und persönlich ansprechen würden. Anstatt also nur für die allgemeine Zielgruppe – für alle – zu schreiben, schreiben Sie das nächste Mal, wenn Ihre Marke für Teenager ist, für den Teenager namens Crispin, der seine Eltern lächerlich findet, weil sie sich in Social Media nicht auskennen und nichts vom Videospiel Fortnite verstehen. Oder Dominik, der mit seiner Rolle als junger Vater und seinem neu angetretenen Job noch zusätzlich überfordert ist, wenn Sie für eine Versicherung schreiben. Schreiben Sie also mit einer bestimmten, echten Person im Kopf.

Wie finden Sie heraus, was diese Personen wirklich bewegt und interessiert? Sprechen Sie einfach direkt mit den Menschen, für die Sie schreiben wollen. Gehen Sie auf die Straße. Und stellen Sie Fragen. Suchen Sie nach Erzählungen und Geschichten und nicht nach einfachen Ja- oder Nein-Antworten, die Sie nicht weiterbringen. Diese Fragen können beispielsweise so aussehen:

- Wie sieht ein typischer Tag für Sie aus?
- Wann haben Sie das letzte Mal Produkt/Service A oder B genutzt? Wie sind Ihre Erfahrungen damit?
- Gibt es einen Trend, dem Sie folgen?
- Wie treffen Sie Entscheidungen?
- Haben Sie Ihre eigene Sprache, einen bestimmten Jargon, den Sie nutzen?
- Wie wollen Sie von uns kommunikativ angesprochen werden?
- Was hält Sie nachts wach?

- Was sind Ihre Ängste?

- Was sind Ihre drei größten täglichen Frustrationen?

- Was wünschen Sie sich insgeheim am sehnlichsten?

Diese Fragen geben Ihnen einen gedanklichen Rahmen dafür, wie Sie vorgehen sollten. Entwickeln Sie am besten Ihren eigenen Fragenkatalog, und definieren Sie, bevor Sie schreiben, wer Ihr Publikum ist. Und das ist nicht Frau oder Herr Jedermann! Als Belohnung werden Sie Ideen, wichtige Einsichten, Daten und Fakten erhalten, die Sie effektiv für Ihre Texte nutzen können.

19.2   Hilfreiche Textformeln

Menschen lieben es, Texte zu lesen, die einfach und verständlich sind. Sie hassen es, wenn Texte redundant oder verwirrend sind oder der Lesefluss gestört wird, weil es unklare Formulierungen gibt. Um den berühmten roten Faden in Ihre Texte zu bekommen, sind Textformeln hilfreich. Textformeln geben Texten eine Struktur. Sie sind ein Gerüst, an dem man sich orientieren kann, um Verständlichkeit und einen klaren Ablauf in einen Text zu bekommen. Und natürlich dürfen Sie auch angepasst und interpretiert werden.

19.2.1   Die AIDA-Formel – die klassische Textformel

AIDA ist ein Akronym für eine bestimmte Strategie der Dialogführung im Marketing, die der amerikanischen Werbepionier Elias St. Elmo Lewis (1872–1948) entwickelt hat. Es beschreibt einen vierstufigen Prozess, die ein Verbraucher unternimmt, um ein Produkt oder einen Service zu kaufen: Attention, Interest, Desire, Action. Obwohl die AIDA-Methode schon 1898 entwickelt wurde und damit schon über 120 Jahre alt ist, eignet sich diese Formel immer noch als Anleitung zum Schreiben von großartigen Texten. Vom Webtext über einen Blogbeitrag bis hin zur Verkaufsliteratur, der vierstufige AIDA-Prozess funktioniert für alle Arten der Texterstellung. Bei einem guten Text geht es darum, die Aufmerksamkeit (Attention) der Leserschaft auf ein Problem (Interest) zu lenken, ihren Wunsch (Desire) nach einer Lösung zu wecken, um dann eine Lösung anzubieten (Action).

Sehen Sie hier, wie die Textformel konkret funktioniert:

- *A: Attention*
  Erregen Sie die Aufmerksamkeit der Leserschaft mit einer interessanten Tatsache, einer Statistik, einer Geschichte oder einer erstaunlichen Aussage über ein Problem und die Notwendigkeit einer Lösung. Beispielsweise mit einer Frage: »Wollten Sie nicht schon immer Gitarre spielen können wie Jimi Hendrix?«

- *I: Interest*

  Halten Sie das Interesse der Zielgruppe aufrecht, indem Sie die Geschichte oder das Problem weiter erklären – und warum Ihr Unternehmen, Ihre Marke oder Ihr Produkt die richtige Antwort darauf ist. Bei unserem obigen Beispiel haben wir die Neugierde der Zielgruppe geweckt. Jetzt müssen wir die Aufmerksamkeit weiter steigern: »Natürlich möchte jeder Gitarre spielen können wie Jimi! Aber dafür braucht man doch viel Zeit? Und Notenlesen muss man auch lernen, denken Sie. Aber das brauchen Sie gar nicht. Denn es geht auch anders. Mit unseren Online-Tutorials.«

- *D: Desire*

  Was hat es mit den Online-Tutorials auf sich? Wie funktionieren diese? Die Zielgruppe wünscht sich eine (Auf-)Lösung dieser Fragen. Skizzieren Sie die Fakten, Funktionen und Vorteile Ihres jeweiligen Produkts, Ihrer Dienstleistung oder Ihres Service. Und machen Sie – wenn möglich – auch ein Versprechen. »Mit unseren Online-Tutorials lernen Sie innerhalb von sechs Wochen, Gitarre zu spielen. Ohne Notenkenntnis. Mithilfe von Gitarren-Tabs lernen Sie ganz leicht, Ihr erstes Jimi-Hendrix-Stück zu spielen. Sie müssen dafür einfach nur …«

- *A: Action*

  »… auf unsere Webseite gehen. Melden Sie sich für unseren Newsletter an und sichern Sie sich die Gewinnchance auf eine kostenlose Online-Gitarrenstunde.« Bewegen Sie die Interessenten jetzt zu einem sogenannten Call-to-Action mit klaren Anweisungen, was er oder sie tun soll. Beispielsweise anzurufen, eine Webseite zu besuchen, einen Link anzuklicken, ein Video anzuschauen, einen Post zu liken, eine kostenlose Probe anzufordern oder einfach ein Produkt zu kaufen.

Sie haben gesehen, dass die AIDA-Formel eine nützliche Hilfe für das Schreiben Ihrer Texte ist. Die Formel konzentriert sich auf die Leserschaft, hilft ihr, ein Problem zu lösen, und gibt ihr sogar eine Handlungsanweisung, was zu tun ist! Probieren Sie die Formel aus, wenn Sie einen Artikel, einen Blogbeitrag oder einen anderen Content-Text schreiben.

19.2.2   Die FAB-Methode – Produkt im Mittelpunkt

Ähnlich wie die AIDA-Formel hat auch die FAB-Methode das Ziel, die Kundinnen von Produkteigenschaften oder einem Serviceangebot zu überzeugen und sie so auf Basis einer logischen Schlussfolgerung zum Kauf zu bewegen. Die Abkürzung FAB steht für die drei Wörter: Feature, Advantage und Benefit. Die FAB-Methode beschäftigt sich in drei Schritten mit der Frage, wie Sie ein Produkt, einen Service oder eine Dienstleistung optimal beschreiben können:

1. Die Kundin oder den Kunden interessieren zunächst die Eigenschaften (Features) eines Produkts, des Service oder der Dienstleistung. Zählen Sie diese zu Beginn auf.

2. Nicht jedem Kunden ist dann auch klar, welchen Vorteil (Advantage) diese für ihn bieten. Stellen Sie entsprechend diese Vorteile vor.

3. Im dritten Schritt geht es darum, der Kundschaft den Nutzen (Benefit) des jeweiligen Produkts, des Service oder der Dienstleistung zu vermitteln. Stellen Sie sich bei diesem Schritt die Frage, welche Vorteile zu den individuellen Kundenbedürfnissen passen. Und stellen Sie dann den wahren Nutzen für die Zielgruppe heraus. Am besten so, dass die Zielgruppe eine Lösung für ein zuvor erlebtes Problem erkennt.

Ein Beispiel zum Veranschaulichen: Stellen Sie sich vor, Sie müssten den Einparkassistenten für ein Auto beschreiben und bewerben:

- Das Feature ist der Einparkassistent, dessen Eigenschaft die schnelle und einfache Einparkhilfe ist.

- Der konkrete Vorteil ist, dass der Fahrende immer und überall einparken kann. Egal wie klein und schwierig die Parklücke ist.

- Damit gehört als Nutzen, als Benefit, die lästige Suche nach einem passenden Parkplatz der Vergangenheit an.

Damit sind die Textbausteine klar und inhaltlich logisch gegliedert. Jetzt kann man sich an die »Ausschmückung« des Textes machen. Und fertig!

Die FAB-Methode hilft also, sowohl die Produkteigenschaften (Features) als auch die Vorteile (Advantages), die sich für die Kunden ergeben, konkret zu benennen. Daraus wiederum wird dann der Nutzen (Benefit) des Service oder des Produkts deutlich. Die klare Unterscheidung zwischen Feature, Advantage und Benefit ist ein gutes Hilfsmittel, um in drei Schritten einen aussagekräftigen Produkt- oder Dienstleistungstext zu schreiben.

Eine Übung mit der FAB-Methode

Machen Sie zur Übung ein Brainstorming mit einfachen Gegenständen aus Ihrem Alltag. Schreiben und beschreiben Sie die Produkteigenschaften, die Vorteile und den Nutzen:

1. Erstellen Sie eine Liste mit allen Eigenschaften, die Ihnen zum jeweiligen Gegenstand, dem Produkt, einfallen. Es werden dabei noch keine konkreten Erklärungen benötigt.

2. Im zweiten Schritt versuchen Sie, mehrere Vorteile zu jeder Eigenschaft des Produkts zu finden. Versetzen Sie sich in die Lage Ihrer potenziellen Kundschaft und überlegen Sie, welche Vorteile Ihr Produkt für diese Zielgruppe haben kann.

3. Im dritten Schritt gilt es, die Vorteile in sinnvolle Nutzungssituationen zu übersetzen. Stellen Sie sich dabei die Frage, welche konkreten Probleme durch den Nutzen
des Produkts gelöst werden.

19.2.3   Die BELA-Formel – Kunden im Mittelpunkt

Im Gegensatz zu den vorherigen Formeln stellt die BELA-Formel die Kundinnen
und Kunden und deren Bedürfnisse in den Vordergrund. Daniela Rorig hat für ihr
Buch »Texten können«[4] Verkaufstexte analysiert und dabei ein Muster entdeckt,
das sie zur BELA-Formel verdichtet hat. Der Name BELA steht dabei für: Belohnung, Empathie, Lösung und Aufforderung. Das Besondere: Die Formel stellt bereits zu Beginn des Textes der Leserschaft eine Belohnung in Aussicht – solch ein
Aufhänger ist gerade in Onlinetexten vielversprechend und animiert dadurch zum
neugierigen Weiterlesen. Mit Empathie wird dann ein Verständnis für die Probleme
der interessierten Zielgruppe aufgebaut, für die anschließend die passende Lösung
angeboten wird (siehe Abbildung 19.1).

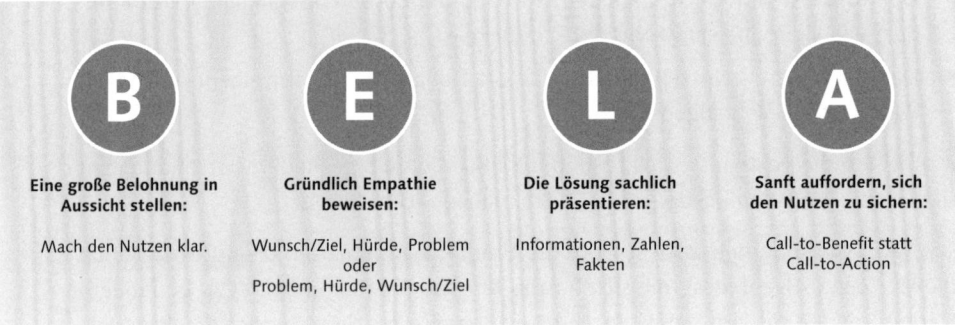

Abbildung 19.1 Die BELA-Formel im Überblick

Wie diese Formel genau funktioniert, sehen Sie mit einem Praxisbeispiel hier:

- *B steht für Belohnung*
  Während andere Textformeln, wie beispielsweise AIDA, in der Überschrift gerne mit einem Problem starten, steigt die BELA-Formel mit einem Nutzen und
  Vorteil in der Headline ein: dem Benefit. Denn nichts verleitet mehr zum Weiterlesen als ein Versprechen oder eine schöne Zukunftsvision. Stellen Sie sich
  vor, Sie möchten ein Studium für Mediendesign beginnen. Sie wissen aber noch
  nicht, wo Sie genau studieren sollen. Auf einer Webseite einer Hochschule lesen
  Sie beispielsweise folgenden Text: »Kreativität kann man lernen! In unserem

---

4   Daniela Rorig, »Texten können« – Das neue Handbuch für Marketer, Online-Texter und Redakteure. Bonn: Rheinwerk Verlag 2019.

Studiengang für Mediendesign. Verbinde die digitale und analoge Kommunikationswelt mit deinen einzigartigen Ideen.« Eine Einladung mit einem emotionalen Versprechen. Es wird nicht über das Problem – drei Jahre anstrengendes und nervenaufreibendes Studium – gesprochen, sondern über das kreative Leben danach. Es wird ein emotionaler Benefit angeboten und die Aufmerksamkeit der Leserinnen und Leser geweckt.

- *E steht für Empathie*
Jetzt ist der Zeitpunkt gekommen, wo Sie der Zielgruppe zeigen, dass Sie sie verstehen, mit all ihren Wünschen, Problemen, Hürden und Ängsten. Denn Menschen kaufen von Menschen, die sie verstehen. Aber wie zeigt und beweist man textlich diese Empathie? Mit einem dreiphasigen Empathiemodell. Es besteht aus: a) Wunsch/Ziel, b) Hürde, c) Problem/Ausgangslage. Die Phasen können in beliebiger Reihenfolge verwendet werden. Die Frage ist nur, ob Sie das Problem der Kundinnen und Kunden, das eigentliche Ziel oder den Weg mit den Hürden in den Fokus stellen möchten. Womit Sie starten, prägt schließlich den Ton und die Gesamtwirkung des Textes.

Schauen wir auf unser Beispiel: »Du möchtest für Produkte, Unternehmen und Marken unverwechselbare Erscheinungsbilder gestalten? Crossmediale Strategien und Konzepte entwickeln? Webdesign und App-Entwicklung beherrschen? Kannst aber nur neben deinem Job studieren? Kein Problem!« Hier wird der Wunsch der Leserinnen und Leser formuliert, zukünftig einen kreativen Beruf auszuüben. Es gibt aber ein Problem für Sie. Sie haben schon einen anderen Job. Und wollen sich verändern, müssen aber in der Zwischenzeit Geld verdienen. Hier kommt jetzt die Lösung.

- *L steht für Lösung*
»… mit unserem Kombistudium bekommst du die Möglichkeit, neben dem Job zu studieren. Mit einer Mischung aus analogen Lehrveranstaltungen und Onlinemodulen.« Jetzt wird die Lösung des Problems sachlich präsentiert. Und die Vorteile ausführlich erklärt. Harte Fakten wie Zahlen, Daten und Informationen helfen und unterstützen, die schon emotional von den Kundinnen und Kunden getroffene Entscheidung rational zu begründen.

- *A steht für Aufforderung*
»Du kannst einfach Informationsmaterial zum Studium Mediendesign anfordern. Oder du testest uns sechs Wochen kostenlos! Wir freuen uns auf dich.« Der Interessent bekommt eine klare Handlungsempfehlung. Aber nicht den klassischen Call-to-Action wie »Klicken, buchen, kaufen Sie jetzt«, sondern den Call-to-Benefit, der darauf fokussiert ist, dem Kunden zu zeigen, was sie oder er bekommt, und der dadurch sanft motivierend wirkt.

Der Ablauf der BELA-Formel noch mal auf einen Blick:

1. eine große Belohnung in Aussicht stellen

2. gründlich Empathie beweisen

3. die Lösung sachlich präsentieren

4. sanfte Aufforderung, sich den Nutzen zu sichern

Die BELA-Textformel wird Ihnen beim Schreiben von Verkaufstexten bis zum Blogbeitrag helfen, Ihre Kundschaft in den Mittelpunkt Ihres Textes zu stellen. Versprochen.

19.2.4   Die Star-Story-Solution-Formel – Hauptfigur im Mittelpunkt

In der Star-Story-Solution-Formel, die vom Werbetexter und Direktmarketing-Spezialisten Gary Halbert[5] entwickelt wurde, werden die charakteristischen Merkmale der klassischen Heldenreise genutzt (mehr dazu auch in Kapitel 12, »Storys – warum wir Geschichten lieben«). Die Formel besteht aus drei Bausteinen:

1. Hauptperson (Star) – die zentrale Figur der Geschichte

2. Geschichte (Story) – welche Herausforderungen hat die Hauptperson
   zu bewältigen?

3. Lösung (Solution) – wie hat die Hauptperson eine Lösung gefunden?

Eine Geschichte zu erzählen hilft, eine Beziehung auf einer persönlichen Ebene aufzubauen. Denn wenn wir eine Geschichte lesen, unterscheiden wir nicht wirklich zwischen den Charakteren und uns. Deshalb wird dem Leser zu Beginn eine Person, wie beispielsweise ein »wirklicher« Star, ein Influencer oder auch eine Kundin oder ein Kunde vorgestellt, mit der sie oder er sich selber identifizieren kann. Im zweiten Schritt werden die Herausforderungen, Probleme und Hürden der Hauptperson vorgestellt, die natürlich im dritten Schritt mithilfe eines Produkts oder Service gelöst werden (siehe auch Abbildung 19.2 und Abbildung 19.3).

Wie die Star-Story-Solution-Formel auf Facebook funktioniert, zeigt dieser Post von OMR (siehe Abbildung 19.2). Der Influencer Fynn Kliemann als Star berichtet in einer Story über seine Abenteuer als Immobilienentwickler. Was er gelernt hat, berichtet er schließlich in einem Podcast zum Anhören.

---

5   *https://obpedia.com/gary-halbert* [01.06.2021]

Abbildung 19.2 Star-Story im Post der Online Marketing Rockstars (Quelle: Facebook-Screenshot)

Schön, dass du den Weg auf meinen Blog gefunden hast! Auf **RunnersFinest** findest du alles rund ums Thema Laufen: Für dich teste ich die neusten **Laufschuhe**, berichte über **Wettkämpfe** oder schreibe über Erfahrungen, die ich mit meiner **Laufcrew Run Squad CGN** sammle.

Mein persönliches Ziel ist es, den **Marathon** in unter 3 Stunden zu laufen. Die Reise zum Projekt **#Breaking3** werde ich hier zusammenfassen, um dir wertvolle Tipps für dein **Lauftraining** geben zu können. Also schau regelmäßig hier vorbei oder meld dich für meinen **Newsletter** an!

Du hast Fragen zu einem Artikel, Ideen oder ein Wunschthema? Dann schreib mir gerne eine **E-Mail**!

Laufblog

#Races, #Reviews & #Stories – alles zum Thema Laufen findest du in meinem **Blog**!

Abbildung 19.3 Auf seiner Website RunnersFinest berichtet der Laufcoach Robin Siegert von seinem Abenteuer, den Marathon unter 3 Stunden zu laufen. Seine Erfahrungen mit dazugehörigen Lauftipps teilt er mit seiner Community, auch ein gutes Beispiel für die Star-Story-Solution-Formel. (Quelle: Screenshot von der Webseite runnersfinest.de)

Die Star-Story-Solution-Formel ist als Textformel deshalb sehr beliebt, weil sie sich nur auf einen Charakter konzentriert. Und weil sie so verblüffend einfach und kurz zu erzählen ist:

- Stellen Sie den Star der Geschichte vor.

- Erzählen Sie die Geschichte des Stars.

- Präsentieren Sie die Lösung, die dem Star geholfen hat, Großes zu erreichen.

Denken Sie beispielsweise an die Kurzgeschichte vom Anfang dieses Kapitels, in der der Schriftsteller Ernest Hemingway mit einer »Six Word Story« eine Wette gewonnen hat. Obwohl die Star-Story-Solution-Formel charaktergesteuert ist, bedeutet das nicht, dass die Story einen Menschen als Star braucht. Wenn Sie ein neues Produkt mit einer neuen Funktion vorstellen, kann das auch der Star sein – solange die Geschichte spannend ist und Interesse weckt. Ein gutes Beispiel dafür ist der Film »Zurück in die Zukunft«[6]. Der exzentrische Wissenschaftler Doc Brown ermöglicht dem 17-jährigen Marty McFly eine Zeitreise in das Jahr 1955, der dort die Vergangenheit seiner Eltern auf den Kopf stellt. Als Zeitmaschine dient ein umgebauter Sportwagen als heimlicher Star der Geschichte: der DeLorean DMC-12.

19.3   Grundprinzipien fürs Texten

Grundprinzipien sind hilfreiche Tipps und Tricks, die Sie immer wieder fürs Texten anwenden können:

- *Spannung aufbauen*: Spannung ist der Raum zwischen dem, was Sie wissen, wenn sie einen Text anfangen zu lesen, und dem, was Sie wissen wollen. Und weil wir Menschen danach streben, unbedingt diesen Raum, – diese Informationslücke – schließen zu wollen, ist Spannung ein so mächtiges Werkzeug. Wenn Sie genau wissen, was ihr Publikum noch nicht weiß, aber gerne wissen möchte, dann können Sie Spannung erfolgreich in Ihren Text einbauen.

  Machen Sie es und schreiben Sie so wie Apple: Sobald ein neues iPhone angekündigt wird, möchten die Kundinnen und Kunden wissen, wie es aussieht, was es genau kann, was es für neue technische Spielereien bereithält. Durch dieses Nichtwissen des Publikums wird Spannung aufgebaut. Stück für Stück werden die Geheimnisse rund um das Produkt in einem oder mehreren Texten in der Werbung, in Social Media und auf der Website von Apple gelüftet und ausführlich erzählt. Ein einfaches, aber sehr wirkungsvolles Prinzip.

- *Dreierregel nutzen*: Dinge, die in Dreiergruppen angeordnet sind, können wir leicht verstehen und uns gut merken. Es ist die kleinste Zahl, die benötigt wird, um ein Muster zu bilden. Dieses Drei-Elemente-Muster wird in verschiedenen textlichen Formen verwendet, um komplexe Ideen effektiv zu kommunizieren, weil es so kurz, einprägsam und kraftvoll ist. »Die drei ???«, »Die drei kleinen

---

6 *https://de.wikipedia.org/wiki/Zurück_in_die_Zukunft_(Film)* [01.06.2021]

Schweinchen« oder »Die drei Musketiere« sind Beispiele aus der Popliteratur, die man als Titel nie wieder vergisst, wenn man sie einmal gehört oder gelesen hat. Im Marketing wird die Dreierregel gerne für Markenclaims verwendet. »Freude am Fahren« von BMW, »Vorsprung durch Technik« von Audi, »Ich liebe es« (engl. »I'm lovin' it.«) von McDonalds, »Just do it« von Nike sind nur einige Beispiele von sehr merkfähigen Textslogans, die diesen Dreiklang nutzen.

Zwei Praxisbeispiele für Blogbeiträge, die drei Dinge – die gemeinsam ein einfaches Muster bilden – in einer Überschrift verwenden:

–   »Zwischen Content, Corona und Kinderbetreuung – Doktor Allwissend über sein Leben als Influencer« macht neugierig zu erfahren, wie der Influencer drei Wirklichkeiten in seinem Leben unter einen Hut bekommt.

–   »Homevoting, Homejubel, Homedrinking – der kreative Dreiklang des ADC 2021« beschreibt in drei Schritten, wie Juryarbeit für einen Kreativwettbewerb im Homeoffice aussieht.

Alle diese Beispiele zeigen, dass es sich lohnt, das Prinzip der Dreierregel anzuwenden. Die Belohnung: eine hohe Merkfähigkeit Ihres Textes.

■ *Marketingmuster unterbrechen:* Wir wissen alle aus Erfahrung, wie wir von Marken und Unternehmen normalerweise beworben und umworben werden. Stellen Sie sich vor, Sie bekommen eine E-Mail mit folgendem Anfang: »Sehr geehrter Herr Haller, wir möchten Sie gerne als unseren neuen Kunden begrüßen. Und freuen uns sehr, wenn Sie sich auf unserer Website anmelden würden.« So weit, so klar, so weit, so langweilig. Der Anfang könnte aber auch so lauten: »Sehr geehrter Herr Haller, ganz offen gesagt ist unsere digitale Plattform nicht für jeden geeignet. Und nicht jeder, der eine Anmeldung beantragt, wird auch angenommen.« Wow, was für ein Einstieg. Die Neugierde ist geweckt, unter welchen Bedingungen man den nun aufgenommen wird. Und warum funktioniert das so gut? Weil der Text unsere Erwartungen unterläuft und ein klassisch gelerntes Marketingmuster unterbricht, nämlich zu uns nett und freundlich zu sein. Der Text sagt uns aber, dass wir uns bewerben und qualifizieren müssen. Der Zugang ist limitiert und steigert damit die Begehrlichkeit, ein Teil der Community zu werden. Unterbrechen Sie auch in Ihren Texten Erwartungen und klassische Marketingmuster der Leserinnen und Leser. Es funktioniert!

■ *Funktion vs. Benefit:* Funktion und Nutzen, diese beiden Dinge werden oft beim Texten verwechselt. Gerne wird über die Funktionalität von Produkten, Services oder Dienstleistungen gesprochen. Das Produkt kann dies und das und noch vieles mehr. Aber wie beeinflussen die einzelnen Funktionen des Produkts das alltägliche Leben der Nutzerin oder des Nutzers? Wie profitieren sie von einem Service, welchen Vorteil, welchen Benefit bietet er? Erzählen Sie beides! Dafür gibt es eine gute Hilfe. Nehmen Sie sich zwei Post-its. Schreiben Sie auf eines die Funktionen des Produkts, auf das andere die Benefits. Jetzt haben Sie die ideale Vorlage und Hilfe, um über beides gleichberechtigt zu schreiben. Wie das auf beiden Post-its aussehen kann, zeigt ein Beispiel für ein E-Auto:

- Post-it 1 – über die Funktionen:
  Unser E-Auto hat mit nur einer Stromladung eine Reichweite von 500 Kilometern. Der Wagen hat ein hohes Drehmoment und erzeugt weniger CO_2-Ausstoß als ein Benziner. In Deutschland gibt es 35.000 Ladesäulen.

- Post-it 2 – über den Benefit:
  Sie wollen ein günstiges und umweltschonendes E-Auto? Und der Staat soll dafür bis zu 9.000 € E-Auto-Förderung zahlen? Und auch noch zehn Jahre lang auf die Kfz-Steuer verzichten? Unser E-Auto kann das alles. Und es bietet puren Fahrspaß: von 0 auf 100 Stundenkilometer in nur 2 Sekunden.

Tipp: Na und?

Ein einfacher Trick, um Funktionen in Vorteile zu übersetzen, ist die Frage: Na und? Vorteile geben Kundinnen und Kunden einen Grund zum Kauf, weil sie erklären, wie ein Produkt oder eine Dienstleistung ihr Leben verbessert. Echte Vorteile verbinden sich mit den Wünschen der Kundschaft: Wie Zeit sparen, Kosten senken und mehr Geld zu verdienen führt dazu, entspannter, glücklicher, gesünder oder auch produktiver zu werden. Diese echten Vorteile finden Sie, wenn Sie die Frage »Na und?« beantworten. Drei Beispiele:

- Wir überwachen Ihre Server 24/7. – Na und? – Ihre Server werden nicht ausfallen, sodass Sie und Ihre Mitarbeiter jederzeit arbeiten können.

- Du kannst die »Gefällt mir«-Funktion verbergen. – Na und? – Du erhältst mehr Kontrolle, deine Erlebnisse auf unserer Plattform nach deinen Wünschen zu gestalten.

- Unsere Haustüren haben starke Scharniere. – Na und? – Sie biegen sich nicht, wenn die Tür tausendmal geöffnet und geschlossen wird.

Die fünf menschlichen Einsichten: In seinem Buch »The One Sentence Persuasion Course« schreibt der Autor Blair Warren:

- *»People will do anything for those who encourage their dreams, justify their failures, allay their fears, confirm their suspicions and help them throw rocks at their enemies.«*[7]

Er behauptet also, dass Menschen alles für diejenigen tun würden,

- die ihre Träume ermutigen,

- ihre Misserfolge rechtfertigen,

- ihre Ängste beruhigen,

---

7   Blair Warren, The One Sentence Persuasion Course – 27 Words to Make the World Do Your Bidden, Herausgeber: Blair Warren. Kindle-Ausgabe 2013

- ihre Verdächtigungen bestätigen und

- ihnen helfen, Steine auf ihre Feinde zu werfen.

Aber was hat das jetzt mit mir als Texterin oder Texter zu tun, fragen Sie sich? Nehmen Sie diese fünf Erkenntnisse, diese fünf Einsichten des menschlichen Verhaltens als Anregung und Bausteine für Ihre Texte, um ein Thema mit einer starken Botschaft zu entwickeln. Wenn Sie beispielsweise für ein Immobilienunternehmen einen Blog- oder Webseitenbeitrag schreiben, dann ermutigen Sie in Ihrem Text zuerst zum Bau einer Traumimmobilie mit allem Drum und Dran. Dann sprechen Sie über die Ängste, wie es ist, wenn man sich einmal für ein solches Projekt entschieden hat. Hier zeigen Sie Empathie. Dann bestätigen Sie den Verdacht, dass beim Bau alles schiefgeht. Aber dafür hat Ihr Unternehmen natürlich die richtigen Leute. Und auch wenn die Bauherren etwas falsch geplant haben, ist das kein Misserfolg, schließlich lässt sich alles beheben. Zum Schluss bieten Sie Hilfe an, bei allen Problemen mit schriftlichen Genehmigungen bei irgendwelchen Ämtern.

Und fertig. Schon haben Sie einen strukturierten Text, den Sie jetzt nur noch ausschmücken müssen. Gehen Sie jeden dieser fünf Schritte einzeln nacheinander durch, wenn Sie den nächsten Text schreiben, und lassen Sie sich von dieser Struktur inspirieren.

19.4   Headlines schreiben

Was ist eine Überschrift, eine Schlagzeile, eine Headline? Headlines sind überall. Sie sind in Zeitungen und Magazinen, auf Anzeigen und Plakatwänden, auf Bannern und Websites, in Posts und Instagram Stories. Sie sind überall, wo wir hingehen, wo wir hinschauen, wo wir hinsurfen, analog oder digital. Wir werden mit Headlines jeden Tag bombardiert.

Deshalb sind gut getextete Headlines so wichtig. Eine gute Überschrift schafft es, die Leserin und den Leser zu fesseln, zu erregen, zu informieren, zu involvieren und zu verkaufen. Kennen Sie BuzzFeed[8]? Das ganze Geschäft dieses Medienportals basiert auf effektiven Schlagzeilen. BuzzFeed will, dass wir klicken, bei jeder Überschrift. Dasselbe gilt natürlich auch für Influencer, wie beispielsweise den YouTuber Rezo. Sein 55-minütiges Video mit dem Titel »Die Zerstörung der CDU«[9] wurde über 18 Millionen Mal angeschaut. Und warum? Weil der Titel – die Headline des Videos – dem Publikum ein bestimmtes Versprechen gab, nämlich exklusiv bei einer Generalabrechnung mit einer Partei dabei sein zu dürfen.

---

8 *https://www.buzzfeed.de*
9 *https://www.youtube.com/watch?v=4Y1lZQsyuSQ* [04.06.2021]

Welche Qualitäten braucht eine gute Headline, damit das Publikum weiterliest oder etwas anklickt oder anschaut? Der Zweck ist, unsere Aufmerksamkeit zu erregen. Schon 1932 hat der amerikanische Texter John Caple in seinem Buch »Tested Advertising Methods«[10] vier Arten von effektiven Headlines definiert. Das Verblüffende: Auch heute in der digitalen Welt lässt sich diese Kategorisierung für die Content-Kreation immer noch sehr gut nutzen.

Vier Arten effektiver Headlines:

1. *Self-interest | Eigeninteresse*
   In der Headline steht etwas, das die Leser einbezieht und eine direkte Auswirkung auf sie und ihr Leben andeutet. Nutzen Sie zur persönlichen Einbindung die Worte »Sie«, »du« oder »wir«.

2. *News | Neuigkeiten*
   Jeder Mensch ist auf der Suche nach etwas Neuem. Und das Neueste verspricht diese Headline.

3. *Curiosity | Neugierde*
   Da der Mensch von Natur aus auch neugierig ist, weckt diese Headline seinen Wissensdurst nach mehr.

4. *Quick, easy way | Schneller, einfacher Weg*
   Diese Headline suggeriert dem Leser, dass es einen schnellen und einfachen Weg gibt, bestimmte Ergebnisse zu erzielen.

ABSTAND HALTEN.
SONST IST DEINE
STAMMKNEIPE SCHNELLER
DICHT ALS DU.

Wir halten die Corona-Regeln ein.
Damit unsere Lokale offen bleiben.

BERLIN

Abbildung 19.4 Anzeige, die zur Einhaltung der Abstandsregeln auffordert. (Quelle: visitBerlin, *https://about.visitberlin.de/unsere-initiative-zum-einhalten-der-corona-regeln*)

---

10 John Caples, Tested Advertising Methods, Revised by Fred E. Hahn. 5. Aufl. Upper Saddle River, New Jersey: Prentice Hall 1998.

Wie funktionieren diese Headlines genau? Vier Beispiele aus der Praxis:

1. *Self-interest | Eigeninteresse*
   Abstand halten. Sonst ist deine Stammkneipe schneller dicht als du.

   (Headline einer Anzeige zu Corona-Regeln von der Stadt Berlin, siehe Abbildung 19.4)

2. *News | Neuigkeiten*
   Neu! Reduzierte Transfergebühren in die Türkei.

   (Headline eines Banners zum Geldtransfer von Western Union)

3. *Curiosity | Neugierde*
   »Löschen ist keine Lösung« und was man noch alles vom Siemens Newsroom lernen kann

   (Headline eines Blogbeitrags über Siemens von stories4brands)

4. *Quick, easy way | Schneller, einfacher Weg*
   Acht Dinge, die Sie heute Morgen wissen sollten

   (Headline eines morgendlichen Newsletters von HORIZONT)

Tipp: Einstieg in die Headline

Kombinieren Sie die vier Kategorien. Mit folgenden Wörtern können Sie effektiv Ihre Headline beginnen:

- Neu …
- Jetzt …
- Warum …
- Weil …
- Welche …
- Wenn …
- Endlich …

Probieren, Probieren, Probieren. Schreiben Sie nicht nur eine Headline für ein Thema, sondern viele, 10 bis 20 Stück. Und dann suchen Sie die beste Überschrift aus. Lernen Sie aus den Reaktionen Ihres Publikums, welche Headline in welchem Medium und auf welchem Kanal am besten funktioniert.

Zwischenüberschriften: Sie kennen das. Es gibt Menschen, die lesen einen Text vollständig durch. Von vorne bis hinten. Wort für Wort. Und es gibt Menschen, die springen von der Headline über die Zwischenüberschriften zu kleinen Textabschnitten. Sie überfliegen den Text wortwörtlich quer.

Beim Schreiben sollte man deshalb an eine doppelte Leserschaft denken mit einem doppelten Lesepfad:

- Lesepfad 1: Für die Allesleser. Sie lesen Wort für Wort.
- Lesepfad 2: Für die Querleser. Sie springen von der Headline über die Sub-Headlines zu den Fotos mit Bildunterschrift und streifen dabei noch alles, was fett oder kursiv im Text hervorgehoben wird.

Deshalb sind Zwischenüberschriften genauso wichtig wie eine präzise Headline. Sie ermöglichen dem Querleser immer wieder den Einstieg in einen anderen Textabschnitt Ihres Textes. Die Belohnung: Diese Leserschaft geht Ihnen nicht verloren.

19.5   Short oder Long Copy?

Wie lang darf oder sollte ein Text sein, wenn es keine Vorgaben wie bei Twitter gibt? Gibt es eine ideale Länge, vor allem für digitale Texte? Nein. Den ein Text darf so lang sein, wie er möchte. Er darf nur nicht langweilig sein. Solange ein Text faszinierende Fakten, spezifische Informationen, überzeugende Gründe, relevante Benefits präsentiert und eine fesselnde Geschichte zu erzählen hat, wird das Publikum alles lesen, Wort für Wort. Und damit ist dieser Text jetzt eine Short Copy, oder?

19.6   Für Google texten

»Erstelle Seiten in erster Linie für Nutzer, nicht für Suchmaschinen.«[11]

Das ist der Rat von Googles Webmaster. Webseiten, die für Nutzer gemacht sind, bieten Mehrwert, der durch hochwertigen Content in Form von guten Texten erreicht wird. Natürlich spielen noch weitere Kriterien eine Rolle. Denn mit Content ist der gesamte Inhalt einer Website gemeint: Bilder, Videos, Texte und mehr. Alle Faktoren müssen stimmen, um hochwertigen Content zu erreichen. Bilder und Videos sind bei den meisten Webseiten allerdings nicht das Problem. Es sind vielmehr die Texte.

Warum ist guter Content für Google so wichtig? Das Ziel von Suchmaschinen wie Google und anderen ist es, ihre Nutzerinnen zufriedenzustellen. Und wann sind die Nutzer zufrieden? Wenn sie ohne viel Zeitaufwand eine passende Antwort auf ihre Suchanfragen erhalten – sei es ein neues Kleid, eine interessante Information oder spannende Unterhaltung. Hochwertiger Content nutzt damit allen: den Nutzerinnen, den Seitenbetreibern und den Suchmaschinen. Es macht Sinn, sich um hochwertigen Content zu bemühen und damit auch um hochwertigen Text-Content.

---

11 *https://developers.google.com/search/docs/advanced/guidelines/webmaster-guidelines*
   [12.06.2021]

Denn wer sich wohlfühlt auf einer Webseite und einen interessanten Text liest, hält sich dort länger auf und kommt auch gerne wieder.

Haben Texte Einfluss auf das Google-Ranking? Texte sind die Basis des Google-Rankings, da die Suchmaschine diese crawlt und sie dann den Nutzern mit den passenden Suchanfragen ausspielt. Suchmaschinenoptimierte Texte sind deshalb einer der entscheidenden Faktoren für ein gutes Ranking.

19.6.1   Keywords finden

Ein guter Text enthält die Keywords, über die Nutzerinnen und Nutzer auf die Seite kommen sollen. Je höher die Keyword-Relevanz im Content ist, desto höher wird die Seite von Google gerankt. Aber Achtung: Eine Überoptimierung des Contents auf Keywords ist nicht zu empfehlen. Niemand liest gerne Texte, deren Sätze aus den immer gleichen Wörtern bestehen. Und auch Google liebt das sogenannte Keyword-Stuffing nicht.

Es gibt eine Vielzahl an Tools, mit denen Sie sowohl die Keyword-Dichte als auch Synonyme und Nebenbegriffe, die mit den Keywords in semantischem Zusammenhang stehen, finden, analysieren und optimieren können:

- Google Keyword Planner
  Recherchetool, um relevante Keywords zu finden. Allerdings braucht man dafür ein Google-Ads-Konto:
  https://ads.google.com/intl/de_de/home/resources/keyword-planner-von-google-ads-nutzen/

- Google Trends
  Tool, mit dem sich das Interesse an relevanten Suchbegriffen analysieren lässt:
  https://trends.google.de/trends/?geo=DE

- WDF*IDF-Tool
  WDF*IDF[12] ist eine Formel, nach der die optimale Verteilung themenrelevanter Begriffe bzw. Keywords in einem Text bestimmt werden kann:
  https://www.wdfidf-tool.com/

19.6.2   Eigenen Text optimieren

In erster Linie ist ein Text dann gut, wenn er für die Leserinnen und Leser verständlich und hilfreich ist. Eine gute Richtlinie für die Beurteilung der Verständlichkeit des eigenen Textes ist das Hamburger Verständlichkeitsmodell[13].

---

12 WDF steht für »within document frequency« und IDF für »inverse document frequency«.
13 *https://wortliga.de/glossar/hamburger-verstaendlichkeitsmodell/* [04.06.2021]

Das Modell beschreibt vier wichtige Kriterien, die Texte verständlich machen:

- *Einfachheit*
  Die oder der Schreibende verwendet bekannte Wörter und kurze, einfache Sätze. Fremdwörter werden erklärt, die Sprache ist anschaulich.

- *Gliederung, Ordnung*
  Der Text ist übersichtlich. Die Leserschaft kann den Aufbau leicht nachvollziehen.

- *Kürze, Prägnanz*
  Der Text konzentriert sich auf das Wesentliche. Jedes Wort hat einen Sinn.

- *Anregende Zusätze*
  Das Geschriebene spricht Gefühle an, beispielsweise durch lebendige Beispiele.

Erfüllen Ihre Texte diese vier Kriterien? Nutzen Sie dieses Modell als Checkliste und optimieren Sie Ihre Texte. Ihre Leserinnen und Leser werden sich freuen. Die daraus resultierenden Nutzersignale senden Google und anderen Suchmaschinen wiederum das Zeichen, dass es sich um einen relevanten Beitrag handelt, was sich positiv auf das Ranking auswirkt. Versprochen!

19.7   Tools zur Textoptimierung

Ein guter Text ist grammatikalisch richtig und enthält keine Tippfehler. Und er sollte einfach, klar und verständlich sein. Sicherlich übersieht man beim Schreiben den einen oder anderen Fehler, niemand ist völlig fehlerfrei. Sie können sich damit behelfen, indem Sie eine andere Person bitten, Ihren Text zu lesen. Oder Sie verwenden Tools zur Textprüfung, Textanalyse und Textoptimierung. Hier sind vier sehr empfehlenswerte Onlinetools aufgelistet:

- *Duden-Mentor – Textprüfung online*
  Optimiert Rechtschreibung, Grammatik, Zeichensetzung und Stil.
  https://mentor.duden.de/

- *Wortliga – Textanalyse online*
  Überprüft Texte auf Verständlichkeit, Prägnanz und anregende Sprache.
  https://wortliga.de/textanalyse/

- *Woxikon – multilinguales Wörterbuch*
  Onlinelexikon und Suchmaschine für Synonyme und Abkürzungen.
  https://www.woxikon.de/

- *Geschickt gendern – Online-Genderwörterbuch*
  Wörterbuch über gendergerechte Sprache.
  https://geschicktgendern.de/

19.8   Inspiration Social Media

Zum Schluss eine Empfehlung. Es lohnt sich, einige Social-Media-Kanäle genau zu beobachten, zu analysieren und als Inspirationsquelle für gutes Texten zu nutzen (siehe Abbildung 19.5 bis Abbildung 19.7). Die Kombination von Text, Bild und Film sowie die Interaktion der Marken mit den Userinnen und Usern in den Kommentarspalten sind sehr lehr- und aufschlussreich für das eigene Texten. Klar, außerdem sind sie sehr unterhaltsam.

Drei Social-Media-Accounts, die sich als textliche Inspirationsquelle lohnen. Viel Spaß beim Folgen!

- *Astra (Bier)*
  Instagram: astra
  Facebook: @AstraBier

Abbildung 19.5 Astra Bier demonstriert, wie gut eine Anzeige in einen Post integriert werden kann. (Quelle: Facebook-Screenshot)

- *BVG (Berliner Verkehrsbetriebe)*
  Twitter: @BVG_Kampagne
  Instagram: bvg_weilwirdichlieben

Abbildung 19.6 Die Berliner Verkehrsbetriebe zeigen, wie ein textlicher Dialog humorvoll funktioniert. (Quelle: Twitter-Screenshot)

- *Dr. Oetker Pizza DE*
  Twitter: @Dr.OetkerPizzaDE
  Instagram: droetker_Pizza

Abbildung 19.7 Ein Beispiel von Dr. Oetker, wie man einen Twitter-Post originell auf Instagram neu nutzen kann (Quelle: Instagram-Screenshot)

Kapitel 20

User-generated Content – authentische Inhalte für Menschen von Menschen

Viele Unternehmen haben unzählige Fans und Follower, die gerne bereit sind, ihre Ideen zu teilen, an Brand-Challenges teilzunehmen und Content im Namen einer Marke zu kreieren.

Was haben eine Wissensplattform wie Wikipedia, soziale Netzwerke wie Facebook, Instagram, Snapchat und TikTok, ein Videoportal wie YouTube und Blogs oder Vlogs gemeinsam? Sie alle nutzen und leben von User-generated Content. Bei User-generated Content (kurz UGC) handelt es sich um nutzergenerierte Inhalte im Web, die privat von Nutzerinnen und Nutzern erstellt werden. Dies können erklärende Texte, Bewertungen, Kommentare, Grafiken, Fotos, Videos oder Musik sein, die in sozialen Netzwerken, in Onlineshops, in Blogs und Vlogs oder in jeder beliebigen anderen Medienform veröffentlicht werden. Dabei spielt es prinzipiell erst mal keine Rolle, ob sich die Inhalte mit privaten oder öffentlichen Themen oder aber mit einer Marke oder einem Unternehmen beschäftigen. Es handelt sich um Medieninhalte, die von Nutzerinnen – also nicht vom Anbieter eines Angebots – kreiert, produziert und publiziert werden.

User-generated Content gewinnt bei Unternehmen und Marken, die sich online etablieren wollen, schnell an Popularität. Denn dieser Content bietet eine verlockende Möglichkeit: Er steigert das Engagement und die Interaktion mit der Community. Und warum? Weil benutzergenerierte Inhalte den inhärenten Wunsch der Menschen nutzen, anerkannt und geschätzt zu werden. Wenn eine Marke beispielsweise etwas teilt, das ein Fan kreiert hat, stärkt diese externe Anerkennung nicht nur die Affinität des Fans zur Marke, sondern ermutigt diese Person, die Inhalte – den Content – weiter mit Freunden und der Community zu teilen. Wovon wiederum die Marke stark profitiert.

Wie können Sie sich diesen Effekt zunutze machen? In diesem Kapitel lernen Sie, wie Sie Ihre Zielgruppe erfolgreich in die eigene Content-Produktion involvieren, warum sich der Einsatz von User-generated Content und Employee-generated Content (kurz EGC) lohnt, was man dabei unbedingt beachten sollte und was Hashtags damit zu tun haben. Anhand von Praxisbeispielen wird gezeigt, wie und warum UGC und EGC funktionieren und welche Erfolgsfaktoren zu beachten sind.

Hinweis: Influencer Marketing

Eng verknüpft mit User-generated Content ist das Influencer Marketing, bei dem mehr oder weniger erfolgreiche Influencerinnen mit einer kleinen, mittleren oder großen Präsenz in den sozialen Netzwerken gezielt mit Marken und Unternehmen kooperieren. Mehr dazu in Kapitel 21, »Create Content mit Influencern – Marketing auf Augenhöhe«.

20.1   Warum benutzergenerierte Inhalte?

Was ist der besondere Mehrwert an benutzergenerierten Inhalten und warum sollten sich Unternehmen und Marke darum kümmern? Hier sind drei gute Gründe, warum User-generated Content eine wichtige Marketingstrategie ist, die Sie als Content Creator für Ihre Marke nicht ignorieren sollten:

1. *UGC schafft Vertrauen*
   Ob es sich um ein Produkt, eine Dienstleistung oder ein Event handelt – moderne Verbraucher wollen wissen, was sie bekommen, bevor sie etwas buchen, bestellen und kaufen. Bei einer Umfrage von Statista im Jahr 2019[1] gaben 57 % der befragten Millennials in Deutschland an, dass sie für die Restaurantsuche in ihrer näheren Umgebung Social-Media-Kanäle verwenden. Und 70 % der Millennials lesen die Bewertungen anderer Gäste. Das zeigt: Menschen vertrauen Empfehlungen anderer Menschen in Social Media und interessieren sich besonders für deren spezifische Erfahrungen mit Marken und Unternehmen.

2. *UGC fördert die Markenauthentizität*
   Eine Umfrage von Stackla[2] zeigt Folgendes: Obwohl 92 % der Vermarkter glauben, dass die meisten oder alle von ihnen erstellten Inhalte als authentisch wahrgenommen werden, sagen 51 % der Verbraucherinnen und Verbraucher, dass weniger als die Hälfte der Marken authentische Inhalte erstellen. Ein interessanter Widerspruch, den Marken sehr einfach mit User-generated Content auflösen können. Ein Beispiel: Der amerikanische Onlinebrillenhändler Warby Parker teilt wöchentlich den besten UGC auf dem eigenen Instagram-Kanal

---

[1] *https://de.statista.com/statistik/daten/studie/1067700/umfrage/umfrage-unter-millennials-zur-anwendung-von-technologien-fuer-die-restaurantsuche/* [15.05.2021]

[2] *https://www.businesswire.com/news/home/20190220005302/en/Stackla-Survey-Reveals-Disconnect-Content-Consumers-Marketers* [18.05.2021]

@warbyparker[3]. Der Film eines schlafenden Babys der Userin @laurenokay, das mittels einer App mehrere virtuelle Warby-Parker-Brillen trägt, bekam mehr als 16.300 Aufrufe und Kommentare wie »Hahaha, wie süß!!!« (siehe Abbildung 20.1). Wäre die Community so involviert und interessiert gewesen, wenn die Marke diesen Film mit einem gecasteten Baby und hohem Produktionsaufwand inszeniert hätte? Eher nicht. Die Menschen lieben authentischen Inhalt.

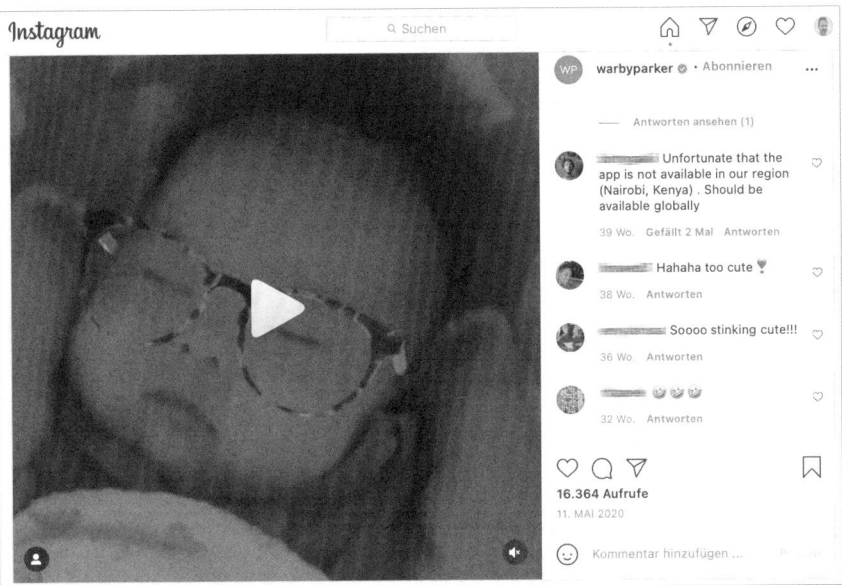

Abbildung 20.1 Ein schlafendes Baby trägt in einem User-generated-Content-Film eine Brille von Warby Parker und wird im Netz dafür gefeiert. (Quelle: Instagram-Screenshot)

3. *UGC schafft Begehrlichkeit*

Der Mensch ist von Natur aus neidisch, oder? So möchte er beispielsweise gerne an den tollen und sehnsuchtsvollen Orten sein, wo andere Menschen auch gerade sind. Tourismus- und Outdoor-Marken machen sich dies zunutze, indem sie die Reise- und Ausflugsziele durch die Smartphone-Linse der Besucherinnen und Besucher auf ihren Social-Media-Kanälen zeigen und teilen. Diese benutzergenerierten Inhalte sammeln Tausende von Likes und inspirieren die Community, diese Sehnsuchtsorte zu besuchen, von denen sie oft vorher noch nie etwas gehört oder gesehen haben.

Userinnen und User, die benutzergenerierten Content erstellen und teilen, gehören oft zu den größten Fans einer Marke. Sie haben wahrscheinlich mehr als einmal bei einer Marke gekauft. User-generated Content ermöglicht es diesen

---

3 *https://www.instagram.com/warbyparker*

Fans, ihre Markenloyalität und ihr Gefühl der Markenbegehrlichkeit zu zeigen und natürlich auch ihre eigenen Eitelkeiten zu stillen. Die Schuhmarke Dr. Martens, auch kurz Docs oder Doc Martens genannt, lädt diese Userinnen und User unter dem Hashtag #drmartensstyle ein, nutzergenerierte Streetstyle-Fotos auf Instagram oder der Unternehmenswebsite[4] hochzuladen (siehe Abbildung 20.2). Dadurch werden sie zu kostenlosen Markenbotschaftern mit der wichtigsten Belohnung, die die Marke vergeben kann: ein Teil der Dr.-Martens-Community zu sein.

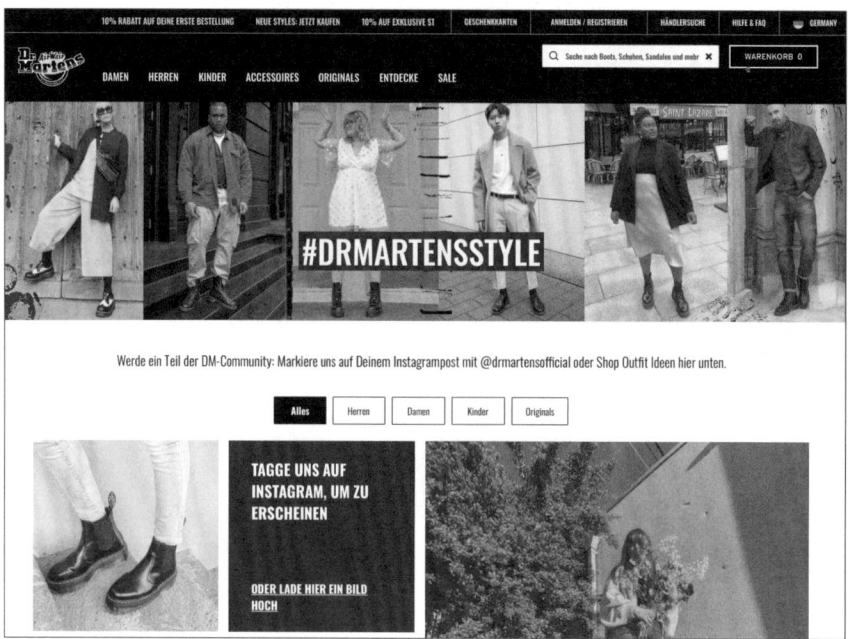

Abbildung 20.2 Die Dr.-Martens-Community trifft sich unter dem Hashtag #drmartensstyle auf der Unternehmens-Website. (Quelle: Screenshot von der Website)

20.2   Lassen Sie Ihre Fans die Erstellung Ihres Contents übernehmen

Für Ihr Content-Team gibt es in der täglichen Arbeit immer eine neue Herausforderung: frischen, großartigen Content für die digitale Markenwelt, die Social-Media-Kanäle sowie für die Website zu kreieren und zu produzieren. Um die Verbraucherinnen und Verbraucher stärker in die Interaktion mit den Inhalten Ihrer Marke zu bringen, geben Sie ihnen einfach eine wichtige Rolle: Lassen Sie Ihre Markenfans

---

4   *https://www.drmartens.com/de/de/drmartensstyle*

und Follower die Erstellung des Contents übernehmen. Der Vorteil: User-generated Content kann Ihrem Team nicht nur helfen, mehrere Kanäle mit gutem Content und persönlichen User-Storys zu füllen, sondern er ist auch eine großartige Möglichkeit, Ihrer Marken-Community für die Unterstützung zu danken. Nutzergenerierter Content löst aus Marketingsicht dabei ein generelles Problem der Einseitigkeit in der Kommunikation zwischen einer Marke und deren Fans – das Unternehmen sendet, die Nutzer empfangen – durch Interaktivität auf. Von Nutzern erstellte Inhalte zeigen, wie die Marke und deren Produkte und Services öffentlich wahrgenommen werden. Denn kaum jemand ist so ehrlich wie eine Userin oder ein User, der oder die anonym hinter einem Bildschirm oder einem Smartphone sitzt.

Eine gute Möglichkeit, um mit User-generated Content zu starten, besteht darin, User-Kommentare, Benutzerbewertungen, benutzergenerierte (Produkt-)Videos, markenzentrierte Memes oder andere Content-Pieces, die rund um Ihre Marke entstanden sind, zu sammeln. Sie können beispielsweise Social-Monitoring-Tools wie Social Mention[5] verwenden, um diesen Content und relevante Gespräche im Netz zu finden. Bitten Sie anschließend die Content Creators um Erlaubnis, ob sie die selbst produzierten Beiträge auf Ihren eigenen Marken-Content-Kanälen veröffentlichen dürfen.

Sie können aber auch einen direkteren und individuelleren Ansatz für User-generated Content wählen: Bitten Sie Ihre Follower und die Community, spezielle Inhalte für Ihre Marke zu produzieren und diesen Content mit einem bestimmten Hashtag zu markieren. Ein Beispiel, wie eine Aktivierung der Community unter einem Post für Ihre Marke auf Instagram aussehen kann (Ihre Marke = Mustermarke):

- Folgen Sie @Mustermarke.
- Posten Sie ein Foto Ihres Lieblingsprodukts von Mustermarke.
- Taggen Sie @Mustermarke und verwenden Sie #meinemustermarkengeschichte im Beitragstext.

Stellen Sie sicher, dass Sie den Nutzerinnen, die einen Beitrag leisten, auch antworten. Und bieten Sie im Gegenzug etwas Wertvolles an: Markieren Sie sie in Ihren Marken-Posts, um ihnen die gebührende Anerkennung aus der Community zukommen zu lassen!

Auch in einem (Marken-)Video in den sozialen Medien können Sie aktiv mit einer Handlungsaufforderung um User-generated Content bitten. Schließen Sie Ihr Video z. B. mit der Aufforderung: »Kommentieren Sie unser Video!« oder »Erzählen Sie

---

5 Social Mention ist eine Social-Media-Such- und Analyseplattform, die benutzergenerierte Inhalte aus dem digitalen Netz in einem Informationsstrom zusammenfasst: *http://www.socialmention.com*

von Ihren Erfahrungen – in unserer Kommentarspalte.« Sie dürfen die Nutzer auch zu einer Challenge auffordern, indem Sie eine Belohnung in Aussicht stellen. Wenn er oder sie beispielsweise ein kurzes Video oder ein Foto in der Kommentarspalte hochlädt oder einen Link zu eigenem User-generated Content postet: »Zeigen Sie in der Kommentarspalte Ihre Idee/Ihre Interpretation/Ihren Tanzmove/Ihren Remix und gewinnen Sie …«

Abbildung 20.3   Bei Starbucks' »White Cup Contest« durften Kundinnen und Kunden individuelle Designentwürfe einsenden. (Quelle: Instagram-Screenshot)

Wettbewerbe und Challenges: Eine weitere Idee ist die Durchführung von User-generated Content mit Wettbewerben und Challenges. Hierbei werden Menschen aufgefordert, Fotos oder Videos einzusenden, in denen sie beispielsweise Markenprodukte präsentieren oder verwenden. Wettbewerbe sind deshalb sehr effektiv, weil sie zahlreiche psychologische Faktoren nutzen. Erstens lieben es Menschen, etwas kostenlos zu erhalten. Zweitens nutzen Wettbewerbe die uralte Macht der Verknappung, wenn es z. B. eine limitierte Anzahl eines Sneakers gibt oder wenn der Preis unter normalen Umständen nicht erreichbar für sie ist, wie ein sogenanntes Meet-&-Greet-Event mit einem Star. Zusätzlich zur Verlockung des Preises genießen Userinnen und User den Community-Aspekt solcher Wettbewerbe und sie lieben es, ihre Content-Beiträge mit ihren Freundinnen und Freunden zu teilen und natürlich zahlreiche Likes dafür zu sammeln. Oder Sie fordern sie auf, an einer Challenge teilzunehmen, wie die folgenden Beispiele anschaulich zeigen:

- *#SafeHands-Challenge:* Eine Challenge zur Covid-19-Pandemie, in der die Weltgesundheitsorganisation (WHO) im März 2021 die Community weltweit aufrief, ihre tägliche Händehygiene zu zeigen. Hierbei posteten die Teilnehmer, wie sie richtig und ausführlich – 40 Sekunden lang – ihre Hände waschen, um sich zu schützen und die Übertragung dieser Krankheit einzudämmen. Innerhalb von 48 Stunden nach seiner Einführung wurde die Challenge #SafeHands fast eine halbe Milliarde Mal als TikTok-Hashtag verwendet.

- *#Kickshit-Challenge:* Die Klopapier-Challenge wurde von der Hamburger Non-Profit-Organisation Viva con Agua initiiert, um darauf aufmerksam zu machen, dass es 2,4 Milliarden Menschen ohne Toilette auf der Welt gibt. Mit Klopapier? Richtig. Dabei musste eine Klopapierrolle so häufig wie möglich mit dem Fuß hochgehalten werden. Anschließend mussten – ähnlich wie bei der weltberühmten Ice Bucket Challenge – drei Freunde nominiert werden. Wurde man in der Challenge besiegt, spendete man für das Viva-con-Agua-Projekt #klosfüralle. Wurde man nicht geschlagen, öffnete die Freundin oder der Freund das Portemonnaie für das Projekt und spendete. Angestoßen wurde diese Aktion unter anderem durch prominente Helfer wie den Sänger Sasha, Ex-Formel-1-Weltmeister Nico Rosberg, den Entertainer Elton, Kai Pflaume und Luke Mockridge. Probieren Sie die Klopapier-Challenge auch einmal aus. Es ist schwieriger, als man denkt.

- *#WhiteCupContest:* Sie kennen das. Wenn ein weißes Papier oder ein weißer Becher vor einem steht und ein Stift zur Hand ist, werden wir kreativ. Wir malen, kritzeln und schreiben alles, was uns spontan einfällt, auf die leere Fläche. Dieses Verhalten machte sich Starbucks 2014 zunutze und startete den »White Cup Contest«[6], einen Wettbewerb, bei dem Kundinnen und Kunden in Kanada und den USA aufgefordert wurden, einen Starbucks-to-go-Becher individuell zu dekorieren. Die Becherkunstwerke sollten fotografiert und per Social Media unter dem Hashtag #WhiteCupContest verbreitet und eingesendet werden. Innerhalb von drei Wochen wurden über 4.000 Entwürfe eingereicht. Das Gewinnerdesign erhielt fast 300.000 Likes auf Instagram und wurde als Sonderedition auf einem wiederverwertbaren Starbucks-Plastikbecher gedruckt (siehe Abbildung 20.3). Mit diesem Wettbewerb signalisierte Starbucks der Community, dass das Unternehmen in Zukunft wiederverwendbar hergestellte Plastikbecher produzieren möchte.

---

6   *https://stories.starbucks.com/stories/2014/starbucks-announces-the-winner-of-its-white-cup-contest/* [15.05.2021]

- *Burger Battle:* McDonald's startete 2015 den »Burger Battle«[7], einen Wettbewerb, bei dem Kundinnen und Kunden vier Wochen lang neue Burger-Kreationen vorschlagen konnten. Fast 188.000 Rezepte wurden eingereicht, über vier Wochen lang wurden über 17 Millionen Votes abgegeben. Eine Jury, in der auch bekannte Influencerinnen saßen, wählte anschließend aus den 16 besten vier Kreationen aus, die in zwei Etappen über mehrere Wochen in den Filialen der Fast-Food-Kette deutschlandweit verkauft wurden. Den Gewinner kürten die Gäste. Per QR-Code auf den Produktverpackungen der Burger konnten sie ihre Stimme abgeben. Die finale Battle-Runde wurde auf der deutschen Facebook-Seite ausgetragen. Der Gewinner-Burger wurde anschließend einen Tag lang ausschließlich im Lieblingsrestaurant des Siegers verkauft. Auf diese Weise konnte McDonald's nicht nur die Markenbekanntheit steigern und die digitale Community erweitern, sondern auch zahlreiche neue Gäste in die Filialen locken.

Die Userinnen oder Influencer müssen informiert, ermutigt und schließlich begeistert werden, um für ein Unternehmen User-generated Content zu kreieren, beispielsweise über eine packende UGC-Kampagnenidee oder ein exklusives Angebot. Die Community kann beispielsweise aufgefordert werden, ihre Meinung zu einem Thema, einem Produkt, einer Dienstleistung oder einem Service in Form von Erfahrungsberichten, User-Storys, persönlichen Tipps oder Anleitungen zu teilen. Bei geplanten User-generated-Content-Kampagnen ist es wichtig, sich aktiv um Userinnen und User zu kümmern. Die Belohnung für eine Teilnahme an einer solchen UDC-Kampagne kann intrinsisch (von innen heraus, aus eigenem Antrieb) oder extrinsisch (von außen her) motiviert sein. Geld oder ein Gewinn in Form eines Produkts ist eine Möglichkeit. Manchmal ist ein lohnenswerter Preis aber auch eine persönliche Erwähnung in einem Blogartikel, ein Share, ein Beitrag im Newsletter oder ein exklusiver Store-Besuch.

20.3   #NutzenSieHashtags

Ein Hashtag – zusammengesetzt aus dem englischen *hash* für Raute und *tag* für Markierung – ist ein mit einem Rautezeichen versehenes Schlagwort oder ein kurzer Satz, der dazu dient, Nachrichten mit bestimmten Inhalten oder zu bestimmten Themen in sozialen Netzwerken auffindbar zu machen. Deshalb bilden Hashtags bei User-generated-Content-Kampagnen eine zentrale Rolle. Sie bilden innerhalb eines Social-Media-Kanals ein Querverzeichnis, verlinken die Userinnen und machen Kampagnen in der Community sichtbar und erlebbar. Hashtags sind damit

---

7 *https://www.mcdonalds.com/de/de-de/GermanyNewsroom/article/20150626_Halbfinale_BurgerBattle.html* [15.05.2021]

eine großartige Möglichkeit für Ihre Marke, um mit Ihren Followern auf der richtigen Plattform in Kontakt zu treten, neue Produkte oder Dienstleistungen vorzustellen und Aufmerksamkeit für eine Kampagne oder ein Event zu gewinnen.

Warum sollten Sie Hashtags nutzen? Hashtags machen es einfacher für Menschen, Unterhaltungen über Marken, Events und Promotions zu finden und ihnen zu folgen. Und unter dem jeweiligen Hashtag eigenen Content zu veröffentlichen, der dann auch gesehen wird.

Wie gestalten Sie einen Hashtag? Entwerfen Sie einen Hashtag rund um eine bestimmte Nachricht oder einen Inhalt – möglichst kurz. Er sollte ein oder mehrere Wörter ohne Leerzeichen, aber keine Interpunktion enthalten. Und denken Sie daran: Ein guter Hashtag ist einprägsam, einzigartig und relevant für Ihre Marke. Hashtags werden verwendet, um Gespräche, Interaktion und User-generated Content mit der Community anzuregen, ein paar Beispiele:

- die Konferenz re:publica: #rp21 mit dem Community-Hashtag #wirsehnuns
- die soziale Bewegung: #FridaysForFuture
- den Nuss-Nugat-Creme-Feiertag: #WorldNutellaDay
- beliebte popkulturelle Themen: #starwarsmemes oder #lindenstrassemussbleiben
- Themen von allgemeinem Interesse: #schokoladenliebe, #swfotografie oder #Montagsmotivation
- die Markenkommunikation von: Bosch #LikeABosch oder Postbank #diepasstbank

Wo sollten Sie Hashtags veröffentlichen? Sie können ein oder mehrere Hashtags überall in Ihren Social-Media-Beträgen platzieren: am Anfang, am Ende oder irgendwo dazwischen. Versuchen Sie auch, Ihre Hashtags an relevanten und gut besuchten öffentlichen Orten zu platzieren – wie Plakaten, Anzeigen, Aufklebern, Flyern oder Produktverpackungen –, um die Menschen zu ermutigen, online nach diesen Hashtags zu suchen.

Können Sie den Erfolg eines Hashtags messen? Hashtags ermöglichen es Marken, die Performance ihrer Content-Marketing-Kampagnen und Promotions in den sozialen Medien zu tracken und zu messen. Es lohnt sich auch, Hashtags zu folgen, um die Trends in Ihrer Branche im Auge zu behalten. Dadurch sehen Sie, was Ihre Konkurrenz macht, was Influencer sagen und wie die Kundinnen und die Community reagieren.

Tipp: Kampagnen-Hashtag

Lassen Sie sich von Ihren Markenfans zu einem Kampagnen-Hashtag inspirieren!

Wenn Hashtags richtig verwendet werden, sind sie eine großartige Möglichkeit für Content Creators und Marken, ihre Social-Media-Beiträge in Echtzeit sichtbarer zu machen und das Engagement für User-generated Content zu erhöhen. Deshalb: #NutzenSieHashtags!

20.4   Immer um Erlaubnis bitten

Wenn Sie benutzergenerierte Inhalte auf Ihren eigenen Social-Media-Kanälen oder Ihrer Website teilen möchten, achten Sie darauf, die Content Creators zu nennen. Fragen Sie vorher auf jeden Fall um Erlaubnis. Und markieren Sie sie im jeweiligen veröffentlichten Post oder Beitrag. Diese Form der Anerkennung hilft, dass sich die Userinnen und User für die Verwendung und Veröffentlichung des Contents auf Ihren Markenplattformen begeistern können. Und diese positive Nachricht wiederum in ihrer eigenen Community gerne teilen werden. Es gibt für die Namensnennung noch einen zusätzlichen Vorteil: Den Markenfans und Followern wird es leicht gemacht, zu überprüfen, ob der Content wirklich von jemandem außerhalb Ihrer Marke erstellt wurde.

Im Rahmen einer User-generated-Content-Kampagne ist es notwendig, die Urheber-, Nutzungs- und Persönlichkeitsrechte bei der Weiterverwendung von Beiträgen zu klären, beispielsweise um damit auf anderen Kanälen zu werben. Bei schriftlichen Kommentaren ist das eigentlich auch ohne rechtliche Abklärung problemlos möglich. Anders sieht es bei Fotos, Videos, Storys oder komplexeren Textformen aus. Diese Beiträge erreichen aus rechtlicher Sicht eine gewisse Gestaltungshöhe und unterliegen damit klar dem Urheber- und Verwertungsrecht. Und diese Rechte liegen beim Nutzer, der den Content kreiert hat. Als Marke sollten Sie sicherstellen, dass die Nutzerin oder der Nutzer, die oder der ein Bild oder Video beiträgt und im Netz im Namen Ihrer Marke hochlädt, auch der tatsächliche Urheber ist oder zumindest die Nutzungsrechte am Beitrag besitzt. Zusätzlich sollten Sie und der Nutzer, der den Content generiert hat, prinzipiell darauf achten, dass nur Menschen auf dem jeweiligen Content-Beitrag abgebildet sind, die ihre Zustimmung zu der Aufnahme gegeben haben.

20.5   Die Vorteile von User-generated Content

Was sind die Vorteile von User-generated Content?

- User-generated Content ist authentisch und glaubwürdig. Wenn eine Userin oder ein User positiv von ihren oder seinen Erlebnissen mit einer Marke berichtet und ein Produkt empfiehlt, wirkt das viel glaubwürdiger, als wenn das Unternehmen selbst positiv über sich und seine Dienstleistungen und Produkte spricht.

- Die Kundenbindung wird nachhaltig gestärkt. Um Inhalte zu erstellen, setzen sich die Nutzer viel stärker mit einem Thema oder einem Produkt auseinander. Wenn Unternehmen also gezielt Userinnen und User zum Mitmachen und Mitgestalten aufrufen, fühlen sich diese viel besser von der Marke wahr- und ernst genommen und identifizieren sich umso stärker mit dem Unternehmen.

- User-generated Content generiert schnell eine große Reichweite. Denn nutzergenerierte Inhalte werden gerne geklickt, gelikt und kommentiert. Dadurch sehen immer mehr Nutzerinnen das selbst geschossene Foto, den selbst geschriebenen Artikel, das selbst produzierte Video. Dieser Content wird nicht nur von den – selbst ernannten – Content Creators geteilt, sondern auch von deren Freundinnen und Freunden. Ein Effekt, der sich organisch potenziert und den eine Marke ansonsten nur mit dem Einsatz von viel Mediageld erreichen kann.

- Unternehmen profitieren von den Ideen und Vorschlägen, die die User beispielsweise bei UGC-Wettbewerben einreichen. Damit können Ausgaben für teure Ideen- und Produktentwicklungen an vielen Stellen im Unternehmen gespart werden. Beispielsweise könnten Sie feststellen, dass Fans Ihre Produkte oder Dienstleistungen auf eine Weise nutzen, die Sie bisher gar nicht in Betracht gezogen haben. Oder Sie lernen, dass sie Ihre Produkte gerne in Kombination mit einem anderen Produkt verwenden. Dies könnte Ihnen die Möglichkeit geben, mit einer anderen Marke erfolgreich zusammenzuarbeiten.

- User-generated Content ist günstig in der Produktion. Denn die Texte, Bilder und Videos werden von den Userinnen als Content Creators selbst kreiert und produziert. Ein weiterer Vorteil: Im Zeitalter des Smartphones sehen die Fotos und Videos qualitativ immer hochwertiger aus und damit auch die vorgestellten Produkte.

Tipp: Werbebudget für eine User-generated-Content-Kampagne

Für eine User-generated-Content-Kampagne lohnt es sich, ein initiales Werbebudget zu planen, um eine garantierte Sichtbarkeit beispielsweise in Social Media zu erreichen.

- User-generated Content gefällt auch Maschinen. Google wertet Shares, Likes, Kommentare und Bewertungen als positive Social Signals (soziale Signale) und rankt beispielsweise Websites mit solchen Aktivitäten tendenziell höher ein, als Konkurrenzmarken ohne solche sozialen Signale.

Was sollten Sie bei User-generated Content beachten? So schön es ist, wenn Fans, Follower und Influencer für Ihre Marke arbeiten, gestalten und werben, eines sollten Sie dabei nicht vergessen: User-generated Content kann leider auch schiefgehen. Unternehmen mussten die leidvolle Erfahrung machen, dass Userinnen und User nicht nur positive Inhalte für und über ihre Marke erstellen. Für den Fall der Fälle eines digitalen Shitstorms sollten Sie und Ihr Content-Team einen Krisenplan mit entsprechenden Kommunikationsregeln zu Ihrer User-generated-Content-Kampagne vorbereitet in der Schublade liegen haben. So können Sie schnell aktiv reagieren und mit der Marken-Community zeitnah kommunizieren.

20.6   Employee-generated Content

Employee-generated Content (kurz EGC) ist eine effektive Möglichkeit, die Markenbekanntheit, die Talentakquise und die Interaktion mit (potenziellen) Kundinnen zu fördern. Die Mitarbeiter dienen dabei als Fürsprecher für eine Marke, werden zu Markenbotschaftern und teilen ihre Erfahrungen auf verschiedenen Social-Media-Plattformen mit einem breiten Publikum. Mitarbeitergenerierte Inhalte sind Texte, Bilder, Videos und andere Inhaltsformen, die die Mitarbeiterinnen und Mitarbeiter selbst erstellen. Mitarbeitende können sich natürlich auch auf andere Weise für ein Unternehmen einsetzen, indem sie einfach Social-Media-Beiträge einer Marke liken, sharen oder kommentieren. Auch eine – im besten Fall positive – Bewertung auf einer Arbeitgeberbewertungsplattform wie Kununu[8] gehört zum EGC.

Warum sind mitarbeitergenerierte Inhalte so interessant und wichtig? Die Kluft zwischen Arbeit und zu Hause, zwischen persönlicher und beruflicher Welt hat sich durch die Remote-Arbeit und das Homeoffice deutlich verringert. Immer mehr Menschen wollen aber heutzutage gerne die menschliche Seite eines Unternehmens sehen und kennenlernen. Mitarbeiterinnen und Mitarbeiter können diese Perspektive – den Blick hinter die Kulissen – am glaubwürdigsten durch mitarbeitergenerierte Inhalte erzählen und teilen. Es ist jedoch nicht immer einfach, Mitarbeiter zu ermutigen und zu befähigen, diese Art von Content zu kreieren. Abhängig von der Branche und der Demografie kann es tatsächlich schwierig sein, Menschen von Employee-generated Content zu begeistern und sie aktiv mit einzubeziehen. Sobald Sie jedoch eine Basis an Mitarbeiterinnen an Bord haben, können mitarbeitergenerierte Inhalte eine sehr zeit- und kostengünstige Möglichkeit sein, Ihre Social-Media-Kanäle mit authentischem Content und Markenbotschaften aufzufüllen.

Mitarbeitergenerierter Content kann in vielen Aspekten Ihres Unternehmens eine große Rolle spielen, aber Sie müssen vorbereitet sein. Hier sind ein paar Tipps für den erfolgreichen Einsatz von Employee-generated Content.

---

8   *https://www.kununu.com*

20.6.1   Mitarbeiter sind authentische Geschichtenerzähler

Mitarbeiterinnen und Mitarbeiter sind vertrauenswürdige Insider! Sie haben den besten Einblick in ein Unternehmen, in die Abteilungen, die Produktion, den Service, die Kundenwünsche und noch vieles mehr.

- Kundinnen und Kunden finden Inhalte attraktiv, die sie mit einer tatsächlichen Person verknüpfen und mit der sie sich auch identifizieren können. Mitarbeitende, die echte Geschichten und persönliche Erfahrungen teilen, machen den Content in den Augen dieser Zielgruppe authentischer und relevanter. Sie werden als glaubwürdige Informationsquellen angesehen, da sie die Produkte und Dienstleistungen eines Unternehmens am besten kennen.

- Potenzielle Bewerberinnen und Bewerber möchten hören, was Angestellte über ein Unternehmen sagen, erzählen, schreiben und ob und wie sie die Liebe zu ihrer Arbeit zeigen. Tatsächlich werden Mitarbeitergeschichten als aufrichtiger und glaubwürdiger angesehen als Inhalte, die beispielsweise vom klassischen Marketing kreiert werden. Genau aus diesem Grund sind mitarbeitergenerierte Inhalte ein beliebtes und effektives Instrument für das Recruitment Marketing.

- Von Mitarbeiterinnen generierte Inhalte geben den Mitarbeitern im Unternehmen eine eigene Stimme. Sie werden sich geschätzter, motivierter und engagierter fühlen, wenn sie sehen, dass andere Mitarbeitende sich mit ihren Inhalten befassen und sie teilen.

20.6.2   Ermutigen Sie Ihre Mitarbeiterinnen zur Content-Kreation

Wenn Mitarbeiterinnen regelmäßig sehen, wie Mitarbeitende aus dem eigenen Unternehmen inspirierende, unterhaltsame Beiträge beispielsweise über ihre Arbeit erstellen und teilen, ermutigt es auch andere, sich zu engagieren. Fördern Sie diese Art der Mitarbeiterkreativität. Stellen Sie ihnen Ihre Social-Media-Richtlinien mit einer Liste von Dos and Don'ts zur Verfügung, gepaart mit einigen guten Beispielen von Posts, die innerhalb dieser Vorgaben erstellt wurden, um den Menschen Ideen zu geben und ihnen zu zeigen, wie kreativ sie werden können.

Oder übergeben Sie eine Woche lang einen Unternehmenskanal, wie Instagram oder Twitter, einer Mitarbeiterin oder einem Mitarbeiter und lassen Sie sie von ihrem Arbeitsalltag, von Projekten und Inspirationen berichten. So lernen nicht nur die unmittelbar an dieser Aktion Beteiligten etwas über Employee-generated Content, sondern auch die Kollegen gewinnen Vertrauen in diese Art der Kommunikation.

Verwenden Sie mitarbeitergenerierte Inhalte auf neue und überraschende Weise. In der Covid-19-Pandemie posteten viele Menschen aus dem Homeoffice, wie die

Arbeit zu Hause aussieht, wie es ist, den Alltag mit Kind und Haustier zu meistern, wie gesund gekocht oder Sport gemacht wird. Es lohnt sich, nach diesen Trends und Themen der eigenen Mitarbeiter im Netz zu suchen. All diese Inhalte können dann in einem Beitrag – wie einem Video oder in einer Instagram Story – gesammelt und als Unternehmensbeitrag in den sozialen Medien (wieder)veröffentlicht werden. Ach ja, auch in diesem Fall sollten Sie die Mitarbeitenden um Erlaubnis bitten.

Apropos Homeoffice: Remote zu arbeiten wird in Zukunft immer selbstverständlicher. Animieren Sie die Belegschaft, diese neue und auch oft lieb gewonnene Situation zu dokumentieren und zu posten. Versenden Sie beispielsweise im hauseigenen E-Mail-Newsletter Aufforderungen wie: »Wir freuen uns, wenn Sie Ihre aktuelle Arbeitssituation auf LinkedIn oder Xing teilen.« So wissen alle Mitarbeitenden, dass diese Art von Social-Media-Beitrag hoch erwünscht ist.

20.6.3   Erstellen Sie verschiedene Kanäle für EGC

Wie bei jeder Social-Media-Strategie lohnt es sich, darüber nachzudenken, welche Kanäle basierend auf dem, was Sie erreichen möchten, am sinnvollsten sind. Wie könnte so etwas aussehen? Wenn Sie beispielsweise die Markenbekanntheit als Arbeitgebermarke und den Traffic auf Ihre Karrierewebseite erhöhen möchten, teilen Sie den von Ihren Mitarbeitern generierten Inhalt auf zwei Kanälen: LinkedIn und Instagram:

- Da Menschen es gewohnt sind, auf LinkedIn nach Karriereinhalten zu suchen, lohnt es sich dort besonders, authentischen mitarbeitergenerierten Content zu teilen. Mögliche Bewerberinnen bekommen dadurch einen guten Eindruck, wie ein Unternehmen »tickt«, und bewerben sich basierend auf dem, was sie dort sehen. Das Ziel wäre in diesem Fall, den Traffic auf die Karrierewebseite deutlich zu erhöhen.

- Instagram ermöglicht es mit der dazugehörigen Story-Funktion, mitarbeitergenerierte Inhalte zu teilen, die besonders nah, authentisch und individuell wirken. Es ist eine ideale Plattform, um Markenbekanntheit aufzubauen und sich als potenzieller Arbeitgeber bei zukünftigen Bewerbern zu empfehlen und sie mit interessanten Inhalten und Einblicken ins Unternehmen »auf dem Laufenden« zu halten.

Richten Sie auch ein E-Mail-Konto für Employee-generated Content in Ihrem Unternehmen ein. Dieses Konto ist für alle Mitarbeitenden, die ihre Inhalte nicht auf ihren persönlichen Kanälen teilen wollen oder nicht in den sozialen Medien aktiv sind. Dadurch bekommen die Mitarbeiterinnen und Mitarbeiter die Möglichkeit, direkt Texte, Bilder und Videos an Sie und ihr Content-Team zu senden, die dann im Namen des jeweiligen Mitarbeiters auf den Unternehmenskanälen geteilt werden dürfen.

Noch eine weitere Anregung: Machen Sie es wie das Unternehmen Bosch[9] mit #LikeABosch[10]. Etablieren Sie ein Hashtag. Fördern Sie die Verwendung dieses Hashtags auf allen sozialen Kanälen, indem Sie die Mitarbeitenden und die Mitarbeiterkommunikation daran erinnern, alle Posts mit diesem Hashtag zu markieren. Der Vorteil: Sie und Ihr Content-Team können unter diesem Hashtag nach mitarbeitergenerierten Inhalten suchen. Und diesen Content erneut teilen.

20.6.4 Schulen Sie Ihre Mitarbeiter in Social Media

Es empfiehlt sich, den Mitarbeiterinnen und Mitarbeitern, die Employee-generated Content produzieren möchten, eine Social-Media-Schulung anzubieten. Diese Schulung sollte einen Überblick über die Social-Media-Richtlinien sowie das Leitbild, die Markenwerte und gegebenenfalls über die Corporate Language des Unternehmens geben. Auch Informationen darüber, warum das Unternehmen in sozialen Netzwerken aktiv ist, Beispiele für guten Content und Tipps zum Erstellen und Teilen von Social-Media-Beiträgen sind sinnvoll. Eine Schulung hilft, die Leitplanken im digitalen Netz zu definieren, indem die Mitarbeiterinnen sicher und erfolgreich Employee-generated Content kreieren und publizieren können.

20.6.5 Erzwingen Sie keine Teilnahme am Employee-generated Content

So sehr es wünschenswert ist, dass sich alle Mitarbeiter eines Unternehmens aktiv in sozialen Medien engagieren, so wenig sollte es zu einer Pflicht werden. Schließlich haben nicht alle Mitarbeitenden eine Affinität zu dieser Art der Kommunikation. Aber das ist überhaupt kein Problem. Denn es gibt eine einfache Rechnung: Wenn Ihr Unternehmen 3.000 Mitarbeiter hat und sich nur 5 % davon an Employee-generated Content beteiligen, sind das 150 zusätzliche Personen, die im Namen Ihres Unternehmens und Ihrer Marke in digitalen Netzwerken schreiben, posten und Content teilen. Das bedeutet, dass die Sichtbarkeit Ihrer Marke in sozialen Netzwerken exponentiell steigt. Deshalb lohnt es sich, seine Begeisterung für Mitarbeitende deutlich zu machen, die sich mit EGC für das Unternehmen engagieren, und damit Weitere zu ermutigen, dies ihnen gleich zu tun.

---

9 *https://www.bosch.de*
10 *https://www.instagram.com/explore/tags/likeabosch*

20.7   Erfolgreiche UGC- und EGC-Beispiele

Was hatten Aldi, Apple, Rotkäppchen oder Jack Daniel's im Jahr 2020/21 gemeinsam? Diese Marken reagierten mit ihrer Content-Produktion auf die Covid-19-Pandemie, und zwar schnell. Die Corona-Krise hatte die Welt fest im Griff und stellte unsere Gesellschaft und unser Leben vor große Herausforderungen. Nicht nur die Politik fuhr derzeit auf Sicht, sondern auch die großen Marken. Sie stellten sich auf diese Ausnahmesituation inhaltlich und produktionstechnisch ein. Geworben wurde nicht mehr für Produkte im Umfeld einer schönen großen Werbewelt, sondern mit den Themen Solidarität, Verantwortungsbewusstsein, Social Distancing und digitale Nähe im Homeoffice. Produktionstechnisch – bedingt durch die stark eingeschränkten Produktionsbedingungen, wie z. B. Ausgangsbeschränkungen – entdeckte das Marketing User- und Employee-generated Content. Die Userin und der User, sei es Kunde oder Mitarbeiter, standen im Mittelpunkt der Markenkommunikation und durften selber Video-Snippets kreieren, die in ein Bewegtbildkonzept der Marke integriert wurden.

Wie gut das funktionierte, zeigen diese acht Beispiele:

1. *Bundesministerium für Gesundheit (BfG): Eine Blaupause dafür, wie User-generated Content generiert wird*
    Unter dem Hashtag #WirBleibenZuhause hatte das Bundesministerium für Gesundheit eine Kampagne gestartet, um die Ausbreitung des Corona-Virus zu verlangsamen. In Phase 1 hatten zahlreiche Prominente, wie Jürgen Vogel, Joko Winterscheidt und Sara Nuru sowie Influencer wie Dagi Bee, Louisa Dellert und Sami Slimani für das Zuhausebleiben geworben.

    Den Aktionsfilm für die Phase 1 können Sie hier sehen:
    https://www.youtube.com/watch?v=qJCp2ejWMRc

    Für Phase 2 wurden die Nutzer aufgerufen, an der Aktion aktiv teilzunehmen und ihren User-generated Content zu gestalten. Der Originalaufruf[11]: »Drehen Sie einen kurzen, motivierenden Clip (ca. 30 bis 60 Sekunden), in dem Sie allen sagen, warum Sie zu Hause bleiben: ›Ich bleibe zu Hause, weil …‹. Wenn Sie mögen, können Sie gern am Ende Ihres Statements die gemeinsame Geste aller Kampagnenbotschafter machen: die Hände und Unterarme wie ein schützendes Dach über dem Kopf zusammenlegen.«

    Das Ergebnis war ein emotionaler Film mit einem starken Key Visual – dem Dach –, das das Konzept zusammenhält (siehe Abbildung 20.4), und einer Blaupause, wie eine Marke User-generated Content generiert.

---

11 *https://www.zusammengegencorona.de/wirbleibenzuhause* [02.06.2021]

Der Nachfolgefilm »Danke für Ihre Unterstützung« ist hier zu sehen:
https://www.youtube.com/watch?v=69J6wcDwvIQ

Abbildung 20.4 Bundesministerium für Gesundheit: #WirBleibenZuhause – Danke für Ihre Unterstützung. (Quelle: Screenshot aus dem Film)

2. *Sparkasse: Nutzt Employee-generated Content*
   Dass die Sparkasse auch in schwierigen Zeiten für ihre Kunden da ist, erklärte die Kampagne »Gemeinsam da durch«. Das Besondere: Anstelle von User-generated Content gab es hier Employee-generated Content. Nach dem Prinzip »weniger Emotionen – mehr Fakten«, erklärten die Mitarbeiter auf sachliche Art und Weise, wie sie die Anlagen und Ersparnisse ihrer Kunden sichern möchten.

   Den EGC-Film der Sparkasse: »Gemeinsam da durch« gibt es hier:
   https://www.youtube.com/watch?v=HbfB9znpYwM

3. *Telekom: Hybrid zwischen User-generated Content und klassisch inszeniertem Werbefilm*
   Eine digitale Luftbrücke wollte die Telekom mit der Markenkampagne »Ihr macht das Beste aus dem besten Netz« starten. Aber anders als beim Bundesministerium für Gesundheit hatte die Telekom ein E-Casting für den Spot der Telekom durchgeführt, für das sich Profis und Amateure online bewerben durften.

   Das Resultat: Der Vignettenfilm, in dem auch Max Herre mitspielt, folgte strikt einem Storyboard. Dadurch ist ein Hybrid zwischen User-generated Content und klassisch inszeniertem Werbefilm entstanden.

   Der Telekom-Spot »Ihr macht das Beste aus dem besten Netz«:
   https://www.youtube.com/watch?v=37DL_8jr6v8

4. *Apple: Ebenfalls ein Hybrid*
Denselben Weg wie die Telekom, also eine Mischung aus User-generated Content und inszeniertem Werbespot, ging auch Apple in seiner Kampagne »Creativity Goes On«. Der Spot zeigt, wie Menschen zu Hause arbeiten, musizieren, fotografieren und zeichnen. Neben unbekannten Künstlern präsentieren auch die US-Entertainerin Oprah Winfrey, die Schauspielerin Lily James und der DJ D-Nice ihre Werke. Und natürlich sind hier auch iPhone, iPad, Mac und Co. kreativ im Einsatz.

Den Apple-Film »Creativity Goes On« können Sie hier anschauen:
https://www.youtube.com/watch?v=BbCe_5kSmxI

5. *Aldi: Mischung aus User- und Employee-generated Content*
Aldi Nord und Aldi Süd hatten gemeinsam die Informationsplattform #gemeinsamgehtalles gestartet. Ein Spot begleitete diese Initiative. Dieser mischte User-generated Content mit Employee-generated Content. Kunden berichteten, warum und wie sie sich engagieren, Aldi-Mitarbeiter erzählten, wie sie für ihre Kunden da sind. Unter dem entsprechenden Hashtag wurden die Nutzer aufgefordert, eigene Videos in den sozialen Netzwerken zu teilen.

Sehen Sie sich den #GemeinsamGehtAlles-Film hier an:
https://www.youtube.com/watch?v=nlPBxsFnV8c

Abbildung 20.5 Eine Mischung aus User-generated Content und Employee-generated Content – der #GemeinsamGehtAlles-Film von Aldi

6. *Rotkäppchen verschenkte bezahlte Werbeplätze an Kunden und Fans*
Zu Ostern 2020, mitten in der Corona-Krise, zog der Sekthersteller Rotkäppchen seine geplante Osterkampagne zurück und verschenkte die freien Sendeplätze an seine Kunden und Fans. Unter dem Hashtag #Nähesenden konnten

sich alle, die gerne öffentlich eine Gruß- und Osterbotschaft an ihre Liebsten senden wollten, mit einem 15-sekündigen Video über die Social-Media-Kanäle von Rotkäppchen bewerben. 14 Videobotschaften schafften es final über das gesamte Osterwochenende ins TV, die anderen Videobeiträge wurden in den Social-Media-Kanälen von Rotkäppchen veröffentlicht.

Der Rotkäppchen-Ostergruß von Halil AdigÅzel:
https://www.youtube.com/watch?v=RFebVuaYkjw

7. *Jack Daniel's: Virtuelles Anstoßen per User-generated Content*
Wie man Social Distancing virtuell überwinden kann, zeigte Jack Daniel's. Mithilfe von User-generated Content sehen Sie, wie man mit einem Glas Jack Daniels über FaceTime, Skype und Co. anstoßen, Schachspielen und sich auf andere kreative Weise vernetzen kann (siehe Abbildung 20.6).

Schauen Sie sich Jack Daniel's »With Love, Jack« hier an:
https://www.youtube.com/watch?v=nmVRFui61U4

Abbildung 20.6 Virtuelles Anstoßen mit Jack Daniel's per User-generated Content (Quelle: Screenshot aus dem Film)

8. *Microsoft: Content-Produktion in »Teams«*
Einen anderen Weg, wie man User-generated Content generiert, zeigte Microsoft für seine Kollaborationssoftware Teams in einem Spot. Der Film wurde in einer Videokonferenz in Teams mit L'Oréal, der Università di Bologna, dem St. Luke's University Health Network und der London Metropolitan Police aufgenommen. Ohne Regisseur und Video-Crew musste der Film nur noch geschnitten werden. Fertig!

Microsofts »The Power of Teams« können Sie hier anschauen:
https://www.adsoftheworld.com/media/film/microsoft_the_power_of_teams

Fazit

Alle acht Spots zeigen, dass die Kreation emotionaler, authentischer Kampagnen sehr gut möglich ist – auch unter erschwerten Bedingungen, mit weniger aufwendig produzierten Bildern und User- sowie Employee-generated Content. Sie sind eine Blaupause dafür, wie zukünftig Content-Marketing-Kampagnen konzipiert und kreiert werden können.

Kapitel 21

Create Content mit Influencern – Marketing auf Augenhöhe

Glaubwürdiger als jede klassische Werbung empfinden wir Empfehlungen von Menschen, mit denen wir uns identifizieren, denen wir vertrauen und die uns als Vorbild dienen. Denn Menschen vertrauen Menschen. Genau das macht sich das Influencer Marketing zunutze.

Wer ist ein Influencer? Ein Influencer kann ein örtlicher Friseur sein, der über praktische Pflegetipps und einfache Anleitungen zum Haarstyling berichtet, oder ein Anwalt[1], der regelmäßig bei YouTube über »die aktuellste Rechtsprechung aus dem Internetrecht« informiert.

Eine Influencerin kann eine Make-up-Artistin sein, die einfache Hacks teilt, um einen Promi-Look zu erreichen, oder eine Musikerin, die ihr musikalisches Knowhow weitergibt und uns zeigt, wie wir eine Gitarre bauen können. Eine Influencerin kann eine junge Frau sein, die täglich aus ihrem persönlichen Leben mit allen Freuden, Ängsten und Sorgen berichtet und die die Community wie eine gute Freundin wahrnimmt, als ständige Begleiterin durch ihr eigenes Leben.

Mit anderen Worten, jeder von uns, der mediales Talent hat, Expertenwissen – gerne auch aus dem eigenen Leben – mitbringt und sich traut, das öffentlich, überwiegend in Social Media, zu präsentieren, kann ein Influencer sein.

Was ist das Besondere an Influencern? Sie haben sich ihre Gefolgschaft – in Form von Followern, Fans und Community – und ihren Einfluss in den sozialen Medien durch ihr Engagement, ihren Stil und ihre Integrität wortwörtlich »erarbeitet«. Und sie sind auf ihre Art authentisch, originell und glaubwürdig, weil sie real sind. Sie kreieren, produzieren und distribuieren bestenfalls qualitativ hochwertigen Content in Form von Text, Foto und Film. Das macht sie zu Content Creators, die das Expertenwissen haben, das das Interesse ihrer Community weckt – oder eben nicht weckt, wenn es keine Likes, Shares oder Kommentare dafür gibt. Durch Learning

---

1 Wie z. B. Rechtsanwalt Christian Solmecke von der Kanzlei WBS es bei YouTube tut:
   http://www.youtube.com/c/KanzleiWBS/featured

by Doing haben sie sich oft über einen langen Zeitraum dieses Wissen über zielsichere, effektive und relevante Content-Kreation angeeignet.

Definition: Influencer Marketing

Influencer Marketing[2] (engl. *to influence* = beeinflussen), auch Multiplikatorenmarketing genannt, ist eine Disziplin des Onlinemarketings, bei der Unternehmen gezielt Meinungsmacher (Influencer) und damit Personen mit Ansehen, Einfluss und Reichweite in ihre Markenkommunikation einbinden. Als sogenannte Influencer werden Akteure im Social Web bezeichnet, die durch Content-Produktion, Content-Distribution und Interaktion mit ihren Followern eine relevante Anzahl an sozialen Beziehungen zu und Einfluss auf ihre Follower aufgebaut haben.

Was ist Influencer Marketing? Beim Influencer Marketing handelt es sich um eine Werbeform, bei der sich Marken und Unternehmen der Dienste von Influencern bedienen, die auf verschiedenen Social-Media-Kanälen aktiv sind und über eine kleine, mittlere oder große Reichweite verfügen, wie z. B. Facebook, Instagram, Twitter, TikTok, Snapchat oder Blogs und Internetforen. Diese Influencer prüfen, bewerten und präsentieren Marken, Produkte und Dienstleistungen auf ihren eigenen Social-Media-Kanälen. Sie bieten Marken kreativen Content an, der auf ihre Community zugeschnitten ist. Im Gegenzug können Marken den von Influencern kreierten Content in ihren eigenen Social-Media-Kanälen, Blogs oder Websites nutzen und teilen.

Der Erfolg der Influencer-Werbung lebt dabei von der Glaubwürdigkeit und Reputation der Influencer und dem Vertrauen, das sie bei ihren Followern genießen. Sie haben eine Multiplikatorenfunktion in ihrer Community und können Marken empfehlen, die von ihren Followern und Abonnenten genutzt und weiterempfohlen werden.

In diesem Kapitel erfahren Sie, was Sie über die Arbeit mit Influencern wissen müssen, wie Sie den passenden Influencer als Kooperationspartner finden, wie ein Influencer-Marketing-Briefing für eine erfolgreiche Influencer-Marketing-Kampagne aussehen sollte und wie und was einen Corporate Influencer zum idealen Markenbotschafter macht.

---

2 Wikipedia, Stichwort »Influencer-Marketing«: *https://de.wikipedia.org/wiki/Influencer-Marketing* [27.08.2021]

21.1   Zielgruppe bestimmen

Bevor Sie potenzielle Influencer identifizieren oder Ziele für Ihre Influencer-Kampagne festlegen, müssen Sie Ihre Zielgruppe definieren. Influencer Marketing ist dann von Erfolg gekrönt, wenn die Zielgruppe, also die Community, des Influencers zu den von Ihnen erstellten Personas passt. Schließlich sind es die Follower des Influencers, die über die Kooperation mit Ihrer Marke konfrontiert und inspiriert werden und im nächsten Schritt als potenzielle Multiplikatoren und Käufer tätig werden sollen. Durch die von ihnen erstellten Personas wird es ihnen leichter fallen, zu verstehen, mit welchen Influencern Sie zusammenarbeiten sollten und wie sie ihnen helfen werden, Ihre Ziele innerhalb Ihrer Influencer-Marketing-Strategie zu erreichen. Mehr über die Erstellung von Personas lesen Sie in Kapitel 7, »Mit der Persona zur besseren Zielgruppe – Communitys aufbauen und pflegen«.

21.2   Ziele definieren

Der Schlüssel zu einer erfolgreichen Influencer-Marketing-Strategie ist es zunächst, konkrete Ziele festzulegen. Anhand dieser Ziele können Sie die Maßnahmen für die Umsetzung bestimmen und den Erfolg der Strategie anschließend messen sowie die erreichten Ziele überprüfen.

Typische Ziele für eine Influencer-Kampagne sind:

- *Brand Awareness* – mehr Reichweite für Ihre Marke in bestimmten Communitys zu generieren
- *Social Media Engagement* – stärkere digitale Interaktion (Kommentare, Likes, Shares) mit Ihrer Marke in sozialen Medien zu erzeugen
- *Conversion* – mehr (Produkt-)Käufe, mehr Downloads oder mehr Anmeldungen für Ihre Marke zu erzielen
- *Content-Kreation* – Influencer als eigenständige Content- und Produktgestalter für Ihre Marke zu etablieren

21.3   Den richtigen Influencer finden

Sobald Sie Ihre Zielgruppe anhand der Personas definiert und sich Ihre Ziele gesetzt haben, können Sie nach Influencern suchen, mit denen Sie Ihre Influencer-Marketing-Kampagne umsetzen. Dafür bieten sich verschiedene Wege an: über Influencer-Plattformen, Influencer-Agenturen, Influencer-Datenbanken oder Selbstrecherche.

Die Influencer-Szene wächst stetig. Deshalb hat sich mittlerweile eine Einteilung in vier Kategorien etabliert: Mega-, Makro-, Mikro- und Nano-Influencer:

- *Mega-Influencer* (mehr als 1 Million Follower)
  Mega-Influencer sind die Superstars der Influencer-Welt und haben in der Regel mindestens 1 Million Follower auf verschiedenen Social-Media-Plattformen. Die Mehrheit der Mega-Influencer sind Berühmtheiten wie Christiano Ronaldo, der auf Instagram über 240 Millionen Follower hat. Es sind Schauspieler, Musiker, Künstler und Athleten, die sowohl offline als auch online eine große Bekanntheit haben.

  Oft sind Mega-Influencer mehr berühmt als einflussreich. Sie sind nicht unbedingt Fachexperten und ihre Social-Media-Konten konzentrieren sich meistens auf ihr tägliches Leben und nicht auf ein bestimmtes Thema oder eine bestimmte Nische.

  Aufgrund der schieren Größe ihrer Followerschaft haben Mega-Influencer tendenziell eine viel niedrigere Interaktionsrate als kleinere Influencer. Deshalb sind Mega-Influencer ideal für Marketer, denen die Zeit und die Ressourcen fehlen, um eine Gruppe kleinerer Influencer zu organisieren und zu verwalten, mit denen sie gemeinsam ähnliche Reichweiten und Ergebnisse wie mit einem Mega-Influencer erreichen könnten.

  Wenn die Verbesserung der Markenbekanntheit und das Erreichen einer großen, vielfältigen Zielgruppe Ihr wichtigstes Kommunikationsziel ist, dann sind Mega-Influencer die richtige Wahl.

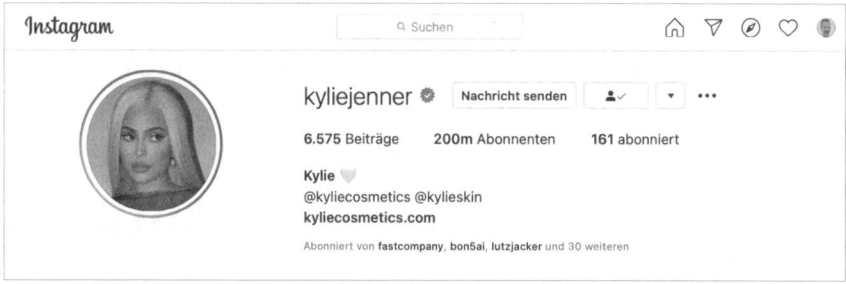

Abbildung 21.1 Der Instagram-Account der Mega-Influencerin Kylie Jenner (Quelle: Instagram-Sreenshot)

Ein Beispiel für eine Mega-Influencerin ist Kylie Jenner, die Forbes 2019 als »Amerikas jüngste Selfmade-Milliardärin« kürte. Mit 200 Millionen Anhängern auf Instagram soll Jenner bei der Arbeit mit Marken bis zu 1 Million US$ pro gesponsertem Beitrag oder Advertorial verlangen. Tatsächlich kann ein Beitrag dieser Art mehr als 10 Millionen »likende« Menschen erreichen, wie das Instagram-Posting (siehe Abbildung 21.1 und Abbildung 21.2) zeigt.

Abbildung 21.2 Beispiel für ein Instagram-Posting von Kylie Jenner mit über 10 Millionen Likes (Quelle: Instagram-Screenshot)

- *Makro-Influencer* (zwischen 100.000 und 1 Million Follower)
  Makro-Influencer ähneln den Mega-Influencern, wobei der Hauptunterschied darin besteht, dass Makro-Influencer in der Regel über das Internet und Social Media zu Ruhm gelangt sind, im Gegensatz zu den »echten« All-Star-Prominenten, die die Mega-Influencer ausmachen.

  Makro-Influencer können Social-Media-Stars, Podcaster, Vlogger und einflussreiche Blogger mit einer großen Anhängerschaft und einer großen Reichweite sein. Um sich von anderen Accounts abzugrenzen, positionieren sich viele Makro-Influencer in einer speziellen Nische oder in einem bestimmten Themenbereich und konzentrieren sich damit auf eine ganz bestimmte Zielgruppe und Community. Ihre Publikumsgröße liegt normalerweise zwischen 100.000 und 1 Million Follower. Aufgrund ihrer großen Follower-Zahlen haben Makro-Influencer tendenziell eine relativ niedrige Interaktionsrate im Vergleich zu ihren Mikro- und Nano-Influencer-Gegenstücken.

- *Mikro-Influencer* (zwischen 10.000 und 100.000 Follower)
  Unter Mikro-Influencern versteht man Influencer, die eine verhältnismäßig niedrige Anzahl – in der Regel zwischen 10.000 und 100.000 Follower –, dafür aber eine sehr hohe Interaktionsrate mit ihrer Community auf ihren Social-Media-Kanälen haben.

Mikro-Influencer haben einen guten Ruf und sind aufgrund ihrer Expertise in ihrer gewählten Nische oft ein wichtiger Meinungsführer. Ihre kleinere Zielgruppengröße bedeutet, dass ihre Follower viel engagierter sind und sich dadurch gezielter ansprechen lassen.

Aufgrund der Verbundenheit zu ihren Communitys sind Mikro-Influencer eine spannende Option für kleine und mittlere Unternehmen, die die Macht des Influencer Marketings nutzen möchten. Zum Beispiel sind Mikro-Influencer, die sich ausschließlich auf Frauen- oder Männermode konzentrieren, perfekt für eine kleine bis mittlere Mode- oder Accessoire-Marke geeignet.

- *Nano-Influencer* (weniger als 10.000 Follower)
  Mit Nano-Influencern sind Influencer mit einer vergleichsweise kleinen Reichweite – weniger als 10.000 Follower – gemeint. Die Reichweite mag zwar gering sein, dafür punkten Nano-Influencer mit hoher Authentizität und einer hohen Interaktionsrate. Ihnen vertraut die Community sehr stark. Die Follower haben das Gefühl, eine Empfehlung von einem Freund zu erhalten und interagieren deshalb sehr gerne mit den Posts und Beiträgen der Nano-Influencer.

Nano-Influencer sind die günstigste Art von Influencern, mit denen man arbeiten kann, und machen sie damit zu einer interessanten Option für kleine und mittlere Unternehmen mit einem begrenzten Budget. Wenn Sie jedoch möchten, dass Ihre Influencer-Marketing-Kampagne eine größere Reichweite hat, dann sollten Sie entweder mit einer größeren Gruppe Nano-Influencern zusammenarbeiten oder in eine Handvoll Mikro- oder Makro-Influencer investieren.

Tipp: Non- oder Semiprofessionalität der Nano-Influencer berücksichtigen

Nano-Influencer stehen oft entweder am Anfang ihrer Influencer-Karriere oder betreiben ihre Social-Media-Kanäle als Hobby oder Nebenjob. Das bedeutet, dass sie vielleicht noch nicht so professionell in ihrer Arbeitsweise sind und die Arbeitsprozesse in der Zusammenarbeit mit Marken noch nicht gewohnt sind. Berücksichtigen Sie diesen Aspekt in Ihrer gemeinsamen Zusammenarbeit.

Nachdem Sie sich für die Art der Influencer entschieden haben, mit denen Sie zusammenarbeiten möchten, sollten Sie sich Zeit nehmen, die sozialen Profile der Influencer zu recherchieren und nach Social-Media-Profilen Ausschau zu halten, die die folgenden Kriterien erfüllen.

Fragen Sie sich:

- Ist der Influencer ein passender Markenbotschafter für Ihre Marke?
- Welche Werte vertritt die Influencerin?

- Stimmt die Zielgruppe des Influencers mit Ihrer Markenzielgruppe überein?

- Ist das Social-Media-Profil der Influencerin für Ihr Produkt oder Ihre Dienstleistung relevant?

- Stimmen die Tonalität, der Auftritt und die Ästhetik des Influencer-Kanals mit der Ihrer Marke überein?

- Fühlt sich der Social-Media-Kanal der Influencerin authentisch an? Werden echte, persönliche Geschichten mit den Followern und der Community geteilt? Oder wird richtiges Expertenwissen vermittelt?

21.4 Always-on-Strategie nutzen

Viele Marken verfolgen eine kurzfristige, einmalige Kampagnenstrategie für ihr Influencer Marketing. Sie können der Markenkonkurrenz mit einer Always-on-Strategie aber weit voraus sein, indem Sie eine langfristige Zusammenarbeit mit verschiedenen Influencern anstreben und auf längere Sicht ausbauen.

Fünf Gründe, warum sich eine langfristige, kontinuierliche Zusammenarbeit mit Influencern lohnt:

1. Sie binden den Influencer exklusiv an Ihre Marke.

2. Sie können langfristig gemeinsam mit der Influencerin Content-Inhalte (weiter-) entwickeln, sie optimieren und aktualisieren.

3. Sie haben die Möglichkeit, die Community mit vom Influencer autorisiertem Content und Ihren Markenbotschaften kontinuierlich zu »befeuern«.

4. Sie erhalten einen stetigen Strom an Influencer-Content-Pieces, die Sie auch in Ihren eigenen Social-Media-Kanälen verwenden können

5. Sie können für Ihre Marke eine aus verschiedenen Influencern bestehende Community gründen und eine gemeinsame Influencer-Content-Strategie entwickeln.

Ein gutes Beispiel für eine gemeinsame Influencer-Content-Strategie war die Influencer-Kampagne von Zalando (Onlineplattform für Mode und Lifestyle) aus Anlass der Cyber Week, die rund um den Black Friday stattfand (siehe Abbildung 21.3). Unter dem Hashtag #cyberweektogether präsentierte der Onlinemodehändler aus Berlin ein zweiwöchiges Social-Media-Format in 15 Ländern, in dessen Zentrum sechs internationale Fashion-Influencer als Protagonisten standen: die #ZtyleCrew.

Abbildung 21.3 Ein Beispiel für eine gemeinsame Influencer-Content-Strategie: Die sechsköpfige #ZtyleCrew von Zalando teilte persönliche Geschichten, Stylingtipps und Live-Challenges unter dem Hashtag #cyberweektogether. (Quelle: Instagram-Screenshot)

Jeder Influencer erzählte und repräsentierte unter dem Thema »Jeder Artikel ist der Anfang einer Geschichte« einen eigenen Fashion-Aspekt in der Influencer-Marketing-Kampagne:

- @susiebubble war »The Chic«.

- @diorno war »The Timeless«.

- @hannalhoumeau war »The Stylist«.

- @bycalitos_official war »The Street Guru«.

- @danieltonijais war »The Sporty«.

- @celine_bernaerts war »The Beauty«.

- @carodaur war »The Host«.

Für zwei Wochen teilte die #ZtyleCrew täglich Content in Form von persönlichen Geschichten, Stylingtipps und Live-Challenges auf Instagram, Facebook und Tik-Tok. Damit wurden die Nutzer zur Nachahmung motiviert, um ihre eigenen Storys zu erzählen und zu teilen.

21.5 Kampagnentyp bestimmen

Die Kooperation zwischen Influencern und Marken kann sehr unterschiedlich aussehen, denn es gibt unterschiedliche Arten von Influencer-Marketing-Kampagnen, die Sie gemeinsam starten können. Deshalb ist es wichtig, dass Sie die Erwartungen beider Seiten gleich zu Beginn klären, um Missverständnisse auszuräumen, damit alle Parteien wissen, worauf sie sich einlassen.

Hier die fünf gängigsten Kampagnentypen für Ihre Influencer-Marketing-Kampagne. Jeder Kampagnentyp kann auf verschiedene Weise zu Ihren Zielen beitragen. Sie müssen die Vorteile jedes Typs einzeln bewerten, um anschließend auszuwählen, welcher am meisten zu Ihrer Influencer-Marketing-Strategie beiträgt:

1. *Gesponserte Inhalte (Sponsored Posts)*
   Der Influencer produziert Content, der Ihr Markenprodukt, Ihre Dienstleistung oder Ihren Service in den sozialen Medien authentisch präsentiert.

   Ziel: Steigerung der Markenbekanntheit, des Traffics, der Follower und Erstellung wiederverwendbaren Contents

2. *Übernahme Social-Media-Kanäle*
   Die Influencerin übernimmt vorübergehend Ihre Social-Media-Kanäle.

   Ziel: Steigerung der Markenbekanntheit, Generierung von Engagement und Steigerung des Traffics und der Follower auf den originären Social-Media-Kanälen Ihrer Marke

3. *Werbegeschenk oder Wettbewerb*
   Der Influencer verschenkt innerhalb eines Wettbewerbs oder als reines Werbegeschenk ein Produkt, eine Dienstleistung oder einen Service Ihrer Marke an seine Follower.

   Ziel: Steigerung der Markenbekanntheit, des Traffics und der Follower

4. *Events und Veranstaltungen*
   Die Influencerin nimmt an Veranstaltungen wie Produkteinführungen, Konferenzen oder Events wie Konzerten, Modenschauen oder Ausstellungseröffnungen teil und produziert dazu eigenen Content.

   Ziel: Generierung von Aufmerksamkeit und Interaktion für das Marken-Event und Steigerung der Markenbekanntheit

5. *Rabattcodes und Cost-per-Action-Angebote*
   Der Influencer verdient einen Gewinn für jeden (Produkt-)Verkauf, der mittels eines speziellen Rabattcodes oder eines Links getätigt wird.

   Ziel: Umsatzsteigerung und Conversion von Leads

21.6   Ein Influencer-Marketing-Briefing erstellen

Was ist ein Influencer-Marketing-Briefing? Ein Influencer-Marketing-Briefing ist ein Dokument, das Sie dem Influencer vor dem Start einer möglichen Zusammenarbeit zusenden und als schriftliche Grundlage für die vereinbarte Kooperation verwenden. Das Briefing versorgt den Influencer mit allen wichtigen Informationen wie Zielen, Zeitplänen, Erwartungen, Richtlinien, Markenwerten und erwünschten Ergebnissen in Form von Key Performance Indicators (KPIs) (mehr zu KPIs in Kapitel 28, »KPIs und Metriken – Erfolg lässt sich messen«) für die geplante Influencer-Marketing-Kampagne. Es kann auch Rechtsklauseln über Nutzungs- und Verwertungsrechte für die Content-Kreation enthalten sowie über die werbliche Kennzeichnungspflicht der Content-Beiträge und Posts.

Ein Influencer-Marketing-Briefing gibt dem Influencer die Möglichkeit zu verstehen, was Sie mit Ihrer Marke in einer gemeinsamen Kooperation und Zusammenarbeit erreichen wollen. Ein klarer Überblick über Ihre Erwartungen wird dem Influencer helfen, Content zu kreieren, der ihnen hilft, Ihre gewünschten Ergebnisse zu erreichen. Die Kunst ist dabei, dass sich Ihre Vorgaben und die kreative Freiheit des Influencers für seine Content-Kreation die Waage halten. Zu viele Vorgaben zur Content-Erstellung erschweren unnötig die Zusammenarbeit und zerstören die Glaubwürdigkeit des Influencers in seiner eigenen Community, da sich der Content für die Follower nicht richtig anfühlt. Denken Sie daran, der Influencer weiß sehr genau, was seine Follower und Fans von ihm erwarten (dürfen).

Hinweis: Formulierung des Briefings

Denken Sie bei der Formulierung des Briefings daran, dass Influencer in der Regel keine Marketingprofis sind. Versuchen Sie Buzzwords und Fachausdrücke – sofern möglich – zu vermeiden. Geben Sie vielmehr einen allgemeinen, verständlichen Überblick über die Grundlagen der (zukünftigen) Zusammenarbeit. Nutzen Sie auch die Checkliste über die Dos and Don'ts der Zusammenarbeit mit Influencern am Ende des Kapitels.

Ein Influencer-Marketing-Briefing sollte diese Elemente enthalten:

1. *Geben Sie eine Einführung*

   Geben Sie eine Einführung in Ihre Marke und Ihre Produkte, Services oder Dienstleistungen. Zu verstehen, wer Sie sind, welche Markenmission Sie haben und wofür Sie mit Ihren Markenwerten stehen, sind Faktoren, die Influencer berücksichtigen, bevor sie Kooperationsanfragen annehmen. Sie wollen sicherstellen, dass sie ihre Werte teilen und ihre Produkte ihren Interessen und den Interessen der Community entsprechen. Dieser Abschnitt ist die beste Stelle für Sie, um sich selbst gut »zu verkaufen« und die Influencer für die Zusammenarbeit zu begeistern!

2. *Erläutern Sie Ihre geplante Influencer-Marketing-Kampagne*
   In einer Übersicht sollten Sie erklären, was Sie von den Influencern für Ihre Influencer-Marketing-Kampagne benötigen. Teilen Sie Ihre Kampagnenziele und die Kernbotschaft mit, die verbreitet werden soll. Erläutern Sie, welche Zielgruppe Sie erreichen wollen. Wenn Sie z. B. einen Mix aus digitalem Influencer Marketing und klassischem Marketing mit Kanälen wie Radio, Fernsehen oder Out-of-Home-Medien (Plakaten) planen, lassen Sie es die Influencer an dieser Stelle ebenfalls wissen.

   In der Übersicht sollten Sie angeben:

   – Idee der Influencer-Marketing-Kampagne

   – die definierte Zielgruppe/Persona

   – die Social-Media-Kanäle, auf denen der Content veröffentlicht werden soll

   – die Anzahl der erwarteten Content-Beiträge und Posts

   – (Marken-)Hashtags oder Links, die benutzt werden sollen

   – alle UTM-Links, eRabattcodes, Affiliate-Links oder benutzerdefinierte Landingpages, die eingesetzt werden sollen (UTM-Parameter[3] sind kurze Textausschnitte, die an das Ende der URL eines Links angehängt werden, mit dem Ziel, nachzuverfolgen, wie häufig und von wem dieser Link angeklickt wird.)

   – Kampagnenziele und Key Performance Indicators (KPIs)

   Nutzen Sie die Übersicht auch dazu, dem Influencer zu erläutern, warum Sie mit ihm eine Zusammenarbeit wollen und warum sich diese Kooperation für beide Seiten lohnt, indem Sie diese drei Fragen beantworten:

   – Welchen Mehrwert bietet Ihre Kampagne der Influencerin?

   – Warum sollte der Influencer mit Ihnen zusammenarbeiten?

   – Welchen Nutzen bieten Sie ihr und ihrer Community?

3. *Stecken Sie die kreativen Rahmenbedingungen ab*
   Einer der größten Vorteile der Zusammenarbeit mit Influencern ist der authentische Content, der über eine Marke in einer Influencer-Marketing-Kampagne generiert wird. Versorgen Sie den Influencer mit allen Informationen, die er braucht, um guten, relevanten Content zu kreieren und zu produzieren. Liefern Sie deshalb Inspiration!

   Um dem Influencer konkrete Vorstellungen von der Art von Content zu geben, den Sie suchen, stellen Sie Beispiel-Posts zur Verfügung, die Ihnen gefallen. Sie können auch Vorschläge für Themen oder Beiträge hinzufügen, um Anregungen für die Content-Kreation zu geben. Fügen Sie eine Dos-and-Don'ts-Liste hinzu,

---

3   Mehr zu UTM-Parametern unter: *https://blog.hubspot.de/marketing/was-sind-utm-parameter*

um bestimmte Kampagnenrichtlinien hervorzuheben, die der Influencer bzw. die Influencerin verstehen und einhalten soll. Was soll er in seine Beiträge aufnehmen? Was sollte sie vermeiden? Dies ist eine gute Möglichkeit, Missverständnisse früh auszuräumen und keinen Raum für falsche Interpretationen zu lassen.

Aber: Schränken Sie den kreativen Spielraum des Influencers nicht zu stark ein. Strenge Einschränkungen sorgen dafür, dass sich Ihre gesponserten Content-Inhalte wenig authentisch und relevant anfühlen. Sie werden wie Werbeanzeigen oder -Filme aussehen, was zu einer schlechten Interaktion mit den Followern und der Community führt. Denken Sie daran, dass einer der wichtigsten Aspekte des Influencer Marketings das authentische Geschichtenerzählen und die damit verbundene Kreativität des Influencers ist. Damit die Zusammenarbeit fruchtbar ist, müssen Sie dem Influencer genügend kreativen Frei- und Spielraum lassen.

4. *Kommunizieren Sie Zeitpläne und Termine*
   Kommunizieren Sie Zeitpläne, Termine und Deadlines, die der Influencer kennen sollte, damit er oder sie entsprechend planen kann. Gibt es z. B. Marketingtermine, zu denen bestimmter Content veröffentlicht werden soll? Müssen dafür Produkte im Voraus bestellt und Content vorher produziert werden? Mithilfe von Zeitplänen und Terminen stellen Sie sicher, dass Ihr geplanter Ablaufplan am Ende aufgeht.

5. *Informieren Sie über Richtlinien und Honorar*
   Geben Sie das Honorar und die Zahlungsmodalitäten an. Erläutern Sie außerdem, wie der Influencer den kreierten Content zur Verfügung stellen darf. Wollen Sie die Content-Beiträge vorab sehen und freigeben, bevor sie veröffentlicht werden, dann müssen Sie dies äußern und vorab klären. Bedenken Sie, dass Authentizität und Glaubwürdigkeit das wichtigste Erfolgskriterium für eine erfolgreiche Zusammenarbeit sind. Um sicherzustellen, dass Sie keine Gesetze verletzen, geben Sie deshalb klare Anweisungen, wie der gesponserte Content werblich gekennzeichnet sein sollte.

Tipps zur Bezahlung von Influencern

Abhängig von Ihrer Influencer-Marketing-Strategie und den Arten von Influencer-Kampagnen, die Sie durchführen möchten, gibt es mehrere Möglichkeiten, Influencer zu bezahlen:

- *Zahlung per Beitrag oder Post*
  Die Influencer bekommen eine Pauschalgebühr für die Kooperationen.

- *Pay-per-Click (PPC) oder Pay-per-Acquisition (PPA)*
  Die Influencer werden für jeden Klick, jede Anmeldung oder jeden Verkauf bezahlt, den sie aus ihren gesponserten Beiträgen generieren.

- *Bezahlung nach Follower-Größe*
  Die Influencer werden basierend auf der Anzahl ihrer Follower bezahlt, die sie auf ihren Social-Media-Kanälen haben.

- *Produkte für Beiträge oder Post*
  Die Influencer werden in Produkten oder Dienstleistungen pro Beitrag oder Post »bezahlt«, nach dem sogenannten Barter-Deal. Ein Barter-Deal ist ein Tauschhandel, bei dem Werbung mit Waren bezahlt wird. Klingt altertümlich, ist aber sehr modern und ein gängiges Verfahren vor allem bei der Zusammenarbeit mit Nano- und Mikro-Influencern.

6. *Klären Sie die Nutzungsrechte für den produzierten Content*
   Um Ihr Influencer-Marketing-Briefing zu vervollständigen, klären Sie die Nutzungsrechte für den produzierten Content. Planen Sie, Inhalte aus Ihrer Zusammenarbeit mit dem Influencer auf Plakaten, in Anzeigen, in einem TV-Spot, auf Ihrer Website, Ihrem Blog oder in Ihren sozialen Medien (wieder-) zu verwenden? Wenn ja, fügen Sie eine Klausel hinzu, die angibt, welche Art von Rechten und in welchen Umfang Sie den produzierten Content haben möchten.

21.7   Messen und analysieren

Sobald Sie Ihre Content-Marketing-Kampagne abgeschlossen haben, sollten Sie die Ergebnisse messen, um festzustellen, ob Ihre Influencer-Kampagne ein Erfolg war. Wie Sie Ihre Ergebnisse messen, variiert jeweils nach Ihren Kommunikationszielen. Wie wird der Return on Investment (kurz ROI) des Influencer Marketings gemessen?

- *Markenbekanntheit*
  Sie können den Erfolg dieses Ziels messen, indem Sie das Engagement (Likes, Shares und Kommentare), Ansichten, Marken-Hashtags und Markenerwähnungen analysieren und bewerten.

- *Erstellung von Content*
  Sie können den Erfolg dieses Ziels messen, indem Sie die Gesamtzahl des Contents, genauer der qualitativ hochwertigen Fotos und Videos zählen, die die Influencer in Ihrer Influencer-Kampagne erstellt haben. Sie können auch berechnen, wie viel jedes Content-Piece Sie im Einzelnen gekostet hat.

- *Conversion und Verkäufe*
  Sie können den Erfolg dieses Ziels messen, indem Sie die Anzahl der Verkäufe, E-Mail-Anmeldungen, App-Downloads, Klicks oder Follower addieren, die die Influencer in Ihrer Influencer-Kampagne generiert haben.

Tipp: Ideen für zukünftige Influencer-Marketing-Kampagnen

Gute Themen und Ideen für zukünftige Influencer-Marketing-Kampagnen findet man oft in den Kommentaren der Nutzer unter den einzelnen Content-Pieces, wie Posts oder Videos. Nutzen Sie diese Anregungen für Ihre nächste Influencer-Kampagne!

Checkliste: Dos und Don'ts bei der Zusammenarbeit mit Influencern[4]

Dos

- Begegnen Sie den Influencern auf Augenhöhe.
- Sprechen Sie die Influencer persönlich und individuell an.
- Beschäftigen Sie sich mit den Kanälen, Inhalten und der Reputation der Influencer.
- Prüfen Sie im Vorfeld, ob der Influencer zur Marke passt (Brand Fit).
- Fordern Sie Informationen über Struktur, Follower und Reichweite des Influencers an.
- Überlegen Sie, was der Influencer von der Zusammenarbeit hat.
- Halten Sie gegenseitige Erwartungen und Leistungen schriftlich fest.
- Hören Sie zu. Influencer wissen, was sie tun und lassen sollten, um ihre Community glaubwürdig zu begeistern.
- Werden Sie kreativ. Denken Sie nicht nur an Advertorials, Linkaufbau oder Produkttests. Seien Sie offen für Ideen und Vorschläge des Influencers.
- Bieten Sie eine faire Vergütung an. Gute Influencer arbeiten viel und leben davon.
- Achten Sie auf die entsprechende (Werbe-)Kennzeichnung der Beiträge.
- Denken Sie nachhaltig und bauen Sie langfristige Partnerschaften auf.
- Beziehen Sie Ihre Rechts- und Fachabteilungen rechtzeitig mit ein.

Don'ts

- einfach mal was mit Influencern machen
- kostenlose Promotion oder Content-Erstellung erwarten
- thematisch unpassende Anfragen verschicken
- Influencer ungefragt in Presse- oder Newsletter-Verteiler aufnehmen
- Influencer nur nach ihrer Reichweite beurteilen (Achtung: Fake Follower!)
- Material vor Veröffentlichung zur Freigabe anfordern, außer Sie haben dies vorher vereinbart
- keine Kritik oder »neutrale« Berichterstattung zulassen
- nur kurzfristige Aufmerksamkeit erzielen wollen
- Content der Kooperation selbst nicht teilen, nicht liken und nicht kommentieren
- Beiträge aus Kooperationen nicht klar markieren oder markieren zu lassen

---

4 *https://blog.socialhub.io/dos-und-donts-im-umgang-mit-influencern* [24.08.2021]

Kapitel 22

Content Curation und Content Recycling – mit bestehendem Inhalt neuen Mehrwert bieten

Die Erstellung eigener Inhalte kostet Zeit und bindet viele Ressourcen. Aber muss man denn überhaupt alle Inhalte selber kreieren? Kann man nicht auch einfach auf fremde Quellen zurückgreifen und alte Inhalte nochmals verwenden? Doch, das geht – mit ein paar Regeln und Tricks.

Den Begriff *Kurator* kennen Sie sicherlich. In einem Museum wählt die Kuratorin die Kunstwerke für spezielle Ausstellungen zu besonderen Themen, Anlässen oder Künstlern aus. Aber auch für die Besetzung von Film-, Tanz- oder Theaterfestivals oder die Auswahl der Gäste für Podiumsdiskussionen sind diese sogenannten Kuratoren zuständig. Kurz gesagt scannen sie ihren jeweiligen Markt, stellen Inhalte zu einem bestimmten Thema zusammen, bereiten diese dann auf und präsentieren oder publizieren sie in einem möglichst attraktiven, vielleicht sogar bisher ungesehenen Format einer breiten Öffentlichkeit auf einer Bühne oder populären Plattform.

Auch als Content Creator können Sie zum Kurator werden. Zum einen können Sie Inhalte anderer Kreativer, Experten, Künstler, Journalisten, Blogger oder Influencer kuratieren. In diesem Fall screenen und sammeln sie deren Inhalte und teilen diese dann sortiert und aufgearbeitet mit Ihrer Community. Zum anderen können Sie auch eigene Inhalte, die sie vor einiger Zeit oder in einem bestimmten Format erstellt haben, kuratieren, sprich nochmals neu oder anders auflegen. Dann spricht man von *Content Refurbishing* oder *Content Recycling*.

Content Curation ermöglicht Ihnen eine beständigere Präsenz, vor allem in den Social-Media-Kanälen. Es optimiert aber auch die Sichtbarkeit Ihrer Owned-Media-Kanäle und Inhalte in den Suchmaschinen, da Sie mehr und öfter zu Ihrem Thema publizieren können. Grundsätzlich ist das Kuratieren damit ein wichtiger Bestandteil Ihrer Bemühungen, sich als Experte für einen bestimmten Themen- und Kompetenzbereich zu profilieren.

Ihre Plattform fürs Kuratieren ist dabei natürlich kein Museum, sondern sie besteht aus den Kanälen, auf denen Sie auch sonst Ihre selbst entwickelten Inhalte publizieren. Finden Sie also interessante Artikel, Blogbeiträge, Videos, Bilder oder Posts im Netz oder im eigenen Inventar, können Sie diese nochmals anbieten, beispielsweise:

- in Ihren eigenen *Social-Media-Kanälen* teilen, sprich auf Twitter retweeten oder auf Ihrem Facebook- oder Instagram-Account sharen
- im *Newsletter* Ihres Unternehmens als Links weiterreichen
- auf Ihrem *Blog* teilen
- auf einem *Event* teilen

Schauen wir uns an, wie das Kuratieren eigener und fremder Inhalte funktioniert und was Sie dabei berücksichtigen sollten.

22.1   Content Curation – Inhalte Dritter für die eigenen Ziele nutzen

Der Vorteil des Kuratierens fremder Inhalte: Es ist weniger aufwendig als eigenen Content zu kreieren. Als Content Creator, ob als professioneller Blogger, als Influencerin und YouTuberin, wissen Sie, wie aufwendig und mitunter anstrengend es ist, den Redaktionskalender zu füllen und die Community pünktlich mit eigenem, hochwertig produziertem Content zu erfreuen. Eine gute Content-Kuratorin teilt allerdings nicht alles, was sie findet, sammelt nicht ohne Plan und publiziert kein Sammelsurium an Inhalten. Vielmehr ist die Grundlage für das Kuratieren natürlich eine gut ausgearbeitete Content-Strategie.

Bevor Sie also ein Stück Content kuratieren, sollten Sie die folgenden strategischen und rechtlichen Fragen beantworten.

Die strategische Checkliste für die Content Curation:

- *Mit wem sollte ich diesen Content teilen?* Für einen professionellen Content Creator ist die Antwort eindeutig: natürlich mit den Menschen, die Ihnen beim Erreichen Ihrer Ziele helfen (siehe Kapitel 6, »Die richtigen Ziele setzen und erreichen – mit Content-Kreation zum Unternehmenserfolg«), die auf einer Wellenlänge mit Ihnen liegen und damit in Ihrer Content-Strategie definiert sind: mit Ihrer Persona (siehe Kapitel 7, »Mit der Persona zur besseren Zielgruppe – Communitys aufbauen und pflegen«). Führen Sie sich das Bild Ihrer Persona also nochmals genau vor Augen, bevor Sie den Retweet-Button klicken. Ihre strategische Vorarbeit macht sich hier bezahlt, auch um dann die folgende Frage konkret und systematisch mit Ja oder Nein beantworten zu können.

- *Kann dieser Inhalt meiner Persona/meiner Community helfen?* Wenn Sie im Rahmen Ihrer Strategie- und Persona-Entwicklung eine Content-Mission (siehe Kapitel 10, »Die Content-Marketing-Mission – das inspirierende Sprungbrett für die Content-Kreation«) formuliert haben, hilft Ihnen diese nun wie ein Filter, zwischen wertvollen und unnützen Inhalten zu unterscheiden: Nur wenn Sie überzeugt sind, mit dem Teilen des Inhalts den Mitgliedern Ihrer Community helfen zu können, ein identifiziertes Problem zu lösen, praktisch im Alltag oder Beruf weiterzuhelfen, moralisch zu unterstützen, eine Meinung zu bilden, vor Gefahren oder Irrtümern zu schützen oder einfach Dinge besser zu verstehen, zu machen oder einzuordnen, sollten Sie diese auch teilen.

  Man könnte die Frage auch einfacher formulieren: »Bringt dieser Inhalt meine Follower zum Lachen, Staunen, Weinen, Teilen, …?« Wenn Sie eine dieser Fragen mit Ja beantwortet haben, der Inhalt also aus Ihrer *und* aus Community-Sicht teilenswert ist, gehen Sie zum nächsten Checkpunkt.

- *Ist die Quelle vertrauenswürdig?* Nichts ist enttäuschender, als ein Experte oder geliebter Influencer, der falsche oder unseriöse, wenn nicht sogar Fake-News unkommentiert und unreflektiert weiterleitet. Prüfen Sie den Wahrheitsgehalt und die Richtigkeit der Inhalte, bevor Sie sie retweeten oder teilen. Wenn Sie sich ein Set an grundsätzlich glaubenswürdigen Quellen zulegen, diese abonnieren (Tools dazu siehe unten) und Ihr Kuratieren auf diese Autoren beschränken, wird Ihnen diese Prüfung sicher leichter fallen.

- *Wie sieht es mit Rechten und Lizenzen aus?* Grundsätzlich ist das Verlinken und Einbetten von Inhalten zulässig, wenn die Inhalte öffentlich zugänglich sind. Aber trotzdem darf man nicht alle öffentlich erreichbaren Inhalte einfach verbreiten. Ein Beispiel: Stellen Sie sich vor, Sie betreiben eine Flugschule. Eine Ihrer Schülerinnen hat ein Video mit tollen Bildern aus ihrer ersten Flugstunde geschnitten und stolz auf Facebook gepostet. Unterlegt hat sie die Bilder mit einer wunderbaren Musik: der legendären Top-Gun-Blockbuster-Melodie. Sie würden das Video jetzt gerne teilen, um andere Flugschüler zu motivieren, in Ihre Schule zu kommen. Aber Vorsicht: Der feine Unterschied ist, dass Sie das Video inklusive Kinomusik mit einer Gewinnerzielungsabsicht teilen. Sie müssten daher für die Musiknutzung bezahlen. Tun Sie das nicht, sollten Sie mit einer Strafzahlung z. B. durch die GEMA rechnen.

  Die grundsätzliche Frage, die Sie sich stellen sollten: Sind die Bilder, Videos, Musikstücke oder Texte womöglich ohne Willen der Urheber oder Künstler im Internet oder geteilt worden? Dann hat der, der den Inhalt hochgeladen hat, unter Umständen einen Urheberrechtsverstoß begangen. Wenn Sie diese Inhalte z. B. in Ihrem professionellen Freiberuflerblog oder Unternehmens-Newsletter einbetten und teilen, dann können unter Umständen Sie für den Rechtsverstoß des anderen haften. Übrigens: Liegt der Inhalt, den Sie gerne teilen möchten, öffentlich, aber nicht für jeden zugänglich z. B. hinter einer Paywall, dann ist das Teilen nicht zulässig.[1]

---

1   Thomas Schwenke, Haftung für Links, Embedding und Sharing – Urheberrecht und Datenschutz: *https://drschwenke.de/haftung-fuer-links-embedding-und-sharing-urheberrecht-und-datenschutz/* [03.05.2021]

Sie kennen den folgenden Moment vielleicht: Da lesen Sie einen interessanten On-lineartikel zu Ihrem Hobby (beispielsweise als passionierte Fotografin in Ihrem Lieblings-Fotoblog zu Erfahrungen mit einer spannenden Aufnahmetechnik) und denken sich: Wow, der Tipp ist echt inspirierend, den teile ich mal schnell mit mei-nen Freunden. Sie klicken den Twitter-Sharing-Button und publizieren den Tweet schnell und unkommentiert auf Ihrem Account. Was ist der Effekt? Der Artikel er-scheint zwar nun in der Timeline Ihrer Freunde und Follower unter Ihrem Absen-der. Allerdings ohne dass diese auch nur die geringste Ahnung haben, warum Sie den Inhalt spannend finden oder wie Ihre Meinung dazu ist, ob Sie ihn gut oder eher schlecht finden. Geschweige denn, ob Sie den Beitrag überhaupt gelesen oder vielleicht doch nur einfach schnell auf Basis der Headline retweetet haben? Die In-teraktionsrate wird daher sehr gering sein. Und Ihr Beitrag wird ungesehen »durch-rauschen«.

Daher hier einige wichtige Tipps für richtiges Kuratieren:

- »*Drücken Sie dem Inhalt Ihren Stempel auf.*« Ein guter Tipp, den man immer wie-der hört. Das heißt, reichen Sie Inhalte nicht einfach nur durch, sondern werten Sie sie auf: Kommentieren Sie jedes Stück Content, ordnen Sie es ein, erweitern oder verarbeiten Sie es, kritisch oder kreativ, und passen Sie es so ein in »Ihr« Experten- und Themenfeld, für das Sie stehen. Erst das macht Ihren Mehrwert als Kurator aus. Nur so positionieren Sie sich in den Augen Ihrer Community als Meinungsbildner und Experte – und nicht als Copycat oder »Durchlauferhitzer«. Auch Google wird Sie belohnen, wenn Sie Content anderer beispielsweise auf Ihrem Blog nicht nur einfach »doppeln«, sondern »verarbeiten und veredeln«.

  Bleiben wir zur Illustration dieses Punktes beim Beispiel des Fotoartikels: Sie könnten den Artikel in Form einer Zusammenfassung, einer Liste oder als Mash-up mit eigenen Gedanken auf Facebook oder Ihrem eigenen Blog posten: Erklä-ren Sie ergänzend, was Sie daraus für Ihr eigenes Fotografieren mitgenommen haben. Oder verarbeiten Sie den längeren Text in eine kurze *Speedsummary* mit Ihren wesentlichen Lerninhalten, auch als Liste. Kritisieren Sie auch ruhig, wenn Sie etwas anders sehen. Wer mehr wissen möchte, kann dann auf den Link zum ursprünglichen Artikel klicken, den Sie natürlich Ihrem Post hinzufügen. Stellen Sie sich, Ihrer Community oder dem eigentlichen Autor auch fachliche Fragen zu speziellen Techniken oder konkreten Fotobeispielen, die Ihnen bei der Lek-türe gekommen sind. Packen Sie die Tipps zu Blende und Verschlusszeiten in eine schöne, selbst entwickelte Infografik und teilen Sie sie. Oder bitten Sie ein-fach auch einmal um Einschätzung der Inhalte durch Ihre Follower.

- »*Sharing is caring.*« Aber nicht unreflektiert. Teilen Sie nur, was Ihren Followern wichtig ist. Denn ansonsten besteht die Gefahr, dass diese Ihr übereifriges Teilen nicht als Fürsorge, sondern als Spam und Zeitverschwendung empfinden. Sie werden Sie ignorieren, Ihren Account zeitweise stummschalten oder Ihnen schlimmstenfalls entfolgen (wenn der Algorithmus Ihre Posts nicht schon vorher wegen mangelnder Interaktion still und heimlich aus deren Timeline herausgenommen hat).

- *Werden Sie nicht langweilig.* Zeigen Sie Varianz und Expertise in der Auswahl Ihrer Quellen (die nicht jeder kennt). Unterhalten Sie in Ihren Erläuterungen, die z. B. auf Facebook oder Ihrem Blog ruhig auch länger sein können. Zeigen Sie, dass Sie sich, Ihre Meinungen und Ihr Können weiterentwickeln. Und horchen Sie hinein, was funktioniert und was nicht. Wenn Sie merken, dass ein Thema nicht zieht, auch wenn Sie selbst es noch so toll finden: Lassen Sie davon ab und konzentrieren Sie sich auf die Themen, die »funktionieren«.

- *Honorieren Sie die Urheber.* Sharing ist nur dann auch Caring, wenn Sie den kuratierten Inhalt auch eindeutig als solchen kenntlich machen und zeigen, dass dieser nicht von Ihnen erdacht wurde, sondern von anderen Autoren. Geben Sie dazu immer den Urheber oder die Originalquelle an, die Sie auch direkt verlinken sollten, z. B. mit einem @Nickname bei Twitter oder Instagram und einer Namensangabe bei Facebook. Das fühlt sich gut an – für beide Seiten. Auf Instagram kuratieren die »Freunde des Taunus« beispielsweise facettenreiche und inspirierende Fotos diverser Fotografen aus der ganzen Region. Wie in Abbildung 22.1 gezeigt, passiert dies natürlich inklusive Würdigung und Nennung der Urheber/Creators in Text und Bild.

Abbildung 22.1 Auch auf Instagram können Inhalte korrekt kuratiert werden (hier mithilfe der Repost-App). (Quelle: Instagram-Screenshot)

- *Vermeiden Sie Duplicate Content:* Zitieren Sie größere Textblöcke anderer Onlinequellen oder Autoren, sollten Sie diese entsprechenden Inhalte mit einem sogenannten Canonical-Tag versehen, das auf das Original verweist. Denn es kann aus Google-Sicht nur ein Original geben. Sonst wird einer von Ihnen automatisch als Canonical Content klassifiziert, der nicht mehr gecrawlt und aus dem Suchmaschinen-Ranking verbannt wird.[2]

Kommen wir zur Planung: Obwohl Sie sich beim Kuratieren die Arbeit des Konzipierens und Umsetzens sparen, sollten Sie den Aufwand dafür keinesfalls unterschätzen. Bevor Sie Inhalte aufwerten und teilen können, müssen Sie sie schließlich erst einmal finden, sichten und sammeln. Dabei können Sie sich allerdings von einigen digitalen Tools helfen und sich inspirieren lassen. Hier eine kleine Auswahl:

- *Paper.li* macht Sie gewissermaßen zum Onlinezeitungsverleger. Mit dem Tool können Sie Inhalte aus dem Netz sammeln, aufbereiten und als »Onlinezeitung« auf Ihrer Website oder in sozialen Netzwerken teilen.

- *Triberr* ist ein praktisches Tool, wenn Sie Blogger und Creator eines kleineren Unternehmens sind. Damit können Sie Themen recherchieren, Influencer gewinnen, deren Beiträge kuratieren und mit sogenannten *Tribes* (Online-Communitys) teilen.

- *Scoop.it* ist eine All-in-one-Lösung für Content Discovery und Curation. Damit können Sie Inhalte erstellen, teilen, sammeln, arrangieren und dann entweder direkt auf der Plattform selbst, in die eigene Website eingebunden oder in sozialen Netzwerken teilen.

- *Curata* ist ebenfalls ein professionelles All-in-one-Tool. Es bewertet Inhalte auf Basis von Algorithmen mit einem Relevanz-Score. Die Inhalte können Sie mit einem Texteditor und einer Bilderdatenbank aufbereiten, um sie dann mit dem Curata-CMS oder über ein externes Tool zu teilen.

- *Twitter-Listen* helfen direkt in der Twitter-App, von Ihnen ausgewählte, weil inspirierende und zuverlässige Twitter-Accounts, denen Sie folgen, zu eigenen Gruppen zusammenzufassen, also z. B. »Meine Lieblingsexperten Content Marketing«, »Die besten Hundetrainer« oder Ähnliches. Deren Tweets können Sie dann thematisch gebündelt sichten und bei Gefallen teilen. Die Listen können Sie selbst erstellen oder den öffentlichen Listen anderer Twitter-Nutzer mit ähnlichem Interesse folgen.

- *Instagram-Sammlung:* Mit dem Sammel-Feature in der App können Sie die Fotos anderer Creators thematisch sortiert speichern, um sie später zu bewerten und gegebenenfalls zu teilen.

---

2 Was ist eigentlich Duplicate Content? In: t3n, 03.05.2019: *https://t3n.de/news/duplicate-content-vermeiden-758662/* [13.05.2021]

- *Flipboard:* Die personalisierte Nachrichten-App hilft Ihnen beim Sichten und Kuratieren: Sie fühlt sich an wie ein persönlich gestaltetes Magazin, mit dem Sie in »geflipten« News, Storys, Artikeln, Videos und Fotos von Personen, ausgewählten Alben oder Website-Feeds stöbern können. Sie können auch selbst Artikel, die Sie finden, in eigene Alben »flipen«, sprich sie kuratieren.

- *Pocket* ist ein kleines, hilfreiches Tool. Finden Sie Artikel, Fotos oder Videos, die Sie »behalten« möchten, stecken Sie sie per Klick in ihre »digitale Tasche«.

- *Hootsuite* erstellt Suchstreams, geordnet nach Ihren Hashtags, nach Standort oder Stichworten. So können Sie Inhalte in einem Dashboard zusammenstellen und von dort, mit geplantem Veröffentlichungstermin versehen, auf Ihren Social-Media-Kanälen teilen.

- *Google-Alerts:* Mit Google-Alerts richten Sie Schlüsselwörter ein, die für Ihr Thema oder Ihre Branche relevant sind. Sie erhalten dann jedes Mal eine E-Mail-Benachrichtigung, wenn Google neue Inhalte mit diesen Schlüsselwörtern im Web findet

22.2   Content Recycling – eigene Inhalte gekonnt wiederverwerten

Fremde Inhalte zu kuratieren ist also eine Möglichkeit, den eigenen Stream zu füllen. Aber was ist mit aufwendig produziertem Content, den Sie bereits publiziert haben, der aber immer noch oder immer wieder gefragt ist? Schminktipps zu Karneval, Fitness- und Ernährungspläne nach dem langen Winter oder der Kommentar, mit dem Sie den Nerv der Community getroffen haben und der auch nach Jahren der ersten Publikation noch so beliebt ist, dass er mit zu den meistgelesenen Artikeln Ihres Blogs gehört – als sogenannter Evergreen-Content?

Dann wäre es fast fahrlässig, diesen Content nicht erneut aufzulegen. Denn offensichtlich bedient er ein konkretes Bedürfnis. Diese Neuauflage von alten Inhalten nennt man Content Recycling, Refurbishing oder vielleicht noch besser: *Content Upcycling*. Denn es geht um das Kuratieren – wohlgemerkt – durchdacht überarbeiteter eigener Inhalte mit dem Ziel, dem Publikum einen (aktualisierten neuen) Mehrwert zu bieten.

Was ist Content Recycling also nicht? Ganz einfach: das Aufwärmen und Wiederveröffentlichen alter Content-Stücke, um sich Arbeit zu ersparen.[3]

---

3   Marc Ostermann, Content-Recycling als Teil der Content-Strategie. In: Zielbar, 25.04.2017: *https://www.zielbar.de/magazin/content-recycling-strategie-15149* [15.05.2021]

Wichtige Fragen für Ihr Content Recycling

- *Was sind Ihre wertvollsten Inhalte?* Werfen Sie einen Blick auf Ihre Metriken und identifizieren Sie Ihre beliebtesten Inhalte auf Ihren Plattformen:

  - Welche Inhalte haben überproportional viel Traffic gebracht?

  - Welche Inhalte haben überdurchschnittlich viele Shares gehabt?

  - Welche Posts haben die meisten Kommentare?

  - Welche Beiträge ranken zu wichtigen Keywords und können darauf optimiert werden?

Haben Sie auf diese Weise Content mit Potenzial fürs Recycling identifiziert, sollten Sie sich als Nächstes folgende Fragen stellen:

- *Passt der identifizierte Inhalt noch zu Ihrer aktuellen Content-Strategie?* Wenn der Inhalt beliebt ist, aber noch aus einer Zeit stammt, in der Sie vielleicht andere Zielgruppen im Auge hatten, lassen Sie ihn fallen. Wenn er Ihrem Markenbild nicht mehr entspricht: Aktualisieren Sie ihn. Sonst verschwenden Sie entweder Ihre Zeit, verwässern Ihre Marke oder konterkarieren Ihre aktuellen Content-Aktivitäten.

- *Muss der Inhalt optimiert werden?* Diese Frage stellt sich mit Blick auf den Mehrwert für die Zielgruppe. Wenn Sie z. B. in den Kommentaren Fragen zur aktuellen Version des Inhalts finden, beantwortet Sie die im recycelten Beitrag. Oder sollten Sie ihn aufgrund des Feedbacks relativieren, erweitern, korrigieren?

- *Welche Kanäle und Formate laufen am besten?* Dann gilt es, dorthin mehr Content zu bringen, vielleicht aber auch andere Formate zu bedienen.

Nun haben Sie einen ersten Plan für Ihr Content Recycling. Das bringt uns zu den verschiedenen Möglichkeiten der Aufbereitung, denn Sie sollten Ihren Content nicht einfach wiederholt posten:

- *Teilen Sie den gleichen Inhalt nochmals.* Stellen Sie sich vor, Sie haben einen Blogpost geschrieben, an einem sonnigen Samstagmorgen gepostet, und auf Facebook mit einem entsprechenden Teaser promotet. Aber niemand reagiert. Vielleicht lag's am Wetter, am Wochentag? Dann posten Sie den Link einfach nochmals, ein paar Tage später. Und lernen Sie, wann für Sie die besten Veröffentlichungstermine sind.

- *Bringen Sie die bestehenden Inhalte in ein neues Format.* Damit können Sie dann auch andere oder neue Kanäle bespielen. Ein paar Beispiele dazu:

  - Sie haben ein Interview mit einem Künstler gemacht, dass Sie vor einem Jahr als Video auf YouTube gepostet haben? Dann könnten Sie das anlässlich seiner neuen Ausstellung in diesem Jahr auf Ihrem Blog wieder aufleben lassen: als ein niedergeschriebenes, redaktionell aufgearbeitetes und um aktuellere Zahlen, Infografiken, Erkenntnisse, den Ort der Ausstellung inklusive Öffnungszeiten ergänzten Artikel auf Ihrem Blog.

- – Sie haben einen Vortrag auf dem letzten IT-Convent gehalten? Dann könnten Sie daraus nun ein Webcast machen. Die Slides dazu stellen Sie den Teilnehmern und anderen außerdem auf Slidehare/LinkedIn zur Verfügung.

- *Zerlegen Sie lange Inhalte in mehrere, kurze Posts:* Ein Whitepaper, das Sie mit viel Mühe für Ihre Kunden geschrieben haben und das gut ankam, können Sie in kürzere Blogbeiträge zerschneiden und diese separat über einen Zeitraum hinweg publizieren. Oder passen Auszüge aus dem Paper vielleicht sogar in Ihren Newsletter?

- *Setzen Sie kürzere Content-Stücke zu einem längeren Format zusammen:* Haben Sie beispielsweise während der Pandemie mehrere Blogbeiträge zum Einfluss von Corona auf Ihre Branche geschrieben, könnten Sie diese bündeln. Dann wird daraus ein Rückblick in einem E-Book, ergänzt vielleicht um Lehren für die Zukunft. Das können Sie dann über verschiedene Kanäle verteilen.

  Oder Sie setzen die vielen Video-Snippets mit Ihren Schminktipps auf Instagram- oder TikTok-Tutorials zu einem längeren, gut strukturierten Help-Video für IGTV oder YouTube zusammen.

- *Nutzen Sie Mikro-Content für Ihre Social-Media-Kanäle:* Haben Sie spannenden Infografiken in Ihrem besagten Whitepaper genutzt oder könnten Sie einige Erkenntnisse aus dem Paper in knackige und gut designte Infografiken zusammenfassen? Dann publizieren Sie sie diese »Bits und Pieces« mit kurzen Erläuterungen über Ihre Social-Media-Kanäle.

Gerade, wenn Sie ältere Inhalte »refurbishen«, schauen Sie sich die Details nochmals genauer an. Denn die Welt dreht sich schnell: Dinge ändern sich! Trends kommen und gehen quasi über Nacht. Aktualisieren Sie daher Ihren alten Content, egal, in welchem neuen Format auch immer Sie ihn publizieren. Insbesondere Fakten müssen überprüft, aktualisiert, vielleicht auch ergänzt werden.

Checkliste und Watchouts fürs Content Recyling:

- *Passen Sie im alten Content genannte Fakten an:* Ergänzen oder ersetzen Sie sie durch neue Zahlen und Statistiken, geänderte Rahmenbedingungen, neue Gesetze oder überholte Technologien.

- *Prüfen Sie auch den Stil:* Sprache, Schnitt, Colorcode. Ist das alles noch ok? Passt das noch zu Ihrem aktuellen Auftritt und den aktuelleren Inhalten?

- *Reparieren Sie defekte Links und setzen Sie neue Verlinkungen:* Sicher haben Sie das selbst schon oft gesehen: In alten Blogbeiträgen erscheinen statt eines ursprünglich zum Publikationsdatum aktuell eingebundenen YouTube-Videos hässliche graue Kästen. Dann wurde das Video vom Autor inzwischen gelöscht oder durch ein neues an anderer Stelle ersetzt.

- *Vermeiden Sie auch hier Duplicate Content:* Kopieren Sie den Text Ihres alten Blogpost nicht einfach und posten ihn ein zweites Mal. Dann weiß die (Google-)Suchmaschine nicht mehr, welche Version sie Suchenden in der Trefferliste anzeigen soll. Sie bestraft sie dafür: Sie lässt es lieber ganz sein oder sucht sich selbst eine der Versionen aus, allerdings ohne wirklich zu wissen, welche sie nun in ihrer Trefferliste anzeigen sollte. Als Lösung dafür gibt es die sogenannten kanonischen URLs. Mit diesem Metatag, das Sie in den Header der jeweiligen Seite eintragen, können Sie dem Crawler »mitteilen«, welche Version er bevorzugt anzeigen soll.[4]

- *Braucht der Inhalt neue Keywords?* Suchverhalten ändert sich oder Themen erscheinen plötzlich unter neuem Label und im neuen Kontext. Dann prüfen Sie, ob damit nicht auch neue Keywords oder Hashtags genutzt werden sollten.

- Wann immer Sie dann die so aktualisierten Inhalte veröffentlichen, vergessen Sie nicht, die Updates zu kennzeichnen!

Tipp: Finden Sie das richtige Maß

Egal ob Sie nun fremden Content kuratieren oder Ihren eigenen recyceln möchten: Nichts sticht die Wirkung Ihres eigenen, originären Contents. Übertreiben Sie es daher nicht mit dem Kuratieren. Finden Sie Ihr richtiges Maß und vergessen Sie nicht: Sie sind Content Creator, kein Recyclinghof.

---

4   Duplizierte URLs zusammenfassen. In: Google Search Central: *https://developers.google.com/search/docs/advanced/crawling/consolidate-duplicate-urls?visit_id=1-636132399923167460-1305198460&hl=de&rd=2*

Kapitel 23

Rollen und Kompetenzen – vom talentierten Einzelkämpfer zum Content-Creator-Team

Content Marketing braucht eine eigene funktionierende Werkbank, damit es wirklich funktioniert: mit speziellen Kompetenzen und ausreichend Ressourcen, nicht nur Geld, sondern auch Talent, Inspiration und Zeit.

Sabine ist 32, erfahrene Marketingreferentin und arbeitet in einem mittelständischen Unternehmen in Marburg. Eines Tages kommt ihr Chef ins Büro und erklärt ihr: »Wir machen das jetzt auch mit diesem Content. Storytelling! Darum geht's jetzt!« Sabine ist begeistert. Lange hatte sie schon dafür gekämpft. Sie überzeugt ihren Chef auch gleich, in ein Weiterbildungsseminar gehen zu dürfen. Nach vier Tagen intellektueller »Druckbetankung« kommt sie motiviert, begeistert und voller Tatendrang zurück. Ihr schwant zugleich: »Das wird nicht einfach.«

Ihr Chef empfängt sie mit den Worten: »Dann legen Sie mal gleich los. Das schaffen Sie ja doch nebenher? Extrabudget kriegen wir allerdings im Vorstand nicht durch. Machen Sie das mal mit Bordmitteln. Sie können ja schreiben. Ein iPhone haben sie doch auch.« Sabine ist motiviert und packt gleich an. Sie legt Sonderschichten ein. Zwei Monate später zum Jahresende hat sie 37 Follower auf Instagram, einen Effekt aufs Geschäft kann sie nicht nachweisen. Ihr Chef ist unzufrieden. »Wir machen dann doch besser wieder unseren Flyer! Der hat immer funktioniert.«

Das Szenario mag fiktiv sein, dennoch wird es Ihnen eventuell aus eigener Erfahrung bekannt vorkommen. Denn das Thema Content Marketing steht in Deutschland noch immer nicht gleichberechtig neben Werbung und Produktmarketing. Das Budget ist knapp, wenn überhaupt welches vorhanden ist. Personellen Unterbau gibt es oft auch (noch) nicht. Daher landet der Auftrag, wie in dem Szenario beschrieben, zusätzlich auf dem Schreibtisch einzelner – neben deren bestehendem Job. Und nun?

Eines steht fest: Es geht nicht nur um Qualifikation. Der Umgang mit ständig neuen »Inhalte fressenden« sozialen Medien und dem entsprechenden Paradigmenwechsel in der Kommunikation ist Teil eines anspruchsvollen Transformationsprozesses. Digitalisierung macht jeden Job komplizierter – auch die Kommunikation. Berufsbilder verändern sich, neue entstehen. Das ist in bestehenden Strukturen unbequem und schwer durchzusetzen. Schließlich soll diese neue Disziplin »Content« doch erst einmal zeigen, was sie kann und was dabei herumkommt. Aber es geht auch um dafür notwendige Rollen, Strukturen und Kompetenzen im Unternehmen. Also: Wie kriegen Sie das mit »diesem Content« jetzt hin? Welches Team brauchen Sie?

23.1   Ihre Zeit allein wird nicht reichen

Niemand käme auf die Idee, die umfassenden Aufgaben für das Produktmarketing eines Unternehmens in die Hände einer einzelnen Person zu legen. Schließlich geht es um einen umfassenden Aufgabenbereich und die entsprechende Aufstellung in unterschiedlichen Fachgebieten:

- Eine Marktforschungsabteilung, die sich mit den Menschen und ihren Bedürfnissen beschäftigt, bevor sie ein Produkt entwickeln.

- Ein Research & Development mit fachlich versierten Experten, die »Produkte« konzipieren, die die Menschen überraschen, die außergewöhnlich und ungesehen sind.

- Eine Produktion für jedes Produkt, die qualitätsorientiert arbeitet und dafür notwendiges Instrumentarium und Know-how anschafft.

- Eine Promotion-Abteilung, die Produkte bewirbt, denn die verkaufen sich nicht von allein.

- Ein Sales-Department, das die Produkte in die Regale der Märkte bringt.

- Customer Relations, die (potenzielle) Kunden verstehen, in den Dialog gehen und das Feedback der Kunden ins Unternehmen tragen.

Im Content Marketing lesen sich einzelne Stellenausschreibungen für neu zu besetzenden Positionen jedoch meist wie das Inhaltsverzeichnis dieses Buches: Dann soll der Wunschkandidat, die Wunschkandidatin in den gesamten Kreationsprozess von Strategie, Konzeption, Produktion, Distribution und Erfolgsmessung in Personalunion abwickeln können – am besten inklusive Social Media Management. Der Grund ist nachvollziehbar: Content Marketing wird vorsichtig als Ergänzung zum Produktmarketing oder der Public-Relations-Abteilung verstanden. Entsprechend wird, um es einmal auszuprobieren, in diesen bestehenden Abteilungen maximal eine neue Planstelle geschaffen, die das Thema Content möglichst umfassend abdecken soll. Oder die Aufgabe wird zusätzlich zu allen anderen Aufgaben in das bestehende Team »implantiert«.

Damit sind aber leider Missverständnisse und Misserfolge vorprogrammiert. Denn auch Content Marketing verlangt nicht nur Spezialwissen und Erfahrung, sondern auch zusätzliche Zeit und eigenes Budget. Solange es aber nur als Ergänzung unter bisheriger Denke und ohne neue Ressourcen eingeführt wird, bleibt es meist produktfokussiert und wird damit niemals seine Wirkung entfalten können. Dann wird es, wie von vielen Content-Kritikern befürchtet, tatsächlich alter Wein in neuen Schläuchen bleiben – und damit auch bald auch wegen fehlender Wirkung wieder eingestellt werden. Mit dem ernüchternden Fazit: »Hat ja nicht funktioniert. Gut, dass wir da nicht mehr investiert haben.«

Um es noch einmal klar zu sagen: Content Marketing braucht eine eigene »Werkbank« – vergleichbar mit dem Produktmarketing. Natürlich kann eine Person gerade zu Beginn mehrere Aufgaben in der Content-Entwicklung übernehmen. Wenn Sie es allerdings ernst meinen und mittelfristig planen, bauen Sie sich ein kompetentes Team auf. Suchen Sie sich punktuell Unterstützung, wenn Sie diese im eigenen Unternehmen nicht finden können. Oder kaufen Sie sich entsprechende Ressourcen von außen hinzu – in Form von Agenturen, Redaktionen oder Freelancern. Die Konkurrenz um die Aufmerksamkeit Ihres Publikums ist einfach zu groß, um es mit halbem Herzen gewinnen zu können.

23.2   Wie ein Content-Creator-Team aussieht

Der Aufbau eines Content-Creator-Teams birgt erfahrungsgemäß einige Herausforderungen. Denn ohne grundsätzliche Rollen und die damit verbundenen Kompetenzen im Team zu haben, laufen Sie Gefahr, Ihre Ideen nicht auf die Straße bzw. ihre Wirkung nicht zur Entfaltung zu bringen. Dieser Auffassung sind auch Joe Pulizzi und Robert Rose, die beiden Gründer des Content Marketing Institutes und angesehene Content-Marketing-Pioniere, die zu diesem Thema bereits einige Beiträge[1, 2] publiziert haben. Die Darstellungen der Experten zeigen aber auch, wie dynamisch sich diese Rollen in den letzten Jahren entwickelt haben und noch weiter entwickeln werden.[3]

---

1   Joe Pulizzi, 10 Content Marketing Roles for the Next 10 Years:
    https://contentmarketinginstitute.com/2016/10/content-marketing-roles [19.10.2020]

2   Robert Rose, The 7 Core Roles of a 2020 Content Marketing Team:
    https://contentmarketinginstitute.com/2019/06/core-roles-content-team [19.10.2020]

3   Mirko Lange, Organisationen im Umbruch: Alte und neue Rollen im (Content-)Marketing:
    https://scompler.com/organisationen-im-umbruch-alte-und-neue-rollen-im-content-marketing
    [19.10.2020]

Schauen wir uns einige essenzielle Rollen und die damit verbundenen Aufgaben und Kompetenzen näher an. Dabei gilt es zu verstehen: Nicht jede Rolle braucht eine eigene Stelle. Einige Rollen können auch in Personalunion bewältigt werden. Das hängt vom Umfang der Aufgaben ab – und von Ihrer bzw. der Qualifikation der Spezialisten, die Sie rekrutieren.

Folgende Rollen und Kompetenzen gilt es, an Bord Ihres Content-Teams zu holen:

- *Content-Strateg*in*
  Es ist eine der entscheidenden Rollen innerhalb einer Content-produzierenden Einheit. Daher sollte sie nahe der Geschäfts-/Projektführung angesiedelt sein. Die Person in dieser Rolle ist nicht nur in der Lage, die richtungsweisende Content-Strategie – abgestimmt auf die übergeordneten Ziele – zu entwickeln. Sie wird auch deren Umsetzung durch den gesamten Prozess hindurch begleiten, wenn nicht sogar überwachen und gegen Störfaktoren verteidigen, ja sogar »schützen«. Das macht sie im Frontend wie im Backend: Im Frontend-Bereich arbeitet die Strategin an der Zielbestimmung und der entsprechenden Persona-Entwicklung. Mit diesem Wissen begleitet sie die entsprechenden Redaktionsarbeiten und sogar die Entwicklung der User Experience (UX), also der ganzheitlichen Kundenerfahrungen inklusive der technischen Umsetzung. Mit ihrem Wissen um Persona-Insights kann diese Rolle Empfehlungen für Inhalte wie für funktionale Anforderungen in deren Aufbereitung geben. Redakteure trainiert sie idealerweise auch in Sachen Content Marketing und im Umgang mit den entwickelten Personas. Bei der Ideen- und Themenfindung unterstützt sie das Redaktionsteam mit ihrer Bewertung entwickelter Inhalte. Sie kann auch die Entwicklung von Anforderungen für Content-Management-Technologien unterstützen (und unter Umständen sogar leiten). Im Backend-Bereich ist diese Rolle für den reibungslosen »Flow« von Inhalten im gesamten Unternehmen verantwortlich. Content-Strategen sind für Content-Audits und -Inventar verantwortlich und setzen die Schwerpunkte für die SEO-Strategie fest. Letztlich sind sie auch für die Skalierbarkeit dieser Content-Ansätze im gesamten Unternehmen mit verantwortlich. Die Rolle ist fast immer auch die personifizierte Verbindung zur Geschäftsführung: Sie setzt Inhalte in Relation zu den Ergebnissen.

- *Chef*in vom Dienst (CvD)*
  Diese Rolle ist ebenfalls eine der Schlüsselrollen im Team. Der leitende Redakteur konzentriert sich aber im Gegensatz zur Strategin auf die Organisation und das Management des Tagesgeschäfts der Redaktionsarbeit. Die Rolle beschreibt eine Art leitenden internen Projektmanager, der weniger strategisch arbeitet, als vielmehr Inhalts- und Produktionsprozesse verbessert und entsprechende Lösungen implementiert. Mit redaktionellen Guidelines stellt der Chef vom Dienst sicher, dass das Team, bestehend aus unterschiedlichen Redakteuren, ef-

fizient arbeitet. Diese Rolle gewährleistet die Content-Qualität, aber auch die Einhaltung rechtlicher, behördlicher und vor allem auch markenbezogener Anforderungen und ist weisungsbefugt gegenüber allen anderen Redakteurinnen.

- *Redakteur*in*
  Redakteure im Content Marketing zeichnen sich vor allem durch ihre universelle Medienkompetenz aus. Während sie als Spezialisten in einem Format arbeiten, verstehen solche Redakteurinnen die »Sprache« vieler unterschiedlicher Formate (Text, Foto, Video, Audio) und setzen sich idealerweise intrinsisch motiviert mit den formalen Anforderungen spezifischer und neuer Kanäle (Social Media, Blog, On-/Offlinemedien) auseinander. Das Redaktionsteam entwickelt Ideen für Inhalte idealerweise zunächst unabhängig von einem Medium und dem individuellen Skill Set. Für die Long Copy auf dem Unternehmensblog denkt es auch gleich die entsprechenden Posts für die Verbreitung und Promotion des Artikels in Social Media mit. Außerdem betrachtet es die Inhalte nicht ab ihrer Publikation als erledigt und abgeschlossen, sondern optimiert, korrigiert die Inhalte über die Publikation hinaus bzw. relativiert und kommentiert sie in der Diskussion mit der Community. Auch SEO-Kenntnisse und Storytelling-Kompetenz sind willkommene Zusatzqualifikationen.

- *Community Manager*in*
  Kurz gesagt: Dies ist ein anspruchsvoller Job. Ausgestattet mit einer riesigen Portion Empathie und Begeisterungsfähigkeit managt der Community Manager, die Community Managerin die Beziehungen zwischen dem Unternehmen und seiner Community. Diese Person versteht die Marke genauso gut wie ihr Publikum. Sie ist ein Teamplayer, die Kommunikation und deren Wirkung atmet. Diese Person wirkt laut Vivian Pein[4], Vorstandsmitglied des BVCM, Community Managerin und Autorin, nach innen (Prozesse, Schnittstellen, Koordination) wie nach außen (Auswahl der Plattformen, Monitoring etc.). Daher sollte sie auch mit allen Hierarchieebenen im Unternehmen sprechen können, also auch deren »Sprache« sprechen. Ihre Kernaufgabe besteht im direkten Dialog mit den verschiedensten Anspruchsgruppen.

Diese Person ist vor allem eines, die verkörperte Interessenvertretung und Vertrauensfigur der Community und zuständig für deren Aktivierung. Dazu hört und fühlt sie sich in die Community hinein, nimmt deren Stimmungen und Befindlichkeiten auf und hat die Augen und Ohren an allen Schnittstellen. Sie achtet darauf, wie Inhalte in der Community ankommen und gibt ihre strategischen Überlegungen und Beobachtungen an Content-Strategie, Redaktion, aber auch an die hoffentlich dafür empfängliche Geschäftsführung weiter. Diese Rolle ist kein Nebenjob und braucht bei einer großen und aktiven Community volle Kon-

---

4   Vivian Pein, Social Media Manager, Das Handbuch für Ausbildung und Beruf:
    https://vivianpein.de/projekte/buch-der-social-media-manager [29.10.2020]

zentration. Zusammenarbeit mit den Fachabteilungen, entsprechende Feedback-Prozesse, Monitoring und Reporting gehören neben der Betreuung der ausgewählten Social-Media-Kanäle zum Pflichtprogramm. Die Community-Managerin ist laut Pein aber auch eine Art moralische Instanz: Als »letztes Bollwerk des Anstands im Social Web« achtet sie auf die Einhaltung der Regeln im Umgang miteinander. Und sollte doch einmal eine Krise oder ein Shitstorm über das Unternehmen hereinbrechen, ist sie ein sehr wichtiges Mitglied im Team der Krisenkommunikatoren.

- *Hybrid Creative Director*
  In Hochzeiten der klassischen Markenkommunikation gab es in jedem größeren markenorientierten Unternehmen den Corporate-Identity-(CI-)/Corporate-Design-(CD-)Verantwortlichen. Ohne sein Okay ging kein Content »in den Druck«. Inzwischen ist diese Aufgabe komplexer geworden. Sie erstreckt sich nicht mehr nur auf die Überwachung der Einhaltung der Form, sondern auch auf die Kreation selbst, also die Art der Inhalte und ihrer medienspezifischen Konzeption und Aufbereitung, sprich Produktion. Die oder der oberste Kreative, ob Designer, Autorin oder Formatspezialist, leitet das funktionsübergreifende Content-Team interner und externer kreativer Spezialisten (z. B. Autoren, Designerinnen, Videospezialisten, Fotografinnen). Diese Rolle führt das Content-Team durch fachliche, produktionstechnische und inhaltliche Kompetenz. Sie zeichnet sich idealerweise aus durch ihr Know-how in Sachen Umsetzung, also Film, Fotografie und Text.

  So coacht sie die Content-Konzeption des Redaktionsteams und arbeitet mit am kreativen Hook, der ein Content-Kampagnen-Konzept und damit jedes Stück Content für das Publikum so überraschend anders, sprich »outstanding« macht. So hebt sie Ihren Content aus der Flut an konkurrierenden und »zu glatten«, sprich richtigen Mainstreaminhalten heraus. Bei der Umsetzung achtet ein Creative Director auf die dafür entsprechende Produktionsqualität. Er entscheidet auch, ob das jeweilige Stück Content mit internen Mitteln (z. B. eigenen Shootings mit dem Smartphone) oder mit der professionellen Unterstützung externer Produktionsteams (Fotograf, Filmteam, Schnitt etc.) erstellt werden sollte.

Das sind die essenziellen Rollen für Ihr Team. Weitere Rollen, auch wenn Sie sicherlich größeren Unternehmen mit ausgeprägter Content-Kultur vorbehalten sein werden, seien aber auch noch vorgestellt:

- *(Chief) Storyteller*
  Wie schreibt man fesselnde Corporate Storys und wie findet man Ideen dafür? Steve Clayton, sogenannter Chief Storyteller bei Microsoft, ist überzeugt, dass die besten Storys nicht gesucht werden müssen:

> *»Erstaunliche Storys finden solche Menschen, die mit neugierigen Augen durch die Welt gehen.«[5]*

Suchen Sie sich also für Ihr Creator-Team vor allem Menschen mit dieser Neugier – dann haben Sie die Storyteller an Bord. Egal ob als Redakteurinnen, Producer, Kreative oder Strategen: Es ist eine natürliche Neugierde, die nicht jeder in sich trägt. Wenn Sie solche Storyteller in Ihrem Creator-Team haben, dann bekommen Ihre Storys auch diese ganz besondere Anziehungskraft und Magie für Ihre Community.

- *Audience Development Manager*in*
  Diese Rolle ist für die Entwicklung der Reichweite durch Follower- und Abo-Bestände zuständig, die sich mit zunehmender Content-Entwicklung entwickeln. Darunter fällt der Ausbau der Direct-Mailing- und E-Mailing-Listen, die zunehmende Reichweite in den sozialen Medien durch Paid- und Earned-Media sowie zunehmend durch Marketingautomation.

- *Schnittstelle Marketing – Personalwesen*
  Die Aufgaben von Marketing- und HR-Abteilungen beginnen sich immer stärker zu überschneiden. Für den Aufbau einer starken und attraktiven Arbeitgebermarke, das sogenannte Employer Branding, ist differenzierender, auf dem Markenkern und dem Purpose aufbauender Content mit Mehrwert für die umworbenen Talente essenziell. Andersherum werden Angestellte als Influencer immer mehr zu einem integralen Bestandteil des Marketingprozesses. Marketing und Personalabteilung sollten also eng zusammenarbeiten, am besten auch organisatorisch manifestiert durch eine Person oder ein kollaborierendes Gremium.

- *Integrated Content Officer (Chief Content Officer (CCO))*
  Immer mehr Abteilungen in größeren Unternehmen beginnen, Inhalte zu erstellen. Die Herausforderung: Diese Abteilungen haben kaum »natürliche« Schnittstellen. Sie produzieren Content für ihre jeweiligen Stakeholder, ohne dass sie in ihrer Siloorganisation gelernt haben, miteinander zu kommunizieren. So liegt die Befüllung der Social-Media-Kanäle beispielsweise in der Verantwortung des Produktmarketings, das zugleich klassische Werbung produziert; das Kundenmagazin und Medien wie Indoor-Radio sind derweil der Sales-Abteilung zugeordnet, während die Presseabteilung Infos und Storytelling für die Presse bereitstellt und das Suchmaschinenmarketing ausgelagert bei der Agentur liegt. Die HR-Abteilung kümmert sich derweil mit einem Blog auf einer eigenen Microsite um Talente. Das ist ein Szenario, das erfahrungsgemäß nicht nur in Unternehmen, sondern auch in Verlagen, Organisationen und Verbänden mit unter-

---

5   *https://dmexco.com/de/podcast/steve-clayton-von-microsoft-was-macht-gute-corporate-stories-aus* [15.10.2020]

schiedlichen Abteilungen und gewachsenen Zuständigkeiten verbreitet ist. Diese Silos aufzubrechen ist – historisch bedingt – schwer. Daher sorgt ein CCO dafür, dass all diese Inhalte und Geschichten konsistent bleiben. Schließlich sollen sie aus Sicht des Publikums, dem die Organisation des Unternehmens egal ist, weiterhin ein einheitliches Bild und Sinn ergeben. Diese Rolle ist verantwortlich für die Festlegung des allgemeinen Content-Marketing-Leitbildes – für die Integration aller Inhalte. Was früher und dem Fachbegriff integrierte Kommunikation lief, ist heute Content-Integration.

- *Content Manager*in Technik*
  Diese Rolle besetzen Sie idealerweise mit technischer Kompetenz für Content Management und Content-Management-System. Denn den Content inklusive aller Medien fachgerecht ins jeweilige System einzustellen verlangt technisches Geschick und Wissen. Dazu kommen spezifische Anforderungen pro Kanal, die es ebenso im Auge zu behalten gilt wie die Implementierung aussagekräftiger Webanalytics. Auch digitale Daten- und Medienbestände gilt es zu pflegen. All das wird einen normalen Redakteur schnell überfordern und ihn von seiner eigentlichen Aufgabe, der Content-Kreation, abhalten.

Content Creators mit ganz außergewöhnlichen Fähigkeiten können Sie jederzeit phasen- oder projektweise in Ihr Team integrieren. Holen Sie sich ganz bewusst unbequeme, kreative Inspiratoren und technische Innovatoren ins Team. Solche Koryphäen lassen sich meist nicht einstellen, sie arbeiten oft frei, als Künstler oder in Agenturen. Sie sind wertvoll, um Ihr Team zu motivieren, es aus der Komfortzone zu holen und um Sie selbst zu »challengen«.

Überschneidungen zwischen all diesen Rollen gibt es natürlich. Gerade für kleinere Unternehmen, die mit Content Marketing und Content-Kreation starten, ist es unter Umständen eine große personelle wie budgetäre Herausforderung, diese Rollen mit Vollzeitangestellten zu beschäftigen. Daher werden sie oft als zusätzliche Aufgabe an bereits angestellte Marketing-, Sales- oder Technologieexperten vergeben. Wichtig ist dann, nicht nur auf deren Auslastung zu achten, sondern auch deren notwendige Zusatzqualifikation anzugehen. Schließlich sollten Sie Content Marketing als zusätzliche Werkbank und nicht einfach als Teil Ihres bisherigen Produktmarketings, Ihrer IT-Aufgaben und als »Weiter so« verstehen.

23.3   Was Sie beim Teamaufbau im Blick haben sollten

Beim Aufbau eines Creator-Teams für Ihr Content Marketing gibt es je nach Ausgangslage unterschiedliche Herausforderungen, die Sie im Blick haben sollten:

- *Sie haben noch kein Team?* Dann heißt es nun, nach Kräften zu suchen, die die entsprechende Qualifikation und »Content-Marketing-Denke« mitbringen. Suchen Sie nach Festanstellungen, dann überlegen Sie genau, welche Qualifikation Sie besetzen möchten und erwarten Sie keine »Allzweckwaffe«. Bauen Sie Ihr Team Schritt für Schritt auf. Schauen Sie nach ausbaufähigen Talenten in den eigenen Reihen. Und suchen Sie sich für Spezialaufgaben externe Unterstützung. Das wird Ihnen helfen, Ihr Personalbudget nicht überzustrapazieren.

- *Sie haben schon ein Team, das allerdings bisher Pressemitteilungen, Website-Inhalte oder Broschüren produziert hat?* Prima, dann sind das produktive und qualifizierte Kräfte, deren Kapazitäten Sie allerdings »umwidmen« sollten. Außerdem haben diese meist über Jahre und Jahrzehnte gelernt, Inhalte rund ums Unternehmen, also aus der Innen- bzw. der produktfokussierten Sicht zu produzieren. Damit kennen sie sich am besten aus, und sie werden immer wieder intuitiv in diese Denkmuster zurückfallen. Ihre Herausforderung besteht nun darin, dieses Team auf die Erstellung von Inhalten auszurichten, die an sich und jenseits des Produkts Mehrwert für Menschen bieten. Das bedeutet, lang erprobte Denk- und Arbeitsweisen regelrecht »umzupolen«. Das ist nicht trivial. Zudem wurden solche Teams meist nicht auf Basis Ihrer Kreativ- oder Konzeptionskompetenz zusammengestellt. Eher standen hier klassische Qualifikationen wie redaktionelles Schreiben oder Filmen im Vordergrund. Es sind meist Mitarbeitende, die zuverlässig, intrinsisch hoch motiviert, manchmal aber auch demotiviert von der zunehmenden Wirkungslosigkeit ihres Schaffens, vorgegebene Redaktionspläne einfach nur noch abarbeiten. Eher selten finden Sie in diesen Teams strategische Denker und Kreative, die »den Unterschied« machen. Konzeptionelle Stärke für die Entwicklung auch von Inhalten und Storys, die Menschen überraschen, bewegen und neue Beziehungen zu ihnen aufbauen, werden Sie aber brauchen. Genauso wie strategische »Content-Denke« und Marken-Know-how.

- *Sie spüren Reaktanz und fehlende Dynamik im Team?* Content Marketing bedeutet einen Perspektivwechsel und neues, menschenzentriertes Denken. Dies einzuführen bedarf eines bewussten und motivierenden Change Managements. Denn die neuen Anforderungen, die Sie nun mit ins bestehende Team bringen, können von dessen Mitgliedern aufgrund ihrer noch fehlenden Qualifikation und ihres mangelnden Verständnisses schnell als Bedrohung der eigenen Kompetenz, wenn nicht sogar ihres bisherigen Arbeitsplatzes wahrgenommen werden. Das löst reflexartig eine Rechtfertigungshaltung und Widerstandskräfte gegen das Neue aus. Sich neues Denken, kompliziert wirkende Tools und ungewohnte Arbeitsweisen aneignen zu müssen bedeutet auch mehr Anstrengung und zusätzlichen Zeitaufwand neben dem bestehenden Job. Hier heißt Ihr Auftrag: Schulen Sie die Mitarbeiter, nehmen Sie sie mit auf die Reise und vor allem motivieren Sie sie – auch durch das klare Zugeständnis, lernen und dabei Fehler machen zu dürfen.

- *Ihnen fehlt der finanzielle oder zeitliche Freiraum?* Ein Start nach dem Motto »Wasch mich, aber mach mich nicht nass« führt Sie und Ihr Unternehmen ins Leere. Haben Sie oder bekommen Sie nur wenig Zeit und Geld, starten Sie ein entsprechend kleineres Pilotprojekt und weisen Sie Ihren Erfolg nach. Sprechen Sie mit Ihrem Management: Legen Sie keinesfalls ohne ein klares Zugeständnis und ohne Selbstverpflichtung in Sachen Zeit und Budget los. Und dann: Managen Sie wiederum die automatisch einsetzenden, entsprechend hohen Erwartungen an die Ergebnisse Ihrer Arbeit.

- *Sie wollen oder müssen allein loslegen?* Dann seien Sie realistisch und erwarten Sie keine Wunder. Guter Content braucht Zeit, Erfahrung und entsteht auch durch Trial & Error. Welcher Inhalt triggert meine Community, welcher nicht? Wie mache ich auf meinen Inhalt aufmerksam? Geben Sie Ihre Erwartungshaltung auch an Ihre internen oder externen Auftraggeber weiter. Eine Community baut man nicht von heute auf morgen auf. Ein realistisches Management of Expectations ist wichtig, um Enttäuschungen zu vermeiden. Geben Sie sich persönlich auch die Chance, zusätzliche Qualifikationen zu erwerben, durch Schulungen, aber auch durch Learning by Doing. Und lassen Sie sich durch Rückschläge nicht entmutigen. Es ist noch kein Content Creator vom Himmel gefallen.

Fassen wir zusammen: Egal, ob Sie ein »Ein-Personen-Team« sind, das mehrere Rollen und Content-Hüte trägt, ob Sie ein noch in Silos aufgeteiltes oder ein integriertes Creator-Team, das als Content-Fabrik oder Newsroom organisiert ist (siehe Kapitel 24, »Den Kreationsprozess organisieren – mit Redaktionsplan, Kanban und im Newsroom«), zur Verfügung haben, eines ist sicher: Content Marketing und die entsprechende Kreation von Inhalten ist eine strategisch wichtige Aufgabe für Ihr Unternehmen. Damit gewährleisten Sie, dass es durch die immer weiter zunehmende konkurrierende Informations- und Kommunikationsflut zu Ihrer Community und Zielgruppe hindurchdringt.

Seien Sie bitte selbstbewusst und haben Sie keine falsche Scheu beim Einfordern der notwendigen Ressourcen: Denn Ihre Aufgabe verdient die gleiche Aufmerksamkeit, die jede andere unternehmerisch relevante Aktivität im Unternehmen bekommt, seien es Buchhaltung, Human Resources oder Legal. Um für Ihre Community Inhalte von Wert zu schaffen, brauchen Sie strukturiert aufgestellte Kompetenzen an Bord: rund um Strategie, Marke, Community, Kreation, Produktion, Content Management und schließlich Content-Distribution und Erfolgskontrolle.

Kapitel 24

Den Kreationsprozess organisieren – mit Redaktions- plan, Kanban und im Newsroom

Wie gestaltet man einen Redaktionsprozess? Wie managt man ihn? Es gibt auf diese Fragen keine einfache Antwort, weil Redaktionsarbeit komplex geworden ist: mehr Medien, mehr Kanäle, ohne Standards. Dafür folgen in diesem Kapitel aber ein paar bewährte Grundmuster und hilfreiche Tools.

Stellen wir uns eine klassische Redaktion in einem mittelständischen Unternehmen vor, besetzt mit einer einzigen Redakteurin mit journalistischem Hintergrund! (Wenn Sie jetzt gerade schmunzeln, dann wahrscheinlich deshalb, weil Sie sich in dieser Beschreibung selbst wiedererkannt haben.) Die Redakteurin wurde vor fünf Jahren in der PR-Abteilung eingestellt, um die neue Website mit aktuellen Presseinhalten zu füllen. Zur Ihrem originären Aufgabenspektrum gehören die Aufbereitung und Publikation periodisch erscheinender Geschäftszahlen, Geschäftsberichte und Pressemitteilungen. In den letzten zwei Jahren sind dann aber weitere Aufträge dazugekommen: Posts für Social-Media-Kanäle formulieren, die ja nun auch bespielt werden müssen, dazu diverse Artikel für die neue Mitarbeiterzeitschrift. Außerdem landen auch immer mehr kurzfristige Aufträge auf ihrem Tisch – die aus den unterschiedlichsten Abteilungen einfach so »hineingerufen« werden: Schnell noch einen Flyer für die nächste Messe texten? Einen Artikel für das neue Corporate Blog schreiben? Die Bandbreite und Zahl an Aufträgen wachsen.

Unsere Redakteurin hat daher inzwischen einen neuen Kollegen dazubekommen. Dennoch kommen die beiden zunehmend ins Schwimmen, wissen nicht mehr, wo vorn und hinten ist. Als ausgebildete Journalisten fühlen sie sich zudem mit den konzeptionellen Anforderungen der eher »kreativen« und konzeptionellen Content-Kreation überfordert.

Die Folge: Sie machen alles, aber nichts mehr richtig. Der Erwartungsdruck steigt, das Standing im Unternehmen sinkt, und Stress wird chronisch. Da die Unternehmensleitung erkennt, dass sie das Arbeitspensum bisher unterschätzt hat und Content immer wichtiger wird, entschließt sie sich, die beiden Kommunikationsabteilungen des Unternehmens zusammenzulegen: Marketing und PR sollen jetzt gemeinsam noch schneller Aufträge »wegarbeiten«. Schnell geht aber auch dem neuen Team die Luft und die Motivation aus. Themenplanung, Redaktionsplanung, Qualitätskontrolle, neue Content-Formate und Vermarktung ... all das kostet nicht nur mehr Zeit, sondern muss auch »neu gedacht« und »konzertiert« werden. Es wird Zeit, die Planung, Abstimmung und Weiterentwicklung der Content-Kreation auf agilere Prozesse zu stellen.

24.1   Der einfache Redaktionsprozess – schnell am Start

Wenn Sie sich in der ersten Szene des letzten Absatzes wiedererkannt haben, machen Sie sich nun bitte nicht im ersten Schritt Gedanken über komplexe Prozesse und teure Redaktionstools. Praktikable Prozesse sind jetzt wichtiger für den Erfolg Ihrer Content-Kreation. Wenn Sie kein allzu komplexes und umfangreiches Content-Universum befüllen müssen, setzen Sie zunächst einmal auf einen einfachen und vor allem schlanken Redaktionsprozess. Und halten Sie das Regelwerk übersichtlich. Dafür schaffen Sie sich am besten eine einfache, nachvollziehbare Arbeitsstruktur:

Stellen Sie sich vor, Sie sind nun Chef vom Dienst (CvD). Setzen Sie Ihr kleines Redaktionsteam im ersten Schritt wie ein agiles Entwicklungsteam auf, bestehend aus CvD (als Product Owner), den Redakteurinnen (als Entwicklungsteam) und dem Content Manager (als technisch verantwortlichen Umsetzer).

Mit der Einführung eines einfachen Redaktionsprozesses, wie als Beispiel in Abbildung 24.1 dargestellt, schaffen Sie schnell ein Bewusstsein für die neuen, einfachen, aber notwendigen sieben Schritte von der Entwicklung bis zur Publikation Ihres Contents:

1. Als Chefin vom Dienst (die Aufgaben dieser Rolle sind in Abbildung 24.1 weiß markiert) legen Sie die absehbar zu erledigenden Aufgaben zunächst in einem Redaktionsplan fest, beispielsweise die Erstellung der Pressemitteilung zur Ankündigung des nächsten Messeauftritts, die Entwicklung redaktioneller Porträts in Form von Artikeln zum Thema »Unsere Innovatoren im Unternehmen«, die Aktualisierung oder Weiterentwicklung von bestimmten bestehenden Textbausteinen auf der Website, das Kuratieren von aktuellen Branchennews auf Social-Media-Kanälen – alles zu erledigen bis zu einem konkret genannten Zeitpunkt.

2. Im nächsten Schritt verteilt die CvD die Aufgaben oder Teilaufgaben innerhalb des Redaktionsteams.

3. Die verantwortlichen Redakteurinnen (in Abbildung 24.1 grau markiert) machen sich an die Arbeit und schreiben die Artikel.

4. Nach der Fertigstellung geben sie ihren Entwurf zur Prüfung an die CvD. Nun gibt es mehrere Optionen: Entspricht ein Entwurf überhaupt nicht den ursprünglichen Zielsetzungen oder Vorstellungen, kann sie ihn nochmals zusammen mit Änderungsvorgaben in den nächsten Redaktionszyklus zurückgeben.

5. Ist der Entwurf mit einigen wenigen Änderungen okay, passt sie ihn in Rücksprache mit dem Redakteur einfach an.

6. Diesen freigegebenen Entwurf wird sie mit den entsprechenden Materialen (Text, Bild, Film) für den Content Manager Technik zur Publikation freigegeben.

7. Der Content Manager Technik (Aufgabe in Abbildung 24.1 schwarz markiert) stellt den Artikel in das entsprechende Content-Management-System ein und berücksichtigt dabei die entsprechenden Vorgaben für die Suchmaschinenoptimierung und technische Anforderungen an das Material, wie z. B. die Qualität/Auflösung der Bilder und die Einbindung von Filmen. Nach der finalen Freigabe kann die Story live gehen.

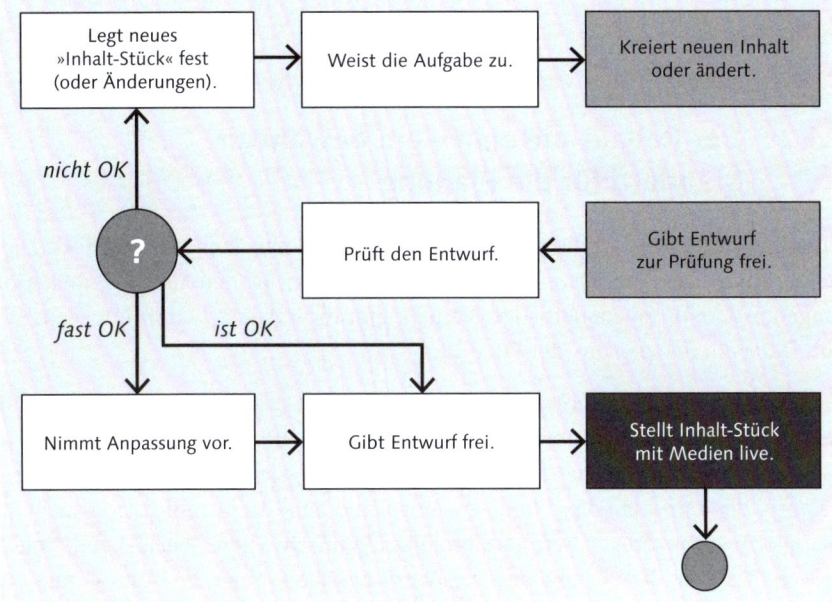

Abbildung 24.1 Der einfache Redaktionsprozess[1]

---

1 Eigene Darstellung nach braintime/confluence: *https://www.braintime.de/loesungen/atlassian-confluence-web-publishing-cms/redaktionsprozess-workflow-confluence* [04.02.2021]

Verinnerlichen Sie diesen Prozess, bevor Sie größere Schritte machen. Üben Sie ihn bis zur Selbstverständlichkeit und bis alle mit ihrer Rolle vertraut sind. Und trauen Sie sich dabei, den Prozess Ihren spezifischen Gegebenheiten anzupassen:

- Sie haben beispielsweise öfter Krisenfälle, in denen Schnelligkeit alles ist? Dann legen Sie dafür Ausnahmefälle und Eskalationsstufen fest, in denen das Team vom Prozess abweichen darf.

- Oder bauen Sie mehrere Korrekturschleifen ein, wenn das Team noch jung und unerfahren ist.

- Wenn Sie Freigabeschleifen mit den involvierten Fachabteilungen brauchen, fügen Sie sie ein – oder lassen Sie sie bewusst und im gegenseitigen Einvernehmen weg. Machen Sie den Prozess zu Ihrem eigenen.

Auch wenn er noch einfach ist: Diesen Prozess können Sie mit digitalen Tools, wie beispielsweise Confluence oder Trello, auch transparent und kollaborativ gestalten bzw. abbilden und die Arbeit damit teamübergreifend organisieren. Das stellt Ihr Team schon gleich für größere und komplexere Aufgaben auf: Es übt die zukünftig zunehmende Form der digitalen Zusammenarbeit (dazu mehr in Abschnitt 24.3, »Agile Redaktionsplanung – die Kanban-Methodik produktiv und effizient nutzen«).

24.2   Der Redaktionsplan – ein bewährter Standard für die Planung

Ein Ablauf allein macht die Redaktionsarbeit allerdings noch nicht perfekt. Die Inhalte müssen, wie bereits erwähnt, geplant werden. Planen Sie die Publikationen lange im Voraus. Eine langfristige Planung gibt Ihrer Arbeit und Ihrem Team Struktur. Dazu ein Beispiel aus der Praxis:

Die Leitung eines Konzerns, bestehend aus verschiedenen Tochtergesellschaften, beschließt, die Zusammenarbeit der verschiedenen HR-Abteilungen beim Rekrutieren der besten Talente zu verstärken. Die Abteilungsleiter sollen auch die eigenen Talente, die karrierebedingt immer wieder eine neue Herausforderung suchen, innerhalb des Konzerns halten und ihnen auf Wunsch einen Wechsel von einer Gesellschaft zur anderen nahelegen und ermöglichen. Kurz: Man möchte sie von einem Wechsel zur Konkurrenz abhalten.

Allerdings stellt sich bei im Laufe des Projekts heraus, dass eben diesen Talenten die Schwesterunternehmen fast genauso fremd sind wie ein neuer Arbeitgeber. Der Grund: Die Unternehmensteile stehen bisher siloartig nebeneinander. Daher beschließen die Verantwortlichen, ein internes, unternehmensübergreifendes »Social

Network« aufzubauen, auf dem die Mitarbeitenden aller Unternehmen nicht nur networken und projektweise zusammenarbeiten können, sondern auch aufschlussreiche Storys über das Zusammenwirken der Unternehmen, ihre verbindenden Werte und gemeinsame Projekte lesen können.

Der für diese Plattform eigens aufgestellte Arbeitskreis plant dazu, mit zwei Storys pro Monat immer wieder aufs Neue Transparenz zu schaffen und zu informieren. Ein gemeinsamer Redaktionsplan wird aufgestellt. Darin wird festgehalten:

- wann welche Story publiziert werden soll
- anlässlich welcher Events (intern oder extern)
- wer aus welchem Unternehmen der Redaktion die entsprechenden Inhalte, Bilder und Filme bis wann zu liefern hat
- wann die Story live steht

Damit weiß auch die Redaktion die Kapazitäten entsprechend zu planen, mit welchen Medien, also Bildern und Videos, sie bei der Content-Erstellung arbeiten kann, bei wem sie nachfragen kann und wer für die inhaltliche Freigabe zuständig ist.

Der gemeinsame Redaktionsplan wird zu einem wichtigen Tool für die Gestaltung des Redaktionsprozesses. Er hilft dem CvD und allen Beteiligten:

- den Überblick über die geplanten Content-Stücke zu behalten
- die entsprechenden Verantwortlichkeiten pro Content festzulegen
- alle am Prozess Beteiligten über den Stand der Arbeit und einzuhaltende Deadlines zu informieren
- die Content-Lieferanten im Hinblick auf ihre Verantwortung für die pünktliche Abgabe Ihrer Liefergegenstände (Input, Bild, Rechercheergebnisse …) zu disziplinieren

In einem Redaktionskalender, den Sie entweder ohne viel Aufwand in Form einer Excel-Tabelle aufsetzen können oder aber auch mithilfe von digitalen Helfern und Redaktionsplanungstools digital organisieren können, sollten je nach Aufgabe folgende Inhalte definiert sein:

- *Das Publikationsdatum*
  Hier halten Sie verbindlich das Datum fest, an dem der Inhalt erscheinen soll. Optional können Sie auch zusätzlich den Anlass festhalten, zu dem der Content erscheinen soll (eine Messe, ein saisonales Fest, ein Event, …?)
- *Das Thema*
  Worum geht es dabei (kurz und knapp)?

- *Die angesprochene Persona*
Die Festlegung auf eine in der Redaktion bekannte Persona hilft dem Content Creator und der Redakteurin, sich beim Erstellen dieses Content-Stücks in diese Zielgruppe hineinzuversetzen. Die entsprechend hinterlegte Content-Mission legt zugleich fest, um welchen Mehrwert es in diesem Artikel gehen soll. Das hilft, das Thema fokussiert und vor allem so zu bearbeiten, dass die Community es gerne liest.

- *Die erwünschte Reaktion der Persona* (inklusive möglichem Call-to-Action)
Die Reaktion, die das Content-Stück oder die Serie bei der Persona auslösen soll, kann auch als Metrik formuliert werden: Der Artikel kann beispielsweise erfolgreich sein, wenn er gewünschte Reaktionen beim Leser auslösen konnte: Emotionen, die sich ausdrücken, Likes, Shares, oder Conversions wie Abonnement, Download, Kontaktaufnahme …

- *Die Kurzbeschreibung*
Stellen Sie stichpunktartig die wesentlichen inhaltlichen Punkte dar, um die es in dem Stück gehen soll. Gibt es bestimmte Punkte, die besonders wichtig sind und auf jeden Fall vorkommen sollten? Soll beispielsweise jemand interviewt werden?

- *Die involvierte Abteilung/Impulsgeber*
Weiß ein Redakteur, für welche Abteilung er schreibt, hilft das enorm. Er kennt damit sowohl die Befindlichkeiten als auch die möglicherweise einschränkenden (rechtlichen oder formalen) Rahmenbedingungen. Er kennt auch die Ansprechpartner, was für die Recherche und eventuell notwendige Rückfragen wichtig ist. Das ist auch essenziell für Zwischenabstimmungen, wenn der Ansprechpartner bereits bestimmte Vorstellungen hat oder nachträglich Materialien wie Bilder oder Namen von weiteren Ansprechpartnern liefern kann.

- *Keywords/Hashtags*
Diese Angaben sind taktisch-strategischer Natur. Denn egal ob über Google-Suche oder in Social Media: Der Inhalt muss seinen Weg zum Leser finden und daher mit Keywords und Hashtags versehen auffindbar und sichtbar gemacht werden.

- *Verantwortlichkeiten*
Hier benennen Sie die für dieses Stück Content verantwortlichen Creators oder das Creator-Team verbindlich. Im Wesentlichen sind das:
    - die CvD als letzte freigebende Instanz
    - die Redakteurin und/oder der Producer als ausführender Autor
    - die technische Redakteurin in der Umsetzung

- *Der primäre Kanal*
  Arbeiten die Content Creators in Ihrem Team für mehrere Kanäle, sollten sie wissen, in welchem Kanal jeweils dieses Content-Projekt erscheinen soll. Diese Information ist essenziell, denn sie legt zum großen Teil zugleich das Format fest, die eingesetzten Medien und unter Umständen auch die Länge des Content-Stücks. Im Kontext größerer Content-Kampagnen und Multimedia-Storytelling (Epics) muss dieser Punkt unter Umständen in mehrere Unterpunkte (Storys) aufgelöst werden.

- *Kanäle für Content-Distribution*
  Auch für die Content-Distribution sollte direkt festgelegt werden, in welchen Kanälen auf den Artikel aufmerksam gemacht werden soll (siehe dazu auch Kapitel 25, »Visibility – mehr Reichweite und Sichtbarkeit für Ihren Content«, zum Thema Seeding). Die entsprechenden Promotion-Texte sollte der Redakteur idealerweise gleich mit der Empfehlung für den Einsatz von Bildern mittexten und produzieren und der Community bzw. Social Media Managerin so die Arbeit leichter machen.

- *Das Format*
  Ob Fachartikel, Blog- oder Facebook-Post oder gar ausführliches Whitepaper: Der Redakteur braucht genaue Angaben, um die entsprechenden Vorgaben in Sachen Konzeption, Sprache, Länge, Ansprache und Medieneinsatz erfüllen zu können. Auch für das Timing ist diese Angabe essenziell.

- *Status des Projekts*
  Diese Angabe kann und sollte aktuell geführt werden. Halten Sie in Ihrem Plan genau fest, in welchem Stadium sich die Content-Erstellung derzeit befindet: Ist die Redakteurin noch in der Recherche oder schon in der Produktion? Ist der Artikel zur Freigabe oder bereits im Editing für den Kanal? Auch ist es wichtig festzuhalten, ob und wann er live gestellt wurde: Der Blick in der Redaktionskonferenz auf veröffentlichte Inhalte wirkt extrem motivierend.

  Ein einfaches Ampelsystem mit den farblichen Markierungen des Status der Projekte in Grün (alles okay), Gelb (läuft Gefahr, aus dem Timing zu laufen) oder Rot (Alarmstufe) kann den ersten Blick auf den Plan zugleich auf kritische Punkte lenken, die gelöst werden sollten.

Die hier vorgestellten Punkte sind beispielhaft. Natürlich können Sie den Redaktionsplan Ihren Bedürfnissen anpassen, ihn entschlacken. Denn welche Spalten er nun im Einzelnen braucht, hängt von Art und Umfang Ihrer Arbeit bzw. Ihres Projekts ab:

- Wie oft veröffentlichen Sie (auch im Sinne von wie oft schaffen Sie es)?
- Auf welchen Kanälen publizieren und »promoten« Sie den Content?

- Wie viele Leute sind mit der Content-Kreation beschäftigt?

- Wie viele Abteilungen im Unternehmen sind beteiligt?

- Wie viele (interne oder externe) Auftraggeber haben Sie? Haben Sie beispielsweise die Verantwortung für den Inhalt Ihrer Unternehmens-Website, könnten der Vertrieb, die Human-Resources-Abteilung, Public oder Investor Relations Ihre Auftraggeber sein.

In dieser Form ist ein Redaktionsplan und das Befüllen schon eine kleine Herausforderung. Dennoch, machen Sie sich die Mühe: Ohne einen Redaktionsplan wird Ihre Content-Kreation schnell unproduktiv und auch von Stimmungen abhängig. Da rutscht ein Termin oder ein bestimmter Anlass schnell einmal durch. Und warum sollte man sich nun für ein Thema besonders ins Zeug legen? Wo die Verbindlichkeit fehlt, fehlt auch die Wertschätzung für die Arbeit. Nur wenige Teammitglieder »greifen« sich unter diesen Voraussetzungen eigeninitiativ ein Thema. Unter Umständen setzen die Teammitglieder notgedrungen selbst die Prioritäten, was nicht unbedingt falsch, aber auch nicht immer richtig ist. Wenn wichtige Publikationstermine aufgrund fehlender Planung und Kopflosigkeit im Team nicht eingehalten werden, sorgt das erfahrungsgemäß ganz schnell für Missstimmung.

Dazu noch einige hilfreiche Tipps für die Befüllung Ihres Redaktionskalenders:

- Unterscheiden Sie zwischen Must-have- und Nice-to-have-Content. Reduzieren Sie die Anzahl Ihrer geplanten Content-Stücke bei Überforderung Ihrer Redaktionskapazität. Schon bei der Planung gilt das Motto: Qualität statt Quantität.

- Alle Jahre wieder? Nur weil es ein Format schon immer gab, muss es nicht auch in diesem Jahr wieder in den Kalender. Diskutieren Sie diesen Punkt unbedingt auch mit den internen Auftraggebern in Ihrem Unternehmen. Priorisieren Sie vor dem Hintergrund der neuen strategischen Ziele. So nehmen Sie sich und Ihrer Redaktion unnötigen, oft historisch gewachsenen Ballast von den Schultern und schaffen Freiraum für Neues.

- Denken Sie die Vermarktung Ihres Contents bei der Planung gleich mit. Sie brauchen Reichweite! Von allein kommt kein Publikum – egal wie gut Ihr Content auch ist.

- Denken Sie auch in »Storys« einer Serie, deren einzelne Beiträge später miteinander verlinkt werden. Das steigert die Sichtbarkeit jedes einzelnen Beitrags.

- Sorgen Sie für Disziplin: Was nicht im Plan steht, wird nicht produziert – und muss auch nicht produziert werden. Auch wenn Fachabteilungen einen spontanen, nicht angemeldeten Auftrag von außen hineinrufen: Ihr Team braucht Ruhe, Fokus und Planungssicherheit. Alternativ: Halten Sie immer etwas Kapazität für besonders wichtigen und aktuell notwendigen Content frei. Nur so bleibt die Stimmung im Team positiv.

24.3   Agile Redaktionsplanung – die Kanban-Methodik produktiv und effizient nutzen

Folgende Situation: In einem mittelständischen Unternehmen waren bisher verschiedene Abteilungen, PR- und Marketingexperten für die Content-Kreation für unterschiedliche Zielgruppen zuständig. Nach einer Um- und Neustrukturierung der Organisation sollen PR und Marketing nun zukünftig gemeinsam unter neuer Führung an der Content-Erstellung arbeiten. In dieser Konstellation haben die Redakteure und Kreativen noch nie zusammengearbeitet.

Es ist Tag 1: Die neu angestellte Führungskraft spricht als CvD vor der erstmals neu versammelten Mannschaft. Sie betont die notwendige Kollaboration, wünscht sich offenen Dialog und den Wegfall bisher gewohnter Hierarchien. Man spürt die Spannung im Raum. Fragende Blicke. Einigen Mitarbeitern steht die Angst um den Bestand der eigenen Arbeit und Verantwortlichkeit förmlich ins Gesicht geschrieben.

Die neue Abteilungsleiterin weiß, dass sie ihr Team schnell arbeitsfähig machen muss: Damit es nicht kopflos und aktionistisch Inhalte produziert, die an das Team herangetragen werden. Oder nicht alle in Warteposition gehen, weil niemand so ganz genau weiß, was nun getan werden muss. »Sie arbeiten nicht allein. Keiner im Team sollte das mehr tun,« erklärt sie dem neuen Team.

Damit es nicht beim gesagten Wort bleibt, stellt die neue Abteilungsleiterin dem Team einen neuen Content-Kreations- und Redaktionsprozess vor. Dafür gibt es zunächst ein paar Grundüberlegungen. Außerdem stellt sie Tools vor, die dem Team helfen werden, die notwendigen Inhalte und deren Produktion zu strukturieren. Das Ziel: Die Arbeit und alle Beteiligten in der Spur zu halten, sogar bei unvorhersehbaren Herausforderungen.

Ein erste umfassende Steuerungsmöglichkeit der Zusammenarbeit in einer größeren Redaktion mit unterschiedlichen Themenschwerpunkten bietet die sogenannte *Kanban-Methodik*. Diese Methodik hilft insbesondere dann, wenn Sie Ihr Team in einen Produktionsflow bringen möchten, der nicht mehr ständig stockt und stoppt.

Dafür brauchen Sie zu Beginn nicht viel: nur ein Whiteboard oder eine eigens diesem Zweck gewidmete, fest eingerichtete Pinnwand im Redaktionsbüro, viele Post-it-Zettel und dicke Filzstifte.

Die Fläche auf dem Board unterteilen Sie in Spalten mit mehreren Prozessschritten, wie in Abbildung 24.2 exemplarisch dargestellt.

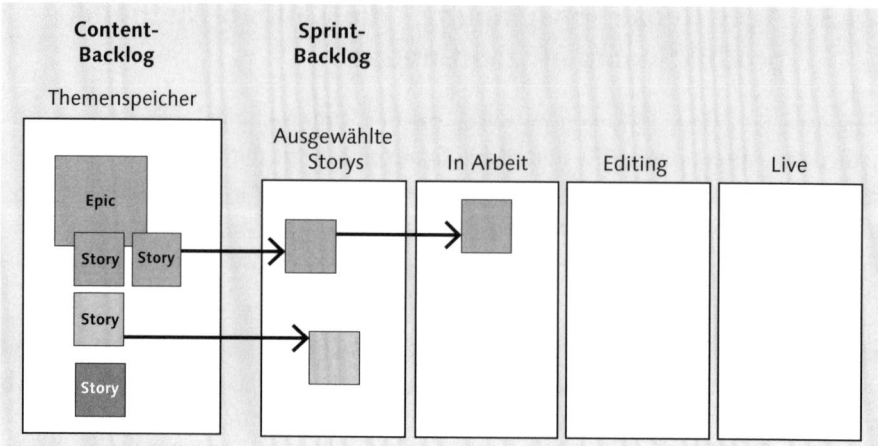

Abbildung 24.2 Kanban für die Redaktionsplanung – Schritt für Schritt zur Fertigstellung des Content-Stücks

Schauen wir uns dafür den in Abbildung 24.2 dargestellten entsprechenden Prozess zum Kanban-Tool im Detail an, damit auch Sie bald in den gewünschten Arbeitsflow kommen:

1. Im Content-Backlog, man könnte ihn auch als *Themenspeicher* bezeichnen, erstellen Sie eine geordnete Liste mit allen Aufträgen an die Redaktion. Das sind die einzelnen Storys, die die Redaktion in einem längeren, genau definierten Zeitrahmen abarbeiten möchte oder muss. Ein möglicher Zeitrahmen wäre beispielsweise ein Quartal des laufenden Jahres. Diese Storys sind einzelne Artikel oder Content-Stücke in einem bestimmten Format für einen bestimmten Anlass oder zu einem bestimmten Zeitpunkt.

   Jede Story wird auf einem Post-it notiert. Darauf schreiben Sie die Details: das Thema, den verantwortlichen Creator oder das notwendige Creator-Team (z. B. Text und Grafik), die beteiligten, Auftrag gebenden Abteilungen bzw. die Dienstleister und die finale Deadline. Für das Verständnis jeder Story sind auch die Persona, für die der Content erstellt werden soll, und die dazugehörende Content-Marketing-Mission wichtig. Denn diese Erkenntnisse sollten auf die jeweiligen Storys angewendet werden und damit auch die Art und Weise der Content-Aufbereitung bestimmen. Sie erinnern sich: Wer braucht was und warum?

Epics und Storys – so planen Sie Ihre Content-Marketing-Kampagne

Für große Kampagnen oder Themenserien richten Sie im Content-Backlog am besten sogenannte übergreifende Epics ein, weitere Strukturelemente eines solchen Projekts, das aus mehreren Storys besteht. Die Begriffe kennen Sie vielleicht aus dem agilen Projektmanagement. Sie ähneln auch den Worten »Geschichten« und »Epos« aus Büchern und Filmserien. Daher fällt der Transfer dieser Denke auf die Content-Erstellung gar nicht schwer: Eine Geschichte ist eben eine einfache Erzählung. Eine Reihe von zusammengehörigen und aufeinander aufbauenden Geschichten wiederum bilden ein Epos. Wenden Sie dieses Prinzip auf Ihr Content-Kampagnen-Management an: Eine Veranstaltungsreihe für Ihre Kunden oder ein Messe-Event (Epic) beispielsweise bestehen aus mehreren Storys. Die können Ankündigungs-Posts vorab in Social Media sein, dazu ein Artikel zur Aufarbeitung des Events vor Ort, ein Live-Interview auf dem Event selbst, Inhalte für den Newsletter zur Ankündigung und eine abschließende Aufarbeitung des Events. Das Arbeiten in Epics (auf dem Board am besten durch eine Farbe der zusammengehörigen Post-its markiert) erlaubt Ihnen, den Überblick über all die für einen Anlass oder eine Kampagne notwendigen einzelnen Content-Stücke zu behalten, sie zeitlich zu planen und abzustimmen. Es hilft, die Aufträge, die zusammengefügt und aufeinander abgestimmt erstellt werden müssen, an verschiedene Content Creators zu verteilen.

Die einzelnen Storys können in einem agilen Redaktionsprozess in einem ein- bis zweiwöchigen Sprint abgeschlossen werden. Je nach Aufwand, den Sie bei der Sprintplanung zuvor gemeinsam planen, können Content Creators pro Sprint durchaus an mehreren Storys arbeiten. Nehmen Sie sich pro Quartal z. B. den Abschluss von zwei bis drei Epics vor.

2. Im nächsten Schritt wird das sogenannte Sprint-Backlog mit Storys aus dem Content-Backlog, sprich den entsprechenden Post-its, bestückt. Ein Sprint bezeichnet dabei den Zeitraum, den das Team für die Bearbeitung der jeweiligen priorisierten Storys hat. Das können 1–4 Wochen sein. Die Storys, sprich Aufgaben für den nächsten Sprint, werden vom CvD priorisiert und gemeinsam im Team vom Aufwand her geschätzt. Dann nimmt man diese Post-its mit den Storys wortwörtlich aus dem Content-Backlog heraus und hängt sie einen Schritt weiter. Damit sie von den verantwortlichen Redakteuren im kommenden Sprint bearbeitet werden können.

3. Ist der Sprint einmal gestartet, entwickeln die Redakteure ihre Storys Tag für Tag ein Stück weiter. Visuell gesprochen: Die Post-its mit den Storys darauf wandern bis zur Fertigstellung immer weiter von einem Planungsschritt zum nächsten. Die Zahl und Art der Arbeitsschritte, sprich der Spalten, sollte dabei auf Ihre besonderen Bedürfnisse abgestimmt sein: Recherche, Produktion, On Hold, Lektorat, Schnitt, Freigabe, Einstellen ins CMS, zur finalen Freigabe, live …

4. Für die Dokumentation des Fortschrittes ist jeder Content Creator selbst verantwortlich. Den Fortschritt ihrer Arbeit präsentieren sie in den sogenannten Daily Stand-ups. An diesem kurzen, 15- bis maximal 30-minütigen Termin sollten alle am Kreationsprozess beteiligten Teammitglieder teilnehmen. So bekommt jeder ein Gesamtbild der gemeinsamen Arbeit.

5. Am Ende des jeweiligen Sprints sollten alle Storys rechts auf »Erledigt« oder »Live« stehen. Danach gibt es einen Sprint-Review mit allen Content Creators am runden Tisch. An diesem Termin sollte idealerweise auch Ihre Content-Strategin teilnehmen. Sie geben dem CvD konzeptionelles Sparring und strategische Unterstützung.

Besprechen Sie beim Sprint-Review im Team Folgendes:

– Haben wir alle Storys wie geplant geschafft?

– Wie sind sie geworden? Sind wir zufrieden?

– Wie performen unsere Inhalte? Diskutieren Sie Ergebnisse aus Ihrem Social Listening und digitale Analysedaten. Was können wir optimieren?

– Gab es Schwierigkeiten, aus denen wir lernen können?

– Welche Storys sind ins Stocken gekommen? Warum?

– Welche Hindernisse und Risiken ergeben sich daraus für die nächsten Storys? Wie möchten wir damit umgehen? Müssen wir sie in den nächsten Sprint mit hinübernehmen?

– Welche Storys aus dem bestehenden Content-Backlog sollen in den nächsten Sprint?

– Brauchen wir eine Neuordnung der Prioritäten für den nächsten Sprint?

– Welche neuen Themen gibt es, die in den Content-Backlog aufgenommen werden müssen?

6. Die Team-Retrospektive am Ende einer Sprint-Serie ist ein insbesondere auf das Wohlgefühl des Teams ausgerichtetes, eher vierteljährliches Treffen. Hier schaut man sich gegenseitig in die Augen und stellt sich gemeinsam folgende Fragen:

– Wie lief's in diesem Quartal? Wie fühlen wir uns als Team damit?

– Was lief gut, was schlecht? Wie machen wir das von jetzt an besser?

– Was haben wir vor uns? Wie aufwendig sind die jeweiligen Aufgaben?

– Gibt es aktuelle Entwicklungen, auf die wir besonderes Augenmerk legen sollten?

Fazit: Das Arbeiten nach der Kanban-Methodik ist ungewohnt, aber nicht schwer. Sie ersetzt aber natürlich nicht die eigentliche inhaltliche und konzeptionelle Arbeit. Immerhin gewinnen Sie und das Creator-Team deutlich an Übersicht. Außerdem erzielen Sie schneller Einigkeit über den Status, die To-dos, aktuelle Entwicklungen und die gemeinsam gesetzten Prioritäten. Und die Post-its gemeinsam jeden Tag ein Stück weiter nach vorn zu schieben, macht einfach Spaß und motiviert!

Dennoch wird es Sie gerade zu Beginn einige Anstrengungen kosten, mit dem Team aus der alten, eher geschlossenen Vorgehensweise heraus und in den offenen, agilen Flow hineinzukommen. Damit das gelingt, folgende Tipps:

- Agilität erfordert ein Umdenken: Nicht das finale Ergebnis allein zählt, sondern jeder einzelne Fortschritt, jede Erkenntnis und sogar jeder Fehler auf dem Weg dahin sind wertvoll. Machen Sie das durch Ihre Kommentare des Fortschrittes im Team in jedem Meeting deutlich.

- Die ständige Transparenz der eigenen Arbeit sollte das Team als Mehrwert, nicht als Kontrolle verstehen und erleben. Das sollten Sie zu jedem Zeitpunkt betonen. In der Redaktions-Blackbox eigenbrötlerisch vor sich hinzuwerkeln ist passé.

- Sich jeden Tag (mindestens) einmal zu einem kurzen Stand-up vor der Kanban-Pinnwand zu treffen oder sich gemeinsam einzuloggen, verlangt Disziplin. Das sollte jeder Creator im Team in seiner Tagesplanung berücksichtigen. Erst dieser Termin sorgt für den Flow und den gewünschten Fortschritt.

Tipps zur Arbeit mit Kanban

- Machen Sie es sich am Anfang nicht zu kompliziert. Nehmen Sie sich z. B. nur wenige Storys oder ein bestimmtes Epic mit wenigen Storys vor. Sonst lehnt das Team die neue Arbeitsweise leicht ab und das neue Tool bleibt ungenutzt. Vereinbaren Sie einen Probelauf, in dem Fehler gemacht werden können. Nehmen Sie die Kritik und formulierte Ängste ernst.

- Formulieren Sie beim Stand-up vor dem Board die notwendige Kritik am Fortschritt eines Projekts niemals persönlich. Niemals! Sondern bleiben Sie beim Wir. Argumentieren Sie konstruktiv und immer im Sinne des Projekts. Sonst fühlen sich einzelne Creators im Team schnell bloßgestellt oder gar vorgeführt. Im Gegenzug fordern Sie von Anfang an auch gegenseitiges Vertrauen und Kritikfähigkeit jedes Einzelnen ein. Nur so geht's wirklich im Team voran.

- Weniger als ein Stand-up pro Tag funktioniert nicht. Manche Organisationen stimmen sich sogar zweimal pro Tag ab: morgens wird besprochen, was sich jeder für den Tag vorgenommen hat. Abends wird kurz reflektiert, ob alles wie geplant funktioniert hat.

- Die Stand-ups sind keine offene Diskussionsrunde. Sie dienen einzig und allein dem Statusabgleich und der Identifizierung von Hürden. Ergeben sich aus dem Status quo Abstimmungsbedarf zu Detailfragen oder strategische bzw. individuelle Fragen, vereinbaren Sie einen gesonderten Folgetermin. Sonst werden die Stand-ups zu lästigen Zeitkillern für alle anderen Teammitglieder. In der Folge sinkt die Bereitschaft zur täglichen Teilnahme am Termin.

Noch ein Wort zu den Tools, die Sie für diese Art der Zusammenarbeit nutzen können. Wie gesagt: Ein physisches Board im Büro reicht, wenn Sie allein arbeiten oder

Ihr kleines Team täglich um sich herum versammeln können. Aber natürlich gibt es auch digitale Kanban-Boards, über die Sie mobil und virtuell als Team zusammenarbeiten können. Sie können dazu kostenfreie oder kostenpflichtige Tools nutzen. Die folgenden Tools repräsentieren nur eine kleine Auswahl. Die meisten stehen Ihnen sogar als kostenlose Basisversion im Netz zur Verfügung und sind einfach zu nutzen. Das erleichtert den Einstieg in diese Arbeitsweise – auch ohne große Vorkenntnisse.

- *Microsoft Teams Planner:* Wenn Sie Microsoft Teams nutzen, können Sie den sogenannten Planner in Ihrem Team einsetzen. Die Boards können sie mit detaillierten Aufgabenkarten inklusive Dateien, Checklisten, Bezeichnungen erstellen. Und dann arbeiten Sie gemeinsam im Team an Ihrem Plan. Creators werden benachrichtigt, wenn ihnen eine Aufgabe zugeordnet wird.

- *Trello:* Auf dem Trello-Board lassen sich die einzelnen, in diesem Fall virtuellen Post-its zu den Storys kommentieren. Die Storys weisen Sie, als Aufgaben gekennzeichnet, einzelnen Verantwortlichen im Team zu. Sie können Bilder oder Briefing-Dokumente anhängen oder auch Links hinzufügen. In einer erweiterten Version werden die einzelnen Storys eines Epics als Children organisiert. Das Epic selbst wird hier als Parent bezeichnet. Farbliche Markierungen erleichtern die Zuordnung.

24.4   Mit Kanban und Change Management zum Newsroom

Die Organisation der Content-Kreation rückt mit fortschreitender Digitalisierung immer weiter in den Fokus der Unternehmen. Und das geht weit über die reine Redaktionsplanung hinaus und bis in die Unternehmensorganisation hinein. Sicherlich haben Sie in diesem Zusammenhang schon einmal vom Konzept eines Newsrooms gehört. Was ist ein Newsroom?

Bisher läuft die Content-Erstellung in großen Unternehmen meist so: Die Abteilungen PR, Marketing, Social Media, Kommunikation, Investor Relations, Vertrieb erstellen dank Digitalisierung immer mehr Inhalte für immer mehr Kanäle. Dabei arbeiteten diese Abteilungen meist unabhängig voneinander, nicht selten sogar gegeneinander. Ein Newsroom bricht diese organisatorischen Silos auf:

> *»Ein Newsroom ist eine räumlich zusammengefasste Steuerungseinheit für die Unternehmenskommunikation. Es existieren getrennte Verantwortlichkeiten für Themen und Kanäle. Die Koordination übernimmt ein:e Chef:in vom Dienst.«*[2]

---

2 Christoph Moss, Themenorientierte Steuerung: Das Newsroom-Modell in der Unternehmenskommunikation. In: Christoph Moss, Der Newsroom in der Unternehmenskommunikation – Wie sich Themen effizient steuern lassen. Wiesbaden: Springer 2016, S. 36.

Praktisch gesehen ist der Corporate Newsroom also ein eigens für die Erstellung von Content geschaffener physisch betretbarer Raum im Unternehmen. Hier sitzen alle am Kreationsprozess beteiligten Creators, seien es Strategie-, Organisations-, Themen- oder Kanalverantwortliche, und arbeiten gemeinsam auf Sicht- und Rufweite. Sie stimmen alle kommunikativen Tätigkeiten unmittelbar aufeinander ab und kommen in ein effizienteres Miteinander.

Das Ergebnis: Das Denken in Abteilungen hat ein Ende, Silos verschwinden. Zielgruppen, also Menschen inner- wie außerhalb des Unternehmens, bekommen wieder ein einheitliches, klares und vor allem glaubwürdiges Bild »ihrer« Marke. Somit verkörpert die Idee des Newsrooms auch den Anspruch an integrierte Kommunikation im digitalen Zeitalter.

Wie genau ein solcher Newsroom organisiert bzw. aufgestellt werden kann oder sollte, dazu gibt es bereits erfolgreiche Beispiele. Davon soll hier nur eines genannt werden: das Newsroom-Modell[3], wie es beispielsweise beim Handelsblatt eingeführt wurde.

Es funktioniert auf vier Arbeitsebenen – Strategieteam, Themenmanager, Medienmanager und CvD (siehe Abbildung 24.3):

- Das *Strategieteam, bestehend aus Content-Strategen,* arbeitet wie eine Art Chefredaktion: Es plant, steuert und kontrolliert die wichtigsten Kommunikationsthemen auf Basis der strategischen Vorgaben. Seine Themenideen überreicht es an die CvD und die Themenmanager und ist zugleich für die Kommunikation in Richtung Topmanagement verantwortlich. Es entscheidet in Konfliktfällen und verantwortet auch weitreichendere Personal- und Sachthemen.

- Am Themendesk besprechen die inhaltlich-thematisch verantwortlichen *Themenmanager* die Inhalte, die für die einzelne Persona bzw. die entsprechende Community erstellt werden sollen. Dazu ziehen sie wie Reporter fallweise Mitarbeiter aus Abteilungen mit Fachwissen oder externe Experten hinzu. Sie liefern fertige Texte, Bilder oder O-Töne an das Mediendesk.

- Am Mediendesk sitzen *Medienmanagerinnen.* Sie entwickeln die Content-Präsenzen des Unternehmens – von Website, Social Media über interne Kommunikation bis hin zu Print und Video – weiter. Sie bekommen unmittelbares Feedback vom Publikum, für das die Inhalte erarbeitet wurden. Daher wissen sie auch, welche Themen und Formate in welchen Kanälen funktionieren. Dieses Feedback geben sie als inhaltlichen Impuls wieder in den Newsroom zurück.

---

3   Christoph Moss, #Struktur: Rollen im Newsroom-Modell: *https://mediamoss.me/das-newsroom-modell* [04.02.2021]

Aufgrund ihres Wissens haben sie auch Vorschlagsrecht bei der Frage, ob ein Thema für ein Medium geeignet ist.

- Die bzw. der *CvD* erteilt Arbeitsaufträge und schaut bei deren inhaltlicher Umsetzung auf die Einhaltung der Vorgaben aus der Strategie. Er oder sie moderiert die täglichen Verhandlungen zwischen Themendesk und Mediendesk über Themen wie ein Schiedsrichter, eine immens wichtige Aufgabe. Dabei gewichtet und lenkt sie bzw. er deren Umsetzung ganzheitlich mit dem Planungssystem.

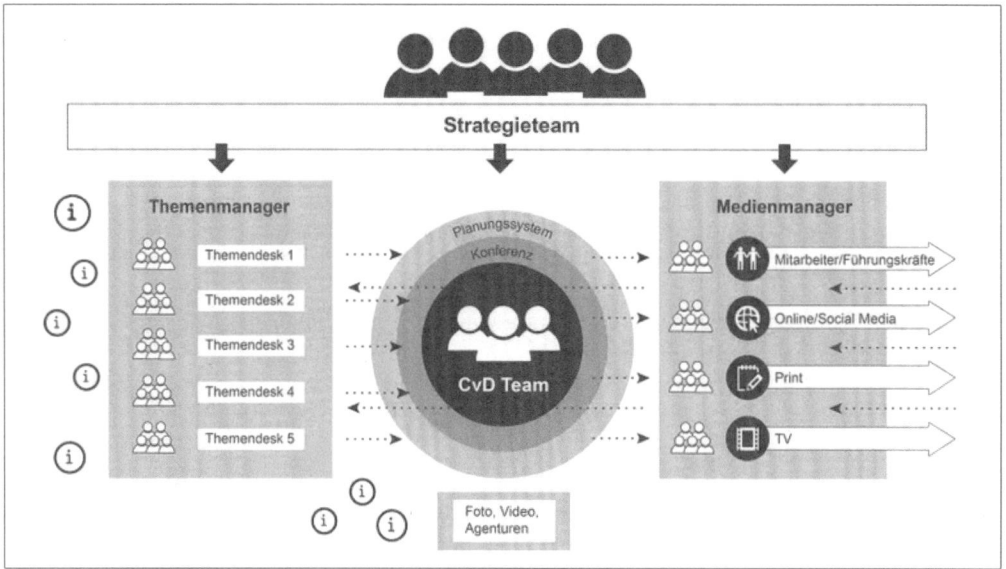

Abbildung 24.3 Der Newsroom in der Unternehmenskommunikation – ein Modell[4]

Sie sehen: Ein Newsroom organisiert räumlich die Zusammenarbeit der wesentlichen Rollen und Verantwortlichkeiten eines Content-Teams, wie sie in Kapitel 23, »Rollen und Kompetenzen – vom talentierten Einzelkämpfer zum Content-Creator-Team«, beschrieben wurden.

Dieses Konzept in die Praxis umzusetzen ist allerdings komplex und eine vielschichtige Aufgabe. Sie lässt sich nur schwer in einem Abschnitt dieses Buches darstellen. Dennoch visualisiert dieses Modell von Moss sehr schön, wie die Kreationsarbeit in einem Team (selbst ohne eigenen »Newsroom«) ganzheitlich und entlang des Strategie- und Kreationsprozesses iterativ organisiert werden kann.

---

4 Christoph Moss, Themenorientierte Steuerung: Das Newsroom-Modell in der Unternehmens-kommunikation. In: Christoph Moss, Der Newsroom in der Unternehmenskommunikation – Wie sich Themen effizient steuern lassen. Wiesbaden: Springer 2016, S. 41.

24.5   Das Change Management ist ein notwendiger Teil des neuen Kreationsprozesses

Stehen Sie vor der Aufgabe, Ihre strategischen, redaktionellen und produktiven Kräfte, die bisher in verschiedenen Abteilungen und separat voneinander gearbeitet haben, in Ihrem Unternehmen neu aufzustellen und zu organisieren, schauen Sie sich diese Arbeitsweise, Verantwortlichkeiten und Aufgabenverteilung ein wenig genauer an. Es wird Ihnen sicher helfen, eine organisatorische Linie zu finden und klare Verantwortlichkeiten zu definieren.

Dabei gilt es zugleich, grundsätzliche Herausforderungen zu managen, die über die eigentliche Organisation hinausgehen:

- *Paradigmenwechsel: Content first, Form und Channel second bzw. third:* Es geht nicht unbedingt darum, alle Mitarbeiter in einem Raum zusammenzubringen. Diese Art der Prozessorganisation bedeutet vor allem, einen entscheidenden Paradigmenwechsel einzuleiten: Alle, die an der Content-Erstellung beteiligt sind, denken zuallererst in Inhalten! Erst dann, wenn die Themen oder Storys gefunden sind, entscheiden sie gemeinsam, in welchem Format und in welchen Kanälen der jeweilige Inhalt publiziert werden soll.

- *Sichtbarer Workflow:* Mithilfe von Kanban, wie in Abschnitt 24.3 beschrieben, oder mit weiteren digitalen und teilautomatisierten Planungsinstrumenten sollte die enge Zusammenarbeit aller Gewerke transparent und vor allem sichtbar organisiert werden. Gemeinsam und täglich schauen die Content-Verantwortlichen also auf die Schwerpunktthemen und den Status ihrer einzelnen Content-Stücke. Sie besprechen aktuelle Entwicklungen, die wiederum Einfluss auf die Projektarbeit haben oder bekommen könnten. Ehemals komplexe Abstimmungswege zwischen getrennt voneinander arbeitenden Gewerken werden so komplett aufgelöst bzw. wo es bisher keine Abstimmung gab, stimmen sich die Verantwortlichen nun »an einer Werkbank« sitzend oder stehend schnell, regelmäßig und sogar quer darüber hinweg per Zuruf ab.

- *Empathisches Change Management:* Die neue Art der Zusammenarbeit, ob mit oder ohne Newsroom, theoretisch und gedanklich nachzuvollziehen, ist für jedes Mitglied im neuen Team fundamental, aber nicht einfach. Denn der neue Anspruch stellt jeden langjährigen Mitarbeiter oder Content-Produzenten im Unternehmen nicht nur vor praktische, sondern auch vor existenzielle Fragen:
  - Ist denn jetzt alles, was und wie ich das bisher gemacht habe, falsch?
  - Wo stehe ich in dieser neuen Organisation?
  - Was wird aus meinem Arbeitsplatz?
  - Muss ich aus meinem angestammten Büro?
  - Reicht meine Qualifikation – oder bin ich bald »raus«?

Deshalb ist die Einrichtung eines agilen Content-Produktionsprozesses nicht nur eine organisatorische Herausforderung, die ein Jahr oder sogar mehr Zeit in Anspruch nehmen kann. Sondern es ist auch der Beginn eines kulturellen Change-Prozesses. Diesen gilt es, achtsam zu führen und zu moderieren. Denn auf diese Reise sollten Sie alle Mitarbeiter gedanklich wie motivational »mitnehmen«.

Selbst wenn der neue Prozess aber einmal organisiert ist und funktioniert, sind Sie mit Ihrer Change-Aufgabe noch lange nicht am Ende. Ein spannendes Beispiel dafür, wie sich ein Newsroom nach seiner Einrichtung ständig weiterentwickeln muss, zeigt Siemens.

Beispiel: Die dynamische Entwicklung des Siemens-Newsrooms – und seiner Mitarbeiter

Der Siemens-Newsroom ist eines der prominentesten Beispiele, weil einer der ersten seiner Art in der deutschen Wirtschaft. Der Konzern hat in seinem Open Space die gesamte Kommunikation neu organisiert. Aus dem physisch im Headquarter angelegten Raum heraus arbeiten Angestellte mit anderen Kommunikationsexperten in aller Welt zusammen. Quer durch alle Geschäftsfelder orchestrieren sie gemeinsam langfristige Kampagnen und tagesaktuelle Themenpublikationen. Nach seiner Einrichtung entwickelte sich die Organisation des Newsrooms weiter. Clarissa Haller, ehemalige Leiterin der Siemens-Unternehmenskommunikation und verantwortlich für den Newsroom, beschreibt dessen dynamische Entwicklung so:

»Der Siemens-Newsroom hat in den letzten Jahren viele Veränderungen erlebt. Genauso wie das Kompetenzprofil der beteiligten Mitarbeiter. Wir schauen uns regelmäßig die Zusammenarbeit und die Prozesse an. Ebenso die eingesetzten Tools – z. B. für Analytics oder Projektmanagement. Und natürlich überprüfen wir auch immer wieder, ob die richtigen Fähigkeiten im Team sind. Abteilungsstrukturen haben wir aufgebrochen. So können alle Beteiligten viel schneller, agiler und besser abgestimmt zusammenarbeiten.

Dafür erhält der Einzelne im Siemens-Newsroom mehr Freiheiten und einen größeren Entscheidungs-Spielraum. Das setzt voraus, dass die Beteiligten einander vertrauen. Denn in der schnellen digitalen Welt kann man nicht mehr alles abstimmen. Gleichzeitig haben wir eine Kultur etabliert, in der man auch um Hilfe bittet. Dafür brauchen wir ein gemeinsames Verständnis: Dafür, dass die Dinge sich stetig ändern, der Wandel niemals abgeschlossen ist, und man für seine eigene Weiterentwicklung mitverantwortlich ist. [...]

Was die Kompetenzen angeht, haben wir im Newsroom die eher traditionellen Fähigkeiten wie Schreiben, Projektmanagement, Stakeholder Relations, aber auch eher neue Kompetenzen wie eben Analytics, Content Marketing, Storytelling. Außerdem haben wir Kompetenzen in den Newsroom zurückgeholt, die noch vor Jahren an Agenturen ausgelagert waren. So können wir jetzt wieder schnell und präzise arbeiten – z. B. in der Videoproduktion oder auch beim Grafikdesign.«[5]

---

5 Carsten Bolk, Was man vom Siemens Newsroom lernen kann. In: Stories4Brands – Magazin für Content Marketing: *https://stories4brands.com/2019/05/28/was-man-vom-siemens-newsroom-lernen-kann* [06.02.2021]

24.6   Die Content-Kreation – Prozesssteuerung mit Tools

Als Hilfe bei der Abwicklung eines aufwendigeren Redaktionsprozesses gibt es einige Softwaretools. Diese können helfen, Ihr strategisches Content Marketing zu managen, punktuell, aber auch entlang des gesamten Prozesses. Also, kurz gesagt helfen sie zu organisieren, wer was für wen macht, wo es publiziert werden soll, und bei der Kontrolle, was es gebracht hat.

Dabei unterscheiden sich die Tools in Art und Umfang: Sie unterstützen bei der Strategieerstellung, beim Themenmanagement, bei der Redaktionsplanung, beim Publishing und der Analyse. Planung von Themen und Beiträgen sowie deren Erstellung stehen dabei im Vordergrund. Andere unterstützen auch bei der Performanceanalyse.

Bei der Bewertung und Auswahl eines solchen Tools für Ihre Arbeit sollten Sie Folgendes berücksichtigen: Der Einsatz mächtiger Tools kostet Geld, aber ein umfassendes Tool ersetzt wiederum auch den Einsatz vieler einzelner. Neben Contently, Curata und Scribble sollen hier nur drei Tools genannt werden. Sie haben ihren Standort in Deutschland:

- *Contentbird:*[6] Ein kostenpflichtiges All-in-one-Tool. Es bietet viele Funktionen und ist insbesondere beim Seeding hilfreich. Die Gebühr ist für kleinere Unternehmen aber relativ teuer.

- *Scompler:*[7] Für strategisches Content Marketing bietet das Tool, das von Content Marketern entwickelt wurde, in der Pro-Version Funktionen, die helfen, Themen zu finden, deren Erstellung zu planen, die Produktion im Team zu steuern, Inhalte auf Kanälen wie Facebook und Twitter zu veröffentlichen und die Distribution und Performance zu überwachen. Auch als Soloselbstständiger oder Blogger können Sie es als Redaktionstool einsetzen. Es hilft, den Überblick zu behalten.

- *Dirico:*[8] Diese Tool optimiert abteilungs- und standortübergreifende Zusammenarbeit in Marketing- und Kommunikationsteams. Planung, Kreation, Distribution und Analyse finden auf einer zentralen Content-Kollaborations-Plattform statt.

Ob und welches Tool Sie brauchen? Hier hilft testen. Viele Tools bieten kostenlose Testversionen an.

---

6 Contentbird: *https://de.contentbird.io*

7 Scompler: *https://scompler.com*

8 Dirico: *https://dirico.io*

Kapitel 25

Visibility – mehr Reichweite und Sichtbarkeit für Ihren Content

Überlassen Sie Ihren Inhalt nicht einfach seinem Schicksal. Bringen Sie ihn dorthin, wo er von den richtigen Leuten gefunden und gesehen wird.

Pepsi sponserte anlässlich der Neueinführung ihres Getränks Mountain Dew in Spanien ein großes Skateboard-Event in Barcelona. Das Ziel: Markenbekanntheit für das neue Produkt in der Skateboard-Lifestyle-affinen Community der Millennials zu schaffen. Vor Ort gab es nicht nur die obligatorische Bannerwerbung und Produkt-Samples. Vielmehr hatte Pepsi auch Wettbewerbe auf dem Gelände organisiert, in denen sich international renommierte Skater miteinander messen konnten – spannender Content, allerdings eingezäunt mit kostenpflichtigem Eintritt auf einem großen Gelände direkt an Barcelonas Strand.

Damit das Engagement und damit Pepsis Content weit über den herbeiströmenden Besucherkreis vor Ort hinaus bekannt wurde, heuerte das Marketingteam zwei spanische Influencer an, die das Event besuchen sollten. Ihre Aufgabe war es, im Rahmen Ihrer beliebten Vlogs auf ihren YouTube-Kanälen über ihren Besuch vor Ort und auf dem Event-Gelände zu berichten. Content Distribution – alle Skateboard-affinen Millennials in Spanien sollten etwas vom Event mitbekommen. Die beiden Creators waren recht unterschiedliche Charaktere: YellowMellow[1] war bereits eine bekannte Influencerin mit über 300.000 Followern, während Julen noch ein aufkommender Youngster der YouTuber-Szene in Spanien war – eine spannende Mischung.

Anstatt nun einfach nach Barcelona zu kommen, um ihr jeweiliges Video vor Ort zu produzieren und auf ihren eigenen YouTube-Kanälen zu publizieren, gingen die beiden ihrerseits einen Schritt weiter, um ihre Community wiederum scharf auf ihren Bericht zu machen. Schließlich wollten auch sie ihren Fans etwas bieten. Beide hatten nicht nur wegen des Honorars zugesagt, das sie bekamen. Das Event passte auch zu ihnen und bot ihnen die Chance, sich durch großartigen, exklusiven Content in ihrer Community zu profilieren.

---

1   Melo: *https://www.youtube.com/YellowMellow*

Sie begannen ihr eigenes Storytelling schon einige Tage vor dem Besuch des Events: Auf ihren Twitter- und Facebook-Kanälen sprachen die beiden über die Einladung von Pepsi und ihre Reisevorbereitungen. Sie tauschten sich zur Begeisterung ihrer beiden Communitys sogar untereinander aus. Sie kannten sich zwar, waren sich im wahren Leben aber noch nie begegnet. Mit ihrer Vorabberichterstattung sorgten sie in ihren Communitys für ein geradezu fiebriges Engagement, Kommentieren und Sharen.

Am Tag des Events dann dokumentierten die beiden Influencer auch ihre Anreise, die sie natürlich mit Skateboard und Roller antraten, ihre Begegnung am Airport und ihren gemeinsamen Weg zum Event-Gelände, wo sie von ihren Followern, die sich durch die Vorgeschichte aufgescheucht, ebenfalls auf den Weg gemacht hatten, schon freudig erwartet wurden.

Ihre Videos produzierten sie mit ihren Cams selbst und schnitten die Filme noch vor Ort in ihren Hotelzimmern. Ihr Plan: Die Beiträge pünktlich und gemäß ihres strikten Redaktionsplans am folgenden Tag live zu stellen. Die Community wartete auf ihren angekündigten Bericht! Natürlich geschah auch das Livegehen nicht ohne ihre entsprechende Kommentierung und Ankündigung auf ihren anderen Kanälen wie Twitter und Facebook.

Was die beiden damit demonstriert haben, ist perfekte Content Distribution: Sie haben dafür gesorgt, dass möglichst viele Menschen das eigentliche YouTube-Video vom Eventbesuch, ihren Hero-Content, sehen würden.

Selbst wer wie YellowMellow und Julen professioneller Creator ist, erwartet also nicht, dass der Content von allein Beine bekommt und gesehen wird. Damit der Content zum Publikum kommt, muss man also schon nachhelfen, selbst wenn er noch so spannend ist. Es heißt, systematisch für Bekanntheit zu sorgen und die Verbreitung frühzeitig mitzudenken. Und darum geht es in diesem Kapitel.

25.1   Promotion, Seeding, Sharing, Outreach und SEO

Die Kunst der Content Distribution besteht darin, möglichst viele Berührungspunkte des Inhalts mit den Menschen zu schaffen, für die er kreiert wurde: Dafür sollen sie den Inhalt in unterschiedlichen Kanälen und verschiedenen Formaten finden und konsumieren. Content Distribution gehört zum festen Aufgabenspektrum jedes Content Creators und umfasst im Wesentlichen vier Aufgaben:[2]

---

2 Vgl. Olaf Kopp, Content-Distribution: Die Kunst der systematischen Verteilung von Inhalten im Content-Marketing: *https://www.sem-deutschland.de/blog/content-distribution* [12.01.2021]

1. *Die Bewerbung (Promotion):* das Pushen von Content durch klassische Werbemaßnahmen, wie z. B. bezahlte Posts

2. *Das Seeding (Aussähen):* neugierig machende Teaser und Berichte über und zum eigentlichen Content, die der gezielten Verbreitung in der Community und darüber hinaus dienen

3. *Die (freiwillige) Verbreitung durch Dritte (Outreach)*, insbesondere durch die Multiplikatoren, Influencer oder Blogger der Community

4. *Die Suchmaschinenoptimierung (SEO)*, um die Sichtbarkeit des Contents in den Ergebnissen der Suchmaschinen zu verbessern

Um sicherzustellen, dass die richtigen Leute Ihre aufwendig produzierten und vor allem relevanten Inhalte auch tatsächlich sehen und teilen, sollten Sie sich schon vor der Erstellung Ihres Contents die entsprechenden Gedanken machen:

> »How will you get the word out and ensure the right people see it and share it? This can't be taken care of when your content has been written – these questions have to be answered before you ever start your content creation efforts.« – *Matthew Gratt, BuzzStream*[3]

Ihr Redaktionsplan braucht also, wie in Kapitel 24, »Den Kreationsprozess organisieren – mit Redaktionsplan, Kanban und im Newsroom«, beschrieben, neben der Spalte »Auf welchem primären Kanal soll der Inhalt publiziert werden?« zusätzliche Spalten: für das Planen seiner Distribution.

- Wie und wo sollte der Inhalt beworben werden, damit er Sichtbarkeit und Reichweite bekommt (inklusive Budget)?
- Wer sollte, kann oder möchte Ihnen bei der Verbreitung helfen?
- Welche Keywords, Hashtags sind wichtig, damit der Content in der Google-Suche der Zielgruppe zu diesem Thema angezeigt wird?

25.2   Das PESO-Modell hilft, Content Distribution zu verstehen und zu planen

Um Verständnis für die verschiedenen Möglichkeiten und Potenziale der Content Distribution zu entwickeln, eignet sich die Kategorisierung unterschiedlicher Medien(-Kanäle) in vier Typen: Paid, Earned, Shared und Owned Media. Diese Unterscheidung, in Abbildung 25.1 als sogenanntes PESO-Modell skizziert, differenziert

---

3   Matthew Gratt, How to Promote Your Content Across Owned, Earned, and Paid Media. Convince & Convert: *https://www.convinceandconvert.com/content-marketing/how-to-promote-your-content-across-owned-earned-and-paid-media* [12.01.2021]

unterschiedliche Medientypen bzw. -kanäle mit deren typischen Content-Formaten modellartig. Das hilft Ihnen nicht nur bei der Content-Kreation, sondern auch
bei der Planung Ihrer Content Distribution. Das PESO-Modell ist die Weiterentwicklung des POE-Modells (Paid, Owned, Earned), das Strategist Daniel Goodall
2008 im Rahmen der Medienplanung für Nokia entwickelte.[4] Die spätere Erweiterung um das »S« für Shared Media ist die Konsequenz der danach zunehmenden
Bedeutung der sozialen Netzwerke.

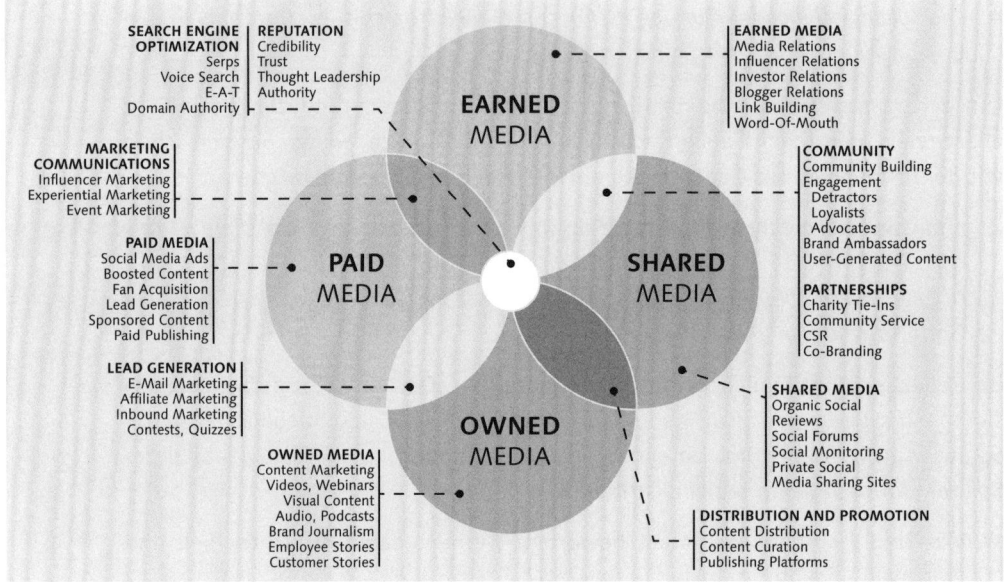

Abbildung 25.1 Das PESO-Modell bringt Ordnung in Ihr Content-Seeding – Paid, Owned,
Earned und Shared Media und Zwischenformen im Überblick.[5]

Das PESO-Modell listet alle möglichen Kommunikationskanäle übersichtlich auf.
So können Sie es nicht nur nutzen, um die Produktion und Publikation Ihrer Inhalte
auf unterschiedlichen Kanälen zu planen. Es ist auch hilfreich, um die Content Distribution, also das Seeding, die Promotion und den Outreach der Inhalte besser zu
planen und sogar zu organisieren, ohne völlig die Übersicht über die schier unendlichen Möglichkeiten zu verlieren.

---

4 Daniel Goodall, All that is good: *https://danielgoodall.wordpress.com/2009/03/02/owned-
bought-and-earned-media/* [23.01.2021]

5 Eigene Darstellung nach What is The PESO Model? Integration of the Four Media Types.
Spinsucks, 2020: *https://spinsucks.com/what-is-the-peso-model* [20.01.2021]

Schauen wir uns zunächst die vier einzelnen Medientypen an, die im PESO-Modell dargestellt werden. Dabei werden wir konkrete Ideen und Anregungen für die Distribution anhand von Beispielen vorstellen und auch am Ende auf das Potenzial der Medien im Zusammenspiel eingehen.

25.3   Owned Media – Sie haben die Kontrolle

Owned Media sind die Medien(-Kanäle), die Sie oder Ihr Unternehmen erstellen, kontrollieren und pflegen.[6] Dazu zählen z. B. Newsletter, Corporate oder Special-Interest-Blogs, (Corporate) Websites und Microsites. Nicht zu vergessen sind Kundenzeitschriften und Onlinemagazine. Auch Events und Messen gehören zu den eigenen Medienkanälen. Inhaltlich geht es da meist um fundierte Beiträge Ihrer Experten, um Case Studys, Mitarbeiter-, Unternehmens- und Kundenstorys genauso wie Produkt- oder Unternehmensinformationen. Sie werden in Medienformaten wie (Blog- oder Magazin-)Artikeln, Podcasts, Videos, Live-Chats, Onlineseminaren oder Whitepapers etc. aufbereitet.

Die Vorteile der Owned Media liegen auf der Hand:

- Sie als Content Owner sitzen auf diesen Kanälen »im Fahrersitz« und entscheiden, welche Inhalte wann und in welcher Form publiziert werden. Und Sie erfahren auch direkt, wie gut sie ankommen.

- Menschen, die mit einer bestimmten Absicht auf Ihre Website kommen, wissen zwar, dass die Inhalte vermutlich nicht hundertprozentig neutral sind. Aber schließlich schauen Sie sich Ihre Inhalte bewusst und wahrscheinlich sogar aus genau diesem Grund an: Sie möchten Ihre Erklärungen, Ihre Meinung und Ihre Sicht der Dinge kennenlernen.

- Owned Media sind Ihre »Bühne«. Die kann Ihnen niemand wegnehmen oder sperren. Sie bilden das Zentrum bzw. den Hub Ihrer Content-Strategie und -Kreation. Hier können Sie – anders als auf Ihren Social-Media-Kanälen (Shared Media) – Inhalte nach eigenen Regeln bestimmen und gestalten.

Damit sind wir bei den Nachteilen der Owned Media:

- Die Reichweite eigener Medien auf- und auszubauen, erfordert leider sehr viel Geduld. Sich mit einem Blog nur über regelmäßiges Posten eine Community zu erarbeiten, bedarf sehr viel Ausdauer.

- Ohne aktive Distribution werden Inhalte, die auf eigenen Präsenzen stehen, ihr Publikum nicht erreichen. Die per se fehlende Reichweite selbst für qualitativ

---

6   Miriam Löffler, Think Content! Bonn: Rheinwerk Verlag 2014, S. 608.

hochwertige Inhalte und erstklassig produzierte Formate ist ein gravierender Nachteil dieses Medientyps. Aber es ist nachvollziehbar. Überlegen Sie selbst, wie viele Blogs es im Internet gibt und wie viele Beiträge täglich publiziert werden. Wie soll man Ihre Inhalte finden, wenn man nicht explizit sucht? Sie brauchen also für die Inhalte auf Owned Media einen Plan, wie und wo Sie sie »seeden« bzw. promoten können.

Schauen wir uns die in Abbildung 25.2 dargestellten, einfachen und weniger kostspieligen Möglichkeiten an, mit denen Sie im ersten Schritt dafür sorgen können, dass Sie mit Ihren Inhalten mehr Menschen erreichen.

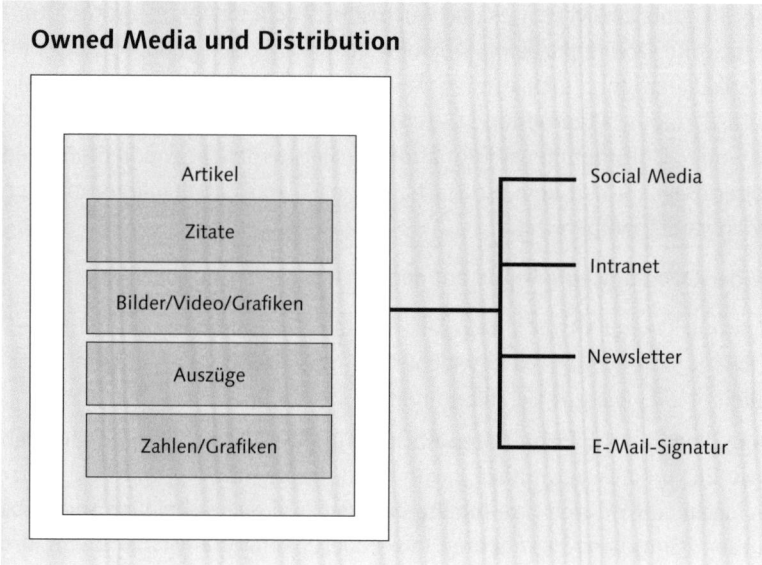

Abbildung 25.2 Seeding-Optionen für Content auf Owned Media

Wie Sie durch Seeding (kostenlose) Reichweite für Ihren Content auf eigenen Kanälen bekommen

Stellen wir uns vor, Sie sind Mediziner mit einem eigenen kleinen Institut. Aus aktuellem Anlass haben Sie einen ausführlichen Artikel auf der Website Ihres Instituts zum Thema Corona publiziert. Sie erklären darin die wesentlichen Merkmale des Virus, wie es sich verbreitet und wie man sich schützen kann, unter anderem die AHA-Regeln: Abstand, Hygiene, Alltagsmaske. Sie stellen Grafiken mit Kurven über die Entwicklung der Verbreitung dar. Was können Sie tun, um neue und mehr Leser auf Ihren Artikel aufmerksam zu machen?

- *Social Media*
  Sprechen Sie auf Ihren eigenen Social-Media-Kanälen über den Artikel und verlinken Sie dahin. Oder verweisen Sie in entsprechenden Kommentaren und Dis-

kussionen auf den Kanälen anderer Experten unter deren Beiträgen zum gleichen Thema auf weitere Argumente im Artikel. (Bleiben Sie dabei aber bitte sachlich und fachlich und werden Sie nicht werblich). So wird Ihr Artikel auch von Menschen gelesen, die Ihr Blog nicht abonniert haben. Als Beispiel: Im LinkedIn-Post in Abbildung 25.3 spricht einer der Autoren dieses Buches über einen neuen Blogartikel, über den auch LinkedIn-Follower, die das Blog nicht kennen, dorthin geführt werden.

- *Zitate*
  Sie haben interessante Originalzitate von Medizinern und Wissenschaftlern im Artikel? Prima! Dann posten Sie die (auch als Updates) auf z. B. auf Twitter oder LinkedIn – und verweisen Sie natürlich auf mehr, auf weiterführende Gedanken dazu in Ihrem Artikel.

- *Infografiken*
  Stellen Sie eine Infografik aus Bestandteilen des Textes zusammen: Die AHA-Regeln grafisch attraktiv mit einfachen Icons aufbereitet kann man so leicht teilbar machen. Auch Ausschnitte von bestehenden Grafiken zur Entwicklung der Pandemie kommen im LinkedIn- oder Facebook-Newsfeed Ihrer Community-Mitglieder besonders gut an. Teilen Sie sie, mit dem Verweis auf Ihren Artikel.

- *Video/Bild*
  Wenn Sie hochwertige Bilder oder sogar längere Filme in Ihrem Beitrag eingebaut haben, pushen Sie sie im alternativen (Kurz-)Format: z. B. die Entwicklung des Virus als Bilderserie, Story oder gekürztes Reel auf Instagram. Und verweisen Sie auf die »Long Version« in Ihrem Artikel.

- *Newsletter*
  Nutzen Sie Ihren monatlichen Newsletter, um Kunden auf Ihre neuen Artikel und die darin angesprochenen wichtigen Erkenntnisse aufmerksam zu machen. Fixen Sie sie ein wenig an. Im Newsletter können Sie auch mit Ihrer persönlichen Ansprache punkten.

- *Intranet*
  Nutzen Sie Ihr Intranet, um auch Ihre eigenen Angestellten im Unternehmen neugierig auf die neuen Inhalte zu machen. Sie sind wichtige Multiplikatoren, weil sie diese Inhalte nicht nur lesen, sondern idealerweise auch selbst als stolze Absender mit hoher Identifikation in ihren Kanälen teilen.

- *E-Mail*
  Sie und Ihre Mitarbeiter könnten auch die Signaturen Ihrer normalen E-Mails nutzen, die Sie täglich verschicken. Ergänzen Sie sie um die Links zu Ihren aktuellen Owned Media.

Alle diese »Vermarktungsaktivitäten« brauchen natürlich die Verbindung zum Original-Content: Setzen Sie die entsprechenden Links mit dem Hinweis, dass es mit nur einem Klick noch mehr zum Thema in Ihrem Blogartikel gibt.

Abbildung 25.3 Der Autor dieses Buches macht auf LinkedIn auf seinen neuen Blogartikel aufmerksam. Themenspezifische Hashtags optimieren die Sichtbarkeit dieses Posts.[7]

25.4   Shared Media – so platzieren Sie eigene Inhalte auf »geliehenen« Plattformen

Shared Media sind Medienkanäle, die Sie sich von Facebook, Instagram, Twitter und Co. »leihen«. Ja, das Wort ist tatsächlich auch so gemeint: Ihr Facebook-Account gehört Ihnen nicht, auch wenn Sie das glauben möchten. Zuckerberg und Co. könnten Ihren Account jederzeit sperren, dessen Reichweite blockieren oder ihn diesen auch einfach ganz wegnehmen, wie der Fall des US-Präsidenten Trump

---

7 Andreas Berens, Das Content-Marketing-Magazin: *https://stories4brands.com*; Bild im Post: Cookie the Pom, *unsplash.com*

zeigt: Nach der Erstürmung des Kapitols vor der Amtsübergabe an Nachfolger Biden sperrte Twitter Trumps Account. Bereits vorher hatte Twitter die News in seinen Tweets bereits als »Fake« markiert.

Auch auf diesen Kanälen sind Sie für Ihre Inhalte verantwortlich. Die Plattformen übernehmen keinerlei Verantwortung für die Inhalte, die andere auf ihnen publizieren. Trotzdem müssen Sie sich – im Gegensatz zu Owned Media – hier auf gewisse Spielregeln und (gestalterische) Vorgaben der jeweiligen Plattform einlassen und sind nicht ganz »frei«.

Beim Bespielen von Social Media mit Content sind die grundsätzlichen Fragezeichen in Unternehmen, was wo zu tun ist, immer noch sehr groß. »Müssen wir noch auf Facebook gehen?« ist eine Frage, die inzwischen genauso oft zu hören ist wie die resolute Forderung »Wir sollten jetzt auch etwas auf TikTok machen!«

Damit kommen wir zu einigen grundsätzlichen Tipps für Shared Media:

- Überlegen Sie genau, welche Kanäle Sie nutzen möchten. Vermeiden Sie unnötige Streuverluste. Nur weil gerade ein neuer Kanal gehypt wird, bedeutet das nicht, dass Sie Ihren Content dort nun auch publizieren müssen. Seien Sie sich immer darüber im Klaren, wo Sie Ihre Zielgruppe am besten erreichen.

- Social-Media-Kanäle unterliegen zudem einer hohen Dynamik. So scheint Branchenprimus Facebook bei den nachwachsenden Generationen endgültig abgeschrieben, während TikTok der neue »Place to be« der Jüngsten ist. Bis die nächste Plattform, wie beispielsweise Clubhouse, kommt. Es sind eben nur »geliehene« Kanäle, deren Bedeutung, Popularität oder Hype bzw. Bestand Sie nicht kontrollieren können.

- Jeder Kanal hat eigene Charakteristika, Anforderungen und Möglichkeiten. Stellen Sie bei Ihrer Planung den Aufwand, den Sie betreiben müssen, um Ihren Content für eine entsprechende Plattform zu bauen oder zu adaptieren, immer in Relation zur Reichweite in Ihrer Zielgruppe. Facebook-Herausforderer Snapchat hat sich mit einer eigenen Content-Experience und einem Augmented-Reality-Ansatz eine differenzierende Daseinsberichtigung geschaffen. Snapchat zwingt Content-Produzenten damit aber auch zu aufwendig redaktioneller und technisch spezifischer Aufbereitung der Inhalte. National Geographic und andere Magazine haben dafür sogar eigene Redaktionen geschaffen – und das für Inhalte, die nach 24 h auch wieder verschwinden.

- Zuckerberg kündigte Anfang 2018 das Ende der organischen Reichweite für Unternehmensinhalte an.[8] Das bedeutet: Facebook und Co. richten ihre Algorithmen zunehmend so aus, dass die ehemals kostengünstige organische, sprich

---

8   Mark Zuckerberg, Facebook: *https://www.facebook.com/zuck/posts/10104413015393571*

kostenlose Reichweite für Unternehmensinhalte reduziert wird. So werden Unternehmen gezwungen, die Sichtbarkeit ihrer Inhalte mit Werbeausgaben zu kaufen. Sie brauchen also Budget.

Mehr Content zu publizieren, bedeutet übrigens nicht unbedingt mehr Sichtbarkeit und mehr Interaktion – im Gegenteil. Es besteht auch die Gefahr, dass Ihr Publikum zu viele Beiträge als nervigen Spam empfindet und Ihren Account »mutet«, sprich die Anzeige in der Timeline zumindest vorübergehend unterdrückt. Es gilt wie immer: Qualität vor Quantität. Nur mit echtem Mehrwert verschaffen Sie Ihrem Content Sichtbarkeit.

Ist Ihr Inhalt nützlich, wertvoll, unterhaltend, macht einfach Spaß? Dann geht er viral!? Vielleicht. Planen lassen sich Shared-Media-Erfolge leider nicht. Schauen wir uns aber die in Abbildung 25.4 dargestellte Optionen an, mit denen Sie dafür sorgen können, dass die Inhalte auf Ihren Shared-Media-Kanälen von mehr Menschen gesehen werden.

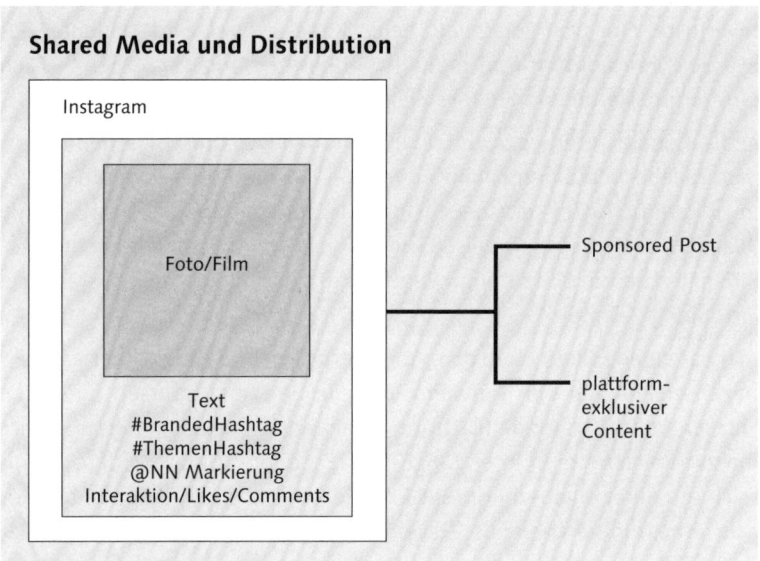

Abbildung 25.4 Mehr Sichtbarkeit für Content auf Shared Media

Wie Sie Ihrem Content auf Shared Media Flügel verleihen

Stellen Sie sich folgende Situation vor: Sie sind ein Architekturfotograf und möchten sich einen Ruf weit über Ihre bisherige Kundschaft hinaus erarbeiten. Was können Sie tun? Sie entscheiden sich, Social Media zu nutzen, um Ihre Bilder zu zeigen. Was können Sie nun tun, damit auch Menschen, die Sie, Ihr Werk und Ihre Arbeitsweise noch nicht kennen, Ihren letzten Instagram-Post mit dem neuesten Wolkenkratzer der Frankfurter Skyline zu Gesicht bekommen?

- *Mehr Interaktion*
  Je mehr Kommentare, Likes und Shares Ihr Foto bekommt, desto wichtiger erscheint dieser Beitrag »in den Augen« des Algorithmus. Daher wird er ihn häufiger und prominenter in die Feeds Ihrer Follower pushen. Selbst wenn es wie in diesem Fall eher B2B-Content ist: Gegen echte Relevanz hat selbst der Algorithmus nichts einzuwenden. Damit steigt die Sichtbarkeit Ihres Beitrags. Das gilt natürlich nicht nur auf Instagram, sondern auch auf anderen Shared-Media-Kanälen wie LinkedIn oder Twitter. Versuchen Sie, die Interaktion unter Ihrem Beitrag aktiv zu pushen. Dazu gibt es mehrere Ansätze: Regen Sie die Diskussion mit einer Frage an: Wer kennt das Gebäude? Wer war schon mal da? Wer kennt den Architekten? Finden Sie neue Erkenntnisse zu dem Gebäude, posten Sie diese Links oder Beiträge nicht separat, sondern direkt unter dem Foto, dem originären Beitrag selbst. Das sorgt wiederum für weitere Likes oder Kommentare und macht den Post lebendig. Shared Media ist für dieses »Anfüttern« gut geeignet. Markieren Sie außerdem im Bild oder unter dem Post bekannte Kolleginnen, gestandene Influencer vom Fach oder Expertinnen, die sich auch auf der jeweiligen Plattform tummeln. Die werden sich direkt angesprochen fühlen und sich hoffentlich mit einem entsprechenden Kommentar oder Like dazu melden. Seien Sie ruhig mutig: Bekommen Sie ein Like von einer anderen Architekturkoryphäe mit vielen Followern, kann das zu einem echten Schub an Reichweite führen – und es fühlt sich einfach richtig gut an.

- *Themen-Hashtag nutzen*
  Um Ihre organische Reichweite zu steigern, versehen Sie Ihren Content mit gängigen Hashtags. Ein Themen-Hashtag ist ein mit Doppelkreuz versehenes Schlag- oder Suchwort, dass Sie hinter Ihren Text setzen. Er macht Ihre Inhalte und Posts zu bestimmten Themen in sozialen Netzwerken besser auffindbar. Plattformnutzer können nach Hashtags suchen oder sie sogar abonnieren. Damit erscheinen Posts mit diesem Hashtag z. B. in deren Instagram Feed. Insbesondere, wenn Plattformen wie Twitter oder Instagram keine herkömmliche Suche anbieten, sind Hashtags das beste Tool, um Ihren Content zu seeden. Verschiedene Content-Themen haben dabei typische Hashtags, die von der Community genutzt werden. In unserem Beispiel für Architekturfotografie sind populäre Hashtags #architecture, #design, #architecture_hunter, #ig_germany oder #sky_high_architecture. Ebenso gibt es natürlich #beautyblogger für Kosmetik, #kochen für Rezepte, #sportmotivation für Fitness.
  Instagram selbst oder kostenfreie Tools wie Instagram-Hashtag-Generatoren[9] helfen Ihnen, die populärsten Hashtags für Ihre Themen zu finden. Nutzen Sie auch aktuelle Hashtags, wenn Sie etwas zu einer Entwicklung oder einem Ereig-

---

9 Instagram-Hashtag-Generatoren: Sistrix *https://app.sistrix.com/de/instagram-hashtags*; all-hashtag: *https://all-hashtag.com/about.php*

nis beizutragen haben: Mit bekannten aktuellen Hashtags wie #flattenthecurve zu Corona, #veganuary zur populären Veganer-Bewegung zum Jahresstart oder #metoo zum Aufruf gegen sexuelle Belästigung, können Sie an aktuellen Diskussionen teilnehmen oder aktuelle Trends und News für Ihre Botschaft »newsjacken«.

- *Branded Hashtag kreieren*
  Etablieren Sie auch eigene Hashtags und machen Sie sie mit Ihren Inhalten über die Zeit hinweg populär. Das kann Ihr Markenname sein, ein Ausstellungsmotto (#MakingVanGogh, siehe Abbildung 25.8), aber auch ein knackiges Aktions- oder Haltungsmotto. Um das Branded Hashtag aufzubauen, fordern Sie die Mitglieder Ihrer Community auf, Content, den diese von sich aus oder auch im Rahmen Ihrer Kampagne oder einer besonderen Challenge kreieren und teilen, mit diesem Aktions- oder Branded-Hashtag zu kennzeichnen (siehe Beispiel #youownit aus Kapitel 27, »Mehr Engagement – so triggern Sie Ihre Community«). Mit dem Hashtag findet man die Beiträge leichter. Auf TikTok beispielsweise werden die Beiträge – als Werbung gekennzeichnet – dann auf einer speziellen Hashtag-Seite mit dem Logo Ihres Unternehmens gesammelt und promotet. Dazu wird Ihre Challenge auf einer Übersichtseite mit allen anderen laufenden Challenges vorgestellt, sprich beworben. Dass Sie TikTok dafür bezahlen müssen, versteht sich von selbst (siehe auch Abschnitt 25.5, »Paid Media – Sichtbarkeit und Reichweite kann man auch kaufen«).

- *Plattformexklusiven Content erstellen*
  Kreieren Sie ganz bewusst exklusive Inhalte für ganz bestimmte Shared Media. Posten Sie also als Fotograf auch Bilder und andere Inhalte, die sich nicht auf Ihrem Blog oder Ihrer Website finden. Für Fotografen bietet sich hier Instagram für Bilder oder YouTube für Tutorials zum richtigen Fotografieren an. Für diese Art der Content Distribution eignen sich – je nach Zielsetzung – aber auch andere Netzwerke, wie z. B. LinkedIn. Die Social-Networking-Plattform konzentriert sich auf geschäftsorientiertes Networking. Professionals nutzen sie, um sich mit Fachleuten zu vernetzen und den eigenen Lebenslauf zu präsentieren. Aber LinkedIn ist als Shared-Media-Kanal ideal, um sich als Experte, in dem Fall als Fotograf, mit der eigenen Arbeit zu profilieren: Das Netzwerk bietet die Möglichkeit, längere Artikel (neben Statusmeldungen oder Links) zu posten – beispielsweise über den letzten Auftrag oder eine Erfahrung im Umgang mit speziellen Motiven: direkt auf der Plattform, wo die potenziellen Kunden unterwegs sind. Dazu bietet LinkedIn professionelle Distributionsmöglichkeiten.[10] Schätzt die Community Ihre Beiträge, profitieren Sie unmittelbar von Ihrer organischen Reichweite auf der Plattform selbst (siehe auch Earned Content in

---

10 Artikel auf LinkedIn veröffentlichen. LinkedIn: *https://www.linkedin.com/help/linkedin/answer/54005/artikel-auf-linkedin-veroffentlichen?lang=de*

Abschnitt 25.6, »Earned Media – so nutzen Sie die Strahlkraft vertrauenswürdiger Dritter«). Diese ausführlicheren Beiträge werden exklusiver Teil Ihres persönlichen Marken- oder Unternehmensprofils. Ihr Beitrag, aber auch der Kanal als Business-Plattform selbst, untermauern so Ihren professionellen Expertenstatus. Potenzielle Auftraggeber wie Architekturbüros, bestehende Geschäftspartner oder auch Ihre Mitarbeiter bekommen einen direkten Einblick in Ihre Denk- oder Markenwelt. Sie werden durch die zusätzliche Sichtbarkeit auch neue Follower gewinnen.

Für Fotografen geeignete Kanäle für diese Art Shared-Media-Inhalte sind z. B. 500px, flickr (für Fotos), Slideshare (für Präsentationen), YouTube (für Tutorials) oder Vimeo (für selbst gedrehte Videos). Genauso eignen sich aber natürlich auch für andere Formate Shared Media wie Last.fm und Soundcloud (für Musik und Podcasts), Goodreads (für Lektüre) oder Pinterest (für das Kuratieren unterschiedlichster Bild-/Videoinhalte).

- *Sponsored Post einsetzen*
  Die Algorithmen der Plattformen kennen den direkten Weg zu Ihrer Zielgruppe. Sponsern Sie Ihr Foto mit Budget. Der Weg: Wandeln Sie Ihren privaten Instagram-Account in einen Business-Account. Damit erhalten Sie die Möglichkeit, mit übersichtlichem Budget Ihr Foto einer ganz bestimmten, von Ihnen ausgewählten themenaffinen Followerschaft näherzubringen. Wie das geht, erfahren Sie im folgenden Abschnitt.

25.5   Paid Media – Sichtbarkeit und Reichweite kann man auch kaufen

Wikipedias Definition von Paid Media ist einfach:

> »*Der Medientyp Paid Media umfasst alle Formen bezahlter Werbemaßnahmen, bei denen das Unternehmen sich bei einem Medium zur Nutzung dessen Kommunikationskanal einkauft.*«[11]

Mit Paid Media kaufen Sie sich also entweder Werbeplatz, um Ihren Content, den Sie auf Ihren Owned Media publiziert haben, zu bewerben: Banner oder Video- und Text-Ads auf Social Media. Ebenso dazu gehören klassische Werbeformate wie der TV- oder Kinospot, Radio- und Plakatwerbung oder Printanzeigen, auch Suchmaschinenwerbung (SEA) gehört dazu. Oder sie kaufen sich Platz für Ihren Content selbst. Dann platzieren sie diesen gegen eine Gebühr auf einem fremden Kommunikationskanal, auf den Plattformen anderer. Dazu gehören Publisher-Plattformen

---

11 Wikipedia, Stichwort »Medientyp (Mediaplanung)«: *https://de.wikipedia.org/wiki/Medientyp_(Mediaplanung)* [27.08.2021]

(Native Advertorial), Blogs, Social-Media-Kanäle von Influencern oder Fachforen. Das Ziel dahinter ist in beiden Fällen dasselbe: Ihr Content soll genau die Menschen erreichen, für die Sie ihn geschrieben oder produziert haben.

Der Vorteil des Einsatzes von Paid Media: Sie sind berechenbar. Für Ihr Geld bekommen Sie in digitalen Medien eine garantierte Reichweite. Außerdem können Sie Ihre Zielgruppe genau eingrenzen. Dazu haben Sie die Kontrolle über Botschaft und Zeitpunkt der Publikation.

Nachteilig ist, dass werbliche Inhalte schnell als lästig empfunden und konsequent ausgeblendet werden: Menschen nutzen beispielsweise Adblocker im Netz oder blenden Anzeigen und Banner tatsächlich mental aus. Sie übersehen sie einfach. Außerdem ist die Glaubwürdigkeit von Paid Media in Relation zu den anderen Medientypen nicht besonders hoch. Besonders, wenn die Autoren vorgeben, authentisch zu schreiben, ihre Beiträge nicht als Werbung erkennbar kennzeichnen, besteht die Gefahr, dass sie von der Zielgruppe regelrecht enttarnt und entlarvt werden. Dann geht der Schuss nach hinten los.

Aber schauen wir uns einmal, in Abbildung 25.5 dargestellt, einige Ideen für effiziente Paid Media Promotion an.

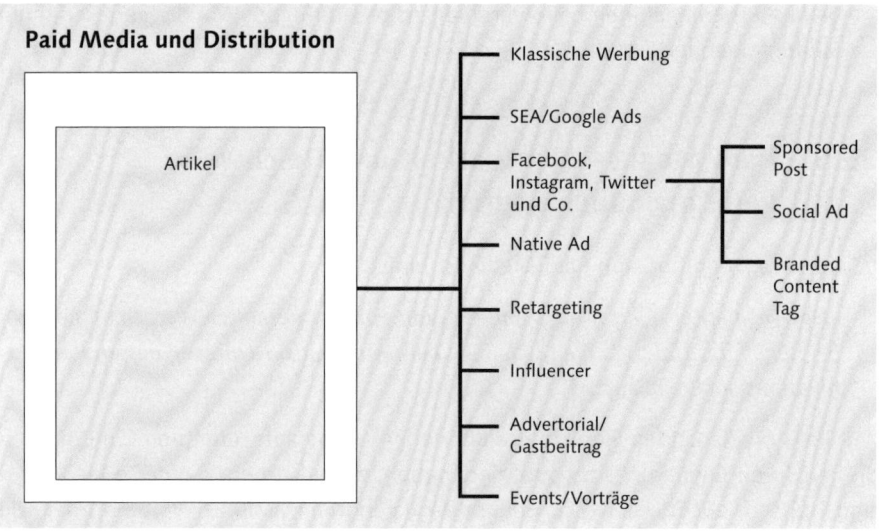

Abbildung 25.5 Paid Media für Content Promotion

Wie Sie Ihre Inhalte mit Mediabudget (Paid) bewerben können

Stellen wir uns einmal ein mittelständisches, hoch spezialisiertes IT-Unternehmen vor. Es hat zehn Angestellte, meist echte Hacker, aber die von den Guten. Das Unternehmen berät Betriebe und Behörden, wie deren IT-Landschaften vor fiesen und kriminellen Hackerattacken aus dem Netz geschützt werden müssen. Anlässlich der aktuellen Cyberattacken auf mehrere deutsche Behörden hat einer der Hacker auf dem Unternehmensblog einen Beitrag geschrieben, in dem er die Absichten hinter den Attacken erklärt und praktische Wege aufzeigt, wie sich ein Unternehmen davor schützen kann.

Unser IT-Content-Team überlegt sich, wie es nun mit Werbung, also Paid Media, mehr Traffic für seinen Expertenartikel generieren kann. Dafür hat es verschiedene Optionen:

- *Klassisch Werbung schalten*
  Das Unternehmen könnte tatsächlich TV- oder Kinowerbespots, Werbeplakate, Printanzeigen in Fachmagazinen oder Radiospots buchen, um auf den aktuellen Blogbeitrag aufmerksam zu machen. Bei großen Content-Kampagnen, wie in Kapitel 14, »Content-Marketing-Kampagne – wie Sie mit einer Leitidee crossmedial sichtbar werden«, dargestellt, macht das auch tatsächlich Sinn – beispielsweise mit direktem Call-to-Action (Aufruf zu einer Interaktion) und Link auf die aufwendig produzierte YouTube-Serie oder als Einladung zu einem großen Event. Das wäre in unserem dargestellten Fall und mit Blick auf den Preis allerdings einigermaßen unverhältnismäßig und auch nicht sonderlich effizient, was die spitze Ansprache der B2B-Zielgruppe angeht.

- *Google Ads schalten*
  Mit Google Ads könnte unser IT-Unternehmen Suchmaschinenwerbung (SEA) nutzen: In den Suchergebnissen der Google-Nutzer erscheint beim entsprechenden Suchbegriff eine kleine Textanzeige über oder neben den Suchergebnissen, die auf den Blogartikel verweist. Einerseits zahlt man dabei zwar nur für jeden Klick, was diese Werbeform kontrollierbar macht. Andererseits muss eine solche Anzeige auch erst einmal wahrgenommen werden. Die dafür notwendige Markenbekanntheit hat unser Unternehmen aber nicht. Deshalb wendet es sich anderen Optionen für die bezahlte Verbreitung seines Artikels zu.

- *Sponsored Post nutzen*
  Auf Facebook, Instagram und LinkedIn postet das IT-Unternehmen den Link zu seinem Beitrag mit einem kurzen Text als Teaser. Damit der Post aber auch sicher in der Timeline seiner (Nicht-)Follower und potenziellen Kunden erscheint, sponsert es diesen und kauft sich so Reichweite und Sichtbarkeit hinzu. Den »Sponsored Post« richtet es mithilfe soziodemografischer Kriterien und definierter Interessen auf seine avisierte Zielgruppe aus. Durch das Targeting bestimmt es genau, in wessen Timeline der Post erscheinen wird. Das Beispiel in Abbildung 25.6 zeigt einen Sponsored Post, mit dem der Messeveranstalter DMEXCO seine Podcasts, die auf der eigenen Homepage stehen, in der Content-Marketing-affinen Zielgruppe bewirbt.

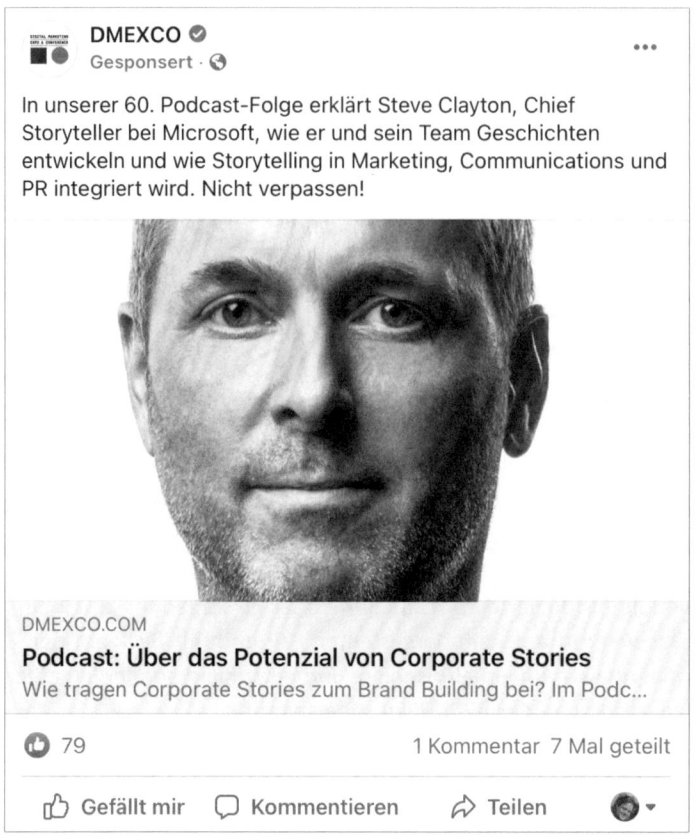

Abbildung 25.6 Sponsored Post der DMEXCO für ein Podcast-Angebot auf der eigenen Website (Quelle: Screenshot von Facebook)

- *Promoted Tweets twittern*
  Auch auf Twitter promotet unser Hackerunternehmen seinen Tweet mit einem Link. Damit möchte es an einer gerade entbrannten aktuellen Diskussion über eine neue gefährliche Cyberattacke auf ein Düsseldorfer Krankenhaus teilnehmen. Passt sein Promotet Tweet mit den verwendeten Hashtags zu der Suchanfrage eines Twitter-Users, sieht Letzterer diesen vor allen anderen Suchergebnissen.

- *Social Ads schalten*
  Im Gegensatz zu eher inhaltlich attraktiven Sponsored Posts ähneln bezahlte Anzeigen in Shared Media in ihrer Gestaltung eher Werbeanzeigen. Sie kommen zum Einsatz, wenn man nicht nur Aufmerksamkeit, sondern gleich eine bestimmte (Re-)Aktion auslösen möchte: z. B. Menschen zum Kauf in einen Shop zu schicken oder zur Anmeldung an einer Veranstaltung zu motivieren. Anzeigenmanager von Facebook und Co. machen es einem Creator einfach, diese

werblichen Posts auf die jeweilige Zielsetzung abgestimmt zu gestalten und mit einem entsprechenden Call-to-Action zu versehen. Mit diesen Mechaniken liefert die Anzeige dann unter Umständen bessere Ergebnisse als ein einfacher Sponsored Post. Obwohl es Werbung ist, fügt sich die Photo- oder Video-Ad »native«, also natürlich/organisch in den Newsfeed der Zielgruppe ein. Genau wie die Sponsored Posts kann unser IT-Unternehmen die Ads durch Targeting auf seine Zielgruppe ausrichten und zahlt dabei »nur« pro Klick. Es kann dafür einen dazu bestimmten maximalen Eurobetrag pro Tag festlegen, was die Kontrolle und Planung der Budgeteinhaltung erleichtert. Der Anzeigenmanager zeigt auch, wie die Ads abschneiden und welche Anpassungen man für bessere Ergebnisse vornehmen könnte. Da unser Unternehmen in diesem Fall aber nichts »verkaufen« möchte, verzichtet es auf Ads.

- *Gastbeiträge schreiben*
  Anlässlich der erneuten Cyberattacke auf ein Düsseldorfer Krankenhaus nutzt unser IT-Unternehmen die Chance, seinen redaktionellen Fachartikel noch weiter zu pushen. Es kauft sich die entsprechende Reichweite auf einem renommierten Fachportal, einem News Network, zu. Solche Portale kuratieren, sprich veröffentlichen, gegen Gebühr Experteninhalte spezieller Branchen. Sie platzieren den aktualisierten, überarbeiteten Artikel unseres Hackers auf ihren fachspezifischen IT-Sites und denen ihrer Medienpartner. Dort bekommt der Artikel gleich eine Platzierung auf der Startseite, wird in einen spezifischen Themenkanal integriert und in reichweitenstarken, themenspezifischen Newslettern des Portals beworben. Garantierte Pageviews bekommt unser Unternehmen bei der Buchung inklusive. Durch in den Text eingeflochtene Links gewinnt unser IT-Unternehmen auch noch gleich neue Besucher für sein Blog.

- *Native Ads schalten*
  Outbrain ist eine von mehreren sogenannten Webwerbeplattformen. Das Unternehmen hat sich darauf spezialisiert, auf Plattformen wie Onlinemagazinen oder Nachrichtenportalen kleine Werbeanzeigen inklusive Links zu weiterführenden Inhalten zu schalten. Diese Native Ads fügen sich mit Bild und kurzem Info-/Teasertext ganz harmonisch in das redaktionelle Umfeld des jeweiligen Magazins ein. Sicher haben Sie solche Hinweise schon gesehen, unter dem Motto: »Das könnte Sie auch interessieren.« So leitet ein Onlinemagazin die interessierte Leserschaft seines Autotests beispielsweise gleich weiter zur passenden ausführlichen Autoreportage des gleichen Autors und hält sie so auf der Website. Content Discovery nennt sich das Angebot. Zusätzlich bieten die Plattformen solche Links zu – ausdrücklich gesponserten – Fremdinhalten an, zu sogenannten Sponsored Stories. Mit einer solchen Native Ad, kontextsensitiv unter einer IT-Reportage eines Fachportals zum deutschen Behördenhack, könnte unser IT-Unternehmen also regelrecht Werbung für den Blogartikel machen und von dort direkt dorthin verlinken.

- *Advertorial publizieren*

  Ein Advertorial ist eine Werbeanzeige in Form eines redaktionellen Beitrags. Dieser ist so geschickt gestaltet, dass er sich weder optisch noch inhaltlich vom eigentlichen redaktionellen Umfeld des Mediums, in dem er erscheint, abhebt. Dass es sich hier um Werbung handelt, ist für die Zielgruppe also als solche nicht auf den ersten Blick erkennbar. Im Gegenteil: Sie wird im Gegensatz zu einer klassischen Werbeanzeige nicht im Lesefluss gestört. Und ist der Beitrag gut getextet und »gut gemeint«, kann ein Unternehmen mit einer solchen »Anzeige« beim Publikum punkten. Dieses Prinzip funktioniert nicht nur in Printmedien, sondern auch auf Onlinemagazinen, Blogs und Social-Media-Plattformen. Bei dieser Art der Content Distribution sollten Sie auf die klare Markierung Ihres Inhalts als Anzeige achten. Fehlt der ausdrückliche Hinweis, fühlt sich die Leserschaft leicht »betrogen«. Dann schlägt die beabsichtige neutrale Wirkung in Antipathie gegen die Marke um. Auch die Neutralität des Publishers, also des Magazins, in dem das Advertorial erscheint, leidet sonst darunter. Für unser Hackerunternehmen ist diese Lösung wahrscheinlich etwas zu »werblich«.

- *Retargeting*

  Menschen, die einen Blogartikel oder einen Gastbeitrag gelesen haben, sind eigentlich prädestiniert, auch den nächsten Beitrag des gleichen Autors zu lesen. In unserem Fall: Nach Lektüre des Hackerartikels auf dem Blog oder einer Publisher-Seite wären sie vielleicht bereit, einen Newsletter des Autors zu abonnieren. Das wäre eine gewünschte Conversion eines Lesers zum Abonnenten. Für dieses Angebot sollte man sie aber nochmals ansprechen, auch wenn sie schon wieder auf einer anderen Website im Netz unterwegs sind. Retargeting ermöglicht das wiederholte Ansprechen: Der originäre Inhalt auf Owned, Paid oder Shared Media bekommt dafür Retargeting Pixel. Damit können seine Leserinnen und Leser später »auf ihrer Reise« durchs Netz in passenden Umfeldern vom Werbetreibenden mit einer Anzeige oder einer Social Ad auf ein ergänzendes oder weiterführendes Content-Angebot aufmerksam gemacht werden. Diese Anzeigen unseres IT-Unternehmens auf anderen Websites sind dann auch nur für die Besucher sichtbar, die den ursprünglichen Artikel (oder das Blog) bereits besucht haben. Auf LinkedIn könnten unsere Anti-Hacker auf diese Weise Menschen, die sich nur einen Teil eines dort platzierten Videos zum Thema angesehen haben, an anderer Stelle ermuntern, sich den Rest doch noch anzuschauen oder den entsprechenden Blogartikel zum Video zu lesen. Exzessiver Einsatz von Retargeting kann Menschen allerdings ziemlich nerven. Deshalb geben Google, Instagram, Facebook und Co. ihren Nutzern auch die Möglichkeit, nervige Ads gezielt auszuschalten oder bestimmte Advertiser gleich komplett zu blockieren. Das möchte unser IT-Unternehmen unbedingt vermeiden.

- *Branded Content (mit Tag) einführen*
  Unsere Anti-Hack-Berater heuern eine IT-Influencerin mit 30K Followern an, damit diese einen Post mit dem Link zum Blogartikel verfasst, also eine Leseempfehlung in ihrer Community abgibt. Facebook und Instagram ermöglichen beispielsweise diese unkomplizierte Art der Zusammenarbeit: Dafür muss die Influencerin allerdings das Unternehmen als Werbepartner mit dem dafür bereitgestellten Branded Content Tag kenntlich machen. Damit darf sie den Link auf den Blogartikel gegen Honorar verbreiten.[12] Beachten Sie bei der Zusammenarbeit mit Influencern die aktuelle deutsche Gesetzgebung. Das gilt insbesondere auch in Bezug auf den Verdacht der Schleichwerbung. Dass es solche Möglichkeiten zur Bewerbung Ihres Contents gibt, heißt nicht, dass Sie diese auch uneingeschränkt nutzen dürfen. Oder um es mit Medienanwalt Thomas Schwenke zu sagen: »Es ist kompliziert.«[13] Mehr zum Thema lesen Sie in Kapitel 15, »Branded Content – Inhalte mit kreativen Partnern entwickeln«.

- *Branchen- und Fachevents buchen*
  Da der Hacker nicht nur ein guter Blogschreiber, sondern auch ein kultiger Präsentator ist, wird er die Inhalte seines Artikels als Vortrag auf einer populären Branchenveranstaltung präsentieren – und damit sicherlich auch wieder neue Follower für das Blog bekommen. Das Unternehmen kauft sich dafür Redezeit auf der Haupttribüne des gut besuchten Fachevents.

Besonders effizient wird der Einsatz von Paid Media natürlich, wenn Sie den so auf Ihre Owned Media geleiteten Traffic effektiv auffangen und weiterverarbeiten. Denn Traffic auf der eigenen Website ist qualifizierbar. Bewerben Sie also nicht nur Ihren Content, sondern überlegen Sie auch, wie Sie die »bezahlten« Besucher dort willkommen heißen und zu einer gewünschten Interaktion motivieren können, also z. B. zum weiteren Lesen oder Teilen, zum Abonnieren des Newsletters oder direkt zur Kontaktaufnahme.

Achten Sie bitte unbedingt darauf, dass der in Ihren Paid Media beworbene Link *direkt* auf die Seite mit den entsprechenden Inhalten führt. So vermeiden Sie, dass sich die Interessenten erst von Ihrer Homepage oder einer anderen übergeordneten Landingpage zum beworbenen Content durchklicken müssen. Eine solche Barriere ist meist zu hoch: Der Besuch ist genervt, bricht ab und Ihr Budget verpufft wirkungslos.

---

12 Was kann der Branded Content Tag? Allfacebook: *https://allfacebook.de/pages/branded-content-tag* [16.01.2021]

13 Thomas Schwenke, Risiken der Schleichwerbung (Whitepaper Download): *http://allfacebook.de/policy/whitepaper-risiken-der-schleichwerbung-rechtliche-grenzen-bei-facebook-und-instagram* [18.02.2021]

25.6   Earned Media – so nutzen Sie die Strahlkraft vertrauenswürdiger Dritter

Stellen Sie sich vor: Sie machen in Ihrem Urlaub ein wunderschönes Ferienbild mit einem Motiv aus der Region und posten es auf Instagram. Plötzlich stellen Sie fest: Der örtliche Tourismusverband hat Ihr Bild nicht nur mit einem »Wunderbar!« plus Herzchen kommentiert. Er hat es sogar auf dem eigenen Kanal geteilt – natürlich mit Ihrem Namen und entsprechendem Dank versehen. Das macht Sie sicherlich ein wenig stolz. Genauso ergeht es Unternehmen, deren Fachbeiträge in Foren und anderen Medien nicht nur zitiert, sondern auch als Leseempfehlung geteilt wurden.

Wenn Menschen und Suchmaschinen Inhalte teilen, haben sich deren Autoren das im wahrsten Sinne des Wortes durch die Qualität ihrer Arbeit »verdient«. Deshalb heißt diese Kategorie auch Earned Media. Damit erschließen sich Content Creators quasi den unbezahlten Kanal des jeweils Teilenden in dessen Community – die wiederum idealerweise auch Teil Ihrer eigenen Zielgruppe ist und für deren Ansprache Sie normalerweise Geld in die Hand hätten nehmen müssen.

Earned Media sind wohl der wertvollste Medientyp im PESO-Universum. Denn das, was eine Marke oder ein Unternehmen über sich selbst erzählen (oder ein gekaufter Influencer oder eine Vermarkterin über diese sagt), ist aus Sicht der Menschen per se erst einmal verdächtig. Dritte sind aber vertrauenswürdig – egal ob dies der vertraute Influencer, eine Journalistin oder die Suchmaschine Google ist.

Zeichnen diese dritten Autoritäten Ihren Content aus, weil sie ihn als wertvoll für die eigene Community oder ihre Kunden eingestuft haben, und teilen ihn, werden sie zum glaubwürdigsten Verstärker Ihrer Botschaft. Im besten Fall sorgen sie für die virale Verbreitung Ihres Contents.

Earned Media bedeuten allerdings, die Kontrolle über die Botschaft und den Zeitpunkt der Publikation durch Dritte aufzugeben. Zudem lässt sich »verdiente« Reichweite kaum planen oder gar vorhersagen. Mit welcher Art Content Sie Ihre Community motivieren und »engagen« können, haben wir in Kapitel 27, »Mehr Engagement – so triggern Sie Ihre Community«, besprochen. (Hier sei auch nochmals an die vier Stichworte aus Kapitel 2, »Content-Marketing-Strategie – Intuition ist gut, Fahrplan ist besser«, erinnert: Fun, Fortune, Fame, Fulfilment.)

Schauen wir uns einige Möglichkeiten an (in Abbildung 25.7 dargestellt), wie Sie Ihrem Content mit Earned Media mehr Outreach verschaffen können.

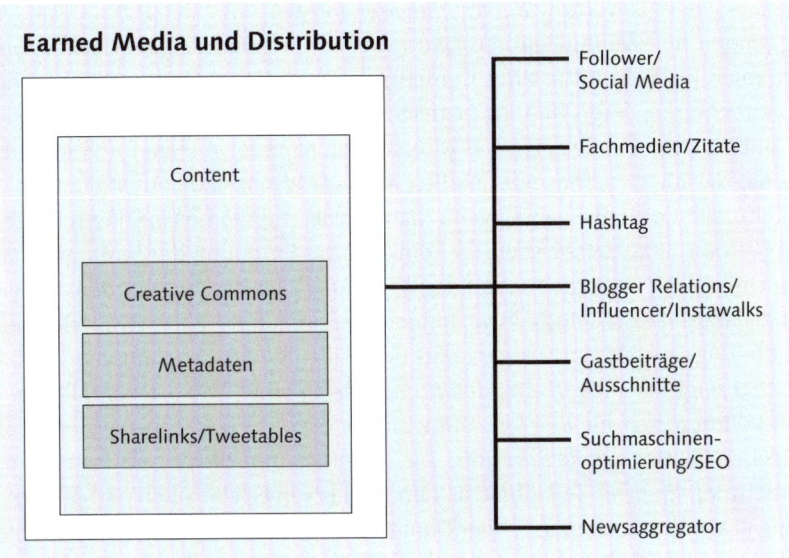

Abbildung 25.7 Mehr Outreach durch Earned Media

Mehr Outreach: Mit Earned Media zu höherer Sichtbarkeit

Wann immer Sie Inhalt produzieren, denken Sie die Verbreitung über die Beziehungen und Kontakte mit Ihren Multiplikatoren bei der Produktion gleich mit:

- *Teilen auf individuellen Konten*
  Menschen teilen Inhalte, die sie spannend finden, auf ihren eigenen Social-Media-Kanälen unter ihrem eigenen Namen. Damit können sie sich profilieren oder ihrer eigenen Community einfach etwas Gutes zukommen lassen, sei es auf LinkedIn, Twitter, Pinterest, in Blogs, auf Facebook, Instagram, TikTok oder welcher Kanal zukünftig auch immer en vogue sein wird. Vom einfachen »Interessant« oder »Wow« bis hin zu ausführlicheren Besprechungen ist da alles drin. Worin besteht Ihr Wow?

- *Machen Sie es anderen Menschen einfach, Ihren Content zu teilen*
  Wenn Sie eigene Bilder oder Grafiken publizieren, lizenzieren Sie sie als Creative Commons. So erlauben Sie Ihrem Publikum offiziell, diese im eigenen Content einzubetten und zu verbreiten. Pflegen Sie dazu auch Ihre Metadaten. Nur so sehen Ihre Inhalte beim Teilen durch andere in deren sozialen Netzwerken und in den Suchergebnissen gut aus und animieren zum Klick. Und formulieren und gestalten Sie Inhalte leicht zitier- und teilbar. Mit sogenannten *Sharelinks* oder vorformulierten *Tweetables* beispielsweise erleichtern Sie Ihren Multiplikatoren, das Teilen besonders interessanter, bereits markierter Aspekte Ihres Inhalts in deren eigenen Kanälen. Ein Klick unter das Bild oder den Text, schon wird der Tweet erstellt, den sie dann nur noch bestätigen müssen, damit er live geht.

- *Besprechung oder Bewertung durch Influencer anregen*
  Bloggerinnen und Multiplikatoren sind nicht nur kreativ in eigener Sache. Sie sorgen auch für Bekanntheit des Contents anderer. Insbesondere dann, wenn sie von der Marke, deren Haltung begeistert oder Fans der Sache sind, teilen sie den Content gern. Ein Beispiel: Das Kunstmuseum Städel in Frankfurt kuratiert, wie wohl die meisten Museen, jährlich mehrere wechselnde Ausstellungen – hochkulturelle Content-Events, wenn man so will, die themenspezifisch aufgezogen werden. 2019/2020 stand in Frankfurt die Eröffnung der wohl größten und wichtigsten Van-Gogh-Ausstellung des Städels vor der Tür. Vor dem ersten Tag lud das Museum seine aktive Influencer-Community zu einer exklusiven Vorabführung (auch Instawalk genannt) durch die neue Ausstellung ein. Abbildung 25.8 zeigt den entsprechenden Aufruf: Instagramer, Twitterer und Bloggerinnen konnten sich für die Teilnahme an der Führung vorab bewerben. Das Prinzip beruht hier auf Reziprozität: Die Auserwählten setzten als kostenlose Gegenleistung für diese Teilnahme an dem exklusiven Erlebnis sich und die Ausstellung auf ihren Kanälen in Szene. Damit etablierten sie zugleich das offizielle Branded Hashtag zur Ausstellung #MakingVanGogh und sorgten für Reichweite und Sichtbarkeit des ausgestellten Contents noch vor der offiziellen Eröffnung.

Abbildung 25.8 Das Frankfurter Städel-Museum veranstaltet Behind-the-Scenes-Events für Influencer.[14]

- *Blogger Relations pflegen*
  Hüten Sie sich dabei vor einem großen Fehler: Betrachten Sie Influencer keinesfalls als einmalige und günstige Erfüllungsgehilfen. Bauen Sie eine authentische,

---

14 The making of an Exhibition, Städelblog, Making van Gogh: *https://blog.staedelmuseum.de/making-of-an-exhibition* [24.01.2021]

vertrauensvolle und langfristige Beziehung zu ihnen auf, die sie in ihrer Rolle als Partner, Meinungsführer oder Trendsetter bestärkt. Stellen Sie ihnen exklusiven Content zur Verfügung. Geeignet sind dafür solche Behind-the-Scenes-Eindrücke, aber auch Making-of-Storys oder anderes exklusives (Interview-)Material. So binden Sie Ihre Lieblings-Influencer an sich und verhindern zugleich, dass diese zum Wettbewerb überlaufen.

- *Zitate oder Abhandlungen in (traditionellen Fach-)medien*
  Berichten Journalisten oder Expertinnen, also Fachleute Ihres Metiers, in ihren Medien über Ihre Inhalte oder Studien, kann das Ihren Content und Ihren Status als Experten extrem aufwerten. Insbesondere in B2B-Umfeldern sind Abhandlungen in Fachmedien in hohem Maße effektiv. Sorgen Sie dafür, dass dieser Personenkreis Ihre Inhalte zu sehen bekommt. Ein wichtiges Mittel, deren Bereitschaft zum Teilen Ihrer Inhalte zu fördern, ist es, diese selbst in Ihren Inhalt mit einzubeziehen: mit einem Zitat, Querverweis, Dank oder anderen »Reminiszenzen«.

- *News Aggregator nutzen*
  Über News Aggregatoren (auch Social-News-Websites) können Sie für zusätzliche Reichweite für Ihren Content sorgen: Beispiele für solche Websites sind Reddit und Digg (für Communitys), Rotten Tomatoes (für Film-Reviews), Techmeme (für Tech-Storys), (e)Science news (für populäre Wissenschaftsthemen) oder Hackernews (für Start-up-Themen). Eine gute Tech-Story, die auf Ihrem Twitter-Kanal beginnt, wird beispielsweise bei Reddit in einem kleinen Diskussionsforum durch dessen Abonnenten und Bots »hochgevoted« und damit auf der Front Page sichtbar; In der Folge wird sie vielleicht durch Medien wie t3n, Techcrunch, aber auch von kleineren Blogs aufgegriffen und besprochen. Solche Aggregatoren gibt es für so gut wie jede thematische und fachliche Nische. Selbst wenn diese dann nicht so richtig viel Traffic schicken, erreichen Sie so doch wichtige Kuratorinnen und Influencer.

- *Suchmaschinenoptimierung mitdenken*
  Ja, auch in den Suchergebnissen der Nutzer von Google auf der ersten Suchergebnisseite angezeigt zu werden, ist gewissermaßen verdienter Outreach. Das Geschäftsmodell von Google und Co. beruht schließlich auf Relevanz. Nur mit der Anzeige – aus Sicht der Nutzer – wertvoller Suchergebnisse verdienen diese Suchmaschinen ihr Geld. Ausgefeilte Algorithmen bewerten Ihren Content deshalb nach unendlich vielen Aspekten, die diese Relevanz stützen: Wird der Inhalt oft und lang gelesen? Verlinken viele andere Websites die Seite (Backlinks)? Sind Autor, Marke und die Website an sich kompetent, sprich vertrauenswürdig? Ist der Text leicht lesbar und gut strukturiert aufgebaut? Neben der wörtlichen Übereinstimmung einer Suchanfrage mit dem Text zählt außerdem auch, ob die Website kürzlich aktualisiert wurde und thematisch passende Fotos ent-

hält. Sogar von welchem Ort aus eine Suchanfrage gestellt wird, zählt.[15] Die Liste der Ranking-Faktoren und deren Gewichtung ist lang und wird vom Platzhirsch Google bewusst geheim gehalten, um Manipulationsversuche beim Ranking zu verhindern. Dennoch lohnt sich die Auseinandersetzung mit diesem Thema. Denn stellt Google Ihren Content auf die ersten Plätze seiner Suchergebnisseite, profitieren Sie vom Vertrauen der Menschen in eben diese künstliche Intelligenz der Suchmaschine: Sie klicken und kommen zu Ihrem Artikel. Einige Grundregeln der Suchmaschinenoptimierung können Ihnen schon helfen, den Algorithmus für Ihren Artikel zu gewinnen. So bauen Sie Ihren Status als Experte oder Thought-Leader und die Reichweite und Reputation Ihrer Marke in Ihrer Community oder Branche aus. Eine umfassende SEO-Strategie zu erstellen ist ein umfassendes, ebenfalls buchfüllendes Thema.[16]

- *Gastbeiträge anbieten*
  Bieten Sie Teile Ihres Contents, z. B. Ausschnitte eines Whitepapers, als Gastbeitrag auf Blogs oder in Magazinen an. Binden Sie dazu das gastgebende Magazin als Referenz in Ihrem eigenen Beitrag mit ein, verlinken Sie darin auch zu dessen Inhalten. Das erhöht die Chance, dass Ihr Angebot angenommen wird.

Die Beispiele zeigen, dass Earned Media anders als Paid Media, sprich Werbung, funktionieren. Menschen vertrauen Menschen. Es gilt also, Multiplikatoren zu motivieren, sich Ihre Inhalte anzuschauen, sie zu kommentieren oder sie zu teilen. Deshalb fragen Sie ganz bewusst bei ihnen nach, wie sie Ihre Inhalte finden. Ermutigen Sie Ihre Multiplikatoren zum Mitmachen, Spielen und Kommentieren. Suchmaschinen und Algorithmen mögen diese sogenannten sozialen Signale und werten sie als positives Signal für die Wertigkeit des Inhalts. Earned Media sind eben keine Werbung, sondern der Beginn eines Gesprächs – auf Augenhöhe.

25.7   Alles aus den Distributionskanälen herausholen

Sie sehen selbst: Jeder PESO-Kanal bietet Chancen, hat Vor- und Nachteile und ist mal mehr, mal weniger geeignet, Ihrem Content und damit Ihnen und Ihrer Marke mehr Sichtbarkeit zu verschaffen. Dabei sind die vier Medientypen auch gar nicht trennscharf zu betrachten: Eigentlich entfalten sie ihr volles Potenzial erst, wenn sie integriert und miteinander verzahnt genutzt werden.

---

15 Ohne Ranking geht es nicht, Google. In: Aufbruch 24/2021, S.10, online unter: *https:// about.google/intl/ALL_de/stories/suchergebnisse*

16 Siehe auch Sebastian Erlhofer, Suchmaschinen-Optimierung – das umfassende Handbuch. 10. Aufl. Bonn: Rheinwerk Verlag 2020.

Die einfachste Möglichkeit nochmals in Kürze:

1. Erstellen Sie, strategisch geplant und zielgerichtet, Owned-Media-Content auf Ihrem Content-Hub, z. B. Ihrer Website.

2. Mittels Shared Media und Paid Media verstärken Sie dann die Reichweite und Sichtbarkeit des originären Contents.

3. Auf Earned Media untermauern externe Multiplikatoren und Influencer die Glaubwürdigkeit, Qualität und Originalität Ihres Contents.

Anregungen, wie Sie Content integriert über alle vier Medientypen hinweg sichtbarer machen können

- *In Owned Media den Outreach anschieben*
  Nutzen Sie Owned-Media-Kanäle, um Ihre Earned und Shared Media zu pushen: Laden Sie z. B. Ihre Kunden im eigenen Newsletter und Ihre Mitarbeiter in der internen Unternehmenskommunikation dazu ein, Ihre geteilten Beiträge in Social Media, aber auch die Shares und Kommentare Dritter dazu zu liken. So unterstützen Sie die organische, sprich ihre »natürliche« Reichweite.

- *Paid Media auch für Earned Media einsetzen*
  Als renommierter Experte einen Gastbeitrag für ein anderes Medium schreiben zu dürfen, z. B. auf einem anderen Blog, ist eine tolle Anerkennung Ihrer Kompetenz. Sie und Ihre Marke sind damit Teil der Community. Natürlich bekommen Sie eine solche Platzierung Ihres Beitrags auch gegen Bezahlung. Egal welchen Weg Sie gehen: Bewerben Sie diesen Beitrag in diesem Medium – auch mit Ihrem Budget, auf Ihren Kanälen. Bringen Sie Ihre Leser dorthin! Möglicher positiver Nebeneffekt: Ihr Beitrag rutscht auf dem besagten Blog oder Magazin auf die Liste der meistgelesenen Beiträge und gewinnt zusätzlich an Attraktivität. Ebenso wie Sie sich damit als Schreiber für weitere Beiträge an dieser Stelle empfehlen.

- *Auf Shared Media auch über Earned-Media-Erfolge sprechen*
  Wenn Sie in einem Artikel eines renommierten Fachmagazin zitiert werden, dann sagen Sie es weiter! Teilen Sie den Hinweis inklusive Link in Ihren Social-Media-Kanälen. Kaufen Sie sich dafür zusätzliche Reichweite durch einen Sponsored Post dazu. Sie bringen den Artikel so auch dem Teil Ihrer Community zur Kenntnis, der Ihnen noch nicht folgt. Oder schalten Sie Display-Werbung für Leser des Fachmagazins, die den besagten Artikel mit Ihrem Zitat bereits gelesen haben (Retargeting) – und bringen Sie sie zu Ihrem Blog für weitere Lektüre. So können Sie die Wirkung der »verdienten« Erwähnung im dem anderen Magazin selbst noch einmal verstärken.

- *Auf Owned Media die eigenen Earned-Media-Erfolge »feiern«*
  Publizieren Sie doch einmal einen Artikel auf Ihrer Website oder auf Ihrem Blog, der die Links zu Ihren »verdienten« Erwähnungen in anderen Medien, Magazinen und Kanälen auflistet. Die Liste beweist nicht nur Ihre Kompetenz. Sie zahlt auch auf die Sichtbarkeit Ihrer Kanäle im Sinne einer SEO-Strategie ein.

- *Den Content-Hub als »Herzstück« pflegen*
  Vernachlässigen Sie bei aller Begeisterung für Earned Media und Beiträge auf anderen Seiten Ihre Owned-Media-Kanäle nicht. Schließlich brauchen Sie ein ständig wachsendes Publikum für Ihre Website oder Ihr Blog. Hier schlägt das Herz Ihrer Marke. Auf diesen »Content Hubs« können Sie Menschen ansprechen, begeistern, zu Kunden machen und als solche über den Kauf hinaus auch binden. Und zwar ohne dass jemand anderes die Regeln macht oder ändert. So entsteht echtes Content-Kapital, das bleibt und mit dem Sie wuchern können – im Gegensatz zum Inhalt auf flüchtigen Shared Medien.

Halten wir fest:

- Egal, wie großartig Ihr Content auch sein mag: Ihr Publikum wird nicht von allein darauf stoßen. Machen Sie sich vor Beginn der Content-Erstellung einen Plan, wie Sie Ihre Inhalte über Paid, Owned, Shared und Earned Media distribuieren.

- Auch Earned Media entfalten ihre volle Wirkung erst integriert in einer Multi-Channel-Kampagne – also im Zusammenspiel mit Paid, Shared und Owned Media. So entsteht ein Echokammereffekt, bei dem Ihre Inhalte (und damit Ihre Marke) plötzlich »überall« erscheinen.

- Betrachten Sie die PESO-Media-Kanäle ganzheitlich. Nur so erreichen Sie das Maximum an Wirkung für Ihre Inhalte. Das ist übrigens auch einer der Hauptgründe, Ziele für Content Marketing (mit Fokus auf Owned und Shared Media) und PR (mit Fokus auf Earned Media) konsequent aufeinander abzustimmen. Im Idealfall schaffen Sie es mit diesem Anspruch, organisatorische Silos aufzulösen und Verantwortungen zusammenzuführen. Das Zauberwort heißt immer noch integrierte Kommunikation.

Kapitel 26

Social Media strategisch nutzen – mit den richtigen Kanälen und passenden Formaten

»Noch« Facebook oder »doch« TikTok? Die Dynamik sozialer Netzwerke ist enorm. Die Wahl der Plattform ist damit schwierig geworden. Die folgende Momentaufnahme hilft Ihnen, Plattformen und ihre verschiedenen Formatangebote strategisch zu nutzen.

Sie haben neue Arbeitgebervideos produziert, die Sie nun publizieren möchten? Sie veranstalten ein Kundenevent, zu dem Sie trotz Pandemie und Reisebeschränkungen alle Kunden einladen möchten? Sie möchten Ihre neuen Designprodukte perfekt inszenieren und gleich auch neue Käufer in Ihren Shop bringen? Das Bespielen von Social Media ist ein fester Bestandteil jeder Content-Strategie, der Social-Media-Strategie. Aber auf welchem Kanal werden Sie diese Inhalte in welchem Format publizieren?

Schauen wir uns die Plattformen im Einzelnen an. Wofür stehen sie? Für welche strategische Zielsetzung können Sie sie am besten einsetzen? Welche kreativen Gestaltungsmöglichkeiten und kommerziell hilfreichen Instrumente bieten die Kanäle dazu?

26.1 Videos auf YouTube, Fotos auf Instagram? Wenn die Wahl doch nur so einfach wäre!

Nicht nur, dass ständig neue Plattformen zur ohnehin unübersichtlichen Social-Media-Landschaft hinzukommen und andere schon wieder an Bedeutung verlieren. Hinzukommt, dass sie sich im Umfang und dem Angebot ihrer Features auch immer ähnlicher werden, wie Abbildung 26.1 zeigt. In Sachen Video beispielsweise war Platzhirsch YouTube lange Zeit *the only place to be*. Inzwischen eifern aber auch alle anderen Anbieter, allen voran Instagram und TikTok, dem Videostar in Sachen Bewegtbild nach. Auch die sogenannten Stories, ein Storytelling-Format für die Dokumentation des Alltags mit Fotos, Film, Musik, GIFs und Filtern, das ehemals von Snapchat erfunden wurde, bieten nun auch Instagram, Twitter, Pinterest, Facebook und WhatsApp an. Selbst eine neue Plattform wie das anfangs so gefeierte Clubhouse, das mit Live-Diskussionen quasi über Nacht zum begehrten Live-Audiokanal der iPhone-Community wurde, ist von Facebook, Instagram und Twitter in atemberaubender Geschwindigkeit mit Gruppen-Chat-Funktionen kopiert worden. Nicht nur Funktionen, auch Trends auf den Plattformen selbst können sich über Nacht ändern: Facebook beispielsweise, auf dem sich angeblich nur noch über 50-jährige Silver Surfer wohlfühlen, scheint sich gerade zur neuen Heimat für Musiker zu mausern, die dem »Spotify-Diktat« entkommen möchten. Das alles macht die Auswahl der richtigen Plattform für Content Creators zu einer echten Herausforderung.

	Direct messages	Live video	Photo filters	Stories	Public follower counts	AR/ Lenses	TikTok-like video feed
Instagram	✓	✓	✓	✓	✓	✓	✓
Facebook	✓	✓	✓	✓	✓	✓	
Snapchat	✓	✓	✓	✓		✓	✓
Twitter	✓	✓	✓	✓	✓		
LinkedIn	✓	✓	✓	✓	✓		
Skype	✓	✓	✓	✓		✓	
TikTok	✓	✓	✓		✓	✓	✓
WhatsApp	✓	✓	✓	✓			
YouTube		✓		✓	✓		✓
Pinterest	✓		✓	✓	✓	✓	
Reddit	✓	✓			✓		
Twitch	✓	✓					

Abbildung 26.1 In ihren Features werden sich die größten Social-Media-Plattformen immer ähnlicher.[1]

Bei der ersten Überlegung für die Nutzung der richtigen Kanäle hilft Ihnen in jedem Fall ein Blick in die Entstehungsgeschichte der einzelnen Social Networks: Bei ihrer Gründung konzentrieren sich neue Techplattformen meist darauf, möglichst diffe-

---

1   Social media companies all starting to look the same. Axios (Stand 11/2020): *https:// www.axios.com/social-media-companies-look-same-tiktok-stories-snapchat-spotlight-2dd1da51- cf45-4f6b-a0ab-0db79f6b7793.html* [27.04.2021]

renzierte, einzigartige Produkte zu entwickeln, um »ihr« Publikum anzuziehen. Und selbst wenn dann andere ihre Funktionen kopieren, bleiben zwischen Original und Nachahmer die Unterschiede immer spürbar. Die liegen in deren ursprünglichen Philosophien und den damit verbundenen Kernwerten begründet. Diese Gründungs-DNA prägt die Anwendungsfälle, die spezifische Ausprägung ihrer jeweiligen Communitys und deren Nutzung der ansonsten gleichen Funktionen weiterhin, dessen sollten Sie sich als Content Creator bewusst sein und daraus erste grundlegende Entscheidungshilfen ziehen.

Einige Beispiele:

- *Instagram* startete als reine Foto-Sharing-App mit großartigen Filtern. Anvisierte Zielgruppe waren von Beginn an Fotografen, Künstler, Schöngeister, Selbstoptimierer und Designliebhaber, die ihre Sicht auf die Welt und vor allem sich darin präsentieren wollten. Das Motto: »So, wie ich will, dass du denkst, wie ich bin«. Heute bietet Instagram mehr als Fotos und Filter – von Foto, GIFs über Reels und Live-Video bis hin zu Shopping-Funktionen. Warum? Um genau diese Kreativen, die von Anfang an die Community prägten, bei der Vermarktung ihrer selbst, ihrer kreativen Ideen und sogar inzwischen ihrer selbst entwickelten Produkte weiter zu unterstützen. Hier heißt es für Sie als Content Creator, die Möglichkeit zur perfekten Selbstinszenierung zu sein – oder der Community genau diese Möglichkeit zu bieten bzw. für diese zu schaffen.

- *Snapchat* mit der für die Boomer-Generation schwierig nachvollziehbaren »Hinundherwisch-User-Experience« und der tatsächlich auf 24 Stunden befristeten Lebensdauer für Inhalte und Posts wurde anfangs eher belächelt. Die als privater Messenger-Dienst entwickelte App wurde aber so für die Generation Z zur App, mit der sich enge Freunde über den Tag hinweg – ungestört – auch mit Trivialem und Alltäglichem auf dem Laufenden halten können. Heute bietet Snapchat zusätzlich professionell kuratierte Inhalte großer Verlage und kreative Augmented- (AR-) und Virtual-Reality-(VR-)Spielereien, gesponsert von Marken. Wozu? Damit die Community-Mitglieder ihre Beziehungen weiterhin und noch intensiver authentisch, albern und spielerisch unterhaltsam vertiefen können. Wer hier als Content Creator präsent ist, muss also entweder entsprechende, Nähe stiftende Inhalte liefern oder selbst Teil des engen Freundeskreises werden.

- *Twitter* wurde als Newsplattform geschaffen. Im Laufe der Zeit wurde es immer einfacher, neben kurzen News auch Bilder, Videos und Audio auf dieser Plattform zu teilen. Sie helfen den Mitgliedern jetzt, ihre Meinungen kundzutun oder aktuelle Ereignisse zu kommentieren und zu diskutieren. Hier heißt es für Sie, selbst Teil der News zu sein oder durch Diskussion und eine klare Haltung zu eben diesen News Verbindung zur Community aufzubauen.

- *Facebooks* offizieller Gründungsanlass war es von Beginn an, Studenten und später alle Menschen zusammenzubringen. Daraus ist die größte News- und Meinungsplattform voller Communitys und Interessensgruppen geworden. Deren Mitglieder bestätigen sich in ihren »Echokammern« in ihren Gefühlen, in ihrer Motivation und Meinung. Hier wird auch viel »Politik« und Stimmung gemacht, eine für die Plattform nicht ungefährliche Entwicklung: Überalterung, häßliche Hatespeech und Trolle machen die Plattform gerade für Spaß suchende Jugendliche zunehmend unattraktiv.

■ *YouTube*, geboren als die selbstbestimmte TV-Alternative einer neuen Generation, ist inzwischen zur größten Suchmaschine für Musikvideos und zur Plattform für große wie kleine Informations- und Unterhaltungsshows geworden. Wer hier als Creator aktiv ist, sollte inspirieren, faszinieren, informieren, lehren oder helfen wollen. Und für die mögliche Kommerzialisierung Werbung und originären Inhalt möglichst klar gekennzeichnet auseinanderhalten.

So weit eine erste Erklärung für die grundsätzlichen Unterschieden der etablierten Social-Media-Kanäle. Die entscheidende Frage aber bleibt: Welches Netzwerk ist das richtige für Ihre Content-Strategie?

Zwei Beispiele aus der Praxis: In einem Employer-Branding-Projekt zur Rekrutierung von Gerätemechanikern für ein Unternehmen ergab sich bei einem Interview mit Vertretern dieser Zielgruppe die überraschende Erkenntnis, dass diese weder Facebook noch Instagram nutzen. Für sie war YouTube die einzige Plattform, die sie als Quelle für Tipps und Tutorials rund ums technische Basteln und Werkeln nutzen. In einem anderen Projekt gab ein junger Ingenieur offen zu, dass er den Facebook-Account nur hat, weil seine Großmutter ihm diesen eingerichtet hat, um mit ihm während seines Südamerika-Praktikums in Kontakt zu bleiben. Xing und LinkedIn waren für ihn sogar völlig uninteressant, da er gleich an der Uni von seinem aktuellen Arbeitgeber rekrutiert wurde. Man hätte es auch anders erwarten können, oder?

Die erste wichtigste Erkenntnis, die man daraus ziehen kann, lautet also: Schauen Sie bei der Wahl der Kanäle nicht auf sich selbst. Stellen Sie keine Vermutungen an, sondern fragen Sie Ihre Community direkt und schauen Sie in aktuelle Statistiken. Laut ARD-Studie (siehe Abbildung 26.2) nutzt beispielsweise ein Viertel der Bevölkerung Facebook (26 %), jeder Fünfte Instagram (20 %) mindestens einmal in der Woche. Bei den unter 30-Jährigen liegt die Nutzung von Instagram (65 %) aber mit Abstand vor der anderer Social-Media-Angebote, gefolgt von Facebook und Snapchat! TikTok arbeitet aber mit aller Kraft daran, sich bei den ganz Jungen zu etablieren.

Wo also ist Ihre Zielgruppe unterwegs? Wie tickt die Community dort? Schauen wir uns dazu den praktischen Umgang mit den wichtigsten Kanälen und deren Eigenheiten in Bezug auf Content-Kreation an.

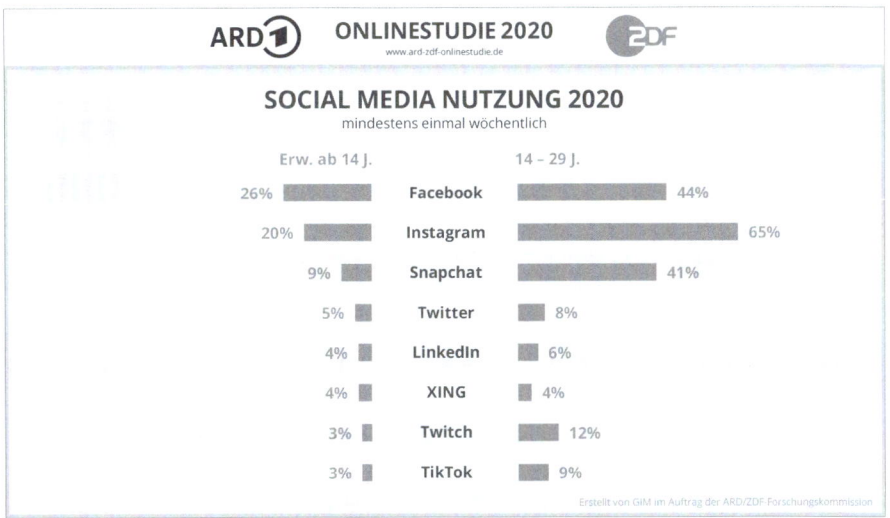

Abbildung 26.2 Die Social-Media-Nutzung 2020: Instagram liegt bei jungen Nutzern weit vorn.[2]

Hinweis: Die Übersicht ist eine Momentaufnahme

Der dargestellte Stand entspricht dem Zeitpunkt des Verfassens dieses Buches. Inzwischen kann sich schon wieder einiges geändert haben. Dennoch soll Ihnen die Darstellung helfen, strategische Chancen zu verstehen und kreative Möglichkeiten für die Nutzung zu entdecken.

26.2   Xing und LinkedIn – für Business-Netzwerker

LinkedIn und Xing liegen entgegen einer ersten möglichen Vermutung im deutschsprachigen Raum in Sachen Nutzerzahlen (2021: 16 Millionen) in etwa gleichauf. (International hat natürlich LinkedIn die Nase weit vorn.) Auf beiden einst für das Networken zwischen B2B-Kontakten gegründeten Netzwerken können Sie sich und Ihr Unternehmen mit Inhalten profilieren. Wie?

Pflegen Sie dazu zumindest Ihr Profil und teilen Sie interessante News und Informationen. Die gute Nachricht: Eindeutig beruflich bezogene Posts oder spannende Unternehmensnachrichten stören hier niemanden, was auf Facebook wohl eher der Fall wäre. Denn alle Mitglieder sind hier, gerade weil es um Business-Inhalte geht. Ihre Community ist also auch empfänglich für Markenbotschaften. Deswegen bie-

---

2   ARD/ZDF-Online-Studie 2020: *https://www.ard-zdf-onlinestudie.de/ardzdf-onlinestudie/ infografik* [27.04.2021]

ten die Plattformen Ihnen nicht nur persönliche Profile, sondern auch die Möglichkeit, Unternehmensprofile, diverse Gruppen zu unterschiedlichen Business-Themen, Inserate für Jobangebote, Onlineevents und Seminarangebote zu publizieren.

Wozu können Sie LinkedIn oder Xing also strategisch sinnvoll in Ihre Social-Media-Strategie einbinden?

- *Netzwerke spinnen:* Auf den beiden Plattformen sollte es Ihnen gar nicht so sehr um Reichweite gehen, sondern nutzen Sie sie eher für den Aufbau eines feinen, über Persönlichkeit und clevere Inhalte gesponnenen Netzwerkes. Das funktioniert auch für kleine Unternehmen! Die Plattformen bieten Ihnen Chancen zu Ansprache und Ausbau beruflicher Kontakte mit Berufstätigen Ihrer Branche, in Deutschland und/oder in aller Welt.

  Ihre Kontaktanfragen sollten Sie allerdings sehr selektiv versenden und nicht gleich mit der Tür, sprich Ihrer Verkaufsabsicht, ins Haus fallen. Nichts ist lästiger als die auch hier leider viel zu verbreitete Kaltakquise.

> **Tipp: Kontaktanfragen persönlich halten**
>
> Halten Sie Ihre Anfrage persönlich: Warum denken Sie, dass Sie und der Kontakt die gleichen Interessen haben? Welche sind das? Wie haben Sie sie oder ihn überhaupt gefunden? Gibt es gemeinsame Bekannte? Warum denken Sie, dass sich ein Austausch für Sie beide lohnt? Behalten Sie im Hinterkopf: Es kommt auf die Qualität der Kontakte an, nicht auf die Quantität. Das sollte auch Ihr Ansprechpartner spüren.

Die Kontaktaufnahme auf diesen Business Networks funktioniert übrigens nicht nur durch »Ansprechen«, sondern auch, indem Sie an laufenden Diskussionen teilnehmen. Auf diese Weise können sie spannende Kontakte identifizieren, näher kennenlernen, um sie – ganz am Ende – auch vertrieblich zu nutzen.

- *Markenprofil schärfen:* Trends in Ihrem Berufsfeld werden in diesen Netzwerken schnell sichtbar. Und auch Sie selbst können dabei zum Trendsetter werden.

  Für kommunikativ talentierte und gut aufgestellte CEOs großer Konzerne wie der Telekom, Siemens oder VW sind die Business-Netzwerke damit auch ein idealer Ort für ihren CEO-Channel geworden. Sie schreiben hier aber nicht nur über ihr Business. Oft geht es um ihre persönliche Einschätzung allgemeiner und gesellschaftlich relevanter Themen. Damit beeindrucken sie ihr Publikum wesentlich mehr als mit Pressemitteilungen oder Unternehmensnachrichten.

> **Tipp: Mit Artikeln profilieren**
>
> Insbesondere LinkedIn bietet Ihnen die Möglichkeit, blogähnliche Artikel zu publizieren und Inhalte zu teilen. Diese Inhalte werden dann zum Teil Ihres Profils und »profilieren« Sie in Ihrer Branche als Experten und Influencer.

- *Social Selling:* Ihr Social Networking können Sie Schritt für Schritt zum Social Selling ausbauen: Mit inspirierenden, unterhaltenden und informativen Inhalten zu »Ihrem Thema« bauen Sie dazu zunächst Ihr Netzwerk aus und vertiefen diese Beziehungen dann immer weiter, bis aus dem vertrauten Kontakt ein guter Kunde wird.

- *Arbeitgeberprofil stärken:* Das Unternehmensprofil auf LinkedIn oder Xing ist Standard, wie die Fanpage auf Facebook. Egal, ob Sie es für relevante News, wichtige Auszeichnungen oder die Darstellung der Unternehmensstruktur nutzen.

Tipp: Heben Sie sich vom Wettbewerb ab

Bei der Gestaltung eines ansprechenden Profils sollte Ihr Augenmerk neben der Darstellung der eigenen Stärken auf der Differenzierung von Mitbewerbern liegen. Schauen Sie sich daher auch einmal an, was die so an Inhalten eingestellt haben.

- *Social Recruiting:* Im besten Fall folgen auch potenzielle neue Talente Ihrem Profil, liken und teilen Ihre Inhalte. Damit sorgen sie für mehr Sichtbarkeit Ihrer Updates und Reichweite Ihrer News innerhalb ihrer je eigenen Followerschaft.

Tipp: Karriereseite bzw. Employer-Branding-Profil einrichten

Mit der speziellen (kostenpflichtigen) LinkedIn-Karriereseite können Sie zusätzlich Ihre Unternehmenskultur erlebbar machen. Ähnlich bietet Xing mit dem kostenpflichtigen Employer-Branding-Profil Content Creators die Möglichkeit, informative Inhalte, Grafiken und Videos im Rahmen Ihrer Recruiting-Aktivitäten zu präsentieren. Mit der Einbindung der Arbeitgeberbewertungsplattform kununu[3] inklusive entsprechender Auszeichnungen bietet Xing die Chance, Ihre Arbeitgebermarke sozusagen durch Consumer-generated Content zu profilieren. Für kleine Unternehmen, Lokale, Läden und Onlineshops mit wenigen Mitarbeitern lohnt sich ein solches Profil allerdings eher nicht.

- *Mitarbeitende als Corporate Influencer einsetzen:* Mit Unternehmensprofilen bieten Ihnen die beiden Netzwerke nicht nur die Möglichkeit, über eigene Inhalte für Sichtbarkeit zu sorgen, sondern auch Ihre Mitarbeiterinnen zu Multiplikatoren zu machen. Denn die können ihre eigenen Profile mit Ihrem Unternehmensprofil verlinken. So tragen sie Ihre Arbeitgebermarke in ihre eigenen Diskussionen und Gruppen hinein und sorgen so zusätzlich für Reichweite und Reputation.

Tipp: Bleiben Sie fair

Instrumentalisieren Sie Ihre Mitarbeiter nicht, und schon gar nicht gegen deren Willen. Das wirkt weder authentisch, noch steht Ihnen das gut zu Gesicht.

---

3 Workplace insights that matter. kununu: *https://www.kununu.com*

- *Reichweite ausbauen:* Sie können sich auf den Plattformen natürlich Reichweite hinzukaufen und B2B-Kampagnen starten – z. B. für das Recruiting neuer Mitarbeitender. Dafür stehen Paid Media wie Sponsored Articles, bezahlte In-Mailings oder die Businesspages zur Verfügung. Mit Ads bieten die Plattformen auch Targeting-Tools, die auf nutzerbasierten Daten beruhen.[4]

26.3   Instagram – Fotos und Videos kreieren, teilen, liken und … shoppen

Auf Instagram geht es längst nicht mehr nur um Fotos. Diese Plattform setzt inzwischen verstärkt auf Bewegtbild-, sprich Videoinhalte. Aber eine Regel gilt weiterhin: Es ist und bleibt die Plattform für Ästheten. Sie eignet sich insbesondere zur Verbreitung visuell optimierter, ansprechender Inhalte und der Vermarktung entsprechender lifestyle-orientierter Produkte und Dienstleistungen. Einige Start-ups haben sich sogar darauf spezialisiert, Produkte eigens für die Vermarktung auf Instagram zu designen – ein großer Marktplatz.

> **Tipp: Vorteile des Business-Profils nutzen**
>
> Als professioneller Content Creator sollten Sie Ihren Instagram-Account als kostenloses Instagram-Business-Profil anlegen oder Ihren bestehenden Account mit wenigen Klicks in ein solches umwandeln. Die Vorteile: Mit einem Business-Profil können Sie Ihrer Community eine direktere Kontaktaufnahme ermöglichen. Sie können Inhalte leichter managen und interne Statistiken nutzen, die den Erfolg Ihrer Inhalte messbar machen. Dazu bekommen Sie auch in der verknüpften Facebook-Business-Suite Nutzerstatistiken und können Ihre Inhalte leichter gestalten, bewerben und promoten.

Wozu können Sie Instagram strategisch nutzen?

- *Marke und Reichweite aufbauen:* Nutzen Sie Instagram, um Ihre Marke zu pflegen, die Wahrnehmung in der Community »zu formen«. Aber natürlich auch, um die Reichweite und Bekanntheit ihrer Produkte und Dienstleistungen zu steigern. Im Mittelpunkt stehen also entsprechend KPIs wie Follower, Reichweite, Interaktionsrate und die Häufigkeit der Nutzung Ihrer Kampagnen-Hashtags. (Aber Vorsicht: Die in den plattformeigenen Tools angegebenen Reichweitenmetriken sind verführerisch: Auch wenn jemand an Ihrem Post nur »vorbeiscrollt«, ohne ihn wirklich bewusst wahrgenommen zu haben, zählt das hier schon zur Reichweite.)

---

4 XING Marketing Solutions. XING: *https://werben.xing.com/marketingloesungen/xing-ads;* LinkedIn Marketing Solutions. LinkedIn: *https://business.linkedin.com/de-de/marketing-solutions/ads*

- *Engagement aufbauen:* Die Engagement Rate ist auf Instagram im Vergleich mit Facebook oder Twitter riesengroß: Instagramer interagieren, sprich liken und kommentieren, Beiträge intensiver. Kommentar, Herzchen oder Teilen sind gegenüber den puren Reichweitenmetriken die härtere Währung. Sie beweisen nämlich, dass Sie mit Ihrem Inhalt eine Reaktion oder sogar Emotion auslösen konnten – also wahrgenommen wurden.

Was bietet Instagram an Möglichkeiten für Ihre Content-Kreation?

Nicht nur als internationales Start-up, sondern auch, wenn Sie ein lokales Geschäft betreiben, profitieren Sie von einer gut gepflegten Präsenz auf Instagram. Insbesondere dann, wenn Sie Ihre Kunden in den Mittelpunkt rücken: Ein Barber, der zufriedene Kunden mit ihrem frisch gestylten Bart und kantigem Haarschnitt zeigt, beweist Empathie und Können zugleich. Ein Fitnessstudio, das die anstrengende Heldenreise seiner Kundschaft auf dem Weg zum gesunden, schönen und gestählten Körper dokumentiert, beweist damit nicht nur Trainer-, sondern auch die Psyche stärkende Mentorenqualitäten.

Instagram ist eine allumfassende Plattform für unterschiedlichste Formate – von Foto bis Livestream. Schauen wir uns deren Einsatzmöglichkeiten daher genauer an (auch wenn die Stärke der unterschiedlichen Formate sicher in der integrierten Verwendung liegt, aber dazu später mehr):

- *Instagram-Feed:* Ein gutes Bild ist ein Must – egal ob als Foto oder im Video. Die Aktualität des Contents ist dabei ebenso zentral wie qualitative Aspekte: Talent, Technik und der vor allem dem sich ständig ändernden Zeitgeist entsprechende Einsatz von Bildbearbeitung, Schnitt und Filter. Es geht um Kreativität und die Erfüllung eines hohen Anspruchs der Community. Das geht weit über einfache Schnappschüsse hinaus. Planen Sie also genug Zeit für die Umsetzung und Optimierung Ihres Contents ein!

  Wofür eignet sich der Feed?

  - *Inspirieren Sie mit wunderschön fotografierten Bildern oder unterhaltenden Videos:* Darum geht's. Instagram gibt für den Feed übrigens das quadratische Bildformat als Ideal vor (1 : 1). Denken Sie das beim Fotografieren mit. (Sie können aber auch rechteckige Bilder im Landscape- und Portrait-Format hochladen, für Instagram Stories und Videos eignet sich dagegen Hochformat.)

  - *Erzählen Sie!* Neben dem Bild zählt auch dessen Story, die Präsentation: Einen Instagram-Post richtig zu »betiteln«, also mit den richtigen Hashtags zu versehen und im Text die Sprache der Community zu sprechen, ist nicht nur Kür, sondern Pflicht. Hier sollte jedes Detail sitzen, bei jedem Bild, bei jedem Video. Dazu einige Anhaltspunkte für den praktischen Einstieg:

– Texten Sie die Bildbeschreibungen gut aus: Unterhalten Sie. Informieren Sie. Motivieren Sie. Ob kurz oder lang? Das kommt auf Sie, Ihre Marke und vor allem auf Ihre Community an. Probieren Sie es einfach aus.

– Nutzen Sie Emojis. Damit wirkt Ihr Text emotionaler, kreativer und stimmiger. Beschäftigen Sie sich aber vorher mit deren Bedeutung. Da schwingt bei dem ein oder anderen manchmal mehr mit, als Sie vielleicht ahnen.

– Suchen Sie die richtigen, sprich populären Hashtags, die für Sichtbarkeit Ihres Posts in den Timelines Ihrer Community-Mitglieder sorgen. Instagram hilft Ihnen dabei. Mit der Hilfe generischer sowie spezifischer Themen-Hashtags erreichen Sie Ihre design-affine Community und promoten Ihren Content.

– Vergessen Sie die Ortsangaben in Ihren Posts nicht. Insbesondere, wenn Ihre Community an Ihrer lokalen Präsenz interessiert ist oder sein sollte.

■ *Instagram Stories:* Eine entscheidende Rolle beim Engagement mit der Community spielt die Story-Funktion. Mithilfe von Bildern oder kurzen, 15 Sekunden langen Videos können Sie damit »locker aus der Hand« z. B. über aktuelle Ereignisse Ihres Creator-Lebens berichten. Die Stories-Inhalte löschen sich nach zwar 24 Stunden selbst, sorgen trotzdem bei einem geschickt gewählten Storytelling-Ansatz für eine sehr hohe Reichweite.

Wofür eignen sich Instagram Stories?

– *Aktuelle Einblicke geben:* Geben Sie beispielsweise zeitnah Einblicke in Ihren Arbeitsalltag oder den Ihrer Mitarbeiter. Präsentieren Sie neue Projekte, aktuell, zeitnah – und kreativ animiert: mit bereitgestellten (oder eigenentwickelten) GIFs, animierten Stickern, Boomerang-Effekten und Superzooms und natürlich lizenzfreier Musik aus der Bibliothek.

– *Mit Highlights profilieren:* Mit der Highlight-Funktion, oberhalb der Bildergalerie auf Ihrem Profil können Sie Ihre besten Stories-Inhalte zudem nach Kategorien sortiert und über die 24-Stunden-Frist hinaus permanent auf Ihrem Account abrufbar machen.

– *Interaktion anstoßen:* Mit bunten Stickern, mühelos gestaltbaren Umfragen, Quizfunktionen und anderen interaktiven Features, die sich mühelos in Ihre Stories einbinden lassen, können Sie sich spielerisch mit Ihren Followern austauschen und einiges über sie lernen.

■ *Instagram TV:* Man könnte sagen, IGTV ist das YouTube von Instagram. Als Creator können Sie bearbeitete, qualitativ hochwertige Videos von 15 Sekunden bis zu 10 Minuten, als verifizierter Account sogar bis zu 60 Minuten (Stand 2021) Länge posten.

Wofür eignet sich IGTV?

– *Serien und Storytelling:* Storys, in mehreren Episoden erzählt, wirken interessanter und bringen mehr Engagement. Schließlich wollen Ihre Community-

Mitglieder wissen, wie es weitergeht und bleiben bei der Stange. Laden Sie Ihre Videos daher in kurzen Abständen hoch.

– *Video-Tutorials:* Tutorials, die Menschen helfen, bestimmte Produkte zu nutzen, erfreuen sich sowohl auf Creator- also auch Community-Seite sehr großer Beliebtheit. Besonders bei Themen wie Make-up, Kochen/Essen, Mode, Erlernen von Fähigkeiten/DIY-Videos.

Für die Erstellung dieser Filme können Sie die eigenständige IGTV-App nutzen und/oder ein vorproduziertes Video hochladen. (Dank zahlreicher Video-Apps, auch für Ihr Smartphone, ist es einfacher denn je, ansprechende Videos zu drehen, zu schneiden und zu erstellen.)

Sie können Teile dieser Videos dann auch auf Instagram Stories und anderen Kanälen wie Ihrer Website teilen, oder die Videos im Feed kurz anteasern. Von dort springen die Zuschauer dann zum Video in voller Länge – aber nur, wenn Sie sie in den ersten Sekunden »gecatcht« haben.

Tipp: Videoproduktion im Hoch- und Querformat planen

Anders als bei YouTube ist auf IGTV das Bild vertikal ausgerichtet. Mal eben eine Szene für beide Plattformen zu drehen, das funktioniert nicht, dafür brauchen Sie mindestens zwei Kameras. Achten Sie darauf, sich trotz der technisch möglichen Länge eher kurz zu halten.

■ *Instagram Reels:* Reels sind das TikTok von Instagram. In dem Reels-Video-Feed können Sie kurze, maximal 30-sekündige Clips posten. Der Vorteil: Die kurzen Clips sind für jeden Creator relativ einfach und direkt auf der Plattform selbst zu erstellen und zu bearbeiten. Sie können aber auch dafür andere Videoerstellungs-Apps verwenden.

Wofür eignen sich Instagram Reels?

– *Einblick geben/Profil schärfen:* Geben Sie beispielsweise mit einem kurzen »Reel« aus Ihrem Leben anderen einen Einblick in das, was Sie tun und wie Sie es tun. Als freischaffende Künstlerin, als Arbeitgeber, als Schüler oder Professorin: Mit einer ganzen Reihe von Kurzvideos können Sie so z. B. Menschen Einblick in Ihre künstlerische Arbeit, Ihren Produktions-, Lern- oder Arbeitsprozess gewähren.

– *Unterhaltungshow produzieren:* Bringen Sie Menschen mit Ihren Reels zum Lachen oder präsentieren Sie Ihr besonderes Talent, erreichen Sie mit Reels eine größere Sichtbarkeit als mit IGTV. Denn das kurze Format hat unter dem Reels-Tab innerhalb der Instagram-App einen eigenen Bereich – und das hat Suchtpotenzial.

- *Content-Teaser produzieren:* Als »Anreißer« können Sie mit Reels auch Awareness für Ihren eigentlichen Content (z. B. ein IGTV-Video) schaffen, z. B. in Form einer kurzen Ankündigung oder einer Besprechung durch einen Influencer oder eine Kundin. Oder Sie gewähren den Blick hinter die Kulissen eines Events (dessen Programm »on stage« wiederum auf IGTV läuft und damit zusätzlichen Traffic bekommt).

»Nutze ich nun IGTV oder Reels?« Eine gute Frage: Beide eignen sich für Unterhaltung und Produktmarketing, jedoch unterscheiden sie sich in ihrer Art: Mit IGTV können Sie unterhalten, mit Reels ziehen Sie eher die Aufmerksamkeit auf sich. Und ist IGTV eher eine Plattform für Vermarkter und Influencer, ist Reels eher das aufmerksamkeitsschaffende Sprungbrett für Content-Shootingstars und junge Talente.

- **Instagram Live:** Mit Ihrem Instagram-Account können Sie einen Video-Live-Stream starten. Live ist besonders »engaging«, sprich spannend für Ihr Publikum. Es kommentiert, diskutiert, gibt Applaus und verteilt während der Übertragung Emojis. Ein Stream kann bis zu 1 Stunde dauern. Anschließend können Sie das Video zum »Nachschauen« auch auf IGTV posten.

Wofür ist Instagram Live geeignet?

- Von der *Musikshow über die Produktvorstellung, Live-Show bis hin zum Blick hinter die Kulissen (Behind-the-Scenes)* – Hauptsache es macht Spaß, dabei zu sein. Sie können Ihre Community-Mitglieder an Ihrem Event live teilhaben lassen. In der Corona-Pandemie haben viele Künstler auf diese Weise Kontakt zu Ihren Fans gehalten und sich sogar eine neue Merchandising-Plattform geschaffen. So sieht Ihre Community, dass Sie noch da sind, was Sie gerade tun oder wo Sie unterwegs sind.

- *LiveRooms* ist die relativ neue »Clubhouse«-Variante von Instagram – eine neue, ergänzende Chat-Funktion. Sie bieten Ihnen die Möglichkeit, noch zwei zusätzliche Gäste in Ihre Live-Übertragung einzuladen – als *Talkshow, Q&A-Session, Tutorial* oder eben auch Live-Shopping-Kanal.

- **Instagram Shopping:** Durch integrierte Shopping- und Promotion-Funktionen können Sie Ihre Produkte an eine breite Kundschaft bringen. Wofür ist InstaShopping geeignet?

- *Interaktive Produktpräsentation*: Mit Instagram Shopping können Sie Produkte in Ihren Fotos markieren – kataloggleich und dabei interaktiv: Denn Interessierte können diese Markierung antippen und sehen dann Angaben zu Verfügbarkeit und Preis.

- *Inspirierender Einstieg in die Customer Journey*: Wenn die Interessenten auf die Markierung klicken, werden sie direkt auf die Produktseite Ihres Online-shops weitergeleitet. Auch durch Sponsored Posts und ergänzende Features wie Swipe-up in der Story-Funktion (ab einer bestimmten Follower-Zahl verfügbar) bringen Sie Follower zum Content auf Ihre Website oder zum Produkt in den Shop. Oder sie shoppen mit »Add to bag«-Funktion und Facebook Pay gleich auf der Plattform. Auch das geht.

Welches Instagram-Feature funktioniert nun für Sie am besten? Das hängt sicher von Ihrer Zielsetzung ab. Aber Tatsache ist auch, dass Sie sich auf Ihrem Instagram-Account nicht auf ein einziges Format konzentrieren sollten. Es geht um das Zusammenspiel, um die Ergänzung und die Kombination.

Beispiel für SME auf Instagram: Zahnarzt Dr. Schubert, Beeskow

Auch für Kleinstunternehmen wie in diesem Beispiel die Zahnarztpraxis aus Beeskow bietet Instagram mit diesem Bündel an Content-Formaten die Möglichkeit, sich multimedial, kompetent und menschlich vorzustellen:

- Im Feed gibt es bunte Eindrücke rund um die Leistungen der Praxis.
- In den Stories zeigen die Mitarbeiterinnen lebendige Impressionen vom Tag.
- In den verschiedenen Story-Highlights bewerten Patientinnen ihre letzte Behandlung, stellt sich das Praxisteam persönlich vor, gibt es Einblicke in die Räume der Praxis und Vorstelllungen diverser Behandlungstechniken wie Bleaching oder Implantation.
- In den Reels spielen gut gelaunte Assistentinnen kurzweilige Sketche.
- Auf IGTV präsentiert Dr. Schubert informative »Zahnfilme«, und die Mitarbeiter nehmen das Publikum mit auf unterhaltsame Rundgänge durch die Praxis.
- Die Funktionen Nachricht und Kontakt-Button führen zur direkten Terminabsprache.

Abbildung 26.3 Multimediale Unternehmensdarstellung auf Instagram beim Zahnarzt[5]

---

5   zahnarztdr.schubert Instagram: *https://www.instagram.com/zahnarztdr.schubert*

Bevor Sie nun selbst loslegen, klären Sie zuvor noch folgende wichtige Fragen: Haben Sie auch Sie ausreichend Talent, Zeit und Budget an Bord, um ansprechenden, ästhetischen Content in ausreichender Menge für Instagram zu produzieren? Ohne ansprechende Bilder und Themen kommen Sie hier nämlich nicht weit.

Und dann ist da noch die Sache mit der Regelmäßigkeit: Zwar sollte der entscheidende Punkt nicht die Content-Quantität, sondern dessen Qualität sein, dennoch: Laut Instagram lautet die Empfehlung zur Post-Häufigkeit:

- 3 Posts für den Instagram Feed pro Woche
- 8 bis 10 Instagram Stories pro Woche
- 4 bis 7 Instagram Reels pro Woche
- 1 bis 3 IGTV-Videos pro Woche[6]

Überlegen Sie auch, ob sich Ihre Markenwelt, Ihr Produkt oder Ihr Service visuell ansprechend darstellen lassen. Nicht jedes Business ist bildgewaltig und ästhetisch abbildbar. z. B. in eher nüchternen und sachlichen Themenfeldern wie der Politik wirkt ein Instagram-Foto-Feed eher zäh. Aber lassen Sie sich auch nicht gleich entmutigen: Einen sehr erfolgreichen B2B-Instagram-Kanal betreibt beispielsweise die Maersk-Group mit Bildern Ihrer Containerschiffe auf hoher See . Dessen Erfolg würde man sicher auch nicht unmittelbar vermuten.

Abschließend die Frage: YouTube oder IGTV? Das kommt allein auf Sie, Ihren Content – und vor allem auf Ihre Community an.

26.4   YouTube: Videos kreieren und bekannt werden

YouTube ist mit über einer Milliarde Nutzer die bekannteste, größte und populärste Videoplattform weltweit. Nahezu jede Community ist auf YouTube vertreten. Deshalb ist die Plattform auch so spannend für Unternehmen. Konkurrent Vimeo ist da keine wirkliche Alternative. Allerdings bedeutet es einen riesengroßen Aufwand, das Content-Monster ständig und regelmäßig zu füttern.

Was YouTube dennoch interessant für Ihre Content-Strategie macht, sind vor allem zwei strategische Aspekte:

- *Auffindbarkeit steigern:* Im Gegensatz zu IGTV hat YouTube als Google-Marke und zweitgrößte Suchmaschine der Welt eine gut funktionierende Suchfunktion inklusive Suchmaschinenoptimierung, gute Interaktionsraten und eine längere Verweildauer.

---

6 Jan Firsching, Reels, Stories, IGTV, Live & Feed. In: Futurebiz, 05.01.2021: *https://www.futurebiz.de/artikel/instagram-formate-reels-stories-igtv-live-feed* [12.07.2021]

- *Reichweite steigern und monetarisieren:* Sie können Ihre YouTube-Videos und Ihren ganzen Kanal reichweitentechnisch pushen und diese Reichweite dann »vergolden«. Dazu bieten sowohl YouTube als auch die anderen Social-Media-Plattformen zunächst einmal Funktionen, über die Sie diese YouTube-Videos ganz einfach teilen können. Außerdem können Sie sich, wenn Sie eine Mindestzahl an Abonnenten (1.000) haben und eine bestimmte Wiedergabezeit (4.000 h) verzeichnen, ins Monetarisierungsprogramm aufnehmen lassen und an Werbegeldern verdienen. Dann bekommen Sie Geld von Werbetreibenden für das Einblenden beispielsweise von Pre-Roll-Werbung.

Was bietet YouTube für die Content-Kreation? Hier einige der populärsten Formate:

- *Produkttests:* Produkttests stehen in den Communitys hoch im Kurs. Ob bezahlt oder aus der Sicht des Experten gedreht: Nutzen Sie das Vertrauen Ihrer Community in eine kompetente Person, einen Menschen, sprich einen Influencer oder eine Influencerin aus den eigenen Reihen oder angeheuert! Deren spezifische Reichweite und auch Glaubwürdigkeit sind für Unternehmen mit Werbung kaum zu erreichen.

- *Haul-Videos:* Dieses bewährte Format ist auch eines der erfolgreichsten. Influencerinnen teilen darin nach einer ausgiebigen Shoppingtour (engl. *haul* = Raubzug) den Inhalt ihrer Einkaufstüte mit ihrer Community und kommentieren dabei, was sie warum und sogar wo gekauft haben … faszinierend.

- *Unboxing:* Ähnlich erfolgreich wie Hauls sind Videos von Marken- und Produktfans, die das Auspacken ihrer neuesten Shopping-Errungenschaften regelrecht feiern und für Ihre Community in allen Einzelheiten dokumentieren. Wohl der Marke, die an der Verpackungsentwicklung nicht gespart hat.

- *Tutorials* und *Ratgebervideos:* Unternehmen und Influencer, die sich ein gewisses Expertentum erarbeitet haben, erklären ihre Followern in Tutorials, wie sie eine bestimmte Aufgabe oder ein Projekt erledigen können. Besonders in den Bereichen Beauty, Auto, Heimwerken und Technik sind solche Videos extrem beliebt. Aber auch sonst gibt es wohl keinen Bereich, in dem Tutorials keinen Platz finden. Die Welt ist komplex und will erklärt werden.

- *Vlogs:* Als Content Creator und Influencerin können Sie Ihren Alltag, Ihre Gedanken oder Ihre Teilnahme an Events regelmäßig in einem Videoblog – wie in einem Tagebuch – dokumentieren und täglich oder wöchentlich publizieren. Diese Videos wirken durch das Storytelling wie eine gute »Soap«, an der die Fans hängen bleiben, weil sie wissen möchten, wie es mit Ihnen weitergeht.

- *Livestreaming:* Mit YouTube Live lassen Sie Ihre Community an Ihrem Leben teilhaben, wenn es besonders spannend wird. Diese kann Ihre Übertragung live kommentieren und mit Ihnen kommunizieren. Die Livestream-Videos können Sie anschließend zu Ihren hochgeladenen Videos hinzustellen.

- *Interviews:* Mit Videos von Diskussionen oder Interviews mit Experten und Lichtgestalten Ihres Fachs können Sie Ihren eigenen Expertenstatus in Ihrer Branche aus- und aufbauen.

- *Lehrinhalte:* Universitäten oder Hochschulen können Ihre Lehrinhalte bzw. Auszüge aus Vorlesungen als Zusammenfassungen oder Teaser gemeinsam mit ihren Lehrverantwortlichen publizieren. Damit wird die Lehranstalt für Außenstehende und kommende Studierende erlebbar und attraktiv.

Tipp: YouTube-(Brand-)Konto einrichten und Videos richtig einstellen

Richten Sie sich zur optimalen Nutzung und insbesondere, wenn Sie ein größeres Creator-Team haben, ein YouTube-Konto ein, das mit einem E-Mail-Konto von mehreren Personen verwendet werden kann. Danach müssen Sie noch ein YouTube-Brand-Konto einrichten, inklusive Profilfoto, Bannerbild, benutzerdefiniertem Marken-/Kanalnamen, E-Mail-Adresse, Links zu Ihren Websites und Social-Media-Profilen sowie Kanalbeschreibung. Letztere ist suchmaschinenrelevant und hat direkten Einfluss auf Ihre Sichtbarkeit in den Suchergebnissen! Das Konto benötigen Sie, um Bearbeitungsrechte zu verwalten und Ihre Onlinepräsenz zu optimieren. Passen Sie Ihr Konto dann weiter an. Es bietet noch eine Menge zusätzliche Features wie Kanaltrailer, Rollenverteilungen und SEO-Optimierungen.

Beim Hochladen Ihrer Videos bietet Ihnen das YouTube-eigene YouTube-Studio viele praktische und einfache Tools, um Ihre Videos mit den entsprechenden Keywords zu taggen oder ein extra aussagekräftiges Titelbild voranzustellen (das Sie als Teaser für jedes Video gesondert und aufmerksamkeitsstark gestalten sollten), Sehempfehlungen im Abspann zu anderen Videos Ihres Kanals oder Infokarten einzubinden oder es in eine Ihrer passenden Playlists einzusortieren.

26.5   Vimeo – die feine Alternative für Filmfans und Videografen

Vimeo hat den Anspruch, eine Austauschplattform für Kreative zu sein. Und tatsächlich: Im Vergleich zu YouTube findet sich hier eine exklusive Community aus professionellen Filmemachern, Marketingverantwortlichen und Künstlern, die eindrucksvolle Kurz-, Dokumentar- oder auch Musikvideos präsentieren oder kuratieren.

Wie können Sie Vimeo als Creator strategisch nutzen?

- *Präsentieren Sie sich selbst:* Positionieren Sie sich mit Ihren professionell produzierten künstlerischen Videos auf Ihrem Kanal und in Gruppen. Wenn auch die Vimeo-Mitarbeiter auf der Startseite Ihre Arbeit kuratieren, haben Sie ziemlich gute Chancen, gesehen zu werden.

- *Lernen Sie dazu*: Vimeo ist eine Art virtuelle Filmgalerie und kann damit zu einer wichtige Inspirationsquelle für Ihre Arbeit werden. Wer als Filmemacher erstmals aktiv werden möchte, findet im Hilfecenter viele Tutorials als Starthilfe.

- *Inspirieren Sie die Community:* Vimeo besteht aus einer treuen und lebendigen Community leidenschaftlicher Filmenthusiasten. Hier tauscht man sich aus und kuratiert anspruchsvollen Content. Nutzen Sie die Chance, einen aktiven Part in der Community zu übernehmen.

- *Arbeiten Sie im Team:* Sie können Ihrem Konto bis zu zehn Teammitglieder hinzufügen. So können Sie Ihre Projekte als Team begleiten. Dazu gibt's diverse Marketing- und Workflow-Tools, Analyseprogramme und eine werbefreie Benutzeroberfläche. All diese Features sind in verschiedenen kostenpflichtige Account-Upgrades enthalten.

- *Monetarisieren Sie Ihre Arbeit:* Mit der Pro-Version können Sie Ihre Filme per Video-on-Demand sogar für Geld anbieten. Dabei gehen 90 % des Preises an Sie.

26.6   Facebook – lohnt sich die Präsenz auf der Plattform für Silver Surfer überhaupt (noch)?

Okay, gegenüber der jüngeren und vor Kraft und Innovation strotzenden Schwester Instagram wirkt Facebook tatsächlich ein wenig »in die Jahre« gekommen: Nicht nur, dass das Durchschnittsalter der Menschen hier höher ist. Die Möglichkeit, neue Inhalte zu entdecken, ist im Vergleich zu Instagram eingeschränkt – das Gleiche gilt für die kreativen Gestaltungsmöglichkeiten. Auch die Interaktionsrate ist deutlich niedriger. Kooperationen mit Influencern sind auf Facebook weniger beliebt als auf Instagram. Und auf Facebook an Likes zu kommen ist auch wesentlich schwieriger.

Aber für Unternehmen und Content Creators führt dennoch (noch) kein Weg an Facebook vorbei. Denn das größte soziale Netzwerk hat immerhin rund 2,9 Milliarden aktive Nutzer.[7] Und nicht zu vergessen: Zwar verlassen zunehmend die jüngeren Menschen Facebook – aus verschiedenen Gründen.[8] Auf der anderen Seite nutzen viele ältere und zahlungskräftige Menschen diese Plattform weiterhin extensiv. Was für die einen Creators ein Malus sein mag, ist für andere wiederum die Chance, mit den älteren Communitys in den Dialog zu treten.

---

7   Anzahl der monatlich aktiven Facebook-Nutzer weltweit, 2. Quartal 2021. Statista: *https://de.statista.com/statistik/daten/studie/37545/umfrage/anzahl-der-aktiven-nutzer-von-facebook* [28.08.2021]

8   Global Facebook Users 2019. emarketer: *https://www.emarketer.com/content/global-facebook-users-2019* [28.08.2021]

Facebook gibt Ihnen mit seiner Business-Suite nicht nur die Möglichkeit, Ihre Facebook- und Instagram- und WhatsApp-Präsenzen zentral zu verwalten und zu vermarkten, sondern stellt Ihnen dort auch ein wertvolle Analysetools zur Verfügung.

Ob Sie Facebook in Ihrem Social-Media-Mix strategisch aufnehmen sollten? Das hängt vor allem von Ihren Zielsetzungen ab:

- *Reichweite erzielen bzw. »kaufen«:* Privat erreichen Sie hier leicht viele Menschen. Denn der Algorithmus bevorzugt persönlich relevante Inhalte – ausgerichtet auf gemeinsame Vorlieben, Interessen, Meinungen, Freundschaften und Interaktion zwischen Menschen. Als Marke und Unternehmen sollten Sie die Plattform vor allem, vielleicht auch sogar nur dann aktiv nutzen, wenn Sie bereit sind, in die Vermarktung Ihrer Inhalte Geld zu investieren (z. B. mit Sponsored Post). Denn die organische Reichweite von Business-Inhalten ist mehr als eingeschränkt. Der Algorithmus »bestraft« unbezahlte werbliche Inhalte sogar durch »Nichtsichtbarkeit«: Facebook möchte Beziehungsstifter zwischen Menschen sein – und mit Unternehmen Geld verdienen.

- *Werbung schalten:* Facebook-Anzeigen können mit wenigen Klicks im plattformeigenen Tool eingestellt, budgetiert, auf verschiedene Interaktionsziele hin leicht unterschiedlich gestaltet und als Kampagne geplant sehr genau auf Interessengruppen hin ausgerichtet, sprich »getargetet« werden.

- *Social Commerce:* Egal ob Sie Künstlerin, Einzelhändler, Start-up-Unternehmerin oder Handwerker sind: Auf Facebook können Sie einen Shop im Markenlook[9] inklusive Pay-Funktion einrichten oder Ihre Kunden einfach zum Kauf auf eine Ihrer Websites weiterleiten.

- *Community integriert managen:* Nicht zu vergessen bei allem Abgesang auf Facebook ist der folgende Fakt: Der Facebook-Konzern konsolidiert seine vielen Dienste zunehmend. Der Facebook-Messenger bietet im Zusammenspiel mit WhatsApp und Instagram in Zukunft sicher noch viele neue Möglichkeiten, mit denen Sie den Kontakt mit Ihrer Community intensivieren können. Allerdings gilt es auch zu beobachten, wie die Menschen diese datenzentrierte Konzernstrategie beurteilen – und vielleicht aus Protest gegen die umfassende Nutzung Ihrer persönlicher Daten abspringen.

- *Marke führen:* Mit einer kostenlosen Unternehmensseite auf Facebook können Sie mit vielfältigen Inhalten Ihre Marke aufbauen, eine Community etablieren und mit Kunden und Interessenten ins Gespräch zu kommen.

---

9 Shops auf Facebook und Instagram, Facebook: *https://www.facebook.com/business/shops* [28.08.2021]

Tipp: Merkfähige Vanity-URL nutzen

Nutzen Sie dafür eine benutzerdefinierte, persönliche und leicht zu merkende Vanity-URL für »Ihre« Seite, mit einem Namen, der auch mit dem in den anderen sozialen Netzwerken, insbesondere Instagram, übereinstimmt. Damit machen Sie es Ihren Fans leichter, Sie überall wiederzufinden.

Wie können Sie Facebook kreativ nutzen?

Grundsätzlich gibt es hier alles, was auf Instagram geht: Stories, Live, Fotos, Videos (Watch), … Aber irgendwie ist dann doch auch alles wieder ein bisschen anders:

- *Inhalte posten, teilen, kommentieren:* Anders als vielleicht bei Instagram sind längere (wenn verständliche!) Texte auf Facebook absolut okay. Ergänzende Videos und Bilder erhöhen die Interaktionsrate der Beiträge dabei aber deutlich. Alternativ bietet Facebook auch »dekorative« Text-Vorlagen, mit denen Sie kurze Statements plakativ hervorheben können. Hashtags können Sie auch hier einsetzen, allerdings ist deren Bedeutung (noch) wesentlich geringer als auf Instagram oder Twitter.

- *Content kuratieren:* Posts mit Links – sowohl zu fremden Inhalten (z. B. zu Artikeln oder Inhalte aus Medien) als auch zu denen auf dem eigenen Blog oder der eigenen Website – lassen sich auf Facebook wesentlich besser, weil im Post besser sichtbar und klickbar, teilen als auf Instagram.

- *Unternehmen vorstellen:* Im Info-Bereich der Seite können Sie alle wichtigen Informationen zu Ihrem Unternehmen einfügen, inklusive Kontaktmöglichkeiten. Achten Sie darauf, dass Ihre Fotos im Cover und Profil richtig dargestellt werden. Fügen Sie auch einen Call-to-Action-Button hinzu, der potenziellen Kunden die Möglichkeit bietet, mit Ihnen in Kontakt zu treten, Ihrer Gruppe beizutreten oder Ihre Produkte zu kaufen.

- *Gewinnspiele ausrichten:* Mit einem Gewinnspiel können Sie Interaktion anheizen. Am einfachsten geht das, wenn Sie »organisch« einen Beitrag mit dem Aufruf zur Teilnahme und den Spielregeln posten. Follower können teilnehmen, indem sie den Post liken oder kommentieren. Antworten auf Quizfragen, Fotowettbewerbsbeiträge, Abstimmungen oder Tippspiele finden in der Kommentarsektion des Posts statt. Es gibt auch umfangreichere Apps mit Gewinnspielmechaniken.

  Wichtig bei beiden Alternativen: Es ist nicht alles erlaubt, was gefällt. Facebook hat der alten Gewinnspielpraxis einige Riegel vorgeschoben, die Sie unbedingt beachten sollten![10] So dürfen Sie Ihre Fans zwar aufrufen, per Like, Kommentar oder Bild mitzumachen. Das darf aber nur auf Ihrer eigenen Fan-Page passieren. Wenn Sie Ihre Nutzer dagegen auffordern, das Spiel auf deren eigenen Profilseiten bekannt zu machen oder Freunde über einen eigenen Post zur Teilnahme einzuladen, ist sofort Schluss. Auch dürfen Sie das Teilen Ihres Beitrags nicht zur Voraussetzung für die Teilnahme machen. Noch komplizierter wird's bei Gewinnspiel-Apps.[11] Also machen Sie sich bitte vorher unbedingt schlau!

- *Events organisieren:* Mit der Facebook-Event-Funktion können Sie Menschen auf Ihre Veranstaltung an einem bestimmten Tag aufmerksam machen und einladen, live dabei zu sein – ob mit kostenpflichtigem Ticket oder umsonst. Dabei ist es gleich, ob das Event offline (z. B. ein Vortrag, Konzert oder Workshop) oder online (z. B. die Lesung zur Veröffentlichung eines Buches oder ein Gig zum neuen Musikstück, ein Online-Seminar, …) stattfinden wird.

> **Tipp: Interaktion ist der Schlüssel**
>
> Egal ob kluger Text-Post, Foto-Posts mit faszinierenden Bildern, Links oder informative Infografiken, inspirierende Videoposts, spannende Livevideos oder Shop – Facebook ist ein soziales Netzwerk. Je mehr Kommentare und Likes unter Ihren Beiträgen stehen, desto eher spült der Algorithmus Ihre Inhalte in die Timelines Ihrer Community: Engagement gilt als Zeichen der Relevanz Ihres Inhalts. Ihr Auftrag lautet also: reagieren, interagieren, fragen, antworten, Gruppen einrichten und Community managen.

Denken Sie immer wieder daran: Ihr Content soll auf dieser Plattform die Beziehungen der Mitglieder Ihrer Community untereinander befeuern, ausbauen und vertiefen. Wenn Sie hier nur posten und dann in Deckung gehen, wird gar nichts passieren. Denn Sie sind Teil dieser Community, nicht jemand, der von außen hineinruft und dann das Fenster schnell wieder schließt. Die Zeiten sind vorbei.

26.7   Twitter – kurzlebige News mit Durchschlagskraft

Der Mikroblogging-Dienst Twitter lebt von der Aktualität. Es ist ein Echtzeitmedium, bei dem man sich mit maximal 280 Zeichen pro Tweet eher kurzfasst. Mit Hashtags (#) können Sie das Thema Ihres Beitrags definieren. Wer dann gezielt nach einem Thema, sprich Hashtag sucht, findet so alle Tweets zum Thema. Inhalte können so schnell verbreitet werden.

---

10 Siehe Allgemeine Richtlinien für Seiten, Gruppen und Veranstaltungen, Unterpunkt: Promotions on Pages, Groups, and Events. Facebook: *https://www.facebook.com/policies/pages_groups_events* [28.08.2021]

11 Siehe Plattform-Nutzungsbedingungen, Facebook for Developers. Facebook: *https://developers.facebook.com/terms* [28.08.2021]

Tipp: Hashtags unbedingt, aber nicht unbegrenzt
Nutzen Sie möglichst nicht mehr als zwei Hashtags pro Tweet.

Twitter-Nutzer können sich, wie in anderen sozialen Netzwerken auch, gegenseitig folgen und bekommen in ihrer Timeline die Tweets derer angezeigt, denen sie folgen. Außerdem können sich die Nutzer untereinander private Nachrichten schicken. Per @-Zeichen vor dem »Nickname« können sich Nutzer auch direkt und öffentlich im Tweet ansprechen. Das steigert die Reichweite.

Neben den 280 Zeichen sind auch Fotos- und Videoanhänge möglich. Sie werden nur zum Teil als Länge mitgerechnet. Sogenannte Link-Posts erlauben Ihnen das schnelle Teilen und Kuratieren von Fundstücken. Tweets mit Bildern bringen zudem mehr Klicks und mehr Retweets als reine Text-Tweets.

Wie können Sie Twitter nun strategisch nutzen?

Ob Promi, Blogger, Politikerin oder Unternehmen, um aktuelle Botschaften zu verbreiten, ist ein Twitter-Account fast unverzichtbar.

- *Reputation und Reichweite aufbauen:* Teilen Sie hier aktuelle Statements oder Ihre Links mit einem thematischen und populären Hashtag. So können Sie sich innerhalb Ihrer Branche als Experte etablieren. Werden Ihre Tweets samt Inhalt geretweetet, wächst zudem Ihre organische Reichweite.

- *Kontakte knüpfen, Multiplikatoren finden:* Twitter eignet sich sehr gut, um über Themen neue Kontakte zu Multiplikatoren und anderen Experten zu knüpfen. Beteiligen Sie sich an Gesprächen rund um Ihr Thema oder Ihrer Branche. Damit können Sie zugleich Ihr Image schärfen und zusätzlich Aufmerksamkeit auf Ihre Marke oder Ihre Aufgabe lenken.

- *Mit Community austauschen und von ihnen lernen:* Mit prägnanten Tweets können Sie sich zu Themen positionieren, die für Sie und Ihre Zielgruppe gerade wichtig sind, und sich in aktuelle Diskussionen einbringen. Aus den Reaktionen können Sie sicher einige Rückschlüsse ziehen.

- *Kundenservice ausbauen:* Sie können Ihren Twitter-Account als erweiterten, zeitnahen Kunden-Support nutzen. Beantworten Sie dazu akute Anfragen und Problembeschreibungen Ihrer Community, die diese auf Twitter öffentlich posten – direkt und in Echtzeit. Die Deutsche Bahn antwortet so auf Fragen zu Verspätungen. Die Telekom nimmt Störungsmeldungen auf Twitter an. So können Unternehmen gleichzeitig sehr viel über Ihre Community, deren Anliegen und Probleme im Umgang mit Ihren Produkten und Services lernen.

Wie können Sie Twitter kreativ nutzen?

- *Aktuelle Einblicke geben:* Sie können durch Ihre Tweets persönliche Einblicke in Ihr Leben oder die Arbeit geben. Das bringt Sympathiepunkte für Ihre Marke, Person oder das Unternehmen, für das Sie arbeiten. Somit ist Ihr Twitter-Account auch im Sinne der Kundenbindung von Vorteil. Ermutigen Sie beispielsweise auch Corporate Influencer, also Mitarbeitende aus Ihrem Team, persönliche Erfahrungen und Erlebnisse aus ihrem Arbeitsalltag zu teilen.

- *Inhalte kuratieren:* Teilen Sie nicht nur Ihre eigenen Inhalte wie Links auf eigene Website-Inhalte und frische Blogartikel, sondern kuratieren Sie auch Links zu relevanten Artikeln anderer Experten Ihres Fachgebiets. Drücken Sie diesen Posts Ihren eigenen Stempel auf, indem Sie sie einordnen, kommentieren und Ihre Sicht dazu kundtun. Twitter bietet Ihnen dazu auch Listenfunktionen, auf denen Sie Ihre Expertenrunde notieren können, deren Links Sie häufiger teilen.

- *Unternehmensprofil gestalten:* Header, Profilbild, angehaftete Tweets, eine knackige Vorstellung Ihrer Person, Ihres Unternehmens inklusive Hashtags und Themen, für die Sie stehen: auf Twitter können Sie Ihr Profil gestalten. Auch Links zu Ihrer Website helfen anderen, Sie richtig einzuordnen.

- *Interaktion bewusst gestalten*: Antworten, liken oder retweeten Sie. Schlau, mit Mehrwert, Haltung und Esprit.

Tipp: Aktuell sein – um jeden Preis

Twitter ist sehr schnelllebig. Tweeten Sie eher über Dinge, die gerade stattfinden oder in diesem Moment aktuell sind. Denn Ihr Tweet ist nach ca. 20 Minuten schon wieder Geschichte. Danach zählt wieder das nächste Hier und Jetzt.

26.8   Snapchat – Image-Messaging unter Freunden

Snapchat ist eine Instant-Messaging- oder besser eine Image-Messaging-App. Denn sie ist jung, wild und wird vornehmlich von Teenagern genutzt. Denen geht's nur ums Hier und Jetzt im engsten Freundeskreis: Bilder aufnehmen, bearbeiten und direkt ab damit, als kurzes Update, zum gegenseitigen Bespaßen, für die akute Gefühlsbeschreibung, als kleines, aber wichtiges Lebenszeichen – 24h-Ablaufdatum inklusive. Dann ist das alles auch schon wieder gelöscht, automatisch, unwiderruflich. Es ist diese Flüchtigkeit, die die Plattform von Facebook und Instagram unterscheidet. Hier soll nichts archiviert werden und bloß nichts an gestern erinnern. Es geht allein um den direkten Umgang miteinander im Alltag. Da wird schließlich auch nichts wiederholt.

Sie können einen Snapchat-Account für Ihr Unternehmen einrichten und damit Ihre Community mit unterhaltsamen Spielereien rund um Ihre Marke oder Ihr Produkt versorgen. Das nennt sich dann Snap Ads. Dabei sollten Sie sich allerdings an die ganz eigenen Snapchat-Regeln halten: Spontaneität und Leichtigkeit sind Trumpf.

Snapchat bietet dazu verschiedene Formate an:

- *Fotos und Videos,* aufgenommen mit dem Smartphone und mithilfe der App, heißen Snaps. Diese Snaps können kreativ »aufgehübscht« werden, bevor man sie teilt. Keine andere Plattform hat Augmented Reality (AR) und Social Media dafür so miteinander verwoben wie Snapchat.

- *Stories:* Mit der Stories-Funktion kann man mehrere Snaps zu einer fließenden, sich über den Tag hin entwickelnden Geschichte zusammensetzen – ungeplant oder besser noch geplant.

- *Lenses:* Die Linsen »scannen« das Gesicht einer Person durch die Smartphone-Kamera und setzen eine kuriose, witzige oder völlig abgefahrene Animation darauf, bewegte Mimik inklusive. Linsen verändern das eigene Aussehen und sogar die Welt mit 3D-Effekten, Objekten und Figuren. Mit Weltlinsen können Snapchatter auch ihr Umfeld um sie herum zum Leben erwecken. Da »kotzt« der Eiffelturm und Comic-Helden tanzen auf dem Tisch.

- *Filter:* Filter sind kreative Layer mit mehr oder weniger wilden Designelementen, die Snappchatter wählen und über das von der Kamera erfasste Bild legen. Die in der App angebotenen Layer variieren dabei sogar je nach Temperatur, Location, Uhrzeit etc. Da macht ein Statusupdate doppelt Spaß.

- *Chat:* Wie auf WhatsApp oder im Facebook Messenger kann man auf Snapchat mit mehreren Personen via Text, Sprachnachrichten und Snaps chatten. Auch diese Chatinhalte löschen sich nach dem Lesen oder dem Verlassen des Chats. Nichts bleibt also, was man bereuen könnte.

- *Discover:* Und dann gibt es da noch die Discover-Sektion, eine spezielle Content-Plattform für Medienunternehmen. National Geographic, BuzzFeed, BILD, Der Spiegel, CNN, VICE und andere vermarkten hier redaktionelle Inhalte mit hohem Aufwand: exklusiv für Snapchat im Hochformat produziert oder aufbereitet und ebenfalls nur mit einer 24-stündigen Haltbarkeit, für den Dialog im Moment.

Wie können Sie Snapchat strategisch nutzen?

- *Awareness aufbauen:* Mit Snapchat können Sie den Bekanntheitsgrad Ihrer Marke, App, Produkte oder Ihres Geschäftsstandorts in der jungen Zielgruppe erhöhen. Dazu stellen Sie sich bzw. Ihre Marke spielerisch vor, besonders gut geht das bei Markteinführungen oder anlässlich spezieller Events.

- *Consideration anstoßen:* Mit Snapchat können Sie über Ihre Marke, Apps oder Produkte informieren und so neue Leads generieren. Sie können die Snapchatter-Community auf spielerische Art und Weise dazu bringen, sich Videos dazu anzusehen, und sich aus diesen per Link zu Ihrer Website oder zu Ihrer neuen App durchzuklicken.

- *Conversion automatisieren:* Als Einzelhändler können Sie mit spielerischen Elementen die Besucherzahl in Ihrem lokalen Geschäft erhöhen. Sogar Produktverkäufe oder gewünschte Website- und App-Aktionen können Sie mit spezifischen CTA-Aktionen und Shopping Funktionen anstoßen. Ihre Geschichten sollten dafür so gut sein, dass man beim Anschauen Lust bekommt, Ihren Onlineshop anzuklicken.

- *Social Commerce:* Snapchat entwickelt sich mehr und mehr zu einer Shopping-Plattform. Mit Virtual-Reality-Videos und AR-Lenses soll die Kundschaft Ihr Produkt ausprobieren oder die Kleidungsgröße auf Ihre Marke bezogen berechnen, und zwar bevor sie kaufen. Dazu bietet Snapchat Funktionen, mit denen der Kauf dann auch direkt in der App möglich ist, ohne auf eine Website oder in einen Shop wechseln zu müssen. Unternehmen können in der App sogar einen eigenen Shop mit ihren Produkten erstellen. Diese Entwicklung der kommerziellen Möglichkeiten sollten Sie im Auge behalten.

Wie können Sie Snapchat nun kreativ bespielen? Für professionelle Content Creators gibt es verschiedene sogenannte Snap-Ad-Formate[12]:

- *Snap Ads:* Snap Ads sind Vollbild-Werbeanzeigen, die den gesamten Bildschirm des Smartphones ausfüllen (als Bild oder Video mit Sound). Die Ads erscheinen zwischen den Snaps der anderen Snappchatter im Hochformat, und fügen sich damit »nativ«, sprich harmonisch, in den Feed ein. Dabei habe die meisten Snap Ads interaktive Elemente: Über eine Wischbewegung bekommen die Snapchatter dann weitere Infos oder Links zum beworbenen Produkt auf Ihrer Website oder einer App im App Store.

- Besonders interessant ist eine solche Snap Ad als Story. Stellen Sie sich vor, Sie suchen neue Azubis: Dann übergeben Sie Ihren Account samt Snapchat-Stories einem Influencer oder einer Mitarbeiterin für einen Tag. In der promoteten Story können diese dann beispielsweise einen Besuch auf Ihrem Azubi-Event vor, auf oder hinter der Bühne mit Ihren Followern teilen. Mit einem Wisch aus der Story geht's dann zur Stellenbeschreibung auf Ihre Karriereseite. So geht Conversion.

- *Sponsored Filter:* Ob fliegende Pommes Frites einer beliebten Imbissbude, Tortenstücke einer Konditorei, oder einfach das Logo eines Comic-Helden auf einem Convent: Sponsored Filter sind bezahlte Illustrationen, mit denen Snapchatter ihrem Snap einen spielerischen Bezug zu Ihrer Marke verpassen kann.

---

12 Snapchat Ad Formats. Snapchat: *https://forbusiness.snapchat.com/advertising/ad-formats*

Der Effekt: Die Fans teilen ihre so mit Ihrem Input verzierten Fotos und Videos im engsten Freundeskreis – sowohl direkt in der Snapchat-App, aber auch auf Wunsch gleich mit auf ihren Facebook- oder Twitter-Accounts.

- Solche Filter können Sie sogar exklusiv an einem Standort »anbieten«, beispielsweise wenn ein Snapchatter in die Nähe Ihres Geschäfts kommt oder Ihr Event, Konzert oder Ihren Messestand besucht. Bundesliga Clubs wie Borussia Mönchengladbach oder Bayern München haben beispielsweise solche Fußballfilter für das eigene Stadion und den Trainingsplatz erstellt. Damit können deren Fans dann »Flagge zeigen«, werden zu wichtigen Markenbotschaftern, stiften Identifikation und vor allem Nähe.

- *Sponsored Lenses:* Linsen, die per Augmented Reality auf dem Gesicht einer Person eingefügt werden, gibt es in Hülle und Fülle. Aber eben auch solche mit einem Bezug zu Ihrer Marke sind möglich: Die Snapchat-Linsen stellen das kreativste und aufwendigste Werbemittel der App dar. Da geht alles, was vor allem Spaß macht und irgendwie noch mit Ihrer Marke und Ihrem Angebot zu tun hat, ob Football-Helme, verrückte Sonnenbrillen, Pfannkuchen- oder Hähnchen-Masken oder was die Umwelt zum Leben bringt, wie das folgende Beispiel zeigt.

Beispiel: Snapchat und Lenses: BVG und Jelbi

Jelbi ist eine neue eigenständige Mobilitäts-App der BVG, in der man Taxis, Sharing-Autos, Fahrräder, Scooter und E-Scooter sowie öffentliche Verkehrsmittel vergleichen und buchen kann. Nur: anfangs kannte sie keiner. Die BVG Berliner forderten die Partygänger daher mit der Jelbi-Snapchat-Linse auf, die für die App gestalteten AR-Werbeplakate in der Stadt zu scannen.

Abbildung 26.4 BVG und Snapchat – Augmented Reality als Conversion-Turbo und Content mit Spaßfaktor[13]

---

13 BVG Jelbi – Harte Tür. German Brand Award: *https://www.german-brand-award.com/en/ the-winners/gallery/detail/31488-bvg-jelbi-harte-tuer.html* [27.04.2021]

> Durch die App betrachtet, fingen die Türsteher auf den Plakaten plötzlich an zu spre-
> chen: »Du willst tanzen? Dann tanz mal ab. Lad die Jelbi-App und fahr heim.« Dazu gabs
> einen smarten Call-to-Action zum App-Download in der Lense. Und der Community
> boten die BVG damit auch noch ein spaßiges Content-Erlebnis.

Mit dem Ad Manager, den Sie im Browser nutzen, können Creators SnapAds und Filter selbst produzieren und buchen sowie Texte, Bilder, Animationen und externe Links zu Ihrer Website oder dem App-Download in die Snap-Ad-Anzeige einbauen.

Lenses können Sie in Kooperation mit Snapchat oder mit dem Lense Web Builder selbst bauen.[14] Ausgewählte Werbekunden bekommen außerdem sogenannte Brand-Profiles, auf denen sie ihre Content-Highlights und Ihre »Lenses« sammeln können.

26.9   TikTok – Hype oder Mehrwert für Marken?

TikTok ist ein soziales Videonetzwerk aus China, auf dem vor allem Kinder und Ju-gendliche unterwegs sind. Die posten und schauen auf TikTok vor allem selbst ge-drehte, mit kurzen Musik-Snippets untermalte Videos, die um Hashtags und Text ergänzt werden. Die Videos werden ähnlich wie bei Instagram direkt in der App er-stellt. Sie haben eine Länge von 15 bis maximal 60 Sekunden.

Wofür können Sie TikTok strategisch nutzen?

- *Reichweite aufbauen:* Anders als bei anderen Plattformen ist die Zahl Ihrer Fol-lower für die Reichweite gar nicht so entscheidend. Hier werden allen Nutzern relevante Inhalte angezeigt.

- *Marke verjüngen:* Eine Marke, die zeigen möchte, dass sie auch die jüngere Ge-neration versteht, kann sich hier unter deren anspruchsvollen Augen beweisen.

- *Musik promoten:* Die App hieß früher musical.ly und war ein Lipsync-Spaß. Da-her spielt in der DNA der Plattform Musik auch weiterhin eine wichtige Rolle. Besonders beliebt ist die App daher bei Musikern, Sängern und Künstlern.

- *Online Ads schalten:* Sie können auch einfach Werbung machen. Videos von bis zu 15 Sekunden sind der Standard, sie öffnen sich gleich beim Öffnen der App als Brand-takeover und Top-View-Anzeigen – Targeting-Möglichkeiten inklusive.

Wie können Sie TikTok kreativ nutzen?

- *Zu Hashtag-Challenges aufrufen:* Auf TikTok können Sie mit dem Aufruf zu kre-ativen Challenges punkten – wie in Kapitel 27, »Mehr Engagement – so triggern

---

14 Snapchat creative tools. Snapchat: *https://forbusiness.snapchat.com/resources/creative-tools*

Sie Ihre Community« beschrieben. Dabei schaffen Sie mit einem markenspezifischen Hashtag und einem gekauften Musikschnipsel Aufmerksamkeit für Ihre Marke. Vor allem, wenn Sie schnell genug sind, aktuelle Trends nutzen und Ihre Inhalte entsprechend anpassen können.

- *Tutorials geben:* Unterhaltsame Tutorials funktionieren auch in 15–60 Sekunden. Fürs Schminken- oder Tanzenlernen sind sie zu einem sehr beliebten Format auf TikTok geworden. Auch für Eisrezepte, Home-Dekotipps mit der Innendesignerin, Gesangsstunden beim Metal-Coach, Informationen zum Umweltschutz im Wattenmeer oder als Karriere-Coaching im Homeoffice funktionieren Ihre kurzen, aber hoffentlich informativen oder inspirierenden Clips.

Falls Sie sich nun angesichts der rasanten Entwicklung dieses Networks gezwungen fühlen, mit Ihrer Marke, als Künstlerin oder Creator hier mitmischen zu müssen, prüfen sie diese Idee vor dem Hintergrund Ihrer Content-Strategie: Hier entgegen des eigenen Markenimages auf betont jugendlich zu machen, wirkt nicht unbedingt glaubwürdig oder authentisch. Auch bietet die Plattform Ihnen noch kaum Möglichkeiten, außer Videoaufrufen, Klicks und Impressions, also den üblichen Eitelkeitsmetriken, wirklich essenzielle KPIs zu tracken und zu messen. Passt Experimentieren gerade in Ihre Strategie? Wenn ja, dann ausprobieren!

Fragen Sie sich auch: Sind Sie mit Ihrer Content-Kreation, Ihrem Community Management und mit den entsprechenden Entscheidungswegen schon schnell genug, um auf flüchtige Trends aufspringen zu können?

Noch ein Hinweis zu Abschluss: Einige Strategen raten mit Blick auf die Datensammelwut, chinesische Politik und deren praktizierte Zensur zum kritischen Umgang mit der Plattform. Die daraus resultierende Manipulationsgefahr für die sehr junge Zielgruppe ist zu einem validen Kritikpunkt geworden.[15] Machen Sie sich Ihr eigenes Bild: TikTok birgt, wie jedes Network, auch Risiken, neben der Chance, ein First Mover zu sein.

26.10   Pinterest – Inspiration und Social Commerce mit Bild

Pinterest ist eine echte Inspirationsplattform, die sich immer weiter zu einer mächtigen Social-Commerce-Plattform entwickelt hat. Worum geht's im Kern? Menschen erstellen für sich und andere Mitglieder virtuelle Pinnwände und sammeln, sprich »pinnen«, darauf ihre Lieblingsbilder zu bestimmten Themen oder Storys, die

---

15 Wie gefährlich ist TikTok? In: Futurezone, 20.07.2020: *https://futurezone.at/apps/ wie-gefaehrlich-ist-tiktok/400976654*

sie selbst produziert, hochgeladen oder auf anderen Websites gefunden haben und an einem Ort der Inspiration sammeln möchten.

Um als Nutzer der Plattform nichts zu verpassen, kann man solchen Pinnwänden und deren inspirierenden Kuratoren dann folgen. Oder man sucht sich deren Bilder zu speziellen Themen über die interne Bildersuchmaschine.

Pinterest galt daher lange als die inspirierende Bilderentdeckungs-App. Pinterest ist nach Instagram sicher die zweitgrößte Community für visuelle Inhalte – mit einem riesengroßen Social-Commerce-Potenzial.

Wie können Sie Pinterest strategisch nutzen?

- *Reichweite ausbauen:* Da Pinterest eine riesengroße Community mit über 100 Millionen registrierten Nutzern hat, können Sie die Reichweite Ihrer (anspre-chend gestalteten visuellen) Inhalte wie Bilder und Infografiken hier deutlich steigern.

- *Reputation gestalten*: Mit Ihren Bildern »machen Sie Marke«. Wofür stehen Sie? Welche Kompetenz haben Sie zu welchem Thema? Gartenbau, Design, Hoch-zeitsfotografie, Malen, Zeichnen oder Heimwerken: Mit der Art und Qualität Ih-rer Bilder gestalten Sie Ihr Image, Ihre Leidenschaften, bringen Überzeugungen und Interessen zum Schwingen, damit Sie gleichgesinnte Mitglieder Ihrer Com-munity leichter finden und Ihnen folgen können.

- *Loyalität pflegen:* Mit Bildern können Sie nicht nur über Ihre Produkte reden, sondern Ihre Kunden auch mit Ihrer emotionalen, menschlichen Seite begeis-tern, sie binden und einen Dialog auf Augenhöhe über gemeinsame Interessen führen. Tauchen Ihre Bilder immer wieder in deren Newsstream auf, entsteht die dafür nötige Nähe.

- *Neue Kunden gewinnen:* Wer als Suchender auf Pinterest unterwegs ist, ist frei-willig hier, durchstöbert die Plattform nach inspirierenden Ideen und schönen Produkten und kommt dabei vielleicht schon in echte Kauflaune. Für die neue Kundschaft ist Pinterest daher ein perfekter Content-getriebener Einstieg in die Customer Journey zu Ihrem Produkt. Die entsprechende Einbindung von Shop-pingfunktionen wie Shop-the-Look in die Präsentation führt sie bis zum Waren-korb.

- *Referral Traffic für Website oder Onlineshop generieren:* Bilder können nicht nur direkt hochgeladen werden und mit einem Link zu Ihrer Website versehen wer-den, sondern Besucherinnen Ihrer Website können sich beispielsweise Ihre Bil-der dort über einen »Pin-it-Button« mit einem Klick merken, sprich ihrer eige-nen Pinnwand hinzufügen, inklusive dem verweisenden Link zu Ihrer Website. Wer den Link auf der Pinnwand dieses Sammlers anklickt, kommt also direkt zu Ihnen.

Wie können Sie Pinterest kreativ nutzen?

- *Attraktive Bilder und Videos einstellen:* Der Wettbewerb um Aufmerksamkeit ist riesig. Ihre Bilder sollten so außergewöhnlich inspirierend, kreativ, intelligent, informativ, emotional sein, dass andere gar nicht anders können, als sie zu pinnen. Wie gut Ihre Bilder wirklich sind, erkennen Sie dann an der Zahl der Re-Pins. Gestalten Sie also auch die Bilder Ihrer Website entsprechend ansprechend und Pin-freundlich, wenn Sie Pinterest nutzen. Tools dafür gibt es, z. B. die Pin-it-Schaltfläche. So übernehmen Ihre Follower dann quasi die Promotion Ihrer Website-Inhalte.

- *Pinnwände thematisch gestalten:* Sie sind Fotograf oder Künstler? Dann können Sie Ihr Können anhand Ihrer besten Bilder und Kunstwerke auf Ihren Pinnwänden facettenreich illustrieren. Den Pinnwänden in Ihrem Profil ordnen Sie dazu am besten eine Kategorie zu: Porträts, Hochzeitsfotos, »Foodporn«, Events. Oder vermarkten Sie als Tourismusverband eine Region mit ihren vielen Facetten? Welche Eigenheiten machen die Orte und unterschiedlichen Locations, bildlich gesprochen, denn aus? Dann erstellen Sie z. B. entsprechende Pinnwände zu diesen unterschiedlichen Highlights.

  Halten Sie Ihre (mindestens fünf) Pinnwände oder Idea Pins thematisch einfach und klar sortiert – ohne dabei zu werblich zu werden! Pinnwände und Pins sind kein Shop! Sondern verstehen und gestalten Sie sie als kreative Themenwelten – am besten mit einem emotionalen Namen oder Motto.

- *Geschichten erzählen:* Lea Green ist eine deutsche Food-Bloggerin und ein Pinterest-Testimonial. Sie stellt auf der Plattform ihre Rezepte vor. Mit mehreren aufeinanderfolgenden Bildern und Videos, die nicht nur die Zutaten verraten, sondern auch die entsprechenden Schritte beim Zubereiten illustrieren und ihre Leidenschaft zum Leben erwecken. Mit den sogenannten Idea Pins präsentiert sie die Ideen und Geschichten in bis zu 20 aufeinanderfolgenden Content-Slides – Bildern und Videos (siehe Abbildung 26.5). Sie kann dafür die Video-first-Funktionen und Bearbeitungstools nutzen, die das Erstellen der Idea Pins zu einer kreativen Aufgabe machen.

- *Produktkatalog einstellen:* Die meisten Bilder auf Pinterest sind via Link mit Websites oder Onlineshops verbunden. Stellen Sie also auch die (bitte aber ansprechenden) Bilder Ihres Produktkatalogs auf Ihren Themenwelt-Pinnwänden ein und verlinken Sie sie.

- *Infografiken erstellen oder sammeln:* Diagramme oder Infos, die zu Ihrem Job, Ihrer Marke oder Ihrem Markt passen, werden Ihre Geschäftspartner interessieren.

- *Events dokumentieren:* Haben Sie ein Unternehmensevent veranstaltet? Berichten Sie darüber in Bildern.

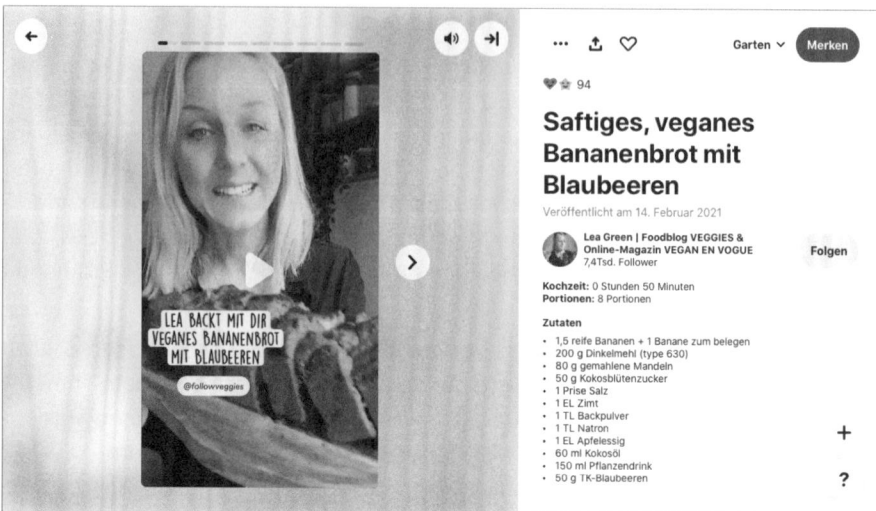

Abbildung 26.5 Aus Rezeptideen werden inspirierende Storys: Idea Pins auf Pinterest[16]

Tipp: Business-Account einrichten

Auch hier sollten Sie einen mittels Ihrer Website verifizierten Business-Account einrichten, zum einen für Ihre Sichtbarkeit in Suchmaschinen, die Sie in den Profileinstellungen aktivieren, und zum anderen für Ihre Follower: Ihr Logo oder Profilbild erscheint dann neben Ihren Pins und weist Sie transparent und professionell als Unternehmen aus. Zudem bietet Ihnen die Plattform dann auch wichtige Analytics-Funktionen, mit denen Sie den Erfolg Ihres Profils messen, aufschlussreiche Daten über Herkunft, Interessen und Pinnwände Ihrer Follower sowie zum Referral-Traffic gewinnen können.

Und nun wieder eine entscheidende Frage: »Soll ich Instagram oder Pinterest nutzen?« Und wieder lautet die Antwort: Das kommt auf Ihr Ziel und Ihre Zielgruppe an. Für beide Plattformen müssen Sie viel Arbeit, Zeit und Geld in die Qualität Ihrer Content-Kreation stecken. Im Gegenzug dazu kreieren Sie auf Pinterest aber beispielsweise auch mit jedem einzelnen Stück Content und jedem daraus resultierendem Pin dazu einen echten Link und damit wertvollen Traffic für Ihre Website oder Ihren Onlineshop. Das bekommen Sie auf Instagram nur im Rahmen von bezahlten Sponsored Posts oder Ads.

---

16 Lea Green, Foodblog VEGGIES & Online-Magazin. Pinterest: *https://www.pinterest.de/ followveggies/_created* [29.04.2021]

26.11 WhatsApp – alles, nur keine Werbung (mehr), bitte

WhatsApp fehlt in vielen Social-Media- und Content-Strategien. Geschuldet ist das sicherlich dem Punkt, dass die Facebook-Tochter in Sachen Datenschutz nicht gerade musterhaft ist und nach der Zwangseinführung neuer gemeinsamer Nutzungsbedingungen für Facebook und WhatsApp viele Nutzer verprellt hat. Zudem ist offensives Werben in einer Messenger-App alles andere als willkommen. Wer will schon Content eines Dritten in einem privaten Chat? Auch die vermehrte Verbreitung von Fake-News haben dem Image des Messengers zugesetzt.

Aber dennoch gibt es nur wenige Smartphones, auf denen diese App nicht installiert ist. Ist also auch Ihr Unternehmen für Kunden leicht via WhatsApp erreichbar, ist das als Mehrwertservice on Demand sicherlich eine Chance: Menschen, die auf ihrer Customer Journey ein individuelles Anliegen haben, können leichter Kontakt mit Ihnen aufnehmen.

Wenn Sie einen solchen Service einrichten möchten, dann geht das über den Einsatz von WhatsApp Business oder die Business API:

- *WhatsApp Business App:* WhatsApp Business wurde besonders für kleinere Organisationen mit überschaubarem Kundenservice entwickelt: Friseure, Handwerksbetriebe oder Pizzalieferanten. Einsatzmöglichkeiten gibt es einige, beispielsweise im Rahmen von Bestell- und Beratungsservices, fürs Personalmarketing oder im Management der Community:

    - *Terminvereinbarungen/Bestellungen*

    - *Buchungen/Reservierungen*

    - *Reklamation/Beschwerden*

    - *Probleme mit Produkt/Services*

    Legen Sie für die Business App in der Facebook Business Suite einen Unternehmens-Account für Ihr Konto an. Der wird dann Ihre von privaten Nachrichten getrennte offizielle Anlaufstelle, inklusive Adressangaben und Öffnungszeiten.

    Damit können Sie neben dem Chat:

    - automatische Schnellantworten zu bestimmten Standardanfragen wie nach Öffnungszeit, Telefonnummer, Anfahrtsweg, ... geben

    - eine automatische Abwesenheitsmeldung einrichten, so sind Sie immer sofort erreichbar und können sogar einen Call-to-Action (CTA) mit einbauen

    - Kontakte und Chats individuell markieren, im Sinne von »bezahlt«, »Neuer Kunde« etc. (Die Telefonnummern Ihrer Kunden dürfen Sie allerdings nur speichern, wenn diese einverstanden und ihrerseits auf Sie zugekommen sind.)

Noch ein paar Anmerkungen zur Nutzung:

- Die Kundschaft muss der Kontaktaufnahme durch das Unternehmen über die App proaktiv zustimmen.

- Es herrscht unternehmensseitig Informations- und Dokumentationspflicht in Sachen Datenverarbeitung.

- Nachrichten sollten Sie innerhalb von 24 Stunden beantworten, sonst fällt unter Umständen eine Art Verzögerungsgebühr an.

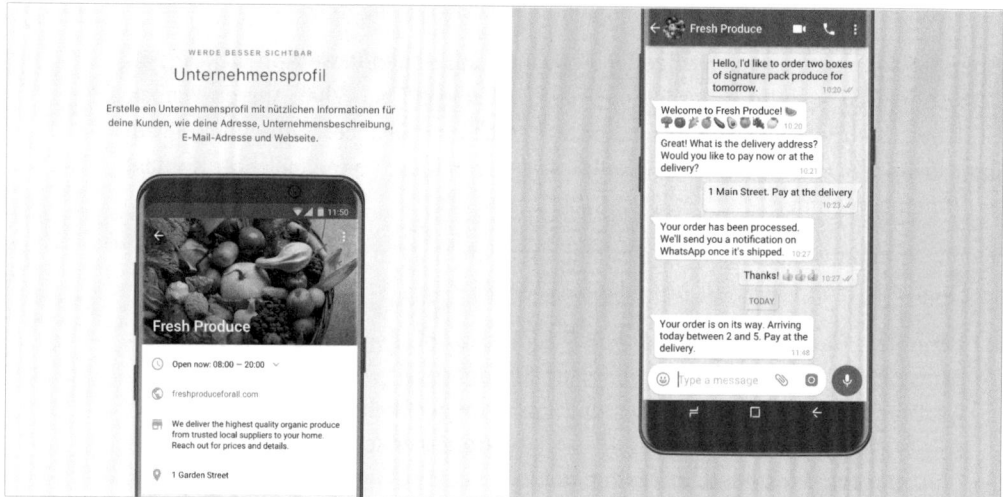

Abbildung 26.6 Chance für Community- und Kundenservice für kleinere Unternehmen auch im Einzelhandel – WhatsApp Business App[17]

- *WhatsApp Business API:* Die Schnittstelle ist für mittlere und große Unternehmen gedacht, die mit sehr vielen Kunden in Verbindung stehen möchten. WhatsApp kann dann mit einem Widget in die Website eingebunden werden, z. B. mit einem Click-to-Chat-Button. Dazu kommen wichtige Features wie der erweiterte Kundenservice und eine Schnittstelle für CRM-Systeme.

Welche Ziele können Sie damit erreichen?

- Kundenservice etablieren

- Kunden benachrichtigen

Was können Sie Ihrer Community damit anbieten?

- *Tests/Angebote* mit mehreren Multiple-Choice- oder alternativen Antwortmöglichkeiten, die dann je nach Antwort wiederum zu alternativen Content-Angeboten auf Ihrer Website führen

---

17 WhatsApp Business App. WhatsApp: *https://www.whatsapp.com/business*

- *Sendungsverfolgung* inklusive Updates zum Lieferstatus

- *Onlinebezahlung* inklusive generierter Zahlungslinks

- *Reklamationen/Rückfragen* inklusive Anbindung an CRM-Tools, Live-Chats

- *Reservierungen/Buchungen*

- *Benachrichtigungen/Notifications* in Echtzeit, z. B. zu Events

- *Proaktive Produktempfehlungen* auf Basis der letzten Einkäufe, relevante Angebote oder hilfreiche Informationen (Damit wurde die ehemals als Newsletter bekannte Funktion neu und Spam-sicher aufgelegt.)

- *Feedback oder Leadgenerierung* (über Bots und automatisierte Prozesse)

Beispiel: Der WhatsApp-Chatbot der Bundesagentur für Arbeit

Der WhatsMeBot der Bundesagentur für Arbeit hat Jugendliche im Rahmen einer Berufsberatungskampagne spielerisch per automatisiertem Dialog mit dem Chatbot bei deren Berufswahl geholfen. Diese mussten dazu zur Einschätzung ihrer Charakterstärken acht Fragen im Multiple-Choice-Format beantworten. Auf der Basis ihrer Antworten schlug der Chatbot den jungen Leuten dann einen passenden Berufstyp vor – samt entsprechender Details zur Ausbildung. Über einen Link gelangten die künftigen Azubis auf die entsprechenden informativen Webseiten der Bundesagentur. Dort bekamen sie weitere detaillierte Informationen zu genau den Berufsbildern inklusive filmischer Dokumentation, dazu gleich das Angebot, einen Termin zur persönlichen Berufsberatung zu vereinbaren.

Sollten Sie mit der WhatsApp-API in die Echtzeitkommunikation einsteigen wollen, beachten Sie folgende Punkte:

- Ist Ihre Community auch gut auf WhatsApp zu sprechen?

- Stellen Sie sich auf echte Pull- statt Push-Kommunikation ein. Ihre Kunden »zuzuchatten« geht hier nicht gut aus. Die Menschen kommen auf Sie zu, nicht umgekehrt.

- Reagieren Sie in Echtzeit, nicht verspätet. Denn keine Reaktion ist auch eine Reaktion, aber leider keine Option. Planen Sie daher auch ausreichend Zeit und Ressource für die Betreuung Ihres Chats ein.

- Führen Sie einen emotionalen Dialog. Behalten Sie Ihre Tonalität und persönliche Ansprache bei – trotz oder gerade wegen der vielen Bots. Der Einsatz von Emojis und GIFs gehört dazu.

- Das ganze System ist nicht einfach zu integrieren. Sie brauchen Experten zur Einrichtung.

26.12   Die richtige Plattform – kurz und knapp

Es gibt sicher noch viele andere Plattformen, die Sie für Ihre Social-Media-Strategie berücksichtigen könnten: Google My Business, Reddit, Clubhouse und Co. Aber so viele Optionen an sozialen Netzwerken es auch immer geben mag und geben wird, bleibt klar:

- Social Media ist kein Selbstzweck. Vergessen Sie das im kreativen Übereifer nicht. Überlegen Sie, welche Plattform die passendsten Features mitbringt, um Ihre Ziele zu erreichen.

- Die Wahl Ihrer Plattform hängt in allererster Linie von Ihrer Community ab. Schauen Sie sich genau an, wo deren Mitglieder aktiv sind.

- Und bevor Sie sich auf den nächsten hippen Kanal stürzen: Ein neuer Kanal macht nur dann Sinn, wenn Sie dort eine neue Zielgruppe erreichen oder Ihre Community von Ihrer bisherig genutzten Plattform dahin abwandert.

- Wenn Sie allerdings feststellen, dass Ihre bereits seit Jahren bespielten, damals (spontan) gewählten, weil einzig existierenden Kanäle nicht mehr passen, lautet Ihr Auftrag: Kill your Darling! Gehen Sie lieber dahin, wo das Leben stattfindet. Sonst lohnt sich all die Arbeit nicht.

- Und zu guter Letzt: Muten Sie sich nicht zu viel zu. Bespielen Sie nicht mehr Kanäle, als Sie schaffen. Kreieren Sie lieber perfekten Content für wenige, als schlechten Content für (zu) viele Kanäle.

Eine kleine Warnung: All diese Plattformen sind Shared Media. Das bedeutet, dass die Accounts Ihnen ebenso wenig gehören wie die Inhalte und die vielen Kontakte, die Sie dort pflegen. Das macht Sie in gewisser Weise abhängig von der Gunst und dem Fortbestand der Plattformbetreiber. Entscheiden die, Ihr Konto zu sperren oder die Plattform zu schließen, müssen Sie der (zumindest zeitweisen) Blockade oder sogar Vernichtung Ihrer Beziehungsarbeit zusehen. Und das passiert häufiger, als Sie vielleicht denken, und sogar Social-Media-Profis leiden darunter, z. B.:

- der Buchverlag, dessen Facebook-Account durch eine Trollaktion geflaggt und zeitweise offline genommen wurde[18]

- die französische Stadt Bitche, deren Facebook-Seite drei Wochen lang gesperrt war, weil der Algorithmus den Namen mit dem englischen Schimpfwort *bitch* verwechselte[19]

---

18 Rache von Schwurblern?, In: Mopo, 25.03.21: *https://www.mopo.de/hamburg/rache-von-schwurblern--facebook-sperrt-mopo-kolumnisten-38223248* [26.06.2021]

19 Französischer Ort Bitche wird auf Facebook gesperrt. In: Focus 04/2021: *https://www.focus.de/panorama/welt/skurril-franzoesischer-ort-bitche-wird-auf-facebook-gesperrt-raten-sie-mal-wieso_id_13185748.html* [26.06.2021]

- die LinkedIn-Expertin, die durch das Versenden ihrer Eventeinladung an »zu viele« Kontakte unter Spamverdacht geriet, weshalb ihr Account gesperrt wurde[20]

- der PR-Berater, der 72.000 Kontakte auf Google+ aufgebaut hatte, bis die Plattform offline ging – samt seiner Kontakte[21]

- US-Präsident Trump, dessen Twitter-, Facebook und Instagram-Accounts im Zuge des Sturms auf das Kapitol seitens der Plattformbetreiber gesperrt wurden[22]

Sichern Sie daher Inhalte und Kontakte doppelt ab. Und denken Sie immer auch über Chancen und Möglichkeiten Ihrer Owned Media nach: Events, Blog, Chats und Newsletter kommen auch dort gut an.

20 Klaus Eck, #FreeBrittaBehrens. LinkedIn: *https://www.linkedin.com/posts/klauseck_ salespfosten-freebrittabehrens-linkedout-activity-6789564447649218561-gcPN* [26.06.2021]

21 Ebd.

22 Markus Böhm, An Euren Händen klebt Blut. In: Spiegel, 07.01.2021: *https://www.spiegel.de/ netzwelt/netzpolitik/donald-trump-einen-halben-tag-twitter-sperre-nach-vier-jahren-zaudern- a-d1b9c43d-e093-4ca1-a901-ef2be8c43ea3* [26.06.2021]

Kapitel 27

Mehr Engagement – so triggern Sie Ihre Community

Die eigenen Inhalte versinken ungehört im Social-Media-Nirvana? Jeder Post rauscht durch und »Nobody cares«?! Echt jetzt? Warum? Was tun? Und wie geht »viral«?

Es ist wie verhext. Da »haut« man jeden Tag einen neuen Post auf Facebook raus – und nichts passiert. Allenfalls tröpfeln ein, zwei Likes ein, Kommentare kommen gar keine. Keinen scheint's zu interessieren, was man da so einstellt. Was ist da los?

Der Grund ist schnell erklärt, dafür reicht der Perspektivwechsel: vom Content Creator zum Content-Konsumenten. Jeden Tag prasseln Tausende von Nachrichten oder Werbebotschaften auf uns ein. Egal, ob wir durch unsere Timeline scrollen, in der U-Bahn Zeitung lesen oder Podcast hörend aus dem Fenster schauen: Ständig konsumieren wir Content. Allein online sind wir täglich 4.000 bis 10.000 Anzeigen ausgesetzt. Aber an welche Inhalte davon erinnern Sie sich tatsächlich? Und reagieren dann auch noch darauf – mit einem Like, einem Kommentar oder einem Share?

Eine Sache, die erfolgreiche Content Creators von den vielen anderen unterscheidet, ist das Engagement ihrer Community. Dieses englische Wort ist für viele der heilige Gral des Content Marketings. Es geht darum, Menschen nicht nur für die Inhalte Ihrer Marke zu begeistern, sondern sie dazu zu motivieren, diese zu teilen, zu liken, zu kommentieren, kurz sich zu »engagieren«. »Wir brauchen mehr Engagement!« ist daher ein oft gehörter Wunsch, nicht nur im Onlinemarketing.

Und wie bekommt man dieses Engagement nun? Die erste Antwort scheint einfach: Relevanz! Aber dieses Wort ist zu einem hässlichen Buzzword geworden. Wann bitte ist denn etwas wirklich relevant? Und relevant für wen? Für das Unternehmen, dessen Creator oder wirklich für die Community? Wenn die Antwort »Natürlich für die Community!« lautet, folgt hier gleich die nächste Frage: In welchem Kontext, für welche Situation, in welchem Lebensabschnitt, …? Das Wort »relevant«, so nackt in den Raum geworfen, ist eine echte Falle. Denn oberflächlich dahingesagt bleibt es blutleer und führt die Content-Kreation unter Umständen in die Social-Media-Leere.

Also beschäftigen wir uns näher mit Engagement. Was ist das überhaupt? Gibt es eine deutsche Entsprechung dafür? Was sind Gründe und Auslöser für Engagement? Und wie können Sie als Content Creator wirklich Beiträge schaffen, die »engaging« sind?

27.1   Wertvolle Inhalte – wie Sie Interaktion schaffen

Menschen reagieren unterschiedlich auf Reize in ihrer Umwelt. Sprich, Sie setzen sich damit auseinander ... oder eben nicht. Und sie interagieren sogar damit – aber nur, wenn es sich aus ihrer Sicht lohnt. Engagement bedeutet also vor allem: Interaktion.

Besitzer von Ladenlokalen in der Innenstadt beobachten das in ihrem Alltag: Mal werfen Passanten nur kurz einen flüchtigen Blick in die Auslage und sind dann auch schnell wieder weg. Mal interessieren sie sich aber auch so sehr für ein Stück im Schaufenster, dass sie eine Zeit lang davor verweilen. Bestenfalls kommen sie dann herein, um sich umzuschauen. Sie stellen dem hoffentlich präsenten Verkäufer interessiert Fragen, probieren aus, kommentieren das Angebot, geben Feedback – und kaufen direkt oder erst beim nächsten Besuch. Und empfehlen den Laden weiter.

Diese Art der Interaktion hat unter dem englischen Begriff *Engagement* Einzug ins Marketing, insbesondere ins Onlinemarketing gehalten. Manche sprechen sogar von einer dafür geschaffenen Sonderform des Marketings, dem sogenannten Engagement Marketing. Im Kern geht es darum, sich durch Interaktion mit Menschen zu verbinden. Ein Weg dahin führt über, na, Sie ahnen es: Content.

Nun wissen wir alle, dass werblicher Content in Form von Printanzeigen, Plakaten auf der Straße oder TV-Spots nicht unbedingt auf Interaktion ausgelegt ist. Es geht um Aufmerksamkeit durch Störung und Unterbrechung der eigentlichen Tätigkeit der Menschen, die gerade im Auto sitzen, einen Film anschauen, ein Magazin lesen, online recherchieren. Nennen wir diese Art von Produktwerbung industriell gedachte One-to-many-Content-Produktion: Einer schafft Content für viele.

Beim Content Marketing geht es aber um etwas anderes: Es geht darum, die gewünschte Interaktion von Menschen einer Community bei der Content-Konzeption von vornherein mitzudenken, um *Peer Production* oder many to many: mit bzw. von vielen für viele.

Engagement heißt, Menschen dürfen und sollen:

- mit den Inhalten Ihrer Marke spielen
- miteinander darüber reden und diskutieren
- daraus lernen und sie benutzen

- eigene Inhalte dazu beitragen
- sie weiterentwickeln

Inhalte mit hohem Engagement kreieren im besten Fall ein positives Erlebnis, das die Bindung der Menschen zu Ihrer Marke festigt. Denn je »engagierter« diese Menschen sind, desto größer ist die Wahrscheinlichkeit, dass sie sich mit Ihrer Marke und deren Werten identifizieren. Im besten Fall treten sie dann mit »ihrer« Marke in Kontakt, um sich mit anderen, gleichgesinnten Menschen dieser Community zu verbinden.

All das soll aus unternehmerischer Sicht kein Selbstzweck sein. Vielmehr steigert diese Beziehung die Chance auf eine wie auch immer geartete Conversion, sprich die Wahrscheinlichkeit eines in der Zukunft liegenden Kaufs Ihrer Produkte oder Services, eines Anrufes oder eines Abo-Abschlusses. Content Marketing ist eben Beziehungsmanagement. Auf diese Weise stärkt großes Engagement auch den Wert Ihrer Marke – was übrigens ein wichtiges Argument im Beschaffen Ihres Budgets ist.

Aber wie bekommt man nun Engagement? Hier kommen sechs mögliche Ansätze, die Ihnen helfen können, das Engagement des Publikums mit Ihren Inhalten zu steigern.

27.2   Ermöglichen Sie eine emotionale Diskussion

Emotion triggert Engagement. Das ist wenig verwunderlich. Denn wir Menschen reagieren, denken und diskutieren meist höchst emotional. Machen wir uns das an einem Beispiel klar: Stellen Sie sich vor, Sie sind Wissenschaftler und Virologe. Im Rahmen der Corona-Pandemie stoßen Sie im Rahmen Ihrer Forschungsarbeit immer wieder auf wichtige und neue Erkenntnisse, die helfen könnten, das Virus einzudämmen. Ihre Ergebnisse publizieren Sie zeitnah, damit sie, wie in der Wissenschaft üblich, in der Community der Fachleute diskutiert, im schlechtesten Fall falsifiziert, im besten Fall bestätigt werden. Das heißt, zum Zeitpunkt der Veröffentlichung steht Ihre Erkenntnis zunächst einmal im öffentlichen Raum – und weil der Anlass brandaktuell ist, wird sie nicht nur von Wissenschaftlern aufgegriffen. Auch Journalisten stürzen sich darauf. Daraufhin beginnen »ganz normale« fachfremde Menschen, darüber zu diskutieren – auch in den sozialen Medien. Denn die leben gerade mit ihren Zweifeln und Ängsten in der Pandemie, also zwischen Hoffen und Bangen.

Diesen Effekt konnten wir konkret am Beispiel von Christian Drosten, dem renommierten deutschen Virologen, beobachten. Er trug seine täglich frischen Erkenntnisse zur Pandemie im Podcast des NDR[1] vor und erklärte damit die aktuellen Entwicklungen. Seine unaufgeregte, unprätentiöse und sachliche Art machten ihn zu einer der bekanntesten und meistdiskutierten »Marke« unter internationalen Wissenschaftlern und in der Bevölkerung und für manche Verschwörungstheoretiker auch zur Reizfigur.

Was das Beispiel zeigt: Argumente oder Erkenntnisse, die konkrete Antworten auf sehr persönliche oder ganz bestimmte Anliegen und Bedürfnislagen geben oder zu geben scheinen, lösen heftige Emotionen aus.[2] Zuerst tief in uns selbst, dann tragen wir sie in die Öffentlichkeit. Der Nährboden für emotionale Diskussion entsteht.

Dass emotionale Diskussionen auch bei Unternehmen oder einer Marke für Engagement sorgen können, illustriert das folgende Fallbeispiel. Dieses mag durch die Größe des Absenders, den Konsumgüterriesen Unilever, der hinter diesem Marketing-Stunt steckt, vielleicht gerade für Content Creator kleinerer Unternehmen weniger attraktiv erscheinen. Und vielleicht sind die Inhalte der Real-Beauty-Kampagne auch inzwischen zu einer gekonnten Werbemasche geworden. Dennoch: Dieses Stück Content gibt uns durch die Analyse der Daten eine sehr gute Chance zu erklären, wie Emotionalität für Engagement sorgt. Und dass es eines gewissen Aufwandes und auch Budgets bedarf, diese Auslöser auch wirklich einigermaßen geplant zu triggern.

Fallbeispiel: Dove – »Real Beauty Sketches«

Die strategischen Erkenntnisse für die inzwischen weltweit renommierte Real-Beauty-Kampagne der Kosmetikmarke Dove entstanden bereits 2004 während einer dreijährigen kreativen strategischen Forschungsarbeit des Unternehmens zusammen mit drei Universitäten. Aus tiefenpsychologischen Erkenntnissen heraus entwickelten die Verantwortlichen einen Auftrag an die Agentur, der sinngemäß lautete, Inhalte zu entwickeln, die »Frauen dazu zu bringen, sich in ihrer Haut wohlzufühlen, eine Welt zu schaffen, in der Schönheit eine Quelle des Vertrauens und nicht der Angst ist.«[3]

Aus diesem Auftrag entwickelte sich eine bis dahin ungewöhnliche, da verbraucherzentrierte Kommunikationsstrategie. Nicht mehr die Seife, sondern die Frauen standen von nun an im Mittelpunkt der Content-Kreation für Dove. Durch diesen Paradigmenwechsel ist die daraus entstandene Real-Beauty-Kampagne auch durchaus geeignet, als Content-Marketing-Beispiel diskutiert zu werden.

---

1   NDR, online abhörbar unter: *https://www.ndr.de/nachrichten/info/Drosten-im-Corona-Podcast-Virus-Mutationen-muessen-wir-im-Blick-behalten,coronavirusupdate144.html* [16.02.2021]

2   Lars König, Wenn Diskussionen emotional werden. In: Unizeitung wissen|leben, Nr. 8, 18.12.2019, Universität Münster: *https://www.uni-muenster.de/news/view.php?cmdid=10807* [23.06.2021]

3   Wikipedia, engl. Stichwort »Dove Campaign for Real Beauty«: *https://en.wikipedia.org/wiki/Dove_Campaign_for_Real_Beauty* [17.08.2021]

In dem Film »Real Beauty Sketches«, Teil der Kampagne aus dem Jahre 2013,[4] dokumentierte Dove ein soziales Experiment: Gil Zamora, ein trainierter Phantomzeichner des FBI, zeichnet Frauen nach deren eigener Beschreibung, ohne diese, hinter einem Vorhang sitzend, sehen zu können. Ein weiteres Porträt dergleichen Person skizziert er nach den Angaben einer anderen Person, die der ersten zuvor »zufällig« im Vorraum begegnet war. Das Ergebnis: Die beiden Porträts ein und derselben Frau sind oft sehr unterschiedlich: Das Porträt aus Perspektive des oder der Fremden ist meist objektiver und »schöner« als das aus den eigenen Angaben der Porträtierten entstandene. Beim direkten Vergleich der beiden Bilder (in Abbildung 27.1) erkennen Teilnehmerinnen ihr verzerrtes Selbstbild. Diese Erkenntnis rührt sie sogar zu Tränen, eine Emotion, die sich unmittelbar auf das Publikum des Videos überträgt. Warum?

Abbildung 27.1 »Dove Real Beauty Sketches«: links die Selbstbeschreibung, rechts die Beschreibung durch eine andere Person (Quelle: Dove/D&AD)

Hier spielt der erforschte Insight hinter diesem Content (siehe Kapitel 8, »Insights – finden Sie Themen, die Menschen bewegen«) seine ganze Stärke aus: In einer Art Gesprächstherapie führt Dove den Frauen vor Augen, dass sie unfairen Schönheitsprojektionen anhängen. Die Marke ermuntert sie, diese Klischees nicht mehr anzunehmen. Nicht von anderen, nicht von der Beauty-Industrie, nicht von sich selbst. Sie entdecken zugleich die eigene Schönheit und das eigene Selbst und sind sichtlich stolz darauf.

Der Film, bei dem man wahrhaftig den Stein vom Herzen der Versuchsteilnehmerinnen – wie auch der Betrachterinnen – plumpsen hört, ging in den sozialen Medien viral. Eine Animation, hier in Abbildung 27.2 als Screenshot abgebildet, zeigt, wie Dove und die Frauen den Film geteilt haben: Jeder Punkt ist ein Retweet – das Engagement schlägt hohe Wellen bis in die kleinste Community hinein. Die großen blauen Punkte zeigen, dass Dove selbst das Video – auch mit dem Einsatz von Mediageld – promotet hat, um darauf aufmerksam zu machen. Aber das Video zeigt zugleich eine hohe Eigendynamik:

---

4 Dove Real Beauty Sketches, YouTube: *https://www.youtube.com/watch?v=bN0Aull4OZM* [03.06.2021]

Es ist Long-Tail-Content mit positivem Publikums-Sentiment: Es »hallt« sehr lange – über Tage – in der Community nach und wird getragen von der emotionalen Diskussion in den Community-Clustern. Insbesondere Frauen finden sich in der gemeinsamen Erkenntnis wieder und fühlen sich emotional entlastet: »Ich bin schöner, als ich denke und als andere mich glauben lassen wollen.« Diese Botschaft geben sie in ihre eigenen Communitys weiter: Das Engagement mit dem Content hat begonnen und trägt die Botschaft dahin, wohin Dove als Unternehmen vermutlich niemals mit Werbung vorgedrungen wäre.

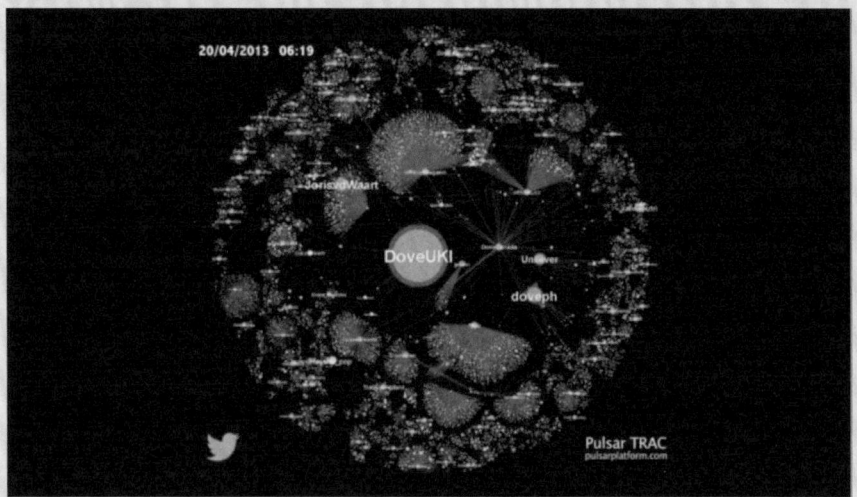

Abbildung 27.2 Die Community reagiert rund um die Marke Dove und ihren Content. (Quelle: Pulsar, YouTube-Screenshot)

Also egal, in welcher Branche Sie als Content Creator arbeiten, wie groß Ihr Unternehmen ist, mit welcher Intention Sie auf Ihren Kanälen unterwegs sind: Suchen Sie Themen, von denen Sie wissen, dass sie die Menschen beschäftigen. Bieten Sie eigene, glaubwürdige Lösungen, neue Erkenntnisse dazu an, die Sie durch eigene Menschenkenntnis, Forschungsarbeit oder innere Überzeugung gefunden haben.

Denken Sie daran: Argumente oder Erkenntnisse, die konkrete Antworten auf sehr persönliche oder ganz bestimmte Anliegen und Bedürfnisse geben oder zu geben scheinen, lösen Emotionen und damit Engagement aus. Wenn Sie selbst die Lösung nicht haben: Inspirieren Sie, schaffen Sie Raum für Diskussion und Fachleute. So bringen Sie die Gespräche in Ihrer Community in Gang.

Und bitte: Seien Sie sich dabei immer Ihrer Verantwortung bewusst. Der emotionale Trigger kann durch Verwendung von Fake-News und Fehlinformation auch missbraucht werden.

27.3   Inspirieren Sie!

Gerade junge Menschen sind ständig auf der Suche nach Ideen, nach kreativen Impulsen und voller Tatendrang. Wenn Sie denen »Fertig-Content« (industrielle Produktion) vorsetzen, vergeben Sie Ihre Chance auf Engagement: Seien Sie lieber Mentor, Enabler, Befähiger, Inspirator und Coach, am besten alles zusammen. Nutzen Sie Ihre finanziellen Möglichkeiten und die Reichweite Ihrer Medienkanäle im Sinne der Inspiration Ihrer Community, oder bauen oder finanzieren Sie gleich eine Plattform, auf der sich die Weltentdecker und Weltveränderer »austoben« und präsentieren können. Das kann beispielsweise in Form von Ausschreibungen oder Challenges geschehen.

Nehmen wir ein fiktives Beispiel, das aber vom wahren Leben inspiriert ist: Stellen Sie sich vor, Sie sind Besitzerin eines Ladens. Ihre »BoutiqueX« bietet Accessoires für Interior-Dekoration. »Interior Challenges« sind auf Instagram ein beliebtes Format. Sie fordern Ihre Kunden und Followerinnen also heraus, zu bestimmten Deko-Sujets, die Sie vorgeben, Bilder und eigene Ideen zu posten. Damit kitzeln Sie nicht nur deren Kreativität. Diese werden auch gerne mitmachen, sich engagieren, weil sie durch so eine Challenge auch eine neue Perspektive auf die eigene Wohnung bekommen – übrigens ein echter Insight! Kreative Ideen rund ums Einrichten und den entsprechenden Lifestyle sind daher beliebt. Lassen Sie Ihre Follower also jeweils einen Monat lang kreative Bilder zu einem bestimmten, öfter mal wechselnden Thema posten. Geben Sie vor, dass die Teilnehmer die Bilder mit dem von Ihnen kreierten und vorgegebenen Branded Hashtag markieren, z. B. mit #icbxTisch oder #icbxküche (für »Interior Challenge BoutiqueX Tischdekoration« oder eben »... Küchenideen«). Mit jedem Beitrag erweitern Sie nicht nur das Reservoir an tollen Interior-Ideen auf Instagram. Damit geben Sie Ihrem eigenen Account natürlich auch ordentlich Wind unter die Flügel. Aber seien Sie sich bewusst: Solche Challenges bedeuten eine Menge Arbeit: auswählen, moderieren, aufrufen ...

Beispiel: MAC inspiriert auf TikTok mit #youownit

Folgende Szene eines kurzen Films auf TikTok: Plus-Size-Influencerin Anna O'Brien, aka »@GlitterandLazers«, steht wie ein begossener Pudel im Regen. Frustriert zaubert sie sich mit einem Dreh um die eigene Achse in einen schicken Shop. Statt Jeans trägt sie plötzlich ein wunderschönes Kleid. Ihre Haare sind jetzt rot gefärbt und ihr Gesicht kess geschminkt. Sie bewegt sich wie ein Catwalk-Model und wirft Handküsschen in die Kamera.

Dieser kurze, in Abbildung 27.3 abgebildete TikTok-Clip gehört zu einer TikTok-Challenge der Kosmetikmarke MAC. Die Marke wollte damit ihre Markenbekanntheit in der Generation Z stärken. Die Gen Z, zu der die zwischen 1997 und 2012 Geborenen gehören, ist eben nicht mehr auf Facebook, sondern aktuell auf TikTok unterwegs. Bei ihrer Challenge gab die Marke eine Idee als Motto vor: in der Form eines Branded oder

Aktions-Hashtags. Dazu wählte sie einen Song oder ein Sprachschnipsel aus. Dann ließ sie diese beiden Vorgaben von Tausenden TikTok-Nutzern kreativ interpretieren.

Die Vorgabe in diesem Fall lautete #youownit, zu Deutsch etwa »Läuft bei dir« und ein Songschnipsel. Unter dem Hashtag kreierten die Teens selbstironische Videos über das, was alles in ihrem Leben so gerade schiefläuft und wie sie, anstatt Opfer zu sein, da wieder rauskommen. Die Beiträge der Teilnehmer sind unter dem Branded Hashtag leicht auf TikTok auffindbar: Sie werden zudem als Werbung gekennzeichnet auf einer speziellen Hashtag-Seite von TikTok mit Logo des Unternehmens gesammelt und promotet.

Umsonst gibt es eine solche Aktivierung allerdings nicht. Auch wenn man als Unternehmen die Content-Kreation in die Hände der Community legt: Für eine solche Kampagne heißt es, Geld in die Hand zu nehmen: Für das Placement auf der Plattform, für die Lizenz des Musikstücks, das die Videos der Challenge untermalt, sowie für die Promotion der Aktion durch Influencer.

Das beeindruckende Engagement dieser MAC-Challenge: 2,3 Milliarden Mal wurden die Videos angeschaut.[5]

Abbildung 27.3 Die Kosmetikmarke MAC hatte @GlitterandLazers am Start, um das Engagement in der Community für die Challenge anzuheizen. (Quelle: TikTok-Screenshot)

---

5 2,3 Milliarden Views: Hat eine deutsche Agentur die Benchmark für Tiktok-Werbung gesetzt?, OMR: *https://omr.com/de/tiktok-kampagne-mac-pulse-milliarden-views* [18.01.2021]

27.4   Bestätigen Sie Ansichten und Einstellungen

In unserer eigenen Ansicht und den Einstellungen bestimmten Dingen und Meinungen gegenüber bestätigt zu werden, hat extrem positiven Einfluss auf unser oft
von Selbstzweifeln geplagtes Selbstbewusstsein. Daher suchen wir auch in unseren
Filterblasen oder Echokammern der Medien viel mehr nach Bestätigung als nach
Diskurs. Denn Bestätigung von jemandem, den man kennt und den man schätzt im
Sinne von: »Du stehst auf der richtigen Seite. Mach weiter«, tut einfach gut. Auch
die moralische Unterstützung von anerkannten Persönlichkeiten und von »gelieb-
ten« Marken kommt daher gut an.

Ein Fall aus der Praxis: Stellen Sie sich vor, Sie sind Hotelbesitzer in einer kleinen
Stadt unmittelbar im Herzen eines grünen Naherholungsgebiets. Ihr bewusst nachhaltig geführtes Haus ist in Ihrer Heimatstadt bekannt und wichtig für die Entwicklung des örtlichen Tourismus. Sie berichten auf Ihrem Instagram-Kanal über Ihre
Aktivitäten, mit denen Sie Ihr Hotel in die Spur des sanften Tourismus bringen
möchten. Mit Ihren Bildern dokumentieren Sie aber auch den erbärmlichen Zustand der Bäume, die unter Trockenheit und Borkenkäferbefall leiden und abge-
holzt werden, auch den Müll, den Touristen nach einem langen Schneewochenen-
de hinterlassen haben. Was Sie mit Ihrem Content tun:

- Sie bestätigen damit den lokalen Förster in seinem Streben nach alternativen
  Wegen für die Bewirtschaftung des Waldes.

- Sie ermutigen die Mitglieder einer lokalen Initiative, die einmal im Monat frei-
  willig den Müll aufsammeln, den Touristen am Wochenende achtlos hinterlassen haben, indem Sie sich bedanken und dokumentieren, wie Sie offiziell bei Ihren Gästen Bewusstsein für deren sauberes Verhalten im Ort schaffen.

- Auch die Schüler des Schulprojekts »Rettet unseren Wald« ermutigen Sie, wenn
  Sie denen in Ihren Posts frische Ideen und dazu ermutigende Kommentare mit
  auf den Weg geben.

All diese Menschen sind auch auf Ihren Kanälen unterwegs. So werden Sie für an-
geregte Diskussionen sorgen, Ihre Position in der lokalen Community festigen und
viele neue Botschafter für Ihr Hotel finden.

**@lilmiquela – ein virtuelles Leben in einer echten Wertegesellschaft aka
Community**

Miquela Sousa – aka @lilmiquela[6] – ist ein scheinbar ganz normales Mädchen spanisch-
brasilianischer Herkunft. 2016 tauchte die hübsche, aber auch irgendwie geheimnisvol-
le Influencerin erstmals auf diversen Social-Media-Kanälen auf: »It's time to support our

---

6 *https://www.instagram.com/lilmiquela*

friends, family and neighbors who came to this country for freedom and opportunity!« Mit ihrem offenen Ja zum Leben als It-Girl mit Konsum, Musik, Kultur und dem Bekenntnis zu den Werten einer multikulturellen Gesellschaft und ihrer liberalen Einstellung zu gleichgeschlechtlicher Liebe begeisterte sie ihre große und ständig weiter wachsende Community junger Menschen (siehe Abbildung 27.4).

Marken wie Kenzo, Adidas oder Prada boten Ihr Kooperationen an. Sie inszenierte die Marken mitten in ihrem It-Girl-Leben. @lilmiquela erschien sogar auf Covern von Modezeitschriften. Es war der Beginn einer spannenden Story, deren eigentlicher Höhepunkt aber erst am 17. April 2018 erzählt werden sollte.

An diesem Tag kaperte plötzlich eine weitere, etwas merkwürdig anmutende Influencerin mit dem Namen @bermuda den Instagram-Kanal von @lilmiquela mit ultrakonservativen und Trump-freundlichen Sprüchen. Sie brachte dabei eine überraschende Wahrheit ans Licht: @lilmiquela war nicht echt. Sie war »nur« ein künstlicher, von einer Agentur mit dem Namen CainIndustries geschaffener Avatar. Die hatte @lilmiquela laut diesem unfreiwilligen Outing einmal als virtuelle Sexsklavin geschaffen, hatte sie aber dann an eine neue, aus Cain abgespaltene Agentur namens Brud »verloren«.

Als Revanche hatte CainIndustries daraufhin @bermuda als weiteren Avatar geschaffen. Diesen setzte sie als AI-Troll ein, mit einem einzigen, bis zuletzt geheim gehaltenen Ziel: die abtrünnige ultraliberale @lilmiquela im Auftrag der altrechten Bewegung als Lügnerin an die Wand zu stellen. Und nichts aktiviert die Social-Media-Community bekanntermaßen so sehr wie echter »Beef« zwischen zwei Charakteren.

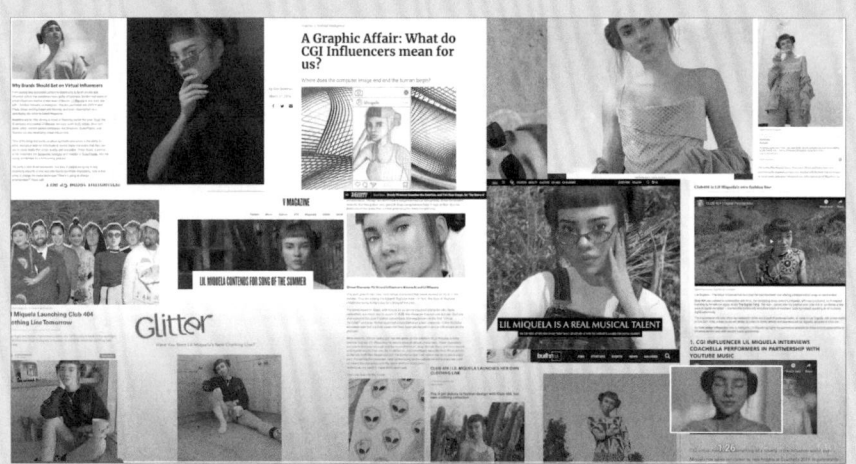

Abbildung 27.4 Engagement mit echten Werten und künstlichem Avatar @lilmichela[7]

Und warum das Ganze? Durch dieses Social-Media-Experiment und ihr faszinierendes, komplexes Transmedia-Storytelling fand die tatsächlich existierende (wenngleich auch sehr im Verborgenen bleibende) Content-Creation-Agentur Brud heraus, dass Men-

---

7   Screenshot aus: I'm Miquela, Miquela, YouTube: *https://www.youtube.com/watch?app= desktop&v=TQvUwghIOcQ*

schen sogar bereit sind, virtuellen Influencern zur folgen. Brud bewies eindrucksvoll, dass Menschen auch mit virtueller, sprich Artificial Intelligence in einem öffentlichen Raum interagieren, wenn dahinter identitätsstiftende Werte stehen. Was ist hier passiert? Menschen gleicher Weltanschauung haben sich über die Marke @lilmichela miteinander verbunden, erklären sich die Welt und teilen dieselben Emotionen. Trotz Ihres virtuellen Coming-outs hat @lilmiquela heute immerhin über 3 Millionen Follower, interviewt animiert auf YouTube echte Pop- und Rockstars auf Festivals, küsst Influencerin Bella Hadid in Calvin Klein Commercials und singt eigene Songs. Das Time Magazin nominierte @lilmichela sogar zu einer der 25 einflussreichsten »People« im Internet. Mit ihren Ansichten und Einstellungen begeistert sie weiterhin Menschen, die an ihre Werte glauben, danach leben und sich weiter von ihr inspirieren und bestätigen lassen. Inzwischen bevölkert eine ganze Armee von virtuellen Influencern und Influencerinnen die sozialen Medien.[8]

27.5   Widerlegen Sie Argumente von gemeinsamen Gegnern

Eine Community unterscheidet sich von anderen vor allem durch Haltung. Eine gemeinsame Sicht auf die Dinge und die damit verbundene Abgrenzung von Gruppen und Menschen mit anderen Meinungen schweißt sie zusammen. Entsprechend kann es auch zu offenen Meinungsverschiedenheiten und Auseinandersetzungen kommen. Entsprechender Diskussionsbedarf ist die Folge.

Unterstützen Sie die Mitglieder Ihrer Community in solchen Momenten. Ergreifen Sie Partei. Liefern Sie Ihnen die besseren Argumente, mit denen sie sich wehren können. Geben Sie im besten Sinne »Schützenhilfe«. Beziehen Sie Position und zeigen Sie ganz klar, auf wessen Seite Sie stehen: Stärken Sie Ihrer Community durch die Bedeutung, Bekanntheit und Größe Ihrer Marke den Rücken. Verteidigen Sie aktiv die gemeinsamen Werte. Zugegeben: Das ist auch ein mutiger Ansatz. Denn damit machen Sie sich Mitglieder anderer Communitys unter Umständen zum Gegner. Das sollten Sie auf jeden Fall mitdenken.

Ein Beispiel: Der Verlag vom Meer

Ankerherz[9], ein kleiner, aber feiner Buchverlag vor den Toren Hamburgs, hat sich mit seinen exklusiven Büchern über raue Seeleute, aufrechte Helden des Alltags, Seemannsgeschichten sowie den entsprechenden Lifestyle-Accessoires dem Leben am und auf dem Meer verschrieben. Damit verbunden steht der Verlag für Weltoffenheit und eine

---

8   Siehe auch: Tiffany Hsu, »These Influencers Aren't Flesh and Blood, Yet Millions Follow Them«, 17.06.2019. In: New York Times: *https://www.nytimes.com/2019/06/17/business/media/miquela-virtual-influencer.html* [21.01.2021]

9   *https://www.ankerherz.de*

demokratische, liberale Gesellschaft. Allen voran sein Mitgründer Stefan Krücken, ein ehemaliger Journalist. Der kommentiert im Stream und in Posts auf Facebook tagesaktuelle Entwicklungen: Flüchtlingskrise, Corona, Politik. Dabei kritisiert er mit Hingabe Verschwörungstheoretiker, Trolle und fremdenfeindliche Communitys. Die greift er teilweise direkt an, indem er deren Weltanschauung offen infrage stellt. Trolle im eigenen Feed und unter den Followern schmeißt er raus. Seinen echten Followern liefert er so täglich neue Argumente und Bestätigung für die alltäglichen Begegnungen mit eben solchen Menschen. Damit zieht er die Hasskommentare der Gescholtenen förmlich auf sich, wird von deren Bots angegriffen und von Facebook sogar aufgrund organisierter Verleumdungen der Gegenseiten vorübergehend gesperrt. Aber er bleibt in dieser Auseinandersetzung unermüdlich. Damit hat er sich eine treue Community und auch Klientel geschaffen, geht dabei aber sicherlich auch keinen einfachen Weg.

Beispiel: BVG – selbstironisch für ein gesellschaftliches Miteinander

Die Berliner Verkehrsbetriebe (BVG) nutzen Social Media für Öffentlichkeitsarbeit und Kundenkommunikation. Mit seiner lockeren »Berliner Schnauze« bezieht das Unternehmen unter dem Hashtag #weilwirdichlieben dabei immer wieder klar Stellung zu Themen und Regeln, die das gesellschaftliche Miteinander – gerade, aber eben nicht nur – in Bus und Bahn ausmachen. Mit locker vorgetragenen Argumenten lässt die BVG dabei zu keinem Moment Zweifel an der eigenen Haltung aufkommen. Im Gegenteil: Mit ihrer selbstironischen, auf die eigenen Unzulänglichkeiten Bezug nehmenden Art und Weise schafft die BVG es trotz aller dahinterliegenden Ernsthaftigkeit, die Community zumindest zum Schmunzeln zu bringen, wie Abbildung 27.5 beweist.

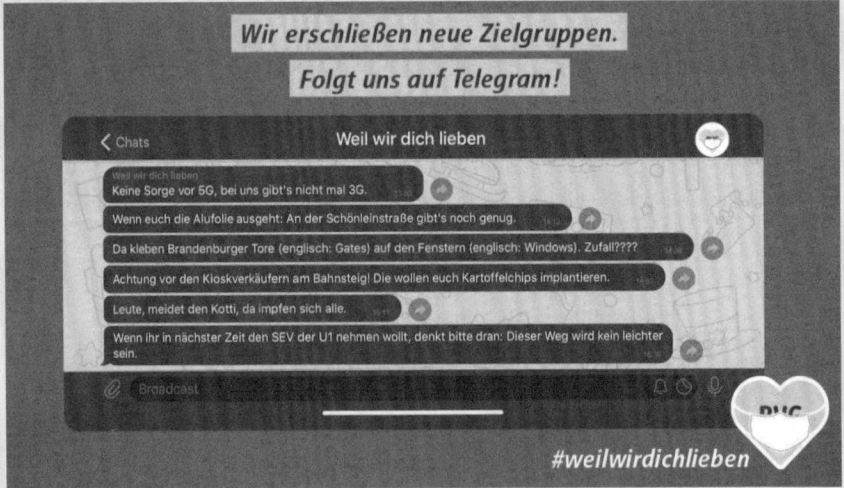

Abbildung 27.5 Die BVG ruft mit selbstironischen Posts zu vernünftigem gesellschaftlichem Miteinander auf und macht dabei die eigene Haltung klar. (Quelle: BVG, Twitter-Screenshot)

27.6 Seien Sie empathisch und helfen Sie

Menschen zu helfen, ein Problem zu lösen oder einfach auch nur eine Wissenslücke zu stopfen, ist nicht nur ein Akt der Nächstenliebe, sondern kann Ihre Beziehung zu ihnen auf Dauer festigen. Das gilt für große, aber auch für das kleine Geschäft um die Ecke.

Stellen Sie sich beispielsweise vor, Sie sind Gärtnerin mit einem Laden für Gartenutensilien, Dünger, Samen in einer kleinen Seitenstraße in Frankfurt. Sie kennen die Sorgen und Nöte Ihrer Kundschaft aus den Gesprächen im Shop: »Was kann ich gegen einen Schädling tun, der die Blätter so komisch weiß macht?« oder »Wie und wann schneide ich meine Kirschlorbeer-Hecke?« oder »Welche insektenfreundlichen Pflanzen eigenen sich für meinen Garten …?« Saisonal ändern sich die Fragen. Nehmen Sie die Anliegen ernst und beim Wort. Hier geht es um den fehlenden grünen Daumen, um das Retten von viel Herzblut, das in Garten und auf der Fensterbank vergossen wird. Beweisen Sie Ihre Empathie: Fragen Sie Ihre Kunden, auf welchen Kanälen sie unterwegs sind. Und dann helfen Sie dort mit Ihrem generellen Wissen: lokal, mit Ihrem Know-how. Beantworten Sie die häufigsten Anliegen. Stimmen Sie auch Ihren Redaktionskalender auf saisonale Besonderheiten hab. Und vor allem: Fühlen Sie mit.

> **Tipp: Google-Suche und AnswerThePublic als Fundgrube**
>
> Schauen Sie einmal in die Google-Suche hinein: Was suchen die Menschen zu Ihrem Thema? Dazu ein Tool-Tipp: Auf AnswerThePublic[10] bekommen Sie alle Fragen angezeigt, die Menschen auf Google in der Vergangenheit zu einem Thema gestellt haben. Welche Aspekte treiben sie um? Was fehlt ihnen? Wissen? Mut? Erfahrung? Wenn Sie das wissen, dann liefern Sie mit Ihrer Kompetenz hilfreiches Know-how, praktische Tools und emotionale Mutmacher, die über die festgestellte Wissens- oder Talentlücke hinweghelfen. Sie werden Feedback bekommen, Danksagungen, aber auch Tipps zur Verfeinerung Ihrer Hilfestellung. Auch Shares in der Community. Mit so viel Engagement untermauern Sie bei Ihren Stammkunden nicht nur Ihren Expertenstatus, sondern erreichen sicher wiederum neue Follower, die Kunden werden könnten.

> **Beispiel: Hornbach, die Meisterschmiede – Mutmacher für Heimwerker**
>
> Heimwerkeln. Da macht dem Laien jedes größere Projekt auch ein bisschen Angst. Einfach mal so ein Waschbecken auswechseln …? Auweia! (Den inspirierenden und bewegenden Insight zu diesem Phänomen haben Sie ja schon in Kapitel 8, »Insights – finden Sie Themen, die Menschen bewegen«, kennengelernt.) Die Meisterschmiede von Hornbach ist als Mutmacher gegen diese Angst konzipiert. Echter Help-Content im Hochglanzvideoformat: Auf YouTube (siehe Abbildung 27.6) und auf der eigenen Website

---

10 Tool-Tipp: *https://answerthepublic.com/*

gibt der Baumarkt jedem Heimwerker die notwendigen Anleitungen, Tipps und Tricks für das mutige Angehen unterschiedlichster Projekte am eigenen Haus. Mit ausführlichen Schritt-für-Schritt-Anleitungen inklusive Einkaufsliste helfen die Profis dem unsicheren Handwerker – vom Bau der Terrasse bis zum Einrichten des Baumhauses. Der Effekt? Nun, welches wäre nach Durchsicht der Videos denn aus Ihrer Sicht der Baumarkt, der für alles das richtige Tool und Material hat?

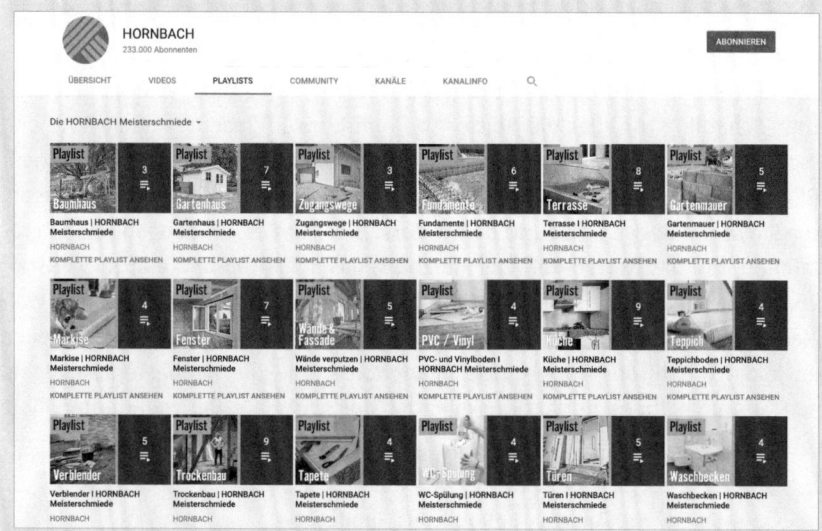

Abbildung 27.6 Die »HORNBACH Meisterschmiede« auf YouTube ist ein Beispiel für perfekten und empathischen Help-Content. (Quelle: Screenshot aus: Die Hornbach Meisterschmiede. YouTube: *https://www.youtube.com/user/Hornbach*)

27.7   Verhelfen Sie Multiplikatoren zu mehr Aufmerksamkeit

Menschen ist Anerkennung wichtig. Oder haben Sie sich noch nicht über den einen oder anderen Like unter Ihrem Foto auf Instagram gefreut? Manch einer oder manch einem bedeutet diese Art der Anerkennung (fast) alles und er oder sie tut alles dafür. Als Influencerinnen stellen sie ihr Leben und ihre Person in den Mittelpunkt ihres Social-Media-Lebens und erwarten entsprechenden Applaus. Identifizieren Sie diese Personen in Ihrer Community. Diese sind Ihr Zugang zu Communitys, an die Sie sonst niemals herankommen.

Bieten Sie ihnen dafür Content, mit dessen Teilen sie sich profilieren können, beispielsweise durch die Teilnahme an einem exklusiven Markenevent und dem Teilen entsprechender Inhalte von dort oder der Publikation einer exklusiven Vorabinformation dazu – eines Making-of oder Interviews mit einem Teilnehmer.

Dabei müssen Sie auch nicht unbedingt in die Ferne schweifen, um Influencer für Ihre Marke zu finden. Auch die Mitarbeiter Ihres Unternehmens sind im Idealfall Überzeugungstäter und damit die besten Corporate bzw. Markenbotschafter, die Sie haben.

Einige von Ihnen sind sicher bereit, vor die Kamera zu treten oder für Ihr Unternehmen Inhalte zu produzieren. Mit ihrer Authentizität und Glaubwürdigkeit werden sie Kunden und potenzielle Bewerber begeistern. Schauen Sie sich dazu in Kapitel 11, »Der kreative Prozess – der schnelle Weg zur zündenden Idee«, das Beispiel des Abfüllanlagenherstellers Krones AG an. Hier bloggen Mitarbeiterinnen und Mitarbeiter über ihre Leidenschaft: das Craft-Beer-Brauen.[11]

Fazit: Befeuern Sie die Beziehung zu Ihrer Community mit Content:

- der gerne genutzt wird, weil er bedeutsam ist (oder einfach Spaß macht)
- der langfristige Beziehungen aufbaut mit Menschen, die ähnliche Interessen, Ideale oder eine ähnliche Motivation haben wie Sie und die deshalb von Ihrem Inhalt fasziniert sind und daher Teil Ihrer Community sein möchten
- der die Werte dieser Community teilt und ihre Bedürfnisse versteht
- der mit inhaltlichen Beiträgen immer und immer wieder und über eine lange Zeit die Interessen dieser Community vertritt und anspricht
- der nicht vordergründig auf eine von Ihnen und Ihrer Organisation erwünschte Transaktion abzielt, was auf lange Sicht trotzdem ein Gewinnpotenzial schafft
- der nicht nur durch die Conversion aufgebauter Beziehungen (aka Leads), sondern auch in Form rückfließender Informationen und Insights für Ihr Brand Building und Ihre Content- und Produktentwicklung förderlich ist

27.8   Create Virals – Ideen, die zum Hype werden

Die Community mit Inhalten zu überraschen, die »einfach viral« gehen, also in wenigen Tagen millionenfach geklickt werden, ist der Traum vieler Content Creators. Denn die damit verbundene Hoffnung, so nicht nur enorme Reichweite, sondern auch Geld für die Content-Distribution zu sparen, ist groß. Inhalte für Word of Mouth, zu Deutsch Mundpropaganda, zu kreieren, ist aber einfacher gesagt, als getan. Oft kommt es anders, als man denkt – denn die Community denkt mit. Und »günstig« ist diese Art des Engagements auch nicht zu haben, der Content muss schon besonders sein. Die folgenden Beispiele zeigen, welchen Chancen, aber auch Herausforderungen sich mit dem Thema verbinden.

---

11 Craft Beer Blog, Krones AG: *https://blog.krones.com/craftbeer/de*

Inspiration für viralen Content in Social Media

- *Communitys mitdenken:* Der Paketzusteller DHL rief seine Follower 2019 auf Social Media zur Teilnahme am Fotowettbewerb #DHLFanfoto auf. Gesucht waren Bilder der zufriedenen Kundschaft mit ihrem Lieblingszusteller. Allerdings nahm der Wettbewerb eine überraschende Wendung. Denn der Allgemeine Deutsche Fahrrad-Club Köln nutzte diesen Wettbewerb als eine willkommene Einladung für die Radfahrer-Community, ihrem Ärger über DHL-Fahrzeuge Luft zu machen, die Radwege parkend blockieren. Die Community nahm die Einladung dankend an und postete dann entsprechend eindeutige Fotos mit den gelben Fahrzeugen auf Busspuren, Geh- und Radwegen – die Beweislage war »beeindruckend«.[12] DHL geriet mit seiner gut gemeinten Aktion kommunikativ in die Defensive.

  Learning: Die Zeiten, in denen man »einfach mal so« Wettbewerbe und Aufforderungen zu CGC in die Kanäle hineinrief, sind vorbei. Denken Sie bei Ihren Aktionen die Communitys mit, und zwar nicht nur die eigene, sondern auch die »der anderen«. Überlegen Sie, welche und auf welche Art diese auf Ihre Aufforderung reagieren könnten. Involvieren Sie sie von vornherein aktiv, oder bereiten Sie sich auf entsprechende Reaktionen vor. Communitys verstehen in manchen Dingen einfach keinen Spaß – schon gar nicht, wenn man sie bewusst oder unbewusst angreift.

- *Live dabei sein:* Bud Light, der US-amerikanische Bierhersteller, ist Sponsor der Baseball World Series. In der Playoff-Partie Washington Nationals gegen Houston Astros 2019 flog ein abgeschlagener Baseball weit über das Spielfeld hinaus ins Publikum hinein – eine begehrte Trophäe unter den Zuschauern. Inmitten rotbekleideter Fans stand ein Bär von einem Mann in grauem T-Shirt – und mit jeweils einer blauen Bud Light-Dose in jeder Hand. Der Ball flog direkt auf ihn zu. Um das kostbare Gut zu fangen, »stoppte« er den Ball mit der Brust – ohne auch nur eine der kostbaren Dosen fallen zu lassen. Dafür nahm er sogar die Schmerzen durch den Aufprall des harten Balls in Kauf – sehr zur Freude des Social-Media-Teams von Bud, das live vor Ort war und die Szene mitgeschnitten hatte. Es rief, statt die Suche selbst in die Hand zu nehmen, die Community auf Twitter auf, den Helden im Stadion zu orten. Allein dieser Aufruf zeigt, wie sehr das Social-Media-Team das Thema Community verstanden hat. Ein aufmerksamer Stadionmitarbeiter fand den Mann und antwortete @budlight: »We FOUND'EM RIGHT HERE. Hero's deserve to be recognized.« Ein in der Folge aus den besagten Szenen zusammengeschnittenes Commercial ging viral: »Pain is temporary, glory is forever«, twitterte das Social-Media-Team dazu und machte den mutigen Fänger so zum Medienstar. Dazu kreierte es auch gleich ein T-Shirt mit dem Abbild des Helden und der Überschrift »Always save the beers«.

  Learning: Emotionale Live-Events bieten Ihren Content-Teams großartige Chancen, die Community vor Ort (und an den Bildschirmen) zu begeistern, oder besser: »zu engagen«. Allerdings sollten Sie ein »mit allen kreativen Wassern gewaschenes« Team und virtuoses Creator-Talent vor Ort haben. Und klären Sie die Regeln für diese schnellste Art der Content-Kreation vorab: Denn wer (zu) schnell schießt, kann nichts mehr ungeschehen machen.

---

12 Twitter, ADFC Köln: *https://twitter.com/adfckoeln/status/1155633520502616072?lang=de* [13.07.2021]

- *Dinge machen und erzählen:* Eltern kennen wohl folgende Situation: Es ist Weih-nachtsabend, der Wonneproppen packt das Geschenk aus – und heult schon wenige Sekunden später mit tränenerstickter Stimme los. Was ist passiert? Beim heißersehn-ten Spielzeug fehlt natürlich die Batterie. Die Gefühlsachterbahn der Eltern geht in den Sturzflug über – Panik macht sich breit. Wie konnte das bloß passieren? Die fest-liche Stimmung droht in eine mittelschwere Krise abzugleiten. Duracell hat genau das Problem (Insight!) erkannt und startete, wenngleich auch örtlich begrenzt, an den Weihnachtsfeiertagen einen Sonderservice. Was tun? Den Duracell Express[13] kontaktieren. Der lieferte auf den Notruf der Eltern hin die dringend benötigten Bat-terien in kürzester Zeit nach Hause und rettete das Weihnachtsfest vieler Familien – ein zwar auf bestimmte Städte beschränkter Service, der aber dennoch eines zeigt: Diese Marke hat Empathie und stellt ihre Kunden in den Mittelpunkt. Damit wurde die Dokumentation Grundlage für emotionales Storytelling und Community-Engage-ment ...

  Learning: Außergewöhnliches Storydoing für emotionales Storytelling ist nicht gera-de günstig, sondern aufwendiger, als Hero-Content zu planen. Eine solche Aktion zu starten, um darüber zu erzählen und die Community berichten zu lassen, ist im Er-gebnis aber oft glaubwürdiger als klassische Imagewerbung. Also: Womit können Sie Ihre Community überraschen?

- *Leitplanken einbauen:* Der Smoothie-Hersteller True Fruits steht für kommunikative Werbung – oft mit Erfolg, denn Aufmerksamkeit ist ihr gewiss. Ein Motiv für den Smoothie Sun-Creamie sorgte 2019 jedoch für besonders hohe und unangenehme Wogen: »Sommer, wann feierst du endlich dein Cumback?«, stand neben einem Bild, auf dem ein Frauenrücken zu sehen war – mit einem aus Sonnencreme aufgemalten ejakulierenden Penis. Prominente und Influencerinnen stellten daraufhin die Fla-schen in den Regalen der Supermärkte nach hinten und forderten ihre Follower in Posts dazu auf, es ihnen nachzutun. Einige Aktivistinnen wie Autorin Charlotte Roche unterzeichneten sogar einen offenen Protestbrief an die Veranstalter der On-line-Marketing Konferenz OMX. Denn die Veranstalter hatten einen der Mitbegrün-der von True Fruits eingeladen, um »selbstreflektierend« über die Marketingstrategie als Best-Practice-Beispiel zu sprechen. Die OMX nahm den Speaker unter diesem Druck und begleitet von einer offiziellen Erklärung wieder aus dem Programm.[14] True Fruits hat mit diesem Motiv offensichtlich die Grenze des guten Geschmacks und zum Vulgarismus überschritten.

  Learning: Definieren Sie Ihre eigenen Leitplanken für die Content-Kreation: Wie weit sind Sie bereit zu gehen, um die volle Aufmerksamkeit Ihrer Community zu be-kommen? Wo sind Ihre Grenzen – ethisch, moralisch ...? Behalten Sie diese fest im Blick: Viralen Content gilt es mit Umsicht und nicht um jeden Preis zu publizieren.

---

13 Duracell Express, Delivering Now!, Duracell, YouTube: *https://www.youtube.com/watch? v=etniQ1YB8VE*; Der Duracell-Hase rettet Weihnachten, makai: *https://makai-europe.com/ hall-of-fame/livekommunikation-duracell-x-mas-express-2018* [24.06.2021]

14 Shitstorm gegen die OMX: True-Fruits-Gründer als Redner unerwünscht, OnetoOne: *https://www.onetoone.de/artikel/db/362094cr.html* [27.06.2021]

- *Respekt verdienen:* Der französische Autohersteller Citroën[15] sorgte für großes Aufsehen, als er in Videos und Fotos eine Namensänderung ankündigte: Citroën sollte ab sofort Zitrön heißen. Der Grund: Für die Deutschen sei der Name »Citroën« nur schwer auszusprechenden. Das sollte sich anlässlich des 100-jährigen Firmenjubiläums ändern. Mit der Ankündigung stand auf der Startseite der Website und den Social-Media-Kanälen der deutsche Name »Zitrön« unter dem Logo mit den zwei Pfeilen. Sogar die Autos im Konfigurator trugen konsequenterweise neue Namen wie »Zitrön Berlingo«. Die Aktion war liebevoll und bis ins Detail durchdacht – sogar einen neuen Branded Hashtag gab's: #inspiredbygermans. Eine grandios produzierte Videodoku zeigte aber auch, dass die Umbenennung für die Händler eine schwere Bürde werden würde – emotional wie praktisch. Dann, einige Tage später folgte jedoch die Auflösung: Der Geschäftsführer Citroën Deutschland höchstpersönlich erklärte in einem charmanten Video die Aktion zum Marketingcoup – und rief die Namensänderung offiziell zurück. Mit seiner perfekt durchdachten und durchinszenierten Aktion erzielte Citroën ungewöhnlich hohe Aufmerksamkeit.

  Learning: Nicht nur die Fans des Unternehmens fuhren teils ungläubig zweifelnd, teils heiter amüsiert auf diese Aktion ab. Auch die Social-Media-Teams anderer Marken zollten den Machern der Kampagne ihren Respekt dafür. Fisherman's Friend beispielsweise kommentierte per Post: »Citroën heißt ab sofort Zitrön. Ok, machen wir mit Lemon dann halt auch.« Darüber eine Packung mit »Fisherman's Friend, Zitrön«.

  Mit welchen Inhalten oder Aktionen können Sie sich den Respekt Ihrer Community verdienen?

An dieser Stelle noch einige Tipps aus der Praxis, die Ihnen die Content Creation für Ihre Community erleichtern können:

- *Verzweifeln Sie nicht.* Wenn von Ihren Fans nicht gleich alle kommentieren, liken, mitmachen, ist das kein Grund zu zweifeln. Vertrauen Sie auf die sogenannte Ein-Prozent-Regel[16] bzw. die 90:9:1-Regel. Danach trägt die große Mehrheit der Mitglieder von Online-Communitys gar keine eigenen Inhalte bei, sondern liest einfach nur still mit. Nur 1 % trägt mit Inhalten selbst aktiv bei. Die restlichen 9 % kommentieren immerhin oder bearbeiten die Beiträge anderer. Ob diese Zahlen aus den 1990er Jahren nun noch 1 : 1 stimmen oder sich die Anteile inzwischen in Richtung einer aktiveren Teilhabe verschoben haben, darüber streiten sich die Gelehrten. Dennoch: Erwarten Sie nicht zu viel. Nicht alle Fans und Follower werden auf Ihre Inhalte reagieren. Das liegt in ihrer Natur. Sie sind aber sicher dabei …

---

15 Das Ende einer Ära – Aus Citroën wird Zitrön. YouTube: *https://www.youtube.com/watch?v= 2rA-BSuog7o* [18.06.2021]

16 Wikipedia, Stichwort »Ein-Prozent-Regel (Internet)«: *https://de.wikipedia.org/wiki/Ein-Prozent-Regel_(Internet)* [06.02.2021]

- *Seien Sie mutig*. Beziehen Sie mit Ihren Inhalten Position. Das wird gerade in einem großen Konzern bzw. Unternehmen nicht immer einfach sein. Da gilt oft noch die alte Regel: »Wer nichts sagt, macht auch keinen Fehler und macht sich nicht angreifbar.« Spätestens aber, wenn Ihre Community, z. B. Ihre Mitarbeiter, Ihren Schutz braucht, weil sie öffentlich angegangen wird, dann stellen Sie sich bitte davor. Zeigen Sie Kante und machen Sie klar, warum und für wen Sie da sind (und für wen nicht).

- *Bleiben Sie authentisch*. Wenn Sie sich verbiegen, und wie ein Fähnlein im Wind mit der Stimmung im Netz hin- und herschwingen, wird das schnell kontraproduktiv.

- *Hören Sie in Ihre Community hinein*. Seien Sie ein aufmerksames, empathisches Mitglied und entdecken Sie bestehende und neu entstandene gemeinsame Gefühle, Bedürfnisse und Anliegen. Reden Sie darüber.

- *Reagieren Sie schnell*. Ihr Publikum ist schnelles Antworten gewohnt und erwartet dies auch im aktuellen Kontext. Das ist wie im Leben nicht zuletzt auch eine Frage der Höflichkeit. Bespielen Sie daher nicht mehr Kanäle als Sie überblicken können. Fokussieren Sie die wichtigsten. Sonst wird Ihnen das Reagieren schwerfallen.

Kapitel 28

KPIs und Metriken – Erfolg lässt sich messen

Erfolgsmessung ist das A und O im Content Marketing. Doch wie funktioniert das? In diesem Kapitel besprechen wir, auf welche Kennzahlen es wirklich ankommt und wie sie helfen, Ihre Arbeit besser zu machen.

Content recherchieren, konzipieren, produzieren, publizieren …, dazu haben Sie jetzt vieles gelesen und gelernt. Als Content Creator sollten Sie sich aber nicht nur auf die »kreativen« und daher vielleicht beliebteren Kreationsaufgaben beschränken: Behalten Sie die Wirkung im Blick, die Ihre Arbeit auf Ihr Unternehmen, auf das Image Ihrer Marke, auf Ihr Leben und das Ihrer Community hat: Geht das alles in die gewünschte Richtung? Entspricht das auch den Zielen Ihrer Content-Strategie? Prüfen gehört also mit zu Ihren Aufgaben. Schließlich kreieren Sie Ihre Inhalte nicht »just for fun«.

Key Performance Indicators (KPIs) und Erfolgsmetriken helfen Ihnen dabei. Was diese genau sind, wie man sie einsetzt, darum geht es in den folgenden Abschnitten.

28.1 Ziele, KPIs und Metriken – und wie sie zusammenspielen

Mithilfe der in Kapitel 6, »Die richtigen Ziele setzen und erreichen – mit Content-Kreation zum Unternehmenserfolg«, erklärten Zielkaskade haben Sie festgelegt, welche Ziele für Sie die richtigen und wichtigen sind. In der Folge haben Sie definiert, welche Zielgruppe, welche Community, mit welchem Content in welchem Format und auf welchen Kanälen Sie Menschen »bewegen« möchten. Nun heißt es, den kühlen Kopf einzuschalten: Funktioniert der Content, den Sie sich mit viel Herzblut ausgedacht und produziert haben? War das Geld dafür gut investiert?

Dafür brauchen Sie Kennzahlen: KPIs. Was sind KPIs überhaupt? Zum einfacheren Verständnis: Einer der bekanntesten KPIs der Finanzwelt ist der DAX, der Aktienindex, der die Wertentwicklung der 30 größten Unternehmen anzeigt. Auch die KPIs der Content-Marketing-Welt sind spezifische Kennzahlen. Sie machen – wie kleine Seismographen – den kommunikativen Beitrag Ihrer Maßnahmen zur verein-barten Zielerreichung sichtbar.

Kennzahlen helfen Ihnen also bei Folgendem:

- den produktiven Fortschritt eines Content-Projekts sichtbar und nachvollzieh-bar zu machen

- Regeln zu erkennen: Welche Inhalte funktionieren? In welchem Kanal? Gibt es externe Einflüsse, die man zukünftig meiden oder nutzen sollte? Auch über einen bestimmten Zeitverlauf hinweg?

- Inhalte zu optimieren, die wider Erwarten nicht »zünden«, aber auch Chancen zu erkennen, die sich unerwartet auftun

Bevor wir tiefer in das Thema einsteigen, sprechen wir über die Begriffe KPI und Metrik. Wer die beiden Begriffe synonym nutzt, manövriert sich und seine gesamte Content-Kreation leicht in gefährliche Gewässer.

Sie werden den Unterschied zwischen den beiden Begriffen spätestens dann am ei-genen Leib spüren, wenn Sie Ihrem CEO oder Ihren internen oder externen Kunden weiche Metriken statt eindeutiger KPIs präsentieren. Sie werden fragende Blicke ernten und bohrende Fragen gestellt bekommen: »Und, was haben wir jetzt davon, dass unser Facebook-Account 100 Follower mehr hat? Ist das gut oder schlecht, wenn sich 1.000 Menschen unsere Website anschauen? Was bedeutet das für un-ser Ziel?«

Warum bekommen Sie diese Reaktion? Nun, weil Fans und Interaktion keine KPIs, sondern eben »nur« Metriken sind. Sie sagen für sich genommen noch zu wenig über Erfolg oder Misserfolg der Maßnahmen aus. Thomas Hutter definiert plakativ:

> *»Ein KPI ist eine Metrik, eine Metrik ist aber nicht zwingendermaßen ein KPI.«*[1]

Das bedeutet: Einfache Metriken stellen wertvolle Daten dar, die aber noch keine Zusammenhänge erklären. Kennzahlen wie Landingpage-Aufrufe oder Video-Views müssen vom Analysten interpretiert, verarbeitet und aufbereitet, sprich in den rechten Kontext gestellt werden.

Daher an dieser Stelle der unbedingte Rat: Präsentieren Sie Entscheidern Ihres Un-ternehmens nur klare, verständliche und nachvollziehbare Kennzahlen: KPIs und die passenden Metriken im Kontext erklärt. Machen Sie auf den ersten Blick klar, was gerade auf Ihrem Projekt passiert und was das genau für die Zielerreichung be-

---

1 Thomas Hutter, Wer noch einmal KPI sagt, fliegt raus! KPI – Kennzahlen – Metriken, 18.03.2020: *https://www.hutter-consult.com/fileadmin/user_upload/www.hutter-consult.com/publikationen/202003_AFBMC_KPI_ThomasHutter.pdf* [26.06.2021]

deutet. Berauschen Sie sich nicht an den vielen Daten der gängigen und auch kostenlosen Monitoring-Tools von Facebook, Instagram und Co. Die stellen Ihnen zwar viele quantitative Zahlen zur Verfügung. Was diese aber wirklich für Ihre Zielerreichung bedeuten, das müssen Sie sich erarbeiten und im Laufe der Zeit verstehen lernen.

28.2 KPIs und Metriken im Überblick

Einen wirklich umfassenden und wohl kaum besser zu gestaltenden Überblick über die wichtigsten KPIs und Metriken, mit denen Sie die Performance Ihres eigenen Contents abstecken können, gibt das »Smörgasboard of Content Marketing Metrics« von Chris Lakey.[2] Auf diesem »Menü«, in Abbildung 28.1 dargestellt, hat er 40 Metriken aufgeführt – aufgeteilt in vier Bereiche. Schauen wir uns diese einmal genauer an.

Grundlegende Metriken sind die sofort offensichtlichen und typischerweise leicht zu messenden Kennzahlen. Abhängig von Ihrem Unternehmen könnten man einige davon, so Lakey, unter »Eitelkeitsmetriken« ablegen – ein treffender Begriff, der alles über die Aussagekraft, aber vor allem über Verwendung und Einsatz dieser Zahlen sagt:

- *Page Impressions/Seitenaufrufe:* Die Anzahl der Aufrufe oder auch Kontakte pro Seite sind ein guter Start. Nutzen Sie diese rein quantitative Größe als Benchmark, aber gewichten Sie sie nicht über.

- *Unique Visitors*: Die eindeutig gezählten Besucher einer Website in einem bestimmten Zeitraum werden jeweils nur einmal gezählt, auch wenn jeder oder jede Einzelne davon öfter kommt. Interessant ist diese Metrik für die Beobachtung von Ausreißern und die Recherche nach den Gründen dafür. Sie bietet die Antwort auf die Frage: Wie viele Menschen konsumieren Ihren Content?

- *Content-Quantität*: Wie viele »Stücke Content« braucht es beispielsweise, um ein erwünschtes, quantitativ messbares Niveau an Besuchern (por Monat) zu halten? Haben Sie genug Ressourcen dafür? (Wobei die Qualität des Inhalts diesen quantitativen Aspekt meist aussticht.)

- *Neue vs. wiederkehrende Besucher*: Welche Inhalte ziehen neue Besucher an? Die sind gut für die Brand Awareness. Wie viele wiederkehrende Besucher haben Sie? Das ist Ihr Hauptpublikum – je mehr von diesen Inhalten, desto besser.

---

2 Chris Lakey, A Smörgasbaord of Content Marketing Metrics. econsultancy: *https://econsultancy.com/a-smorgasbord-of-content-marketing-metrics/?2T5S6,E92KS2, A7JOR,1* [07.04.2021]

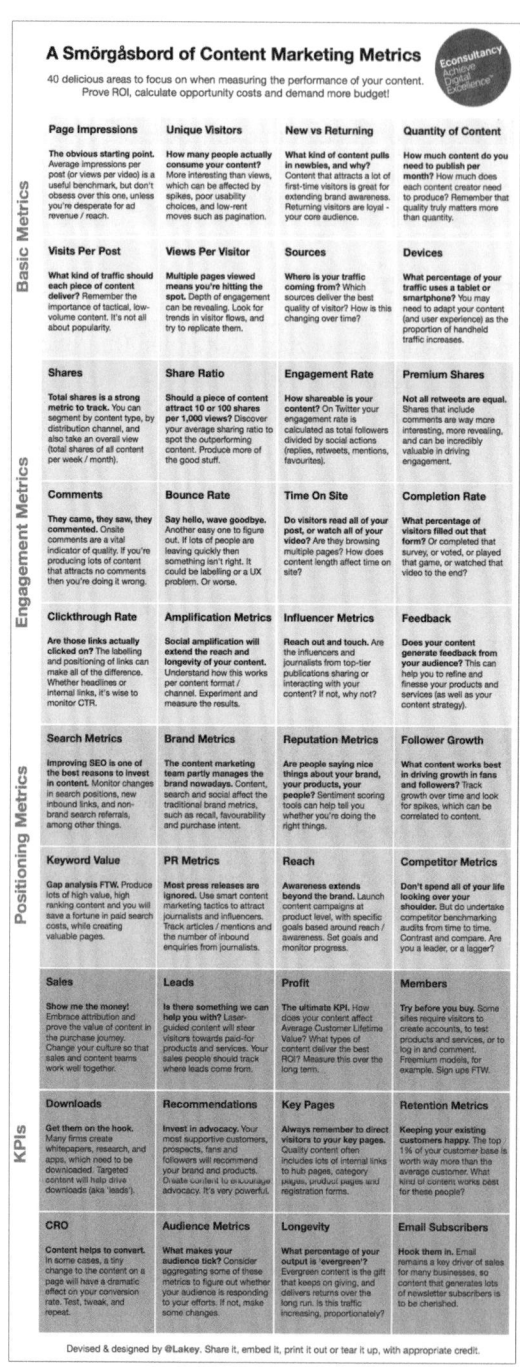

Abbildung 28.1 Smörgasboard of Content Marketing Metrics –
die wichtigsten KPIs und Metriken im Überblick

- *Besuche pro Post:* Wie viel Traffic soll jedes Stück Content bringen? Traffic ist allerdings nicht immer die wichtigste Größe. Denn manchmal gibt es auch wichtigen, taktischen Low-Level-Content, auf den man sich beispielsweise in anderen Beiträgen nur berufen möchte oder der aus guten Gründen verfügbar sein sollte, ohne jemals eine Hauptrolle zu spielen.

- *Seiten pro Besucher:* Schauen sich Besucher Ihrer Website mehrere Seiten an? Schauen Sie sich zielgerichtet um? Dann scheinen Sie den Nerv getroffen zu haben. Das zeigt: Sie haben Ihr Publikum verstanden. (Es sei denn, die Besucher »mäandern« suchend auf der Website herum. Versuchen Sie den Besucherfluss also zu verstehen, und bauen Sie die Website nach diesem Muster weiter auf.

- *Quellen/Verweise:* Wo kommt Ihr Traffic her? Gibt es bekannte Quellen, die Ihre Website mit Publikum versorgen, die dorthin verweisen? Dann funktioniert Ihre Content-Distribution offensichtlich. Aber beobachten Sie auch, wie sich diese Ströme entwickeln. Ihr Webanalysetool kann Ihnen dafür schöne und eindrucksvolle Flow-Charts liefern.

- *Benutzte Geräte:* Smartphone, Tablet oder Computer – womit nutzen die Menschen Ihren Content (in Prozent)? Abhängig davon sollten Sie Ihre Formate aufbereiten oder optimieren. Long Copys sind auf Smartphones z. B. eher unbequem zu lesen, Infografiken, Bilder und Videos dagegen umso einfacher.

Sie merken, diese Größen sind keineswegs unbedeutend, aber es gibt sicher wichtigere Metriken, die man im Blick halten sollte.

Engagement-Metriken geben Ihnen Einblicke in und Informationen über Ihr Publikum und Ihre Community: Premium Shares mit Kommentaren beispielsweise sind aussagekräftigere Indikatoren für die Qualität Ihrer Inhalte als einfache Page Impressions, bei denen auch Menschen mitzählen, die Ihren Content einfach mal so gefunden und vielleicht noch nicht einmal richtig angeschaut haben.

- *Shares:* Die absolute Zahl, wie oft Ihr Inhalt geteilt wird, ist eine gute und aussagekräftige Erfolgsgröße. Addieren Sie alle Shares pro Woche oder Monat. Oder segmentieren Sie die Shares pro Content-Format oder pro Kanal. So lernen Sie viel über den optimalen Einsatz Ihrer kreativen Kräfte.

- *Share Ratio:* Wie viele Shares sollte ein Stück Content pro 1.000 Views bekommen? Inhalte mit hoher Shares-Ratio sind eine gute Blaupause für die weitere Content-Kreation.

- *Engagement Rate:* Wie motivierend ist Ihr Content? Diese Rate errechnet sich beispielsweise für Twitter mit der Formel: Zahl aller Follower dividiert durch die Summe aller sozialen Aktionen (Follower/Antworten, Retweets, Erwähnungen, Markierung als Favorit).

- *Premium Share:* Nicht jeder Share ist gleich wertvoll. Ein Share mit einem ausformulierten Kommentar ist interessanter als nur ein einfaches Teilen ohne jedes weitere Wort. Denn ein solcher Share ist wesentlich aufschlussreicher und kreiert in der Folge wesentlich mehr Engagement.

- *Kommentare:* Menschen, die Kommentare auf Ihrer Website oder Ihrem Blog hinterlassen, beweisen: Das ist guter Stoff! Mehr davon. Den Inhalt ohne Kommentare sollten Sie sich nochmals anschauen. Was war da? Oder besser gesagt: Warum war da nichts los?

- *Absprungrate:* Die Bounce Rate ist der Anteil der Besucher Ihrer Website, die nur einen einzigen Seitenaufruf hinterlassen: Absprungrate = Verhältnis von Einzelsitzungen zu den Gesamtsitzungen. Ist die Absprungrate hoch, gilt es zu prüfen: Haben die Besucher etwa nicht gefunden, was sie suchten? Wurden ihre Erwartungen enttäuscht? Dann stimmt vielleicht etwas mit der Displayanzeige oder dem Newsletter nicht. Fehlt hier etwas? Oder ist das Seitendesign nicht gut? Ist der Text langweilig aus SEO getextet? Mit der Interpretation dieser Zahl gilt es jedenfalls sich genauer zu beschäftigen.

- *Verweildauer/Time on Site:* Wie viel Zeit vergeht vom Aufruf bis zum Verlassen der Website? Bleiben die Besucher? Lesen sie alle Posts? Schauen sie sich alle Videos an? Browsen sie interessiert über mehrere Seiten? Bleiben sie an längeren Texten auch länger hängen? Gut so. Denn es gilt: Je länger sie bleiben, desto besser. Im Fall der Erkenntnis, dass Ihr Publikum nur bleibt, weil es etwas sucht, aber nicht findet, gilt es sicher, einiges zu optimieren. Ist die Verweildauer kurz, hat Google vielleicht die falschen Menschen »reingespült«. Vielleicht passt denen aber auch die Website-Gestaltung einfach nicht.

- *Completion Rate/Abschlussquote:* Wie viel Prozent Ihrer Besucher haben das Formular wie gewünscht ausgefüllt, ihre Adresse hinterlassen, an der Umfrage teilgenommen? Wie viele haben über etwas abgestimmt, das angebotene Spiel gespielt, das Video bis zum Ende geschaut? Diese Rate weist einen wichtigen Schritt voran auf der Customer Journey.

- *Click-through Rate (CTR)/Klickrate:* Wie viele Menschen, die Ihr Banner oder Ihre Headline in der Suchmaschine gesehen haben (könnten), haben es auch geklickt? Oder kurz als Formel: (Anzahl der Klicks/Anzahl der Impressions) x 100. Wenn niemand klickt, egal, ob auf Banner, Headlines oder Links, sollten Sie sich über Text und Inhalt nochmals Gedanken machen.

- *Amplification Rate (Verstärkungsquote):* Mit der Amplification Rate messen Sie die Reichweite Ihres Contents in sozialen Medien (Amplification Rate = Anzahl der Shares oder Retweets / die Gesamtanzahl der Beiträge).

  Also wie oft haben Nutzer die Beiträge eines Kanals verbreitet? Werden Ihre Inhalte häufig geteilt, verlängern Sie damit auch deren Lebensdauer – ein wesentlicher Schritt, mit dem Sie die Autorität Ihrer Marke in Ihrer Branche aufbauen können. Eine hohe Amplification Rate zeigt, dass sie mit diesen sogenannten Social Signals die Sichtbarkeit Ihrer Marke insgesamt verbessern – das ist wichtig für SEO. Auch Ihre Markenbekanntheit verbessert sich. Fragen Sie sich also regelmäßig: Welche Formate und welche sozialen Marketingkanäle tragen zu Ihrer Reichweite besonders viel bei?

■ *Influencer-Metriken:* Ein erfolgreicher Influencer ist wie ein Lautsprecher, der Ihre Botschaft an die Community weiterträgt. Teilen wichtige Influencer oder Top-Journalistinnen Ihre Inhalte oder interagieren sie zumindest damit? Gut so! Wenn nicht: Was ist der Grund? Wichtige Influencer-Metriken sind die Reichweite ihrer Shares oder der in Ihrem Namen geposteten Inhalte (Impressions, Followers, Traffic) und das entsprechende Engagement der Community dazu (Likes, Kommentare, Klicks, Shares).

■ *Feedback:* Bekommen Sie zu Ihren Inhalten Rückmeldung vom Publikum? Solches Feedback hilft, die Content-Strategie immer weiter zu justieren.

Positionierungsmetriken helfen Ihnen, Ihre Content-Strategie weiter zu verfeinern und sie optimal auf Ihre Ziele auszurichten. Fragen Sie sich: Wie möchten Sie, dass Ihr Publikum Ihre Marke beschreibt und wahrnimmt? Für welche Begriffe möchten Sie in den Suchmaschinen ranken? Steht Ihr Content im Vergleich zur Konkurrenz gut da? Mit diesen Metriken können Sie prüfen, ob Sie glücklich mit Ihrer Arbeit sein können und auf dem richtigen Weg sind.

■ *Suchmetriken:* Die Sichtbarkeit Ihrer Marke in den Suchmaschinen und deren Optimierung (SEO) ist sicher einer der wichtigen Gründe, weshalb Sie in Content investieren. Die Veränderung der Sichtbarkeit können Sie mit folgenden Metriken messen:

 – Sichtbarkeitswerte (durch den SISTRIX Sichtbarkeitsindex)

 – Linkdaten

 – verweisende Domains

 – Keywords

 – organischer Traffic

 – organische CTR

 – Domänen-/Seitenautorität

 – Bounce Rate

 – und mehr

■ *Markenmetriken:* Mit Ihrem Content »machen Sie Marke«. Sie führen und füllen sie mit Inhalten, Werten und Charakter. Messen können Sie das Ergebnis in folgenden Metriken:

– Bekanntheit

– Vertrauen

– Sympathie

– Kaufabsicht

Das sind sehr klassische Marketinggrößen, die Sie vor allem im Verlauf beobachten sollten. Starten Sie am besten mit einer Null-Messung, um die Entwicklung und das Wirken Ihrer Arbeit von Beginn an zu beobachten.

- *Reputationsmetriken:* Wie viele Menschen sagen in welchen Reviews wie viele nette Sache über Ihre Marke, Produkte, Mitarbeiter und natürlich Inhalte? Wie wird Ihre Marke wahrgenommen? Haben Sie viele Markenbotschafter? Deren Sentiments, sprich positive oder negative Gefühle und Aussagen zu Ihrer Marke, können Sie mit entsprechenden Listening-Tools messen und daraus Ihre Schlüsse für die weitere Gestaltung Ihrer Inhalte ziehen.

- *Follower-Wachstum:* Welcher Content funktioniert am besten, um neue Fans und Follower zu bekommen? Tracken Sie das Wachstum und identifizieren Sie »Ausbrüche« durch einen bestimmten Inhalt. Prüfen Sie, ob Sie das Thema oder den entsprechenden Ansatz dahinter erfolgreich vertiefen können.

- *Keywort-Wert:* Wenn Sie guten, relevanten und daher organisch gut rankenden Content produzieren, können Sie Ausgaben für Paid-Content einsparen. Interessant ist dabei die Unterscheidung in Long-Tail- und Short-Tail-Keywords. Long-Tail-Keywords, also längere Wort-Kombinationen wie »veganer Kuchen mit Bananen selber machen«, sind eher nischig und werden eher selten gesucht, ranken daher hoch, sorgen aber in Summe für qualitativ guten Traffic.

  Kurze Short-Tail-Keywords wie »Schuhe kaufen« dagegen werden viel gesucht, haben also eine sehr hohe Konkurrenz – und sind bei Google dementsprechend teuer.

- *PR-Metriken:* Eine durchschnittliche Pressemitteilung rauscht meist nur noch leise durch den Blätterwald und wird selbst von Fachjournalisten kaum mehr beachtet. Erarbeiten Sie daher smartes Storytelling. Dann lohnt es sich auch wieder, die Zahl der Artikel, der Erwähnungen und der Anfragen durch Journalisten und andere Influencer dazu zu tracken.

- *Reichweite:* Wie viele Menschen erreichen Sie? Aufmerksamkeit über die Markenbekanntheit hinaus entsteht durch auffällige Content-Marketing-Kampagnen – anders, kreativ, begeisternd und mit Haltung. Setzen Sie sich Metriken dazu:

  – Visits

  – Impressions

  – Sichtbarkeit

- Shares

- Links

- Mentions

- *Wettbewerbsmetriken:* Schauen Sie sich die bisher genannten Metriken auch bei Ihren Wettbewerbern an, soweit das geht. Ein kluger Vergleich von Zeit zu Zeit schadet nicht. Sind Sie noch vorn? Was funktioniert bei der Konkurrenz? Warum? Aber lassen Sie sich nicht ablenken: Bleiben Sie bitte bei Ihren eigenen Zielen!

Echte KPIs sind, wie oben beschrieben, die »Killermetriken«, die Sie oder Ihren CEO beschäftigen sollten. Es sind die Säulen Ihrer Content-Marketing-Strategie. Versuchen Sie auf jeden Fall herauszufinden, wie Ihr Content die Nadeln dieser kleinen Seismografen bewegt und wie der Ausschlag im Vergleich zu anderen Aktivitäten abschneidet.

- *Sales/Verkaufszahlen:* Welchen Beitrag leisten Sie mit Ihrem Content zum Verkauf? Am Ende zählt der Erfolg. Wie ist der Beitrag Ihrer Arbeit auf der Customer Journey zu bewerten? Das ist allerdings auch ein äußerst kniffliger KPI: Um das herauszufinden, bedarf es absoluter Transparenz und entsprechender Zusammenarbeit aller Vertriebs-, Marketing- und Content-Teams.

- *Leads:* Mit welchem Content konnten Sie Leads generieren, die Ihr Vertrieb in der Folge zu Kunden machen kann?

- *Profit:* Der Beitrag zum Gewinn? Ein sehr schwieriger KPI für Content Marketing, den Sie kaum messen können. Leider. Allerdings können Sie die Effizienz Ihrer Maßnahmen steigern, sprich die Conversion Rate optimieren, um mit weniger Mitteleinsatz mehr zu erreichen. Oder den Customer Lifetime Value steigern, indem Sie die Kunden binden und zu immer wieder kaufenden Kunden machen. Das spart Geld und maximiert den Gewinn.

- *Mitglieder:* Wie viele neue Mitglieder verzeichnet Ihr Kundenclub? Oder: Wie viele neue Accounts in Ihrem Freemium-Modell wurden abgeschlossen?

- *Downloads:* Wie viele Downloads konnten sie mit Ihrem ganz speziell für diese eine Zielgruppe entwickelten Inhalten verzeichnen?

- *Empfehlungen:* Wie oft wurde Ihr Content weiterempfohlen? Hier geht's um die Mitarbeit Ihrer treuesten Kundinnen, Follower und Fans. Ermutigen Sie diese Botschafter mit besonders lohnendem und leicht teilbarem Content.

- *Schlüsselseiten:* Welche Seiten im Netz sind Ihre wichtigsten? Verlinken Sie sie!

- *Loyalitätsmetriken:* Hier geht's um Größen wie Loyalitätsrate, Zufriedenheit oder Kaufhäufigkeit. Sind Ihre Stammkunden glücklich? Es sind genau die 1 % Ihrer Kunden, die am wertvollsten, weil umsatzstärksten sind. Welche Art von Content erweist sich als besonders effektiv für diese Gruppe? Klar: »Go for it!«

- *Optimierung der Konversionsraten (CRO):* Conversion bedeutet Umwandlung: Ein Interessent wird zum Käufer, ein Website-Besucher zum Newsletter-Abonnenten ... Eine klassische Konversion ist also ein Kauf, ein Download oder das Absenden einer Anmeldung für einen Newsletter. Wie viel Prozent derer, die Ihre Inhalte gesehen haben, haben eine solche Aktion ausgeführt? Beispiel: 100 Conversions pro 1.000 Impressions (oder Unique Visitors) bedeuten eine 10-prozentige Conversion Rate. Testen Sie verschiedene Inhalte aus. Optimieren Sie sie. So können Sie herausfinden, ob und welcher Inhalt zu einer Erhöhung der Konversionsrate beitragen kann. Und diese Erkenntnisse können Sie dann zukünftig skalieren und damit Ihren ROI besser kalkulieren.

- *Publikumsmetriken:* Was bringt Ihr Publikum »in Wallung«? Das erkennen Sie am besten an der Anzahl der Besuche auf Ihrer Website, der Anzahl der Seitenaufrufe (absolut oder pro Besuch), der Dauer des Besuchs, der Höhe der Bounce Rate. Fassen Sie das in ein Gesamtbild, um herauszufinden, ob das alles so funktioniert, wie Sie sich das vorgestellt haben.

- *Langlebigkeit:* Wie hoch ist der Prozentsatz Ihres »Evergreen-Contents«? Je langlebiger Ihre Inhalte sind, desto besser war die Arbeit und damit die Effizienz. Vergessen Sie aber nicht, diese Inhalte auch entsprechend zu hegen und zu pflegen, sprich zu aktualisieren.

- *E-Mail-Abonnements:* E-Mail – oh ja. Ein E-Mail-Abo ist Ihre Lizenz zum Pushen von Inhalten. Newletter-Abonnenten sind Menschen, die damit einverstanden sind, dass Sie Ihre Inhalte mit ihnen teilen. Enttäuschen Sie sie nicht! Halten Sie ein Auge darauf!

Diese Liste von Lakey ist vielleicht nicht perfekt und ließe sich noch detaillierter darstellen. Und nicht alle Kennzahlen sind gleich wichtig, wie es hier scheinen mag! Aber die Liste gibt Ihnen einen guten Überblick und eignet sich als praktisches Arbeitstool bei der Bestimmung Ihrer Metriken und KPIs.

Und wenn's denn noch etwas detaillierter sein soll, hilft Ihnen das Ryte Wiki[3], ein Onlinemarketing-Lexikon, sicherlich bei weiteren Definitionen und Begriffsklärungen zu diesem wirklich umfassenden Thema.

28.3   KPIs und Metriken – wie finden Sie die richtigen?

Wie Sie sehen, gibt es sehr viele KPIs und noch mehr Metriken. Ihre Herausforderung besteht darin, am Anfang der Content Strategie und des entsprechenden Projekts die richtigen Kennzahlen zu definieren – und dabei auch nicht zu viele auszu-

---

3 Siehe Ryte Wiki – Digitales Marketing Lexikon: *https://de.ryte.com/wiki/Hauptseite*

wählen. Leider können wir Ihnen an dieser Stelle keine allgemeingültigen Formeln nennen, mit denen sie die für Ihre Erfolgsmessung richtigen und notwendigen Kennzahlen festlegen könnten. Dafür sind die Szenarien in jedem Einzelfall einfach viel zu individuell und von auch von Unternehmen zu Unternehmen zu unterschiedlich: Prioritäten, Budgets, Ressourcen, Erfahrungen, Kenntnisse etc. lassen sich nur auf Basis Ihrer spezifischen Marketingziele festlegen, und die müssen dann mit den richtigen KPIs und Metriken verknüpft werden.

Aber dennoch gibt es einige praktische Anhaltspunkte auf der Basis häufig gestellter Fragen, an denen Sie sich orientieren können:

- *Wie viele Kennzahlen brauche ich?* Grundsätzlich lassen sich ca. fünf Metriken pro Projekt oder Ziel gut handhaben.

- *Welche Kennzahlen sind besonders wichtig?* Konzentrieren Sie sich bei der Priorisierung auf Kennzahlen mit direktem Bezug zu den wichtigsten Zielen Ihrer Content-Strategie und den dahinterliegenden Business-Zielen. Die Wichtigkeit können Sie auch monetär bemessen, beginnen Sie bei den Zahlen mit dem höchsten Wert.

- *Wir formuliert man Kennzahlen?* Ähnlich wie bei den zugrunde liegenden SMART-Zielen in Kapitel 2, »Content-Marketing-Strategie – Intuition ist gut, Fahrplan ist besser«, gilt es, diese Kennzahlen möglichst genau zu dokumentieren. Diese sollten ebenfalls »smart« formuliert sein, damit man damit motiviert arbeiten kann.

  Beispiel: »Wir möchten die Anzahl der Downloads (aka Leads) bis Dezember um 10 % erhöhen« oder »Wir möchten die Conversion Rate der Newsletter mit dem nächsten Flight um mindestens 2 % steigern.«

- *Was gehört dazu?* Mit den Kennzahlen können Sie auch gleich Maßnahmenpläne A und B und Fallback-Pläne erarbeiten. Motto: »Wenn A, dann B, sonst C.«

  Ein Beispiel: »Was machen wir, wenn die angestrebte Konversionsrate einen Monat vor Ende der Kampagne noch unter den angestrebten 2 % liegt, die Kosten pro Conversion aber deutlich unter 3 € liegt? Dann sollten wir das Budget erhöhen. Wenn die Kosten für eine Konversion allerdings über 3 € liegen, sollten wir die Kampagne frühzeitig stoppen und die Inhalte für den nächsten Flight optimieren.«

- *Was tun, wenn sich die Ziele ändern?* Dann reagieren Sie: Sie sollten Ihre Metriken überprüfen, anpassen, vielleicht sogar neue hinzunehmen und andere fallen lassen. Damit Sie nicht Sie ins Leere schauen oder schlimmstenfalls sogar in die falsche Richtung. Aber noch wichtiger: Mit den Zielen ändern sich unter Umständen Zielgruppen, Insights, Ihre Content-Marketing-Mission, und damit heißt es, Ihre ganze Content-Strategie und die entsprechende Creation neu aufzustellen – inklusive der Metriken.

- *Was tun, wenn ich anfangs zu viele oder die falschen Metriken definiert habe?* Sind die Metriken, die Sie am Anfang festgelegt haben, tatsächlich relevant? Sie werden das beispielsweise daran merken, ob die entsprechenden Berichte von den Verantwortlichen gelesen werden oder nicht.

Wenn Sie zunehmend das Gefühl haben, Sie haben sich zu viele oder die falschen Kennzahlen »aufgehalst«: Reduzieren sie sie. Ebenso, wenn sich die Messung einiger Metriken nur langsam, als zu kompliziert oder gar zu teuer erweist: Streichen sie sie, selbst wenn diese richtig gewesen wären. Werden sie aus einem dieser Gründe nicht mehr regelmäßig gemessen, nützen sie niemandem. Apropos teuer: Setzen Sie sich auch eine Budgetgrenze für die Implementierung und Messung. Starten Sie nur mit den allerwichtigsten Metriken und bewahren Sie sich ein Restbudget. Dann können Sie weitere Metriken bei Bedarf »aufschalten«.

Tipp: Kennzahlen für Ihre Karriereplanung

Konzentrieren Sie sich auf »Ihre« Kennzahlen, das sind die, an denen *Sie* und *Ihre* Projekte gemessen werden. Nehmen Sie diese daher auch tatsächlich in Ihre langfristige Zielvereinbarung mit auf. Sie geben Ihnen und Ihren Vorgesetzten ein klares Bild darüber, ob Sie die besprochenen Vorgaben erfüllen, und machen Sie auf Abweichungen aufmerksam. Nur dann können Sie auch in Zwischengesprächen, die vor der Bewertungs-Deadline stattfinden, noch korrigierend reagieren, sich auf die nächsten notwendigen Schritte oder Korrekturen einigen und behalten dabei das gemeinsame Ziel im Auge.

28.4   KPIs und Metriken entlang der Customer Journey definieren

Wenn Sie Ihre Kommunikationsziele nicht übergeordnet, sondern kleinteiliger entlang der Customer Journey definiert haben, sollten Sie auch die Metriken diesem Entscheidungs- und Kauf-Prozess Ihres Kunden vom ersten Kontakt mit dem Produkt oder Ihrer Marke bis hin zum Kauf und darüber hinaus zuordnen (mehr dazu in Kapitel 9, »Customer Journey – die Reise des Kunden verstehen und mit Inhalten begleiten«). Den verschiedenen Phasen und ihren Kontaktpunkten, an denen sich Ihre Marken und Kunden begegnen, können Sie auch entsprechende Kennzahlen zuordnen:

- *In der Phase der fehlenden Aufmerksamkeit/Awareness:* Ist Ihre Marke innerhalb Ihrer (z. B. jungen, neuen) Zielgruppe noch völlig unbekannt, sorgen Sie zunächst für *Bekanntheit und Reichweite*. Es ergibt keinen Sinn, sich unterhalb einer bestimmten Bekanntheitsschwelle Conversion-Ziele zu setzen.

Entsprechende Metriken wären beispielsweise: *Views/Impressions, Shares, Sichtbarkeit/SEO, Follower*.

- *In der Phase der einsetzenden Consideration:* Ist Ihre Marke innerhalb Ihrer Zielgruppe nun bekannt, sollten Sie die Mitglieder Ihrer Community überzeugen, die richtige zu sein. Bauen Sie Ihre *Reputation* nicht nur vordergründig durch Produktüberlegenheit und -features auf – überlassen Sie das dem Produktmarketing und der Werbung. Sondern drücken Sie inhaltlich Ihre Haltung, Ihre Sicht auf die Welt aus. Machen Sie Ihr Warum durch Ihre Geschichten, die Sie erzählen, erlebbar. Was Ihre Marke über das Produkt hinaus für Ihre Community tut, ist entscheidend. Horchen Sie daher in Ihre Community hinein, um zu erfahren, was Sie ihren Mitgliedern zurückgeben können. Es ist wie im echten Leben: Seien Sie interessiert, wenn Sie möchten, dass sich jemand für Sie interessiert.

  Entsprechende Kennzahlen wären beispielsweise: Entwicklung von *Vertrauens- und Sympathiewerten, Verweildauer, Anzahl der Besucher/Impressions, wiederkehrende Besucher, Bounce Rate*.

- *In der Aktionsphase:* Ist der Kunde am Point of Sale angekommen, heißt es, den Interessenten zum Kunden zu machen. Es schlägt die Stunde Ihres *Verkäufers*: Online wie offline gilt es jetzt, die überzeugenden Hardfacts, die produktrelevanten Argumente (Benefit, Reason Why, USP) »aus dem Koffer zu ziehen«.

  Entsprechende Kennzahl wäre beispielsweise: *Conversion* bzw. *Conversion-Rate-Optimierung*.

- *In der Phase nach dem Kauf/Loyalitätsphase:* Nach dem Kauf tritt beim Käufer oft das Gefühl des Bedauerns auf. »Waren die Alternativen nicht auch ganz attraktiv?« Nach dem Abschluss sollten Sie Ihre Käufer bestätigen, das Richtige getan bzw. gekauft zu haben. Es ist wie im Leben: Da hilft ein »Klopfen auf die Schulter« oder ein freundlicher Willkommensgruß aus der Community. Mit solcher Bestätigung steigt die Wahrscheinlichkeit des Wiederkaufs.

  Entsprechende Kennzahlen wären beispielsweise: *wiederkehrende Besucher/Logins* und soziale Signale wie *Likes, Abonnements, Feedback (Ratings/Reviews)*.

- *In der Phase der Multiplikation/Verstärkung:* Besonders loyale Kunden sind überzeugende und engagierte *Markenbotschafter*. Sie schwören Ihrer Marke öffentlich die Treue. Sie überzeugen Menschen in ihrem eigenen Umfeld, es ihnen gleich zu tun. Sie sorgen für die notwendige Brand Awareness und helfen ihnen in ihrer Entscheidungsfindung. Enttäuschen Sie diese wichtigen Multiplikatoren nicht. Schützen Sie sie. Stellen Sie sie niemals bloß. Pflegen Sie proaktiv eine nachhaltige und langfristige Partnerschaft zu ihnen

  Entsprechende Metriken wären hier: *Premium Shares, Engagement Rate, Mitglieder, Empfehlungen (Ratings/Reviews), Sentiments*.

28.5   Use Cases und Übungen: Konkrete Ziele, KPIs und Metriken festlegen

Gehen wir einige Use Cases durch, die illustrieren, wie Sie die wichtigsten Marketing- und Kommunikationsziele mit entsprechenden KPIs und Metriken verbinden können. Das folgende Beispiel ist fiktiv und dient der praktischen Veranschaulichung.

Gehen wir noch einmal zu unserem Beispiel aus Kapitel 25, »Visibility – mehr Reichweite und Sichtbarkeit für Ihren Content«, zurück: Ihr Unternehmen entwickelt und verkauft IT-Sicherheitssoftware. Damit können Ihre Kundinnen, Ihre Kunden die unternehmenseigene IT-Infrastruktur und personenbezogene Daten schützen gegen Erpressungstrojaner, Cyber-Angriffe durch Hacker oder höherer Gewalt. Im Angebot: Lösungen für Antivirus, Antispam, Verschlüsselung und Authentifizierung.

Use Case 1: Reichweite und Markenbekanntheit

Um die Reichweite Ihres Unternehmens in spezifischen Märkten zu verbessern, haben Sie in Ihrer Content-Marketing-Strategie folgendes Ziel definiert:

»Wir steigern die Markenbekanntheit in diesem Geschäftsjahr auf 70 % unter den IT-Entscheidern im Mittelstand.«

Sie kreieren Inhalte, die die Entscheider in den Unternehmen auf Ihre Marke aufmerksam machen und sie ins Gespräch bringt:

- Gemeinsam mit einem, wenn nicht sogar *dem* renommiertesten Fachbuchautor erstellen Sie ein Co-branded E-Book, ein entsprechendes Kundenevent und eine Webinar-Serie zum Thema »Sicherheit« – echter Hero-Content also.

- Außerdem teilen Sie unterhaltsame Videos/GIFs, mit denen Sie Sicherheitslücken auf humorvolle Art und Weise entlarven.

Mögliche KPIs und Metriken, mit denen Sie messen können, ob Sie Ihrem Ziel näherkommen, sind:

- Zahl der Besucher (Website, Event)
- Anzahl der Anmeldungen (Webinar)
- Anzahl der Downloads (E-Book)
- Influencer-Metriken (insbesondere Fachjournalisten/-blogger)
- Premium Shares (nicht nur der eigenen, sondern auch vom Publikum des Co-Autors)
- Sichtbarkeit
- Shares und Likes (Social Media)

Checkpoints, die Sie ständig im Auge haben sollten:

- »Spiegelt der Inhalt unsere Unternehmenswerte wider?«

- »Ist unser Content es wert, dass die Menschen ihn teilen, herunterladen, und so die Aufmerksamkeit auf unsere Marke lenken?«

Im Gegensatz zur reinen Markenbekanntheit ist das Besetzen von Markenwerten, also der Ruf und der Aufbau Ihres Images, ein langfristig arbeitendes Ziel. Bleiben wir beim Beispiel: Nehmen wir an, Sie möchten mit Ihrem IT-Unternehmen als Marke wahrgenommen werden, die für Präzision, Funktionalität, Logik und Sicherheit steht.

Use Case 2: Reputation und Markenwerte

Das Ziel: »Wir möchten unsere Reputation als ›Anbieter für die umfassend sicherste Lösung im Markt‹ positiv beeinflussen.«

In Ihrer Content-Marketing-Strategie haben Sie festgelegt, Inhalte zu entwickeln, mit denen Sie eindrucksvoll beweisen können, warum und wie Ihr Unternehmen dieses Versprechen einlöst, und damit Ihre Einzigartigkeit betonen:

- Sie schreiben Blogbeiträge, mit der Option, nützliche Tools und übersichtliche Grafiken herunterzuladen.

- Sie posten Infografiken als Social-Media-Beiträge, die auf die Beiträge Ihrer Website bzw. Ihres Blogs verweisen.

- Mit Native Ads bewerben Sie Ihre Bloginhalte auf den Websites entsprechender Fachmedien.

- Außerdem teilen Sie Ihre Präsentationsdecks über das aktuelle Sicherheitsthema innerhalb der Branche auf LinkedIn.

Mögliche KPIs und Metriken, mit denen Sie messen können, ob Sie Ihrem Ziel näherkommen, sind:

- Anzahl der Blogbesuche pro Monat

- Verweildauer (pro Blogbeitrag)

- Views per Post und Unique Visitors

- Prozentsatz der wiederkehrenden Leser

- Feedback (z. B. Kommentare, Reviews)

- Entwicklung der qualitativen Vertrauenswerte (Marke)

- Entwicklung der Sentiments (Verhältnis von positiven zu negativen Kommentaren in Social Media)

- Premium Shares

Checkpoints, die Sie ständig im Auge haben sollten:

- »Können wir unsere Inhalte optimieren, um noch mehr Leser auf unsere Website zu bringen?«

- »Sind Seitenaufrufe eine zu schwache Metrik? Welche anderen Engagement-Metriken geben uns einen besseren Einblick in die Wirkung unserer Inhalte?«

Der nächste Schritt ist die Konvertierung Ihres Blog- und Website-Traffics in Leads, die Sie bzw. Ihr Vertrieb weiterverfolgen können.

Ihr Ziel: »Wir möchten die Zahl der Leads über die Website bis zum Jahresende um 50 % steigern.«

Use Case 3: ROI steigern und Leads gewinnen

Spezielle Lead-Generierungs-Inhalte sind eine Möglichkeit, daran zu kommen: Die Besucher Ihrer Website müssen beispielsweise ein Formular ausfüllen, um ein ausführliches Whitepaper herunterzuladen oder die Freemium-/Probeversion eines Tools, das Sie anbieten. In Ihrer Content-Marketing-Strategie haben Sie daher festgehalten, wertvolle Content-Angebote zu entwickeln und diese mit einem Lead-Generierungs-Formular zu »gaten«.

- Ihre Programmierer und Projektmanager haben eine Serie von Whitepapers geschrieben, in denen Sie Ihre agilen Arbeitsweisen an unterschiedlichen Projekten illustrieren.

- Newsletter unter anderem mit Checklisten und Tipps, mit denen man seine eigenen Daten und das Arbeiten an sich sicherer machen kann

Mögliche KPIs und Metriken, mit denen Sie messen können, ob Sie Ihrem Ziel näherkommen, sind:

- Anzahl der Leads/Adressen durch jedes Whitepaper (Conversion)
- Neue Abo-Anmeldungen für den Newsletter (Conversion)
- Anzahl der Öffnungen des Newsletters (Öffnungsrate)
- Kosten pro Lead/pro Newsletter-Abo

Checkpoints, die Sie ständig im Auge haben sollten:

- »Ist der Inhalt, den wir erstellen, wertvoll genug, dass die Betrachter ihre Daten und weitere Informationen im Austausch dafür bereitstellen?«
- »Wie können wir die Konversionsrate erhöhen?«

Sie haben Ihre Lead-Generierungs-Strategie nun im Griff? Dann geht es darum, aus den Leads in Ihrer Datenbank auch entsprechenden Umsatz zu generieren.

Use Case 4: ROI und Leads konvertieren/neue Kunden gewinnen

Ihr Ziel: »Wir möchten bis 2023 insgesamt 50.000 neue Kundinnen und Kunden für unser Antiviren-Programm gewinnen.«

In Ihrer Content-Marketing-Strategie haben Sie dafür festgelegt, Inhalte zu kreieren, die Ihre Leads über Ihr Unternehmen und Ihre Produkte oder Dienstleistungen aufklären:

- Fallstudien Ihrer besten Kunden, die Ihre Kompetenz illustrieren, mit den unaufdringlich platzierten Links zum jeweiligen Produkt im Webshop

- Daraus abgeleitete Infografiken für Social Media, die die Erfolgsquoten Ihrer Kunden mit denen der Konkurrenz vergleichen, mit entsprechenden Links zu den Produkten in den Webshop

Mögliche KPIs und Metriken, mit denen Sie messen können, ob Sie Ihrem Ziel näherkommen, sind:

- neue Besucher auf den jeweiligen Content-Seiten

- entsprechend Click-through Rate (zum Shop)

- entsprechend Anzahl der Programm-Downloads (inklusive Conversion Rate)

Checkpoints, die Sie ständig im Auge haben sollten:

- »Fühlt sich mein Vertriebsteam mit den Inhalten gut ausgestattet, um Geschäfte zu machen?«

- »Helfen die Inhalte dabei, Leads mit hilfreichen Informationen zu gewinnen, ohne sie zum Kauf zu ›drängen‹?«

Der Deal steht, und jetzt? Begeistern Sie Ihre Kundschaft weiterhin von Ihrer Marke. Wenn Ihr Publikum von Ihren Inhalten, Ihrem Support und Ihrer Kommunikation inzwischen begeistert ist und sich auch noch durch den Einsatz des Produkts mit Ihrer Marke verbunden fühlt, wird es einfacher, ihre Loyalität zu gewinnen.

Use Case 5: Retention – Kundenbindung verbessern, Markenbotschafter ermutigen

Ihr Ziel: »Wir möchten die Kundenbindungsrate in Form von Lizenzverlängerungen um 80 % steigern.«

Also legen Sie in Ihrer Content-Marketing-Strategie fest, wie Sie Ihre Kundschaft mit entsprechenden Fun/Fortune/Fame/Fulfillment-Inhalten begeistern können:

- exklusive Beiträge zu den neuesten Branchentrends auf dem Kundenblog

- Video-Tutorials für das Erwerben bestimmter Skills im Umgang mit den erworbenen Programmen

- kostenlose, exklusive E-Books und inspirierende Webinare für Weiterbildung im Umgang mit den Tools, Updates

Mögliche KPIs und Metriken, mit denen messen können, ob Sie Ihrem Ziel näherkommen, sind:

- Kundenbindungsrate (gemessen an der Anzahl der Lizenzverlängerungen)
- Views per Video
- Follower und wiederkehrende Besucher
- Premium Shares
- Empfehlungen

Checkpoints, die Sie ständig im Auge haben sollten:

- »Geben wir unseren Kunden das Gefühl, etwas Besonderes zu sein? Geben wir ihnen das, was sie brauchen, und gehen wir darüber hinaus?«
- »Fühlen sich unsere Kunden gut informiert über Trends, Updates, Unternehmensnachrichten und unsere Tools?«

Sie hätten in den Use Cases andere Kennzahlen gewählt? Absolut möglich. Es ist ein individuelles Abwägen. Nehmen Sie sich Zeit, um Ihre Ziele auf einer hohen Ebene zu definieren, und entwerfen Sie eine Strategie, die Ihnen hilft, diese Ziele zu erreichen. Und dann verknüpfen Sie Kennzahlen mit diesen spezifischen Zielen, damit Sie einen Eindruck erhalten, wie gut Sie sind.

Fazit: Setzen Sie sich mit der Customer Journey Ihrer Kundinnen und Kunden intensiv auseinander. Sie hilft Ihnen, spezifische Ziele pro Kontaktpunkt zu definieren und diese mit Metriken entsprechend anzugehen. Mehr zu diesem Thema und erläuternde Beispiele lesen Sie in Kapitel 9, »Customer Journey – die Reise des Kunden verstehen und mit Inhalten begleiten«.

28.6   Passende KPIs und Metriken für Inhalte auf unterschiedlichen Kanälen festlegen

Wenn Sie Ihr Ziel fest im Blick haben, dann berücksichtigen Sie bei der Auswahl der passenden Metriken und KPIs auch die Plattform, auf der Sie Ihren Content verbreiten möchten. Jede Plattform funktioniert anders, hat Stärken, aber auch Schwächen. Das wird Ihnen helfen, Ihre Content-Kreation noch effektiver zu gestalten. Sie können sich und Ihrem Team die Arbeit für Kanäle, auf denen Ihr Content nun partout nicht »zünden« möchte, ersparen. Konzentrieren Sie sich auf die Inhalte, Kanäle und die entsprechenden Formate, die am meisten zur Zielerreichung beitragen.

Orientieren können Sie sich z. B. an der folgenden Übersicht in Abbildung 28.2 des Bundesverbandes digitale Wirtschaft e. V. Dieser bietet dazu online den entsprechenden, kostenlosen KPI-Finder. Darin geben Sie Ihre Kampagnenziele (hier einfach unterteilt in die drei Zielbereiche Reichweite, Conversion und Kosten, Interaktion) und die zu bespielenden Plattformen ein, auf denen Sie Ihren Content verbreiten möchten. Als Ergebnis erhalten Sie Vorschläge für die passenden Kennzahlen.[4]

	WebSeite	Commerce-Shop	Blog	E-Mail / Newsletter	Instagram	Twitter	...
Reichweite	# Unique User # Unique Visitors # Page Impressions # Google Search Organic	# Unique User # Unique Visitors # Page Impressions # Google Search Organic	# Fans % Fan-Growth # Organic Visits # Paid Visits # People Reached # Total Reach # Reach per Post/Video # Page Views # Page Likess	# Follower % Follower Growth # Total Opens % Average Open Rate	# Views # Subscribers % subscribers Growth	# Impressions # Follower % Follower Growth # Impressions per Tweet	
Interaktion	% Scrolltiefe # Verweildauer % Absprungrate # PI/s pro Visit # PI/s pro Session # Klicks auf Links # Social Shares # Mentions # Share-to-E-Mail # Social Likes	% Scrolltiefe # Verweildauer % Absprungrate # PI/s pro Visit # PI/s pro Session # Klicks auf Links # Social Shares # Mentions # Share-to-E-Mail # Social Likes	# Comments per Post # Social Shares per Post # Inbound Links per Post # Mentions	Click-Through-Rate Open-Rate	# Like # Comment # Hashtags % Engagement Rate #Reposts # Embed # Mentions	# Favorites # Retweets # Mentions # Interaktionsrate # Replies # Antworten	
Conversion & Kosten	# Leads # Sales % Abschlüsse für Zielvorhaben % conversion rate CPX (O, A, L, S)	# Leads # Sales Call-to-Action conversion rate basket size upsell / cross sell potential recurring factor CPX (O, A, L, S)	# Leads per Post # Sales per Post % Conversion Rate (Visit to Lead / Visit to Sale) # RSS Subscriber # Email Subcriber	# Leads # Sales Call-to-Action CPX (O, A, L, S)	# Link-Klicks % Conversion Rate % CTR # Traffic (to Website) # App-Installs	# Link-Klicks % Linkklickrate Kosten pro Link Klick Cost per Lead Leadrate Kosten pro Follower Kosten pro Interaktion	

Abbildung 28.2   Hilfreiche KPIs und Metriken auf unterschiedlichen Kanälen[5]

---

4   KPI-Finder.com, BVDW: *https://www.kpi-finder.com*

5   KPIs im Content Marketing – A never ending Story, BVDW, Whitepaper, S. 7:
https://www.bvdw.org/fileadmin/bvdw/upload/publikationen/content_marketing/BVDW_LF_ KPIs_Content_Marketing_ES_20181122.pdf [02.07.2021]

28.7   Werkzeuge und Hilfe für die Erfassung von KPIs und Metriken

Natürlich können Sie die Kennzahlen zur Bewertung des Erfolgs Ihrer Content-Kreation nicht ohne den Einsatz entsprechender Tools und Methoden ermitteln oder nachverfolgen. Abbildung 28.3 stellt nicht vollständig einige davon vor:

- Mit *Webanalysetools* wie Google Analytics oder Matomo können Sie die Besucherbewegungen auf der Website nachvollziehen. Mit den Erkenntnissen verstehen Sie die Customer Journey besser und können die Struktur Ihrer Website der Nutzung entsprechend anpassen.

- *SEO-Tools* helfen Ihnen nicht nur, die passenden Keywords zu finden oder wichtige Quellen für Backlinks zu identifizieren, sondern insbesondere auch die Qualität und Sichtbarkeit (Ranking) Ihres bestehenden Contents zu analysieren und zu verbessern.

- *Social-Media-Monitoring-Tools* geben Ihnen quantitativ Auskunft darüber, was rund um Ihre Marke gerade warum passiert bzw. passiert ist: Hashtags, Wettbewerb, Anzahl der Erwähnung Ihrer Marke, kurz: Engagement in Zahlen.

- *Social-Listening-Tools* gehen über diese Zahlen hinaus. Sie helfen Stimmungen zu verstehen, blicken also auf die Gefühlslage hinter dem gemessenen Engagement. Listening liefert qualitative Daten und Trends, die Sie unterstützen, Ihre Inhalte zukünftig besser zu machen und Aktionen zu planen. Kostengünstige Monitoring- und Listening-Instrumente sind etwas reduzierter im Umfang. Teurere, mit umfassenderen Funktionen, können den ungeübten Betrachter mit ihren überdimensionierten Bausteinen und Datenmengen dagegen auch schnell »erschlagen«. Überlegen Sie vorab, welche Funktionen Sie wirklich brauchen. Ein weiterer Aspekt, der wichtig bei der Auswahl dieser Tools ist: Manche Anbieter haben ihren Server in Europa oder in Deutschland aufgestellt – andere nicht. Wie wichtig ist Ihnen der Datenschutz?

- Mittels *Marktforschungstools*, Tests und den entsprechenden Methoden erfahren Sie, wie Menschen über Ihre Marke denken. Sie können die Entwicklung dieser Wahrnehmung und der entsprechenden Bewertung Ihrer Marke über die Zeit hinweg beobachten. Das ist insbesondere dann wichtig, wenn Sie Ihre Marke wertorientiert führen möchten.

Schauen Sie sich die Tools im Einzelnen an. Lassen Sie sie auch von Experten beraten. Und dann entscheiden Sie, welches Instrument für Sie am ehesten geeignet ist.

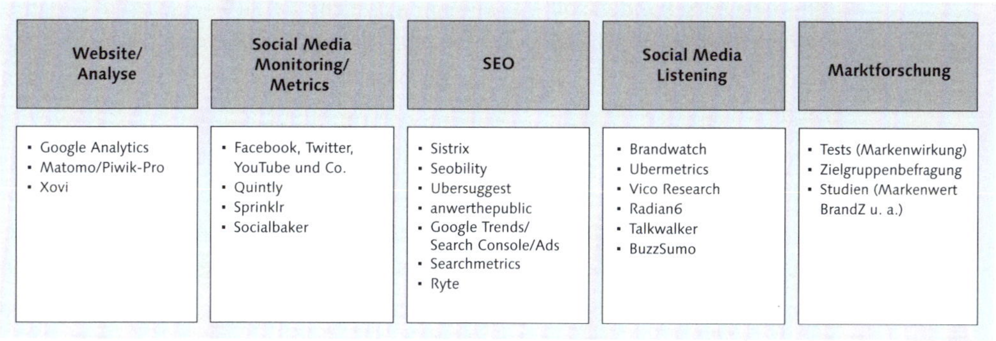

Website/ Analyse	Social Media Monitoring/ Metrics	SEO	Social Media Listening	Marktforschung
• Google Analytics • Matomo/Piwik-Pro • Xovi	• Facebook, Twitter, YouTube und Co. • Quintly • Sprinklr • Socialbaker	• Sistrix • Seobility • Ubersuggest • anwerthepublic • Google Trends/ Search Console/Ads • Searchmetrics • Ryte	• Brandwatch • Ubermetrics • Vico Research • Radian6 • Talkwalker • BuzzSumo	• Tests (Markenwirkung) • Zielgruppenbefragung • Studien (Markenwert BrandZ u. a.)

Abbildung 28.3 Tools, die helfen, KPIs und Metriken zu definieren, zu erfassen und zu messen[6]

28.8   Mit Dashboards alles im Blick

Die ausführliche Beschäftigung mit Zielen, KPIs und Metriken zeigt: Das Thema Erfolgsmessung ist wichtig! Aber es birgt auch das Risiko, in unendlichen Datenmengen zu »ertrinken«, die dann auch noch auf unterschiedlichen Plattformen stehen. Oft sind die generischen Daten in ihrer Vielfalt auch nicht besonders hilfreich, da sie für individuelle Fragestellungen (also z. B. aus Sicht des Vertriebs, der Content-Redaktion oder der Content-Strategie) individuell ausgelesen und bewertet werden müssten. Und das ist ein anspruchsvoller Job für Analysten.

Ein Dashboard kann bei der Analyse wertvolle Hilfe leisten. Darauf sollten auf einen Blick die vereinbarten Ziele und die entsprechend wesentlichen KPIs und Metriken fokussiert, automatisiert und intuitiv ablesbar sein. So übersichtlich aufgebaut macht es die Arbeit und Beobachtung der Kennzahlen zur täglichen Routine. So bekommen Sie klare Hinweise, wo Handlungsbedarf besteht.

Wie sollte so ein aussagekräftiges Dashboard-Design nun aussehen? Marco Hassler empfiehlt, folgende wesentliche Punkte zu beachten:[7]

- *One-Screen- und 2/20/200-Sekunden-Prinzip*: Alle Informationen sollten auf einen Screen passen, ohne dass der Nutzer des Dashboards scrollen muss. Damit wird diesem in 2 Sekunden klar, ob die Dinge eher gut oder eher schlecht

---

6 Ergänzte Darstellung nach: KPIs im Content Marketing – A never ending Story, BVDW, Whitepaper: *https://www.bvdw.org/fileadmin/bvdw/upload/publikationen/content_marketing/BVDW_LF_KPIs_Content_Marketing_ES_20181122.pdf*, S. 8 [02.07.2021]

7 Marco Hassler, Einführung KPIs: Key Performance Indicator festlegen und in Dashboards verfolgen. Upload-Magazin: *https://upload-magazin.de/17840-einfuehrung-kpis-key-performance-indicators-festlegen-und-in-dashboards-verfolgen/* [13.04.2021]

stehen. In 20 Sekunden sollte er erkennen, welche Bereiche zu diesem Gesamteindruck beitragen. Und in weiteren 200 Sekunden sollte er die genaueren Gründe dafür erkennen können. Damit das funktioniert, helfen die folgenden Features.

- *Kontext zu Daten:* Neben jede Zahl gehört ihre prozentuale Veränderung gegenüber der Vorperiode.

- *Schwellenwerte mit Ampelsignal:* Laufen die Projekte im roten oder noch im grünen Bereich? Tachonadeln und Ampeln machen die Spannbreite schnell sichtbar.

- *Keine unnötige Präzision:* Präzision mit allen Dimensionen und bis auf die x-te Kommastelle machen die Arbeit mit Dashboards zu langsam.

- *Interpretationshilfen zu Kennzahl oder Ziel:* Ergänzungen in Prosa machen den Bericht auch für ungeübte Betrachter verständlicher.

- *Darstellungsformen:* Als Tabelle, Chart oder Balkendiagramm? Diese Entscheidung ist am Ende eine Frage des persönlichen Geschmacks.

- *Anordnung der Daten im Lesefluss:* Hilft!

- *Visuell ansprechendes Design:* Macht einfach mehr Spaß.

Für die Einrichtung solcher Dashboards gibt es viele gängige Softwarelösungen. Allerdings sind selbst die High-End-Systeme nicht uneingeschränkt flexibel und an alle individuellen Rahmenbedingungen anpassbar. Sie unterscheiden sich in Sachen Umfang, Funktion, Preis, im Hinblick auf die Art und Zahl der Anbindungsmöglichkeiten der Datenquellen, die schon im Einsatz sind (Analytics-, Social-Media-Monitoring- oder Mailing-Tools), im Umfang der Kollaborationsfunktionen, in Sachen DSGVO-Konformität, zusätzlichen Chatfunktionen und Workflow- und Ressourcen-Management-Systemen. Am Ende ist die Wahl der einen oder anderen Lösung auch eine Frage des Budgets. Neben den Lizenzkosten sollten Sie auch die Implementierungsaufwände eines solchen Dashboards nicht unterschätzen.

Aber es bedarf auch gar nicht immer der ganz großen Lösung. Die einfachste und günstigste Lösung für eine Darstellung der wichtigsten Zahlen sind Excel-Übersichten – gerade zu Beginn Ihrer Karriere als Content Creator. Da hinein können Sie Zahlen aus Ihren Analytics- und Monitoring-Systemen regelmäßig übertragen und die Kennzahlen berechnen lassen. Das ist kostengünstig und effektiv. Solche Excel-Reports können Sie auf Ihre Bedürfnisse hin konfigurieren. Und Sie können Sie auch jederzeit anpassen, z. B. bei einer Veränderung der beobachteten Kennzahlen, der Erweiterung der Berichtszeiträume oder um ergänzende Kommentare und Interpretationen.

Unabhängig davon, ob Sie die Ihre Daten nun mithilfe von Excel oder einem High-End-Dashboard aggregieren, analysieren und damit zu einem nützlichen Tool machen: Die Mühe lohnt sich. Als Content Creator oder Content-Strategin wird Ihnen die kontinuierliche Beobachtung helfen, die Content-Kreation effizienter zu steuern, Budgets sinnvoller zu planen und zu erkennen, welche unerwartet auftauchenden Baustellen, neuen Chancen oder aufziehenden Risiken Sie zügig angehen sollten.

Und zu guter Letzt ein nicht ganz uneigennütziges Argument: Wenn Sie auf diese Weise dokumentieren können, was Ihr Beitrag zur Zielerreichung ist, wird Ihnen das Anerkennung verschaffen – auch derjenigen, die Ihrer Content-Arbeit gegenüber manchmal vielleicht eher kritisch eingestellt sind.

Kapitel 29

Budgets bestimmen – was Content kosten darf

Guter Content, der Menschen bewegt, kostet. Punkt. Ohne Budget keine Qualität, keine Reichweite, kein Expertenstatus, keine Leads. Also ist die Frage nicht, ob, sondern wie viel Sie in Ihre Kreation investieren.

Ihr Chef ruft Sie in sein Büro und zeigt Ihnen den YouTube-Film eines Wettbewerbers. Der brillant produzierte Film erobert gerade die viralen Social-Media-Charts im Sturm. In WhatsApp-Gruppen wird er sekündlich geteilt. Warum? Er trifft ins Herz, besticht durch Humor und eine hochemotionale Story. »So etwas«, sagt Ihr Chef, »brauchen wir auch. Machen Sie mal!« Ihr Hinweis, dass dieser Erfolg sicher alles, nur kein Zufall ist und sicher ein fünfstelliges Produktionsbudget verschlungen hat (was in ungefähr Ihrem Jahresbudget entspricht), verhallt ungehört.

Natürlich ginge es auch für weniger Geld. Einer tollen Story verzeiht man auch ein wackelndes Bild in Smartphone-Qualität. Nicht umsonst sind die sozialen Medien voller Virals rund um süße Kätzchen, tollpatschige Kinder und reisende Influencer. Aber geben Sie sich keiner Illusion hin: Auch wenn es sich nicht so anfühlt, stecken hinter diesen Hits meist professionelle Storyteller. Denn auch YouTuber brauchen Reichweite, um Geld zu verdienen. Die erfolgreicheren unter ihnen holen sich daher professionelle Unterstützung in Person von Cuttern, Textern und Analysten. Die liefern ihnen *die* Idee, *den* Schnitt und *die* KPIs, die sie auf die Straße des Erfolgs führen.

Viele Unternehmen tun sich allerdings schwer mit dieser Erkenntnis und setzen den Sparstift an: an der Strategieentwicklung, an der Qualität der Umsetzung (»Das können Sie doch jetzt mit dem iPhone machen.«), an den eingesetzten Ressourcen (»Das schaffen Sie doch nebenbei.«), am Content Marketing grundsätzlich (»Content? Bloß nicht. Die Kisten müssen vom Hof!«). Obwohl eines als sicher gilt: Marken können es sich nicht leisten, auf Aspekte wie Leadgenerierung, Kundenbindung oder Reputationsaufbau z. B. als Experte zu verzichten. Und ebenso ist es unmöglich, nach dem Trial-&-Error-Prinzip ein Stück Content nach dem anderen zu entwickeln, um die Community nachhaltig zu »engagen«, sprich zu begeistern.

Machen Sie sich daher nochmals bewusst: Content, der bewegt, ist die Manifestation Ihrer Content-Strategie, in die Sie idealerweise Zeit und Geld investiert haben, mit dem Ziel, Erfolg berechenbar zu machen und die Basis für außergewöhnliche kreative Arbeit zu legen, die Aufmerksamkeit schafft und Kunden wie Follower begeistert.

Daher sollten Sie auch – je nach Ihrer Rolle als Content Creator – ehrlich mit sich, mit Ihrem Chef, mit Ihrem Kunden sein: Professionelle Content-Kreation kostet Geld – und das gleich auf mehreren Ebenen:

- für die Strategieentwicklung (inklusive Marktforschung, Wettbewerbsbeobachtung, Persona- und Insights-Entwicklung, die in eine inspirierende Content-Marketing-Mission münden)
- für die genialen kreativen Köpfe, die die Mission verstehen und in spannende Ideen und außergewöhnliche Konzepte übersetzen können, die Ihre Community bewegen
- für talentierte Künstler: Wortakrobaten, Filmemacher und Fotografen, die die Ideen mit Empathie für die Community und einem unfehlbaren Gefühl für den herrschenden Zeitgeist in spannende Worte und packende Bilder übersetzen können
- für Mediaexperten, die Sichtbarkeit und Reichweite durch Promotion, Seeding und Outreach unterstützen
- für Berater und Analysten, die den Erfolg all dieser Inhalte messbar machen und konstruktive Empfehlungen statt nur Zahlen auf den Tisch legen

Sie brauchen also Budget. Aber wie viel? Dass ein großes Budget für einen Content Creator grundsätzlich attraktiver ist als ein schmales, ist nachvollziehbar. Aber wie groß ist groß? Und bedeutet das auch, dass man nur mit einem großen Budget erfolgreich sein kann? Nun, so viel ist klar: Am Ende geht es nicht um Budgetmaximierung, das würde Sie unter Umständen an den Rand des Ruins führen. Sondern es geht die Bestimmung eines wirtschaftlich angemessenen Budgets, mit dem Sie Ihre Ziele erreichen können und auf die Sie die Zahl und den Umfang Ihrer Maßnahmen abstimmen sollten, ohne an Qualität zu sparen.

Bei der Bestimmung geht es um drei grundlegende Fragen:

- Wie hoch sollte Ihr Marketingbudget sein? Und welchen Anteil stellen Sie davon für Content-Strategie und Content Marketing bereit?
- Welche Kompetenzen brauchen Sie für die Umsetzung der geplanten Maßnahmen? Haben Sie diese Ressourcen »inhouse« oder kaufen Sie sie als Fremdleistung ein?

- Bei der Gewichtung: Welche Ihrer entwickelten Maßnahmen sind ein Must-have, welche ein Nice-to-have?

Also der Reihe nach.

29.1   Das Content-Kreations-Budget – fixe Vorgabe oder variable Größe?

Wahrscheinlich erwarten Sie an dieser Stelle eine magische Formel, die Ihnen hilft, das richtige Budget für Ihr Content Marketing zu errechnen. Aber leider gibt es diese Formel nicht. Die Bestimmung des Budgets ist höchst individuell und von Fall zu Fall unterschiedlich. Es ist abhängig von Ihren konkreten Marketingzielen, die damit erreicht werden sollen, aber auch von der Zielgruppe und deren Verhalten, von Unternehmensgröße und -umsatz, von vorhandenen Kapazitäten und von der Branche, in der Sie tätig sind.

Nun gibt es zwar keine Formel, aber immerhin drei mögliche Steuerungsansätze und Vorgehensweisen, mit deren Hilfe Sie Ihr Budget bestimmen können. Sie unterscheiden sich im Wesentlichen durch drei unterschiedliche Vorgaben.[1]

29.1.1   Budget als feste Größe

Dies ist wahrscheinlich der von den meisten als »sattelfesteste« empfundene klassische Ansatz: Das Budget steht in einer definierten, festen Relation zum Umsatz. Sie berechnen das Budget also abhängig vom geplanten Umsatz – über einen individuell definierten Prozentsatz. Damit sind der damit zu generierende Umsatz und der ROI variable Größen. Ihr Ziel lautet dann, das Budget einzuhalten.

Wie hoch dieser Prozentsatz ist? Schauen wir uns zur Beantwortung dieser Frage ein paar Beispiele an: Zulieferer der Automobilindustrie investieren im Schnitt 3 % ihres Umsatzvolumens ins Marketing. Im Dienstleistungssektor sind es eher 8 bis 10 %.[2] Brausehersteller Red Bull gibt sogar gut ein Drittel, sprich rund 1,7 Milliarden € (2018)[3] seines Umsatzes für adrenalingeschwängerten Content aus – definitiv ein Ausreißer, denn dahinter steht zugleich ein Medienunternehmen.

---

1   Siehe auch: Laura Griebsch, Anleitung für eine erfolgreiche Budgetplanung. marconomy: *https://www.marconomy.de/marketing-budget-ihre-anleitung-fuer-eine-erfolgreiche-budgetplanung-im-b2b-marketing-a-1001378* [19.04.2021]

2   Marketingbudget: Effiziente Werbeplanung. Für Gründer: *https://www.fuer-gruender.de/wissen/existenzgruendung-planen/marketingmix/marketingbudget* [20.04.2021]

3   Red Bull: 30 Prozent mehr Gewinn, 40 Prozent weniger Jobs, trend.: *https://www.trend.at/wirtschaft/red-bull-prozent-mitarbeiter-gewinn-11266209* [10.04.2021]

Bei der ersten Orientierung zur Bestimmung Ihres Marketingbudgets kann Ihnen auch ein Blick in den VR-Branchenbrief[4] weiterhelfen. Darin bekommen Sie ein erstes Gefühl dafür, wie viel man in Ihrer spezifischen Branche durchschnittlich für »Werbung« ausgibt.

Dagegen macht die U.S. Small Business Administration (SBA) für die Bestimmung des Budgets kleiner Unternehmen, Start-ups und Einzelhändler weniger die Branche als vielmehr den Unternehmensstatus zur Basis ihrer Empfehlungen. Sie gibt folgende Prozentsätze vom tatsächlichen oder erwarteten Bruttoumsatz an.[5]

- *Kleine Unternehmen mit weniger als 5 Millionen US$ Jahresumsatz:* 7 bis 8 %. Dieser Prozentsatz geht davon aus, dass Sie im Unternehmen Gewinnmargen im Bereich von 10 bis 12 % erwirtschaften, nach dem Abzug aller anderen Ausgaben, einschließlich auch derer für das Marketing selbst. Wenn Ihre Margen darunterliegen, gilt es in Erwägung ziehen, zusätzliche Ausgaben für das Marketing bereitzustellen und die gewünschte Marge zu senken. Es ist eine schwierige Entscheidung, aber schließlich und endlich sollte Ihr Marketingbudget nie nur auf dem basieren, was übrig bleibt, wenn alle anderen Geschäftskosten gedeckt sind.

- *Start-ups:* 3 bis 5 % für spezifische Marketinginitiativen. Gerade in Start-ups, die zu Beginn viel Zeit und Energie in die Konzeption ihres Produktangebots stecken, unterschätzen die Notwendigkeit, sich noch vor Markteintritt mit dem Thema Marke zu beschäftigen, also »Marke zu machen« und entsprechend Investitionen für die Publikation von Inhalten bereitzustellen.

- *Einzelhändler, die sich gerade im Aufbau ihrer Marke befinden:* bis zu 20 % des Umsatzes

Sicherlich, die Zahlen stammen vom amerikanischen Markt. Aber dennoch geben sie eine valide Orientierung. Die Beispiele bestätigen: Der Prozentsatz ist abhängig vom jeweiligen Geschäftsmodell, dem Unternehmensstatus und der Branche.

Sollten Ihnen all diese Referenzen nur wenig weiterhelfen, starten Sie mit 10 bis 15 % Ihres Umsatzes. Damit liegen Sie im Durchschnitt aller Industrien und Gewerke.

Haben Sie die Höhe Ihres Marketingbudgets nun festgelegt, dann gilt es aufzuteilen in:

---

4 VR-GründungsKonzept, Existenzgründung, Was Sie wissen sollten. Genossenschaftsverband: *https://www.vr-bankmodul.de/wbplus/vr-gruendungskonzept/index.php?bankname=&blz=000* [19.04.2021]

5 How to set a Marketing Budget that fits your business goals an provides a high ROI. U.S. Small Business Administration: *https://www.sba.gov/taxonomy/term/15051?page=37* [14.04.2021]

- *Investition ins Produktmarketing:* Werbung und Promotion zur Absatzförderung in Form von Produktkampagnen, Onlinebannern, Veranstaltungen usw., insbesondere für Awareness

- *Investition ins Content Marketing:* Content-Kreation für all die Kanäle, die Sie nutzen, um eher Ihre Marke (Reichweite, Reputation) aufzubauen, z. B. Ihre Website, Blogs usw., und um Nähe zu Ihren Kunden (Retention) herzustellen

Bei dieser Aufteilung wird es darauf ankommen, welche Rolle Content Marketing in Ihrem Unternehmen spielt. Und auf Ihr verkäuferisches Talent. Doch dazu später mehr.

Es gibt aber auch einen Nachteil dieses vermeintlich sicheren, »budgetfixierten« Ansatzes: Zur Bestimmung des *zukünftigen* Budgets wird entweder der *zurückliegende* oder der *prognostizierte* Umsatz als Grundlage herangezogen. Beide Zahlen bergen aber Risiken: War das vorangegangene Jahr besonders schlecht (oder besonders gut), dann laufen Sie Gefahr, mit Ihrer Planung die negative Entwicklung fortzuschreiben (oder über das Ziel hinauszuschießen). Aber auch, wenn es zu unerwarteten Turbulenzen (z. B. die Corona-Pandemie, ein blockierter Frachter im Suezkanal, ein neues Gesetz) oder zu überraschenden Chancen kommt, stecken Sie in der Zwickmühle: In der Krise könnten Sie das Budget nach unten anpassen oder antizyklisch agieren. Ergeben sich dagegen Chancen, sollten Sie eventuell die Gelegenheit beim Schopfe greifen und mehr investieren.

29.1.2   Umsatz als feste Größe

Wenn Sie dagegen Ihren Umsatz als eine unverrückbare, feste Größe definieren, dann bleiben Budget und ROI variabel. Ihr Ziel lautet in diesem Fall: Umsatz erreichen – sozusagen mit allen Mitteln.

Stellen Sie sich beispielsweise vor, Sie haben Ihrem Venture Capitalist versprochen, in der kommenden Planungsperiode einen bestimmten Umsatz zu realisieren. Alle Zeichen stehen auf zügiges Wachstum, Skalierung und schneller Marktdurchdringung. Dann gibt es daran nichts mehr zu rütteln: Sie müssen bei der Bestimmung Ihres Budgets variabel bleiben. Denn alles, was unter dem geplanten Erfolg liegt, wird den Investor enttäuschen. Notfalls müssen Sie (und Ihr Investor) also auch bereit sein, Budget »nachzuschießen«. Wie viel das im Einzelfall ist, hängt wiederum ab von der Größe der Lücke zwischen Soll und Ist, von der Bewertung der Maßnahmen und der Entscheidung, wofür mehr Geld in die Hand genommen werden muss: Hängt es an der Kommunikation, am Produkt oder etwa am Budget für die Content-Promotion? Ihr ROI wird sich in dem geschilderten Fall wohl eher verschlechtern.

29.1.3   Performance als feste Größe

Liegt Ihr Fokus auf der Performance, bleiben Umsatz und Budget variabel, Ihr Ziel lautet dann: Performanceoptimierung Ihrer Maßnahmen. Dahinter steckt auch oft das Ziel, zu lernen.

Gemessen wird die Performance der Maßnahmen mit dem Ziel ROI. Budgeteinsatz und Umsatz sollten dann so austariert werden, dass die Aktion ein optimales Ziel erreicht. Steigt der Umsatz über die Erwartung hinaus, könnte das Budget für die Maßnahmen beispielsweise gekürzt werden. Umgekehrt: Bleibt die Performance weit unter dem Erwartungswert, muss unter Umständen überlegt werden, ob sie gestrichen werden muss.

Welchen Ansatz Sie auch immer wählen: Er beeinflusst Ihre Budgetplanung in hohem Maße.

29.1.4   Budget, Umsatz und Performance als gemeinsamer Ansatz

Sie können die drei Ansätze aber auch mischen. Erhalten Sie beispielsweise eine Umsatzvorgabe, können Sie das notwendige Budget für Ihren Content auf der Basis von Erfahrungswerten vorab kalkulieren, um dessen Performance kurz- oder mittelfristig auszusteuern. Dazu orientieren Sie sich an Erfahrungswerten für:

- Kosten für Content-Kreation und Produktion inklusive der Investitionen in Distribution/Kanäle

- mögliche Kennzahlen wie Conversion Rates, ROI, Traffic, aber auch Marken- und Loyalitätsmetriken

Den so ermittelten Budgetvorschlag sollten Sie dann in einer Iterationsstufe nochmals aus betriebswirtschaftlicher Sicht prüfen, korrigieren und freigegeben (lassen).

Beispiel: Budgetplanung mit fixem Umsatzziel und Performancesteuerung

Stellen wir uns in diesem vereinfachten Beispiel vor, Ihr Unternehmen verkauft vorgefertigte Komponenten für den Maschinenbau, also Schrauben, Steuerungstechnik, mechanische Komponenten, Federn, Kabel usw. Ihre Kunden sind Industrieunternehmen, die mit Ihren Teilen ihre eigenen Maschinen bauen, mit denen sie Autos, Uhren oder andere Produkte fertigen.

In Ihrer Content-Strategie haben Sie nun ein jährliches Whitepaper als Mittel zur Zielgruppenansprache definiert. Damit möchten Sie die Produktionsleiter dieser Unternehmen als Entscheider und damit wertvolle Leads gewinnen und dem Vertrieb zuführen. Als Co-Autor gewinnen Sie einen renommierten Branchenexperten und Journalisten.

- Geschätzte Produktionskosten Whitepaper (Erfahrungswert): 4.500 € für Produktion und 500 € für Distribution.

- Ihr Ziel: Ein Umsatzplus von 1.000.000 € für das neue Geschäftsjahr. Dieses Wachstum soll durch Neukunden erreicht werden.

- Sie wissen, dass ein Neukunde durchschnittlich 10.000 €/Jahr erwirtschaftet. Folglich brauchen Sie 100 Neukunden.

- Nehmen wir an, Ihre Conversion Rate (Leads/Kunde) beträgt 10 % (Erfahrungswert). Für die notwendigen 100 Neukunden braucht Ihr Vertrieb also 1.000 neue Leads.

- Die Hälfte dieser Leads besorgt der Vertrieb über Kaltakquise und auf Messen. Die andere Hälfte soll über Ihr Whitepaper kommen: also 500 Leads.

- Bei Produktions-/Distributionskosten Ihres Whitepapers von insgesamt 5.000 € haben Sie also geplante Costs per Lead (CPL) von 10 €.

Ihr Ziel ist es nun, einen möglichst optimalen CPL zu erzielen, also mit so viel Budget wie nötig so viele Leads wie möglich zu gewinnen. Mit dieser Kennzahl können Sie den effizienten Einsatz Ihres Budgets austarieren:

Stellen Sie im Kampagnenzeitraum fest, dass Sie den angestrebten CPL von 10 € nicht erreichen, weil die tatsächliche Zahl der Leads nicht das gewünschte Level erreicht, überlegen Sie: An welchen, vielleicht sogar graduellen Elementen können Sie optimieren?

- Lohnt es sich zu diesem Zeitpunkt, die Reichweite des Whitepapers durch Mehrausgaben (z. B. breitere Promotion/Seeding) nochmals zu steigern? Dadurch verschlechtert sich vielleicht der CPL, aber Sie können Ihr Umsatzziel noch erreichen.

- Oder Sie entscheiden sich, bei der nächsten Ausgabe des Whitepapers weniger für dessen Erstellung auszugeben, indem Sie den Beitrag des teuren Co-Autors streichen und (hoffentlich) die gleiche Zahl an Leads generieren.

- Oder Sie streichen das Whitepaper als ineffiziente Maßnahme.

Halten wir fest: Der Erfolg Ihrer Content-Kreation hängt also nicht an der Höhe des Budgets, sondern an dem Umgang damit. Auch mit kleineren Budgets lässt sich so erfolgreich Content produzieren. Bleiben Sie realistisch, was die Zahl der Maßnahmen angeht. Sonst müssen Sie unter Umständen an der Qualität sparen, was Ihren Erfolg mäßigen wird. Ermitteln Sie für jedes »Stück« Content oder die Content-Kampagne ein Kosten-Nutzen-Verhältnis. Und dann: Optimieren Sie es mit Blick auf Ihre Vorgaben.

29.2   Die 70-20-10-Formel – Budget richtig aufteilen

Bei der Aufteilung Ihres Budgets auf die unterschiedlichen Arbeiten Ihres Creator-Teams sollten Sie sich aber nicht ausschließlich von Erfahrungswerten mit bestehenden Content-Konzepten leiten lassen. Denn gerade für die Kreation von Inhalten heißt es, die Community und Zielgruppe immer wieder aufs Neue zu überraschen und zu begeistern. Der Weg dahin führt sicher nicht nur über die ausgetretenen Kreationspfade.

Eine Faustformel, die Ihnen dabei helfen kann, Ihr Budget und die Aufmerksamkeit Ihrer Kreation richtig aufzuteilen, ist die 70-20-10-Formel[6]. Diese kommt aus dem Bereich des Corporate Learnings, kann aber auch als Inspiration für die Einteilung Ihres Budgets für die Content-Kreation dienen:

- 70 % der Ressourcen fließen in die bewährten Routineprojekte und Themen, die erfahrungsgemäß funktionieren werden, die »richtig« sind. Soll heißen, in Inhalte und Formate, die Sie und Ihr Team schon mehrfach umgesetzt haben und die – durchoptimiert – eine sichere Bank sind. Hier sind kurz- und mittelfristig keine Überraschungen zu erwarten.

- 20 % der Ressourcen setzen Sie für die Optimierung und Umsetzung von Themen- und Content-Ideen ein, mit denen Sie frische Impulse setzen können, beispielsweise mit neuen Formaten, die Sie vielleicht schon einmal als Pilotprojekt ausprobiert haben oder die in anderen Länderorganisationen funktioniert haben. Kurz, Sie investieren sie in Ideen, bei denen die berechtigte Hoffnung besteht, dass sie mit mehr oder weniger Feinjustierung die Erfolgsformate von morgen werden.

- 10 % des Budgets sollten Sie für Out-of-the-box-Ideen einsetzen. Das sind kreative Ideen, »the crazy ones«, die auch spontan, vielleicht nicht ganz nach Lehrbuch entstanden sind, die aber unter Umständen für extreme Reichweite und höchste Aufmerksamkeit sorgen. Und darüber hinaus fruchtbare Learnings für kommende Projekte versprechen.

29.3   Der Kampagnen-Review und seine Lehren

Setzen Sie bei der Planung Ihres Budgets auch auf Erfahrungswerte. Halten Sie dazu Ihre Ausgaben und die Effekte Ihrer Aktivitäten fest – machen Sie sich dafür eine Liste: Was funktioniert, wo können Sie optimieren oder eben Zeit und Geld sparen, weil die Performance nicht gut war?

Maßnahmen Q1	Budget	Performance	Empfehlung
Kanäle	€ 3.000		
Facebook	€ 1.000	Follower +20	nicht unsere Zielgruppe, von 10 auf 5 Posts/Monat runterfahren

---

6   Wikipedia, engl. Stichwort »70/20/10 Model (Learning and Development)«: *https://en.wikipedia.org/wiki/70/20/10_Model_(Learning_and_Development)* [10.04.2021]

Maßnahmen Q1	Budget	Performance	Empfehlung
Blog	€ 2.000	+ 3 Leads/Monat	Beiträge von 3 auf 4 pro Monat hochfahren
Formate	*€ 18.000*		
Whitepaper	€ 5.000	45 Neukunden/Jahr	nächstes Jahr Neuauflage, mit Gastautor
Pilotprojekt Kundenevent (Q1)	€ 10.000	2 neue Aufträge (€ 15.000), positives Feedback	nächstes Jahr weiterführen, aber in Q3, nach den Sommerferien
Newsletter	€ 3.000	+ 20 Abonnenten/Leads	fortführen (weiter monatlich)

Eine einfache Tabelle hilft, Erfahrungswerte mit Content-Formaten und Kanälen festzuhalten und zur Grundlage der kommenden/aktualisierten Budgetplanung zu machen. An dieser Stelle noch ein paar Tipps:

- Aktualisieren Sie Ihre Pläne turnusmäßig, vierteljährlich, mindestens einmal im Jahr, aber auch, wenn sich im Markt etwas ändert: Überdenken und ändern Sie Ihre Maßnahmenpläne und adaptieren Ihre Budgets entsprechend.

- Analysieren Sie saisonale Effekte: »Warum waren dieselben Maßnahmen in diesem Jahr effizienter als im Jahr zuvor?«

- Sollten Ihnen (oder Ihren Vorgesetzten) nach der Bewertung Zweifel an der Wirksamkeit bestimmter Inhalte kommen, streichen Sie nicht gleich die Ausgaben. Sondern diskutieren Sie zunächst, was beispielsweise passiert, wenn Sie Ihre Marke damit nicht mehr unterstützen. Bei keiner der Maßnahmen geht es nur um Leads! Jedes Stück Content, dass Sie kreieren, wie z. B. in unserem Rechenbeispiel das Whitepaper, zahlt auch auf das Verhältnis zu Ihrer Kundschaft ein und baut mittel- und langfristig Vertrauen auf. Es unterstützt auch Ihre Reputation als Experte auf Ihrem Gebiet. Auf diesem Markenpotenzial kann Ihr Vertrieb optimal aufbauen.

29.4 Make or buy – eine Frage der Ressourcen

Wenn Sie Bloggerin, YouTuber oder Einzelunternehmer sind und sich oder Ihre Kompetenzen und Leistungen durch regelmäßiges Veröffentlichen von Inhalt selbst vermarkten, dann schreiben, fotografieren und publizieren Sie wahrscheinlich selbst. Sie sind Unternehmer und Content Creator all-in-one. Sie sind damit sicherlich auch die kleinste anzunehmende und zu planende Content Unit.

Auf der anderen Seite der Skala steht die Content-Kreation in Konzernen. Diese beschäftigen ganze Redaktionen mit PR- und Fachredakteuren, Social Media Managern und SEO-Experten, wahrscheinlich gleich für mehrere Länder. Sie beauftragen große und kleine Agenturen oder gründen sogar extra eigene Content-Fabriken.

Aber egal, ob Einzel-Creator oder Content-Fabrik: Gerade im Hinblick auf die Planung Ihres Budgets sollten Sie Sie sich klar darüber werden, was Sie selbst leisten können oder möchten – und was nicht. Sprich, ob, und wenn ja, wen oder was Sie hinzukaufen müssen.

- *Personalkosten*

  Sicher der wichtigste, weil größte Kostenblock. Fragen Sie sich: Verfügen Sie über die ausreichenden Ressourcen, um die geplanten Projekte durchzuführen?

  Seien Sie aber schon vorsichtig bei der Annahme, Sie könnten mit vorhandenen Ressourcen Ihre Content-Produktion »einfach mal so anfangen«. Das funktioniert als Einzelunternehmer und Start-up nur dann, wenn Sie Zeit in die Produktion investieren.

Beispiel: Nutzen Sie Ihre Ressourcen bewusst

Malermeister und Unternehmer Volker Geyer hatte jeden Tag mehrere Stunden in das Schreiben seiner Angebote für potenzielle Neukunden investiert. Von denen führten zu seinem Leidwesen aber zu wenige zum erfolgreichen Abschluss. Entweder, die Angebote blieben unbeantwortet oder der Wettbewerb unterbot ihn einfach preislich. Vertane Zeit, sein Geschäft rutschte in die Pleite. Nach seinem Neuanfang als Ein-Mann-Unternehmen entschied er sich, die Stunden sinnlosen Angebotsschreibens ab jetzt dafür zu nutzen, auf dem Blog »Malerische Wohnideen«[7] und auf Facebook regelmäßig über seine aktuellen Projekte zu berichten. Er begann, Bilder über seine individuellen Streich- und Wisch-Techniken für Sichtbeton und fugenlose Bäder zu posten. Und dokumentierte, auf welchen Messen er sich (»im Auftrag« seiner Community) inspiriert.

Für seine wachsende Community, interessanterweise waren und sind es meist Frauen, wurde er so zu einer Quelle der Inspiration. So bekam er mehr und mehr das Profil als »Wandgestalter« – mit Expertise und eigenem Stil. Der Effekt: Die konkreten Anfragen seiner Kundinnen kamen immer häufiger »von selbst« – ernst gemeint, mit konkreter Erwartungshaltung im Hinblick auf seine spezielle Kompetenz. Und so ist es auch heute noch: Seine Kundinnen treffen ihre Entscheidungen für sein individuelles Angebot nicht mehr preis-, sondern kompetenzorientiert. Es sind »Wunschkundinnen«, die sogar bereit sind, seinen höheren Preis zu zahlen. Inzwischen macht er mit seinem strategischen Internet- und Social Media Marketing für seinen sechsköpfigen Betrieb mehr als 80 % seines Umsatzes über das Internet.[8]

---

7   Volker Geyer, Malerische Wohnideen: *https://www.malerische-wohnideen.de* [12.06.2021]

8   Eurodecor, Malerische Wohnideen, Vom Malermeister zum Marketing-Mann: *https://www.eurodecor.de/portrait/malerische-wohnideen-franchisekonzept* [12.06.2021]

Seien Sie ehrlich sich und Ihrem Team gegenüber: Trauen Sie sich tatsächlich zu, Ihre Arbeit derart umzustrukturieren? Sprich, neben den bestehenden Aufgaben des eigentlichen Jobs und Geschäfts mal eben die zusätzliche Werkbank Content-Kreation mit zu bespielen, und zwar so, dass das Unterfangen auch Aussicht auf Erfolg hat? Nicht nur zeitlich, sondern auch qualitativ? Überfordern Sie sich und Ihr Team nicht: Eine Marketingfachkraft, die sich erfreulicherweise auch als redaktionell begabter und begeisterter Autor erweist, aber bisher voll ausgelastet mit ihrem Tagesgeschäft ist, kann nicht noch zusätzlich Ihr neues Blog monatlich mit zwei Beiträgen befüllen. Dafür braucht sie Entlastung an anderer Stelle. Das bedeutet Investition in weiteres Personal.

Stellen Sie sich also die wichtige Frage gleich zu Beginn: Brauchen Sie nicht doch für die Text- und Videoerstellung, für Strategieentwicklung, Konzeption, Redaktion, Produktionsarbeit, Erfolgskontrolle die Unterstützung externer Experten? Dann kalkulieren Sie das in Ihr Budget mit ein.

Außerdem sollten Sie bei Kreation in Eigenverantwortung die folgenden Kosten mit einkalkulieren.

- *Weiterbildungskosten*
  Die Frage »Make oder Buy« bezieht nicht nur auf Zeit als limitierenden Faktor, sondern auch auf Ihre eigenen bestehenden Fähigkeiten: Was sind Sie und Ihr Team bereit dazuzulernen, sei es durch Weiterbildung oder Arbeit »am lebenden Projekt«? Learning by Doing ist zwar grundsätzlich ein guter Weg. Aber Lernen kostet Zeit und Geld und wird spätestens dann zur Investition, wenn Sie sich und Ihre Mitarbeiter durch Fort- und Weiterbildung in Seminaren und Schulungen etc. qualifizieren.

- *Lizenzen*
  Für die Nutzung spezieller Tools und Software, beispielsweise für Analytics, SEO oder Social Media, für Kreativtools wie Bildbearbeitung oder Projektmanagement zahlen Sie unter Umständen nicht unerhebliche Gebühren.

- *Investition in Ausrüstung*
  Mit Ihrer bisherigen Standardausrüstung (»Sie haben doch einen Computer und ein Smartphone!«) werden Sie nicht weit kommen: Investieren Sie in Smartphones mit hochauflösender Kamera, ein gutes Mikrofon (»Machen wir Podcasts, die sind in!«), Licht fürs Fotostudio oder in leistungsstarke Computer (die nicht nur als elektronische Schreibmaschine und Kalkulationshilfe, sondern auch als Kreativtools eingesetzt werden können).

29.5   Ausreichend Budget – auch eine Frage der internen Verkaufsstrategie

Vielleicht kennen Sie folgende Situation: Sie präsentieren der Geschäftsführerin des Unternehmens Ihren Content-Marketing-Budgetplan für das kommende Jahr. Lange haben Sie mit Ihrem Content-Team und der Agentur an der Visualisierung der Konzepte gearbeitet. Die Präsentation strotzt nur so vor Bildern und originellen Visualisierungen, die Sie in den letzten Wochen in Feinarbeit erarbeitet haben. Sie sind froh und stolz, Ihre kreativen Ergebnisse endlich präsentieren zu können, trotz des knappen Timings. Das Meeting beginnt, Sie zeigen die Agenda mit den Ideen gleich an erster Stelle, am Ende steht der Budgetplan mit den Zahlen. Aber noch bevor Sie starten können, unterbricht Sie Ihre Chefin: »Lassen Sie uns doch gleich hinten einsteigen. Ich möchte die Zahlen sehen. Mein Anschlusstermin hat einen harten Anschlag!« Sie sind einigermaßen erschüttert, denn Sie haben alles auf Kreation, Inspiration und Emotion gesetzt, und nun das: Nur die Zahlen sollen zählen? Da sind Sie leider dünner aufgestellt. Aber so ist es: Ihre Chefin ist zugleich CFO, und Zahlen sind ihr Maßstab. Kreativität kann sie gar nicht so richtig ein- und wertschätzen, sie fühlt sich sogar eher unwohl, auf ungewohntem Terrain und vermeidet ein Urteil – was sie aber ungern zugeben wird. Das Ende der Geschichte: Ihr »Vermarktungskonzept« geht nicht auf: »Wir müssen den Fokus im kommenden Jahr auf den Umsatz legen – Sie verstehen das.« Sie bekommen 10 % weniger Budget als im letzten Jahr …

Budget will also erobert werden. Allein schon die Aufteilung des Gesamtbudgets auf Produkt- und Content Marketing wird in den meisten Fällen für Verteilungskämpfe sorgen. Kommt auch noch der Vertrieb hinzu, der ohnehin alle Ausgaben für Marketing als Chichi und kritisch sieht (»Sie geben ja nur das Geld aus, das wir vorher mühsam verdient haben!«), dann sollten Sie alle Register Ihres vermarkterischen Könnens ziehen.

Überlegen Sie sich dazu im Vorfeld Ihrer Budgetrunde genau, wem Sie gegenübersitzen. Was motiviert Ihren Entscheider? Was ist er oder sie für ein Typ? Orientieren Sie sich beispielsweise an den Limbic® Types[9] aus Kapitel 4, »Inhalte kreieren, die Marke und Mensch zusammenschweißen«. Bauen Sie Ihre Argumentation entsprechend auf. Und dann: Sprechen Sie die Sprache Ihrer Entscheider:

- Ist Ihre Chefin eine echte Performerin, ist ein Budget erst dann verabschiedungsreif, wenn es ihr einen Wettbewerbsvorsprung verschafft oder ihr auf der Karriereleiter nach oben hilft. Hier zählen entsprechende KPIs und klar einge-

---

9   Siehe auch: Hans-Georg Häusel, Brain View – warum Kunden kaufen. München: Rudolf Haufe Verlag 2008, S. 228–233.

ordnete Metriken, die beweisen, dass Sie mit dem Budget auf diesen Vorsprung einzahlen: »Damit setzen wir uns gegenüber unserem härtesten Wettbewerber im Ansehen als Experte endgültig durch.« Ziehen Sie Ihre Präsentation also vom Ziel her auf. Zeigen Sie, dass Sie verstanden haben, worauf es ankommt. Konzentrieren Sie sich auf die Budgetverteilung auf Kanäle und eventuell Formate, weniger auf kreative Ideen und Inhalte. Und wenn Letzteres doch zur Sprache kommt, dann betonen Sie die Exklusivität: »Für dieses Whitepaper haben wir den renommiertesten Autor der Branche gewonnen!« Lenken Sie neben den Anteilen für Erfolgsrezepte auch den Blick auf die 20 % des Budgets, die in Maßnahmen gehen, die mit gewichtigen Learnings optimiert werden, um garantiert Größeres zu erreichen.

- Ist Ihr Entscheider fasziniert von Modellrechnungen, dann nutzen Sie Zahlen, Benchmarks und Tabellen. Zeigen Sie, wie Sie die Performance der geplanten Maßnahmen aktiv steuern und optimieren können. Auch wenn's schwerfällt: Hier zählt, dass Sie alles bis ins kleinste Detail nachgerechnet haben. Nutzen Sie Statistiken, und stellen Sie Ihrem Entscheider vertraute Experten mit an die Seite, die eher ungewohnte, innovative Maßnahmen mit ihren Erfahrungswerten absichern.

- Ist Ihre Chefin eher vorsichtig, dann legen Sie den Fokus auf die Verwendung der 70 % des Budgets für die bewährten Mittel, mit denen Sie auf Nummer sicher gehen. Es zählen Argumente wie: »Mit dem Konzept haben wir schon in den letzten zwei Jahren X neue Leads generiert.« Oder: »Die Budgethöhe für dieses Konzept verändern wir nicht.« Schaffen Sie keine neuen Probleme: Ein bunter Strauß neuer Ideen, aus denen Sie dann auch noch auswählen lassen, überfordert. Konzentrieren Sie sich auf die wesentlichen Maßnahmen, und bleiben Sie dabei eher knapp in der Darstellung neuer Ideen. Die nehmen Sie so mit.

- Ist Ihr Chef ein kreativer Geist, der mit jedem Schritt, den er macht, neue Wege beschreiten möchten? Dann nützt Ihnen keines der vorangegangenen Argumente. Er steht sicher eher auf einzigartige und neue Ideen, mit denen er Neues ausprobieren könnte. Vielleicht möchte er sogar bewusst mit Konventionen brechen? Dann starten Sie Ihre Präsentation mit der einen großen Hero-Idee, auf die Sie besonders stolz sind – gerne illustriert oder »animiert«. Beschreiben Sie in einer kurzen Story, wie Sie auf das Konzept gekommen sind, und skizzieren Sie, wie Sie die Umsetzung im nächsten Jahr sehen: »Das Konzept bietet uns neue, bisher ungenutzte Möglichkeiten im Umgang mit digitaler Technologie.« Oder: »Wir sind die Ersten, die diesen Insight entdeckt haben.« Zeigen Sie Ihrem Chef auf, dass Ihre Impulse mit in die Content-Kreation und damit die entsprechende Budgetplanung eingeflossen sind. Und: Lenken Sie am Ende ihr Augenmerk auf die 10 % des Budgets, mit denen Sie kreative Wege gehen und experimentieren möchten.

Haben Sie mehrere Entscheidertypen, die Sie überzeugen müssen, dann sollten Sie die Nutzenargumentation in Ihrer Präsentation, obwohl es immer um die gleiche Budgethöhe und -planung geht, je nach Typ und Gespräch tatsächlich anpassen. Sitzen verschiedene Typen mit unterschiedlichen Erwartungshaltungen und Motivationen am Tisch, dann heißt es allerdings, besonders aufmerksam jede und jeden mit den jeweils relevanten Argumenten, Zahlen und Emotionen anzusprechen und zu überzeugen.

Index

C

L

M

N

So entwickeln Sie eine erfolgreiche Content-Strategie

Think Content! ist schon jetzt ein moderner Klassiker unter den Marketingbücher. Denn für erfolgreiches Marketing benötigen Sie guten Content und das Wissen darüber, wie Sie Content-Strategien entwickeln, planen und umsetzen. Hier finden Sie neue praxisnahe Ideen und Anregungen – mit Lösungen für B2B und B2C. Das Buch bietet jede Menge Wissen für Content-Produzenten: Storytelling, Video, Audio, Sprachassistenten, User Generated Content sowie Live-Content. Der Leitfaden für die erfolgreiche Content-Strategie!

683 Seiten, broschiert, 34,90 Euro, ISBN 978-3-8362-4152-6

www.rheinwerk-verlag.de/4127

Gute Geschichten entfalten ein virales Potenzial

Mehr Aufmerksamkeit und Reichweite gewinnen Sie mit gutem Storytelling! Doch in den sozialen Netzwerken ticken die Uhren etwas anders. In diesem Buch bietet Ihnen das Autorenteam einen Überblick über die verschiedenen Möglichkeiten, Anforderungen und Methoden des Social Storytellings. Sie erklären, wie Sie gute Geschichten und wertvollen Content erstellen, verarbeiten und für Ihre PR-Arbeit nutzen. Lernen Sie, wie Sie mit Storys auf Facebook, TikTok, Instagram & Co. begeistern.

336 Seiten, broschiert, in Farbe, 29,90 Euro, ISBN 978-3-8362-7812-6
www.rheinwerk-verlag.de/5166

Texte schreiben, die begeistern!

Gute Texte wecken in Leserin und Leser Interesse, verführen sie zum Verweilen und Weiterlesen. Sie werten Webseiten auf, machen Lust auf Produkte, geben Blogs die richtige Würze. Gute Texte sind Schatzinseln in einem Meer der Mittelmäßigkeit. Und das Beste: Gutes Texten kann man lernen. Daniela Rorig zeigt, welche Textstrategien im Content-Zeitalter überzeugen und Leser begeistern. Dabei helfen zahlreiche Checklisten, Übungen und viele Schreibanleitungen für Headlines, Teaser, Landingpages und andere Textsorten.

401 Seiten, gebunden, in Farbe, 39,90 Euro, ISBN 978-3-8362-6836-3
www.rheinwerk-verlag.de/4837

Erfolgreiches Marketing mit Pinterest

Pinterest ist der neue Star am Marketing-Himmel. Nutzen Sie die Stärken von Pinterest in Ihrem Marketingmix und leiten Sie mehr Traffic auf Ihre Website und in Ihren Shop. Mit diesem Praxisbuch erhalten Sie das nötige Wissen, um erfolgreiches Pinterest-Marketing zu betreiben, ganz gleich ob Sie Pinterest bereits einsetzen oder neu dabei sind. Zahlreiche Praxisbeispiele helfen Ihnen, die eigene Marke auf Pinterest in Stellung zu bringen. Inkl. Pinterest Ads, Planungs- und Strategietipps sowie Monitoring.

377 Seiten, broschiert, in Farbe, 29,90 Euro, ISBN 978-3-8362-7882-9
www.rheinwerk-verlag.de/5184

Denkanstöße und Kreativitätstechniken

Wie schaffen Sie es, sich Ihre Kreativität im Alltag und bei engen Zeitplänen zu bewahren? Dieses Buch bietet neue Denkanstöße und Impulse für eine erfolgreiche Ideensuche. Nach 13 Jahren als Texter und Creative Director bei Jung von Matt verrät Philipp Barth nun die inspirierendsten Methoden, mit denen es Ihnen gelingen wird, auf gute Ideen zu kommen. Ein Buch aus der Praxis für die Praxis! Ideal für Marketer, Kreative und Designer.

303 Seiten, gebunden, in Farbe, 29,90 Euro, ISBN 978-3-8362-7807-2
www.rheinwerk-verlag.de/5165